土力学与基础工程

主　编　李丽民　蒋建清　林宇亮

主　审　李栋伟

北京理工大学出版社

BEIJING INSTITUTE OF TECHNOLOGY PRESS

内 容 简 介

本教材以工程应用为主旨，突出学生专业技术应用能力的培养，采用渐进式项目结构，注重基本理论和原理的整合，以实现土力学和基础工程教学内容的连续系统化。全书内容包括：土的物理性质与工程分类，地基中的应力计算，土的变形性质与地基沉降计算，土的抗剪强度，土压力、地基承载力和土坡稳定，浅基础设计，桩基础及其他深基础，基坑工程，地基处理及复合地基，特殊土地基处理等内容。

版权专有　侵权必究

图书在版编目（CIP）数据

土力学与基础工程/李丽民，蒋建清，林宇亮主编. —北京：北京理工大学出版社，2016.3
ISBN 978-7-5682-1753-8

Ⅰ.①土…　Ⅱ.①李…②蒋…③林…　Ⅲ.①土力学②基础（工程）　Ⅳ.①TU4

中国版本图书馆 CIP 数据核字（2015）第 316330 号

出 版 发 行 / 北京理工大学出版社有限责任公司
社　　　　址 / 北京市海淀区中关村南大街 5 号
邮　　　　编 / 100081
电　　　　话 /（010）68914775（总编室）
　　　　　　　（010）82562903（教材售后服务热线）
　　　　　　　（010）68948351（其他图书服务热线）
网　　　　址 / http://www.bitpress.com.cn
经　　　　销 / 全国各地新华书店
印　　　　刷 / 三河市天利华印刷装订有限公司
开　　　　本 / 787 毫米×1092 毫米　1/16
印　　　　张 / 27　　　　　　　　　　　　　　　　　　　责任编辑 / 高　芳
字　　　　数 / 650 千字　　　　　　　　　　　　　　　　文案编辑 / 赵　轩
版　　　　次 / 2016 年 3 月第 1 版　2016 年 3 月第 1 次印刷　责任校对 / 孟祥敬
定　　　　价 / 75.00 元　　　　　　　　　　　　　　　　责任印制 / 王美丽

图书出现印装质量问题，请拨打售后服务热线，本社负责调换

前　言

　　本书力求实现土力学和基础工程的有机结合，并保持各自的独立性。在教材的内容体系安排上，考虑了有些院校将"土力学"和"基础工程"分开设课的实际情况。本书既能满足"土力学与基础工程"设课的教学需要，又可满足"土力学"和"基础工程"分别设课的教学要求。

　　本书采用任务驱动式教材模式，以工程应用和学生的能力培养为导向，密切结合应用型本科人才培养目标要求和最新规范、采用任务目标、典型例题、工程案例、知识扩展、实训项目、能力训练、任务自测等形式，尽可能体现理论与实践相结合，突出学生能力的培养。本书系统地介绍了土的物理性质，土力学的基本理论和基本原理，基础工程设计原理和方法，各章安排了大量典型例题、能力训练题、实训项目和知识扩展，以巩固学生所学知识，提高学生解决工程问题能力，开拓学生视野。本书概念清楚，层次分明，覆盖面广，重点突出，既兼顾传统理论，又有创新突破。

　　本书由湖南科技学院李丽民、湖南城市学院蒋建清、中南大学林宇亮担任主编。全书由李丽民制订编写大纲，并编写了绪论、任务1至任务5、任务10，蒋建清编写了任务6，林宇亮编写了任务7至任务9。全书由李丽民负责统稿。

　　湖南科技学院李栋伟教授担任本书的主审，详细审阅了编写大纲和全部书稿，并提出了许多宝贵的修改意见，特此致谢。

　　本书编写过程中参考了相关书籍，并从中引用了部分例题和习题，在此向这些原著的作者表示感谢。

　　由于编写时间仓促，书中不妥和疏漏之处在所难免，敬请读者批评指正。

编　者

目　　录

绪论 ⋯⋯⋯⋯⋯⋯⋯⋯⋯⋯⋯⋯⋯⋯⋯⋯⋯⋯⋯⋯⋯⋯⋯⋯⋯⋯⋯⋯⋯⋯⋯⋯⋯⋯⋯ 1
　0.1　国内外地基与基础工程成败实例 ⋯⋯⋯⋯⋯⋯⋯⋯⋯⋯⋯⋯⋯⋯⋯⋯⋯⋯ 1
　0.2　土力学、地基与基础 ⋯⋯⋯⋯⋯⋯⋯⋯⋯⋯⋯⋯⋯⋯⋯⋯⋯⋯⋯⋯⋯⋯⋯ 5
　　0.2.1　土力学 ⋯⋯⋯⋯⋯⋯⋯⋯⋯⋯⋯⋯⋯⋯⋯⋯⋯⋯⋯⋯⋯⋯⋯⋯⋯⋯⋯ 5
　　0.2.2　地基与基础 ⋯⋯⋯⋯⋯⋯⋯⋯⋯⋯⋯⋯⋯⋯⋯⋯⋯⋯⋯⋯⋯⋯⋯⋯⋯ 6
　0.3　本课程的发展概况 ⋯⋯⋯⋯⋯⋯⋯⋯⋯⋯⋯⋯⋯⋯⋯⋯⋯⋯⋯⋯⋯⋯⋯⋯ 7
　0.4　本课程的特点和学习方法 ⋯⋯⋯⋯⋯⋯⋯⋯⋯⋯⋯⋯⋯⋯⋯⋯⋯⋯⋯⋯ 8
　　0.4.1　本课程的特点 ⋯⋯⋯⋯⋯⋯⋯⋯⋯⋯⋯⋯⋯⋯⋯⋯⋯⋯⋯⋯⋯⋯⋯ 8
　　0.4.2　本课程的学习方法 ⋯⋯⋯⋯⋯⋯⋯⋯⋯⋯⋯⋯⋯⋯⋯⋯⋯⋯⋯⋯⋯ 9

任务 1　土的物理性质与工程分类 ⋯⋯⋯⋯⋯⋯⋯⋯⋯⋯⋯⋯⋯⋯⋯⋯⋯⋯⋯ 10
　1.1　概述 ⋯⋯⋯⋯⋯⋯⋯⋯⋯⋯⋯⋯⋯⋯⋯⋯⋯⋯⋯⋯⋯⋯⋯⋯⋯⋯⋯⋯⋯ 10
　1.2　土的组成 ⋯⋯⋯⋯⋯⋯⋯⋯⋯⋯⋯⋯⋯⋯⋯⋯⋯⋯⋯⋯⋯⋯⋯⋯⋯⋯⋯ 11
　　1.2.1　土中的固相颗粒 ⋯⋯⋯⋯⋯⋯⋯⋯⋯⋯⋯⋯⋯⋯⋯⋯⋯⋯⋯⋯⋯⋯ 11
　实训项目　土的颗粒分析试验 ⋯⋯⋯⋯⋯⋯⋯⋯⋯⋯⋯⋯⋯⋯⋯⋯⋯⋯⋯⋯ 16
　　1.2.2　土中的水 ⋯⋯⋯⋯⋯⋯⋯⋯⋯⋯⋯⋯⋯⋯⋯⋯⋯⋯⋯⋯⋯⋯⋯⋯⋯ 18
　　1.2.3　土中的气 ⋯⋯⋯⋯⋯⋯⋯⋯⋯⋯⋯⋯⋯⋯⋯⋯⋯⋯⋯⋯⋯⋯⋯⋯⋯ 20
　　1.2.4　土的结构和构造 ⋯⋯⋯⋯⋯⋯⋯⋯⋯⋯⋯⋯⋯⋯⋯⋯⋯⋯⋯⋯⋯⋯ 20
　1.3　土的物理性质指标 ⋯⋯⋯⋯⋯⋯⋯⋯⋯⋯⋯⋯⋯⋯⋯⋯⋯⋯⋯⋯⋯⋯⋯ 21
　　1.3.1　指标的定义 ⋯⋯⋯⋯⋯⋯⋯⋯⋯⋯⋯⋯⋯⋯⋯⋯⋯⋯⋯⋯⋯⋯⋯⋯ 21
　　1.3.2　指标的换算 ⋯⋯⋯⋯⋯⋯⋯⋯⋯⋯⋯⋯⋯⋯⋯⋯⋯⋯⋯⋯⋯⋯⋯⋯ 24
　1.4　土的物理状态指标 ⋯⋯⋯⋯⋯⋯⋯⋯⋯⋯⋯⋯⋯⋯⋯⋯⋯⋯⋯⋯⋯⋯⋯ 27
　　1.4.1　无黏性土的物理状态指标 ⋯⋯⋯⋯⋯⋯⋯⋯⋯⋯⋯⋯⋯⋯⋯⋯⋯ 28
　　1.4.2　黏性土的物理状态指标 ⋯⋯⋯⋯⋯⋯⋯⋯⋯⋯⋯⋯⋯⋯⋯⋯⋯⋯ 30
　实训项目　土工试验（土的基本物理性质） ⋯⋯⋯⋯⋯⋯⋯⋯⋯⋯⋯⋯⋯ 32
　1.5　土的渗透性 ⋯⋯⋯⋯⋯⋯⋯⋯⋯⋯⋯⋯⋯⋯⋯⋯⋯⋯⋯⋯⋯⋯⋯⋯⋯⋯ 36
　　1.5.1　土的渗透定律 ⋯⋯⋯⋯⋯⋯⋯⋯⋯⋯⋯⋯⋯⋯⋯⋯⋯⋯⋯⋯⋯⋯⋯ 36
　　1.5.2　土的渗透破坏 ⋯⋯⋯⋯⋯⋯⋯⋯⋯⋯⋯⋯⋯⋯⋯⋯⋯⋯⋯⋯⋯⋯⋯ 37
　1.6　土的工程分类 ⋯⋯⋯⋯⋯⋯⋯⋯⋯⋯⋯⋯⋯⋯⋯⋯⋯⋯⋯⋯⋯⋯⋯⋯⋯ 39
　1.7　土的压实性与工程应用 ⋯⋯⋯⋯⋯⋯⋯⋯⋯⋯⋯⋯⋯⋯⋯⋯⋯⋯⋯⋯⋯ 41
　　1.7.1　土的击实试验及压实特性 ⋯⋯⋯⋯⋯⋯⋯⋯⋯⋯⋯⋯⋯⋯⋯⋯⋯ 42
　　1.7.2　土的压实原理及影响压实效果的因素 ⋯⋯⋯⋯⋯⋯⋯⋯⋯⋯⋯ 43
　　1.7.3　土的工程应用 ⋯⋯⋯⋯⋯⋯⋯⋯⋯⋯⋯⋯⋯⋯⋯⋯⋯⋯⋯⋯⋯⋯⋯ 44
　实训项目　土的击实试验 ⋯⋯⋯⋯⋯⋯⋯⋯⋯⋯⋯⋯⋯⋯⋯⋯⋯⋯⋯⋯⋯⋯ 46
　知识扩展 ⋯⋯⋯⋯⋯⋯⋯⋯⋯⋯⋯⋯⋯⋯⋯⋯⋯⋯⋯⋯⋯⋯⋯⋯⋯⋯⋯⋯⋯⋯ 48
　能力训练 ⋯⋯⋯⋯⋯⋯⋯⋯⋯⋯⋯⋯⋯⋯⋯⋯⋯⋯⋯⋯⋯⋯⋯⋯⋯⋯⋯⋯⋯⋯ 51
　任务自测 ⋯⋯⋯⋯⋯⋯⋯⋯⋯⋯⋯⋯⋯⋯⋯⋯⋯⋯⋯⋯⋯⋯⋯⋯⋯⋯⋯⋯⋯⋯ 52

任务 2　地基中的应力计算 53

　　2.1　概述 53

　　　　2.1.1　应力计算中的符号规定 53

　　　　2.1.2　解决工程问题 54

　　2.2　土的自重应力 54

　　　　2.2.1　均质地基土的自重应力 54

　　　　2.2.2　成层土的自重应力 55

　　2.3　基底压力 57

　　　　2.3.1　基底压力的分布 57

　　　　2.3.2　基底压力的简化计算 59

　　　　2.3.3　基础底面附加应力 61

　　2.4　地基附加应力 61

　　　　2.4.1　竖向集中荷载作用下地基附加应力 62

　　　　2.4.2　任意分布荷载作用下地基附加应力 64

　　　　2.4.3　竖向矩形均布荷载作用下地基附加应力与工程应用 65

　　　　2.4.4　竖向三角形分布矩形荷载作用下地基附加应力 69

　　　　2.4.5　条形荷载作用下地基附加应力 71

　　2.5　土的有效应力原理 73

　　实训项目　土的有效应力原理的工程应用 74

　　知识扩展 77

　　能力训练 78

　　任务自测 79

任务 3　土的变形性质与地基沉降计算 80

　　3.1　概述 80

　　　　3.1.1　基本概念 80

　　　　3.1.2　解决工程问题 81

　　3.2　土的压缩性 81

　　　　3.2.1　土的压缩试验、压缩性指标及其工程应用 81

　　　　3.2.2　土的荷载试验及变形模量 86

　　3.3　地基沉降计算 88

　　　　3.3.1　地基变形特征与允许变形值 88

　　　　3.3.2　分层总和法与工程应用 89

　　　　3.3.3　规范法与工程应用 94

　　3.4　地基沉降时间关系与工程应用 98

　　　　3.4.1　饱和土的渗透固结 99

　　　　3.4.2　太沙基一维固结理论 99

　　　　3.4.3　地基沉降预测 105

　　实训项目　土的固结试验 105

　　知识扩展 109

　　能力训练 113

任务自测 ······ 114

任务4 土的抗剪强度 ······ 115

4.1 概述 ······ 115
4.2 土的抗剪强度的基本理论 ······ 116
4.2.1 摩尔-库仑破坏准则 ······ 116
4.2.2 土的极限平衡条件 ······ 118
4.2.3 土的抗剪强度理论的工程应用与发展 ······ 120
4.3 土的抗剪强度指标 ······ 123
4.3.1 土的抗剪强度指标的测定方法 ······ 123
4.3.2 土的抗剪强度指标的选择 ······ 131
实训项目 土的直接剪切试验 ······ 132
知识扩展 ······ 135
能力训练 ······ 136
任务自测 ······ 137

任务5 土压力、地基承载力和土坡稳定分析 ······ 138

5.1 概述 ······ 138
5.2 作用在挡土墙上的土压力 ······ 139
5.2.1 土压力的类型 ······ 139
5.2.2 静止土压力计算 ······ 140
5.3 朗肯土压力理论 ······ 141
5.3.1 朗肯主动土压力计算 ······ 142
5.3.2 朗肯被动土压力计算 ······ 143
5.3.3 几种情况下朗肯土压力计算 ······ 147
5.4 库仑土压力理论 ······ 152
5.4.1 库仑主动土压力计算 ······ 152
5.4.2 库仑被动土压力计算 ······ 154
5.5 朗肯土压力理论与库仑土压力理论的异同点 ······ 155
5.6 挡土墙设计 ······ 156
5.6.1 挡土墙的分类 ······ 156
5.6.2 挡土墙的构造措施 ······ 159
5.6.3 挡土墙的计算 ······ 160
实训项目 某工程挡土墙设计 ······ 162
5.7 地基的破坏形式及地基承载力 ······ 164
5.7.1 地基的破坏形式 ······ 164
5.7.2 地基承载力 ······ 165
5.7.3 地基极限承载力及其工程应用 ······ 169
5.7.4 汉森公式 ······ 174
5.8 土坡稳定分析 ······ 174
5.8.1 无黏性土坡稳定性分析 ······ 174
5.8.2 黏性土坡整体稳定性分析 ······ 175

知识扩展 ………………………………………………………………………… 176

能力训练 ………………………………………………………………………… 179

任务自测 ………………………………………………………………………… 180

任务 6　浅基础设计 …………………………………………………………… 181

6.1　概述 ………………………………………………………………………… 181

6.1.1　建筑物的安全等级 ……………………………………………………… 181

6.1.2　地基基础设计的基本原则和一般步骤 ………………………………… 181

6.1.3　浅基础的分类 …………………………………………………………… 182

6.2　基础埋置深度的选择 ……………………………………………………… 186

6.2.1　与建筑物有关条件与场地环境条件 …………………………………… 187

6.2.2　工程地质与水文地质条件 ……………………………………………… 187

6.2.3　地质冻融条件 …………………………………………………………… 188

6.3　地基承载力的确定 ………………………………………………………… 189

6.3.1　按土的抗剪强度指标确定 ……………………………………………… 190

6.3.2　按地基荷载试验确定 …………………………………………………… 192

6.3.3　按地基规范承载力表确定 ……………………………………………… 194

6.4　基础底面尺寸的确定 ……………………………………………………… 197

6.4.1　按地基持力层的承载力计算基底尺寸 ………………………………… 197

6.4.2　地基软弱下卧层验算 …………………………………………………… 200

6.4.3　地基变形的计算 ………………………………………………………… 202

6.5　刚性基础设计与应用 ……………………………………………………… 204

6.6　扩展基础设计与应用 ……………………………………………………… 207

6.6.1　扩展基础的构造要求 …………………………………………………… 207

6.6.2　扩展基础的计算 ………………………………………………………… 209

6.7　减轻不均匀沉降措施 ……………………………………………………… 215

实训项目　某工程浅基础设计 ………………………………………………… 216

知识扩展 ………………………………………………………………………… 220

能力训练 ………………………………………………………………………… 224

任务自测 ………………………………………………………………………… 225

任务 7　桩基础及其他深基础 ………………………………………………… 226

7.1　深基础及其工程应用概述 ………………………………………………… 226

7.2　桩基础分类与施工 ………………………………………………………… 227

7.2.1　桩基础分类 ……………………………………………………………… 227

7.2.2　桩基础施工 ……………………………………………………………… 230

7.2.3　桩质量检验 ……………………………………………………………… 236

7.3　单桩竖向承载力确定 ……………………………………………………… 236

7.3.1　按材料强度确定单桩竖向承载力 ……………………………………… 236

7.3.2　按单桩竖向抗压静荷载试验确定单桩竖向承载力 …………………… 237

7.3.3　按静力触探法确定单桩竖向承载力 …………………………………… 239

7.3.4　按经验参数确定单桩竖向承载力 ……………………………………… 240

7.3.5　按动力试桩法确定单桩竖向承载力 …………………………………… 244

    7.3.6　单桩竖向承载力特征值 ·································· 244

  7.4　桩水平承载力与位移 ····································· 245

    7.4.1　单桩水平静荷载试验 ································· 245

    7.4.2　水平受荷桩内力及位移分析 ··························· 247

  7.5　桩侧负摩擦力 ··· 251

  7.6　群桩基础计算 ··· 253

    7.6.1　群桩工作特点 ····································· 253

    7.6.2　承台下土对荷载的分担作用 ··························· 254

    7.6.3　复合基桩竖向承载力特征值 ··························· 255

    7.6.4　桩顶效应简化计算 ·································· 256

    7.6.5　桩基竖向承载力验算 ································· 257

    7.6.6　桩基软弱下卧层承载力验算 ··························· 258

    7.6.7　桩基竖向抗拔承载力及负摩擦力 ······················· 258

    7.6.8　桩基水平承载力与沉降验算 ··························· 259

  7.7　桩基工程设计 ··· 261

    7.7.1　桩类型及规格选择 ·································· 262

    7.7.2　桩数及桩位布置 ··································· 263

    7.7.3　桩身截面强度计算 ·································· 265

    7.7.4　承台设计 ·· 266

  7.8　其他深基础简介 ······································· 275

    7.8.1　沉井基础 ·· 275

    7.8.2　地下连续墙 ······································· 278

  实训项目　某桩基工程设计 ··································· 280

  知识扩展 ··· 284

  能力训练 ··· 285

  任务自测 ··· 286

任务 8　基坑工程 ·· 287

  8.1　概述 ··· 287

    8.1.1　基坑支护结构类型与工程应用 ························· 289

    8.1.2　作用于支护结构上的荷载与土压力计算 ················· 295

  8.2　基坑稳定性分析 ······································· 295

    8.2.1　基坑渗流稳定性分析 ································· 295

    8.2.2　基坑抗隆起稳定性分析 ······························ 297

    8.2.3　支护结构踢脚稳定性分析 ····························· 300

    8.2.4　基坑整体稳定性分析 ································· 301

  8.3　基坑开挖与支护 ······································· 303

    8.3.1　基坑地下水控制 ···································· 303

    8.3.2　基坑支护结构设计 ·································· 306

    8.3.3　基坑开挖与支护工程监测 ····························· 320

  实训项目　某工程基坑支护与监测方案设计 ····················· 323

  知识扩展 ··· 327

能力训练 ··· 334

任务自测 ··· 335

任务 9 地基处理及复合地基 ··· 336
9.1 常用地基处理方法及其应用概述 ······························· 336
9.2 复合地基工程应用理论 ··· 338
  9.2.1 复合地基概念与分类 ······································· 338
  9.2.2 复合地基作用机理与破坏模式 ······························· 339
  9.2.3 复合地基有关设计参数 ····································· 341
  9.2.4 复合地基承载力与变形计算 ································· 343
9.3 换土垫层法工程应用 ··· 346
  9.3.1 垫层设计 ··· 347
  9.3.2 垫层施工要点 ··· 349
9.4 排水固结法工程应用 ··· 349
  9.4.1 袋装砂井固结排水法和塑料排水板预压法 ····················· 350
  9.4.2 天然地基堆载预压法 ······································· 351
  9.4.3 真空预压法 ··· 355
9.5 挤密法工程应用 ··· 357
9.6 夯实法与振冲法工程应用 ······································· 359
  9.6.1 夯实法 ··· 359
  9.6.2 振冲法 ··· 362
9.7 化学加固工程应用 ··· 365
  9.7.1 灌浆法 ··· 365
  9.7.2 高压喷射注浆法 ··· 368
  9.7.3 水泥土搅拌法 ··· 372
9.8 托换技术工程应用 ··· 377
  9.8.1 桩式托换 ··· 379
  9.8.2 灌浆托换 ··· 381
知识扩展 ··· 382
能力训练 ··· 388
任务自测 ··· 388

任务 10 特殊土地基处理 ··· 389
10.1 特殊土地基及其工程处理应用概述 ····························· 389
10.2 软土地基 ··· 389
  10.2.1 软土工程特性及评价 ····································· 390
  10.2.2 软土地基的工程措施 ····································· 391
10.3 湿陷性黄土地基 ··· 392
  10.3.1 黄土的特征和分布 ······································· 392
  10.3.2 影响黄土地基湿陷性的主要因素 ··························· 392
  10.3.3 湿陷性黄土地基的勘察与评价 ····························· 393
  10.3.4 湿陷性黄土地基工程的处理 ······························· 396
10.4 膨胀土地基 ··· 397

　　10.4.1　膨胀土特性 ·· 397
　　10.4.2　膨胀土地基的勘察和评价 ································· 398
　　10.4.3　膨胀土地基计算及工程措施 ····························· 400
　10.5　山区地基及红黏土地基 ·· 401
　　10.5.1　土岩组合地基 ··· 401
　　10.5.2　岩溶 ··· 402
　　10.5.3　红黏土地基 ··· 404
　10.6　冻土地基及盐渍土地基 ·· 405
　　10.6.1　冻土地基 ··· 405
　　10.6.2　盐渍土地基 ··· 409
　实训项目　某工程地基处理方案 ····································· 410
　知识扩展 ··· 413
　能力训练 ··· 418
　任务自测 ··· 418
参 考 文 献 ··· 419

绪　论

　　土力学与基础工程是一门新的学科，当人们开始学习这门课程时，可能会想到：为何要学习本课程？本课程有何特点？在土木建筑等有关专业中究竟起什么作用？如果土力学理论掌握不好，地基基础工程处理不当，会出现什么后果？这些问题，通过了解国内外工程失事的实例和成功的经验，可以得到启示。

0.1　国内外地基与基础工程成败实例

　　随着我国大型、重型、高层建筑和有特殊要求的建筑物日益增多，国内在地基和基础设计与施工方面积累了不少成功的经验。国外有不少成功的范例，然而也有不少失败的教训。

　　案例1：加拿大特朗斯康谷仓

　　工程概况：如图0-1所示，该谷仓平面呈矩形，南北向长59.44 m，东西向宽23.47 m，高31.00 m，容积36 368 m³，容仓为圆筒仓，每排13个，5排共计65个圆筒仓。谷仓基础为钢筋混凝土筏形基础，厚度61 cm，埋深3.66 m。

　　事故简介：谷仓于1911年动工，1913年完工，空仓自身质量20 000 t，相当于装满谷物后满载总质量的42.5%。1913年9月装谷物，10月17日当谷仓已装了31 822 t谷物时，发现1小时内竖向沉降达30.5 cm，结构物向西倾斜，并在24小时内倾斜度离垂线达26°53′，谷仓西端下沉7.32 m，东端上抬1.52 m，上部钢筋混凝土筒仓坚如磐石（图0-2）。

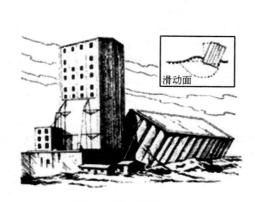

图0-1　特朗斯康谷仓

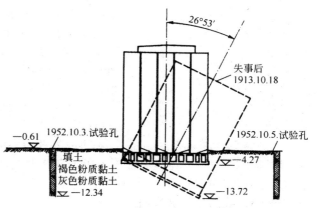

图0-2　特朗斯康谷仓倾斜示意图

事故原因：谷仓地基土事先未进行调查研究，根据邻近结构物基槽开挖试验结果，计算地基承载力为 352 kPa，应用到此谷仓。1952 年经勘察试验与计算，谷仓地基实际承载力为 193.8～276.6 kPa，远小于谷仓破坏时发生的压力 329.4 kPa，因此，谷仓地基因超载发生强度破坏而滑动。

事故处理：事后在下面做了 70 多个支撑于基岩上的混凝土墩，使用 388 个 50 t 千斤顶以及支撑系统，才把仓体逐渐纠正过来，但其位置比原来降低了 4 m。

案例 2：我国香港宝城滑坡

事故简介：我国香港地区人口稠密，平地已没有地皮，新建住宅只好建在山坡上。1972 年 5—6 月大暴雨，6 月雨量竟达 1 658.6 mm，引起山坡残积土软化而滑动。7 月 18 日 7 时，宝城路附近，2 万 m³ 残积土从山坡上下滑，巨大滑动体正好冲过一幢高层住宅——宝城大厦，顷刻间宝城大厦被冲毁倒塌并砸毁相邻一幢大楼一角约五层住宅，死亡 120 人，引起震惊，对岩土工程倍加重视，如图 0-3 和图 0-4 所示。

图 0-3　宝城滑坡（一）　　　　　　　　　　图 0-4　宝城滑坡（二）

事故原因：山坡上残积土本身强度较低，加之雨水渗入，其强度进一步大大降低，使得土体滑动力超过土的强度，于是山坡土体发生滑动。

案例 3：意大利比萨斜塔

工程概况：全塔共 8 层，高度为 55 m。塔身呈圆筒体，1～6 层由优质大理石砌成，顶部 7—8 层采用砖和轻石料。塔身每层都有精美的圆柱与花纹图案，是一座宏伟而精致的艺术品。1590 年伽利略在此塔做落体试验，发现了物理学上著名的落体定律。斜塔成为世界上最珍贵的历史文物，吸引无数世界各地游客，如图 0-5 所示。

图 0-5　比萨斜塔

事故简介：该塔自 1173 年 9 月 8 日动工，至 1178 年建至第四层中部，高度约 29 m 时，因塔明显倾斜而停工。94 年后，于 1272 年复工，经 6 年时间，建完第七层，高 48 m，再次停工中断 82 年。于 1360 年再复工，至 1370 年竣工。全塔总重约 145 MN，基础底面平均压力约 50 kPa。目前塔向南倾斜，南北两端沉降差 1.80 m，塔顶离中心线已达 5.27 m，倾斜 5.5°，成为危险建筑。1990 年 1 月 4 日封闭。

事故原因：地基持力层为粉砂，下面为粉土和黏土层，强度较低，变形较大。

事故处理：1838—1839 年，挖环形基坑卸载；1933—1935 年，基坑防水处理、基础灌浆加固；1990 年 1 月封闭；1992 年 7 月，加固塔身，用压重法和取土法进行地基处理；目前已向游人开放。

案例 4：我国苏州虎丘塔

工程概况：苏州虎丘塔位于苏州市虎丘公园山顶，落成于宋太祖建隆二年（公元 961 年）

（图 0-6），距今已有 1 054 年悠久历史。全塔 7 层，高 47.5 m。塔的平面呈八角形，由外壁、回廊与塔心三部分组成。塔身全部由青砖砌筑，外形仿楼阁式木塔，每层都有 8 个壶门，拐角处的砖特制成圆弧形，建筑精美。1961 年 3 月 4 日，国务院将此塔列为全国重点保护文物。

图 0-6　虎丘塔

事故简介：1956—1957 年间对上部结构进行修缮，但使塔重增加了 2 000 kN，加速了塔体的不均匀沉降。1957 年，塔顶位移为 1.7 m，到 1978 年发展到 2.3 m，重心偏离基础轴线 0.924 m。底层塔身发生不少裂缝，东北方向为竖直裂缝，西南方向为水平裂缝，砌体多处出现纵向裂缝，部分砖墩应力已接近极限状态，成为危险建筑而封闭。

事故原因：地基土层由上至下依次为杂填土、块石填土、粉质黏土夹块石、风化岩石、基岩等，由于地基土压缩层厚度不均及砖砌体偏心受压等原因，造成该塔向东北方向倾斜。

事故处理：在国家文物管理局和苏州市人民政府领导下，召开多次专家会议，采取在塔四周建造一圈桩排式地下连续墙，并对塔周围与塔基进行钻孔注浆和树根桩加固塔身，由上海市特种基础工程研究所承担施工，基本遏制了塔的继续沉降和倾斜。

案例 5：美国提顿坝

工程概况：提顿坝位于美国爱达荷州的提顿河上，是一座防洪、发电、旅游、灌溉等综合利用工程。大坝为土质心墙坝。最大坝高 126.5 m（至心墙齿槽底）。坝顶高程 1 625 m，坝顶长 945 m。土基坝段坝上游坡：上部为 1：2.5，下部为 1：3.5。坝下游坡：上部为 1：2.0，下部为 1：3.0。左岸为发电厂房，装机 16 MW。右岸布置有 3 孔槽式溢洪道。该坝于 1972 年 2 月动工兴建，1975 年建成。

事故简介：水库于 1975 年 11 月开始蓄水。1976 年春季库水位迅速上升。拟定水库水位上升限制速率为每天 0.3 m。由于降雨，水位上升速率在 5 月份达到每天 1.2 m。至 6 月 5 日溃坝时，库水位已达 1 616.0 m，仅低于溢流堰顶 0.9 m，低于坝顶 9.0 m。在大坝溃决前 2 天，即 6 月 3 日，在坝下游 400～460 m 右岸高程 1 532.5～1 534.7 m 处发现有清水自岩石垂直裂隙流出。6 月 4 日，距坝 60 m 高程 1 585.0 m 处冒清水，至该日晚 9 时，监测表明渗水并未

图 0-7　提顿坝

增大。6 月 5 日晨，该渗水点出现窄长湿沟。稍后在上午 7 时，右侧坝趾高程 1 537.7 m 处发现流浑水，流量达 0.56～0.85 m³/s，在高程 1 585.0 m 处也有浑水出漏，两股水流有明显加大趋势。上午 10 时 30 分，有流量达 0.42 m³/s 的水流自坝面流出，如图 0-7 所示，同时听到炸裂声。随即在坝下 4.5 m，在刚发现出水同一高处出现小的渗水。下游坝面有水渗出并带出泥土。11 时左右洞口不断扩大并向坝顶靠近，泥水流量增加。11 时 30 分洞口继续向上扩大，泥水冲蚀了坝基，主洞的上方又出现一渗水洞。流出的泥水开始冲击坝趾处的设施。11 时 57 分坝坡坍塌，泥水狂泻而下。12 时后坍塌口加宽，洪水扫过下游谷底，附近所有设施被彻底摧毁。直接损失达 8 000 万美元，起诉案 5 500 起，死亡 14 人，受灾 2.5 万人，60 万亩（40 000 m²）土地被淹，32 km 铁路受损。

事故原因：渗透破坏——水力劈裂。当库水由岩石裂缝流至齿槽时，高压水就对齿槽土体产生劈裂而通向齿槽下游岩石裂隙，造成土体管涌或直接对槽底松土产生管涌。

案例6：我国九江大堤决口

图0-8　九江大堤决口

事故简介：1998年长江全流域特大洪水时，万里长江堤防经受了严峻的考验，共发生各种险情6 000余处，一些地方的大堤垮塌，大堤地基发生严重管涌，洪水淹没了大片土地，人民的生命财产遭受巨大的威胁。1998年8月7日13时10分九江大堤发生管涌险情，20分钟后，在堤外迎水面找到两处进水口。又过了20分钟，防水墙后的土堤突然塌陷出一个洞，5 m宽的堤顶随即全部塌陷，并很快形成一宽约62 m的溃口，如图0-8所示。

事故原因：堤基管涌。

关于地基与基础工程失败的实例还有很多。例如图0-9中两个筒仓是某农场用来储存饲料的，建于加拿大红河谷的Lake Agassiz黏土层上，由于两筒之间的距离较近，在地基中产生的应力发生叠加，使得两筒仓之间地基土层的应力水平较高，从而导致内侧沉降大于外侧沉降，仓筒向内倾斜。图0-10为墨西哥城的一幢建筑，该地的土层为深厚湖相沉积层，土的天然含水量高，具有极高的压缩性。由于地基处理不当，可从建筑物外立面清晰地观看到其发生的沉降及不均匀沉降。

图0-9　加拿大红河谷的饲料筒仓

图0-10　墨西哥城一幢建筑的不均匀沉降

地基与基础工程成功的经典案例也有很多。

（1）我国的赵州桥。赵州桥（图0-11）位于河北赵州，由隋代石工李春所修建，造型美观，净跨37.02 m。基础建于黏性土地基，桥台砌置于密实的粗砂层上，基底压力500～600 kPa，但地基并未产生过大变形，1 400多年来，估计沉降量仅几厘米，按照现行相关规范验算，地基承载力和基础后侧被动土压力均能满足要求，且经无数次洪水和地震的考验而安然无恙。

图0-11　赵州桥

（2）苏州市里河桥新邨3号住宅。该住宅为六层楼，建筑面积1 200 m²。地基原为河塘积填区的茭白田，施工时地表积水深50~60 cm。地基持力层为高压缩性的饱和淤泥质土，经适当处理，采用30 cm厚板式基础。该住宅于1979年7月动工，当年11月竣工。1980年7月现场调查结构完好，使用正常。

（3）广州白云宾馆。地面以上33层，高114.5 m，总重近10^6 kN。地基覆盖层厚薄悬殊，最浅10 m，最深27.75 m。为适应抗震、抗台风的要求，采用桩基与墩287根，所用钢筋混凝土灌注桩直径1 m，单桩承载4 500 kN，混凝土墩直径2 m多，宾馆建成后使用良好，沉降小于 4 mm。

    土是建筑物的地基，是地下建筑的环境，对土工程性质认识的偏差可能会导致损失巨大的事故；地基与基础是建筑物的根本，其勘察、设计和施工质量的好坏将直接影响建筑物的安危、经济和正常使用，必须慎重对待地基与基础。地基基础设计时要充分掌握土的工程性质，从实际出发做多种方案比较，不能盲目套用，以免发生工程事故。只有深入了解地基情况，掌握勘察资料，运用土力学与基础工程的相关理论，解决好地基和基础的强度、变形和渗透等核心问题，经过精心设计与施工，才能使基础工程做到既经济合理，又能保证质量。由于基础工程是在地下或水下进行的，施工难度大，据统计，在一般高层建筑中，其造价约占总造价的 25%，工期占总工期的 25%~30%。当需要采用深基础或人工地基时，其造价和工期所占的比例更大。此外，地基和基础属于隐蔽工程，一旦出现问题，不仅损失巨大，且补救十分困难。因此，土力学与基础工程在土木工程中具有十分重要的作用，它可以解决工程实践问题，这正是土力学与基础工程存在的价值及我们学习土力学与基础工程的目的。

0.2　土力学、地基与基础

0.2.1　土力学

    土是地壳岩石经物理、化学、生物等风化作用的产物，是矿物或岩石碎屑构成的松软集合体。土由固体颗粒、水和空气三相组成，包括颗粒间互不连接、完全松散的无黏性土和颗粒间虽有连接，但连接强度远小于颗粒本身强度的黏性土。土与其他连续固体介质相区别的最主要特征就是它的多孔性和散体性，由此决定了土体的一系列物理特性和力学特性。由于其形成年代、生成环境及物质成分不同，工程特性也复杂多变。例如，我国沿海及内陆地区的软土，西北、华北和东北等地区的黄土，高寒地区的永久冻土，以及分布广泛的红黏土、膨胀土和杂填土等，其性质各不相同。因此，在建筑物设计前，必须充分了解、研究建筑场地相应土层的成因、构造、地下水情况、土的工程性质、是否存在不良地质现象等，进而对场地的工程地质条件做出正确的评价。

    土的基本特性如下：

    （1）碎散性。土是岩石风化或破碎的产物，是非连续体，受力以后易变形，强度低。体积变化主要是孔隙变化，剪切变形主要由颗粒相对位移引起。

    （2）三相体系。土本身是多相介质，它由固相（土骨架）、液相（水）和气相（空气）三相体系组成。这就决定了土在受到外力时，将由土骨架、孔隙、介质共同承担外力作用，存在较复杂的相互作用关系，且存在孔隙流体流动的问题。

    （3）自然变异性。土是自然界的产物，存在非均匀性、各向异性、结构性、时空变异性等自然变异属性。由此可见，土的力学特性非常复杂，其变形、强度和渗透特性是土力学研究的主要问题。

    土力学是研究土体应力、变形、强度和渗流等特性及其规律的一门学科，即用力学的基本原理和土工测试技术研究土体的工程性质和在力系作用下土体性状的学科。土力学可以被认为是力学的一个分支，但由于土是具有复杂性质的天然材料，因此在运用土力学理论解决各类土工问题时，还不能像其他力学一样具备系统的理论和严密的数学公式，而必须借助经验、试验辅以理论计算。因此，土力学是一门强烈依赖于实践的学科。

    土力学的研究对象是与人类活动密切相关的土和土体，包括人工土体和自然土体，以及与土的力学性能密切相关的地下水。土力学被广泛应用在地基、挡土墙、土工建筑物、堤坝等设计中。奥地利工程师卡尔·太沙基首先采用科学的方法研究土力学，被誉为"现代土力学之父"。

图 0-12　卡尔·太沙基

卡尔·太沙基（Karl Terzaghi，1883—1963）（图 0-12）美籍奥地利土力学家，现代土力学的创始人。1883 年 10 月 2 日生于布拉格（当时属奥地利）。1904 年和 1912 年先后获得格拉茨工业大学的学士和博士学位。

太沙基早期从事广泛的工程地质和岩土工程的实践工作，接触到大量的土力学问题，后期转入教学岗位，从事土力学的教学和研究工作，并着手建立现代土力学。他先后在麻省理工学院、维也纳高等工业学院和英国伦敦帝国学院任教，最后长期在美国哈佛大学任教。

太沙基连续在 1936 年的第 1 届到 1957 年的第 4 届国际土力学及基础工程会议上被选为主席。1923 年太沙基发表了渗透固结理论，第一次科学地研究土体的固结过程，同时提出了土力学的一个基本原理，即有效应力原理。1925 年，他发表的世界上第一本土力学专著《建立在土的物理学基础的土力学》被公认为进入现代土力学时代的标志。其随后发表的《理论土力学》和《实用土力学》全面总结和发展了土力学的原理和应用经验，至今仍为工程界的重要参考文献。

0.2.2　地基与基础

任何建筑物都建造在一定的地层上。通常把支承建筑物荷载且受建筑物影响的那一部分地层称为地基。地基可分为天然地基和人工地基。未经人工处理就可以满足设计要求的地基称为天然地基。如果地基软弱，其承载力不能满足设计要求，则需对地基进行加固处理（如采用换土垫层、深层密实、排水固结、化学加固、加筋技术等进行处理），这种地基称为人工地基。

基础是建（构）筑物中将结构所承受的各种荷载传递到地基上的结构组成部分，一般应埋入地下一定的深度，进入较好的地层。基础根据埋置深度不同可分为浅基础和深基础。通常把埋置深度不大（埋深 $d \leqslant 5$ m），只须经过挖槽、排水等普通施工程序就可以建造起来的基础称为浅基础。若浅层土质不良，须把基础埋置于深处的好地层（埋深 $d > 5$ m），就得借助于特殊的施工方法，建造各种类型的深基础，如桩基、墩基、沉井和地下连续墙等。地基与基础的相对位置如图 0-13 所示。根据地基与基础的接触关系，地基中的地层分为覆盖层、持力层和下卧层。其中直接与基础底面接触的土层称为持力层，地基基础设计时，通常应选择强度较高、

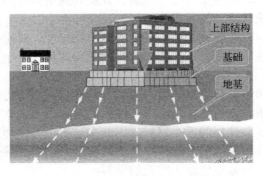

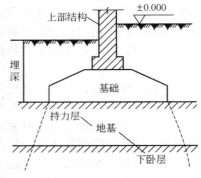

图 0-13　地基与基础的示意图

变形较小、稳定性较强的地层作为地基的持力层。持力层下面的土层称为下卧层，地基承载力低于持力层的下卧层称为软弱下卧层。覆盖层是位于持力层以上的所有地层。埋深是从室外地面到基底的这段距离。

地基与基础设计必须满足以下三个基本条件：

（1）地基应具有足够的强度。要求作用于地基的荷载不超过地基的承载能力，保证地基具有足够的防止整体破坏的安全储备。

（2）地基应具有足够的抗变形能力。控制基础沉降使之不超过地基的变形容许值，保证建筑物不因地基变形而损坏或影响其正常使用。

（3）基础结构本身应有足够的强度和刚度。基础结构本身应满足强度、变形和耐久性的要求。在荷载作用下，建筑物的地基、基础和上部结构三部分彼此联系，相互制约。设计时，应根据地质勘查资料，综合考虑地基—基础—上部结构的相互作用与施工条件，通过经济、技术比较，选取安全可靠、经济合理、技术先进和施工简便的地基基础方案。

0.3　本课程的发展概况

由于生产的发展和生活的需要，人类很早就懂得利用土进行建设。我国陕西西安半坡村新石器时代遗址发现的土台和石础，就是古代的地基基础。公元前 3 世纪修建的万里长城、战国时期修建的都江堰水利工程、隋朝南北大运河、黄河大堤、赵州石拱桥，以及许许多多遍及全国各地的宏伟壮丽的宫殿寺院、巍然挺立的高塔等，都是由于奠基牢固，即使经历了无数次强震、强风而安然无恙留存至今。隋朝所修赵州石拱桥，把桥台砌筑在密实粗砂层上，1 400 多年来沉降量很小，被列为"国际历史土木工程第 12 个里程碑"。北宋初（公元 989 年），著名木工喻皓在建造开封开宝寺木塔（图 0-14）时，考虑到当地多西北风，便特意使建于饱和土上的塔身稍向西北倾斜，设想在风力的长期断续作用下可以渐趋复正。可见当时的工匠已考虑到了建筑物地基的沉降问题。我国木桩基础的使用更是源远流长。如河姆

图 0-14　开宝寺木塔

渡文化遗址中发现的 7 000 多年前钱塘江南岸沼泽地带木构建筑下的木桩为世所罕见，公元前 532 年在今山西汾水上建成的 30 墩柱木柱梁桥（《水经注》），以及秦代所建渭桥等也都为木桩基础。再如，郑州隋朝超化寺打入淤泥的塔基木桩（《法苑珠林》）、杭州湾五代大海塘工程木桩等都是我国古代桩基础技术应用的典范。四川采用泥浆钻探法开盐井，西北在黄土中建窑洞以及用料石基垫、灰土地基等，雄辩地证明了我国劳动人民在长期实践中已经积累了丰富的土力学地基基础知识。只是由于当时生产力发展水平的限制，还未能提炼成为系统的科学理论。直到 18 世纪中叶，人们对土在工程建设方面的特性，还停留在感性认识阶段。

18 世纪产业革命以后，城市建设、水利、道路的兴修推动了土力学的发展。

1773 年，法国库仑（Coulomb）根据试验创立著名的砂土抗剪强度公式和土压力理论。

1855 年，法国达西（Darcy）创立了土的层流渗透定律。

1869 年，英国朗肯（Rankine）通过不同假定，提出土压力理论，对后来土体强度理论的发展起了很大的促进作用。

1885 年，法国布辛尼斯克（Boussinesq）求得半无限弹性体在垂直集中力作用下的应力和变形的理论解答。

1920 年，法国普朗德尔（Prandtl）提出地基剪切破坏时的滑动面形状和极限承载力公式。

1922 年，瑞典费伦纽斯（Fellenius）为解决铁路坍方研究出土坡稳定分析法。这些理论与方法至今仍在广泛应用。

1925 年，土力学家太沙基在归纳发展以往成就的基础上，发表了第一本土力学专著，比较系统地阐述了土的工程性质和有关的土工试验成果，所提出的有效应力原理和固结理论将土的应力、变形、强度、时间等有机联系起来，使之能有效地解决一系列土工问题。太沙基专著的问世，标志着近代土力学的开端，从此土力学成为一门独立的学科。

1948 年，太沙基与佩克（R.Peck）出版了《工程实用土力学》（*Soil Mechanics in Engineering Practice*），该书在土力学理论的基础上，将理论与测试技术和工程经验密切结合，不仅推动了土力学和基础工程作为一门工程学科的发展，而且强调了该门学科中实践的重要地位。

1963 年，英国剑桥大学的 Roscoe 等人提出了著名的剑桥模型，创建了临界状态土力学，为现代土力学的诞生和发展做出了重要贡献。

此后，现代土力学在非线性模型、弹塑性模型、非饱和固结理论、砂土液化理论、逐渐破坏理论、细观土力学等方面都取得了重要进展。我国不少学者对土力学理论的发展也做出了可贵的贡献，如陈宗基教授 1957 年提出的土流变学和黏土结构模式（已被电子显微镜观测证实）、黄文熙教授 1957 年提出的非均质地基考虑土侧向变形影响的沉降计算方法和砂土液化理论。

20 世纪 60 年代后，随着电子计算机的出现和计算技术的高速发展，试验技术实现了自动化、现代化，使土力学的研究进入了一个全新的阶段。1993 年，弗雷德隆德（D C Fredrund）和拉哈尔佐（H.Bahardjo）发表了《非饱和土土力学》（*Unsaturated Soil Mechanics*）一书，引起国内外土力学界的关注，非饱和土力学的研究进入一个新的历史时期。时至今日，在土木、水利、道桥、港口等有关工程中，大量复杂的地基与基础工程问题的逐一解决，为该门学科积累了丰富的经验。近年来，世界各国高土坝（坝高大于 200 m）、高层建筑、核电站等巨型工程的兴建和多次强烈地震的破坏，促进土力学进一步发展，积极研究土的本构关系、弹塑性与黏弹性理论和动力特性。同时，各种各样的勘探试验设备，如静力和动力触探仪，现场孔隙水压力仪、测斜仪、旁压仪、自动固结仪、大型三轴仪、振动三轴仪、流变仪等，为土力学研究提供了良好的条件。当然，由于土的性质的复杂性，土力学与地基基础还远没有成为具有严密理论体系的学科，需要不断地实践和研究。随着社会的发展，不可避免地会出现新的、更多的土力学与基础工程的问题（如环境岩土力学），也会不断出现新的热点和难点问题需要解决，而土力学与基础工程将在克服这些难题的基础上不断得到新的发展。

0.4　本课程的特点和学习方法

0.4.1　本课程的特点

本课程包括土力学（专业基础）和基础工程（专业）两部分，是土木工程专业的一门主干课程，涉及工程地质学、结构设计和施工等几个学科领域，内容广泛，综合性强，是联系基础课和专业课的桥梁。它由两个重要部分组成，一部分是有关土的物理力学性质以及土的强度理论、渗透理论和变形理论的知识，即解决土力学各种课题的基本理论和试验研究方法；另一部分是关于地基基础设计与施工的知识，即基础工程学的内容。前者为工程问题提供试验方法和理论基础，后者具有极强的技术性与应用性。因此，本课程是理论性和实践性都很强的一门课程。由于地基土形成的自然条件各异，因而它们的性质千差万别。不同地区的土有不同的特性，即使是同一地区的土，其特性在水平方向和深度方向也可能存在较大的差异。因此，从某种意义上说，一个最优的地基基础设计方案更依赖于完整的地质、地基土资料和符合实际情况的周密分析。但这并不能忽视理论的重要性，实际上，经验的系统化和经典力学理论的借鉴，永远是该学科的重要部分和发展基础。

　　本课程的另一大特点是知识更新周期较短。随着与之有关的建筑行业的迅速发展，该学科不断面临新的问题，如基础形式的创新、地下空间的开发、软土地基的处理、新的土工合成材料的应用等，从而导致新技术、新的设计方法不断涌现，且往往实践领先于理论，并促使理论不断更新和完善。

0.4.2　本课程的学习方法

　　在本课程的学习中，应着重搞清基本概念，掌握基本计算方法。土力学与基础工程的每一任务都有一些重要而基本的概念和相应的计算方法，应在理解的基础上掌握并运用到基础设计中。在学习中以土的基本物理性质为基础，自始至终抓住土的变形、强度和稳定性问题这一重要线索，并特别注意认识土的多样性和易变性等特点，找出各章的内在联系，做到融会贯通。在掌握基本原理的同时，还要注意它们的基本假设和适用条件。本课程内容多、涉及面广，学完各任务以后，应认真进行归纳小结，通过做习题检查学习效果，以巩固、加深所学的知识。

　　本课程与材料力学、结构力学、弹性理论、建筑材料、建筑结构及工程地质等有着密切的关系。本书在涉及这些学科的有关内容时仅引述其结论，要求理解其意义及应用条件，而不把注意力放在公式的推导上。土力学与基础工程的相关规范是根据土力学和基础工程的基本原理，并总结了工程实践的成功经验与失败教训，对设计内容、施工方法和质量检验标准做出的各种规定，是设计和施工必须遵循的准则。学习中应特别注意规范的应用条件，学会正确地使用规范。此外，基础工程几乎找不到完全相同的实例，在处理基础工程问题时，必须运用本课程的基本原理，深入调查研究，针对不同情况进行具体分析。因此，在学习时必须注意理论联系实际，才能提高分析问题和解决问题的能力。

任务1　土的物理性质与工程分类

任务目标

➢　了解土的成因和组成

➢　掌握土的物理性质与物理状态指标

➢　熟悉地基土的工程分类方法

➢　熟悉土的压实原理

➢　掌握土的物理性质、有关指标换算、试验和应用

➢　能运用渗透定律、压实原理解决填土施工和土的渗透破坏防治等工程问题

1.1　概述

土是由岩石经过风化、搬运和沉积的产物，它是由各种大小不同的矿物颗粒按各种比例组成的集合体。土的风化可分为物理风化、化学风化和生物风化三种类型。物理风化是地壳变动、温度、水流等对岩石崩解和破碎的机械作用。经过物理风化生成的土，基本上保持与母岩相同的矿物成分。化学风化是岩石受水和空气以及有机体等的化学作用。这种作用使其矿物成分发生变化，形成与母岩不同的矿物成分。生物风化是动植物对岩石的作用，如植物生长造成的机械破碎、生物新陈代谢的分泌物对岩石或土的侵蚀等。经过风化后的岩石碎屑（或颗粒）有的受动力（如风力、水力等）搬运，有的搬运较近，有的搬运较远，然后沉积下来，形成了大地表层各种各样的土，如图 1-1 所示。

岩石因物理风化作用破碎，在重力作用下堆积到山脚

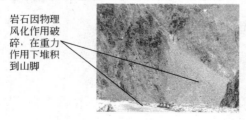

黄河冲积三角洲

图 1-1　土的形成过程

土的物理性质直接影响土的一系列工程性质。在处理与土相关的工程问题和进行土力学计算时，不但要知道土的物理性质及变化规律，从而认识各类土的特征，还必须掌握土的物理性质指标的测定方法以及这些指标之间的相互换算关系，并熟悉土的分类方法。土的物理性质与工程分类是评价土的工程性质、分析与解决土的工程技术问题的基础。

1.2 土的组成

土是由固体颗粒构成土的骨架，在骨架中间布满孔隙，而孔隙又被水和空气所填充。因此，在天然状态下，土体一般由固相土的（固体颗粒）、液相（土中的水）和气相（土中的气体）三部分所组成，简称三相体系，如图 1-2 所示。

土的固体颗粒是土的三相组成中的主体，是决定土的工程性质的主要成分。而液相，即土中的水也对土的性质影响很大。如果土的孔隙完全被水所填充，称为饱和土。当土的孔隙中没有水时称为干土。当土的孔隙由水和空气填充时称为非饱和土。

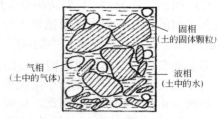

气相
（土中的气体）

固相
（土的固体颗粒）

液相
（土中的水）

图 1-2　土的三相组成

1.2.1 土中的固体颗粒

固相中最主要的成分是土粒。土粒的大小、相关矿物成分以及大小搭配情况对土的物理力学性质有明显影响，其中影响最大的是矿物成分。

1. 矿物成分

岩石经过物理风化或化学风化后形成的土粒，其矿物成分各不相同。通常把粒径大于 2 μm 的土粒认为是由物理风化而形成的原生矿物；而粒径小于 2 μm 的土粒认为是次生矿物。矿物成分对土粒的形状、大小以及物理化学性质有着决定性的影响。

（1）原生矿物。原生矿物包括石英、长石、云母等。由它们构成的粗粒土，如漂石、卵石、圆砾等，都是岩石的碎屑，其矿物成分与母岩相同。由于其颗粒大，比表面积（指单位体积内颗粒的总表面积）小，与水的作用能力弱，其抗水性和抗风化作用都强，故工程性质比较稳定。若级配好，则土的密度大，强度高，压缩性低。

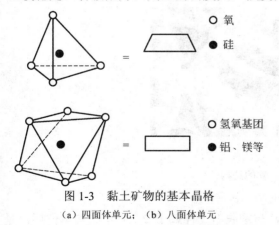

○ 氧
● 硅

○ 氢氧基团
● 铝、镁等

图 1-3　黏土矿物的基本晶格
（a）四面体单元；（b）八面体单元

（2）次生矿物。次生矿物是原生矿物经化学风化作用后形成的新矿物，主要成分为黏土矿物。黏土矿物属于层状硅酸盐，它们由两种基本晶片组成。一种基本晶片是硅氧四面体，即由一个 Si^{4+} 等距离地配上四个 O^{2-} 而构成，如图 1-3（a）所示。另一种基本晶片是铝或镁八面体，铝或镁处在中间，上下配有六个氧原子或氢氧基团，如图 1-3（b）所示。这两种基本晶片的不同组合情况形成了不同的黏土矿物类别，黏土矿物主要分为蒙脱石、伊利石和高岭石三类。它们颗粒细小，呈片状，是黏性土固相的主要成分，具有很大的比表面积，与水的作用能力很强，能发生一系列复杂的物理、化学变化。以 m^2/g 为单位，高岭石的比表面积为 $10 \sim 30\ m^2/g$，伊利石为 $65 \sim 100\ m^2/g$，而蒙脱石为 $700 \sim 840\ m^2/g$。由此可见，由于土粒大小不同而造成比表面积数值上的巨大变化，必然导致土的性质的突变，这种结果是可想而知的。另外，对土的工程性质影响较大的还有土粒粒间各种相互作用力的影响，而粒间的相互作用力又与矿物颗粒本身的结晶结构特征有关，也就是说，与组成矿物的原子和分子的排列有关，与原子、分子间的键力有关。下面以三种主要黏土矿物为例，介绍其结构特征和基本的工程特性。

（1）蒙脱石。它的结构如图1-4（a）所示，其晶胞由两层硅氧晶片之间夹一层铝氢氧晶片所组成，称为 2∶1 型结构单位层或三层型晶胞。由于晶胞之间是 O^{2-} 与 O^{2-} 的连接，而非分子间的相互作用力（范德华力）相互连接，其键力很弱，很容易被具有氢键的水分子揳入而分开，另外，夹在硅片中的 Al^{3+} 常被低价的其他离子（如 Mg^{2+}）所替换，在晶胞之间出现多余的负电荷，它可以吸附其他阳离子（如 Na^+、Ca^{2+} 等）来补偿。这种阳离子吸引极性水分子成为水化离子，充填于结构单位层之间，从而改变晶胞的距离，甚至达到完全分散到单晶胞为止，结构松散。因此，蒙脱石的晶胞是活动的，吸水后体积发生膨胀，体积可增大数倍，脱水后则可收缩。另外，它还具有高塑性、高压缩性、低强度、低渗透性，液限为150%～700%，塑性指数为100～650。土中蒙脱石含量较大时，该土可塑性和压缩性高，强度低，渗透性小，具有较大的吸水膨胀和脱水收缩的特性。膨胀土由于土粒中含有一定数量的蒙脱石，一般含量在5%以上，就会有明显的膨胀性。

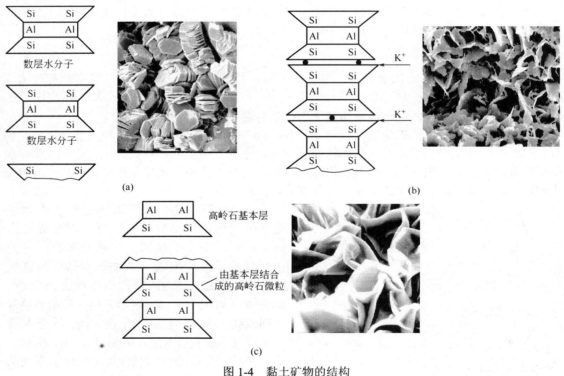

图1-4　黏土矿物的结构

（a）蒙脱石；（b）伊利石；（c）高岭石

（2）伊利石。它的结构如图 1-4（b）所示，与蒙脱石一样属于 2∶1 型结构单位层，是一层铝八面体上下与两层硅四面体相连接的黏土矿物，晶胞间键力也较弱。当晶体中的高价阳离子被低价阳离子代替时，主要由进入晶胞之间的 K^+ 来平衡负电荷。钾键增强了晶胞与晶胞之间的连接作用，结构较紧密，水分子难以进入，其亲水性、膨胀性和收缩性都较蒙脱石小，其力学性质介于高岭石与蒙脱石之间。

（3）高岭石。它的结构如图 1-4（c）所示，属于 1∶1 型结构单位层或两层型，是一层硅四面体与一层铝八面体相结合的产物。硅四面体尖端的氧原子与八面体共用，因而这两种晶片是以氢键连接的，其连接力很强，结构连接紧密，晶胞之间的距离不易改变，水分子不能进入，晶胞活动性较小，使得高岭石的亲水性、膨胀性和收缩性均小于伊利石，更小于蒙脱石。它的水稳性好，可塑性低，压缩性低，亲水性差。

可见，土的矿物结构的差异，从本质上决定了它的工程性质不同。

2．土粒的大小

土粒的大小对土性质的影响是显而易见的，如粗粒土没有黏性而细粒土具备黏性。土是自然界的产物，土中的土粒大小不可能是均匀划一的，而是粗细土粒掺合在一起的。

（1）土粒粒组。土粒的大小称为粒度。在工程中，粒度不同、矿物成分不同，土的工程性质也就不同。例如，颗粒粗大的卵石、砾石和砂，大多数为浑圆和棱角状的石英颗粒，具有较大的透水性而无黏性；颗粒细小的黏粒，则属于针状或片状的黏土矿物，具有黏滞性而透水性低。因此，工程上常把大小、性质相近的土粒合并为一组，称为粒组。而划分粒组的分界尺寸称为界限粒径。对于粒组的划分方法，目前各个国家、部门并不统一。目前我国广泛应用的粒组划分依据是《土的工程分类标准》（GB/T 50145—2007），见表 1-1。根据界限粒径 200 mm、60 mm、2 mm、0.075 mm 和 0.005 mm 将粒径由大至小划分为 6 个粒组：漂石或块石组、卵石或碎石组、圆砾或角砾组、砂粒组、粉粒组及黏粒组。

表 1-1　土粒大小分组

粒组名称	粒组划分		粒径范围 / mm	一般特征
巨粒组	漂石或块石颗粒		>200	透水性很强，无黏性，无毛细水
	卵石或碎石颗粒		200～60	
粗粒组	圆砾或角砾颗粒	粗砾	60～20	透水性很强，无黏性，毛细水上升高度不超过粒径大小
		中砾	20～5	
		细砾	5～2	
	砂粒	粗砂	2～0.5	易透水，当混入云母等杂质时透水性较小，而压缩性增加；无黏性，遇水不膨胀，干燥时松散；毛细水上升高度不大，随粒径变小而增大
		中砂	0.5～0.25	
		细砂	0.25～0.075	
细粒组	粉粒		0.075～0.005	透水性很弱；湿时有黏性、可塑性，细水上升高度大，但速度较慢
	黏粒		<0.005	

注：① 漂石、卵石和圆砾颗粒均呈一定的磨圆形状（圆形或亚圆形）；块石、碎石和角砾颗粒都带有棱角。
② 粉粒的粒径上限 0.075 mm 相当于 200 号标准筛的孔径。
③ 黏粒可称为黏土粒，黏粒的粒径上限也有采用 0.002 mm 为标准的。

（2）土的颗粒级配。为了说明天然土颗粒的组成情况，不仅要了解土粒的大小，而且要了解各种颗粒所占的比例。土中所含各粒组的相对含量，以土粒总质量的百分数表示，称为土的颗粒级配。表 1-2 列举了三种土样的颗粒级配。为了直观起见，通常以图 1-5 的土的颗粒级配曲线表示，颗粒级配曲线又称为颗粒级配累计曲线，其纵坐标表示小于某粒径的土粒含量占土样总质量的百分数，这个百分数是一个累计含量百分数，是所有小于该粒径的各粒组含量的百分数之和。横坐标是粒径的常用对数值，即 $\lg d$。这样表示是由于混合土中所含粒组的粒径往往跨度很大，达几千倍甚至上万倍，并且细颗粒的含量对土的工程性质影响往往很大，不容忽视，有必要详细描述细粒土的含量；为了把粒径相差如此大的不同粒组表示在同一个坐标系下，故横坐标采用对数坐标。

表 1-2 土的粒度成分

土样编号	各粒径范围土粒组成/%				d_{60}	d_{30}	d_{10}	C_u	C_c
	2~10 mm	0.5~2 mm	0.005~0.5 mm	<0.005 mm					
A	0	99	1	0	0.165	0.11	0.15	1.5	1.24
B	0	66	30	4	0.115	0.012	0.044	9.6	1.40
C	44	56	0	0	3.00	0.15	0.25	20	0.14

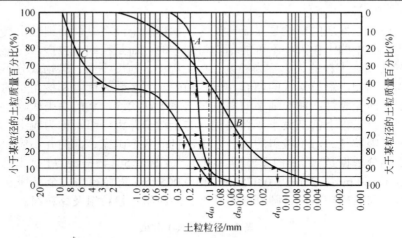

图 1-5 土的颗粒级配曲线

由曲线的形态可评定土颗粒大小的均匀程度。如曲线平缓，则表示粒径大小悬殊，颗粒不均匀，级配良好（如图 1-5 曲线 B）；如曲线越陡，则表示颗粒均匀，级配不良（如图 1-5 曲线 A、C）。为了定量说明问题，工程中常用不均匀系数 C_u 和曲率系数 C_c 来反映土粒级配的不均匀程度。

$$C_u = \frac{d_{60}}{d_{10}} \qquad (1-1)$$

$$C_c = \frac{d_{30}^2}{d_{60} \times d_{10}} \qquad (1-2)$$

式中　　d_{60}——小于某粒径的土粒质量占土总质量百分数为 60% 的粒径，称为限定粒径；

d_{30}——小于某粒径的土粒质量占土总质量百分数为 30% 的粒径，称为中值粒径；

d_{10}——小于某粒径的土粒质量占土总质量百分数为 10% 的粒径，称为限定有效粒径。

可见，不均匀系数 C_u 反映了大小不同粒组的分布情况，曲率系数 C_c 描述了级配曲线分布的整体形态，表示是否有某粒组缺失的情况。因此，工程用它们来判断土的级配是否良好，其判断标准如下：

（1）对级配连续的土，$C_u > 5$，级配良好；$C_u < 5$，级配不良。

（2）对级配不连续的土，$C_u > 5$ 且 $C_c = 1 \sim 3$，级配良好；否则级配不良。

颗粒级配可以在一定程度上反映土的某些性质。对于级配良好的土，较粗颗粒间的孔隙被较细的颗粒填充，颗粒之间粗细搭配填充好，易被压实，因而土的密实度较好，相应地基土的强度和稳定性也较好，透水性和压缩性较小，可用作路基、堤坝或其他土建工程的填方土料。

为了确定土的颗粒级配，需要用某种方法将各粒组分开，通常采用的方法是颗粒分析试验。试验方法有两种：对于粒径大于 0.075 mm 的粗粒土，可用筛分析法；对于粒径小于 0.075 mm 的细粒土，可用密度计法。对于天然混合土样，当粒径小于 0.075 mm 的细粒土含量大于 10% 时，需配合使用这两种方法，以确定各粒组的含量。筛分析法是一种直接测定的方法，具体方法为：

将土样风干、分散之后，取具有代表性的土样倒入一套按孔径大小排列的标准筛（如孔径为 200 mm、20 mm、2 mm、0.5 mm、0.25 mm、0.075 mm 的筛子及底盘，见图 1-6），经振摇后，分别称出留在各个筛子及底盘上土的质量，即可求出各粒组相对含量的百分数。

密度计法是根据球状的细颗粒在水中的下沉速度与颗粒直径的平方成正比的原理（Stokes 定律），即 $d = 1.126\sqrt{v}$（mm），把颗粒按下沉速度进行粗细分组。将定量的土样与蒸馏水混合注入量筒中并充分搅拌。在刚停止搅拌的瞬间，各种粒径的土粒在悬液中是均匀分布的，但静置一段时间 t_i 后，较粗的土粒下沉较快，如图 1-7 所示，L_i 处只含有小于 d_i 粒径的土粒。此时用乙种密度计（图 1-8）测得土粒沉降距离 L_i 处的悬液密度 ρ_i，则 $v_i = L_i / t_i$，$d_i = 1.126\sqrt{L_i / t_i}$，小于该粒径 d_i 的土粒质量为

$$m_{si} = 1\,000(\rho_i - \rho_w)\rho_s / (\rho_s - \rho_w)$$

式中 ρ_s ——土粒的密度，g/cm³；

      ρ_w ——水的密度，g/cm³。

可计算出小于该粒径 d_i 的累计百分含量 $p_i = m_{si} / m_s$。采用不同的测试时间 t，即可测得细颗粒各粒组的相对含量。

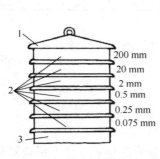

图 1-6 标准筛
1—筛盖；2—筛盘；3—底盘

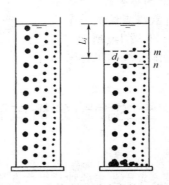

图 1-7 土粒在悬浮液中的沉降

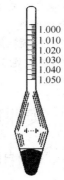

图 1-8 乙种密度计

【能力训练例题 1-1】 取某场地干土 500 g，筛分析法得到的试验结果见表 1-3。取小于 0.075 mm 的颗粒 30 g，密度计法得到的试验结果见表 1-4。试计算并给出颗粒级配曲线。

表 1-3 筛分析法的试验结果

筛孔直径 d/mm	10	5	2	1	0.5	0.25	0.075
留筛土质量/g	0	25	35	40	35	60	110

表 1-4 密度计法的试验结果

筛孔直径 d/mm	0.075	0.05	0.02	0.005	0.002
留筛土质量/g	30	23.5	12.5	3.3	2

解： （1）计算筛分析法的试验结果。土粒总质量为 500 g，先由 500 g 减去各粒径留筛土粒质量计算各筛下土粒质量，再将各粒径筛下土粒质量分别除以 500 g 获得小于该粒径土粒质量占总质量的百分数，如表 1-5 最后一列所示。由表可见，小于 0.075 mm 的土粒占总土粒质量的 39%，需要继续进行密度计法试验。

（2）计算密度计法的试验结果。土粒总质量为 30 g，先由小于各粒径土粒质量分别除以 30 g，获得小于该粒径土粒质量占 30 g 土粒质量的百分数，如表 1-6 第 3 列所示；再将第 3 列数据乘以

39%，得到小于该粒径土粒质量占总质量500 g的百分数，如表1-6最后一列所示。

表1-5　筛分法计算结果

筛孔直径 d/mm	10	5	2	1	0.5	0.25	0.075
留筛土质量/g	0	25	35	40	35	60	110
筛下土质量/g	500	475	440	400	365	305	195
小于该粒径土粒质量占总质量的百分数/%	100	95	88	80	73	61	39

表1-6　密度计法计算结果

筛孔直径 d/mm	0.075	0.05	0.02	0.005	0.002
留筛土质量/g	30	23.5	12.5	3.3	2
小于该粒径土粒质量占30 g土粒质量的百分数/%	100	78.3	41.7	11	6.7
小于该粒径土粒质量占总质量500g的百分数/%	39	30.5	16.3	4.3	2.6

（3）绘出颗粒级配曲线。将表1-5、表1-6的第1列的粒径 d 值和第4列的百分数值分别合并，构成一组数据。以筛孔直径 d 或颗粒直径 d 为横坐标，采用对数坐标，以小于该粒径土粒质量占总质量的百分数为纵坐标，点绘所有试验数据点，再过所有数据点绘成一条曲线，即得到颗粒级配曲线，如图1-9所示。

【问题讨论】 为何级配曲线横坐标采用对数坐标？

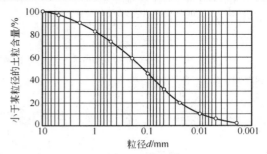

图1-9　颗粒级配曲线

实训项目　土的颗粒分析试验

一、试验目的

颗粒大小分析试验是测定干土中各种粒组所占该土总质量的百分数，借以明确颗粒大小分布情况，供土的分类与概略判断土的工程性质及选料之用。

二、试验方法与适用范围

（1）筛分析法：适用于粒径大于 0.075 mm 的土。

（2）密度计法：适用于粒径小于 0.075 mm 的土。

（3）移液管法：适用于粒径小于 0.075 mm 的土。

（4）若土中粗细兼有，则联合使用筛分析法及密度计法或移液管法。

三、筛分析法试验

1. 仪器设备

（1）粗筛：圆孔，孔径为 60 mm、40 mm、20 mm、10 mm、5 mm、2 mm；细筛：孔径为 2.0 mm、1.0 mm、0.5 mm、0.25 mm、0.1 mm、0.075 mm。

（2）天平：称量 1 000 g 与称量 200 g。

（3）振筛机：筛分过程中应能上下振动，水平转动。

2. 操作步骤（无黏性土的筛分析法）

（1）从风干、松散的土样中用四分法按下列规定取出有代表性的试样：

1）粒径小于 2 mm 的土取 100～300 g；

2）最大粒径小于 10 mm 的土取 300～1 000 g；

3）最大粒径小于 20 mm 的土取 1 000～2 000 g；

4）最大粒径小于 40 mm 的土取 2 000～4 000 g；

5）最大粒径小于 60 mm 的土取 4 000 g 以上。

称量准确至 0.1 g；当试样质量多于 500 g 时，准确至 1 g。

（2）将试样过 2 mm 细筛，分别称出筛上和筛下土质量。

（3）取 2 mm 筛上试样倒入依次叠好的粗筛的最上层筛中；取 2 mm 筛下试样倒入依次叠好的最上层筛中，进行筛分。细筛宜放在振筛机上振摇，振摇时间一般为 10～15 min。

（4）由最大孔径筛开始，顺序地将各筛取下，在白纸上用手轻叩摇晃，如仍有土粒漏下，应继续轻叩摇晃，至无土粒漏下为止。漏下的土粒应全部放入下一级筛内。并将留在各筛上的试样分别称量，准确至 0.1 g。

（5）各细筛上及底盘内土质量总和与筛前所取 2 mm 筛下土质量之差不得大于 1%；各粗筛上及 2 mm 筛下的土质量总和与试样质量之差不得大于 1%。

注：若 2 mm 筛下的土的质量小于试样总质量的 10%，则可省略细筛筛分；若 2 mm 筛上的土的质量小于试样总质量的 10%，则可省略粗筛筛分。

3．计算与制图

（1）计算小于某粒径的试样质量占试样总质量的百分数。

$$x = \frac{m_A}{m_B} \cdot d_x$$

式中　x——小于某粒径的试样质量占试样总质量的百分数，%；

　　m_A——小于某粒径的试样质量，g；

　　m_B——当细筛分析时或用密度计法分析时所取试样质量（粗筛分析时则为试样总质量），g；

　　d_x——粒径小于 2 mm 或粒径小于 0.075 mm 的试样质量占总质量的百分数，如试样中无大于 2 mm 的粒径或无小于 0.075 mm 的粒径，则在计算粗筛分析时 $d_x = 100\%$。

（2）绘制颗粒大小分布曲线。以小于某粒径的试样质量占总质量的百分数为纵坐标，以粒径在对数横坐标上进行绘制，然后求出各粒组的颗粒质量的百分数。

（3）计算级配指标。

不均匀系数 $C_u = \dfrac{d_{60}}{d_{10}}$，曲率系数 $C_c = \dfrac{d_{30}^2}{d_{60} \times d_{10}}$。

四、颗粒分析试验记录

筛分析法

孔径/mm	20	10	5	2	1	0.5	0.25	0.075	底盘总计	砂土命名
留筛土质量/g										
小于该孔径土的质量/g									土样总质量/g	
小于该孔径土的质量百分数/%										

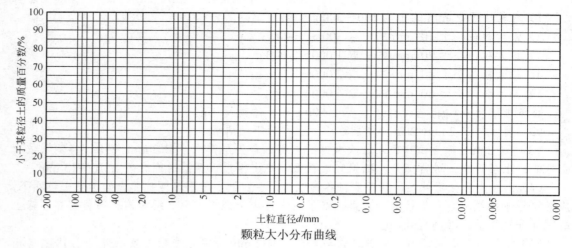

颗粒大小分布曲线

五、思考与练习

1. 试计算该土的不均匀系数和曲率系数，并评价土的级配是否良好。
2. 砂类土的最主要特征是什么？黏性土的主要特征是什么？
3. 做土的粒径分析有什么用处？从土的级配曲线能够知道些什么？

1.2.2　土中的水

土中的水按存在形态分为液态水、固态水和气态水。固态水又称矿物内部结晶水或矿物内部结合水，是指存在于土粒矿物的晶体格架内部或是参与矿物构造的水。根据其对土的工程性质的影响，可把矿物内部结合水当作土体矿物颗粒的一部分，这种水只有在较高的温度下（80 ℃～680 ℃），才能化为气态水而与颗粒分离。气态水是土中的气的一部分。液态水是人们日常生活中不可缺少的物质，通常分为自来水、井水、河水与海水等。土力学中水的分类与日常生活不同，它从工程角度对水进行微观研究。土中液态水分为结合水和自由水两大类。

1. 结合水

结合水是指在电分子引力下吸附于土粒表面的水。这种电分子引力高达几千到几万个大气压，使部分水分子与土粒表面牢固地粘结在一起。这一点已被电渗电泳试验所验证。

黏土矿物由于土粒表面一般带有负电荷，围绕土粒形成电场，在土粒电场范围内的水分子和水溶液中的阳离子被吸附在土粒表面，原来不规则排列的极性水分子，被吸附后呈定向排列。在靠近土粒表面处，由于静电引力较强，能把水化离子和极性分子牢固地吸附在颗粒表面而形成固定层。在固定层外围，静电引力比较小，水化离子和极性水分子活动性比在固定层中大些，形成扩散层。因此可将结合水分成强结合水和弱结合水两种，如图1-10所示。

（1）强结合水。强结合水是指紧靠土粒表面的结合水。它的特征是：没有溶解盐类的能力，不能传递静水压力，只有吸热变成蒸汽时才能移动。这种水分子极牢固地结合在土颗粒表面，其性质接近固体，密度为1.2～2.4 g／cm³，冰点为−78 ℃，具有极大的黏滞性、弹性和抗剪强度。如果将干燥的土放在天然湿度和温度的空间，则土的质量增加，直到土中强结合水达到最大吸着度为止。土粒越细，吸着度越大。黏性土只有强结合水存在时，才呈固体状态。

（2）弱结合水。弱结合水紧靠于强结合水的外围形成一层结合水膜。受力时能由水膜较厚处缓慢转移到水膜较薄处，也可因电场引力从一个土粒周围移到另一个土粒周围。也就是说，弱结合水膜能发生变形，但不因重力作用而移动。弱结合水的存在是黏性土在某一含水量范围内表现出可塑性的原因，土的冻胀也与弱结合水的性质有关，此部分水对黏性土影响最大。

2．自由水

存在于土孔隙中颗粒表面电场影响范围以外的水称为自由水。它的性质和普通水一样，能传递静水压力和溶解盐类，冰点为 0 ℃。自由水按其移动所受作用力的不同分为重力水和毛细水。

（1）重力水。重力水是在土孔隙中受重力作用能自由流动的水，具有一般液态水的共性，存在于地下水位以下的透水层中。重力水在土的孔隙中流动时，能产生渗透力，带走土中细颗粒，而且能溶解土中的盐类。这两种作用会使土的孔隙增大，压缩性提高，抗剪强度降低。地下水位以下的土粒受水的浮力作用，使土的自重应力状态发生变化。在水头作用下，重力水会产生渗透力，对开挖基坑、排水等方面均产生较大影响。

（2）毛细水。毛细水是受到水与空气界面处表面张力作用的自由水。毛细水存在于地下水位以上的透水层中。在水、气界面上，由于弯液面表面张力的存在，以及水与土粒表面的浸润作用，孔隙水的压力将小于孔隙内的大气压力。于是，沿着毛细弯液面的切线方向，将产生迫使相邻土粒挤紧的压力，这种压力称为毛细压力，如图 1-11 所示。毛细压力的存在，增加了粒间错动的阻力，使得湿砂具有一定的可塑性，被称为"假黏聚力"。在施工现场可见到稍湿状态的砂性地基可开挖成一定深度的直立坑壁，就是因为砂粒间存在假黏聚力的缘故。当地基饱和或特别干燥时，不存在水与空气的界面，假黏聚力消失，坑壁就会塌落。

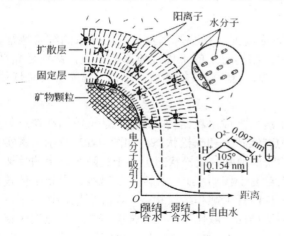

图 1-10　土中的水示意图

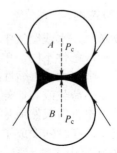

图 1-11　毛细压力示意图

地基土的温度随大气温度变化。当地温降到 0 ℃以下时，土体便因土中水冻结而形成冻土。细粒土在冻结时，往往发生膨胀，即所谓的冻胀。冻胀的机理是：土层冻结时，下部未冻区土中的水分向冻结区迁移、集聚。弱结合水的外层已接近自由水，在−0.5 ℃时冻结，越靠近土粒表面，冰点越低，在−30 ℃以下才能全部冻结。当低温传入土中时，土中的自由水首先冻结成冰，弱结合水的外层开始冻结，使冰晶体逐渐扩大，冰晶体周围土粒的水膜变薄，土粒产生剩余的电分子引力。另外，由于结合水膜变薄，使水膜中的离子浓度增加，产生吸附力。在这两种力的作用下，下部未冻结区的自由水便被吸到冻结区维持平衡，受温度影响而冻结，冰晶体增大，不平衡引力继续形成，引发水分迁移现象。若下卧不冻结区能不断地给予水源补充，则冰晶体不断扩大，在土层中形成夹冰层，地面随之隆起，出现冻胀现象。土的冻胀和融陷现象是季节性冻土的特性，亦即土的冻胀性。冻胀和融陷都将对工程产生不利影响。特别是高寒地区，发生冻胀时，使路基隆起，柔性路面鼓包、开裂，刚性路面错缝或折断；冻胀引起修建在冻土上的建筑物开裂、倾斜，甚至使轻型构筑物倒塌。而发生融陷后，路基土在车辆反复碾压下，轻者路面变软，重者路面翻浆；也会使房屋、桥梁、涵管发生大量下沉或不均匀下沉，引起建筑物的开裂破坏。

土的冻胀现象是在一定条件下形成的。影响冻胀的因素有土的因素、水的因素和温度因素。在持续负温作用下，地下水位较高处的粉砂、粉土、粉质黏土等土层常具有较大的冻胀危害。因此，根据影响冻胀的三个因素，采取相应的防治冻胀的工程措施。其主要措施是，将构筑物基础底面置于当地冻结深度以下，以防止冻害的影响。

1.2.3　土中的气

土中气体有两种存在形式：一种与大气相通；另一种在土的孔隙中被水封闭，与大气隔绝。与大气相通的气体存在于接近地表的土孔隙中，其含量与孔隙体积大小及孔隙被填充的程度有关，它对土的工程性质影响不大。在细粒土中常存在与大气隔绝的封闭气泡，其成分可能是空气、水汽或天然气等，它不易逸出，因气泡的栓塞作用降低了土的透水性。封闭气体的存在增大了土的弹性和压缩性，对土的性质有较大的影响。

含气体的土称为非饱和土，非饱和土的工程性质的研究已形成土力学的一个新的分支。

1.2.4　土的结构和构造

土的结构是指土颗粒的大小、形状、表面特征、相互排列及其联结关系的综合特征，一般分为单粒结构、蜂窝结构、絮状结构。土的结构对土的工程性质影响很大，特别是黏性土，如某些灵敏性黏土在原状结构时具有一定强度，当结构被扰动或重塑时，强度就会降低很多。

1．单粒结构

粗矿物颗粒在水或空气中因自重作用下沉落形成单粒结构，其特点是土粒间存在点与点的接触。根据形成条件不同，单粒结构可分为密实状态和疏松状态，如图 1-12 所示。密实状态土结构紧密，强度大，压缩性小，是良好的天然地基。疏松状态土由于孔隙大，土的骨架不稳定，当受到动力荷载或其他外力作用时，土粒易于移动，土中孔隙剧烈减少，引起土体较大的变形，这种土不宜做天然地基。如果细砂或粉砂处于饱和疏松状态，在强烈振动作用下，土的结构趋于紧密，在瞬间变成了流动状态，即所谓的"液化"，土体强度丧失，在地震区将产生震害。1976 年唐山大地震后，当地许多地区出现了喷砂冒水现象，这就是砂土液化的结果。

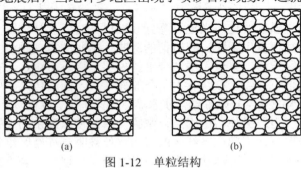

(a)　　　　　　　　　　　　(b)

图 1-12　单粒结构

（a）密实状态；（b）疏松状态

2．蜂窝结构

组成蜂窝结构的颗粒主要是粉粒（粒径为 0.05～0.005 mm），该类颗粒在水中沉积时，以单个颗粒下沉，颗粒间点与点接触。当下沉颗粒到达已沉积的颗粒时，由于它们之间的引力大于自重力，因此，土粒停留在最初的接触点上不再下沉，形成链环单位，土粒链组成弓架结构，形成孔隙较大的蜂窝结构，如图 1-13 所示。具有蜂窝结构的土有很大孔隙，但由于弓架作用和一定程度的粒间联结，使其可承担一般的水平静荷载。但当其承受较高水平荷载或动力荷载时，其结构将破坏，导致严重的地基沉降。

3．絮状结构

细微黏粒（粒径小于 0.005 mm）大都呈针状或片状，质量极小，在水中处于悬浮状态，不能靠自重下沉。当悬液介质发生变化时，土粒表面的弱结合水厚度减薄，黏粒互相接近，凝聚成絮状物下沉，形成孔隙较大的絮状结构，如图 1-14 所示。絮凝沉积形成的土，在结构上是极不稳定的，随着溶液性质的改变或受到震荡后可重新分散。在很小的施工扰动下，土粒之间的联结脱落，造成结构破坏，强度迅速降低，但土粒之间的联结强度（结构强度）往往由于长期的压密和胶结作用而得到加强。可见，黏粒间的联结特征，是影响这一类土工程性质的主要因素之一。

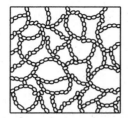

图 1-13　蜂窝结构

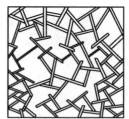

图 1-14　絮状结构

土的构造是指土体中各结构单元之间的关系，主要特征是土的成层性和裂隙性，即层理构造和裂隙构造，两者都造成了土的不均匀性。层理构造是土粒在沉积过程中，由于不同阶段沉积的物质成分、颗粒大小或颜色不同，而沿竖向呈现出成层特征。裂隙构造是土体被许多不连续的小裂隙所分割，如黄土的柱状裂隙。裂隙的存在大大降低了土体的强度和稳定性，增大了透水性，对工程不利。此外，也应注意到土中有无包裹物（如腐殖物、贝壳、结核体等）以及天然或人为的孔洞存在。

1.3　土的物理性质指标

土的物理性质直接反映土的松密、软硬等物理状态，也间接反映土的工程性质。而土的松密和软硬程度主要取决于土的三相各自在数量上所占的比例。所以，要研究土的物理性质，就要分析土的三相比例关系，以其体积或质量上的相对比值，作为衡量土最基本的物理性质指标，并利用这些指标间接地评定土的工程性质。

1.3.1　指标的定义

为了导得三相比例指标和说明问题方便起见，可把土中本来交错分布的固体颗粒、水和气体三相分别集中起来，构成理想的三相关系图（图 1-15）。气体的质量相对很小，可以忽略不计。

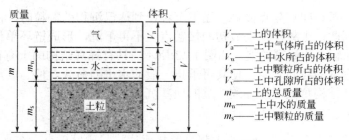

V——土的体积
V_a——土中气体所占的体积
V_w——土中水所占的体积
V_s——土中颗粒所占的体积
V_v——土中孔隙所占的体积
m——土的总质量
m_w——土中水的质量
m_s——土中颗粒的质量

图 1-15　土的三相关系示意图

1.3.1.1　三个基本试验指标

土的天然密度、含水量、土粒相对密度三个指标可由土工试验直接测定，称为三个基本试验指标。

1.　土的天然密度 ρ 和重度 γ

土在天然状态时单位体积的质量称为土的天然密度（ g/cm³ 或 t/cm³ ），土在天然状态时单位体积的重力称为土的重度（ kN/cm³ ），即

$$\rho = \frac{m}{V} \tag{1-3}$$

$$\gamma = \rho g \tag{1-4}$$

式中　　g——重力加速度，约为 9.8 m/s²，一般在工程计算中近似取 $g = 10$ m/s²。

土的密度一般采用"环刀法"测定。

2.　土的含水量 w

土中水的质量与土粒的质量之比（用百分数表示）称为土的含水量，也称为土的含水率，即

$$w = \frac{m_w}{m_s} \times 100\% \tag{1-5}$$

土的含水量是标志土湿度的一个重要指标。天然土层含水量变化范围较大，与土的种类、埋藏条件及其所处的自然地理环境等有关。含水量越小，土越干；反之，土越湿或饱和。一般来说，对同一类土，当其含水量增大时，其强度就降低。土的含水量对黏性土、粉土的性质影响较大，对粉砂、细砂稍有影响，而对碎石土等没有影响。土的含水量一般采用"烘干法"测定。

3.　土粒的相对密度 G_s

土粒的质量与同体积的 4 ℃时纯水的质量之比称为土粒的相对密度，也称为土粒比重，无量纲，即

$$G_s = \frac{m_s}{V_s \rho_w} = \frac{\rho_s}{\rho_w} \tag{1-6}$$

式中　　ρ_s——土粒的密度，g/cm³ ；

ρ_w——纯水在 4 ℃时的密度（单位体积的质量），取 1 g/cm³ 或 1 t/cm³ 。

土粒的相对密度可在实验室采用"比重瓶法"测定。

1.3.1.2　反映土单位体积质量（或重力）的指标

反映土单位体积质量（或重力）的指标除土的天然密度 ρ 、重度 γ 外，还有以下几个指标。

1. 土的干密度 ρ_d 和干重度 γ_d

单位体积土中固体颗粒部分的质量，称为土的干密度 ρ_d（g/cm³ 或 t/cm³）；单位体积土中固体颗粒部分的重力，称为土的干重度 γ_d（kN/cm³），即

$$\rho_d = \frac{m_s}{V} \tag{1-7}$$

$$\gamma_d = \rho_d g \tag{1-8}$$

工程上常用土的干密度来评价土的密实程度，以控制填土的施工质量。

2. 土的饱和密度 ρ_{sat} 和饱和重度 γ_{sat}

土孔隙中充满水时的单位体积质量，称为土的饱和密度 ρ_{sat}（g/cm³ 或 t/cm³）；土孔隙中充满水时的单位体积重力，称为土的饱和重度 γ_{sat}（kN/cm³），即

$$\rho_{sat} = \frac{m_s + V_v \rho_w}{V} \tag{1-9}$$

$$\gamma_{sat} = \frac{W_s + V_v \gamma_w}{V} = \rho_{sat} g \tag{1-10}$$

式中　　ρ_w——水的密度，近似取 $\rho_w = 1\,\text{g/cm}^3$。

3. 土的有效密度（或浮密度）ρ' 和有效重度（或浮重度）γ'

在地下水位以下，单位体积中土粒的质量扣除同体积水的质量后，即为单位土体积中土粒的有效质量，称为土的有效密度 ρ'（g/cm³ 或 t/cm³）；在地下水位以下，单位体积中土粒的重力扣除同体积水的重力后，即为单位土体积中土粒的有效重力，称为土的有效重度 γ'（kN/cm³），即

$$\rho' = \frac{m_s - V_s \rho_w}{V} \tag{1-11}$$

$$\gamma' = \gamma_{sat} - \gamma_w = \rho' g \tag{1-12}$$

1.3.1.3 反映土的孔隙特征、含水程度的指标

1. 土的孔隙比 e

土中孔隙体积与土粒体积之比称为土的孔隙比 e，即

$$e = \frac{V_v}{V_s} \tag{1-13}$$

2. 土的孔隙率 n

土中孔隙体积与总体积之比，以百分数表示，称为土的孔隙率 n，即

$$n = \frac{V_v}{V} \times 100\% \tag{1-14}$$

土的孔隙比和孔隙率都是反映土体密实程度的重要物理性质指标。在一般情况下，e 和 n 越大，土越疏松；反之，土越密实。一般来说，$e < 0.6$ 的土是密实的，土的压缩性小；$e > 1.0$ 的土是疏松的，土的压缩性高大。

3．土的饱和度 S_r

土中孔隙水的体积与孔隙总体积之比，以百分数表示，称为土的饱和度 S_r，即

$$S_r = \frac{V_w}{V_v} \times 100\% \tag{1-15}$$

土的饱和度反映了土中孔隙被水充满的程度。干土的饱和度 $S_r = 0$，当土完全处于饱和状态时 $S_r = 100\%$。通常可根据饱和度的大小将细砂、粉砂等土划分为稍湿、很湿和饱和三种状态，即 $S_r \leqslant 50\%$，稍湿；$50\% < S_r \leqslant 80\%$，很湿；$S_r > 80\%$，饱和。

1.3.2 指标的换算

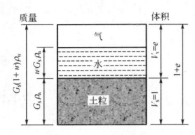

图 1-16　土的三相物理指标换算图

土的三相指标中，土粒比重 G_s、含水量 w 和密度 ρ 是通过试验测定的，可以根据三个基本指标换算出其余各指标。在推导换算指标时，常采用图 1-16 所示的三相草图，即令 $V_s = 1$，则 $V_v = e$，$V = 1+e$，再由式（1-5）和式（1-6）得 $m_s = G_s \rho_w$，$m_w = w G_s \rho_w$，$m = (1+w) G_s \rho_w$，则

$$\rho = \frac{m}{V} = \frac{G_s(1+w)\rho_w}{1+e}$$

$$\rho_d = \frac{m_s}{V} = \frac{G_s \rho_w}{1+e} = \frac{\rho}{1+w}$$

由上式可得出：

$$e = \frac{G_s \rho_w}{\rho_d} - 1 = \frac{G_s(1+w)\rho_w}{\rho} - 1$$

$$\rho_{sat} = \frac{m_s + V_v \rho_w}{V} = \frac{(G_s + e)\rho_w}{1+e}$$

$$n = \frac{V_v}{V} = \frac{e}{1+e}$$

$$\rho' = \frac{m_s - V_s \rho_w}{V} = \frac{m_s - (V - V_v)\rho_w}{V}$$

$$= \frac{m_s + V_v \rho_w - V \rho_w}{V} = \rho_{sat} - \rho_w$$

或

$$\rho' = \rho_{sat} - \rho = \frac{(G_s - 1)\rho_w}{1+e}$$

$$S_r = \frac{V_w}{V_v} = \frac{m_w}{V_v \rho_w} = \frac{w G_s}{e}$$

土的三相比例指标换算公式见表 1-7。

表 1-7　土的三相比例指标换算公式

名称	符号	三相比例表达式	常用换算公式	单位	常见的数值范围
密度	ρ	$\rho = \dfrac{m}{V}$	$\rho = \rho_d(1+w)$ $\rho = \dfrac{G_s(1+w)}{1+e}\rho_w$	g/cm^3	1.6～2.0

名称	符号	三相比例表达式	常用换算公式	单位	常见的数值范围
含水量	w	$w=\dfrac{m_w}{m_s}\times 100\%$	$w=\dfrac{S_r e}{G_s}=\dfrac{\rho}{\rho_d}-1$	%	20~60
土粒相对密度	G_s	$G_s=\dfrac{m_s}{V_s\rho_w}$	$G_s=\dfrac{S_r e}{w}$	—	黏性土: 2.72~2.75 粉土: 2.70~2.71 砂土: 2.65~2.69
饱和密度	ρ_{sat}	$\rho_{sat}=\dfrac{m_s+V_v\rho_w}{V}$	$\rho_{sat}=\dfrac{G_s+e}{1+e}\rho_w$	g/cm³	1.8~2.3
干密度	ρ_d	$\rho_d=\dfrac{m_s}{V}$	$\rho_d=\dfrac{\rho}{1+w}=\dfrac{G_s\rho_w}{1+e}$	g/cm³	1.3~1.8
有效密度	ρ'	$\rho'=\dfrac{m_s-V_s\rho_w}{V}$	$\rho'=\rho_{sat}-\rho_w$ $\rho'=\dfrac{G_s-1}{1+e}\rho_w$	g/cm³	0.8~1.3
孔隙率	n	$n=\dfrac{V_v}{V}\times 100\%$	$n=\dfrac{e}{1+e}=1-\dfrac{\rho_d}{G_s\rho_w}$	%	黏土和粉土: 30~60 砂土: 25~45
孔隙比	e	$e=\dfrac{V_v}{V_s}$	$e=\dfrac{G_s\rho_w}{\rho_d}-1$ $e=\dfrac{G_s(1+w)\rho_w}{\rho}-1$	—	黏土和粉土: 0.40~1.20 砂土: 0.3~0.9
饱和度	S_r	$S_r=\dfrac{V_w}{V_v}\times 100\%$	$S_r=\dfrac{wG_s}{e}=\dfrac{w\rho_d}{n\rho_w}$	%	0~100

这里要说明的是，在以上计算中，是以 $V_s=1$ 作为计算的出发点，其实以土的总体积 $V=1$ 作为计算的出发点，或以其他量为1都可以得出相同的结果。因为事实上，上述各个物理指标都是三相间量的相互比例关系，不是量的绝对值。因此，在换算时，可以根据具体情况决定采用某种方法，但一般采用 $V_s=1$ 或 $V=1$ 为计算出发点。重度的指标根据定义可按其相应密度指标得到。

【能力训练例题 1-2】 某一原状土样，经试验测得基本物理性质指标为：土粒的相对密度 $G_s=2.67$，含水量 $w=12.9\%$，密度 $\rho=1.67\,\mathrm{g/cm^3}$。求干密度 ρ_d、孔隙比 e、孔隙率 n、饱和密度 ρ_{sat}、浮重度 γ' 及饱和度 S_r。

解：方法一：直接应用土的三相比例指标换算公式计算。

（1）干密度 $\rho_d=\dfrac{\rho}{1+w}=\dfrac{1.67}{1+0.129}=1.48\,(\mathrm{g/cm^3})$

（2）孔隙比 $e=\dfrac{G_s(1+w)\rho_w}{\rho}-1=\dfrac{2.67\times(1+0.129)\times 1}{1.67}-1=0.805$

（3）孔隙率 $n=\dfrac{e}{1+e}=\dfrac{0.805}{1+0.805}\times 100\%=44.6\%$

（4）饱和密度 $\rho_{sat}=\dfrac{(G_s+e)\rho_w}{1+e}=\dfrac{(2.67+0.805)\times 1}{1+0.805}=1.93\,(\mathrm{g/cm^3})$

（5）浮重度 $\gamma'=\gamma_{sat}-\gamma_w=(\rho_{sat}-\rho_w)g=(1.93-1)\times 10=9.3\,(\mathrm{kN/m^3})$

（6）饱和度 $S_r=\dfrac{wG_s}{e}=\dfrac{0.129\times 2.67}{0.805}\times 100\%=42.8\%$

方法二：利用土的三相图计算。

绘三相图，如图 1-17 所示。设土体的体积 $V=1\,\mathrm{cm^3}$。

（1）根据密度定义，得

$$m=\rho V=1.67\,\mathrm{g}$$

（2）根据含水量定义，得

$$m_w = wm_s = w(m - m_w)$$

解得

$$m_w = \frac{wm}{1+w} = \frac{0.129 \times 1.67}{1+0.129} = 0.19\text{(g)}$$

则

$$m_s = m - m_w = 1.67 - 0.19 = 1.48\text{(g)}$$

（3）根据土粒相对密度定义，得

$$V_s = \frac{m_s}{G_s \rho_w} = \frac{1.48}{2.67 \times 1} = 0.554\text{(cm}^3)$$

（4）由水的密度 $\rho_w = 1\text{ g/cm}^3$ 可得，水的体积为

$$V_w = \frac{m_w}{\rho_w} = \frac{0.19}{1} = 0.19\text{(cm}^3)$$

（5）由三相图可知：

$$V_a = V - V_s - V_w = 1 - 0.554 - 0.19 = 0.256\text{(cm}^3)$$

$$V_v = V - V_s = 1 - 0.554 = 0.446\text{(cm}^3)$$

至此，土的三相图中体积和质量全部求出，将计算结果填入三相图中，如图 1-17 所示。

图 1-17　土的三相图

（6）根据干密度定义有：

$$\rho_d = \frac{m_s}{V} = \frac{1.48}{1} = 1.48\text{(g/cm}^3)$$

（7）根据孔隙比定义有：

$$e = \frac{V_v}{V_s} = \frac{0.446}{0.554} = 0.805$$

（8）根据孔隙率定义，有

$$n = \frac{V_v}{V} \times 100\% = \frac{0.446}{1} \times 100\% = 44.6\%$$

（9）根据饱和度定义，有

$$\rho_{sat} = \frac{m_s + V_v \rho_w}{V} = \frac{1.48 + 0.446 \times 1}{1} = 1.926\text{(g/cm}^3)$$

（10）根据浮重度定义，有

$$\gamma' = \frac{m_s - V_s \rho_w}{V} g = \frac{1.48 - 0.554 \times 1}{1} \times 10 = 9.3\text{(kN/cm}^3)$$

（11）根据饱和度定义，有

$$S_r = \frac{V_w}{V_v} \times 100\% = \frac{0.19}{0.446} \times 100\% = 42.6\%$$

虽然实际计算中用换算公式比用三相图简单迅速，但公式难记，因此，学习中应重点掌握三相图的概念，能熟练地通过三相图推出换算公式，或按三相图求出所有质量和体积指标，再按各指标定义求解，这样概念清楚，不易出错。

【能力训练例题 1-3】 某一块试样在天然状态下的体积为 60 cm³，称得其质量为 108 g，将其烘干后称得其质量为 96.43 g，根据试验得到土粒的相对密度 G_s=2.7，试求试样的湿密度、干密度、饱和密度、含水量、孔隙比、孔隙率和饱和度。

解：（1）已知 $V = 60 \text{ cm}^3$，$m = 108 \text{ g}$，则由式（1-3）得

$$\rho = \frac{m}{V} = \frac{108}{60} = 1.8 (\text{g/cm}^3)$$

（2）已知 $m_s = 96.43 \text{ g}$，则

$$m_w = m - m_s = 108 - 96.43 = 11.57 (\text{g})$$

由式（1-5）得

$$w = \frac{m_w}{m_s} \times 100\% = \frac{11.57}{96.43} \times 100\% = 12\%$$

（3）由式（1-7）有：$\rho_d = \dfrac{\rho}{1+w} = \dfrac{1.8}{1+12\%} = 1.61 (\text{g/cm}^3)$

（4）已知 $G_s = 2.7$，则

$$V_s = \frac{m_s}{\rho_s} = \frac{96.43}{2.7} = 35.7 (\text{cm}^3)$$

$$V_v = V - V_s = 60 - 35.7 = 24.3 (\text{cm}^3)$$

由式（1-13）得：$\quad e = \dfrac{V_v}{V_s} = \dfrac{24.3}{35.7} = 0.68$

（5）根据 ρ_{sat} 的定义，得

$$\rho_{sat} = \frac{m_s + V_v \rho_w}{V} = \frac{96.43 + 24.3 \times 1}{60} = 2.01 (\text{g/cm}^3)$$

（6）由式（1-14）得：

$$n = \frac{V_v}{V} \times 100\% = \frac{24.3}{60} \times 100\% = 40.5\%$$

（7）根据 ρ_w 的定义，得

$$V_w = \frac{m_w}{\rho_w} = \frac{11.57}{1} = 11.57 (\text{cm}^3)$$

于是按式（1-15），得

$$S_r = \frac{V_w}{V_v} \times 100\% = \frac{11.57}{24.3} \times 100\% = 48\%$$

1.4　土的物理状态指标

土的物理状态指标与物理性质指标不同，为进一步研究土的疏密和软硬程度，以下按无黏性土和黏性土两大类土分别进行阐述。

1.4.1 无黏性土的物理状态指标

无黏性土一般是指砂和碎石土，一般这两类土中黏粒含量很少，不具有可塑性，呈单粒结构，它们的最主要物理状态指标是密实度。土的密实度是指单位体积土中固体颗粒的含量。根据土颗粒的含量，天然状态下砂、碎石等处于从密实到松散的不同物理状态。密实度是影响砂、碎石等无黏性土工程性质的主要因素。若无黏性土颗粒排列紧密，其结构就稳定，压缩变形小，强度大，是良好的天然地基。当密实度小，呈疏松状态时，如饱和的粉细砂，其结构常处于不稳定状态，对工程不利。因此在工程中，对于无黏性土，要求达到一定的密实度。

1.4.1.1 砂土的密实度

确定砂土密实度的方法有多种，工程中以孔隙比 e、相对密实度 D_r、标准贯入试验锤击数 N 为标准来划分砂土的密实度。

1. 以孔隙比 e 为标准

砂土的密实度可以用天然孔隙比来衡量，孔隙比越小，表示土越密实，孔隙比越大，土越疏松。当 $e<0.6$ 时，属密实砂土，强度高，压缩性小；当 $e>0.95$ 时，为松散状态，强度低，压缩性大。这种判别方法简单，但没有考虑土颗粒级配的影响。例如，同样孔隙比的砂土，当颗粒均匀时较密实，当颗粒不均时较疏松。

2. 以相对密实度 D_r 为标准

为更合理地判断砂土所处的密实状态，考虑土颗粒级配的影响，通常用砂土的相对密实度 D_r 来衡量，即

$$D_r = \frac{e_{max} - e}{e_{max} - e_{min}} \tag{1-16}$$

式中　e_{max} ——砂土最大孔隙比，即最松散状态时的孔隙比，其测定方法是将松散的风干土样通过长颈漏斗轻轻地倒入容器，避免重力冲击，求其最小干密度，计算其孔隙比，即为 e_{max}；

　　e_{min} ——砂土最小孔隙比，即最密实状态时的孔隙比，其测定方法是将疏松的风干土样分三次装入金属容器，并加以振动和锤击，至体积不变为止，测出最大干密度，算出其孔隙比，即为 e_{min}；

　　e ——砂土在天然状态下的孔隙比。

从式（1-16）可知，若砂土的天然孔隙比 e 接近 e_{min}，D_r 接近 1，土呈密实状态；当 e 接近 e_{min}，D_r 接近 0，土呈疏松状态。按 D_r 的大小将砂土分成下列三种密实度状态：$0<D_r \leqslant 0.33$，疏松状态；$0.33<D_r \leqslant 0.67$，中密状态；$0.67<D_r \leqslant 1$，密实状态。

相对密实度 D_r 从理论上能反映土粒级配、形状等因素，但是由于对砂土很难取得原状土样，故天然孔隙比不易测准，其相对密实度的精度也就无法保证，在实际工程中并不普遍使用。

【能力训练例题 1-4】 某砂土试样，试验测定土粒的相对密度 $G_s=2.7$，含水量 $w=9.43\%$，天然密度 $\rho=1.66\ \text{g/cm}^3$。已知砂样最密实状态时称得干砂质量 $m_{s1}=1.62\ \text{kg}$，最疏松状态时称得干砂质量 $m_{s2}=1.45\ \text{kg}$。求此砂土的相对密实度 D_r，并判断砂土所处的密实状态。

解： 砂土在天然状态下的孔隙比：

$$e = \frac{G_s(1+w)\rho_w}{\rho} - 1 = \frac{2.7 \times (1+0.094\,3) \times 1}{1.66} - 1 = 0.78$$

砂土最大孔隙比：

$$\rho_{dmin} = \frac{m_{s2}}{V} = 1.45 \text{g}/\text{cm}^3$$

$$e_{max} = \frac{G_s \rho_w}{\rho_{dmin}} - 1 = 0.86$$

砂土最小孔隙比：

$$\rho_{dmax} = \frac{m_{s1}}{V} = 1.62 \text{g}/\text{cm}^3$$

$$e_{min} = \frac{G_s \rho_w}{\rho_{dmax}} - 1 = 0.67$$

砂土的相对密实度：

$$D_r = \frac{e_{max} - e}{e_{max} - e_{min}} = 0.42 \in (0.33, 0.67]，属中密状态$$

3. 以标准贯入试验锤击数 N 为标准

为了避免采取原状砂样的困难，《建筑地基基础设计规范》（GB 50007—2011）（以下简称《规范》）用标准贯入试验锤击数 N 来划分砂土的密实度。标准贯入试验是用规定的锤重（63.5 kg）和落距（76 cm）把标准贯入器（带有刃口的对开管，外径 50 mm，内径 35 mm）打入土中，记录贯入一定深度（30 cm）所需的锤击数 N 的原位测试方法。砂土根据标准贯入试验锤击数 N 可分为松散、稍密、中密和密实四种密实度，具体划分标准见表1-8。

表 1-8 砂土的密实度

密实度	松散	稍密	中密	密实
标准贯入试验锤击数 N	$N \leqslant 10$	$10 < N \leqslant 15$	$15 < N \leqslant 30$	$N > 30$

密实与中密状态的砾砂、粗砂、中砂为优良地基，稍密状态时为良好地基；密实状态时的粉砂、细砂为良好地基，但饱和疏松的粉砂、细砂为不良地基。

1.4.1.2 碎石土的密实度

碎石土既不易获得原状土样，也难于将贯入器击入土中。对这类土可根据《规范》要求，用重型圆锥动力触探锤击数 $N_{63.5}$ 来划分碎石土的密实度，见表1-9。重型圆锥动力触探是用质量 63.5 kg 的落锤以 76 mm 落距把探头（探头为圆锥头，锥角 60°，锥底直径 7.4 cm）打入碎石土中，记录贯入碎石土 10 cm 的锤击数 $N_{63.5}$。

表 1-9 碎石土的密实度

密实度	松散	稍密	中密	密实
重型圆锥动力触探锤击数 $N_{63.5}$	$N_{63.5} \leqslant 5$	$5 < N_{63.5} \leqslant 10$	$10 < N_{63.5} \leqslant 20$	$N_{63.5} > 20$
注：本表适用于平均粒径小于或等于 50 mm 且最大粒径不超过 100 mm 的卵石、碎石、圆砾、角砾。				

对于平均粒径大于 50 mm 或最大粒径大于 100 mm 的碎石土，可根据《规范》要求，按野外鉴别方法划分为密实、中密、稍密、松散四种，见表1-10。

表 1-10 碎石土密实度野外鉴别方法

密实度	骨架颗粒含量和排列	可挖性	可钻性
密实	骨架颗粒含量大于总质量的70%，呈交错排列，连续接触	锹镐挖掘困难，用撬棍方能松动，并壁一般较稳定	钻进极困难，冲击钻探时，钻杆、吊锤跳动剧烈，孔壁较稳定

密实度	骨架颗粒含量和排列	可挖性	可钻性
中密	骨架颗粒含量大于总质量的60%～70%，呈交错排列，大部分接触	锹镐可挖掘，井壁有掉块现象，从井壁取出大颗粒后，此处能保持颗粒凹面形状	钻进较困难，冲击钻探时，钻杆、吊锤跳动不剧烈，孔壁有坍塌现象
稍密	骨架颗粒含量大于总质量的55%～60%，排列混乱，大部分不接触	锹可挖掘，井壁易坍塌，从井壁取出大颗粒后，砂土立即坍塌	钻进较容易，冲击钻探时，钻杆稍有跳动，孔壁易坍塌
松散	骨架颗粒含量小于总质量的55%，排列十分混乱，绝大部分不接触	锹易挖掘，井壁易坍塌	钻进很容易，冲击钻探时，钻杆无跳动，孔壁极易坍塌

注：①骨架颗粒是指与碎石土分类名称相对应粒径的颗粒。碎石土密实度的划分，应按表列各项要求综合确定。
②密实和中密的碎石土，强度大，压缩性小，渗透性大，为优良的地基。

1.4.2 黏性土的物理状态指标

黏性土是指具有可塑状态性质的土，它们在外力的作用下，可塑成任何形状而不产生裂缝，当外力去掉后，仍可保持原形状不变。土的这种性质叫作可塑性。含水量对黏性土的工程性质有着极大的影响。随着黏性土含水量的增大，土成为泥浆，呈黏滞流动的液体。当施加剪力时，泥浆将连续变形，土的抗剪强度极低。当含水量逐渐降低到某一值时，土会显示出一定的抗剪强度，并具有可塑性。这些特征与液体完全不同，它表现为塑性体的特征。当含水量继续降低时，土能承受较大的剪切应力，在外力作用下不再具有塑性体特征，而呈现具有脆性的固体特征。

1. 黏性土的界限含水量

黏性土从一种状态转变为另一种状态的分界含水量称为界限含水量。如图 1-18 所示，土由可塑状态变化到流动状态的界限含水量称为液限，用 w_L 表示；土由半固态变化到可塑状态的界限含水量称为塑限，用 w_P 表示；土由半固体状态不断蒸发水分，体积逐渐缩小，直到体积不再缩小时的界限含水量称为缩限，用 w_S 表示。界限含水量首先由瑞典科学家阿特堡（Atterberg，1911）提出，故这些界限含水量又称为阿特堡界限。

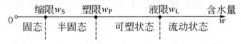

图 1-18　黏性土的界限含水量

我国目前采用锥式液限仪（图 1-19）来测定黏性土的液限。它是将调成浓糊状的试样装满盛土杯，刮平杯口面，使 76 g 重圆锥体（含有平衡球，锥角 30°）在自重作用下徐徐沉入试样，如经过 15 s 圆锥进入土样深度恰好为 10 mm，则该试样的含水量即为液限 w_L 值。

欧美等国家大都采用碟式液限仪（图 1-20）来测定黏性土的液限。它是将浓糊状试样装入碟内，刮平碟面，用切槽器在图中划一条槽，槽底宽 2 mm，然后将碟子抬高 10 mm，自由下落撞击在硬橡皮垫板上。连续下落 25 次后，如土槽合拢长度刚好为 13 mm，则该试样的含水量即为液限 w_L 值。

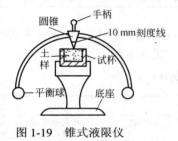

图 1-19　锥式液限仪

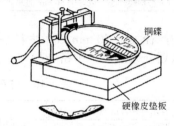

图 1-20　碟式液限仪

塑限多用"搓条法"测定。把塑性状态的土重塑均匀后，用手掌在毛玻璃板上把土团搓成小土条，搓滚过程中，水分渐渐蒸发，若土条刚好搓至直径为 3 mm 时产生裂缝并开始断裂，此时土条的含水量即为塑限 w_P 值。

由于上述方法采用人工操作，人为因素影响较大，测试成果不稳定，现在发展到用液限、塑限联合测定法。联合测定法是采用锥式液限仪以电磁放锥，利用光电方式测读圆锥入土深度。试验时，一般对三个不同含水量的试样进行测试，在双对数坐标纸上作出各次圆锥入土深度及相应含水量的关系曲线（图 1-21），三点应在同一直线上，则对应于圆锥入土深度为 10 mm 及 2 mm 时土样的含水量就分别为该土的液限和塑限。

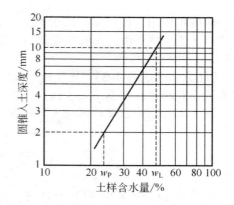

图 1-21　圆锥入土深度与含水量关系曲线

2. 黏性土的塑性指数和液性指数

塑性指数是液限与塑限之差，用符号 I_P 表示，计算时不带"%"符号，即：

$$I_P = w_L - w_P \tag{1-17}$$

I_P 越大，表明土的颗粒越细，比表面积越大，土的黏粒或亲水矿物（如蒙脱石）含量越高，土处在可塑状态的含水量变化范围就越大。也就是说，塑性指数能综合反映土的矿物成分和颗粒大小的影响，因此，塑性指数常作为工程上对黏性土进行分类的依据。

虽然土的天然含水量对黏性土的状态有很大影响，但对于不同的土，即使具有相同的含水量，如果它们的塑限、液限不同，则其所处的状态也就不同。因此，还需要一个表征土的天然含水量与分界含水量之间相对关系的指标，这就是液性指数，即

$$I_L = \frac{w - w_P}{w_L - w_P} = \frac{w - w_P}{I_P} \tag{1-18}$$

液性指数一般用小数表示。由式（1-18）可见，当土的天然含水量 $w < w_P$ 时，$I_L < 0$，土体处于坚硬状态；当 $w > w_P$ 时，$I_L > 1$，土体处于流动状态；当 $w_P < w < w_L$ 之间时，$I_L = 0 \sim 1$，土体处于可塑状态。因此可以利用 I_L 来表示黏性土所处的软硬状态。

《规范》规定，黏性土根据液性指数可划分为坚硬、硬塑、可塑、软塑及流塑五种软硬状态。其划分标准见表 1-11。

表 1-11　黏性土的软硬状态

状态	坚硬	硬塑	可塑	软塑	流塑
液性指数	$I_L \leqslant 0$	$0 < I_L \leqslant 0.25$	$0.25 < I_L \leqslant 0.75$	$0.75 < I_L \leqslant 1.0$	$I_L > 1.0$

还需注意，w_P 与 w_L 都是由扰动土样确定的指标，土的天然结构已被破坏，所以用 I_L 来判断新土的软硬程度，没有考虑土原有结构的影响。当含水量相同时，原状土要比扰动土坚硬。因此，用上述标准判断扰动土的软硬状态是合适的，但对原状土则偏于保守。通常当原状土的天然含水量等于液限时，原状土并不处于流塑状态，但天然结构一经扰动，土即呈现出流动状态。

在公路建设中，有时还用稠度来区分黏性土的状态。土的液限和天然含水量之差与塑性指数之比，称为土的天然稠度，即

$$w_c = \frac{w_L - w}{I_P} \tag{1-19}$$

稠度可采用直接法和间接法测定。直接法按烘干法测定原状土的天然含水量，用稠度公式计算土的天然稠度。间接法用联合测定仪测定天然结构土体的锥入深度，并用联合测定结果确定土的天然稠度。

【能力训练例题 1-5】 从某地基取原状土样，测得土的液限为 0.374，塑限为 0.23，天然含水量为 0.26，问地基土处于何种状态？

解： 根据已知条件计算该土样的塑性指数 I_P 和液性指数 I_L：

$$I_P = w_L - w_P = 0.374 - 0.23 = 0.144$$

$$I_L = \frac{w - w_P}{I_P} = \frac{0.26 - 0.23}{0.144} = 0.21$$

由于 $0 < I_L \leqslant 0.25$，由表 1-11 知，该地基土处于硬塑状态。

黏性土工程性质与含水量大小密切相关，密实硬塑的黏性土为优良地基，疏松流塑状态的黏性土为软弱地基。

3. 黏性土的灵敏度和触变性

天然状态下的黏性土，由于地质历史作用常具有一定的结构性。当土体受到外力扰动作用，其结构遭受破坏时，土的强度降低，压缩性增高。工程上常用灵敏度 S_t 来衡量黏性土结构性对强度的影响。

$$S_t = \frac{q_u}{q_u'} \tag{1-20}$$

式中 q_u、q_u'——原状土和重塑土试样的无侧限抗压强度。

根据灵敏度可将饱和黏性土分为低灵敏（$1.0 < S_t \leqslant 2.0$）、中等灵敏（$2.0 < S_t \leqslant 4.0$）和高灵敏（$S_t > 4.0$）三类。土的灵敏度越高，其结构性越强，受扰动后土的强度降低就越明显。因此，在基础工程施工中必须注意保护基槽，尽量减少对土结构的扰动。

与结构性相反的是土的触变性。饱和黏性土受到扰动后，结构产生破坏，土的强度降低。但当扰动停止后，土的强度随时间又会逐渐增长，这是土体中土颗粒、离子和水分子体系随时间而逐渐趋于新的平衡状态的原因。也可以说，土的结构逐步恢复而导致强度的恢复。黏性土结构遇到破坏，强度降低，但随时间发展土体强度恢复的胶体化学性质称为土的触变性。例如，打桩时会使周围土体发生结构扰动，使黏性土的强度降低，而打桩停止后，土的强度会部分恢复，所以打桩时要"一气呵成"，才能进展顺利，提高工效，这就是受土的触变性影响的结果。

实训项目　土工试验（土的基本物理性质）

一、土的密度试验

1. 试验目的

测定土在天然状态下单位体积的质量。

2. 试验方法与适用范围

一般黏性土，宜采用环刀法；易破碎、难以切削的土，可采用蜡封法；对于砂土与砂砾土，可用现场的灌砂法或灌水法。

3. 环刀法的试验

（1）仪器设备。

①符合规定要求的环刀；②精度为 0.01 g 的天平；③其他：切土刀、凡士林等。

（2）操作步骤。

1）测出环刀的容积 V，在天平上称环刀质量 m_1。

2）取直径和高度略大于环刀的原状土样或制备土样。

3）环刀取土：在环刀内壁涂一薄层凡士林，将环刀刃口向下放在土样上，随即将环刀垂直下压，边压边削，直至土样上端伸出环刀为止。将环刀两端余土削去修平（严禁在土面上反复涂抹），然后擦净环刀外壁。

4）将取好土样的环刀放在天平上称量，记下环刀与湿土的总质量 m_2。

（3）计算土的密度。按下式计算：

$$\rho = \frac{m}{V} = \frac{m_2 - m_1}{V}$$

4．密度试验记录（环刀法）（表 1-12）

表 1-12　密度试验记录（环刀法）

土样编号	试样体积/cm³	湿土样质量/g	湿密度/（g·cm⁻³）

5．有关问题的说明

（1）用环刀切试样时，环刀应垂直均匀下压，防止环刀内试样发生结构扰动。

（2）夏天室温很高，为了防止称质量时试样中水分被蒸发，影响试验结果，宜用两块玻璃片盖住环刀上、下口称取质量，但计算时必须扣除玻璃片的质量。

（3）每组做两次平行测定，平行差值不得大于 0.03 g/cm³。

6．思考题

（1）什么是土的重度、天然重度、饱和重度、干重度？

（2）怎样准确测定环刀内土的体积？

（3）土的相对密度如何测定？

二、土的含水率试验

1．试验目的

测定土的含水率。土的含水率指土在 105～110 ℃下烘至恒量时所失去的水的质量和干土的质量的百分比值。土在天然状态下的含水率称为土的天然含水率。

2．试验方法与适用范围

（1）烘干法：室内试验的标准方法，一般黏性土都可以采用。

（2）酒精燃烧法：适用于快速简易测定细粒土的含水率。

（3）比重法：适用于砂类土。

3．烘干法试验

（1）仪器设备。

1）烘箱：采用电热烘箱；

2）天平：称量 200 g，分度值 0.01 g；

3）其他：干燥器、称量盒。

（2）操作步骤。

1）取有代表性的试样，黏性土为 15～30 g，砂性土、有机质土为 50 g，放入质量为 m_0 的称量盒内，立即盖上盒盖，称湿土加称量盒总质量 m_1，精确至 0.01 g。

2）打开盒盖，将试样和称量盒放入烘箱，在温度 105～110 ℃的恒温下烘干。烘干时间与土的类别及取土数量有关。黏性土不得少于 8 小时；砂类土不得少于 6 小时；对含有机质超过 10%的土，应将温度控制在 65～70 ℃的恒温下烘至恒量，一般为 12～15 小时。

3）将烘干后的试样和称量盒取出，盖好盒盖放入干燥器内冷却至室温，称干土加称量盒总质量 m_2，精确至 0.01 g。

（3）计算含水率。按下式计算：

$$w = \frac{m_w}{m_s} \times 100\% = \frac{m_1 - m_2}{m_2 - m_0} \times 100\%$$

4. 含水率试验记录（烘干法）（表 1-13）

表 1-13 含水率试验记录（烘干法）

土样编号	湿土加称量盒质量 m_1/g	干土加称量盒质量 m_2/g	含水率 w/%

5. 有关问题的说明

（1）含水率试验用的土应在打开土样包装后立即采取，以免水分改变，影响结果。

（2）本试验须进行平行测定，每一学生取两次试样测定含水量，取其算术平均值作为最后成果。但两次试验的平行差值不得大于表 1-14 的规定。

表 1-14 两次试验的平行差值

含水率/%	<5	<40	≥40
允许平行差值/%	0.3	1	2

6. 思考题

（1）该试验的温度应控制在多少？

（2）土的含水率的测定方法有几种？各自适用条件是什么？

三、土的液、塑限测定试验

1. 试验目的

细粒土由于含水率不同，分别处于流动状态、可塑状态、半固体状态和固体状态。液限是细粒土呈可塑状态的上限含水量；塑限是细粒土呈可塑状态的下限含水量。

本试验的目的是测定细粒土的液限、塑限，计算塑性指数为土分类定名，供设计、施工使用。

2. 试验方法和适用范围

（1）试验方法。

1）土的液、塑限试验：采用液、塑限联合测定法；

2）土的塑限试验：采用搓滚法；

3）土的液限试验：采用碟式液限仪法。

（2）适用范围。适用于粒径小于 0.5 mm、颗粒组成及有机质含量不大于干土质量 5%的土。

3. 液、塑限联合测定法试验

（1）仪器设备。

1）液、塑限联合测定仪：圆锥仪、读数显示；

2）试样杯：直径 40～50 mm，高 30～40 mm；

3）天平：称量 200 g，分度值 0.01 g；

4）其他：盛土皿烘箱、干燥器、铝盒、调土刀、孔径 0.5 mm 的筛、凡士林等。

（2）操作步骤。液、塑限联合测定法试验，原则上采用天然含水量的土样制备试样，但也允许采用风干土制备试样。

1）当采用天然含水量的土样时，应剔除直径大于 0.5 mm 的颗粒，然后分别按接近液限、塑限和两者之间状态制备不同稠度的土膏，静置湿润。静置时间可视原含水量的大小而定。当采用风干土样时，取过 0.5 mm 筛的代表性土样约 200 g，分成三份，分别放入三个盛土皿中，加入不同数量的纯水，使分别接近液限、塑限和两者之间状态的含水量，调成均匀土膏，然后放入密封的保湿缸中，静置 24 小时。

2）将制备好的土膏用调土刀调拌均匀，密实地填入试样杯中，应使空气逸出。高出试样杯的余土用刮土刀刮平，随即将试样杯放在仪器底座上。

3）取圆锥仪，在锥体上涂以薄层凡士林，接通电源，使电磁铁吸稳圆锥仪。

4）调节屏幕准线，使初读数为零。调节升降座，使圆锥仪锥角接触试样面，指示灯亮时，圆锥在自重下沉入试样内，经 5 s 后立即测读圆锥下沉深度。

5）取下试样杯，然后从杯中取 10 g 以上的试样两个，按土的含水率试验方法测定含水率。

6）按以上 2）～5）的步骤测试其余两个试样的圆锥下沉深度和含水率。

（3）计算与制图。

1）计算含水率。

$$w = \left(\frac{m}{m_s} - 1 \right) \times 100\%$$

2）绘制圆锥下沉深度 h 与含水率 w 的关系曲线。以含水率为横坐标，圆锥下沉深度为纵坐标，在双对数纸上绘制 h-w 的关系曲线，如图 1-22 所示。要求：①三点连成一条直线；②当三点不在一条直线上，通过高含水率的一点分别与其余两点连成两条直线，在圆锥下沉深度为 2 mm 处查得相应的含水率，当两个含水率的差值小于 2%，应以该两点含水率的平均值与高含水率的点连成一线；③当两个含水率的差值大于或等于 2%时，应补做试验。

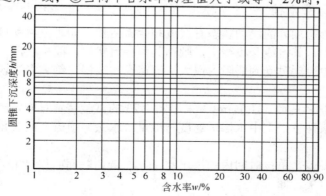

图 1-22　圆锥下沉深度与含水率关系曲线

3）确定液限、塑限。在圆锥下沉深度 h 与含水率 w 关系图上，查得下沉深度为 17 mm 所对应的含水率为液限 w_L；查得下沉深度为 2 mm 所对应的含水率为塑限 w_P，以百分数表示，取整数。

4）计算塑性指数和液性指数。

塑性指数：$I_P = w_L - w_P$；

液性指数：$I_L = \dfrac{w - w_P}{I_P}$。

5）按《规范》规定确定土的名称。

4．液、塑限联合试验记录（液、塑限联合测定法）（表 1-15）

表 1-15 液、塑限联合试验记录（液、塑限联合测定法）

编号	圆锥下沉深度/mm	湿土质量/g	干土质量/g	含水率/%	液限/%	塑限/%	塑性指数 I_P

5．思考与练习

（1）什么是土的界限含水量？土有几种界限含水量？其物理意义是什么？

（2）能否用电吹风的热风将土中含水率降低？

（3）土的液限试验和塑限试验如何进行？

（4）测定土的液限和塑限有什么用处？

1.5 土的渗透性

土中的水对土的力学性质的影响非常大，很多工程问题都是水作用的结果。土中水的运动，直接影响地基土的力学性质与变形性质。土被水透过的性能称为土的渗透性。土的渗透性一般是指水流通过土中孔隙难易程度的性质，或称透水性。土的渗透性与地下水的补给与排泄条件及渗透速度有关。

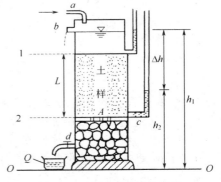

图 1-23 达西渗透试验装置

1.5.1 土的渗透定律

地下水按流线形态划分的流动状态有层流和紊流两种。如水流流动过程中每一水质点都沿一固定的途径流动，其流线互不相交，则称其为层流状态，简称层流。土体中的孔隙一般非常小，水在孔隙中流动时受到的阻力很大，流速也比较慢，绝大多数场合下土中水的流动呈现层流状态。

1856 年，法国学者达西（H. Darcy）采用图 1-23 的试验装置对均匀砂土进行了大量渗透试验，得出了层流条件下，土中水渗透速度与能量（水头）损失之间关系的渗流规律，即达西定律。

达西通过试验发现，单位时间内的渗出水量 q 与圆筒断面面积 A 和水力梯度 i 成正比，且与土的透水性质有关，即

$$q = \frac{Q}{t} = kA\frac{\Delta h}{L} = kiA \qquad (1\text{-}21)$$

或

$$v = \frac{q}{A} = k \cdot i \qquad (1\text{-}22)$$

式中　i——水力梯度或水力坡降，表示单位渗流长度上的水头损失，$i = \frac{\Delta h}{L}$；

　　　　v——渗透速度，cm/s；

　　　　k——土的渗透系数，cm/s，它是反映土的透水性大小的一个很有用的系数，k 值的大小与土的类别、土粒粗细、粒径级配、孔隙比及水的温度等因素有关。

式（1-21）或式（1-22）即为达西定律表达式。应该注意的是，式（1-22）中的渗透速度 v 并不是土孔隙中水的实际平均流速。公式推导中采用的是土样的整个断面面积，其中包括土粒骨架所占的部分面积在内。显然，土粒本身是不能透水的，故真实的过水断面面积 A_r 应小于整个断面面积 A，从而实际平均流速 v_r 应大于 v，一般称 v 为假想平均流速。

【能力训练例题 1-6】　一砂土试样做常水头渗透试验，试样的截面面积 $A=120\ \text{cm}^2$，试样高度 $L=30\ \text{cm}$，不变的水头差 $\Delta h=60\ \text{cm}$，若经过 $50\ \text{s}$，由量筒测得流经试样的水量 $Q=966\ \text{cm}^3$，求该试样的渗透系数。

解：由式（1-21）知，土的渗透系数为

$$k = \frac{QL}{A\Delta h t} = \frac{966 \times 30}{120 \times 60 \times 50} = 0.081(\text{cm/s})$$

1.5.2　土的渗透破坏

静水作用在水中物体上的力称为静水压力。流动的水对单位体积土骨架作用的力，称为动水力，该力是水流对土体施加的体积力（kN/cm^3），也称为渗流力。对图 1-24 所示土体，土样底部的水头比顶部大 Δh，则水会在土样中由下往上渗流。土样在竖向受到的力有重力 $W = HA(\gamma' + \gamma_w)$、支持力 R、上部水压力 $P_1 = \gamma_w h_1 A$ 和下部水压力 $P_2 = \gamma_w h_2 A$，其中 $h_2 - h_1 = \Delta h + H$。因此，有

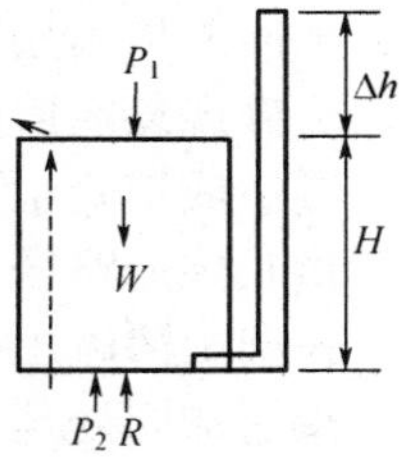

$$HA(\gamma' + \gamma_w) + \gamma_w h_1 A = \gamma_w h_2 A + R$$

即

$$R = HA(\gamma' + \gamma_w) - \gamma_w A(\Delta h + H) = HA(\gamma' - \gamma_w)$$

图 1-24　渗流土体作用力示意图

容易得出，当没有渗流时，支持力 $R = W = HA\gamma'$。显然 $T = HAi\gamma_w$ 就是由于渗流引起的力，根据渗流力定义不难得到：

$$J = i\gamma_w \qquad (1\text{-}23)$$

渗流力的大小与水力梯度 i 成正比，其方向与渗透力方向一致。

地下水流动过程中，当水的渗流方向是自上而下时，渗流力方向与土体重力方向一致，这样将增加土颗粒间的压力，使土粒压得更紧密，对工程无害；当水的渗流方向是自下而上时，渗流力方向与土体重力方向相反，将减小土颗粒间的压力，特别是当渗流力 J 的数值大于或等于土的浮重度 γ' 时，土体发生浮起而随水流动，这种现象称为流砂（或流土），它是

最常见的渗透破坏形式之一。

使土开始发生流砂现象时的水力梯度称为临界水力梯度 i_{cr}。显然，当渗流力 $i\gamma_w$ 等于土的浮重度 γ' 时，土处于产生流砂的临界状态，因此临界水力梯度为

$$i_{cr} = \frac{\gamma'}{\gamma_w} = \frac{\gamma_{sat}}{\gamma_w} - 1 = (G_s - 1)(1 - n) \tag{1-24}$$

【能力训练例题 1-7】 某基坑在细砂层中开挖，经施工抽水，待水位稳定后，实测水位情况如图 1-25 所示。据场地勘察报告提供：细砂层饱和重度 $\gamma_{sat} = 18.7 \text{ kN/m}^3$，$k = 4.5 \times 10^{-2} \text{ mm/s}$，试求渗透水流的平均速度 v 和渗流力 J，并判别是否会产生流砂现象。

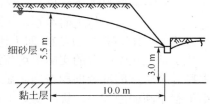

解： $i = \dfrac{5.5 - 3.0}{10.0} = 0.25$

$v = ki = 4.5 \times 10^{-2} \times 0.25 = 1.125 \times 10^{-2} \text{ (mm/s)}$

$J = i\gamma_w = 0.25 \times 10 = 2.5 \text{ (kN/m}^3\text{)}$

$\gamma' = \gamma_{sat} - \gamma_w = 18.7 - 10 = 8.7 \text{ (kN/m}^3\text{)}$

图 1-25　基坑开挖示意图

因为 $J < \gamma'$，所以不会因基坑抽水而发生流砂现象。

流砂（或流土）现象多发生在颗粒级配均匀的饱和粉砂、细砂和粉土层中，而在粗粒土及黏土中则不易发生。因此，在地下水位以下开挖基坑时，若地基土为易产生流砂现象的土层，此时从基坑中直接抽水，当水力梯度大于临界水力梯度 i_{cr} 时，就会出现流砂现象，基坑底土随水涌入基坑，使坑底土的结构发生破坏，强度降低，进而危及基坑支护结构和临近建筑物的安全。图 1-26（a）为一桥墩基础因流砂破坏，土粒随水流走，支撑滑落，支护结构移位。图 1-26（b）为一房屋附近集水井抽吸地下水，在渗流力作用下，房屋基础下砂土颗粒流失，地面产生不均匀下沉，引起临近房屋产生裂缝，地下管线遭破坏。

防治流砂现象的原则是：

（1）减小或消除水头差，如采取基坑外的井点降水法降低地下水位；

（2）增长渗流路径，减小渗流的水力梯度，如打板桩；

（3）在向上渗流出口处地表用透水材料覆盖压重以平衡渗流力；

（4）土层加固处理，减小土的渗透系数。

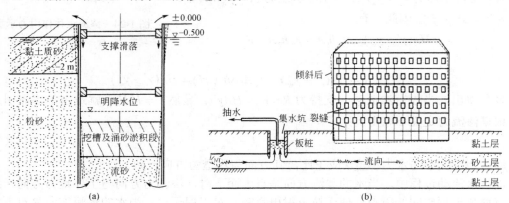

图 1-26　流砂现象引起的破坏示例

（a）桥墩基础因流砂破坏；（b）流砂涌向基坑引起房屋不均匀下沉

渗透破坏另一种常见形式是管涌。当地下水流动的水力坡降 i 很大时，水流由层流变为

紊流，此时渗流力将土体粗粒孔隙中充填的细粒土带走，最终导致土体内形成贯通的渗流管道，如图1-27所示，造成土体塌陷，这种现象称为管涌。可见，管涌破坏一般有一定的发展过程，是一种渐进性质的破坏。管涌现象可以发生在土体表面逸出处，也可以发生于土体内部；而流砂现象一般发生在土体表面逸出处，不发生在土体内部，这是管涌与流砂的简单区别。发生管涌的条件与土颗粒的大小及其级配情况有关。土的不均匀系数 C_u 越大，越容易发生管涌现象。一般不均匀系数 $C_u>10$ 的土才会发生管涌。

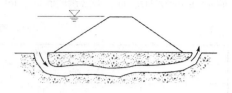

图1-27　通过坝基的管涌破坏

防治管涌现象，一般可从下列两个方面采取措施：

（1）改变水力条件。降低土层内部和渗流逸出处的水力梯度。如在上游做防渗铺盖或打板桩等。

（2）改变几何条件。在渗流逸出部位铺设层间关系满足要求的反滤层是防治管涌破坏的有效措施。

1.6　土的工程分类

土的颗粒组成是决定土的工程性质的主要因素，因为它决定了其与土中水的作用方式。为此，我国工程上主要依据土的颗粒组成和颗粒形状进行分类，以便研究其工程力学性质。《规范》将土分为岩石、碎石土、砂土、粉土、黏性土和人工填土。工程中遇到的还有一些特殊土，如淤泥、红黏土、膨胀土和湿陷性黄土等，通常把它们与人工填土都归于特殊土一类。

1. 岩石

岩石是指颗粒间牢固连接，呈整体或具有节理裂隙的岩体。作为建筑物地基，除应确定岩石的地质名称外，还应按表1-16和表1-17划分其坚硬程度、风化程度和完整程度。岩石的风化程度可分为未风化、微风化、中风化、强风化和全风化。强风化的软质岩石工程性质差，其地基承载力不如一般卵石地基。

表 1-16　岩石坚硬程度的划分

坚硬程度类别	坚硬岩	较硬岩	较软岩	软岩	极软岩
饱和单轴抗压强度 f_{rk} / MPa	$f_{rk}>60$	$30<f_{rk}\leqslant60$	$15<f_{rk}\leqslant30$	$5<f_{rk}\leqslant15$	$f_{rk}\leqslant5$
注：当缺乏饱和单轴抗压强度资料或不能进行该项试验时，可在现场通过观察定性划分。					

表 1-17　岩石完整程度的划分

完整程度等级	完整	较完整	较破碎	破碎	极破碎
完整性指数	>0.75	0.75～0.56	0.55～0.36	0.35～0.15	<0.15
注：完整性指数为岩体纵波波速与岩石纵波波速之比的平方。选定岩体、岩块测定波速时应有代表性。					

2. 碎石土

碎石土是指粒径大于 2 mm 的颗粒含量超过全质量 50% 的土。根据粒组含量及颗粒形状，碎石土可分为漂石、块石、卵石、碎石、圆砾和角砾，见表 1-18。

表 1-18　碎石土的分类

土的名称	颗粒形状	颗粒级配
漂石	圆形及亚圆形为主	粒径大于 200 mm 的颗粒含量超过全质量 50%
块石	棱角形为主	
卵石	圆形及亚圆形为主	粒径大于 20 mm 的颗粒含量超过全质量 50%
碎石	棱角形为主	
土的名称	颗粒形状	颗粒级配
圆砾	圆形及亚圆形为主	粒径大于 2 mm 的颗粒含量超过全质量 50%
角砾	棱角形为主	
注：定名时应根据颗粒级配由大到小以最先符合者确定。		

3. 砂土

砂土是指粒径大于 2 mm 的颗粒含量不超过全质量 50%，且粒径大于 0.075 mm 的颗粒含量超过全质量 50% 的土。根据粒组含量，砂土分为砾砂、粗砂、中砂、细砂和粉砂，见表 1-19。

表 1-19　砂土的分类

土的名称	颗粒级配
砾砂	粒径大于 2 mm 的颗粒含量占全质量 25%～50%
粗砂	粒径大于 0.5 mm 的颗粒含量超过全质量 50%
中砂	粒径大于 0.25 mm 的颗粒含量超过全质量 50%
细砂	粒径大于 0.075 mm 的颗粒含量超过全质量 85%
粉砂	粒径大于 0.075 mm 的颗粒含量超过全质量 50%
注：定名时应根据颗粒级配由大到小以最先符合者确定。	

【能力训练例题 1-8】 某无黏性土样，筛分结果见表 1-20，试确定土的名称。

表 1-20　某土样的颗粒级配

粒径/mm	<0.075	0.075～0.25	0.25～0.5	0.5～1.0	>1.0
粒组含量/%	6.0	34.0	45.0	12.0	3.0

解：按照定名时以粒径分组由大到小以最先符合者为准的原则。

（1）粒径大于 0.5 mm 的颗粒，其含量占全部质量的百分数为

$$12\% + 3\% = 15\% < 50\%$$

故该土不能确定为粗砂。

（2）粒径大于 0.25 mm 的颗粒，其含量占全部质量的百分数为

$$15\% + 45\% = 60\% > 50\%$$

故该土可定名为中砂。

4. 粉土

粉土是指粒径大于 0.075 mm 的颗粒含量不超过全质量 50%，且塑性指数 $I_p \leqslant 10$ 的土。它的性质介于黏性土与砂土之间。粉土天然孔隙比 $e > 0.9$ 时，为稍密，强度较低，属软弱地基；$e < 0.75$ 时，为密实，其强度高，属良好的天然地基。粉土在饱水状态下易于散化与结构软化，地震时易产生液化，为不良地基。野外鉴别粉土，可将其浸水饱和，团成小球，置于

手掌上左右反复摇晃，并以另一手振击，则土中水迅速渗出土面，并呈现光泽。

5. 黏性土

黏性土是指粒径大于 0.075 mm 的颗粒含量不超过全质量 50%，且塑性指数 $I_P > 10$ 的土。根据塑性指数细分为黏土和粉质黏土，其中 $I_P > 17$ 的土为黏土，$10 < I_P \leqslant 17$ 的土为粉质黏土。

土的沉积年代对土的工程性质影响很大，不同沉积年代的黏性土，尽管其物理性质指标可能很接近，但其工程性质可能悬殊。根据土的沉积年代，黏性土又分为老黏性土、一般黏性土和新近沉积的黏性土。老黏性土是指第四纪晚更新世（Q_3）及其以前沉积的黏性土，距今大约 15 万年以上，其沉积年代久，工程性能好，一般具有较高的强度和较低的压缩性，但也有一些地区的老黏性土强度低于一般黏性土，因此使用时应该根据当地的实践经验确定。一般黏性土是指第四纪全新世（Q_4）沉积的黏性土，在工程中最常遇到，透水性较小，其力学性质在各类土中属于中等。新近沉积的黏性土是指文化期以来新近沉积的黏性土。其沉积年代较短，结构性差，一般压缩尚未稳定，而且强度很低。

6. 人工填土

人工填土是指由于人类活动而堆填形成的各类土，其物质成分杂乱，均匀性较差。根据物质组成和成因，其可分为素填土（压实填土）、杂填土和冲填土三类。

（1）素填土是指由碎石、砂土、粉土、黏性土等组成的填土。其不含杂质或含杂质很少，按主要组成物质分为碎石素填土、砂性素填土、粉性素填土及黏性素填土，经分层压实或夯实的素填土称为压实填土，如路基、河堤等。

（2）杂填土是指含有大量建筑垃圾、工业废料或生活垃圾等杂物的填土。其按组成物质可分为建筑垃圾土、工业垃圾土及生活垃圾土。通常大中城市地表都有一层杂填土。

（3）冲填土是指由水力冲填泥砂形成的填土。

通常人工填土的工程性质不良，强度低，压缩性高且不均匀。其中压实填土相对较好。杂填土因成分复杂，平面与立面分布很不均匀，无规律，工程性质最差。

学习土的工程分类，对于今后的工程实践十分重要。因为在各种岩土工程实践中，设计或施工之前，都要对工程的地质条件进行充分了解。只有在工程勘察报告中对工程场地的土层进行详细描述和研究，才能针对不同的土层做出合理的设计施工方案。

【能力训练例题 1-9】 某土样的液限为 0.386，塑限为 0.236，天然含水量为 0.27，问该土名称是什么？处于何种状态？

解： $I_P = w_L - w_P = 0.386 - 0.236 = 0.15$

$$I_L = \frac{w - w_P}{I_P} = \frac{0.27 - 0.236}{0.15} = 0.23$$

所以该土为粉质黏土，处于硬塑状态。

1.7 土的压实性与工程应用

工程中广泛应用到填土，如路基、堤坝、飞机跑道、平整场地修建建筑物以及开挖基坑后回填土等，这些填土都要经过压实，以减少其沉降，降低其透水性，提高其强度。

土的压实是在动荷载作用下，使土颗粒克服粒间阻力而重新排列，土中孔隙减小、密度增加，进而在短时间内得到土体新的结构强度。土的压实性是指土在一定压实能量作用下密度增长的特性。土的压实性通常通过在室内进行击实试验进行研究。实际工程中采用的压实方法很多，但可归纳为碾压、夯实和振动三类。

1.7.1 土的击实试验及压实特性

在试验室内进行击实试验，是研究土压实性的基本方法。所用的主要设备是击实筒，它分轻型和重型两种。图 1-28 所示为两种不同规格的击实筒。轻型击实筒适用于粒径小于 5 mm 的黏性土，而重型击实筒适用于粒径不大于 40 mm 的土。试验时，将含水量 w 为一定值的扰动土样分层（轻型 3 层，重型 5 层）装入击实筒中，每铺一层土后均用击锤按规定的落距和击数锤击土样，最后使被压实的土样充满击实筒。由击实筒的体积和筒内击实土的总质量计算出土的密度 ρ，同时按烘干法测定土样的含水量 w，则可算出击实后土的干密度 $\rho_d = \rho/(1+w)$。

由一组几个不同含水量（通常为 5 个）的同一种土样分别按上述方法进行试验，可绘制出一条击实曲线（图 1-29），击实曲线反映的土的压实特性如下：

（1）峰值 ρ_{dmax}。土的干密度随含水量的变化而变化，并在击实曲线上出现一个干密度峰值（即最大干密度 ρ_{dmax}），只有当土的含水量达到最优含水量时，才能得到这个峰值。

（2）击实曲线位于理论饱和曲线左边。因为理论饱和曲线假定土中空气全部被排出，孔隙完全被水占据，而实际上不可能做到。因为当含水量大于最优含水量后，土孔隙中的气体越来越处于与大气不连通的状态，击实作用已不能将其排出土体。

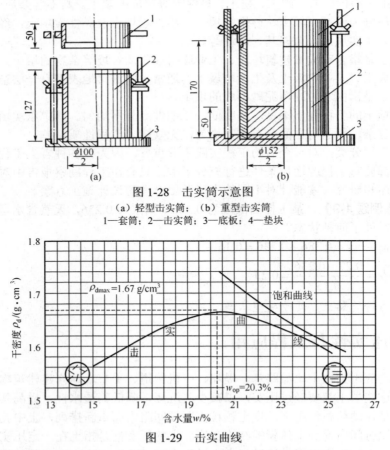

图 1-28　击实筒示意图

（a）轻型击实筒；（b）重型击实筒

1—套筒；2—击实筒；3—底板；4—垫块

图 1-29　击实曲线

（3）击实曲线的形态。击实曲线在最优含水量两侧左陡右缓，且在峰值以右大致与饱和曲线平行。这表明土在最优含水量偏干状态时，含水量对土的密实度影响更为显著。

工程实践表明：

（1）对于过湿的黏性土进行碾压或夯实时会出现软弹现象，土体难以压实，对于很干的土进行碾压或夯实也不能把土充分压实；只有在适当的含水量范围内才能压实。在一定的压实功下，使土最容易压实并获得最大密实度的含水量称为土的最优（或最佳）含水量，用 w_{op} 表示；在最优含水量下得到的干密度称为土的最大干密度，以 ρ_{dmax} 表示（图1-29）。

（2）当压实土达到最大干密度时，其强度并非最大。在含水量小于最优含水量时，土的抗剪强度和抗剪模量均比最优含水量时高，但将其浸水饱和后，则强度损失很大。只有在最优含水量时，浸水饱和后的强度损失最小，压实土的稳定性最好。

1.7.2　土的压实原理及影响压实效果的因素

土在外力作用下的压实原理，可以用结合水膜润滑理论及电化学性质来解释。一般认为，在黏性土中含水量较低、土较干时，由于土粒表面的结合水膜较薄，水处于强结合水状态，土粒间距较小，粒间电作用力以引力占优势，土粒之间的摩擦力、粘结力都很大，所以土粒发生相对位移时阻力大，尽管有击实功作用，但也较难以克服这种阻力，因而压实效果差。随着土中含水量的增加，结合水膜增厚，土粒间距也逐渐增加，这时斥力增加而使土块变软，引力相对减小，击实功比较容易克服粒间引力而使土粒相互位移，趋于密实，压实效果较好。表现为干密度增大，至最优含水量时，干密度达最大值。但当土中含水量继续增大时，虽然也能使粒间引力减小，但土中出现了自由水，而且水占据的体积越大，颗粒能够占据的相对体积就越小，击实时孔隙中过多的水分不易排出，同时排不出的气体以封闭气泡的形式存在于土内，阻止了土粒的移动，击实仅能导致土粒更高程度地定向排列，而土体几乎不发生体积变化，所以干密度逐渐变小，击实效果反而下降。

试验证明，最优含水量 w_{op} 与土的塑限 w_P 有关，大致为 $w_{op} = w_P + 2$。土中黏土矿物含量越大，则最优含水量越大。含水量不同，改变了土中颗粒间的作用力，并改变了土的结构和状态，从而在一定击实功下，改变着压实效果。

砂土和碎石土等无黏性土的压实性也与含水量有关，不过一般不进行室内击实试验，也不存在最优含水量问题。一般砂性土在完全干燥或者充分洒水饱和的情况下容易压实到较大的干密度，潮湿状态下，由于毛细压力增加了粒间阻力，压实干密度显著降低。粗砂在含水量为4%～5%，中砂在含水量为7%左右时，其压实干密度最小，如图1-30所示。所以，在压实砂砾石时要充分洒水使土料饱和才能取得更好的压实效果。

影响土压实效果的因素很多，其中最主要的是土的含水量、击实功和土类及级配的影响。

1. 土的含水量的影响

如前所述，对较干（含水量较小）的土进行夯实或碾压，不能使土充分压实；对较湿（含水量较大）的土进行夯实或碾压，同样也不能使土得到充分压实，此时土体还出现软弹现象，俗称"橡皮土"，只有当含水量控制为某一适宜值即最优含水量时，土才能得到充分压实，达到最大干密度。填料的含水率过高或过低都是不利的。因此，在实际施工中，填土的含水率控制得当与否，不仅涉及经济效益，而且影响工程质量。

2. 击实功的影响

夯击的击实功与夯锤的质量、落高、夯击次数以及被夯击土的厚度等有关；碾压的压实功则与碾压机具的质量、接触面积、碾压遍数以及土层的厚度等有关。对于同一土料，加大击实功，能克服较大的粒间阻力，会使土的最大干密度增加，而最优含水量减小，然而，这种变化速率是递减的，只凭增加击实功来提高土的最大干密度是有限的，如图1-31所示。同时，当含水量较低时，击数（能量）的影响较为显著；当含水量较高时，含水量与干密度的关系曲线趋近于饱和曲线，也就是说，这时靠加大击实功来提高土的密实度是无效的。

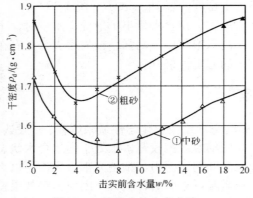

图1-30 粗粒土的击实曲线

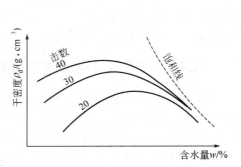

图1-31 不同击数下的击实曲线

3. 土类及级配的影响

在相同击实功条件下，不同的土类及级配，其压实性是不一样的。试验表明，在相同的击实功下，黏性土的黏粒含量越高或塑性指数越大，压实越困难，最大干密度越小，最优含水量越大，这是由于在相同含水量下，黏粒含量越高，吸附水层就越薄，击实过程中土粒错动就越困难。

土颗粒的粗细、级配等对压实效果有影响。图1-32为5种不同粒径土的级配曲线，图1-33是其在同一标准的击实试验中所得到的5条击实曲线。可见，含粗粒越多的土样，其最大干密度越大，而最优含水量越小，即随着粗粒土增多，曲线形态不变，但朝左上方移动。

土的级配对其压实性影响也很大。级配不良的土（土料较均匀），压实后，其干密度要低于级配良好的土（土粒不均匀），这是因为级配不良的土体内，较粗土粒形成的孔隙很少有较细土粒去填充，而级配良好的土有足够的细土粒去填充孔隙，因而可获得较高的干密度。

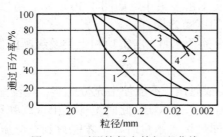

图1-32 不同粒径土的级配曲线

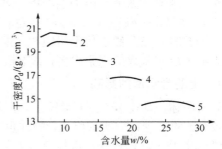

图1-33 不同粒径土的击实曲线

1.7.3 土的工程应用

在工程实践中，用土的压实度或压实系数来直接控制填方工程质量。压实系数用 λ 表示，它定义为工地压实时要求达到的最大干密度 ρ'_{dmax} 与室内击实试验所得到的最大干密度 ρ_{dmax}

的比值，即

$$\lambda = \frac{\rho'_{dmax}}{\rho_{dmax}}$$ （1-25）

可见，压实系数 λ 值越接近 1，表示对压实质量的要求越高。在工地上，一般根据实际情况来用环刀法、灌砂（或水）法、湿度密度仪法或核子密度仪法来测量土的密度和含水量，以计算现场压实后的土体干密度。必须指出，现场填土的压实，无论是在压实能量、压实方法还是在土的变形条件方面，都与室内击实试验存在一定差异。因此，室内击实试验用来模拟工地压实仅是一种半经验的方法。

在工程应用中，根据工程性质及填土的受力状况，对压实系数的要求也不同。《规范》规定，对压实填土的质量以压实系数 λ 控制，并应根据结构类型、压实填土所在部位按表 1-21 确定。

表 1-21　压实填土地基压实系数控制值

结构类型	填土部位	压实系数 λ	控制含水量/%
砌体承重及框架结构	在地基主要受力层范围内	≥0.97	$w_{op} \pm 2$
	在地基主要受力层范围下	≥0.95	
排架结构	在地基主要受力层范围内	≥0.96	
	在地基主要受力层范围下	≥0.94	

注：地坪垫层以下及基础底面标高以上的压实填土，压实系数不应小于 0.94。

【工程应用例题 1-10】某土料场土料为低液限黏土，天然含水率 $w = 21\%$，土粒的相对密度 $G_s = 2.70$，室内标准击实试验得到最大干密度 $\rho_{dmax} = 1.85 \, \text{g/cm}^3$。设计取压实度 $\lambda = 0.95$，并要求压实后土的饱和度 $S_r \leq 90\%$，问土料的天然含水率是否适于填筑？碾压时土料含水率应控制为多大？

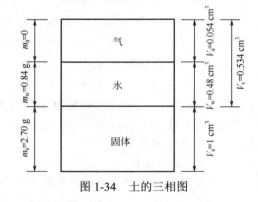

图 1-34　土的三相图

解：（1）求压实后土的孔隙体积。

填土的干密度

$$\rho_d = \rho_{dmax} \lambda = 1.85 \times 0.95 = 1.76 (\text{g/cm}^3)$$

绘制土的三相图（图 1-34），并令 $V_s = 1 \, \text{cm}^3$。

由 $G_s = \frac{m_s}{V_s \rho_w}$ 得

$$m_s = G_s V_s \rho_w = 2.70 \times 1 \times 1 = 2.70 (\text{g})$$

由 $\rho_d = \frac{m_s}{V}$ 得

$$V = \frac{m_s}{\rho_d} = \frac{2.70}{1.76} = 1.534 (\text{cm}^3)$$

从而得

$$V_v = V - V_s = 1.534 - 1 = 0.534 (\text{cm}^3)$$

（2）求压实时的含水率。根据题意，按饱和度 $S_r = 90\%$ 控制含水率，则由 $S_r = \frac{V_w}{V_v}$ 得

$$V_w = S_r V_v = 0.9 \times 0.534 = 0.48 (cm^3)$$

$$m_w = \rho_w V_w = 1 \times 0.48 = 0.48 \quad (g)$$

压实时的含水率 $w = \dfrac{m_w}{m_s} \times 100\% = \dfrac{0.48}{2.70} \times 100\% = 17.8\% < 21\%$

碾压时的含水率应控制在 18% 左右。料场土料的含水率高 3%，不适于直接填筑，应进行翻晒处理。

实训项目 土的击实试验

土的人工压实可以提高土的抗剪强度，降低其压缩性与透水性，从而大大改善其工程性质。土的压实效果与压实方法或压实功及含水量有关。压实功越大，土越易压实。如压实方法一定，则土的密度又与土的含水量有密切关系。土的密实度常以土的干密度（ρ_d）这个指标表示，在一定的压实方法与压实功下能使土达到最大干密度的含水量称为最优含水量 w_{op}。

一、试验目的

测定试样在一定击实次数下或某种压实功下的含水率与干密度之间的关系，从而确定土的最大干密度和最佳含水量，为施工控制路堤、土坝或填土地基密实度提供设计依据。

二、试验方法及适用范围

击实试验分为轻型击实和重型击实，分别使用轻型击实筒和重型击实筒。轻型击实试验适用于粒径小于 5 mm 的土；重型击实试验适用于粒径不大于 40 mm 的土。

三、击实试验

1. 仪器设备

①击实仪；②天平：称量 200 g，感量 0.01 g；③台秤：称量 2 000 g，感量 1 g；称量 10 kg，感量 5 g；④推土器；⑤其他：盛土盘、量筒、喷水壶、小刀等；⑥测含水量所需仪器。

2. 试验步骤

（1）试样制备。

1）轻型击实取过 5 mm 筛的土样 3 kg；重型击实取过 20 mm 筛的土样 6.5 kg。

2）将土样加水润湿，拌匀后用湿布盖上，静置 12 小时至一昼夜（因时间所限，静置时间从略）。一般最少做 5 个含水量，依次相差约 2%，且其中有两个大于最优含水量及两个小于最优含水量。

（2）试样击实。

1）将击实仪放在坚实的地面上，击实筒内壁和底板涂一薄层润滑油，连接好击实筒与底板。

2）从制备好的一份试样中称取一定量土料，分 3 层或 5 层倒入击实筒内。对于分 3 层击实的轻型击实法，每层土料的质量为 600~800 g（其量应使击实后试样的高度略高于击实筒的 1/3）；对于分 5 层击实的重型击实法，每层土料的质量宜为 900~1 100 g（其量应使击实后的试样高度略高于击实筒的 1/5）；对于分 3 层的重型击实法，每层需试样 1 700 g 左右。整平表面，并稍加压紧，然后按规定的击数进行第一层的击实，击实时击锤应自由垂直落下，锤迹必须均匀分布于土样表面。

3）第一层击实完毕后，将试样层面"拉毛"，然后装入护筒，重复上述方法进行其余各层土的击实。小试筒击实后，试样不应高出筒顶面 5 mm；大试筒击实后，试样不应高出筒顶面 6 mm。

4）用修土刀沿护筒内壁削刮，使试样与护筒脱离后，扭动并取下护筒，齐筒顶细心削平试样，拆除底板，擦净筒外壁，称量，准确至 1 g。

5）用推土器推出试样，取中心部分试样测定其含水量（取两个含水量试样），测定的含水量应在允许的平行差值以内。

6）按上述的步骤进行其他含水量试样的击实试验。

3. 土的击实试验记录（表 1-22）

表 1-22　土的击实试验记录

试样编号			估计最优含水量/%				每层击数	
试样类别			风干含水量/%				试样说明	
试样数量			土粒的相对密度					
	试验次数		1	2	3	4	5	6
干密度	筒+土质量/g	①						
	筒质量/g	②						
	湿土质量/g	③	①-②					
	密度/（g·cm⁻³）	④						
	干密度/（g·cm⁻³）	⑤	④/（1+0.01w）					
	盒　号		1	2	3	4	5	6
含水量	盒+湿土质量/g	①						
	盒+干土质量/g	②						
	盒质量/g	③						
	水质量/g	④	①-②					
	干土质量/g	⑤	②-③					
	含水量/%	⑥	④/⑤					
	平均含水量/%							

四、结果整理

（1）计算不同含水量下击实后试样的密度：

$\rho_d = \dfrac{\rho}{1+w}$（$\rho$ 为击实后试样湿密度；w 为击实后试样含水量）。绘制干密度与含水量关系曲线，如图 1-35 所示。

（2）在曲线上取峰点的坐标即为最大干密度和最佳含水量。

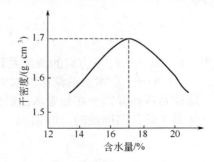

图 1-35　干密度与含水量关系曲线

五、有关问题的说明

（1）击实试验一般不少于 5 个测点，为使各测点在最佳含水量的两侧分布比较均匀，通常根据经验，可以塑限或 0.8 倍塑限作为估计的最佳含水量，如能知道试样的初始含水量，即可计算出每次应增加的水量。上述参考数据将由试验室提供。

（2）小组应有很好的分工合作（如一人测含水量时，另一人洒水调拌等），抓紧时间。

六、思考与练习

（1）重型击实试验和轻型击实试验有什么区别？

（2）何谓压实度？其现场测定方法有哪些？

（3）击实试验有什么实用意义（联系实际工程）？

（4）什么是最优含水量？哪些因素影响土的最优含水量数值？

知识扩展

一、流网及其应用

1. 稳定渗流场的拉普拉斯方程

设从稳定渗流场中任取一微分单元土体，其面积为 dxdy，若单位时间内在 x 方向流入单元体的水量为 q_x，流出的水量为 $q_x + \dfrac{\partial q_x}{\partial x}\mathrm{d}x$，在 y 方向流入的水量为 q_y，流出的水量为 $q_y + \dfrac{\partial q_y}{\partial y}\mathrm{d}y$。

假定在渗流作用下单元土体的体积保持不变，水又是不可压缩的，则单位时间内流入单元体的总水量必等于流出的总水量，即

$$q_x + q_y = \left(q_x + \frac{\partial q_x}{\partial x}\mathrm{d}x\right) + \left(q_y + \frac{\partial q_y}{\partial y}\mathrm{d}y\right) \tag{1-26}$$

即

$$\frac{\partial q_x}{\partial x}\mathrm{d}x + \frac{\partial q_y}{\partial y}\mathrm{d}y = 0 \tag{1-27}$$

根据达西定律，$q_x = k_x i_x \mathrm{d}y$，$q_y = k_y i_y \mathrm{d}x$；其中 x 和 y 方向的水力坡降分别为 $i_x = \dfrac{\partial h}{\partial x}$，$i_y = \dfrac{\partial h}{\partial y}$，将上列关系式代入式（1-27）中并经简化后可得

$$k_x \frac{\partial^2 h}{\partial x^2} + k_y \frac{\partial^2 h}{\partial y^2} = 0 \tag{1-28}$$

式中　k_x、k_y——x、y 方向的渗透系数；

　　　　h——总水头或测压管水头。

这就是各向异性土在稳定渗流时的连续方程。

如果土是各向同性的，即 $k_x = k_y$，则式（1-28）可改写成

$$\frac{\partial^2 h}{\partial x^2} + \frac{\partial^2 h}{\partial y^2} = 0 \tag{1-29}$$

这就是著名的拉普拉斯方程，它是描述稳定渗流的基本方程式。

2. 流网的特征

由水力学知识可知，满足拉普拉斯方程的是两组彼此正交的曲线。平面稳定渗流基本微分方程的解可以用渗流区平面内两簇相互正交的曲线来表示。一组曲线称为等势线，在任一条等势线上各点的总水头是相等的，或者说，在同一条等势线上的测压管水位都是等高的；另一组曲线称为流线，它们代表渗流的方向。工程上把这种等势线簇和流线簇交织成的网格图形称为流网，如图 1-36 所示。

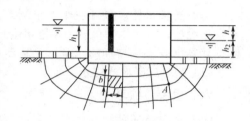

图 1-36　闸基的渗流流网

各向同性土的流网具有如下性质：

（1）流线与等势线彼此正交；

（2）每个网格的长度比为常数，为了方便常取 1，这时的网格就为正方形或曲边正方形；

（3）相邻等势线间的水头损失相等；

（4）各流槽的渗流量相等。

3．流网的应用

（1）渗流速度计算。计算渗流区中某一网格内的渗流速度，可先从流网图（图 1-36）中量出该网格的流线长度 L。根据流网的特性，在任意两条等势线之间的水头损失相等，设流网中的等势线的数量为 n（包括边界等势线），上下游总水头差为 h，则任意两等势线间的水头差为

$$h_i = \frac{h}{n-1} \tag{1-30}$$

而所求任意网格内的渗透速度为

$$v = ki = k\frac{h_i}{L} = \frac{kh}{(n-1)L} \tag{1-31}$$

（2）渗流量计算。由于任意两相邻流线间的单位渗流量相等，设整个流网的流线数量为 m（包括边界流线），则单位宽度内总的渗流量为

$$q = (m-1)q_i \tag{1-32}$$

式中，q_i 为任意两相邻流线间的单位渗流量，q、q_i 的单位一般为 $m^3/(d \cdot m)$。其值可根据某一网格的渗透速度及网格的过水断面宽度求得，设网格的过水断面宽度（即相邻两条流线的间距）为 b，网格的渗透速度为 v，则

$$q_i = v \cdot b \times 1 = \frac{kh}{(n-1)L} \cdot b \tag{1-33}$$

而单位宽度内的总渗流量 q，由下式计算得到

$$q = \frac{kh(m-1)}{n-1} \cdot \frac{b}{L} \tag{1-34}$$

因为网格长度比一般为 1，所以式（1-34）化为

$$q = \frac{kh(m-1)}{n-1} \tag{1-35}$$

4．孔隙水压力的确定

如图 1-36 所示，包括边界线共有 11 条等势线，水头差 h 是通过 10 次即 10 个等级降低的。每相邻两条等势线的水头差是 $h/10$，如图 1-36 上 A 点在第 8 段等势线上，所以，A 点的测压管中水柱高度 $h_A = h_2 + 2h/10$ 或 $h_1 - 8h/10$。

按照上述算出的孔隙水压力由以下两部分组成：

（1）由下游静水位产生的孔隙水压力 $\gamma_w h_2$，称为静孔隙水压力。

（2）由渗流所引起的，即超过静水位的那一部分水头差所产生的孔隙水压力 $\gamma_w(h_A - h_2)$，称为超静孔隙水压力。超静孔隙水压力除可由渗流产生以外，还有动荷载或静荷载也能够引起。对于稳定渗流来说，由于水头是常量，因而其超静孔隙水应力将不随时间而变化。而由荷载所引起的超静孔隙水应力，则将随时间而变化，而其变化规律在后面章节均有叙述。

二、渗透力与渗透稳定性

水在土中流动的过程中将受到土阻力的作用，使水头逐渐损失。同时，水的渗透将对土

骨架产生拖曳力，导致土体中的应力与变形发生变化。这种渗透水流作用对土骨架产生的拖曳力称为渗透力，方向与水流方向相同，用 j 表示，单位是 kN/m³。

渗透力分析示意图如图 1-37 所示，在水头差 H_1-H_2 作用下，层流中的一条流线由 B 到 A，设想 BA 是个水柱，长度为 L，断面面积为 A，BA 水柱上受到的力一共有 4 个，分别是两端水压力 $f_1=\gamma_w h_1 A$，$f_2=\gamma_w h_2 A$，BA 水柱重力 $W=\gamma_w LA\cos\alpha$，$\cos\alpha=(z_1-z_2)/L$，土的骨架对渗透水流的阻力 $f=jAL$。根据静力平衡原理，在水柱 BA 上的力的平衡表达式为

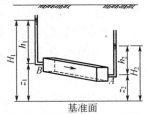

图 1-37　渗透力分析示意图

$$\gamma_w h_1 A + \gamma_w LA\cos\alpha - \gamma_w h_2 A - jAL = 0 \tag{1-36}$$

把 $\cos\alpha=(z_1-z_2)/L$ 代入式（1-36）得

$$\gamma_w h_1 A + \gamma_w A(z_1-z_2) - \gamma_w h_2 A - jAL = 0 \tag{1-37}$$

由图 1-37 可知，$z_1+h_1=H_1$，$z_2+h_2=H_2$，$i=\dfrac{H_1-H_2}{L}$

整理得到

$$j = \gamma_w i \tag{1-38}$$

当渗流垂直向上时，渗透力垂直向上，与土样重力方向相反，若渗透力等于土样浮重度，土体刚刚发生渗流破坏，此时水力坡降称为临界水力坡降，用 i_{cr} 表示。

$$j = \gamma' = \gamma_w i \tag{1-39}$$

整理得

$$i_{cr} = \frac{\gamma'}{\gamma_w} \tag{1-40}$$

若 $i<i_{cr}$，不会发生渗流破坏；
若 $i=i_{cr}$，处于临界状态；
若 $i>i_{cr}$，会发生渗流破坏。

【工程应用例题 1-11】　某工程开挖深度为 6.0 m 的基坑时采用板桩围护结构，基坑在排水后的稳定渗流流网如图 1-38 所示。地基土的饱和重度 $\gamma_{sat}=19.8\ kN/m^3$，地下水位距离地表 1.5 m。判断基坑中的 $a\sim b$ 渗流逸出处是否发生渗流破坏（假设量得的渗径为 1 m）。

解：由图 1-38 可知，地基中流网的等势线数量 $n=10$，总水头差 $h=6.0-1.5=4.5(m)$。

则相邻两等势线的水头损失为

$$h_i = \frac{h}{n-1} = \frac{4.9}{9} = 0.5(m)$$

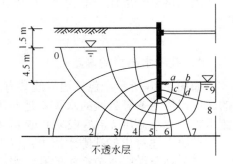

图 1-38　稳定渗流流网

$a\sim b$ 渗流逸出处的水力坡降 i_{ab} 可用流网网格 $abdc$ 的平均水力坡降近似表示，从流网图中可量得网格长度 $L=1$ m，则

$$i_{ab} = \frac{h_i}{L} = \frac{0.5}{1} = 0.5$$

而流土的临界水力坡降为

$$i_{cr} = \frac{\gamma'}{\gamma_w} = \frac{\gamma_{sat} - \gamma_w}{\gamma_w} = \frac{19.8 - 10}{10} = 0.98$$

可见，$i_{ab} < i_{cr}$，在 $a \sim b$ 渗流逸出处不会发生渗流破坏。

能力训练

一、思考题

1. 土由哪几部分组成?土中水分为哪几类？其特征如何？对土的工程性质影响如何？

2. 土的三相比例指标有哪些？哪些可以直接测定？哪些通过换算求得？并阐述各指标含义。

3. 反映无黏性土密实度状态的指标有哪些？采用相对密实度判断砂土的密实度有何优点？而工程上为何应用得并不广泛？

4. 何谓土的级配？土的粒径分布曲线是怎样绘制的？为什么粒径分布曲线用半对数坐标？

5. 何谓土的结构？土的结构有哪几种类型？它们各有什么特征？

6. 土的粒径分布曲线的特征可以用哪两个系数来表示？它们如何定义？如何利用土的粒径分布曲线来判断土的级配好坏？

7. 何谓塑性指数和液性指数？各有何用途？

8. 何谓压实度？土的压实性与哪些因素有关？何谓土的最大干密度和最优含水量？

二、习题

1. 有 A、B 两个土样，通过室内试验测得其粒径与小于该粒径的土粒质量见表 1-23、表 1-24，试绘出它们的粒径分布曲线，并求出 C_u 和 C_c 值。（答案：$C_{ua} = 11.18$，$C_{ca} = 1.61$；$C_{ub} = 4.4$，$C_{cb} = 0.91$）

表 1-23   A 土样试验资料（总质量 500 g）

粒径 d/mm	5	2	1	0.5	0.25	0.1	0.075
小于该粒径的质量/g	500	460	310	185	125	75	30

表 1-24   B 土样试验资料（总质量 30 g）

粒径 d/mm	0.075	0.05	0.02	0.01	0.005	0.002	0.001
小于该粒径的质量/g	30	28.8	26.7	23.1	15.9	5.7	2.1

2. 从地下水位以下某黏土层取出一土样做试验，测得其质量为 15.3 g，烘干后质量为 10.6 g，土粒的相对密度为 2.70，试求试样的含水率、孔隙比、孔隙率、饱和密度、浮重度、干密度及其相应的重度。（答案：$w = 44.3\%$；$e = 1.20$；$n = 54.5\%$；$\rho_{sat} = 1.77$ kg/m³，$\gamma_{sat} = 17.7$ kN/m³；$\rho' = 0.77$ kg/m³，$\gamma' = 7.7$ kN/m³；$\rho_d = 1.23$ kg/m³，$\gamma_d = 12.3$ kN/m³）

3. 某土样的含水率为 6.0%，密度为 1.60 g/cm³，土粒的相对密度为 2.70，若设孔隙比不变，为使土样完全饱和，问 100 cm³ 土样中应该加多少水？（答案：35.2 g）

4. 在土的三相组成示意图中，取土粒体积 $V_s = 1$。已知某土样的土粒的相对密度 $G_s = 2.70$，含水量 $w = 32.2\%$，土的天然密度 $\rho = 1.91$ g/cm³。按各三相比例指标的定义，计算图 1-39 中 6 个括号内的数值及 S_r 和 γ'。（答案：$m_s=2.7\,\mathrm{g}$；$m_w=0.87\,\mathrm{g}$；$m=3.57\,\mathrm{g}$；$V=1.87\,\mathrm{cm}^3$；$V_v=0.87\,\mathrm{cm}^3$；$V_w=0.87\,\mathrm{cm}^3$；$S_r=100\%$；$\gamma'=9.1\,\mathrm{kN/m}^3$）

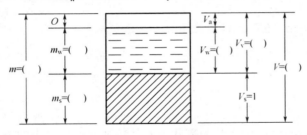

图 1-39　题 4 图

5．某宾馆地基土的试验中，用体积为 72 cm^3 的环刀测得原状土样质量 129.5 g，烘干后土样质量 121.5 g，土粒的相对密度为 2.70。试计算该土样的含水量 w、孔隙比 e、饱和度 S_r、重度 γ、饱和重度 γ_{sat}、浮重度 γ' 以及干重度 γ_d，并比较各重度的数值大小。（答案：$w=6.6\%$；$e=0.60$；$S_r=27.9\%$；$\gamma=18.0\,\mathrm{kN/m}^3$；$\gamma_{\mathrm{sat}}=20.6\,\mathrm{kN/m}^3$；$\gamma'=10.6\,\mathrm{kN/m}^3$；$\gamma_d=16.9\,\mathrm{kN/m}^3$；$\gamma_{\mathrm{sat}}>\gamma>\gamma_d>\gamma'$）

6．有土料 1 000 g，它的含水率为 6.0%，若使它的含水率增加到 16.0%，问需加多少水？（答案：150 g）

7．有一砂土层，测得其天然密度为 1.77 $\mathrm{g/cm}^3$，天然含水率为 9.8%，土的相对密度为 2.70，烘干后测得最小孔隙比为 0.46，最大孔隙比为 0.94，试求天然孔隙比 e、饱和含水率和相对密实度 D_r，并判别该砂土层处于何种密实状态。（答案：0.68；25.2%；中密）

8．某碾压土坝的土方量为 20 万 m^3，设计填筑干密度为 1.65 $\mathrm{g/cm}^3$。料场土的含水率为 12.0%，天然密度为 1.70 $\mathrm{g/cm}^3$，液限为 32.0%，塑限为 20.0%，土粒的相对密度为 2.72。问：

（1）为满足填筑土坝需要，料场至少要有多少土料？（答案：21.74 万 m^3）

（2）如每日坝体的填筑量为 3 000 m^3，该土的最优含水量为塑限的 95%，为达到最佳碾压效果，每天共需要加多少水？（答案：346.5 t）

（3）土坝填筑的饱和度是多少？（答案：79.8%）

任务自测

任务能力评估表

知识学习	
能力提升	
不足之处	
解决方法	
综合自评	

任务 2 　地基中的应力计算

任务目标

➢ 了解土中应力的概念

➢ 掌握土中自重应力的计算方法

➢ 掌握基底压力、基底附加压力的计算方法

➢ 能熟练运用角点法计算矩形及条形基础下地基中的附加应力

➢ 了解竖向三角形分布矩形荷载作用下的附加应力计算

2.1　概述

土体在本身的质量、建筑荷载、交通荷载或其他因素的作用下，均可产生应力。土中应力主要包括自重应力与附加应力两种。地基土中应力计算通常采用经典的弹性力学方法求解，即假定地基是均匀、连续、各向同性的半无限空间线性弹性体。这样的假定与土的实际情况不尽相符，实际地基土体往往是层状、非均质、各向异性的弹塑性材料。但在通常情况下，尤其在中、小应力条件下，弹性理论计算结果与实际较为接近，且计算方法比较简单，能够满足一般工程设计的要求。

2.1.1　应力计算中的符号规定

土是散粒体，一般不能承受拉力。在土中出现拉应力的情况很少，因此在土力学中对土中应力的正负号常作如下规定：法向应力以压为正，剪应力以逆时针方向为正，如图 2-1 所示。

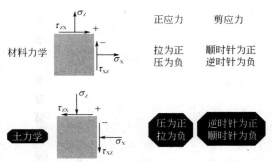

图 2-1　材料力学与土力学应力符号的规定

2.1.2 解决工程问题

土中应力将引起地基沉降、倾斜变形甚至破坏等，如果地基变形过大，将会危及建筑物的安全和正常使用。因此，为了保证建筑物的安全和正常使用，需对地基变形问题和强度问题进行计算分析，进行此项工作的基础就是确定地基土体中的应力，土中应力计算是研究和分析土体变形、强度和稳定等问题的基础和依据。

2.2 土的自重应力

研究地基自重应力的目的是为了确定土体的初始应力状态。如果把地基假定为半无限弹性体，土体在自重作用下只能产生竖向变形，而无侧向位移及剪切变形存在。地基中的竖向自重应力和水平自重应力计算就变得十分简单。

2.2.1 均质地基土的自重应力

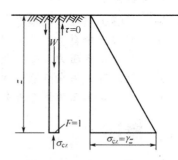

若土体是均质的半无限体，土的天然重度为 γ，土体在自身重力作用下任一竖直切面都是对称面，因此切面上不存在剪应力。如图 2-2 所示，考虑长度为 z，截面面积 $F=1$ 的土柱体，设其质量为 W，地表以下深度 z 处土的竖向自重应力为 σ_{cz}，则有

$$\sigma_{cz}F = W = \gamma z F \qquad (2\text{-}1)$$

从而得到土的竖向自重应力为

图 2-2 均匀土的自重应力

$$\sigma_{cz} = \gamma z \qquad (2\text{-}2)$$

式中 γ——土的天然重度，kN/m^3；

z——地表以下深度，m；

σ_{cz}——天然地面下任意深度 z 处的竖向有效自重应力，kPa。

地基中除有作用于水平面上的竖向自重应力外，在竖直面上还作用有水平方向的侧向自重应力，如图 2-3 所示。由于 σ_{cz} 沿任一水平面上均匀地无限分布，所以地基土在自重作用下只产生竖向变形，无侧向变形和剪切变形。因此，根据弹性力学，侧向自重应力 σ_{cx} 和 σ_{cy} 应与 σ_{cz} 成正比，即

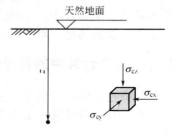

图 2-3 地基土中侧向自重应力

$$\sigma_{cx} = \sigma_{cy} = K_0\sigma_{cz} \qquad (2\text{-}3)$$

式中 K_0——土的侧压力系数或静止土压力系数，$K_0 = \dfrac{\upsilon}{1-\upsilon}$（$\upsilon$ 为土的泊松比）；K_0 和 υ 依土的种类、密度不同而异，可由试验测得。

必须指出，只有通过土粒接触点传递的粒间应力，才能使土粒彼此挤紧，从而引起土体的变形，所以粒间应力又称为有效应力。因此，土中自重应力可定义为土自身有效重力在土体中引起的应力。土中竖向和侧向的自重应力一般均指有效自重应力。对地下水位以下土层，一般情况下以有效重度 γ' 代替天然重度 γ。为了简便起见，把常用的竖向有效自重应力 σ_{cz}，简称

为自重应力。自然界中的天然土层，一般形成至今已有很长的地质年代，它在自重作用下的变形早已稳定。但对于近期沉积或堆积的土层，应考虑它在自重应力作用下的变形。

2.2.2　成层土的自重应力

一般情况下，天然地基由具有不同重度的成层土所组成，如地下水位位于同一土层中，在计算自重应力时，地下水位面应作为分层的界面。如图 2-4 所示，设各土层的厚度为 h_i，重度为 γ_i（$i=1, 2, \cdots, n$），这时土柱体总质量为 n 段小土柱体之和，则可得天然地面下任意深度 z 处的竖向自重应力计算公式：

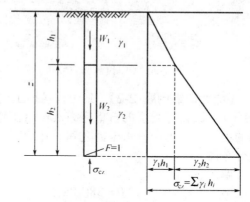

图 2-4　成层土的自重应力

$$\sigma_{cz} = \gamma_1 h_1 + \gamma_2 h_2 + \cdots + \gamma_n h_n = \sum_{i=1}^{n} \gamma_i h_i \quad (2\text{-}4)$$

式中　σ_{cz}——天然地面下任意深度 z 处的竖向有效自重应力，kPa；

　　　n——深度 z 范围内的土层总数；

　　　h_i——第 i 层土的厚度，m；

　　　γ_i——第 i 层土的天然重度，kN/m^3，地下水位以上用天然重度 γ，地下水位以下一般用浮重度 γ'。

必须指出的是，学习土的自重应力时应注意如下问题：

（1）土的重度的处理是自重应力计算中的关键，其要点如下：

1）地下水位以上的各层土重度取天然重度；

2）地下水位以下的砂土取浮重度；

3）黏性土液性指数 $I_L > 1$ 时取浮重度；

4）黏性土液性指数 $I_L \leqslant 0$ 时取天然重度；

5）黏性土液性指数 $I_L = 0 \sim 1$ 时依最不利原则取天然重度或浮重度。

（2）在地下水位以下，若埋藏有不透水层（如岩层或只含结合水的坚硬黏土层），由于不透水层中不存在水的浮力，故层面及层面以下的自重应力应等于上覆土和水的总重。这样，紧靠上覆层与不透水层界面上下的自重应力有突变，使层面处具有两个自重应力值。

（3）土中自重应力分布规律（图 2-5）如下：

1）自重应力分布线的斜率是重度；

2）自重应力在等重度地基中随深度呈直线分布；

3）自重应力在成层地基中呈折线分布；

4）在土层分界面处和地下水位处发生转折。

【能力训练例题 2-1】　地基土呈水平成层分布，自然地面下分别为粉质黏土、细砂和中砂，地下水位位于第一层土底面，各层土的重度如图 2-6 所示。试计算图中 1 点、2 点和 3 点处的竖向自重应力，并绘出分布图。

解：1 点：$\sigma_{cz} = 0$

2 点：$\sigma_{cz} = 18.4 \times 1.2 = 22.1(kPa)$

3 点：$\sigma_{cz} = 22.1 + (19.2 - 10) \times 3.6 = 55.2(kPa)$

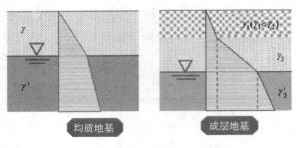

图 2-5　土中自重应力分布

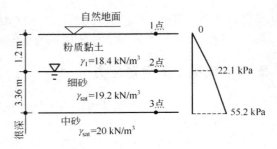

图 2-6　土的自重应力计算及其分布图（1）

【能力训练例题 2-2】 某工程场地土层分布如图 2-7 所示（其中地下水位在自然地面下 2.0 m），试计算土层的自重应力及作用在基岩顶面的土自重应力和静水压力之和，并绘制自重应力分布图。

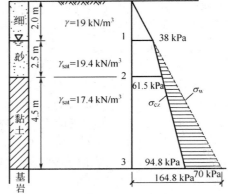

解：

$$\sigma_{cz1} = \gamma_1 h_1 = 19 \times 2.0 = 38 \text{(kPa)}$$

$$\sigma_{cz2} = \gamma_1 h_1 + \gamma_1' h_2$$
$$= 38 + (19.4 - 10) \times 2.5 = 61.5 \text{(kPa)}$$

$$\sigma_{cz3} = \gamma_1 h_1 + \gamma_1' h_2 + \gamma_2' h_3$$
$$= 61.5 + (17.4 - 10) \times 4.5 = 94.8 \text{(kPa)}$$

$$\sigma_w = \gamma_2 (h_2 + h_3) = 10 \times 7.0 = 70.0 \text{(kPa)}$$

因此，作用在基岩顶面处的自重应力为

图 2-7　土的自重应力计算及其分布图

94.8 kPa，静水压力为 70 kPa，总应力为 94.8+ 70=164.8(kPa)。

【能力训练例题 2-3】 某土层及其物理性质指标如图 2-8 所示，试计算土中自重应力并绘出分布图。

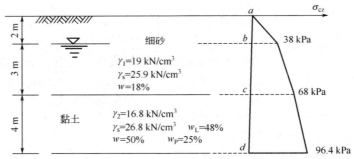

图 2-8　土的自重应力计算及其分布图（3）

解： 第一层为细砂，水下的砂土要受浮力作用，其浮重度为

$$\gamma' = \frac{(\gamma_s - \gamma_w)\gamma}{\gamma_s(1+w)} = \frac{(25.9 - 9.81) \times 19}{25.9 \times (1+0.18)} = 10 \text{(kN/m}^3)$$

第二层为黏土，其液性指数为

$$I_L = \frac{w - w_P}{w_L - w_P} = \frac{50\% - 25\%}{48\% - 25\%} = 1.09 > 1$$

故受浮力作用，其浮重度为

$$\gamma' = \frac{(\gamma_s - \gamma_w)\gamma}{\gamma_s(1+w)} = \frac{(26.8 - 9.81) \times 16.8}{26.8 \times (1+0.50)} = 7.1(kN/m^3)$$

a点：$z = 0$，$\sigma_{cz} = \gamma z = 0$

b点：$z = 2\,m$，$\sigma_{cz} = \gamma z = 19 \times 2 = 38(kPa)$

c点：$z = 5\,m$，$\sigma_{cz} = \gamma_1 h_1 + \gamma_2' h_2 = 19 \times 2 + 10 \times 3 = 68(kPa)$

d点：$z = 9\,m$，$\sigma_{cz} = \gamma_1 h_1 + \gamma_2' h_2 + \gamma_3' h_3 = 19 \times 2 + 10 \times 3 + 7.1 \times 4 = 96.4(kPa)$

【能力训练例题 2-4】 某土层及其物理性质指标如图 2-9 所示，试计算土中自重应力并绘出分布图。

解： 第一层为粗砂，水下的砂土要受浮力作用，其浮重度为

$$\gamma' = \gamma_{sat} - \gamma_w = 19.5 - 9.81 = 9.69(kN/m^3)$$

第二层为黏土，其液性指数为

$$I_L = \frac{w - w_P}{w_L - w_P} = \frac{20\% - 24\%}{55\% - 24\%} < 0，固态$$

故该层黏土不受浮力作用，土层面上要考虑静水压力作用。

a点：$z = 0$，$\sigma_{cz} = \gamma z = 0$

b点（砂土中）：$z = 10\,m$，$\sigma_{cz} = \gamma' z = 9.69 \times 10 = 96.9(kPa)$

b'点（黏土中）：$z = 10\,m$，$\sigma_{cz} = \gamma' z + \gamma_w h_w = 9.69 \times 10 + 9.81 \times 13 = 224.4(kPa)$

c点：$z = 15\,m$，$\sigma_{cz} = \gamma_1' h_1 + \gamma_w h_w + \gamma_2 h_2 = 9.69 \times 10 + 9.81 \times 13 + 19.3 \times 5$
$= 320.9(kPa)$

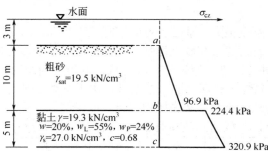

图 2-9　土的自重应力计算及其分布图（4）

2.3　基底压力

建筑物荷载通过基础传递给地基，在基础底面与地基之间便产生了接触应力。单位基础底面积上所受的压力称为基底压力。地基土层反向施加于基础底面上的压力称为基底反力，是基底压力的反作用力。

2.3.1　基底压力的分布

基底压力的分布规律主要取决于基础的刚度、荷载的分布、基础的埋深和土的性质等。

如果完全柔性基础建筑在弹性地基上，基础抗弯刚度 $EI=0$，基础变形能完全适应地基表面的变形，基底反力的分布与其上部荷载的分布情况相同，如图 2-10（a）所示。如果绝对刚性基础建筑在弹性地基上，基础抗弯刚度 $EI=\infty$，基础只能保持平面下沉、不能弯曲，基底反力的分布特征为基础底面中间小、两端无穷大，如图 2-10（b）所示。

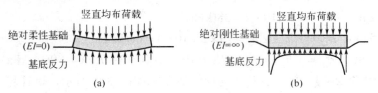

图 2-10　地基与基础的相对刚度对基底压力分布的影响
（a）绝对柔性基础；（b）绝对刚性基础

　　对柔性基础或刚度很小的基础，由于它能够适应地基土的变形，基底压力分布与上部荷载分布基本相同，当基础上的荷载为均布荷载时，则基底压力也为均匀分布，如图 2-11（a）所示，而基础底面的沉降分布则是中央大而边缘小。当荷载为梯形分布时，其基底压力也为梯形分布。如由土筑成的路堤，其自重引起的地基反力分布与路堤断面形状相同，如图 2-11（b）所示。

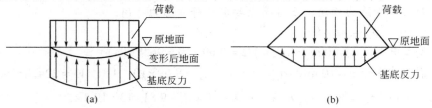

图 2-11　柔性基础下的基底压力分布
（a）均布荷载；（b）梯形分布

　　对刚性基础，由于其刚度很大，基础各点的沉降几乎相同，但基底压力分布不同于上部荷载。当受到中心荷载作用时，建造在砂土地基的刚性基础，由于砂土颗粒之间没有黏聚力，荷载较小时，基底压力中间大、边缘处等于零，荷载达到破坏荷载时，类似于抛物线分布，如图 2-12（a）所示；而在黏性土地基中的刚性基础，由于黏性土具有黏聚力，基底边缘处能承受一定的压力，因此在荷载较小时，基底压力边缘大而中间小，类似于马鞍形分布。在荷载较大时，类似于抛物线分布，荷载达到破坏荷载时，发展呈钟形分布，如图 2-12（b）所示。

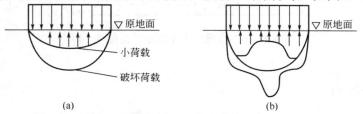

图 2-12　刚性基础下的基底压力分布
（a）砂土地基；（b）黏土地基

　　实测资料表明，当荷载较小时，基底反力分布形状［图 2-13（a）］，接近于弹性理论解；随着上部荷载逐渐增大，基底反力呈马鞍形［图 2-13（b）］；荷载再增大时，边缘塑性破坏区逐渐扩大，所增加的荷载必须靠基底中部力的增大来平衡，

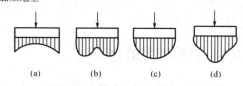

图 2-13　荷载对基底压力的影响

基底反力变为抛物线形[图 2-13（c）]；当荷载接近地基的破坏荷载时，基底反力呈钟形分布[图 2-13（d）]。

2.3.2　基底压力的简化计算

由于基底压力往往是作用在离地面不远的深度，根据弹性力学中圣维南原理，在基底下一定深度处，土中应力分布与基础底面上荷载分布的影响并不显著，而只决定于荷载合力的大小和作用点位置。因此，目前在工程实践中，在基础的宽度不太大，荷载较小的情况下，其基底压力可近似地按直线分布的图形计算，可按材料力学公式进行简化计算。

1．竖向中心荷载作用下的基底压力

矩形基础的长度为 l，宽度为 b，基础顶部作用着竖直中心荷载 F，假定基底压力均匀分布，则其值为

$$p = \frac{F+G}{A} \tag{2-5}$$

$$G = \gamma_G A d$$

式中　p——基底压力，kPa；

$\quad\quad$ F——基础顶面上的竖向荷载，kN；

$\quad\quad$ G——基础自重和基础上的土重，kN；

$\quad\quad$ γ_G——基础及回填土的平均重度，一般取 20 kN／m³，但在地下水位以下部分应扣除浮力作用；

$\quad\quad$ d——基础埋深，m，从设计地面或室内外平均设计地面算起，如图 2-14 所示；

$\quad\quad$ A——基底面积，m²，对矩形基础，$A = lb$（l 和 b 分别为矩形基底的长度和宽度）；

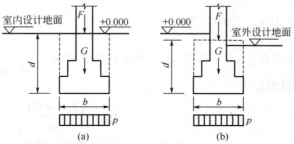

图 2-14　竖向中心荷载作用下的基底压力
（a）内墙或内柱基础；（b）外墙或外柱基础

对于荷载沿长度方向均匀分布的条形基础，则沿长度方向截取 1 m 的基底面面积来计算，单位为 kN/m，如图 2-15 所示，则基底压力为

$$p = \frac{F+G}{A} = \frac{F+G}{b} \tag{2-6}$$

2．竖向偏心荷载作用下的基底压力

基础受如图 2-16 所示的偏心荷载：

$$p_{max} \atop p_{min} = \frac{F+G}{bl} \pm \frac{M}{W} \qquad (2\text{-}7)$$

式中　W——基础底面的抵抗矩，$W = \dfrac{b^2 l}{6}$；

　　　l——矩形基底的长度；

　　　b——矩形基底的宽度。

由合力偏心距 $e = \dfrac{M}{F+G}$，得

$$p_{max} \atop p_{min} = \frac{F+G}{bl}\left(1 \pm \frac{6e}{b}\right) \qquad (2\text{-}8)$$

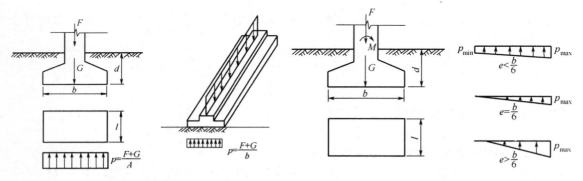

图 2-15　竖向中心荷载作用下的基底压力　　　　图 2-16　竖向偏心荷载作用下的基底压力

当 $e < \dfrac{b}{6}$ 时，基底压力呈梯形分布；

当 $e = \dfrac{b}{6}$ 时，基底压力呈三角形分布；

当 $e > \dfrac{b}{6}$ 时，基底压力 $p_{min} < 0$，如图 2-17 所示，基底出现

拉应力，此时最大荷载计算如下：

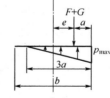

图 2-17　$e < \dfrac{b}{6}$ 时的计算示意图

$$p_{max} = \frac{2(F+G)}{3la}, \qquad a = \frac{b}{2} - e \qquad (2\text{-}9)$$

一般而言，工程上不允许基底出现拉力，因此，在设计基础尺寸时，为安全考虑，应使合力偏心距满足 $e < \dfrac{b}{6}$ 的条件。

若条形基础受偏心荷载作用，同样可在长度方向取 1 m 计算。

【能力训练例题 2-5】　如图 2-18 所示，边长为 3.0 m 的正方形基础，荷载作用点由基础形心沿 x 轴向右偏心 0.6 m，则基础底面的基底压力分布面积最接近多少？

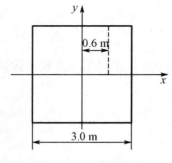

图 2-18　正方形基础

解：　　　　$e = 0.6\ \text{m} > \dfrac{b}{6} = \dfrac{3}{6} = 0.5(\text{m})$

基底压力呈三角形分布。

$$a = \frac{b}{2} - e = \frac{3}{2} - 0.6 = 0.9(\text{m})$$

$$A = 3al = 3 \times 0.9 \times 3 = 8.1(\text{m}^2)$$

2.3.3 基础底面附加应力

在长期的地质年代形成过程中，土体已经在自重应力作用下达到压缩稳定，因此，土的自重应力不再引起土的变形。《规范》规定，基础一般有一定的埋置深度，因此只有超过基底处原有自重应力的那部分应力才使地基产生变形，使地基产生变形的基底压力称为基底附加应力 p_0。基底附加应力在数值上等于基底压力扣除基底标高处原有土体的自重应力。按下式计算：

$$p_0 = p - \sigma_{cz} = p - \gamma_0 d \tag{2-10}$$

当基底压力呈梯形分布时，基底附加压力为

$$\begin{matrix} p_{0max} \\ p_{0min} \end{matrix} = \begin{matrix} p_{0max} \\ p_{0min} \end{matrix} - \sigma_{cz} = \begin{matrix} p_{0max} \\ p_{0min} \end{matrix} - \gamma_0 d \tag{2-11}$$

式中　p_0——基底附加应力，kPa；

　　　p——基底压力，kPa；

　　　d——从天然地面起算的基础埋深，m；

　　　σ_{cz}——基底处土的自重应力，kPa；

　　　γ_0——基底标高以上各天然土层的加权平均重度，kN/m^3，$\gamma_0 = \sum\limits_{i=1}^{n} \gamma_i h_i / \sum\limits_{i=1}^{n} h_i$；

　　　n——基底标高以上各天然土层层数；

　　　γ_i——基底标高以上第 i 层土的重度，地下水位以下取有效重度；

　　　h_i——基底标高以上第 i 层土的厚度。

由式（2-10）可以看出，基础埋深 d 适当增大，则基底附加应力变小，有利于减小沉降。

【能力训练例题 2-6】 某轴心受压基础底面尺寸 $l = b = 2$ m，基础顶面作用 $F = 450$ kN，基础埋深 $d = 1.5$ m。已知场地地质剖面第一层为杂填土，厚 0.5 m，$\gamma_1 = 16.8\,\text{kN/m}^3$；以下为黏土，$\gamma_2 = 18.5\,\text{kN/m}^3$。试计算基底压力标准值和基底附加压力标准值。

解：基础自重及基础上回填土重：$G = \gamma_G A d = 20 \times 2 \times 2 \times 1.5 = 120(\text{kN})$

基底压力：$p = \dfrac{F + G}{A} = \dfrac{450 + 120}{2 \times 2} = 142.5(\text{kPa})$

基底标高处土的自重应力值：$\sigma_{cz} = \gamma_1 z_1 + \gamma_2 z_2 = 16.8 \times 0.5 + 18.5 \times 1.0 = 26.9(\text{kPa})$

基底附加压力值：$p_0 = p - \sigma_{cz} = 142.5 - 26.9 = 115.6(\text{kPa})$

2.4　地基附加应力

地基附加应力是由新增外荷载在地基中引起的应力增量，是引起地基变形和破坏的主要原因。一般天然土层在自重作用下的变形早已结束，因此，只有基底附加压力才能引起地基的附加应力和变形。

假设地基土是各向同性、均质、连续的半无限（半空间）弹性变形体，把基底附加压力作为作用在弹性半空间表面上的局部荷载，由此根据弹性力学求算地基中的附加应力。实际上，基底附加压力一般作用在地表下一定深度（指浅基础的埋深）处。因此，假设它作用在半空间表面上，而运用弹性力学解答所得的结果只是近似的。不过，对于一般浅基础来说，这种假设所造成的误差可以忽略不计。

2.4.1　竖向集中荷载作用下地基附加应力

法国学者布辛奈斯克（Boussinesq，1885）根据弹性力学理论推导了在弹性半空间表面上作用一个竖向集中力时（图2-19），半空间内任意点处所引起的六个应力分量和三个位移分量的解析解。这六个应力分量和三个位移分量的公式中，竖向正应力 σ_z 和竖向位移 w 对地基沉降计算的工程意义最大。

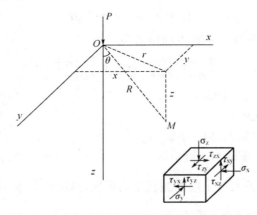

图 2-19　集中力作用下地基中 M 点的应力状态

σ_z 的表达式为

$$\sigma_z = \frac{3P}{2\pi} \cdot \frac{z^3}{R^5} \tag{2-12}$$

由图 2-19 中的几何关系可知，$R = \sqrt{r^2 + z^2}$，将其代入式（2-12），可得

$$\sigma_z = \frac{3P}{2\pi} \frac{z^3}{(r^2 + z^2)^{5/2}} = \frac{3}{2\pi} \frac{1}{[(r/z)^2 + 1]^{5/2}} \frac{P}{z^2} \tag{2-13}$$

令 $\alpha = \dfrac{3}{2\pi} \cdot \dfrac{1}{\left[1 + (r/z)^2\right]^{5/2}}$，可得

$$\sigma_z = \alpha \frac{P}{z^2} \tag{2-14}$$

式中　α——集中力作用下竖向附加应力系数，它是的 r/z 的函数，可从表 2-1 中查取；
　　　r——集中力作用点与 M 点的水平距离。

表 2-1　集中力作用下竖向附加应力系数 α

r/z	α	r/z	α	r/z	α	r/z	α	r/z	α
0.00	0.477 5	0.40	0.329 4	0.80	0.138 6	1.20	0.051 3	1.60	0.020 0
0.01	0.477 3	0.41	0.323 8	0.81	0.135 3	1.21	0.050 1	1.61	0.019 5
0.02	0.477 0	0.42	0.318 3	0.82	0.132 0	1.22	0.048 9	1.62	0.019 1
0.03	0.476 4	0.43	0.312 4	0.83	0.128 8	1.23	0.047 7	1.63	0.018 7
0.04	0.475 6	0.44	0.306 8	0.84	0.125 7	1.24	0.046 6	1.64	0.018 3
0.05	0.474 5	0.45	0.301 1	0.85	0.122 6	1.25	0.045 4	1.65	0.017 9
0.06	0.473 2	0.46	0.295 5	0.86	0.119 6	1.26	0.044 3	1.66	0.017 5
0.07	0.471 7	0.47	0.289 9	0.87	0.116 6	1.27	0.043 3	1.67	0.017 1
0.08	0.469 9	0.48	0.284 3	0.88	0.113 8	1.28	0.042 2	1.68	0.016 7
0.09	0.467 9	0.49	0.278 8	0.89	0.111 0	1.29	0.041 2	1.69	0.016 3
0.10	0.465 7	0.50	0.273 3	0.90	0.108 3	1.30	0.040 2	1.70	0.016 0
0.11	0.463 3	0.51	0.267 9	0.91	0.105 7	1.31	0.039 3	1.72	0.015 3
0.12	0.460 7	0.52	0.262 5	0.92	0.103 1	1.32	0.038 4	1.74	0.014 7
0.13	0.457 9	0.53	0.257 1	0.93	0.100 5	1.33	0.037 4	1.76	0.014 1
0.14	0.454 8	0.54	0.251 8	0.94	0.098 1	1.34	0.036 5	1.78	0.013 5
0.15	0.451 6	0.55	0.246 6	0.95	0.095 6	1.35	0.035 7	1.80	0.012 9
0.16	0.448 2	0.56	0.241 4	0.96	0.093 3	1.36	0.034 8	1.82	0.012 4
0.17	0.444 6	0.57	0.236 3	0.97	0.091 0	1.37	0.034 0	1.84	0.011 9
0.18	0.440 9	0.58	0.231 3	0.98	0.088 7	1.38	0.033 2	1.86	0.011 4
0.19	0.437 0	0.59	0.226 3	0.99	0.086 5	1.39	0.032 4	1.88	0.010 9
0.20	0.432 9	0.60	0.221 4	1.00	0.084 4	1.40	0.031 7	1.90	0.010 5
0.21	0.428 6	0.61	0.216 5	1.01	0.082 3	1.41	0.030 9	1.92	0.010 1
0.22	0.424 2	0.62	0.211 7	1.02	0.080 3	1.42	0.030 2	1.94	0.009 7
0.23	0.419 7	0.63	0.207 0	1.03	0.078 3	1.43	0.029 5	1.96	0.009 3
0.24	0.415 1	0.64	0.202 4	1.04	0.076 4	1.44	0.028 8	1.98	0.008 9
0.25	0.410 3	0.65	0.199 8	1.05	0.074 4	1.45	0.028 2	2.00	0.008 5
0.26	0.405 4	0.66	0.193 4	1.06	0.072 7	1.46	0.027 5	2.10	0.007 0
0.27	0.400 4	0.67	0.188 9	1.07	0.070 9	1.47	0.026 9	2.20	0.005 8
0.28	0.395 4	0.68	0.184 6	1.08	0.069 1	1.48	0.026 3	2.30	0.004 8
0.29	0.390 2	0.69	0.180 4	1.09	0.067 4	1.49	0.025 7	2.40	0.004 0
0.30	0.384 9	0.70	0.176 2	1.10	0.065 8	1.50	0.025 1	2.50	0.003 4
0.31	0.379 6	0.71	0.172 1	1.11	0.064 1	1.51	0.024 5	2.60	0.002 9
0.32	0.374 2	0.72	0.168 1	1.12	0.062 6	1.52	0.024 0	2.70	0.002 4
0.33	0.368 7	0.73	0.164 1	1.13	0.061 0	1.53	0.023 4	2.80	0.002 1
0.34	0.363 2	0.74	0.160 3	1.14	0.059 5	1.54	0.022 9	2.90	0.001 7
0.35	0.357 7	0.75	0.156 5	1.15	0.058 1	1.55	0.022 4	3.00	0.001 5
0.36	0.352 1	0.76	0.152 7	1.16	0.056 7	1.56	0.021 9	3.50	0.000 7
0.37	0.346 5	0.77	0.149 1	1.17	0.055 3	1.57	0.021 4	4.00	0.000 4
0.38	0.340 8	0.78	0.145 5	1.18	0.035 9	1.58	0.020 9	4.50	0.000 2
0.39	0.335 1	0.79	0.142 0	1.19	0.052 6	1.59	0.020 4	5.00	0.000 1

由式（2-14）可知，集中荷载作用下地基附加应力的分布规律（图 2-20）如下：

（1）在集中力作用线上（即 $r=0$），附加应力 σ_z 随着深度 z 的增加而递减。

（2）当离集中力作用线某一距离 r 时，在地表处的附加应力 $\sigma_z=0$，随着深度的增加，σ_z 逐渐递增，但到一定深度后，σ_z 又随着深度 z 的增加而减小。

（3）当 z 一定时，即在同一水平面上，附加应力 σ_z 随着 r 的增大而减小。

如果地面上有几个集中力作用或基础底面的形状不规则，可以把分布荷载分割为许多集中力，分别求出各个集中力对 M 点所引起的附加应力，然后进行叠加，即得地基中任意点 M 处的附加应力 σ_z，称为叠加原理，即

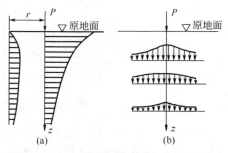

图 2-20　集中荷载作用下附加应力 σ_z 分布

$$\sigma_z = \alpha_1 \frac{p_1}{z^2} + \alpha_2 \frac{p_2}{z^2} + \cdots + \alpha_n \frac{p_n}{z^2} \tag{2-15}$$

式中 α_1, α_2, $\cdots$, α_n——各个集中力 p_1, p_2, $\cdots$, p_n 作用下的竖向附加应力系数。

【能力训练例题 2-7】 土体表面作用集中力 $P=200$ kN，计算地面深度 $z=3$ m 处水平面上的竖向法向应力 σ_z 分布，以及距 P 作用点 $r=1$ m 处竖直面上的竖向法向应力 σ_z 分布。

解： 列表计算，见表 2-2 和表 2-3，分布规律如图 2-21 所示。

表 2-2　$z=3$ m 处水平面上竖向附加应力 σ_z 的计算结果

r/m	0	1	2	3	4	5
r/z	0	0.33	0.67	1	1.33	1.67
α	0.478	0.369	0.189	0.084	0.038	0.017
σ_z/kPa	10.6	8.2	4.2	1.9	0.8	0.4

表 2-3　$r=1$ m 处竖直面上竖向附加应力 σ_z 的计算结果

r/m	0	1	2	3	4	5	6
r/z	∞	1	0.5	0.33	0.25	0.20	0.17
α	0	0.084	0.273	0.369	0.410	0.433	0.444
σ_z/kPa	0	16.8	13.7	8.2	5.1	3.5	2.5

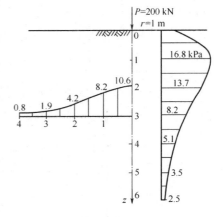

图 2-21　土中附加应力计算结果

2.4.2　任意分布荷载作用下地基附加应力

在实践中荷载很少是以集中力的形式作用在地基土上，而往往是通过基础分布在一定面积上。设半无限土体表面作用任意分布荷载 $p(x, y)$，如图 2-22 所示，若求地基土中某点的竖向应力 $M(x, y, z)$，可以先在荷载面积范围内取一微元面积 $dA = d\xi d\eta$，则作用在微元面积上的分布荷载可用集中力 $dF = p(x, y)d\xi d\eta$ 表示，在荷载面积 A 范围内积分可得 σ_z，即

$$\sigma_z = \iint_A d\sigma_z = \frac{3z^3}{2\pi} \iint_A \frac{p(x,y)d\xi d\eta}{[(x-\xi)^2 + (y-\eta)^2 + z^2]^{5/2}} \tag{2-16}$$

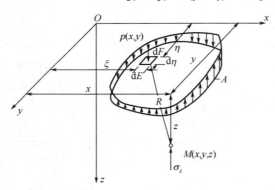

图 2-22　任意分布荷载作用下地基附加应力计算

在求解式（2-16）积分时与下面三个条件有关：
（1）分布荷载 $p(x, y)$ 的分布规律及其大小；
（2）分布荷载的分布面积 A 的几何形状及其大小；
（3）应力计算点 M 的坐标 x、y、z 的值。

积分后结果比较繁杂，但都是 l/b、$z/b(z/r_0)$ 等的函数。工程上为了应用方便，常采用"无量纲化"处理。即以 l/b、$z/b(z/r_0)$ 编制一些表格，可直接根据 l/b、$z/b(z/r_0)$ 查表即可

得出 α，再以下式求得附加应力 σ_z

$$\sigma_z = \alpha p_0 \qquad\qquad (2\text{-}17)$$

式中　p_0——作用于地基上的竖向荷载；

　　　α——附加应力系数。

这些是计算常见的基础底面形状及其在有规则分布荷载作用下，地基土中附加应力 σ_z 的基础。

2.4.3　竖向矩形均布荷载作用下地基附加应力与工程应用

建筑物作用于地基上的荷载，总是分布在一定面积上的局部荷载，因此理论上的集中力实际是没有的。但是，根据弹性力学的叠加原理利用布辛奈斯克原理解答，可以通过积分或等代荷载法求得各种局部荷载下地基中的附加应力。

假定地基表面作用有矩形均布竖向荷载，矩形荷载作用面宽度为 b，长度为 l，荷载强度为 p_0。若要求地基内各点的附加应力 σ_z，通常的求解方法是：先以积分法求矩形荷载面角点下的地基附加应力，然后运用"角点法"求得矩形荷载下任意点的地基附加应力。

1．角点下的附加应力

角点下的附加应力是指图 2-23 中矩形荷载作用面四个角点下任意深度 z 处的附加应力。以矩形荷载面角点为坐标原点 O，在荷载面内点（x，y）处取面积微元 $\mathrm{d}x\mathrm{d}y$，并将其上的分布荷载以集中力 $p_0\mathrm{d}x\mathrm{d}y$ 来代替，则在角点 O 下任意深度 z 的 M 点处由该集中力引起的竖向附加应力为

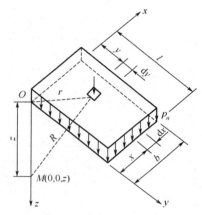

图 2-23　矩形均布荷载角点下的地基附加应力

$$\mathrm{d}\sigma_z = \frac{3\mathrm{d}p}{2\pi}\frac{z^3}{(r^2+z^2)^{5/2}} = \frac{3p_0}{2\pi}\frac{z^3}{\left(x^2+y^2+z^2\right)^{5/2}}\mathrm{d}x\mathrm{d}y \qquad (2\text{-}18)$$

将它对整个矩形荷载面进行积分，可求出矩形均布竖向荷载在点 M 处的附加应力为

$$\sigma_z = \int_0^l\int_0^b \frac{3p_0}{2\pi}\frac{z^3}{\left(x^2+y^2+z^2\right)^{5/2}}\mathrm{d}x\mathrm{d}y$$

$$= \left[\arctan\frac{m}{n\sqrt{m^2+n^2+1}} + \frac{mn}{\sqrt{m^2+n^2+1}}\left(\frac{1}{m^2+n^2}+\frac{1}{n^2+1}\right)\right]\cdot\frac{p_0}{2\pi} \qquad (2\text{-}19)$$

令 $\alpha_c = \arctan\dfrac{m}{n\sqrt{m^2+n^2+1}} + \dfrac{mn}{\sqrt{m^2+n^2+1}}\left(\dfrac{1}{m^2+n^2}+\dfrac{1}{n^2+1}\right)$，可得

$$\sigma_z = \alpha_c\frac{p_0}{2\pi} \qquad\qquad (2\text{-}20)$$

式中　p_0——基底附加应力，kPa；

　　　α_c——矩形基底受竖向均布荷载作用时角点下的竖向附加应力系数，$\alpha_c = f(m,\ n)$

　　　　　可以从表 2-4 中查得，其中 $m = l/b$，$n = z/b$；

　　　l——矩形基底长边长度，m；

b——矩形基底短边长度，m；

z——从基底算起的深度，m。

表 2-4　矩形基底受竖向均布荷载作用时角点下的竖向附加应力系数 α_c

z/b \ l/b	1	1.2	1.4	1.6	1.8	2	3	4	5	6	10
0	0.250	0.250	0.250	0.250	0.250	0.250	0.250	0.250	0.250	0.250	0.250
0.2	0.249	0.249	0.249	0.249	0.249	0.249	0.249	0.249	0.249	0.249	0.249
0.4	0.240	0.242	0.243	0.243	0.244	0.244	0.244	0.244	0.244	0.244	0.244
0.6	0.223	0.228	0.230	0.232	0.232	0.233	0.234	0.234	0.234	0.234	0.234
0.8	0.200	0.207	0.212	0.215	0.216	0.218	0.220	0.220	0.220	0.220	0.220
1	0.175	0.185	0.191	0.195	0.198	0.200	0.203	0.204	0.204	0.204	0.205
1.2	0.152	0.163	0.171	0.176	0.179	0.182	0.187	0.188	0.189	0.189	0.189
1.4	0.131	0.142	0.151	0.157	0.161	0.164	0.171	0.173	0.174	0.174	0.174
1.6	0.112	0.124	0.133	0.133	0.140	0.145	0.148	0.157	0.159	0.160	0.160
1.8	0.097	0.108	0.117	0.124	0.129	0.133	0.143	0.146	0.147	0.148	0.148
2	0.084	0.095	0.103	0.110	0.116	0.120	0.131	0.135	0.136	0.137	0.137
2.2	0.073	0.083	0.092	0.098	0.104	0.108	0.121	0.125	0.126	0.127	0.128
2.4	0.064	0.073	0.081	0.088	0.093	0.098	0.111	0.116	0.118	0.118	0.119
2.6	0.057	0.065	0.072	0.079	0.084	0.089	0.102	0.107	0.110	0.114	0.112
2.8	0.050	0.058	0.065	0.071	0.076	0.080	0.094	0.100	0.102	0.104	0.105
3	0.045	0.052	0.058	0.064	0.069	0.073	0.087	0.093	0.096	0.097	0.099
3.2	0.040	0.047	0.053	0.058	0.063	0.067	0.081	0.087	0.090	0.092	0.093
3.4	0.036	0.042	0.048	0.053	0.057	0.061	0.075	0.081	0.085	0.086	0.088
3.6	0.033	0.038	0.043	0.048	0.052	0.056	0.069	0.076	0.080	0.082	0.084
3.8	0.030	0.035	0.040	0.044	0.048	0.052	0.065	0.072	0.075	0.077	0.080
4	0.027	0.032	0.036	0.040	0.044	0.048	0.060	0.067	0.071	0.073	0.076
4.2	0.025	0.029	0.033	0.037	0.041	0.044	0.056	0.063	0.067	0.070	0.072
4.4	0.023	0.027	0.031	0.034	0.038	0.041	0.053	0.060	0.064	0.066	0.069
4.6	0.021	0.025	0.028	0.032	0.035	0.038	0.049	0.056	0.061	0.063	0.066
4.8	0.019	0.023	0.026	0.029	0.032	0.035	0.046	0.053	0.058	0.060	0.064
5	0.018	0.021	0.024	0.027	0.030	0.033	0.043	0.050	0.055	0.057	0.061
6	0.013	0.015	0.017	0.020	0.022	0.024	0.033	0.039	0.043	0.046	0.051
7	0.009	0.011	0.013	0.015	0.016	0.018	0.025	0.031	0.035	0.038	0.043
8	0.007	0.009	0.010	0.011	0.013	0.014	0.020	0.025	0.028	0.031	0.037
9	0.006	0.007	0.008	0.009	0.010	0.011	0.016	0.020	0.024	0.026	0.032
10	0.005	0.006	0.007	0.007	0.008	0.009	0.013	0.017	0.020	0.022	0.028

注：① 该表只适合角点，l 始终是基底长边的长度，b 始终是短边的长度。
② z 为计算点离基础底面垂直距离。

2．矩形均布荷载面下任意点地基土的附加应力

矩形均布竖向荷载作用下地基内任意点的附加应力，可利用式（2-20）和叠加原理求得，此方法称为"角点法"。角点法的应用可以分下列四种情况（图 2-24）：①计算点 o 在荷载面边缘[图 2-24（a）]；②计算点 o 在荷载面内[图 2-24（b）]；③计算点 o 在荷载面边缘外侧[图 2-24（c）]；④计算点 o 在荷载面角点外侧[图 2-24（d）]。

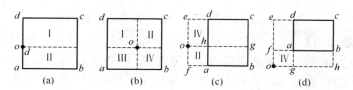

图 2-24　角点法应用分类图示

（a）情况①；（b）情况②；（c）情况③；（d）情况④

四种情况的地基附加应力计算式分别如下：

（1）计算点 o 在荷载面边缘。

$$\sigma_z = (\alpha_{cI} + \alpha_{cII}) p_0 \qquad (2-21)$$

式中　α_{cI} 和 α_{cII}——相应于面积 I 和 II 的角点应力系数。

（2）计算点 o 在荷载面内。

$$\sigma_z = (\alpha_{cI} + \alpha_{cII} + \alpha_{cIII} + \alpha_{cIV}) p_0 \qquad (2-22)$$

式中　α_{cI}、α_{cII}、α_{cIII} 和 α_{cIV}——相应于面积 I、II、III 和 IV 的角点应力系数。

（3）计算点 o 在荷载面边缘外侧。此时荷载面 $abcd$ 可看成由 I（$ofbg$）与 II（$ofah$）之差及 IV（$oecg$）与 III（$oedh$）之差合成的，所以有

$$\sigma_z = (\alpha_{cI} - \alpha_{cII} - \alpha_{cIII} + \alpha_{cIV}) p_0 \qquad (2-23)$$

（4）计算点 o 在荷载面角点外侧。把荷载面看成由 I（$ohce$）、IV（$ogaf$）两个面积中扣除 II（$ohbf$）和 III（$ogde$）而成的，所以：

$$\sigma_z = (\alpha_{cI} - \alpha_{cII} - \alpha_{cIII} + \alpha_{cIV}) p_0 \qquad (2-24)$$

在应用上述公式求解矩形均布荷载面下任意点地基土的附加应力时，应注意：所求点位于矩形公共角点下；原受荷面积不能变；查表求角点应力系数时，长边总是 l，短边总是 b。

【工程应用例题 2-8】　矩形基底长为 4 m、宽为 2 m，基础埋深为 0.5 m，基础两侧土的重度为 19 kN/m³，基底均布压力 $p=150$ kPa，如图 2-25 所示。试求基础中心 o 点下及 A 点下 $z=1$ m 深度处的竖向附加应力。

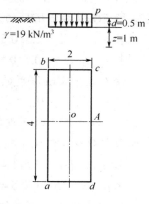

解：（1）先求基底附加应力 p_0，由已知条件

$$p_0 = p - \gamma_0 d = 150 - 19 \times 0.5 = 140.5 \text{(kPa)}$$

（2）求 o 点下 1 m 深处地基附加应力。o 点是 $l=2$ m，$b=1$ m 的四个全等矩形的共同角点，利用叠加原理，根据 l、b、z 的值可得

$$l/b = 2/1 = 2$$
$$z/b = 1/1 = 1$$

查表 2-4 得 $\alpha_c = 0.200$，所以有

图 2-25　工程应用例题 2-8 图

$$\sigma_{zo} = 2\alpha_c p_0 = 4 \times 0.200 \times 140.5 = 112.4 \text{(kPa)}$$

（3）求 A 点下 1 m 深处竖向附加应力。A 点是 $l=2$ m，$b=2$ m 两块矩形的公共角点，根据 l、b、z 的值可得

$$l/b = 2/2 = 1$$
$$z/b = 1/2 = 0.5$$

查表 2-4，用线性内插法可得 $\alpha_c = 0.231\,5$，所以有

$$\sigma_{zo} = 2\alpha_c p_0 = 2 \times 0.231\,5 \times 140.5 = 65.1\,(\text{kPa})$$

【工程应用例题 2-9】 某工程独立柱基础基底均布附加压力 $p_0 = 200\,\text{kN}/\text{m}^2$，基底面积为 2 m×1 m，如图 2-26 所示。求基底角点 A、边点 E、中心点 O 以及基底外 F 点和 G 点等各点下 z=1 m 深度处的附加应力，并利用计算结果说明附加应力的扩散规律。

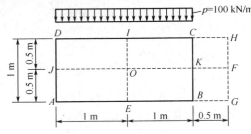

图 2-26　工程应用例题 2-9 图

解： （1）A 点下 1 m 深度的附加应力。A 点是矩形 $ABCD$ 的角点，且 $l/b = 2/1 = 2$；$z/b = 1/1 = 1$，查表 2-4 得 $\alpha_{cA} = 0.200$，故 A 点下 1 m 深度的地基附加应力 $\sigma_{zA} = \alpha_{cA} p_0 = 0.200 \times 100 = 20\,(\text{kPa})$。

（2）E 点下 1 m 深度的附加应力。通过 E 点将矩形荷载面积划分为两个相等的矩形 $EADI$ 和 $EBCI$。由于 $l/b = 1/1 = 1$，$z/b = 1/1 = 1$，查表 2-4 得 $EADI$ 的角点应力系数 $\alpha_{cE} = 0.175\,2$，故 E 点下 1 m 深度的地基附加应力 $\sigma_{zE} = 2\alpha_{cE} p_0 = 2 \times 0.175 \times 100 = 35\,(\text{kPa})$。

（3）O 点下 1 m 深度的附加应力。通过 O 点将原矩形面积分为 4 个相等的矩形 $OEAJ$、$OJDI$、$OICK$ 和 $OKBE$。由于 $l/b = 1/0.5 = 2$，$z/b = 1/0.5 = 2$，查表 2-4 得 $OEAJ$ 角点的附加应力系数 $\alpha_{cO} = 0.120$，故 O 点下 1 m 深度的地基附加应力 $\sigma_{zO} = 4\alpha_{cE} p_0 = 4 \times 0.120 \times 100 = 48\,(\text{kPa})$。

（4）F 点下 1 m 深度的附加应力。过 F 点作矩形 $FGAJ$、$FJDH$、$FGBK$ 和 $FKCH$。假设 $\alpha_{c\,\mathrm{I}}$ 为矩形 $FGAJ$ 和 $FJDH$ 的角点应力系数，$\alpha_{c\,\mathrm{II}}$ 为矩形 $FGBK$ 和 $FKCH$ 的角点应力系数。

　　求 $\alpha_{c\,\mathrm{I}}$：$l/b = 2.5/0.5 = 5$，$z/b = 1/0.5 = 2$，查表 2-4 得 $\alpha_{c\,\mathrm{I}} = 0.136$；

　　求 $\alpha_{c\,\mathrm{II}}$：$l/b = 0.5/0.5 = 1$，$z/b = 1/0.5 = 2$，查表 2-4 得 $\alpha_{c\,\mathrm{II}} = 0.084$；

　　故 F 点下 1 m 深度的地基附加应力为

$$\sigma_{zF} = 2\left(\alpha_{c\,\mathrm{I}} - \alpha_{c\,\mathrm{II}}\right) p_0 = 2 \times (0.136 - 0.084) \times 100 = 10.4\,(\text{kPa})$$

（5）G 点下 1 m 深度的附加应力。通过 G 点作矩形 $GADH$ 和 $GBCH$，分别求出它们的角点应力系数 $\alpha_{c\,\mathrm{I}}$ 和 $\alpha_{c\,\mathrm{II}}$。

　　求 $\alpha_{c\,\mathrm{I}}$：$l/b = 2.5/1 = 2.5$，$z/b = 1/1 = 1$，查表 2-4，用线性内插法得 $\alpha_{c\,\mathrm{I}} = 0.201\,6$；

　　求 $\alpha_{c\,\mathrm{II}}$：$l/b = 1/0.5 = 2$，$z/b = 1/0.5 = 2$，查表 2-4 得 $\alpha_{c\,\mathrm{II}} = 0.120$；

　　故 G 点下 1 m 深度的地基附加应力为

$$\sigma_{zG} = \left(\alpha_{c\,\mathrm{I}} - \alpha_{c\,\mathrm{II}}\right) p_0 = (0.201\,6 - 0.120) \times 100 = 8.16\,(\text{kPa})$$

将计算结果绘成图 2-27（a），可以看出，在矩形面积受均布荷载作用时，不仅在受荷面积垂直下方的范围内产生附加应力，而且在荷载面积以外的地基土中（F、G 点下方）也会产生附加应力。另外，在地基中同一深度处（如 z=1 m），离受荷面积中线越远的点，其附加应力值越小，矩形面积中点处附加应力最大。将中点 O 和 F 点下不同深度的附加应力求出并绘成曲线，如图 2-27（b）所示，可以看出地基中附加应力的扩散规律。

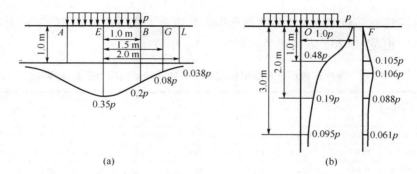

图 2-27　工程应用例题 2-9 中的地基附加应力扩散规律

不难发现，均布条形荷载下地基中附加应力的分布规律：

（1）地基附加应力的扩散分布性；

（2）在离基底不同深度处各个水平面上，附加应力以基底中心点下轴线处最大，随着距离中轴线越远而越小；

（3）在荷载分布范围内之下沿垂线方向的任意点，随深度越向下附加应力越小。

2.4.4　竖向三角形分布矩形荷载作用下地基附加应力

矩形基底受竖向三角形分布荷载作用时，把荷载强度为零的角点 O 作为坐标原点，同样可利用公式 $\sigma_z = \dfrac{3p}{2\pi} \cdot \dfrac{z^3}{R^5}$ 沿着整个面积积分来求得，如图 2-28 所示。

若矩形基底上三角形荷载的最大值为 p_0，对荷载为零的 1 角点下深度 z 处 M 点的坐标为（0，0，z），且 $p(x, y) = \dfrac{x}{b} p_0$，则微分面积 $\mathrm{d}x\mathrm{d}y$ 上的作用力可看作集中力 $p = \dfrac{x}{b} p_0 \mathrm{d}x\mathrm{d}y$，于是可求得相应的竖向应力为

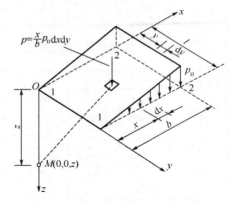

图 2-28　竖向三角形分布的矩形荷载

$$\sigma_z = \frac{3z^3}{2\pi} p_0 \int_0^l \int_0^b \frac{\dfrac{x}{b}\mathrm{d}x\mathrm{d}y}{(x^2 + y^2 + z^2)^{5/2}} = \alpha_{t1} p_0 \qquad (2\text{-}25)$$

$$\alpha_{t1} = \frac{1}{2\pi b}\left[\frac{z}{\sqrt{b^2 + l^2}} - \frac{z^3}{(b^2 + z^2)\sqrt{b^2 + l^2 + z^2}} \right] \qquad (2\text{-}26)$$

式中　α_{t1}——竖向三角形分布矩形荷载作用时荷载为零的 1 角点下的竖向附加应力系数，是

l/b 和 z/b 的函数，可从表 2-5 中查得；

b——沿荷载变化的矩形基底的长度，m；

l——矩形基底另一边的长度，m；

z——从基底算起的深度，m；

p_0——三角形荷载的最大值，kPa。

同理，可求得荷载最大值边角点 2 下任意深度 z 处的竖向附加应力为

$$\sigma_z = (\alpha_c - \alpha_{t1}) p_0 = \alpha_{t2} p_0$$

式中 α_{t2}——竖向三角形分布矩形荷载作用时荷载最大值边角点 2 下的竖向附加应力系数，也是 l/b 和 z/b 的函数，可从表 2-5 中查得。

表 2-5 竖向三角形分布矩形荷载角点下的竖向附加应力系数 α_{t1} 和 α_{t2}

l/b $\diagdown$ z/b	0.2		0.4		0.6		0.8		1	
	1 点	2 点	1 点	2 点	1 点	2 点	1 点	2 点	1 点	2 点
0	0.0000	0.2500	0.0000	0.2500	0.0000	0.2500	0.0000	0.2500	0.0000	0.2500
0.2	0.0223	0.1821	0.0280	0.2115	0.0296	0.2165	0.0301	0.2178	0.0304	0.2182
0.4	0.0269	0.1094	0.0420	0.1604	0.0487	0.1781	0.0517	0.1844	0.0531	0.1870
0.6	0.0259	0.0700	0.0448	0.1165	0.0560	0.1405	0.0621	0.1520	0.0654	0.1575
0.8	0.0232	0.0480	0.0421	0.0853	0.0553	0.1093	0.0637	0.1232	0.0688	0.1311
1	0.0201	0.0346	0.0375	0.0638	0.0508	0.0852	0.0602	0.0996	0.0666	0.1086
1.2	0.0171	0.0260	0.0324	0.0491	0.0450	0.0673	0.0546	0.0807	0.0615	0.0901
1.4	0.0145	0.0202	0.0278	0.0386	0.0392	0.0540	0.0483	0.0661	0.0554	0.0751
1.6	0.0123	0.0160	0.0238	0.0310	0.0339	0.0440	0.0424	0.0547	0.0492	0.0628
1.8	0.0105	0.0130	0.0204	0.0254	0.0294	0.0363	0.0371	0.0457	0.0435	0.0534
2	0.0090	0.0108	0.0176	0.0211	0.0255	0.0304	0.0324	0.0387	0.0384	0.0456
2.5	0.0063	0.0072	0.0125	0.0140	0.0183	0.0205	0.0236	0.0265	0.0284	0.0318
3	0.0046	0.0051	0.0092	0.0100	0.0135	0.0148	0.0176	0.0192	0.0214	0.0233
5	0.0018	0.0019	0.0036	0.0038	0.0054	0.0056	0.0071	0.0074	0.0088	0.0091
7	0.0009	0.0010	0.0019	0.0019	0.0028	0.0029	0.0038	0.0038	0.0047	0.0047
10	0.0005	0.0004	0.0009	0.0010	0.0014	0.0014	0.0019	0.0019	0.0023	0.0024

l/b $\diagdown$ z/b	1.2		1.4		1.6		1.8		2	
	1 点	2 点	1 点	2 点	1 点	2 点	1 点	2 点	1 点	2 点
0	0.0000	0.2500	0.0000	0.2500	0.0000	0.2500	0.0000	0.2500	0.0000	0.2500
0.2	0.0305	0.2184	0.0305	0.2185	0.0306	0.2185	0.0306	0.2185	0.0306	0.2185
0.4	0.0539	0.1881	0.0543	0.1886	0.0545	0.1889	0.0546	0.1891	0.0547	0.1892
0.6	0.0673	0.1602	0.0684	0.1616	0.0690	0.1625	0.0694	0.1630	0.0696	0.1633
0.8	0.0720	0.1355	0.0739	0.1381	0.0751	0.1396	0.0759	0.1405	0.0764	0.1412
1	0.0708	0.1143	0.0735	0.1176	0.0753	0.1202	0.0766	0.1215	0.0774	0.1225
1.2	0.0664	0.0962	0.0698	0.1007	0.0721	0.1037	0.0738	0.1055	0.0749	0.1069
1.4	0.0606	0.0817	0.0644	0.0864	0.0672	0.0897	0.0692	0.0921	0.0707	0.0937
1.6	0.0545	0.0696	0.0586	0.0743	0.0616	0.0780	0.0639	0.0806	0.0656	0.0826
1.8	0.0487	0.0596	0.0528	0.0644	0.0560	0.0681	0.0585	0.0709	0.0604	0.0730
2	0.0434	0.0513	0.0474	0.0560	0.0507	0.0596	0.0533	0.0625	0.0553	0.0649
2.5	0.0326	0.0366	0.0362	0.0405	0.0393	0.0440	0.0419	0.0469	0.0440	0.0491
3	0.0249	0.0270	0.0280	0.0303	0.0307	0.0333	0.0331	0.0359	0.0352	0.0380
5	0.0104	0.0108	0.0120	0.0123	0.0135	0.0139	0.0148	0.0154	0.0161	0.0167
7	0.0056	0.0056	0.0064	0.0066	0.0073	0.0074	0.0081	0.0083	0.0089	0.0091
10	0.0028	0.0028	0.0033	0.0032	0.0037	0.0037	0.0041	0.0042	0.0046	0.0046
0	0.0000	0.2500	0.0000	0.2500	0.0000	0.2500	0.0000	0.2500	0.0000	0.2500
0.2	0.0306	0.2186	0.0306	0.2186	0.0306	0.2186	0.0306	0.2186	0.0306	0.2186
0.4	0.0548	0.1894	0.0549	0.1894	0.0549	0.1894	0.0549	0.1894	0.0549	0.1894

z/b \ l/b	0.2		0.4		0.6		0.8		1	
	1点	2点	1点	2点	1点	2点	1点	2点	1点	2点
0.6	0.070 1	0.163 8	0.070 2	0.163 9	0.070 2	0.164 0	0.070 2	0.164 0	0.070 2	0.164 0
0.8	0.077 3	0.142 3	0.077 6	0.142 4	0.077 6	0.142 6	0.077 6	0.142 6	0.077 6	0.142 6
1	0.079 0	0.124 4	0.079 4	0.124 8	0.079 5	0.125 0	0.079 6	0.125 0	0.079 6	0.125 0
1.2	0.077 4	0.109 6	0.077 9	0.110 3	0.078 2	0.110 5	0.078 3	0.110 5	0.078 3	0.110 5
1.4	0.073 9	0.097 3	0.074 8	0.098 2	0.075 2	0.098 6	0.075 2	0.098 7	0.075 3	0.098 7
1.6	0.069 7	0.087 0	0.070 8	0.088 2	0.071 4	0.088 7	0.071 5	0.088 8	0.071 5	0.088 9
1.8	0.065 2	0.078 2	0.066 6	0.079 7	0.067 3	0.080 5	0.067 5	0.080 6	0.067 5	0.080 8
2	0.060 7	0.070 7	0.062 4	0.072 6	0.063 4	0.073 4	0.063 6	0.073 6	0.063 6	0.073 8
2.5	0.050 4	0.055 9	0.052 9	0.058 5	0.054 3	0.060 1	0.054 7	0.060 4	0.054 8	0.060 5
3	0.041 9	0.045 1	0.044 9	0.048 2	0.046 9	0.050 4	0.047 4	0.050 9	0.047 6	0.051 1
5	0.021 4	0.022 1	0.024 4	0.025 6	0.028 3	0.029 0	0.029 6	0.030 3	0.030 1	0.030 9
7	0.012 4	0.012 6	0.015 2	0.015 4	0.018 6	0.019 0	0.020 4	0.020 7	0.021 2	0.021 6
10	0.006 6	0.006 6	0.008 4	0.008 3	0.011 1	0.011 1	0.012 8	0.013 0	0.013 9	0.014 1

注：①b始终指荷载变化方向矩形基底的长度。
②z指计算点离基础底面垂直距离。

2.4.5 条形荷载作用下地基附加应力

沿无限长直线上作用的竖直均布荷载称为竖直线荷载，设线荷载沿y轴均匀分布，因此与y轴垂直的任何平面上的应力状态相同，属平面问题，当地面上作用竖直线荷载$\bar{p}$（kN/m）时，在微段dy上作用的集中力$p = \bar{p}dy$，根据布辛奈斯克基本解积分求得。

由$\sigma_z = \dfrac{3p}{2\pi} \cdot \dfrac{z^3}{R^5}$，有

$$\sigma_z = \int_{-\infty}^{+\infty} \frac{3z^3}{2\pi} \cdot \frac{\bar{p}dy}{\left(\sqrt{x^2 + y^2 + z^2}\right)^5} \tag{2-27}$$

从而得到

$$\sigma_z = \frac{2\bar{p}z^3}{\pi R_1^4} = \frac{2\bar{p}z^3}{\pi \ (x^2 + z^2)^2} = \frac{2\bar{p}}{\pi R_1} \cos^3 \beta \tag{2-28}$$

式中　$\bar{p}$——单位长度上的线荷载，kN/m；

x、z——计算点的坐标。

条形均布荷载下土中应力计算属于平面应变问题，对路堤、堤坝以及长宽比$l/b \geqslant 10$的条形基础，如图 2-29 所示，均可视作平面应变问题进行处理。

1. 条形基底受竖向均布荷载作用时的附加应力

如图 2-30 所示，当地基表面宽度为b的条形基础上作用着竖向均布荷载p_0时，地基内任意点M处的附加应力为

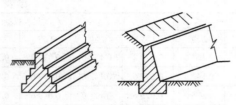

图 2-29 条形基础

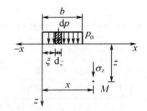

图 2-30 条形基底受竖向均布荷载作用时的情况

$$d\sigma_z = \frac{2z^3}{\pi[(x-\xi)^2 + z^2]^2} p_0 d\xi \tag{2-29}$$

将式（2-29）沿宽度 b 积分，即可得 M 点的附加应力

$$\sigma_z = \int_0^b \frac{2z^3}{\pi[(x-\xi)^2 + z^2]^2} p_0 d\xi = \frac{p_0}{\pi}\left[\arctan\frac{m}{n} - \arctan\frac{m-1}{n} + \frac{mn}{m^2+n^2} - \frac{n(m-1)}{n^2+(m-1)^2}\right]$$

$$= \alpha_z^s p_0 \tag{2-30}$$

式中，应力分布系数 α_z^s 为条形面积受竖向均布荷载时的竖向附加应力系数。其值可由 $m = x/b$ 和 $n = z/b$ 的数值由表 2-6 查得。

表 2-6 条形基底受竖向均布荷载作用时的竖向附加应力系数 α_z^s

z/b ＼ x/b	−0.50	−0.25	0.00	0.25	0.50	0.75	1.00	1.25	1.50
0.01	0.000	0.000	0.500	0.999	0.999	0.999	0.500	0.000	0.000
0.1	0.002	0.011	0.499	0.988	0.997	0.988	0.499	0.011	0.002
0.2	0.011	0.091	0.498	0.936	0.978	0.936	0.498	0.091	0.011
0.4	0.056	0.174	0.489	0.797	0.881	0.797	0.489	0.174	0.056
0.6	0.111	0.243	0.468	0.679	0.756	0.679	0.468	0.243	0.111
0.8	0.155	0.276	0.440	0.586	0.642	0.586	0.440	0.276	0.155
1.0	0.186	0.288	0.409	0.511	0.549	0.511	0.409	0.288	0.186
1.2	0.202	0.287	0.375	0.450	0.478	0.450	0.375	0.287	0.202
1.4	0.210	0.279	0.348	0.401	0.420	0.401	0.348	0.279	0.210
2.0	0.205	0.242	0.275	0.298	0.306	0.298	0.275	0.242	0.205

注：x 坐标原点是基础外缘点，$+x$ 方向是包含基础一侧的方向，反方向为 $-x$。

2. 条形基底受竖向三角形分布荷载作用时的附加应力

当条形基底上受最大强度为 p_0 的三角形分布荷载作用时，同样可利用基本公式 $\sigma_z = \frac{2p}{\pi} \cdot \frac{z^3}{(x^2+z^2)^2}$，先求出微分宽 $d\xi$ 上作用的线荷载 $d\bar{p} = \frac{p_0}{b}\xi d\xi$，再计算 M 所引起的竖向附加应力，然后沿宽度 b 积分，即可得到整个三角形分布荷载对 M 点引起的竖向附加应力

$$\sigma_z = \frac{p_0}{\pi}\left[m\left(\arctan\frac{m}{n} - \arctan\frac{m-1}{n}\right) - \frac{n(m-1)}{n^2+(m-1)^2}\right] = \alpha_z^t p_0 \tag{2-31}$$

式中，α_z^t 为条形基底受竖向三角形分布荷载作用时的竖向附加应力系数，按 $m = x/b$ 和 $n = z/b$，查表 2-7 得到。

表 2-7　条形基底受竖向三角形分布荷载作用时的竖向附加应力系数 α_z^t

z/b ＼ x/b	-0.50	-0.25	0.00	0.25	0.50	0.75	1.00	1.25	1.50
0.01	0.000	0.000	0.003	0.249	0.500	0.750	0.497	0.000	0.000
0.1	0.000	0.002	0.032	0.251	0.498	0.737	0.468	0.010	0.002
0.2	0.002	0.009	0.061	0.255	0.489	0.682	0.437	0.050	0.009
0.4	0.013	0.036	0.110	0.263	0.441	0.534	0.379	0.137	0.043
0.6	0.031	0.066	0.140	0.258	0.378	0.421	0.328	0.177	0.080
0.8	0.049	0.089	0.155	0.243	0.321	0.343	0.285	0.188	0.106
1.0	0.064	0.104	0.159	0.224	0.275	0.286	0.250	0.184	0.121
1.2	0.075	0.111	0.154	0.204	0.239	0.246	0.221	0.176	0.126
1.4	0.083	0.114	0.151	0.186	0.210	0.215	0.198	0.165	0.127
2.0	0.089	0.108	0.127	0.143	0.153	0.155	0.147	0.134	0.115

注：x 坐标原点是零点，$+x$ 方向是包含基础一侧的方向，反方向为 $-x$。

2.5　土的有效应力原理

土中的应力按土体中土骨架和土中孔隙（水、气）的应力承担作用原理或应力传递方式可分为有效应力和孔隙应（压）力。由土骨架传递（或承担）的应力称为有效应力。由土中孔隙流体水和气体传递（或承担）的应力称为孔隙应力。土中的有效应力与孔隙应力之和称为总应力。饱和土是由土颗粒和孔隙水组成的两相体，如图 2-31 所示。当荷载作用于饱和土体时，这些荷载由土颗粒和孔隙水共同承担。

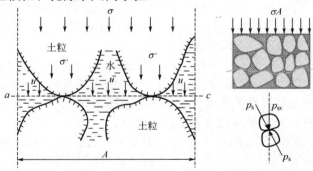

图 2-31　土中应力传递示意图

在土体中某点截取一水平截面，其面积为 A，a—a 截面是沿着土颗粒间接触面截取的曲线状截面，A_s 为该截面上各土颗粒之间接触面积之和；A_w 为孔隙水的断面面积，则有

$$A = A_s + A_w \tag{2-32}$$

由 a—a 截面竖向力平衡条件，有

$$\sigma \cdot A = \sum P_{sv} + uA_w \tag{2-33}$$

得

$$\sigma = \frac{\sum P_{sv}}{A} + \frac{uA_w}{A} \tag{2-34}$$

式中　σ——截面上作用的总应力；

　　　u——孔隙水压力；

　　　P_{sv}——土颗粒间传递的竖向作用力。

由于颗粒间的接触面积 A_s 很小，根据毕肖普（Bishop）及伊尔定（Eldin）等人的研究结果，一般 $A_s / A \leqslant 0.03$。因此，$A_w / A \approx 1$。故式（2-34）变为

$$\sigma = \frac{\sum P_{sv}}{A} + u \tag{2-35}$$

式中，$\dfrac{\sum P_{sv}}{A}$ 是由土骨架传递（或承担）的应力，即为有效应力 σ'，则有

$$\sigma = \sigma' + u \tag{2-36}$$

式中　u——孔隙水压力。

式（2-36）就是由美国太沙基提出的著名的有效应力原理：当总应力保持不变时，孔隙水应力和有效应力可以相互转化，即孔隙水应力减小（增大）等于有效应力的等量增大（减小）。

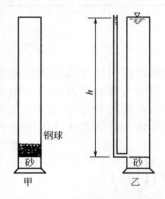

图 2-32　土中两种应力试验

为进一步明确有效应力原理的含义，进行下面试验。

如图 2-32 所示，在直径和高度完全相同的甲、乙两个量筒底部，放置一层松散砂土，其质量与密度完全一样。在甲量筒中放置若干钢球，使松砂承受 σ 的压力；在乙量筒中小心缓慢地注水，在砂面以上高度 h 正好使砂层表面也增加 σ 的压力。

现象：甲中砂面下降，砂土发生压缩；乙中砂面并不下降，砂土未发生压缩。

结论：甲、乙两个量筒中的松砂顶面都作用了相同的压力 σ，但产生两种不同的效果，反映土体中存在两种不同性质的力。

（1）由钢球施加的应力，通过砂土的骨架传递（有效应力 σ'），能使土层发生压缩变形，从而使土的强度发生变化。

（2）由水施加的应力通过孔隙水来传递（孔隙水压力 u），不能使土层发生压缩变形。

由此不难发现，有效应力原理包含下述两个含义：

（1）有效应力公式的形式很简单，却具有重要的工程应用价值。当已知土体中某一点所受的总应力 σ，并测得该点的孔隙水压力 u 时，就可以利用公式 $\sigma' = \sigma - u$ 计算出该点的有效应力 σ'。

（2）土的有效应力控制了土的变形及强度性能。有效应力在土力学中是一个非常有实际意义的量，它引起土颗粒产生位移，使孔隙体积缩小，土体发生压缩变形；同时，有效应力的大小直接影响土的抗剪强度。因此，只有通过有效应力分析，才能准确地确定土工建筑物或建筑地基的变形与安全度。

实训项目　土的有效应力原理的工程应用

一、静水情况下的孔隙水压力和有效应力计算

图 2-33 为浸没在水下的饱和土体，水面到土层面的距离为 h_1，土的饱和重度为 γ_{sat}，任

取土层深度为 h_2。该深度处的总应力 $\sigma = \gamma_w h_1 + \gamma_{sat} h_2$；孔隙水压力为该面上的单位面积的水柱重，即水的重度与测压管水位高度的乘积 $u = \gamma_w h_w = \gamma_w (h_1 + h_2)$。

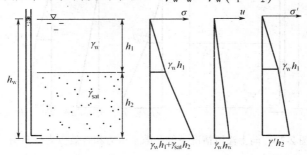

图 2-33　静水情况下的孔隙水压力和有效应力分布图

根据有效应力原理，有效应力为

$$\sigma' = \sigma - u = \gamma' h_2 \tag{2-37}$$

由此可见，在静水条件下，有效应力与超出土面以上静水位的高低无关，仅表示该平面单位面积的有效质量。孔隙水压力和有效应力分布如图 2-33 所示。

但是，当地下水位下降时，会引起土中有效应力 σ' 增大，如图 2-34 所示，土会产生压缩，这是城市抽水引起地面沉降的主要原因之一。

二、稳定渗流情况下的孔隙水压力和有效应力计算

当土体在渗透力的作用下发生向下的渗流时，如图 2-35 所示，孔隙水压力因水头损失而减小，$u = \gamma_w h_w = \gamma_w (h_1 + h_2 - h)$，该深度处的总应力不变，$\sigma = \gamma_w h_1 + \gamma_{sat} h_2$，根据有效应力原理，有

$$\sigma' = \sigma - u = \gamma' h_2 + \gamma_w h \tag{2-38}$$

向下渗流情况下的孔隙水压力和有效应力分布如图 2-35 所示。

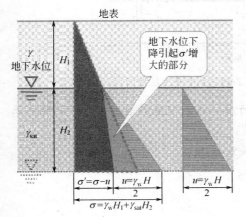

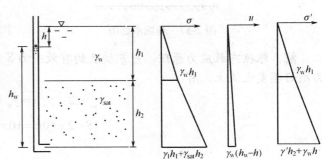

图 2-34　地下水位下降引起的有效应力分布图　　　图 2-35　向下渗流情况下的孔隙水压力和有效应力分布图

当土体在渗透力的作用下发生向上的渗流时，如图 2-36 所示，孔隙水压力增加，$u = \gamma_w h_w = \gamma_w (h_1 + h_2 + h)$；该深度处的总应力不变，$\sigma = \gamma_w h_1 + \gamma_{sat} h_2$，根据有效应力原理，有

$$\sigma' = \sigma - u = \gamma' h_2 - \gamma_w h \tag{2-39}$$

向上渗流情况下的孔隙水压力和有效应力分布如图 2-36 所示。

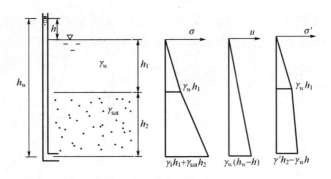

图 2-36   向上渗流情况下的孔隙水压力和有效应力分布图

《工程地质手册》中根据有效应力原理来判定基坑是否产生突涌。基坑示意图如图 2-37 所示,当基坑底的有效应力等于零时,基坑发生突涌,此时基坑底的总应力等于孔隙水压力,则基坑底不透水层厚度与承压水头压力的平衡条件是 $\gamma H = \gamma_w h$,由此得到,基坑开挖后不透水层的厚度 H 应为 $\gamma h / \gamma_w$。所以当 $H \geqslant \gamma h / \gamma_w$ 时,基坑不发生突涌;$H < \gamma h / \gamma_w$ 时,可能发生突涌。其中,H 为基坑开挖后不透水层厚度,m;γ 为岩土的重度,kN/m³;γ_w 为水的重度,kN/m³;h 为承压水头高于含水层顶板的高度,m。

【工程应用例题 2-10】 某地基土层剖面如图 2-38 所示,砂层为承压水层,根据测压管中水位可知,承压水头高出砂层顶面 5 m。现在黏土层中开挖基坑深 4 m,要求确定防止基坑底板发生流土的水深 h 至少应为多少?

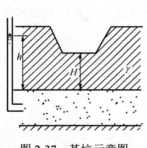

图 2-37   基坑示意图

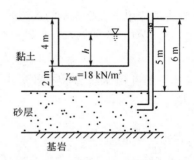

图 2-38   某地基土层剖面

解: 根据有效应力原理,当基坑底的有效应力等于零,即基坑底的总应力等于孔隙水压力刚好不发生流土,有

$$\gamma_{sat} \times 2 + \gamma_w h = \gamma_w \times 5$$

$$18 \times 2 + 10h = 10 \times 5$$

解得

$$h = 1.4 \text{ m}$$

所以,防止基坑底板发生流土的水深 h 至少应为 1.4 m。

【工程应用例题 2-11】 有一 10 m 厚饱和黏土层,其下为砂土,如图 2-39 所示。砂土层中有承压水,已知其水头高出 A 点 6 m。现在黏土层中开挖基坑,试求基坑开挖的最大深度 H。

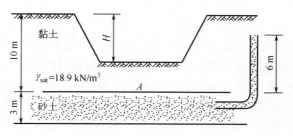

图 2-39 饱和黏土层

解： A 点的总应力为

$$\sigma_A = \gamma_{sat}(10-H) = 18.9 \times (10-H)$$

A 点的孔隙水压力为

$$u_A = \gamma_w h = 9.81 \times 6 = 58.86 (\text{kPa})$$

若 A 点隆起，则其有效应力 $\sigma_A' = 0$，即

$$\sigma_A' = \sigma_A - u_A = 18.9 \times (10-H) - 58.86 = 0$$

解得

$$H = 6.89 \text{ m}$$

故基坑开挖最大深度为 6.89 m。

🖢 知识扩展

非饱和土有效应力原理

非饱和土分布十分广泛，与工程密切联系的地球表层土都可认为是非饱和土。干旱和半干旱地区的土处于非饱和状态，土体孔隙中为孔隙气和孔隙水所充填，这些土是严格意义上的非饱和土；土坝、铁路和公路路堤填土，机场跑道工程的击实填土也是处于非饱和状态，亦即非饱和土；港口平台、管路等离岸工程中所遇到的土，往往是含有生物气的海相沉积土，生物气以气体空洞或大气泡形式存在于土粒之间。另外，在地下水面附近的高饱和度土，其孔隙中也可能溶解了部分气体，气体以气泡形式存在于孔隙水中，气泡尺寸与土粒尺寸相当。以上两种含有气泡的土也可以认为是非饱和土。可见，非饱和土分布十分广泛。饱和土是非饱和土的特例，真正意义上的饱和土在工程实践中是不存在的。非饱和土是工程实践中常遇到的土类，为了在工程实践中充分了解非饱和土的力学性质对工程实践的影响，对非饱和土的研究十分必要。

有效应力原理是现代土力学的核心。非饱和土的孔隙中并不充满水，也不充满气体。非饱和土的孔隙压力有两类，即孔隙水压力 u_w 和孔隙气压力 u_a。非饱和土的有效应力公式也与非饱和土类型有关。若饱和度很小，孔隙水吸附在土粒表面，孔隙水不流动，此时孔隙水压力很小，且远小于零，孔隙水无明显的弯液面，非饱和土的有效应力公式可以写为

$$\sigma' = \sigma - u_a \tag{2-40}$$

对于无荷载作用下的天然非饱和土体，由于孔隙气与大气相通，u_a 与大气压相等，即 $u_a = 0$，此时有效应力与总应力相同，即干土的有效应力为

$$\sigma' = \sigma \tag{2-41}$$

随着饱和度增大，孔隙水在土粒间形成弯液面或很大的吸力（$u_w < 0$），虽然固结过程中没有孔隙水的流出（可在内部发生水分的迁移），只有孔隙气的排出，但引起固结的有效应力受吸力的直接影响，此时有效应力为

$$\sigma' = \sigma - u_a + \chi(u_a - u_w) \tag{2-42}$$

式中　　χ——有效应力参数，表示孔隙气和孔隙水分担应力大小的参数。χ与土的类型、饱
　　　　和度、问题的性质（变形问题或强度问题）等因素有关。Skempton(1960)认为χ
　　　　值可理解为剪切面上单位土体面积上孔隙水压力作用的面积。

　　当含水量接近土的最优含水量时，孔隙气的排出量显著减小，孔隙气压消散的速率变缓，
在排气为主的情况下可能同时发生孔隙水的排出，此时孔隙水压力开始大于零，且与孔隙气
压力相当接近。当含水量超过最优含水量时，孔隙气一般处于完全封闭状态，封闭气不能独
立流动，只能随孔隙水的流动而流动，引起土固结的有效应力为

$$\sigma' = \sigma - u_w \tag{2-43}$$

　　封闭气泡的压力取决于气泡受压缩的程度，封闭气泡内的压力可能远大于孔隙水压，但
仍满足水气交界面上的吸力平衡，因此孔隙气压不影响有效应力原理。气泡的存在使非饱和
土的渗水性低于饱和土，压缩性高于饱和土。可见，孔隙气体存在的状态不同，非饱和土的
有效应力公式不同，非饱和土的强度和变形特性也不相同。

能力训练

一、思考题

1．什么是自重应力？自重应力如何计算？分布规律如何？计算时应注意什么？
2．什么是有效应力？什么是孔隙水压力？静水条件及渗流条件下孔隙水压力怎样计算？
3．什么是基底压力？什么是基底附加应力？两者关系是什么？
4．什么是附加应力？地基中竖向附加应力的分布有什么规律？相邻两基础下附加应力
是否会彼此影响？
5．什么是"角点法"？如何应用它计算地基中任意点的附加应力？
6．试简述太沙基的有效应力原理。

二、习题

1．如图 2-40 所示，试计算自重应力，并绘制自重应力分布图。（答案：$\sigma_{cza}=0$，
$\sigma_{czb}=76.9\ kPa$，$\sigma_{cz地下水位}=112.7\ kPa$，$\sigma_{czc}=141.8\ kPa$，$\sigma_{czd}=190.3\ kPa$）
2．某建筑场地的地质剖面如图 2-41 所示。试计算各土层界面及地下水位面的自重应力，并
绘制自重应力曲线。（答案：$\sigma_{cz1}=34.0\ kPa$，$\sigma_{cz2}=106.2\ kPa$，$\sigma_{cz3}=140.6\ kPa$，$\sigma_{cz4}=159.8\ kPa$）

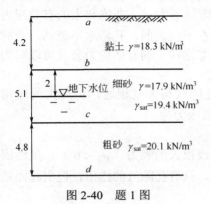

图 2-40　题 1 图

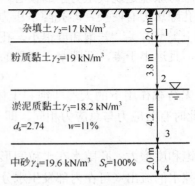

图 2-41　题 2 图

3．如图 2-42 所示，中砂层以下为坚硬的整体岩石，试绘制其自重应力曲线。（答案：$\sigma_{cz1} = 34.0\ \text{kPa}$，$\sigma_{cz2} = 106.2\ \text{kPa}$，$\sigma_{cz3} = 140.6\ \text{kPa}$，$\sigma_{cz4} = 159.8\ \text{kPa}$，但岩层顶面处为 221.8 kPa）

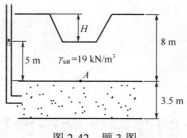

图 2-42　题 3 图

4．如图 2-43 所示，条形线性分布荷载 $p = 150\ \text{kPa}$。计算 G 点下深度 3 m 处的附加应力 σ_z。（答案：32.85 kPa）

5．如图 2-44 所示矩形面积（$ABCD$）上作用均布荷载 $p = 100\ \text{kPa}$，试用角点法计算 G 点下深度 6 m 处 M 点的附加应力值 σ_z。（答案：5.1 kPa）

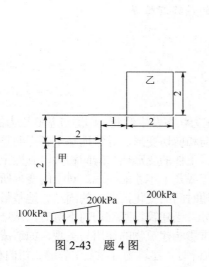

图 2-43　题 4 图

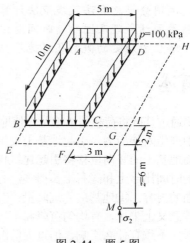

图 2-44　题 5 图

任务自测

任务能力评估表

知识学习	
能力提升	
不足之处	
解决方法	
综合自评	

任务3 土的变形性质与地基沉降计算

任务目标

➤ 熟悉土的有关压缩性指标的概念

➤ 理解地基土的压缩性、地基沉降和固结的概念

➤ 能运用分层总和法及规范法计算一般地基的最终沉降量

➤ 熟悉固结原理及固结随时间变化的关系

➤ 了解应力历史的概念及对地基沉降的影响

3.1 概述

建筑物通过基础将荷载传给地基，使地基原有的应力状态发生改变，即通过基底压力的作用，在地基土中产生附加应力，引起地基土发生竖向、侧向和剪切变形，导致地基土各点的竖向和侧向位移，而地基土的竖向位移将引起建筑物基础下沉。土体的变形还与时间相关，黏性土的固结过程所需的时间比砂土和碎石土长得多，有时需十几年或几十年才能完成。对土的变形研究包含以下两方面的内容：①地基最终沉降量；②地基变形随时间的变化，即土的固结。地基最终沉降量，从工程意义上来说，有均匀沉降和不均匀沉降之分。当建筑物基础均匀下沉时，从结构安全的角度来看，不致有什么影响，但过大的沉降将会严重影响建筑物的使用与美观，如造成设备管道排水倒流，甚至断裂等；当建筑物基础发生不均匀沉降时，建筑物可能发生裂缝、扭曲和倾斜，影响使用和安全，严重时甚至使建筑物倒塌。因此，在不均匀或软弱地基上修建建筑物时，必须考虑土的压缩性和地基变形等方面的问题。

3.1.1 基本概念

土在外荷载作用下体积缩小的特性称为土的压缩性。从客观上分析，地基土层承受上部建筑物荷载，必定会产生压缩变形。内因是土本身具有压缩性，外因是建筑物荷载的作用。土是三相分散体系，地基土被压缩，即为：①固体土颗粒被压缩；②土中的水及封闭气体被压缩；③水和气体从孔隙中被挤出。试验研究表明，在一般压力作用下，固体颗粒和水的压缩量与土的总压缩量之比非常微小，完全可以忽略不计。所以，土的压缩可只看作土中的水和气体从孔隙中被挤出，与此同时，土颗粒相应发生移动，重新排列，靠拢挤紧，从而土孔隙体积减小。对于只有两相的饱和土来说，则主要是孔隙水的挤出。在建筑物荷载作用下，地基土由于压缩而引起的竖直方向的位移称为沉降。

土的压缩变形的快慢与土的渗透性有关。在荷载作用下，透水性大的饱和无黏性土，其压缩过程所需时间短，建筑物施工完毕时，可认为其压缩变形已基本完成；而透水性小的饱和黏性土，其压缩过程所需时间长，十几年甚至几十年压缩变形才稳定，如意大利的比萨斜塔，始建于 1173 年，至今地基土仍继续变形，成为世界瞩目的地基处理大难题。土体在外力作用下，压缩随时间增长的过程，称为土的固结，对于饱和黏性土来说，土的固结问题非常重要。土的压缩性的主要特点是：土的压缩主要是由孔隙体积减小所引起的。由内、外因关系可知，变形和沉降的计算取决于土中附加应力的正确计算及土体压缩性状的描述两方面。

3.1.2 解决工程问题

地基在外荷载的作用下，内部将会产生应力和变形，从而引起建筑物的基础下沉。正常情况下，随着时间的推移，沉降会趋于稳定，如果工程完工后经过相当长的时间仍未稳定，则会影响建筑物的正常使用，特别是有较大的不均匀沉降时，将会对建筑物的构件产生附加应力，影响其安全使用，严重时建筑物会开裂、扭曲、倾斜，甚至倒塌破坏。土的压缩性是导致地基土变形的主要因素，通过室内和现场试验，可求出土的压缩性指标，利用这些指标可计算基础的最终沉降量，研究地基变形与时间的关系，求出建筑物使用期间某一时刻的沉降量或完成一定沉降量所需要的时间。因此，运用土的变形性质与地基沉降计算的知识，就能在建筑物设计与施工时，解决好基础的沉降和不均匀沉降问题，并将建筑物的沉降量控制在《规范》容许的范围内，以保证建筑物安全和正常使用。

3.2 土的压缩性

土的压缩变形主要是土体孔隙中水和气体被挤出，土粒相互移动靠拢，致使土的孔隙体积减小而引起的。对于饱和土来说，孔隙中充满着水，土的压缩主要是由于孔隙中的水被挤出而引起孔隙体积减小，压缩过程与排水过程一致，含水量逐渐减小。

3.2.1 土的压缩试验、压缩性指标及其工程应用

3.2.1.1 压缩试验

为研究土体的压缩特性，通常可在试验室用侧限压缩仪（也称固结仪）进行压缩试验，并测定土的压缩性指标。试验仪器如图 3-1 所示。

试验时，用金属环刀取天然土样，并放于刚性很大的压缩环内，来限制土样的侧向变形；在土样的上、下表面垫两块透水石，以使在压缩过程中土中水能顺利排出。压力是通过加压活塞施加在土样上的，做饱和土样的压缩试验时，容器内要放满水，以保证在试验过程中土样处于饱和状态。

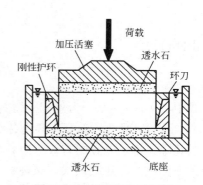

图 3-1　侧限压缩仪示意图

由于土样受到环刀、刚性护环的约束，在压缩过程中只能发生竖向变形，不能发生侧向变形，所以这种试验方法称为侧限压缩试验。试验时，荷载是分级施加的。首先施加荷载到第一级的压力 p_1，待土样变形稳定后，可用百分表测得其高度变化量 s_1，此时孔隙水压力 $u \approx 0$，则施加的竖向总应力转为竖向有效应力；然后，将压力提高到第二级 p_2，当变形稳

定后，可测得土样的压缩量 s_2；最后一级荷载视工程实际而定，原则上略大于预估的土自重应力与附加应力之和。依次类推，则可得土样在各级荷载下的压缩量。

3.2.1.2 压缩曲线

在一般工程中，常遇到的压力 $p=100\sim200\ \text{kPa}$。因土粒的体积变化不及全部土体积变化的 1/400，所以土的全部压缩量可认为都是由土的孔隙体积缩小引起的，故可以用孔隙比与所受压力的关系曲线说明土的压缩过程。

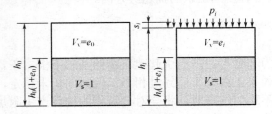

图 3-2　压缩试验土样变形示意图

在压缩试验过程中，可以通过百分表测量出各级荷载下土样的高度变化 s_i（即土样的压缩量），如图 3-2 所示。

土样的初始高度为 h_0，横截面面积为 A，初始孔隙比为 e_0。在第 i 级竖向应力 p_i 作用下，变形稳定后的压缩量为 s_i，土样高度变为 $h_1=h_0-s_i$，土样的孔隙比从 e_0 减小到 e_i，此时

$\bar{\sigma}_i=\sigma_i-u=p_i$。由于在试验过程中土样不能侧向变形，所以压缩前后土样横截面面积 A 保持不变。根据三相关系草图，设土样饱和，初始高度为 h_0，初始孔隙比为 e_0（可测定）。

假定土样中土颗粒所占的高度为 h_s，则土样的初始孔隙比为

$$e_0=\frac{h_0-h_s}{h_s}\qquad\Rightarrow\qquad h_s=\frac{h_0}{1+e_0}\qquad（3\text{-}1）$$

在 p_i 压力作用下，变形稳定后土样高度变为 h_i，则其孔隙比变为

$$e_i=\frac{h_i-h_s}{h_s}\qquad\Rightarrow\qquad h_s=\frac{h_i}{1+e_i}\qquad（3\text{-}2）$$

由于土颗粒自身压缩变形可以忽略，即认为土颗粒不可压缩，因此式（3-1）、式（3-2）相等，则

$$\frac{h_0}{1+e_0}=\frac{h_i}{1+e_i}\qquad（3\text{-}3）$$

由此可得到

$$e_i=\frac{h_i}{h_0}(1+e_0)-1=e_0-\frac{s_i}{h_0}(1+e_0)\qquad（3\text{-}4）$$

式中，$s_i=h_0-h_i$，为累计压缩变形量。

这样，只要测定了土样在各级压力 p_i 作用下的稳定变形量 s_i 后，就可以按式（3-4）计算出孔隙比 e_i。以竖向有效应力 p 为横坐标，孔隙比 e 为纵坐标，绘制出孔隙比与有效应力的关系曲线，即压缩曲线，又称 e-p 曲线，如图 3-3 所示。

对于不同的土，其压缩曲线的形状不同，压缩曲线越陡，说明随着压力的增加，土中孔隙比的减小越显著，土的压缩性也就越大。土的压缩曲线一般随压力的增大而逐渐趋于平缓，土的压缩量也随之减小，这是由于随着孔隙比的减小，土的密实度增加一定程度后，土粒移动越来越困难，压缩量随之减小的缘故。

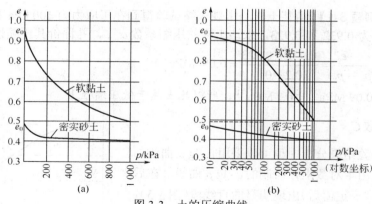

图 3-3　土的压缩曲线

（a）e-p 曲线；（b）e-lg$p$ 曲线

3.2.1.3　压缩性指标

1. 压缩系数 α

图 3-3 的压缩曲线表明，不同的土类，压缩曲线的形态有别，且曲线形态的陡、缓，可衡量土的压缩性高、低。密实砂土的 e-p 曲线比较平稳，而软黏土的曲线较陡，因而土的压缩性很高。所以，曲线上任一点的切线斜率 α 就表示了相应于压力 p 作用下的压缩性：

$$\alpha = -\frac{\mathrm{d}e}{\mathrm{d}p} \tag{3-5}$$

式中，负号表示随着压力 p 的增加，e 逐渐减小。实用上，当外荷载引起的压力变化范围不大时，如图 3-4 从 p_1 到 p_2，压缩曲线一段，可近似地用直线 $\overline{M_1 M_2}$ 代替。该直线的斜率为

$$\alpha \approx \tan\alpha = -\frac{\Delta e}{\Delta p} = \frac{e_1 - e_2}{p_2 - p_1} \tag{3-6}$$

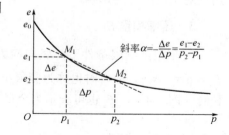

图 3-4　压缩系数计算示意图

式中　α——土的压缩系数，kPa^{-1} 或 MPa^{-1}；

　　　p_1——地基某深度处土中竖向自重应力，kPa；

　　　p_2——地基某深度处土中竖向自重应力与竖向附

　　　　　　加应力之和，kPa；

　　　e_1——相应于 p_1 作用下压缩稳定后土的孔隙比；

　　　e_2——相应于 p_2 作用下压缩稳定后土的孔隙比。

压缩系数 α 是评价地基土压缩性高低的重要指标之一。α 值越大，曲线越陡，土的压缩性越高。就同一种土而言，压缩系数 α 也不是一个常数，与所取的起始压力 p_1 有关，也与压力的变化范围 $\Delta p = p_2 - p_1$ 有关。为了统一标准，在工程实践中，通常采用压力间隔由 $p_1 = 100\ \mathrm{kPa}$ 增加到 $p_2 = 200\ \mathrm{kPa}$ 所得到的 α_{1-2} 来评价土的压缩性高低，将地基土的压缩性分为以下三类：

当 $\alpha_{1-2} < 0.1\ \mathrm{MPa}^{-1}$ 时，属低压缩性土；

当 $0.1\ \mathrm{MPa}^{-1} \leqslant \alpha_{1-2} < 0.5\ \mathrm{MPa}^{-1}$ 时，属中压缩性土；

当 $\alpha_{1-2} \geqslant 0.5\ \mathrm{MPa}^{-1}$ 时，属高压缩性土。

【能力训练例题 3-1】 由某土样的常规压缩试验得到在压应力为 100 kPa 和 200 kPa 时对应的孔隙比分别为 0.932 和 0.923，求该土样的压缩系数 α_{1-2}，并评价其压缩性。

解：$\alpha_{1-2} = \dfrac{e_1 - e_2}{p_2 - p_1} = \dfrac{0.932 - 0.923}{0.2 - 0.1} = 0.09 (\text{MPa}^{-1})$

因为 $\alpha_{1-2} = 0.09\ \text{MPa}^{-1} < 0.1\ \text{MPa}^{-1}$，所以此土属于低压缩性土。

2. 压缩指数 C_c

室内压缩试验结果分析中也可以采用 $e\text{-}\lg p$ 曲线。试验资料表明，用半对数坐标绘制的 $e\text{-}\lg p$ 曲线，在后半部（即应力达到一定值后）出现明显的直线段（图3-5）。该直线的斜率称为压缩指数 C_c，即

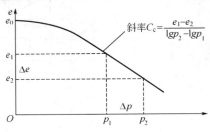

图 3-5　压缩指数计算示意图

$$C_c = \frac{e_1 - e_2}{\lg p_2 - \lg p_1} = \frac{e_1 - e_2}{\lg \dfrac{p_2}{p_1}} \qquad (3\text{-}7)$$

类似于压缩系数，压缩指数 C_c 值也可以用来判断土的压缩性大小。C_c 值越大，土的压缩性越高。一般情况下，$C_c > 0.4$ 时属高压缩性土；$C_c < 0.2$ 时属低压缩性土；$C_c = 0.2 \sim 0.4$ 时属中等压缩性土。

但压缩指数 C_c 与压缩系数 α 又有所不同，α 值随应力的变化而变化；而 C_c 在应力超过一定值时为常数，在某些情况下使用较为方便，因此，国外广泛采用 $e\text{-}\lg p$ 曲线来研究应力历史对土压缩性的影响。

3. 压缩模量 E_s

土在完全侧限条件下，竖向应力增量 $\Delta \sigma_z$ 与相应应变增量 $\Delta \varepsilon_z$ 的比值，用 E_s 表示，即 $E_s = \Delta \sigma_z / \Delta \varepsilon_z$，故有时也称为侧限压缩模量。若 M_1 至 M_2 的一小段曲线近似用直线 $\overline{M_1 M_2}$ 代替时（图3-4），E_s 也可表示为全量的形式，即

$$E_s = \frac{\sigma_z}{\varepsilon_z} \qquad (3\text{-}8)$$

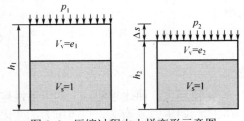

图 3-6　压缩过程中土样变形示意图

如图 3-6 所示，在压缩试验过程中，在 p_1 作用下至变形稳定时，土样高度为 h_1，土样孔隙比为 e_1；当压力增加至 p_2 后，土样变形稳定后高度变为 h_2，相应的孔隙比为 e_2，压缩量为 Δs。

在侧限条件下，有

$$\begin{cases} h_1 A = V_s + e_1 V_s \\ h_2 A = V_s + e_2 V_s \end{cases} \qquad (3\text{-}9)$$

式中　A——土样截面面积。

将式（3-9）两式相除可得

$$\frac{h_2}{h_1} = \frac{1 + e_2}{1 + e_1} \qquad (3\text{-}10)$$

则

$$\varepsilon_z = \frac{\Delta s}{h_1} = \frac{h_1 - h_2}{h_1} = 1 - \frac{h_2}{h_1} = 1 - \frac{1+e_2}{1+e_1} = \frac{e_1 - e_2}{1+e_1} \tag{3-11}$$

所以

$$E_s = \frac{\sigma_z}{\varepsilon_z} = \frac{p_2 - p_1}{\varepsilon_z} = \frac{p_2 - p_1}{e_1 - e_2}(1+e_1) = \frac{1+e_1}{\alpha} \tag{3-12}$$

式中　e_1——土的天然孔隙比；

　　　α——土的压缩系数，MPa^{-1}；

　　　E_s——土的压缩模量，MPa。

从式（3-12）可以看出，E_s 与 α 成反比。α 值越大，E_s 值越小，土的压缩性越大。因此，压缩模量 E_s 也是土的另一个重要压缩性指标。一般地，$E_s < 4\ MPa$ 时属高压缩性土；$E_s > 15\ MPa$ 时属低压缩性土；$E_s = 4 \sim 15\ MPa$ 时属中等压缩性土。

值得说明的是，压缩模量与弹性模量相似，都是应力与应变的比值，但弹性模量的确定一般采用室内三轴压缩试验得到的应力-应变关系曲线所确定的初始切线模量（E_i）或相当于现场荷载条件下的再加荷模量（E_r）。三轴仪中进行的试验，一般重复加荷和卸荷若干次，如图 3-7 所示。加、卸荷 5～6 个循环后，便可在主应力差（$\sigma_1 - \sigma_3$）与轴向应变 ε 关系图上测得 E_i 和 E_r；在周期荷载作用下，土样随着应变量增大而逐渐硬化。这样确定的再加荷模量 E_r 就是符合现场条件下的土的弹性模量。压缩模量是根据室内侧限压缩试验得到的，是土在完全侧限的条件下，竖向正应力与相应的变形稳定情况下的正应变的比值，用于地基最终沉降计算。

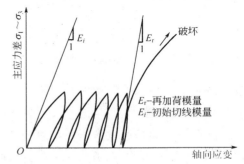

图 3-7　三轴压缩试验确定土的弹性模量

弹性模量由三轴仪测定，常用于弹性理论公式估算建筑物的初始瞬时沉降。

3.2.1.4　压缩性指标的工程应用

在工程实践中，正确确定土的压缩性指标十分重要，它是计算地基土沉降参数和判定土的压缩性的重要指标。

【工程应用例题 3-2】　某工程地基钻孔取样，进行室内压缩试验，试样高 $h_0 = 20\ mm$。在 $p_1 = 100\ kPa$ 作用下测得压缩量 $s_1 = 1.1\ mm$，在 $p_2 = 200\ kPa$ 作用下的压缩量 $s_2 = 0.64\ mm$。土样初始孔隙比 $e_0 = 1.4$。试计算压力 $p = 100 \sim 200\ kPa$ 范围内土的压缩系数、压缩模量，并评价土的压缩性。

解：（1）$p_1 = 100\ kPa$ 作用下的孔隙比：

$$e_1 = e_0 - \frac{s_1}{h_0}(1+e_0) = 1.4 - \frac{1.1}{20} \times (1+1.4) = 1.27$$

（2）$p_2 = 200\ kPa$ 作用下的孔隙比：

$$e_2 = e_0 - \frac{s_1 + s_2}{h_0}(1+e_0) = 1.4 - \frac{1.1 + 0.64}{20} \times (1+1.4) = 1.19$$

（3）计算压缩系数、压缩模量，并评价土的压缩性。

压缩系数：$\alpha_{1-2} = \dfrac{e_1 - e_2}{p_2 - p_1} = \dfrac{1.27 - 1.19}{200 - 100} = 0.8\ (MPa^{-1})$

压缩模量：$E_{s1-2} = \dfrac{1+e_1}{a_{1-2}} = \dfrac{1+1.27}{0.8} = 2.84 \text{(MPa)}$

评价土的压缩性：$E_{s1-2} < 4 \text{ MPa}$，$\alpha_{1-2} = 0.8 \text{ MPa}^{-1} > 0.5 \text{ MPa}^{-1}$，属于高压缩性土。

3.2.2 土的荷载试验及变形模量

土的压缩性指标除从室内压缩试验得到外，也可通过现场原位测试得到。如在浅层土中

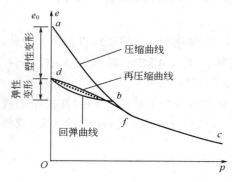

图 3-8 回弹再压缩 e-p 曲线

进行静荷载试验，可得变形模量。在室内侧限压缩试验中连续地增加压力，得到常规的压缩曲线。如果加压到某一值 σ_i（相应于图 3-8 曲线上的 b 点）后不再加压，而是逐级进行卸载直至为零，并且测得各卸载等级下土样回弹稳定后土样高度，进而换算得到相应的孔隙比，即可绘制出卸载阶段的关系曲线，如图 3-8 中 bd 曲线所示，称为回弹曲线。可以看到土体不同于一般的弹性材料，回弹曲线不与初始加载的曲线 ab 重合，卸载至零时，土样的孔隙比等于没有恢复到初始压力为零时的孔隙比 e_0。这就表明，土在荷载作用下残留了一部分压缩变形，称为残余变形（或塑性变形），但也恢复了一部分压缩变形，称为弹性变形。

1. 荷载试验

静荷载试验是通过承压板，对地基土分级施加压力 p 和测试压板的沉降 s，便可得到压力和沉降（p-s）的关系曲线，然后根据弹性力学公式反求即可得到土的变形模量及地基承载力。试验一般在试坑内进行，试坑宽度不应小于 3 倍承载板宽度或直径，其深度依所需测试土层的深度而定，承载板的底面面积一般为 0.25～0.50 m²；对均质密实土（如密实砂土、老黏性土）可用 0.10～0.25 m²；对松软土及人工填土则不应小于 0.5 m²。其试验装置如图 3-9 所示，一般由加荷稳压装置、反力装置及观测装置三部分组成。加荷稳压装置包括承压板、千斤顶及稳压器等；反力装置常用平台堆载或地锚；观测装置包括百分表及固定支架等。

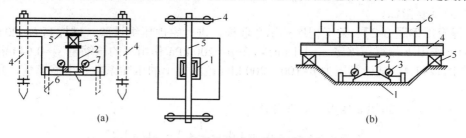

图 3-9 地基荷载试验装置示意图

（a）地锚反力架法

1—承压板；2—垫块；3—千斤顶；4—地锚；

5—横梁；6—基准桩；7—百分表

（b）堆重平台反力法

1—承压板；2—千斤顶；3—百分表；4—平台；

5—枕木；6—堆重

试验时，必须注意保持试验土层的原状结构和天然湿度，在坑底宜铺设不大于 20 mm 厚的粗、中砂层找平。若试验土层为软塑或流塑状态的黏性土或饱和的松软土，荷载板周围应留有 200～300 mm 高的原土作为保护层。最大加载量不应小于荷载设计值的 2 倍，且应尽量接近预估地基的极限荷载，第一级荷载（包括设备重）宜接近开挖试坑所卸除的土重，相应的沉降量不计。其后每级荷载增量，对较松软的土可采用 10～25 kPa，对较硬密的土则用 50 kPa。加荷等级不少于 8 级。每加一级荷载后，按间隔 10 min、10 min、10 min、15 min、15 min 及以后每隔 30 min 读一次沉降量，当连续两小时内，每小时的沉降量小于 0.1 mm 时，则认为已趋于稳定，可加下一级荷载。当达下列情况之一时，认为已达破坏，可终止加载。

（1）承载板周围的土明显侧向挤出（砂土）或发生裂纹（黏性土和粉土）；

（2）沉降 s 急骤增大，荷载-沉降（p-s）曲线出现陡降段；

（3）在某一荷载下，24 小时内沉降速率不能达到稳定标准；

（4）沉降 $s \geqslant 0.06b$（b 为承载板宽度或直径）。

终止加载后，可按规定逐级卸载，并进行回弹观测，以做参考。

2. 变形模量

土的变形模量是指土体在无侧限条件下单轴受压时的应力与应变之比，用符号 E_0 表示。如前所述，土的变形中包括弹性变形和残余变形两部分，这是土的变形模量与一般材料的弹性模量相区别之处。变形模量 E_0 可通过荷载试验结果，用弹性力学公式反求得到。如图 3-10 所示，设地基土压密阶段为弹性变形体，由 p-s 曲线，可求地基的变形模量 E_0：

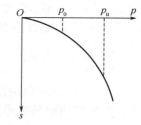

图 3-10 现场荷载试验 p-s 曲线

$$E_0 = \omega \left(1 - \mu^2\right) \frac{p_0 b}{s_1} \times 10^{-3} \qquad （3-13）$$

式中 s_1——相应于比例界限 p_0 对应的承压板下沉量 mm；

b——承压板的宽度或直径，mm；

μ——土的泊松比，砂土可取 0.20～0.25，黏性土可取 0.25～0.45；

ω——与承压板有关的系数，对刚性荷载板取 $\omega = 0.88$（方形板）或 0.79（圆形板）；

p_0——p-s 曲线的比例界限。

比例界限 p_0 的确定方法有以下几种：

（1）当 p-s 曲线上有较明显的直线段和拐点时，直接取直线段的终点为比例界限压力 p_0，并取该比例界限压力所对应的荷载作为地基土的承载力特征值。

（2）当 p-s 曲线上无明显直线段时，可用下述方法确定：

① 在某一荷载下，其沉降量超过前一级荷载下沉降量的 2 倍，即 $\Delta s_n > 2\Delta s_{n-1}$ 时所对应的压力即为比例界限；

② 绘制 $\lg p$-$\lg s$ 曲线，曲线上的转折点所对应的压力即为比例界限；

③ 绘制 p-$\Delta s/\Delta p$ 曲线，曲线上的转折点所对应的压力即为比例界限。

地基土的压缩模量与变形模量之间存在如下的换算关系：

$$E_0 = \beta E_s = E_s \left(1 - \frac{2\mu^2}{1 - \mu}\right) \qquad （3-14）$$

式（3-14）给出了变形模量与压缩模量之间的理论关系，由于 $0 \leqslant \mu \leqslant 0.5$，所以 $0 \leqslant \beta \leqslant 1$。

3.3　地基沉降计算

地基最终沉降量是指地基在建筑物等其他荷载作用下,地基变形稳定后的基础底面的沉降量。地基沉降的原因:外因方面,通常认为地基土层在自重作用下压缩已稳定,主要是建筑物荷载在地基中产生的附加应力;而内因为土的三相组成中孔隙的存在。沉降计算目的是为了预知该工程建成后将产生的最终沉降量、沉降差、倾斜和局部倾斜,判断地基变形是否超出允许的范围,以便在建筑物设计时,为采取相应的工程措施提供科学依据,保证建筑物的安全。计算地基最终沉降量的方法有多种,目前一般采用分层总和法和《规范》推荐的方法。

3.3.1　地基变形特征与允许变形值

3.3.1.1　地基变形特征

地基变形的验算要根据建筑物的类型和特点,分析对结构正常使用有主要控制作用的地基变形特征与类型。建筑物与构造物的类型不同,对地基变形的反应也不同。因此,要用不同的变形特征加以控制。按其特征,地基变形可分为沉降量、沉降差、倾斜和局部倾斜四种。

1. 沉降量

沉降量是指基础中心的沉降量。若建筑物沉降量过大,势必影响其正常使用。因此,沉降量常作为建筑物地基变形的控制指标之一。

2. 沉降差

沉降差是指相邻两个单独基础的沉降量之差。如果建筑物中相邻两个基础的沉降差过大,会使建筑物产生裂缝、倾斜甚至破坏。对于框架结构和排架结构,计算地基变形时由相邻柱基的沉降差控制。

3. 倾斜

倾斜是指单独基础在倾斜方向两端点的沉降差与水平距离之比。建筑物倾斜过大,将影响其正常使用,当遇到台风或强烈地震时,会危及建筑物整体的稳定性,甚至造成倾覆。对于多层或高层建筑物和高耸结构,计算地基变形时由倾斜值控制。

4. 局部倾斜

局部倾斜是指砌体承重结构沿纵向 6～10 m 内,基础两点的下沉值与此两点水平距离之比。若建筑物局部倾斜过大,往往会使砌体结构受弯而拉裂。对于砌体承重结构,计算地基变形时由局部倾斜值控制。

3.3.1.2　地基允许变形值

建筑物的不均匀沉降除了与地基条件有关之外,还与建筑物本身的刚度和体型等因素有关。因此,建筑物地基允许变形值的确定,要考虑建筑物的结构类型特点、使用要求、上部结构与地基变形的相互作用和结构对不均匀下沉的敏感性以及结构的安全储备等因素。

《规范》根据理论分析、实践经验,结合国内外的各种规范,给出了建筑物的地基变形允许值,见表 3-1。对于表中未包括的建筑物,其地基变形允许值应根据上部结构对地基变形的适应能力和使用要求确定。

表 3-1　建筑物的地基变形允许值

变　形　特　征	地基土类别	
	中等、低压缩性土	高压缩性土
砌体承重结构基础的局部倾斜	0.002	0.003
工业与民用建筑相邻柱基的沉降差 　　框架结构 　　砌体墙充填的边排柱 　　当基础不均匀沉降时不产生附加应力的结构	$0.002l$ $0.007l$ $0.005l$	$0.003l$ $0.001l$ $0.005l$
单层排架结构（柱距为 6 m）柱基的沉降量/mm	(120)	200
桥式吊车轨面的倾斜（按不调整轨道考虑）	纵向 横向	0.004 0.003
多层和高层建筑物的整体倾斜	$H_g \leqslant 24$	0.004
	$24 < H_g \leqslant 60$	0.003
	$60 < H_g \leqslant 100$	0.002 5
	$H_g > 100$	0.002
体型简单的高层建筑基础的平均沉降量/mm	200	
高耸结构基础的倾斜	$H_g \leqslant 20$	0.008
	$20 < H_g \leqslant 50$	0.006
	$50 < H_g \leqslant 100$	0.005
	$100 < H_g \leqslant 150$	0.004
	$150 < H_g \leqslant 200$	0.003
	$200 < H_g \leqslant 250$	0.002
高耸结构基础的沉降量/mm	$H_g \leqslant 100$	400
	$100 < H_g \leqslant 200$	300
	$200 < H_g \leqslant 250$	200

注：① 本表数值为建筑物地基实际最终允许变形值。
　　② 有括号者仅适用于中压缩性土。
　　③ l 为相邻桩基的中心距离，mm；H_g 为自室外地面起算的建筑物高度，m。
　　④ 倾斜指基础倾斜方向两端点的沉降差与其水平距离的比值。
　　⑤ 局部倾斜指砌体承重结构沿纵向 6～10 m 内基础两点的沉降差与其距离的比值。

3.3.2　分层总和法与工程应用

　　一般情况下，实际工程所遇到的地基土层都是成层的，每层土的压缩特性各不相同，且压缩模量随深度而变化。因此，在计算地基最终沉降量时应分层计算。分层总和法是将地基沉降计算深度内的土层按土质和应力变化情况划分为若干分层，分别计算各分层的压缩量，然后求其总和，得出地基最终沉降量。如图 3-11 所示，假定每一分层土体受到的自重应力及附加应力沿在其厚度范围内是不变的，在此条件下，分别计算各分层的压缩量，然后叠加起来，即为地基总的沉降量，计算公式为

$$s = s_1 + s_2 + \cdots + s_n = \sum_{i=1}^{n} s_i \tag{3-15}$$

1．基本假定

　　（1）地基土是均质、各向同性的半无限弹性体。
　　（2）地基土在外荷载作用下，只产生竖向变形，侧向不发生膨胀变形，故可利用室内侧限压缩试验成果进行计算。
　　（3）采用基底中心点下的附加应力计算地基变形量。

2．计算公式推导

如图 3-12 所示，在修建建筑物之前，土体受竖向自重应力平均值为 p_{1i}（因土柱上下所受有效竖向应力值不一样，应取平均值），相应的天然孔隙比为 e_{1i}。在修建建筑物后，其上所受有效竖向应力平均值 $p_{2i} = p_{1i} + \sigma_{zi}$，相应的最终孔隙比为 e_{2i}。

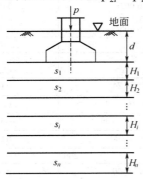

图 3-11　分层总和法

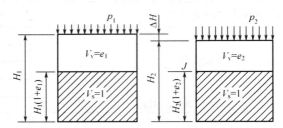

图 3-12　侧限条件下土样高度变化与孔隙比变化的关系

由式（3-4）得

$$s_i = \frac{e_{1i} - e_{2i}}{1 + e_{1i}} h_i \tag{3-16}$$

或

$$s_i = \frac{\alpha_i}{1 + e_{1i}} \sigma_{zi} h_i \tag{3-17}$$

或

$$s_i = \frac{\sigma_{zi}}{E_{si}} h_i \tag{3-18}$$

式中　s_i——第 i 层土的压缩量；

$\quad e_{1i}$——第 i 层土原始孔隙比（在第 i 层土压缩曲线上 σ_{1i} 对应的孔隙比）；

$\quad e_{2i}$——第 i 层土最终孔隙比（在第 i 层土压缩曲线上 σ_{2i} 对应的孔隙比）；

$\quad h_i$——第 i 层土的厚度；

$\quad \alpha_i$——第 i 层土的压缩系数；

$\quad \sigma_{zi}$——第 i 层土的有效竖向附加应力平均值；

$\quad E_{si}$——第 i 层土的压缩模量。

各层土的压缩量计算出来后，求和便可计算出地基的最终沉降量。

3．计算步骤

绘制地基土层分布剖面图和基础剖面图（图 3-13）。一般按以下步骤进行计算：

（1）分层。分层原则：成层土的层面、地下水面是自然的分界面；厚度 $h_i \leqslant 0.4b$（b 为基底宽度）。

（2）计算基底中心点下各分层界面处土的自重应力 σ_{czi} 和竖向附加应力 σ_{zi}。土的自重应力以天然地面起算，地下水位以下的土层一般取有效重度。

（3）确定地基沉降计算深度 z_n（或压缩层厚度）。一般土按 $\sigma_{zn} / \sigma_{czn} \leqslant 0.2$ 确定，对软土

按 $\sigma_{zn}/\sigma_{czn} \leqslant 0.1$ 确定。

（4）计算各分层土的平均自重应力 $\overline{\sigma_{czi}} = \left[\sigma_{czi} + \sigma_{cz(i-1)}\right]/2$ 和平均附加应力 $\overline{\sigma_{zi}} = \left[\sigma_{zi} + \sigma_{z(i-1)}\right]/2$。

（5）令 $p_{1i} = \overline{\sigma_{czi}}$，$p_{2i} = \overline{\sigma_{czi}} + \overline{\sigma_{zi}}$，根据 $e\text{-}p$ 曲线可得相应的 e_{1i} 和 e_{2i}，计算各分层土的压缩量 Δs_i：

$$\Delta s_i = \frac{e_{1i} - e_{2i}}{1 + e_{1i}} h_i \tag{3-19}$$

（6）计算沉降计算深度范围内地基的总变形量，即最终沉降量：

$$s = \Delta s_1 + \Delta s_2 + \cdots + \Delta s_n = \sum_{i=1}^{n} \Delta s_i \tag{3-20}$$

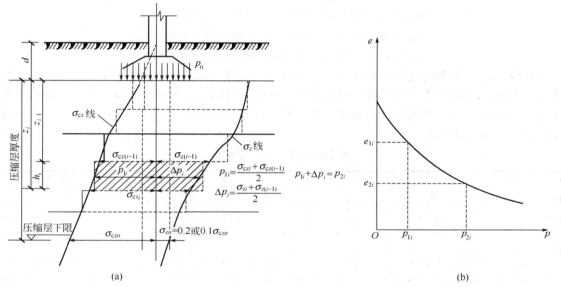

图 3-13　分层总和法计算地基最终沉降量

【工程应用例题 3-3】　有一矩形基础放置在均质黏性土层上，基础长度 $l=10$ m，宽度 $b=4$ m，埋置深度 $d=1.5$ m，其上作用有中心荷载 $P=10\,000$ kN，如图 3-14 所示。地基土的天然重度为 20 kN/m³，饱和重度为 21 kN/m³，土的压缩曲线如图 3-15 所示。若地下水位距基底 2.5 m，试求基础中心点的沉降量。

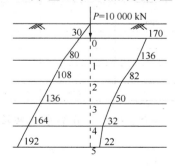

图 3-14　应力分布图

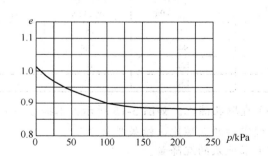

图 3-15　土的压缩曲线

解：（1）求基底压力。

由 $l/b = 10/5 = 2 < 10$ 可知，本题属于空间问题，且为中心荷载，所以基底压力为

$$p = \frac{P}{lb} = \frac{10\ 000}{10 \times 5} = 200(\text{kPa})$$

基底净压力为

$$p_0 = p - \gamma d = 200 - 20 \times 1.5 = 170(\text{kPa})$$

因为是均质土，且地下水位在基底以下 2.5 m 处，取分层厚度 $h_i = 2.5$ m。

（2）求各分层面的自重应力及分布曲线。

$$\sigma_{cz0} = \gamma d = 20 \times 1.5 = 30(\text{kPa})$$
$$\sigma_{cz1} = \sigma_{cz0} + \gamma h_1 = 30 + 20 \times 2.5 = 80(\text{kPa})$$
$$\sigma_{cz2} = \sigma_{cz1} + \gamma' h_2 = 80 + (21 - 9.8) \times 2.5 = 108(\text{kPa})$$
$$\sigma_{cz3} = \sigma_{cz2} + \gamma' h_3 = 108 + (21 - 9.8) \times 2.5 = 136(\text{kPa})$$
$$\sigma_{cz4} = \sigma_{cz3} + \gamma' h_4 = 136 + (21 - 9.8) \times 2.5 = 164(\text{kPa})$$
$$\sigma_{cz5} = \sigma_{cz4} + \gamma' h_5 = 164 + (21 - 9.8) \times 2.5 = 192(\text{kPa})$$

（3）求各分层面的竖向附加应力及分布曲线。应用"角点法"求解，通过中心点将基底划分为四块相等的计算面积，每块的长度 $l_1 = 5$ m，宽度 $b_1 = 2.5$ m。中心点正好在四块计算面积的公共角点上，该点下任意深度 z_i 处的附加应力为任一分块在该处引起的附加应力的 4 倍，计算结果见表 3-2。

表 3-2　附加应力计算结果

位置	z_i	z_i/b	l/b	α_i	$\sigma_z = 4\alpha_i p_0 / \text{kPa}$
0	0	0	2	0.250	170
1	2.5	1.0	2	0.200	136
2	5.0	2.0	2	0.120	82
3	7.5	3.0	2	0.073	40
4	10.0	4.0	2	0.048	32
5	12.5	5.0	2	0.033	22

（4）确定压缩层厚度。从计算结果可知，在 4 点处有 $\sigma_{z4}/\sigma_{cz4} = 0.195 < 0.2$，所以，取压缩层厚度为 10 m。

（5）求各分层的平均自重应力和平均附加应力。

各分层的平均自重应力和平均附加应力计算结果见表 3-3。

表 3-3　各分层的平均自重应力及相应的孔隙比

层次	平均自重应力 $p_{1i} = \sigma_{czi}/\text{kPa}$	平均附加应力 σ_{zi}/kPa	加荷后总的应力 $p_{2i} = \sigma_{czi} + \sigma_{zi}/\text{kPa}$	初始孔隙比 e_{1i}	压缩稳定后的孔隙比 e_{2i}
I	55	153	208	0.934	0.870
II	94	109	203	0.914	0.870
III	122	66	188	0.894	0.874
IV	150	41	191	0.884	0.873

（6）查取孔隙比。如图 3-15 所示，根据 $p_{1i} = \sigma_{czi}$ 和 $p_{2i} = \sigma_{czi} + \sigma_{zi}$，分别查取初始孔隙比和压缩稳定后的孔隙比，结果见表 3-3。

（7）求地基的沉降量。

$$s = \sum_{i=1}^{4} \frac{e_{1i} - e_{2i}}{1 + e_{1i}} h_i = \left(\frac{0.934 - 0.870}{1 + 0.934} + \frac{0.914 - 0.870}{1 + 0.914} + \frac{0.894 - 0.874}{1 + 0.894} + \frac{0.884 - 0.873}{1 + 0.884} \right) \times 2.5 = 1.81\text{(m)}$$

【工程应用例题 3-4】 墙下单独基础，基底底面尺寸为 3.0 m×2.0 m，传至地面的荷载为 300 kN，基础埋置深度为 1.2 m，地下水位在基底以下 0.6 m，如图 3-16 所示，假定土的饱和重度与天然重度相等，地基土层室内压缩试验结果见表 3-4。试用分层总和法求基础中点的沉降量。

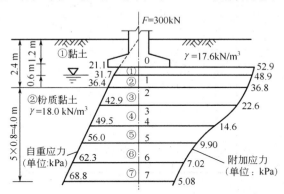

图 3-16　地基土分层及自重应力与附加应力分布

表 3-4　地基土层的室内压缩试验 *e-p* 数据

竖向压力 p/kPa		0	50	100	200	300
孔隙比 e	黏土①	0.651	0.625	0.608	0.587	0.570
	粉质黏土②	0.978	0.889	0.855	0.809	0.773

解：（1）地基分层。考虑分层厚度不超过 $0.4b$=0.8 m 以及地下水位，基底以下厚 1.2 m 的黏土层分成两层，层厚均为 0.6 m，其下粉质黏土层分层厚度均取为 0.8 m。

（2）计算自重应力。计算分层处的自重应力，地下水位以下取有效重度进行计算。

计算各分层上下界面处自重应力的平均值，作为该分层受压前所受侧限竖向应力 p_{1i}；各分层点的自重应力值及各分层的平均自重应力值，结果见图 3-16 及表 3-5。

（3）计算竖向附加应力。基底平均附加应力为

$$p_0 = \frac{300 + 3.0 \times 2.0 \times 1.2 \times 20}{3.0 \times 2.0} - 1.2 \times 17.6 = 52.88\text{(kPa)}$$

从表 2-4 可知应力系数 α_c 及计算各分层点的竖向附加应力，并计算各分层上、下界面处附加应力的平均值 Δp_i，结果见图 3-16 及表 3-5。

（4）将各分层自重应力平均值和附加应力平均值之和作为该分层受压后的总应力 p_{2i}。

（5）确定压缩层计算深度。软土按 $\sigma_z / \sigma_{cz} \leqslant 0.1$ 来确定压缩层深度，在 z=4.4 m 处，σ_z / σ_{cz}=7.02/62.3=0.11＞0.1，在 z=5.2 m 处，σ_z / σ_{cz}=5.08/68.8=0.07＜0.1，所以压缩层深度可取为基底以下 5.2 m。

（6）计算各分层的压缩量。

以第③层计算为例：

$$\Delta s_3 = \frac{e_{1i} - e_{2i}}{1 + e_{1i}} H_i = \frac{0.901 - 0.876}{1 + 0.901} \times 800 = 10.5\text{(mm)}$$

其余各分层的压缩量列于表 3-5 中。

（7）计算基础平均最终沉降量。

$$s = \sum_{i=1}^{7} \Delta s_i = 7.7 + 5.9 + 10.5 + 7.2 + 3.4 + 2.5 + 1.7 = 38.9(\text{mm})$$

表 3-5　分层总和法计算地基最终沉降量

分层点	深度 z_i /m	自重应力 σ_{cz} /kPa	附加应力 σ_z /kPa	层号	层厚 H_i /m	自重应力平均值 p_{1i}/kPa	附加应力平均值 Δp_i/kPa	总应力平均值 p_{2i}/kPa	受压前孔隙比 e_{1i}（对应 p_{1i}）	受压后孔隙比 e_{2i}（对应 p_{2i}）	分层压缩量 Δs_i /mm
0	0	21.1	52.9	—	—	—	—	—	—	—	—
1	0.6	31.7	48.9	①	0.6	26.4	50.9	77.3	0.637	0.616	7.7
2	1.2	36.4	36.8	②	0.6	34.1	42.9	77.0	0.633	0.617	5.9
3	2.0	42.9	22.6	③	0.8	39.7	29.7	69.4	0.901	0.876	10.5
4	2.8	49.5	14.6	④	0.8	46.2	18.6	64.8	0.896	0.879	7.2
5	3.6	56.0	9.90	⑤	0.8	52.8	12.3	65.1	0.887	0.879	3.4
6	4.4	62.3	7.02	⑥	0.8	59.2	8.46	67.7	0.883	0.877	2.5
7	5.2	68.8	5.08	⑦	0.8	65.6	6.05	71.7	0.878	0.874	1.7

3.3.3　规范法与工程应用

规范法又称为应力面积法，是《规范》中推荐使用的一种计算地基最终沉降量的方法，是一种简化了的分层总和法，其关键在于引入了平均附加应力系数的概念，并在总结大量实践经验的基础上，重新规定了地基沉降计算深度的标准及地基沉降计算经验系数。这样既对分层总和法进行了简化，又比较符合实际工程情况。

1. 计算公式的推导

如图 3-17 所示，设地基土层均匀、压缩模量 E_s 不随深度变化，则在竖向附加应力 σ_z 作用下，第 i 层土的压缩量的理论计算式为

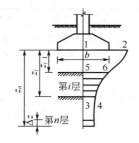

$$s_i' = \int_{z_{i-1}}^{z_i} \frac{\sigma_z}{E_{si}} dz = \frac{1}{E_{si}} \int_{z_{i-1}}^{z_i} \sigma_z dz = \frac{1}{E_{si}} \left(\int_0^{z_i} \sigma_z dz - \int_0^{z_{i-1}} \sigma_z dz \right) = \frac{1}{E_{si}} (A_i - A_{i-1})$$

（3-21）

式中　　A_i——基底中心点下 $0 \sim z_i$ 深度范围内竖向附加应力图面

图 3-17　平均附加应力

积，$A_i = \int_0^{z_i} \sigma_z dz$；

A_{i-1}——基底中心点下 $0 \sim z_{i-1}$ 深度范围内有效竖向附加应力图面积，$A_{i-1} = \int_0^{z_{i-1}} \sigma_z dz$；

E_{si}——第 i 层土的压缩模量，MPa。

把附加应力 $\sigma_z = \alpha_i p_0$ 代入 $A_i = \int_0^{z_i} \sigma_z dz$ 得 $A_i = \int_0^{z_i} \alpha_i p_0 dz = p_0 \int_0^{z_i} \alpha_i dz$。引入平均附加应力系数 $\bar{\alpha}_i = \dfrac{\int_0^{z_i} \alpha_i dz}{z_i}$，由 $A_i = p_0 \int_0^{z_i} \alpha_i dz$，可得 $\bar{\alpha}_i = \dfrac{\int_0^{z_i} \alpha_i dz}{z_i} = \dfrac{A_i}{p_0 z_i}$，从而得到 $A_i = \bar{\alpha}_i p_0 z_i$。同理可得到 $A_{i-1} = \overline{\alpha_{i-1}} p_0 z_{i-1}$，则

$$s' = \sum_{i=1}^n s_i' = \sum_{i=1}^n \frac{p_0}{E_{si}} (\bar{\alpha}_i z_i - \bar{\alpha}_{i-1} z_{i-1}) = \sum_{i=1}^n \frac{A_i - A_{i-1}}{E_{si}}$$

（3-22）

式中 $\bar{\alpha}_i$、$\bar{\alpha}_{i-1}$ 为基底计算点至第 i 层土、第 $i-1$ 层土底面范围内平均竖向附加应力系数，矩形基础可按表 3-6 查用，条形基础可取 $l/b=10.0$ 查用，其中 l 为基础长度（m），b 为基础宽度（m），z 为计算点距基础底面的垂直距离（m）。

表 3-6　均布矩形荷载角点下的平均竖向附加应力系数 $\bar{\alpha}$

z/b \ l/b	1.0	1.2	1.4	1.6	1.8	2.0	2.4	2.8	3.2	3.6	4.0	5.0	10.0
0.0	0.250 0	0.250 0	0.250 0	0.250 0	0.250 0	0.250 0	0.250 0	0.250 0	0.250 0	0.250 0	0.250 0	0.250 0	0.250 0
0.2	0.249 6	0.249 7	0.249 7	0.249 8	0.249 8	0.249 8	0.249 8	0.249 8	0.249 8	0.249 8	0.249 8	0.249 8	0.249 8
0.4	0.247 4	0.247 9	0.248 1	0.248 3	0.248 3	0.248 4	0.248 5	0.248 5	0.248 5	0.248 5	0.248 5	0.248 5	0.248 5
0.6	0.242 3	0.243 7	0.244 4	0.244 8	0.245 1	0.245 2	0.245 4	0.245 5	0.245 5	0.245 5	0.245 5	0.245 5	0.245 5
0.8	0.234 6	0.247 2	0.238 7	0.239 5	0.240 0	0.240 3	0.240 7	0.240 8	0.240 9	0.240 9	0.241 0	0.241 0	0.241 0
1.0	0.225 2	0.229 1	0.231 3	0.232 6	0.233 5	0.234 0	0.234 6	0.234 9	0.235 1	0.235 2	0.235 2	0.235 3	0.235 3
1.2	0.214 9	0.219 9	0.222 9	0.224 8	0.226 0	0.226 8	0.227 8	0.228 2	0.228 5	0.228 6	0.228 7	0.228 8	0.228 9
1.4	0.204 3	0.210 2	0.214 0	0.216 4	0.219 0	0.219 1	0.220 4	0.221 1	0.221 5	0.221 7	0.221 8	0.222 0	0.221 0
1.6	0.193 9	0.200 6	0.204 9	0.207 9	0.209 9	0.311 3	0.213 0	0.213 8	0.214 3	0.214 6	0.214 8	0.215 0	0.215 2
1.8	0.184 0	0.191 2	0.196 0	0.199 4	0.201 8	0.203 4	0.205 5	0.206 6	0.207 3	0.207 7	0.207 9	0.208 2	0.208 4
2.0	0.174 6	0.182 2	0.187 5	0.191 2	0.193 8	0.195 8	0.198 2	0.299 6	0.200 4	0.200 9	0.201 2	0.201 5	0.201 8
2.2	0.165 9	0.173 7	0.179 3	0.183 3	0.186 2	0.188 3	0.191 1	0.192 7	0.193 7	0.194 3	0.194 7	0.195 2	0.195 5
2.4	0.157 8	0.165 7	0.171 5	0.175 7	0.178 9	0.181 2	0.184 3	0.186 2	0.187 3	0.188 0	0.188 5	0.189 0	0.189 5
2.6	0.150 3	0.158 3	0.164 2	0.168 6	0.171 9	0.174 5	0.177 9	0.179 9	0.181 2	0.182 0	0.182 5	0.183 2	0.183 8
2.8	0.143 3	0.151 4	0.157 4	0.161 9	0.165 4	0.168 0	0.171 7	0.173 9	0.175 3	0.176 2	0.176 9	0.177 7	0.178 4
3.0	0.136 9	0.144 9	0.151 0	0.155 6	0.159 2	0.161 9	0.165 8	0.168 2	0.169 8	0.170 8	0.171 5	0.172 5	0.173 3
3.2	0.131 0	0.139 0	0.145 0	0.149 7	0.153 3	0.156 2	0.160 2	0.162 8	0.164 5	0.165 7	0.166 4	0.167 5	0.168 5
3.4	0.125 6	0.133 4	0.139 4	0.144 1	0.147 8	0.150 8	0.155 0	0.157 7	0.159 5	0.160 7	0.161 6	0.162 8	0.163 9
3.6	0.120 5	0.128 2	0.134 2	0.138 9	0.142 7	0.145 6	0.150 0	0.152 8	0.154 8	0.156 1	0.157 0	0.158 3	0.159 5
3.8	0.115 8	0.123 4	0.129 3	0.134 0	0.137 8	0.140 8	0.145 2	0.148 2	0.150 2	0.151 6	0.152 6	0.154 1	0.155 4
4.0	0.111 4	0.118 9	0.124 8	0.129 4	0.133 2	0.136 2	0.140 8	0.143 8	0.145 9	0.147 4	0.148 5	0.150 0	0.151 6
4.2	0.107 3	0.114 7	0.120 5	0.125 1	0.128 9	0.131 9	0.136 5	0.139 6	0.141 8	0.143 4	0.144 5	0.146 2	0.147 9
4.4	0.103 5	0.110 7	0.116 4	0.121 0	0.124 8	0.127 9	0.132 5	0.135 7	0.137 9	0.139 6	0.140 7	0.142 5	0.144 4
4.6	0.100 0	0.107 0	0.112 7	0.117 2	0.120 9	0.124 0	0.128 7	0.131 9	0.134 2	0.135 9	0.137 1	0.139 0	0.141 0
4.8	0.096 7	0.103 6	0.109 1	0.113 6	0.117 3	0.120 4	0.125 0	0.128 3	0.130 7	0.132 4	0.133 7	0.135 7	0.137 9
5.2	0.090 6	0.097 2	0.026 0	0.107 0	0.110 6	0.113 6	0.118 3	0.121 7	0.124 1	0.125 9	0.127 3	0.129 5	0.132 0
5.6	0.085 2	0.091 6	0.096 8	0.101 0	0.104 6	0.107 6	0.112 2	0.115 6	0.118 1	0.120 0	0.121 5	0.123 8	0.126 6
6.4	0.076 2	0.082 0	0.086 9	0.090 9	0.094 2	0.097 1	0.101 6	0.105 0	0.107 6	0.109 6	0.111 1	0.113 7	0.117 1
7.2	0.068 8	0.074 2	0.078 7	0.082 5	0.085 7	0.088 4	0.092 8	0.096 2	0.098 7	0.100 8	0.102 3	0.105 1	0.109 0
8.0	0.062 7	0.067 8	0.072 0	0.075 5	0.078 5	0.081 1	0.085 3	0.088 6	0.091 2	0.093 2	0.094 8	0.097 6	0.102 0
8.8	0.057 6	0.062 3	0.066 3	0.069 6	0.072 4	0.074 9	0.079 0	0.082 1	0.084 6	0.086 6	0.088 2	0.091 2	0.095 9
9.6	0.053 3	0.057 7	0.061 4	0.064 5	0.067 2	0.069 6	0.073 4	0.076 5	0.078 9	0.080 9	0.082 5	0.085 5	0.090 5
10.4	0.049 6	0.053 7	0.057 2	0.060 1	0.062 7	0.064 9	0.068 6	0.071 6	0.073 9	0.075 9	0.077 5	0.080 4	0.085 7
11.2	0.046 3	0.050 2	0.053 5	0.056 3	0.058 7	0.060 9	0.064 4	0.067 2	0.069 5	0.071 4	0.073 0	0.075 9	0.081 3
12.0	0.043 5	0.047 1	0.050 2	0.052 9	0.055 2	0.057 3	0.060 6	0.063 4	0.065 6	0.067 4	0.069 0	0.071 9	0.077 4
12.8	0.040 9	0.044 4	0.047 4	0.049 9	0.052 1	0.054 1	0.057 3	0.059 9	0.062 1	0.063 9	0.065 4	0.068 2	0.073 9
13.6	0.038 7	0.042 0	0.044 8	0.047 2	0.049 3	0.051 2	0.054 3	0.056 8	0.058 9	0.060 7	0.062 1	0.064 9	0.070 7
14.4	0.036 7	0.039 8	0.042 5	0.044 8	0.046 8	0.048 6	0.051 6	0.054 0	0.056 1	0.057 7	0.059 2	0.061 9	0.067 7
16.0	0.033 2	0.036 1	0.038 5	0.040 7	0.042 5	0.044 2	0.046 9	0.049 2	0.051 1	0.052 7	0.054 0	0.056 7	0.062 5

$\dfrac{l/b}{z/b}$	1.0	1.2	1.4	1.6	1.8	2.0	2.4	2.8	3.2	3.6	4.0	5.0	10.0
18.0	0.029 7	0.032 3	0.034 5	0.036 4	0.038 1	0.039 6	0.042 2	0.044 2	0.046 0	0.047 5	0.048 7	0.051 2	0.057 0
20.0	0.026 9	0.029 2	0.031 2	0.033 0	0.034 5	0.035 9	0.038 3	0.040 2	0.041 8	0.043 2	0.044 4	0.046 8	0.052 4

沉降实测资料表明，式（3-22）对较坚实的地基土计算值偏大，对较软弱的地基土计算值偏小。因此，《规范》在地基沉降理论计算值的基础上，引入沉降计算经验系数进行修正，即为地基最终沉降量的实际值，即

$$s = \psi_s s' = \psi_s \sum_{i=1}^{n} \frac{p_0}{E_{si}} \left(\overline{\alpha}_i z_i - \overline{\alpha}_{i-1} z_{i-1} \right) \tag{3-23}$$

式中　ψ_s——沉降计算经验系数，根据地区沉降观测资料和经验确定，无地区经验时可根据变形计算深度范围内压缩模量的当量值 $\overline{E}_s$、基底附加压力按表 3-7 确定；

　　　　s——地基最终沉降量；

　　　　s'——地基沉降理论计算值；

　　　　n——地基计算深度范围内的天然土层数；

　　　　p_0——基底附加压力；

　　　　E_{si}——第 i 层土的压缩模量；

　　z_i、z_{i-1}——基底至第 i 层土、第 $i-1$ 层土底面的垂直距离；

　　$\overline{\alpha}_i$、$\overline{\alpha}_{i-1}$——基底计算点至第 i 层土、第 $i-1$ 层土底面范围内平均竖向附加应力系数。

表 3-7　沉降计算经验系数 ψ_s

$\overline{E}_s$/MPa 基底附加压力	2.5	4.0	7.0	15.0	20.0
$p_0 \geqslant f_{ak}$	1.4	1.3	1.0	0.4	0.2
$p_0 \leqslant 0.75 f_{ak}$	1.1	1.0	0.7	0.4	0.2

表 3-7 中，f_{ak} 为地基承载力特征值；$\overline{E}_s$ 为变形计算深度范围内压缩模量的当量值，应按下式计算：

$$\overline{E}_s = \frac{\sum A_i}{\sum \dfrac{A_i}{E_{si}}} \tag{3-24}$$

式中，$A_i = p_0 (z_i \overline{\alpha}_i - z_{i-1} \overline{\alpha}_{i-1})$。

2. 地基沉降计算深度 z_n

地基沉降计算深度即压缩层下限的确定，分以下两种情况：

（1）无相邻荷载的基础中点下，可按下式估算：

$$z_n = b(2.5 - 0.4 \ln b) \tag{3-25}$$

式中　b——基础宽度，m。

在计算深度范围内存在基岩时，z_n 可取至基岩表面；当存在较厚的坚硬黏性土层，其孔隙比小于 0.5、压缩模量大于 50 MPa，或存在较厚的密实砂卵石层，其压缩模量大于 80 MPa 时，z_n 可取至该层土表面。

（2）存在相邻荷载影响时，应满足下式要求：

$$\Delta s_n' \leqslant 0.025 \sum_{i=1}^{n} \Delta s_i' \qquad (3\text{-}26)$$

式中　　$\Delta s_i'$——在计算深度范围内，第 i 层土的计算变形值，mm；

　　　　$\Delta s_n'$——在计算深度处，向上取计算厚度为 Δz 的薄土层的压缩量（图3-17），并按表3-8确定。

表 3-8　计算厚度 Δz

b/m	≤2	$2<b\leqslant4$	$4<b\leqslant8$	$b>8$
Δz /m	0.3	0.6	0.8	1.0

【工程应用例题3-5】　某独立柱基底面尺寸为 2.4 m×2.4 m，柱轴向力荷载标准值 F_k=1 240 kN，基础自重和覆土标准值 G_k=240 kN。基础埋深 d=2 m，其余数据如图3-18所示，试计算地基最终沉降量。

解：（1）求基础底面附加压力。

基础底面压力：

$$p = \frac{F_k + G_k}{A} = \frac{1\,240 + 240}{2.5 \times 2.5} = 236.8(\text{kPa})$$

基底附加压力：

$$p_0 = p - \gamma d = 236.8 - 19.5 \times 2 = 197.8(\text{kPa})$$

（2）确定沉降计算深度。

$$z = b(2.5 - 0.4 \times \ln b) = 2.5 \times (2.5 - 0.4 \times \ln 2.5) = 5.33(\text{m})$$

取 z=4.4 m。

（3）求地基沉降计算深度范围内的土层压缩量，见表3-9。

（4）确定基础最终沉降量。

1）确定沉降计算深度范围内压缩模量。

$$\overline{E_s} = \frac{\sum A_i}{\sum \dfrac{A_i}{E_{si}}} = \frac{0.938\,4 + 1.289\,6 + 0.040\,5}{\dfrac{0.938\,4}{4.4} + \dfrac{1.289\,6}{6.8} + \dfrac{0.040\,5}{8}} = 5.56(\text{MPa})$$

2）查表3-7得

$$\psi_s = 1 + \frac{7 - 5.56}{7 - 4} \times (1.3 - 1) = 1.14$$

则最终沉降量为

$$s = \psi_s s' = 1.14 \times 82.01 = 93.49(\text{mm})$$

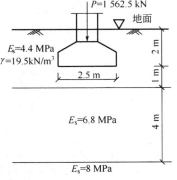

图 3-18　工程应用例题 3-5 图

表 3-9　各分层的平均附加应力系数及压缩量

z/m	l/b	z/b	$\overline{\alpha_i}$	$z_i\overline{\alpha_i}$	$z_i\overline{\alpha_i} - z_{i-1}\overline{\alpha_{i-1}}$	E_{si}	$\Delta s'$	$s' = \sum \Delta s_i'$
0	1.0	0						
1.0	1.0	0.8	0.938 4	0.938 4	0.938 4	4.4	42.87	42.87
4.0	1.0	4.0	0.444 6	2.228 0	1.289 6	6.8	38.12	80.99
4.4	1.0	4.32	0.420 1	2.268 4	0.040 5	8.0	1.02	82.01

【工程应用例题 3-6】 设基础底面尺寸为 4.8 m×3.2 m，埋深为 1.5 m，传至地面的中心荷载 $F=1\,800$ kN，地基的土层分层及各层土的侧限压缩模量如图 3-19 所示，持力层的地基承载力 $f_k=180$ kPa，试用规范法计算基础中点的最终沉降量。

解： （1）基底附加压力。

$$p_0 = \frac{1\,800 + 4.8 \times 3.2 \times 1.5 \times 20}{4.8 \times 3.2} - 18 \times 1.5 = 120(\text{kPa})$$

（2）取计算深度为 8 m，计算过程见表 3-10，计算沉降量为 123.4 mm。

（3）确定沉降计算深度 z_n。根据 $b=3.2$ m，查表 3-8 可得 $\Delta z = 0.6$ m。相应于往上取 Δz 厚度范围（即 7.4～8.0 m 深度范围）的土层计算沉降量为 1.3 mm ≤ 0.025×123.4=3.08(mm)，满足要求，故沉降计算深度可取为 8 m。

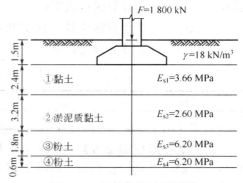

图 3-19　地基与基础剖面图

（4）确定修正系数 ψ_s。

$$\overline{E}_s = \frac{\sum A_i}{\sum \dfrac{A_i}{E_{si}}} = \frac{p_0(z_n\overline{\alpha}_n - 0 \times \overline{\alpha}_0)}{p_0\left(\dfrac{z_1\overline{\alpha}_1 - 0 \times \overline{\alpha}_0}{E_{s1}} + \dfrac{z_2\overline{\alpha}_2 - z_1\overline{\alpha}_1}{E_{s2}} + \dfrac{z_3\overline{\alpha}_3 - z_2\overline{\alpha}_2}{E_{s3}} + \dfrac{z_4\overline{\alpha}_4 - z_3\overline{\alpha}_3}{E_{s4}}\right)}$$

$$= \frac{p_0 \times 3.456}{p_0\left(\dfrac{2.024}{3.66} + \dfrac{1.904}{2.60} + \dfrac{0.271}{6.20} + \dfrac{0.067}{6.20}\right)} = 3.36(\text{MPa})$$

由于 $p_0 \leqslant 0.75f_k = 135$ kPa，查表 3-7 得，$\psi_s = 1.04$。

（5）计算基础中点最终沉降量 s。

$$s = \psi_s s' = \psi_s \sum_{i=1}^{4} \frac{p_0}{E_{si}}(z_i\overline{\alpha}_i - z_{i-1}\overline{\alpha}_{i-1}) = 1.04 \times 123.4 = 128.3(\text{mm})$$

表 3-10　规范法计算地基最终沉降量

z_i /m	l/b	z_i/b	$\overline{\alpha}_i$	$z_i\overline{\alpha}_i$	$z_i\overline{\alpha}_i - z_{i-1}\overline{\alpha}_{i-1}$	E_{si} /MPa	$\Delta s_i'$ /mm	$\sum \Delta s_i'$ /mm
0.0	2.4/1.6=1.5	0/1.6=0.0	4×0.250 0=1.000 0	0.000				
2.4	1.5	2.4/1.6=1.5	4×0.210 8=0.843 2	2.024	2.024	3.66	66.3	66.3
5.6	1.5	5.6/1.6=3.5	4×0.139 2=0.556 8	3.118	1.094	2.60	50.5	116.8
7.4	1.5	7.4/1.6=4.6	4×0.114 5=0.458 0	3.389	0.271	6.20	5.3	122.1
8.0	1.5	8.0/1.6=5.0	4×0.108 0=0.432 0	3.456	0.067	6.20	1.3≤0.025×123.4	123.4

3.4　地基沉降时间关系与工程应用

地基的变形不是瞬时完成的，地基在建筑物荷载作用下要经过相当长的时间才能达到最终沉降量。在工程设计中，除了要知道地基最终沉降量外，往往还需要知道沉降随时间的变化过程即沉降与时间的关系，以预计建筑物在施工期间和使用期间的地基沉降量。碎石土和砂土的透水性好，其变形所经历的时间很短，可以认为在外荷载施加完毕（如建筑物竣工）时，其变形已稳定；对于黏性土，完成固结所需时间就比较长，在深厚饱和软黏土中，其固结变形需要经过几年甚至几十年时间才能完成。所以，下面只讨论饱和土的变形与时间关系。

3.4.1 饱和土的渗透固结

饱和土的渗透固结，可用弹簧-活塞模型来说明，如图 3-20 所示，在一个盛满水的圆筒中，装一个带有弹簧的活塞，弹簧表示土的颗粒骨架，圆筒内的水表示土中的自由水，带孔的活塞则表征土的透水性，外力 σ 的作用由水与弹簧共同承担，设弹簧承担的有效应力为 σ'，水承担的孔隙水压力为 u，很明显，土的孔隙水压力 u 与有效应力 σ' 对外力 σ 的分担作用与时间有关。

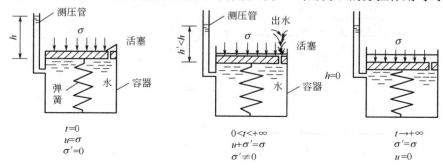

图 3-20　饱和土的渗透固结模型

（1）如图 3-20（a）所示，当 $t=0$ 时，即活塞顶面骤然受到压力 σ 作用的瞬间，水来不及排出，弹簧来不及变形，基本上没有受力，而增加的压力必须由活塞下面的水承担，即 $u=\sigma$，$\sigma'=0$。

（2）如图 3-20（b）所示，当 $t>0$ 时，随着荷载作用时间的增加，受到超静水压力的水开始从活塞排水孔中排出，活塞下降，弹簧开始承受一部分压力 σ'，并逐渐增长；而相应地，u 则逐渐减小。总之，$u+\sigma'=\sigma$，而 $u<\sigma$，$\sigma'>0$。

（3）如图 3-20（c）所示，当 $t\to+\infty$ 时，水从排水孔中充分排出，超静水压力为零（$h=0$），孔隙水压力完全消散，活塞最终下降到 σ 全部由弹簧承担，饱和土的渗透固结完成。即 $\sigma=\sigma'$，$u=0$。可见，饱和土的渗透固结也就是孔隙水压力逐渐消散和有效应力相应增长的过程。

3.4.2 太沙基一维固结理论

土体在固结过程中如渗流和变形均仅发生在一个方向（如竖向），称为一维固结问题。土样在压缩试验中所经历的压缩过程以及地基土在连续均布荷载作用下的固结就是典型的一维固结问题。实际工程中，当荷载作用面积远大于土层厚度，地基中将主要发生竖向渗流和变形，故也可视为一维固结问题。为了求得饱和土层在渗透固结过程中某一时间的变形，通常采用太沙基提出的一维固结理论进行计算。其适用条件为荷载面积远大于压缩土层的厚度，地基中孔隙水主要沿竖向渗流。

3.4.2.1　基本推导过程

1. 基本假设

（1）土的渗流仅沿竖直方向，且符合达西定律，渗透系数为常数；
（2）土颗粒及水均不可压缩（土体压缩是由孔隙压缩引起的）；
（3）土体完全饱和（土体压缩量等于排出的孔隙水量）；
（4）荷载为一次性突然施加。

某大面积水平分布的饱和黏性土层，厚度为 H，土层顶面为透水砂层；底部为不透水且非压缩性地层（如基岩）。土层顶面突然施加大面积的均匀附加压力 p_0（或 σ_z）。

先取单元体：$1 \times 1 \times dz$。

2. 渗流条件

设单元体底面孔隙水流入速度为 v，如图 3-21 所示。

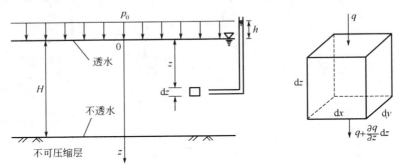

图 3-21　饱和黏性土的固结过程

设单元体顶面孔隙水流出速度为 $v + \dfrac{\partial v}{\partial z} dz$，则 dt 时间内从单元体内流出的水量为

$$\left(v + \frac{\partial v}{\partial z} dz - v\right) dt = \frac{\partial v}{\partial z} dz dt \tag{3-27}$$

根据达西定律，有

$$v = ki = k\frac{\partial h}{\partial z} = \frac{k}{\gamma_w}\frac{\partial u}{\partial z} \tag{3-28}$$

因此

$$\frac{\partial v}{\partial z} dz dt = \frac{k}{\gamma_w}\frac{\partial^2 u}{\partial z^2} dz dt \tag{3-29}$$

3. 变形条件

dt 时间内单元体孔隙体积的减小量为

$$\frac{\partial V_v}{\partial t} dt = \frac{\partial}{\partial t}\left(\frac{e}{1+e}\right) dz dt = \frac{1}{1+e}\frac{\partial e}{\partial t} dz dt \tag{3-30}$$

根据压缩系数的定义，可得到

$$de = -\alpha dp = -\alpha d\sigma' = -\alpha d(\sigma - u) = \alpha du \tag{3-31}$$

所以

$$\frac{\partial e}{\partial t} = \alpha\frac{\partial u}{\partial t} \tag{3-32}$$

因此 dt 时间内单元体孔隙体积的减小量又可以写成

$$\frac{1}{1+e}\frac{\partial e}{\partial t} dz dt = \frac{\alpha}{1+e}\frac{\partial u}{\partial t} dz dt \tag{3-33}$$

4. 渗流连续条件

根据基本假设：土颗粒及水不可压缩，土体完全饱和，则土体孔隙压缩量刚好等于排出

的水量，因此，式（3-29）与式（3-33）相等，即

$$\frac{k}{\gamma_w} \frac{\partial^2 u}{\partial z^2} \mathrm{d}z\mathrm{d}t = \frac{\alpha}{1+e} \frac{\partial u}{\partial t} \mathrm{d}z\mathrm{d}t \qquad (3\text{-}34)$$

简化为：

$$\frac{\partial u}{\partial t} = \left(\frac{k}{\gamma_w} \frac{1+e}{\alpha}\right) \frac{\partial^2 u}{\partial z^2} \qquad (3\text{-}35)$$

记作：

$$\frac{\partial u}{\partial t} = C_v \frac{\partial^2 u}{\partial z^2} \qquad (3\text{-}36)$$

式中　C_v——土的竖向固结系数。

式（3-36）就是饱和土体一维固结微分方程。

3.4.2.2　一维固结微分方程的解

根据初始条件与边界条件：

当 $t=0$ 时，在 $0 \leqslant z \leqslant H$ 范围内，$u = \sigma = p_0$；

当 $0<t<\infty$ 时，$z=0$（排水面），$u=0$；

当 $0<t<\infty$ 时，$z=H$（不透水面），$\dfrac{\partial u}{\partial z}=0$；

当 $t=\infty$ 时，在 $0 \leqslant z \leqslant 2H$ 范围内，$u=0$。

孔隙水压力可采用分离变量法求解，即：

$$u_{z,t} = \frac{4}{\pi} \sigma_z \sum_{m=1}^{\infty} \frac{1}{m} \sin \frac{m\pi^2}{2H} \exp(-\pi^2 m^2 T_v / 4) \qquad (3\text{-}37)$$

式中　T_v——表示时间因素，$T_v = \dfrac{C_v}{H^2} t$；

　　　m——正奇整数（$m=1$，3，5，…）；

　　　H——待固结土层最长排水距离，m。

单面排水土层取土层厚度；对于双面排水土层，厚度中央的水平面实际相当于不透水面。因此，对于双面排水地层，单向固结微分方程解中的 H 只要取该地层厚度的 1/2 即可。换言之，式（3-37）中的 H 可以理解为"压缩土层内孔隙水排出时的最远路径"。

3.4.2.3　固结度及其工程应用

1. 固结度

地基固结过程中任一时刻 t 的固结沉降量 s_t 与其最终固结沉降量 s_i 比称为固结度，用 U_t 表示。其计算公式为

$$U_t = \frac{s_t}{s} = \frac{\dfrac{\alpha}{1+e} \int_0^H \sigma'_{z,t} \mathrm{d}z}{\dfrac{\alpha}{1+e} \int_0^H \sigma'_z \mathrm{d}z} = \frac{\displaystyle\int_0^H \sigma_z \mathrm{d}z - \int_0^H u_{z,t} \mathrm{d}z}{\displaystyle\int_0^H \sigma_z \mathrm{d}z} = 1 - \frac{\displaystyle\int_0^H u_{z,t} \mathrm{d}z}{\displaystyle\int_0^H \sigma_z \mathrm{d}z} \qquad (3\text{-}38)$$

分析：

$t=0$ 时刻，土层内任意一点 $u=\sigma_z$，因此 $U_t=0$；

$t=\infty$ 时刻，土层内任意一点 $u=0$，因此 $U_t=1$。

而 $0<t<\infty$，式（3-38）分子表示土层内沿深度各点孔隙水压力之和。所谓固结度，实质上是衡量土层内孔隙水压力向有效应力转化程度的一个指标。

将单向固结微分方程的解式（3-37）代入固结度表达式（3-38），因傅里叶级数解收敛很快，当 $U_t>30\%$ 时可近似取第一项，即

$$U_t = 1 - \frac{8}{\pi^2}e^{-\frac{\pi^2 T_v}{4}} \tag{3-39}$$

2. 固结度的工程应用

如前所述，地基土体在任意时刻的固结量与其最终固结变形量之比称为"固结度"。利用固结度概念，可以解决以下两类问题：

（1）给定时间，计算地基土层的固结度或沉降量，计算流程如图 3-22 所示。

（2）给定沉降量或固结度，计算达到该固结度需要经历的时间，计算流程如图 3-23 所示。

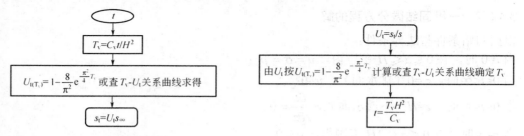

图 3-22　固结度或沉降量计算流程　　　　图 3-23　固结时间计算流程

3. U_t-T_v 关系图表的利用方法

首先分析压缩应力在饱和土层沿深度方向的分布情形。需要注意的是，此处压缩应力指的是即将导致土体发生固结的一切竖向荷载（可能是附加压力，也可能是由于土体内水位下降新增的有效自重应力）。

将土层顶、底面位置，透水面上的压缩应力与不透水面上的压缩应力的比值定义为参数 α，即

$$\alpha = \frac{\text{透水面上的压缩应力}}{\text{不透水面上的压缩应力}} \tag{3-40}$$

对于单面排水情况，工程实际情况不同，α 的取值不同，分为下列五种情况，如图 3-24 所示。

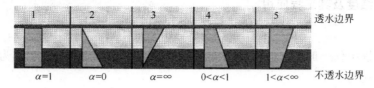

图 3-24　典型直线附加应力分布

$\alpha=1$：矩形（土层较薄且竖向荷载沿深度变化缓慢的情形，如大面积分布）；

$\alpha=0$：正三角形分布（如水位下降导致的有效自重应力的增加量）；

$\alpha=\infty$：倒三角形（土层厚度大或竖向荷载沿深度快速衰减的情形）；

$0<\alpha<1$：梯形（如新增矩形附加应力，同时新增部分有效自重应力）；

$1<\alpha<\infty$：倒梯形（大多数附加应力的分布形式，沿深度衰减，但尚未变为 0）。

为使用方便，可将上述不同的竖向荷载分布（即不同 α 值）情形下土层的平均固结度与时间因数之间的关系绘制成曲线，如图 3-25 所示，而后根据 T_v 查 U_t，或根据 U_t 查 T_v。

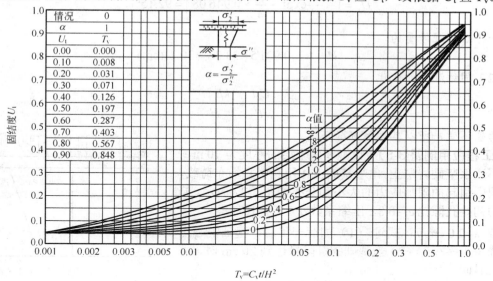

图 3-25　U_t-T_v 关系曲线

当土层为双面排水时，无论荷载分布形式如何，均按沿深度均匀分布处理（即按 $\alpha=1$，矩形分布处理）；并且要注意计算中 H 应取该土层厚度的 1/2。

【工程应用例题 3-7】　如图 3-26 所示，地基土层厚度 $H=10$ m，压缩模量 $E_s=30$ kg/cm³，渗透系数 $k=10^{-6}$ cm/s，地表作用有大面积均布荷载 $q=1$ kg/cm²，荷载瞬时施加，加载一年后地基的固结沉降量为多少？若土层的厚度、压缩模量和渗透系数均增大一倍，与原来相比，该地基固结沉降有何变化？

解：（1）加载一年后的地基固结沉降。

最终固结沉降量为

$$s = \frac{\sigma_z}{E_s}H = \frac{1}{30} \times 1\,000 = 33.33\,(\text{cm})$$

由

$$k = 10^{-6}\,\text{cm/s} = 0.315\,36\,\text{m/y}$$

$$\gamma_w = 10\,\text{kN/m}^3$$

$$E_s = 30\,\text{kg/cm}^2 = 3.0\,\text{MPa}$$

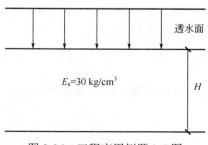

图 3-26　工程应用例题 3-7 图

得

$$C_v = \frac{kE_s}{\gamma_w} = \frac{0.315\,36 \times 3 \times 10^3}{10} = 94.608\,(\text{m}^2/\text{y})$$

$$T_v = \frac{C_v t}{H^2} = \frac{94.608 \times 1}{10^2} = 0.946\,08$$

又由

$$U_t = 1 - \frac{8}{\pi^2}\exp\left(-\frac{\pi^2}{4}T_v\right)$$

得

$$U_t = 1 - \frac{8}{\pi^2} \exp\left(-\frac{\pi^2}{4} \times 0.946\,08\right) = 92.15\%$$

一年后的沉降量为

$$s_t = U_t \times s = 0.921\,5 \times 33.33 = 30.71\,(\text{cm})$$

（2）固结沉降的变化。

$$T_v = \frac{C_v t}{H^2} = \frac{k E_s t}{\gamma_w H^2}$$

结果不变，所以其固结沉降不变。

【工程应用例题 3-8】 设饱和黏土层的厚度为 10 m，位于不透水坚硬岩层上，由于基底上作用有竖直均布荷载，在土层中引起的附加应力的大小和分布如图 3-27 所示。若土层的初始孔隙比 $e_i = 0.8$，压缩系数 $\alpha_v = 2.5 \times 10^{-4}\,\text{kPa}^{-1}$，渗透系数 $k = 2.0\,\text{cm/y}$。试问：（1）加荷一年后，基础中心点的沉降量为多少？（2）当基础的沉降量达到 20 cm 时，需要多长时间？

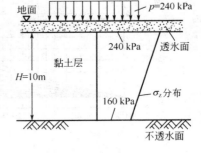

图 3-27　工程应用例题 3-8 图

解：（1）该土层的平均固结应力为

$$\sigma_z = \frac{240 + 160}{2} = 200\,(\text{kPa})$$

则基础中心点的最终沉降量为

$$s = \frac{\alpha_v}{1 + e_i} \sigma_z H = \frac{2.5}{1 + 0.8} \times 10^{-4} \times 200 \times 1\,000 = 27.8\,(\text{cm})$$

该土层的固结系数为

$$C_v = \frac{k(1 + e_i)}{a_v \gamma_w} = \frac{2.0 \times (1 + 0.8)}{0.000\,25 \times 0.098} = 1.47 \times 10^5\,(\text{cm}^2/\text{y})$$

时间因数为

$$T_v = \frac{C_v t}{H^2} = \frac{1.47 \times 10^5 \times 1}{1\,000^2} = 0.147$$

土层的固结应力为梯形分布，其参数为

$$\alpha = \frac{\sigma_z'}{\sigma_z''} = \frac{240}{160} = 1.5$$

由 T_v 及 α 值查 $T_v\text{-}U_t$ 关系曲线图得土层的平均固结度为 0.45，则加载一年后的沉降量为

$$s_t = U s = 0.45 \times 27.8 = 12.5\,(\text{cm})$$

（2）已知基础的 $s_t = 20\,\text{cm}$，最终沉降量 $s = 27.8\,\text{cm}$，则土层的平均固结度为

$$U_t = \frac{s_t}{s} = \frac{20}{27.8} = 0.72$$

由 U_t 及 α 值查 $T_v\text{-}U_t$ 关系曲线图得时间因素 $T_v = 0.47$，则沉降量达到 20 cm 所需时间为

$$t = \frac{T_v H^2}{C_v} = \frac{0.47 \times 1\,000^2}{1.47 \times 10^5} = 3.20\,(\text{y})$$

3.4.3 地基沉降预测

分析沉降与时间关系的固结理论所做的各种简化与假设，以及室内确定的土的物理力学性质与工程实际存在一定的差距，使得计算结果难以与实际情况相吻合。因此，仔细地分析研究已获得的沉降观测资料，找出具有一定实用价值的变形规律，用经验公式来估算地基沉降与时间关系，以便更准确地估算地基最终沉降量的大小及到某一沉降量的相应时间，具有十分重要的意义。

工程实践表明，饱和黏性土地基实测沉降与时间大多数呈双曲线或对数曲线关系，如图 3-28 所示。用已有的资料可以确定这些曲线的参数和最终沉降量。

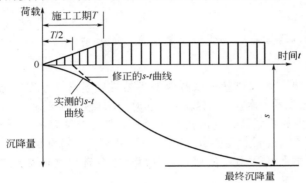

图 3-28　实测沉降与时间的关系曲线

1. 双曲线公式

假定沉降量 s_t 与时间 t 呈双曲线关系，即

$$s_t = \frac{t}{a+t} s \tag{3-41}$$

式中　s——地基最终沉降量；

$\quad\quad s_t$——t 时刻的地基实测沉降量，根据修正曲线从施工期的一半算起；

$\quad\quad a$——待定的经验参数，根据实测点，采用线性回归得到。

2. 对数曲线公式

假定沉降量 s_t 与时间 t 呈对数曲线关系，即

$$s_t = (1 - ae^{-bt})s \tag{3-42}$$

式中　s——地基最终沉降量；

$\quad\quad s_t$——任一时刻 t 的沉降量；

$\quad\quad a$、b——待定的经验参数，根据实测沉降-时间曲线，在后半段任取三组对应的 s、t 值代入联立求得 a、b、s，也可采用最优原理确定。

 实训项目　土的固结试验

一、试验目的

本试验的目的是测定试样在侧限与轴向排水条件下的变形和压力，或孔隙比和压力的关

系、变形和时间的关系，以便计算土的压缩系数、压缩指数、压缩模量、固结系数及原状土的先期固结压力等。

二、试验方法

本试验适用于饱和的黏质土（当只进行压缩试验时，允许用于非饱和土）。

（1）标准固结试验。

（2）快速固结试验：规定试样在各级压力下的固结时间为 1 小时，仅在最后一级压力下除测记 1 小时的量表读数外，还应测读达到压缩稳定时的量表读数。

三、标准固结试验

1. 仪器设备

①固结容器；②加压设备；③变形测量设备；④其他：刮土刀、天平、秒表等。

2. 试验步骤

（1）根据工程需要，切取原状土试样或制备给定密度与含水量的扰动土样。

（2）测定试样的密度及含水量。试样需要饱和时，按《规范》规定的方法将试样进行抽气饱和。

（3）在固结容器内放置护环、透水板和薄滤纸，将带有环刀的试样小心装入护环内，然后在试样上放薄滤纸、透水板和加压盖板，置于加压框架下，对准加压框架的正中，安装量表。

（4）施加 1 kPa 的预压压力，使试样与仪器上下各部分之间接触良好，然后调整量表，使指针读数为零。

（5）确定需要施加的各级压力。加压等级一般为 12.5、25、50、100、200、400、800、1 600、3 200（kPa）。最后一级压力应大于上覆土层的计算压力 100～200 kPa。

（6）如是饱和试样，则在施加第 1 级压力后，立即向水槽中注水至满。如系是饱和试样，须用湿棉围住加压盖板四周，避免水分蒸发。

（7）测记稳定读数。当不需要测定沉降速率时，稳定标准规定为每级压力下固结 24 小时。测记稳定读数后，再施加第 2 级压力。依次逐级加压至试验结束。

（8）试验结束后，迅速拆除仪器部件，取出带环刀的试样。如是饱和试样，则用干滤纸吸去试样两端表面上的水，取出试样，测定试验后的含水量。

3. 计算与制图

（1）按下式计算试样的初始孔隙比 e_0：

$$e_0 = \frac{\rho_w G_s (1 + 0.01 w_0)}{\rho_0} - 1$$

式中 ρ_0——试样初始密度，g/cm^3；

  w_0——试样的初始含水量，%。

（2）按下式计算各级压力下固结稳定后的孔隙比 e_i：

$$e_i = e_0 - (1 + e_0) \frac{\Delta h_i}{h_0}$$

式中 Δh_i——某级压力下试样高度变化（即总变形量减去仪器变形量）cm；

  h_0——试样初始高度，cm。

（3）按下式计算某一级压力范围内的压缩系数 α_v：

$$\alpha_v = \frac{e_i - e_{i+1}}{p_{i+1} - p_i}$$

（4）绘制 *e-p* 关系曲线。以孔隙比 *e* 为纵坐标，压力 *p* 为横坐标，将试验成果点绘在图上，连成一条光滑曲线。

（5）要求：用压缩系数判断土的压缩性。

四、快速固结试验

环刀：面积 30 cm²，高为 20 mm。

本次试验由于受课时的限制，统一按 50、100、200、400（kPa）等四级荷重顺序施加压力。学生做试验应限于课内时间，可缩短固结时间，每级荷重历时为 9 分钟。

首先装好试样，再安装百分表。在装量表的过程中，小指针需调至整数位，大指针调至零，量表杆头要有一定的伸缩范围，固定在量表架上。

加荷时，应按顺序加砝码；试验中不要振动试验台，以免指针产生移动。

试验成果整理：

（1）计算试样的初始孔隙比。

$$e_0 = \frac{G_s(1+w_0)\rho_w}{\rho_0} - 1$$

（2）计算各级压力下试样固结稳定后的孔隙比。

$$e_i = e_0 - \frac{1+e_0}{h_0}\Delta h_i$$

（3）计算各级压力下试样固结稳定后的单位沉降量。

$$s_i = \frac{\sum \Delta h_i}{h_0} \times 10^3 \ (\text{mm/m})$$

式中 $\sum \Delta h_i$ ——某级压力下试样固结稳定后的总变形（即高度的累计变形量），mm；

在试验过程中测出各级压力 p_i 作用下的 $\Delta h_i = \Delta h_1 - \Delta h_2$。

（4）计算 $p_1 = 100$ kPa，$p_2 = 200$ kPa 压力下的压缩系数 α_v 和压缩模量 E_s。

$$\alpha_v = \frac{e_i - e_{i+1}}{p_{i+1} - p_i} \ (\text{MPa}^{-1}) \ ; \quad E_s = \frac{1+e_i}{\alpha_v} \ (\text{MPa})$$

求压缩系数 α_v 时，一般取 $p_1 = 100$ kPa，$p_2 = 200$ kPa，用压缩系数 α_{1-2} 表示。可以用来判定土的压缩性：若 $\alpha_{1-2} < 0.1 \ \text{MPa}^{-1}$，为低压缩性；$0.1 \ \text{MPa}^{-1} \leqslant \alpha_{1-2} < 0.5 \ \text{MPa}^{-1}$，为中等压缩性；$\alpha_{1-2} \geqslant 0.5 \ \text{MPa}^{-1}$，为高压缩性。

（5）以孔隙比 *e* 为纵坐标、压力 *p* 为横坐标，绘制孔隙比与压力 *e-p* 曲线（图 3-29）。

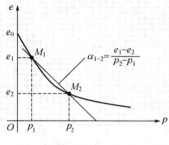

图 3-29 *e-p* 曲线

五、试验记录（表 3-11 和图 3-30）

土的固结试验记录（快速法）

试样面积＿＿＿＿＿＿＿＿＿＿＿＿＿＿   验前试样高度 $h_0 =$ ＿＿＿＿＿＿＿＿＿＿mm

土粒的相对密度 $G_s =$ ＿＿＿＿＿＿＿＿＿   试验前含水量 $w_0 =$ ＿＿＿＿＿＿＿＿＿＿

试验前密度 $\rho_0 =$ ＿＿＿＿＿＿＿＿g/cm^3 土粒净高 $h_s = h_0/(1+e)$ ＝＿＿＿＿＿＿＿

试验前孔隙比 $e_0 =$ ＿＿＿＿＿＿＿＿＿

表 3-11 试验数据记录

压力/MPa	0.05		0.1		0.2		0.4	
经过时间/min	时间	变形读数	时间	变形读数	时间	变形读数	时间	变形读数
0								
0.1								
0.25								
1								
2.25								
4								
6.25								
9								
总变形量/mm								
各级压力下孔隙比 e_i								
压缩系数为＿＿＿＿MPa^{-1} 该土为＿＿＿＿压缩性土								

$$\alpha_{1-2} = \frac{e_1 - e_2}{p_2 - p_1} =$$

$$E_{s1-2} = \frac{1 + e_1}{\alpha_{1-2}} =$$

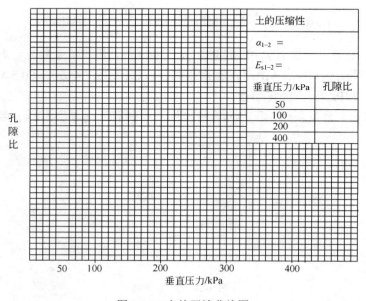

土的压缩性	
$\alpha_{1-2} =$	
$E_{s1-2} =$	
垂直压力/kPa	孔隙比
50	
100	
200	
400	

孔隙比

垂直压力/kPa

图 3-30 土的压缩曲线图

六、思考题

（1）试联系具体工程问题思考做压缩试验的目的。

（2）α_{1-2} 和 E_{s1-2} 的物理意义是什么？有什么用途？

知识扩展

土的应力历史与天然土层的固结状态

1. 土的应力历史

土的应力历史是指土体在历史上曾经受到过的应力状态。先期固结压力 p_c 是指土在其生成历史中曾受过的最大有效固结压力。超固结比（OCR）是指先期固结压力 p_c 与现有土层自重应力 $p_1 = \gamma z$ 之比，即 $OCR = p_c / p_1$。根据土的超固结比，可把天然土层划分为正常固结、超固结和欠固结三种状态，如图 3-31 所示。正常固结状态是指土层在历史上最大固结压力作用下压缩稳定，但沉积后土层厚度无大变化，以后也没有受到过其他荷载的继续作用，即 $OCR = p_c / p_1 = 1$。超固结状态是指天然土层在地质历史上受到过的固结压力 p_c 远大于目前的上覆压力 p_1，即 $OCR = p_c / p_1 > 1$；其可能由于地面上升或河流冲刷将其上部的一部分土体剥蚀掉，或者古冰川下的土层曾经受过冰荷载（荷载强度为 p_c）的压缩，后来由于气候转暖、冰川融化致使上覆压力减小等。欠固结状态是指土层逐渐沉积到现在地面，但没有达到固结稳定状态，如新近沉积黏性土、人工填土等。由于沉积后经历年代时间不久，其自重固结作用尚未完成，将来固结完成后的地表如图 3-31 中虚线。因此，p_c（这里 $p_c = \gamma h_c$，h_c 代表固结完成后地面下的计算深度）还小于现有土的自重应力 p_1，故称为欠固结土层。

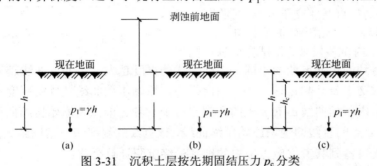

图 3-31　沉积土层按先期固结压力 p_c 分类

（a）正常固结状态（$p_c = p_1$）；（b）超固结状态（$p_c > p_1$）；（c）欠固结状态（$p_c < p_1$）

2. 先期固结压力的确定

工程中应用最广的方法是按卡萨格兰德（Cassagrande，1936）提出的经验作图方法确定先期固结压力 p_c，如图 3-32 所示。其步骤如下：

（1）在 $e\text{-}\lg p$ 曲线上找出曲率半径最小的一点 A，过 A 点作水平线 $A1$ 和切线 $A2$；

（2）作 $\angle 1A2$ 的平分线 $A3$，与 $e\text{-}\lg p$ 曲线尾部直线段的延长线相交于 B 点；

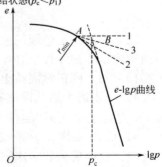

图 3-32　先期固结压力的推求

（3）B 点的横坐标即为先期固结压力 p_c。

显而易见，该法仅适用于 $e\text{-}\lg p$ 曲线曲率变化明显的土层，否则曲率最小半径 $r_{\min}$ 难以确定。此外，$e\text{-}\lg p$ 曲线的曲率随 e 轴坐标比例的变化而改变，而目前尚无统一的坐标比例，且人为因素影响大，所得 p_c 值不一定可靠。因此确定 p_c 时，一般还应结合场地的地形、地貌等形成历史的调查资料加以判断。

3. 应力历史影响在地基沉降计算中的应用

同一土层，由于应力历史不同，则土的压缩特性完全不同，因而在工程中务必考虑天然土层应力历史对地基沉降的影响。为了考虑应力历史对地基沉降的影响，只要在地基沉降计算通常采用的分层总和法中，将土的压缩性指标改成按原始压缩曲线（$e\text{-}\lg p$ 曲线）确定即可。所谓原始压缩曲线，是针对在取原状土和制备土样过程中，不可避免地对土样产生一定的扰动，致使室内的压缩曲线与现场土的压缩特性之间有差别。所以须加以修正，作出原始压缩曲线，获取相应计算指标。

（1）正常固结土的现场原始压缩曲线。正常固结土的现场原始压缩曲线，可由室内压缩曲线按下列步骤加以修正后求得（图3-33）：

1）按适当比例，将室内压缩试验结果绘成 $e\text{-}\lg p$ 曲线。

2）在 $e\text{-}\lg p$ 曲线上确定曲率最小的 A 点，过 A 点作水平线 $A1$、切线 $A2$ 和平分线 $A3$。

3）$A3$ 与 $e\text{-}\lg p$ 曲线尾部直线段延长线交于点 B，B 点的横坐标为先期固结压力 p_c。

4）过纵坐标为 e_0（初始孔隙比）的点作水平线，与过 B 点的铅直线相交于 b 点（对照图3-33可知，b 点即为现场原始压缩曲线上的一点）。

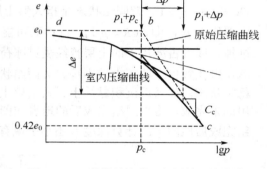

图 3-33　正常固结土的现场原始压缩曲线

5）由大量室内试验发现，将试样加以不同程度的扰动，所得到的 $e\text{-}\lg p$ 曲线不同，土样受扰动程度越大，$e\text{-}\lg p$ 曲线越靠近左下方。但这些曲线都大致交于 $e=0.42e_0$ 这一点，由此推想，原始压缩曲线（扰动程度为零）也经过这一点。因此，室内压缩曲线 $e\text{-}\lg p$ 上的孔隙比等于 $0.42e_0$ 的点为原始压缩曲线上的 c 点。

6）连接 b、c 点的直线即现场原始压缩曲线，该直线的斜率即正常固结土的压缩指数 C_c。由原始压缩曲线可得到其考虑应力历史的地基最终沉降计算公式：

$$s = \sum_{i=1}^{n} \frac{\Delta e_i}{1+e_{0i}} h_i = \sum_{i=1}^{n} \frac{h_i}{1+e_{0i}} \left(C_{ci} \lg \frac{p_{1i}+\Delta p_i}{P_{1i}} \right) \tag{3-43}$$

（2）超固结土的现场原始压缩曲线。超固结土的现场原始压缩曲线与现场再压缩曲线，可由室内压缩曲线按下列步骤进行修正后求得（图3-34）：

1）～3）同正常固结土。

4）由土的天然孔隙比 e_0 作一条水平线，由试样的现场自重应力作一条铅直线，交点为 b_1（b_1 是现场原始再压缩曲线上的一个点）。

5）过 b_1 点作 $b_1b // fg$ 交 p_c 垂线于 b，b_1b 就近似看作现场原始再压缩曲线（通过大量试验发现，室内所做的多次回弹再压缩试验，其曲线的平均斜率基本相同，故推想现场回弹再压缩曲线的平均斜率也与此相同），其斜率为压缩指数 C_{c1}。

6）在室内压缩曲线上找到现场原始压缩曲线上的另一点 c（纵坐标为 $0.42e_0$ 的点）。

7）连接 b、c 点的直线即现场原始压缩曲线，其斜率为压缩指数 C_{c2}。由原始压缩曲线可得到其考虑应力历史的地基最终沉降计算公式，应分以下两种情形讨论：

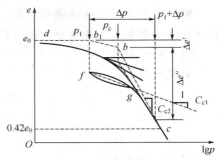

图 3-34　超固结土现场压缩曲线

① $p_{2i} = p_{1i} + \Delta p_i \leqslant p_c$（图 3-34）。处于再压缩段（相对于初次压缩土体在该压力范围内压缩性降低），采用回弹指数 C_{c1}：

$$s = \sum_{i=1}^{n} \frac{\Delta e_i}{1+e_{0i}} h_i = \sum_{i=1}^{n} \frac{h_i}{1+e_{0i}} \left(C_{c1i} \lg \frac{p_{1i}+\Delta p_i}{p_{1i}} \right) \tag{3-44}$$

② $p_{2i} = p_{1i} + \Delta p_i > p_c$。

包括再压缩段及初始压缩段，分别计算不同压力范围内的压缩量：

$$s = \sum_{i=1}^{n} \frac{h_i}{1+e_{0i}} \left(C_{c1i} \lg \frac{p_c}{p_{1i}} + C_{c2i} \lg \frac{p_{1i}+\Delta p_i}{p_c} \right) \tag{3-45}$$

（3）欠固结土的现场原始压缩曲线。对于欠固结土，如前所述，它实际上可以看成是正常固结土的一类，它的现场原始压缩曲线的推求与正常固结土是相同的，其孔隙比变化如图 3-35 所示。

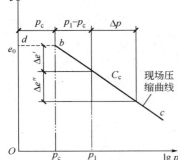

图 3-35　欠固结土孔隙比变化

由原始压缩曲线可得到其考虑应力历史的地基最终沉降计算公式：

$$s = \sum_{i=1}^{n} \frac{h_i}{1+e_{0i}} \left(C_{ci} \lg \frac{p_{1i}+\Delta p_i}{p_{ci}} \right) \tag{3-46}$$

式中　p_{1i}——土体当前竖向总压力（指有效应力，该应力作用下土体尚未完成固结）；

p_{ci}——土体当前固结压力（指土体已完成固结的那部分压力）。

为了清楚地说明问题，上面按土的不同固结情况分别阐述了现场原始压缩曲线的推求方法。实际过程中，一般事先无法判断土的固结情况，所以按室内压缩曲线推求现场原始压缩曲线的实用方法如下：

（1）通过高压固结仪（最大压力超过 1 600 kPa）在室内做压缩试验。在某一级压力下做回弹、再压缩试验；

（2）绘 $e\text{-}\lg p$ 曲线（包括回弹再压缩曲线）；

（3）按上述方法确定试样的先期固结压力 p_c；

（4）判断土的固结情况（$p_c = p_1$ 为正常固结土，$p_c > p_1$ 为超固结土，$p_c < p_1$ 为欠固结土）；

（5）按土的固结情况由上述方法推求现场原始压缩曲线，确定 C_c 或 C_{c1} 和 C_{c2}。

【工程应用例题 3-9】　某场地地表以下为 4 m 厚的均质黏性土，该土层下卧坚硬岩层。已知黏性土的重度 $\gamma = 18\ \text{kN/m}^3$，天然孔隙比 $e_0 = 0.85$，回弹再压缩指数 $C_e = 0.05$，压缩指数 $C_c = 0.3$，先期固结压力 p_c 比自重应力大 50 kPa。在该场地大面积均匀堆载，荷载 $p = 100$ kPa，求因堆载引起的地表最终沉降量。

解： 采用分层总和法进行计算，将土层分为 4 个分层进行计算，每层厚度 h_i=1 m，各分层的压缩变形量自上而下分别进行计算。

（1）第一分层。

自重应力：

$$p_{11} = \gamma z = 18 \times 0.5 = 9(\text{kPa})$$

附加应力：

$$\Delta p_1 = p = 100 \text{ kPa}$$

前期固结压力：

$$p_{c1} = p_{11} + 50 = 59 \text{ kPa}$$

压缩变形量：

$$
\begin{aligned}
s_1 &= \frac{h_1}{1+e_0}\left(C_e \lg \frac{p_{c1}}{p_{11}} + C_c \lg \frac{p_{11}+\Delta p_1}{p_{c1}}\right) \\
&= \frac{1}{1+0.85}\left(0.05 \times \lg \frac{59}{9} + 0.3 \times \lg \frac{9+100}{59}\right) \\
&= 64.3(\text{mm})
\end{aligned}
$$

（2）第二分层。

自重应力：

$$p_{12} = \gamma z = 18 \times 1.5 = 27(\text{kPa})$$

附加应力：

$$\Delta p_1 = p = 100 \text{ kPa}$$

前期固结压力：

$$p_{c1} = p_{12} + 50 = 77(\text{kPa})$$

压缩变形量：

$$
\begin{aligned}
s_2 &= \frac{h_2}{1+e_0}\left(C_e \lg \frac{p_{c2}}{p_{12}} + C_c \lg \frac{p_{12}+\Delta p_2}{p_{c2}}\right) \\
&= \frac{1}{1+0.85}\left(0.05 \times \lg \frac{77}{27} + 0.3 \times \lg \frac{27+100}{77}\right) \\
&= 47.4(\text{mm})
\end{aligned}
$$

（3）第三分层。

自重应力：

$$p_{13} = \gamma z = 18 \times 2.5 = 45(\text{kPa})$$

附加应力：

$$\Delta p_3 = p = 100 \text{ kPa}$$

前期固结压力：

$$p_{c3} = p_{13} + 50 = 95(\text{kPa})$$

压缩变形量：

$$s_3 = \frac{h_3}{1+e_0}\left(C_e \lg\frac{p_{c3}}{p_{13}} + C_c \lg\frac{p_{13}+\Delta p_3}{p_{c3}}\right)$$

$$= \frac{1}{1+0.85}\left(0.05\times\lg\frac{95}{45} + 0.3\times\lg\frac{45+100}{95}\right)$$

$$= 38.6(\text{mm})$$

（4）第四分层。

自重应力：

$$p_{14} = \gamma z = 18\times3.5 = 63(\text{kPa})$$

附加应力：

$$\Delta p_4 = p = 100\ \text{kPa}$$

前期固结压力：

$$p_{c4} = p_{14} + 50 = 113\ \text{kPa}$$

压缩变形量：

$$s_4 = \frac{h_4}{1+e_0}\left(C_e \lg\frac{p_{c4}}{p_{14}} + C_c \lg\frac{p_{14}+\Delta p_4}{p_{c4}}\right)$$

$$= \frac{1}{1+0.85}\left(0.05\times\lg\frac{113}{63} + 0.3\times\lg\frac{63+100}{113}\right)$$

$$= 3.27\ (\text{mm})$$

（5）最终沉降量：

$$s = s_1 + s_2 + s_3 + s_4 = 64.3 + 47.4 + 38.6 + 32.7 = 183(\text{mm})$$

能力训练

一、思考题

1. 什么是土的压缩系数？为什么可以说土的压缩变形实际上是土的孔隙体积的减小？

2. 何谓土的压缩模量和变形模量？它们的关系是什么？

3. 计算地基最终沉降量的分层总和法与规范法的主要区别有哪些？两者的实用性如何？

4. 压缩模量、变形模量和弹性模量有何区别？其大小关系如何？

5. 什么是固结系数？什么是固结度？它们的物理意义是什么？

二、习题

1. 某土样厚 3 cm，在 100～200 kPa 压力段内的压力系数 $\alpha_{1-2} = 2\times10^{-4}$，当压力为 100 kPa 时，$e = 0.7$。

（1）求土样的压缩模量。

（2）土样压力由 100 kPa 增加到 200 kPa 时，求样的压缩量 s。（答案：8.4 Pa ，0.034 m）

2. 某柱基础底面尺寸为 2.0 m×3.0 m，如图 3-36 所示，地基土为均质的粉质黏土，试用规范法计算地基的最终沉降量（提示 z_n 取 45 m）。（答案：44.5 mm）

3. 某场地地表以下为 4 m 厚的均质黏性土，该土层下卧坚硬岩层。已知黏性土的重度

$\gamma = 18$ kN/m³，天然孔隙比 $e_0 = 0.85$，回弹再压缩指数 $C_e = 0.05$，压缩指数 $C_c = 0.03$，先期固结压力 p_c 比自重应力大 40 kPa。在该场地大面积均匀堆载，荷载 $p = 100$ kPa，求因堆载引起地表的最终沉降量。（答案：184 mm）

4. 某饱和土层厚 3 m，上下两面透水，在其中部取一土样，于室内进行固结试验，试样厚 2 cm，在 20 min 后固结度达 40%，求该土层在满布压力作用下达到 90% 固结度所需的时间。（答案：3.70 y）

5. 设厚度为 10 m 的黏土层的边界条件如图 3-37 所示，上下层面处均为排水砂层，地面上作用有无限均布荷载 $p = 196.2$ kPa，已知黏土层的孔隙比 $e = 0.9$，渗透系数 $k = 2.0$ cm/y $= 6.3 \times 10^{-8}$ cm/s，压缩系数 $\alpha = 0.025 \times 10^{-2} /$kPa。试求：（1）荷载加上一年后，地基沉降量是多少？（2）加荷后历时多久，黏土层的固结度达到 90%？（答案：21.5 cm，1.4 y）

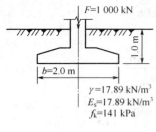

图 3-36　题 2 图

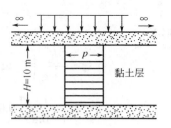

图 3-37　题 5 图

任务自测

任务能力评估表

知识学习	
能力提升	
不足之处	
解决方法	
综合自评	

任务 4　土的抗剪强度

任务目标

➢ 掌握土的抗剪强度基本理论和极限平衡条件

➢ 熟悉土的抗剪强度的各种测试方法

➢ 掌握土的抗剪强度指标及其影响因素

➢ 能够运用土的极限平衡条件判别地基的受力状态

4.1　概述

土的抗剪强度是指土体抵抗剪切破坏的极限能力。若土中某一点的剪应力达到抗剪强度，该点产生剪切破坏，地基土中产生剪切破坏的区域随着荷载的增加而扩展，最终形成连续的滑动面，则地基土因发生整体剪切破坏而丧失稳定性。

实际工程中，土的抗剪强度主要能够解决与其密切相关的三大类工程问题。第一类是土作为建筑物和构筑物地基的承载力问题，即基础下地基的土体产生整体滑动或因局部剪切破坏而导致过大的地基变形甚至倾覆，如图 4-1（a）所示；第二类是土坡的稳定性问题，如土坝、路堤等填方边坡及天然土坡等，在超载、渗流或暴雨作用下引起土体强度破坏后将产生整体失稳、边坡滑坡等事故，如图 4-1（b）所示；第三类是基坑和挡墙土压力问题，如挡土墙、基坑等工程中，墙后土体强度破坏将造成过大的侧向土压力，导致墙体滑动、倾覆或支挡结构破坏事故，如图 4-1（c）、（d）所示。

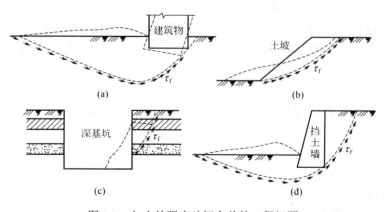

图 4-1　与土的强度破坏有关的工程问题

这些问题进行计算时必须选择合适的抗剪强度指标。土的抗剪强度指标不仅与土的种类有关，还与土样的天然结构是否被扰动，室内试验时的排水条件是否符合现场条件有关。因此，研究土的抗剪强度及其变化规律对于工程设计、施工、管理等都具有非常重要的意义。

4.2　土的抗剪强度的基本理论

4.2.1　摩尔-库仑破坏准则

土体发生剪切破坏时，沿土体内部某个弱面产生滑动，作用在该滑动面上的切应力就等于土的抗剪强度。1776 年，法国学者库仑（Coulomb）根据砂土剪切试验结果[图 4-2（a）]，提出砂土抗剪强度的表达式为

$$\tau_f = \sigma \tan \varphi \tag{4-1}$$

式中　τ_f——砂土的抗剪强度，kPa；

σ——剪切面上的法向应力，kPa；

φ——砂土的内摩擦角，（°）。

后来库仑又根据黏土的试验结果[图 4-2（b）]，提出更为普遍的土体抗剪强度表达形式：

$$\tau_f = \sigma \tan \varphi + c \tag{4-2}$$

式中　c——黏土的黏聚力，kPa；

其余符号含义同式（4-1）。

式（4-1）和式（4-2）统称为库仑公式或库仑定律。由库仑定律可知，土的抗剪强度除与土体本身强度参数有关外，还与破坏面上正压力有关。

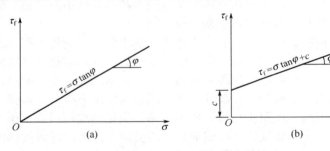

图 4-2　土的抗剪强度与外荷载关系
（a）砂土抗剪强度曲线；（b）黏土抗剪强度曲线

土的抗剪强度采用法向总应力 σ 表示，称为用总应力表示的抗剪强度表达式，相应的 c、φ 称为总应力强度指标。根据有效应力原理，土体总应力 σ 等于有效应力 σ' 和孔隙水压力 u 之和，即

$$\sigma = \sigma' + u \tag{4-3}$$

通过简单推导可以得到用有效应力表示土的抗剪强度的一般表达式：

$$\tau_f = c' + \sigma' \tan \varphi' \tag{4-4}$$

或

$$\tau_f = c' + (\sigma - u) \tan \sigma' \tag{4-5}$$

式中　φ'——有效内摩擦角，（°）；

c'——有效黏聚力，kPa；

u——孔隙水压力，kPa。

土的抗剪强度采用法向有效应力 σ' 表示，称为用有效应力表示的抗剪强度表达式，相应的 c'、φ' 称为有效应力强度指标。

从式（4-2）可见，土的强度由两部分组成：一部分是摩擦力；另一部分是土粒之间的黏聚力。前者为黏聚强度，后者为摩擦强度。这两部分强度大小就决定着土的抗剪强度，然而影响这两部分强度大小的因素很多，主要有土的颗粒级配、土的状态、土的结构、含水率等。土颗粒级配越好，土的内摩擦角 φ 越大，因而土的摩擦强度越大；而土颗粒级配不良，土的内摩擦角 φ 越小，土的摩擦强度越小。土的孔隙比或者相对密实度是影响土抗剪强度的重要因素。孔隙比小或者相对密实度大的土，抗剪强度较高。土的结构对土的抗剪强度存在很大的影响，尤其是对于黏性土，如特殊土，可以认为是控制性因素。一般来说，在相同孔隙比下，絮状结构的黏土抗剪强度较高。黏性土的结构受到扰动，土的黏聚力 c 降低。因此在开挖基础或者基槽时，应保持基层的原状土不受扰动。随着土的含水率增加，土的内摩擦角变小，土的抗剪强度降低。在工程实践中，经常发生暴雨导致山体和边坡的失稳，其原因之一就是土的抗剪强度降低。

值得注意的是，土的抗剪强度不仅与土的性质有关，还与试验时的排水条件、剪切速率、应力状态和应力历史等许多因素有关，其中最重要的是试验时的排水条件。同一种土在不同条件下，抗剪强度指标 c 和 φ 是不同的，并不是常数，它们均因试验方法和土样的试验条件等的不同而异，c'、φ' 才是真正的抗剪强度指标。然而，实际工程中，由于孔隙水压力很难准确计算和测量，绝大多数土工问题采用总应力的分析计算方法。

1910 年，摩尔在库仑早期理论研究的基础上提出了摩尔强度理论［式（4-6）］。摩尔强度包线是反映土的抗剪强度性质与土中极限应力状态的关系曲线，见图 4-3。

$$\tau_f = f(\sigma) \tag{4-6}$$

当土体中任一点受到应力的作用，逐渐达到极限平衡状态，并且其摩尔应力圆与摩尔强度包线相切时，土体就沿一定的剪切面发生剪切破坏，这一与摩尔强度包线相切的摩尔应力圆为土体剪切破坏时的应力极限平衡状态。反之，欲使土体某一点沿某一定的剪面产生剪切破坏，必须要求该点的应力达到极限平衡状态，且在剪切面上的应力点与摩尔强度包线相切，这一要求的应力条件为土体破坏的极限应力平衡条件。这就是判断土体是否出现剪切破坏的准则，称为摩尔破坏准则。

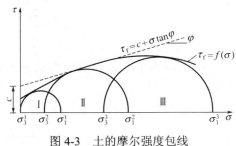

图 4-3　土的摩尔强度包线

试验证明，一般土在应力水平不很高的情况下，摩尔破坏包线近似于一条直线，可以用库仑抗剪强度公式来表示。这种以库仑公式作为抗剪强度公式，根据剪应力是否达到抗剪强度作为破坏标准的理论就称为摩尔-库仑（Mohr-Coulomb）破坏理论。

【能力训练例题 4-1】　某土体的抗剪强度指标：内摩擦角 $\varphi=15°$，黏聚力 $c=9.8\,\text{kPa}$。当该土某点的正应力 $\sigma=250\,\text{kPa}$，剪应力 $\tau=70\,\text{kPa}$，问该土体是否达到极限平衡状态？

解： 土的抗剪强度为

$$\tau_f = c + \sigma\tan\varphi = 9.8 + 250\tan15° = 76.8(\text{kPa})$$

因为 76.8 kPa>70 kPa，所以该点土体处于弹性平衡状态。

4.2.2 土的极限平衡条件

土的强度破坏通常是指剪切达到土体允许强度而发生破坏，当土体中剪应力等于土的抗剪强度时的临界状态称为极限平衡状态。土的极限平衡条件是指土体处于极限平衡状态时土中的应力状态和抗剪强度指标之间的关系式。

1. 土体中一点的应力状态

在土体中取一单元微体［图4-4（a）］，取微棱柱体 abc 为隔离体［图4-4（b）］，将各力分别在水平和垂直方向投影，根据静力平衡条件可得：

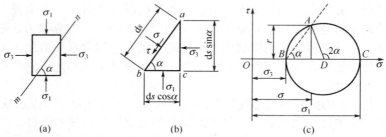

图 4-4　土体中任意点的应力
（a）微单元体上的应力；（b）隔离体上的应力；（c）摩尔应力圆

$$\sigma_3 ds \sin \alpha - \sigma ds \sin \alpha + \tau ds \cos \alpha = 0 \tag{4-7}$$

$$\sigma_1 ds \cos \alpha - \sigma ds \cos \alpha + \tau ds \sin \alpha = 0 \tag{4-8}$$

联立求解以上两个方程得到 $m-n$ 平面上的正应力 σ 和剪应力 τ 分别为

$$\begin{cases} \sigma = \dfrac{1}{2}(\sigma_1 + \sigma_3) + \dfrac{1}{2}(\sigma_1 - \sigma_3)\cos 2\alpha \\ \tau = \dfrac{1}{2}(\sigma_1 - \sigma_3)\sin 2\alpha \end{cases} \tag{4-9}$$

以上即为土中某一点应力状态的表达公式，它可以由已知的主应力求得任一平面上的应力。

由式（4-7）和式（4-8）的平方和，即可得如下关系式：

$$\left(\sigma - \frac{\sigma_1 + \sigma_3}{2}\right)^2 + \tau^2 = \left(\frac{\sigma_1 - \sigma_3}{2}\right)^2 \tag{4-10}$$

由材料力学可知，以上 σ、τ 与 σ_1、σ_3 之间的关系也可以用摩尔应力圆的图解法表示，如图4-4（c）所示，以 σ 为横坐标轴，τ 为纵坐标轴，圆心为 $(1/2(\sigma_1 + \sigma_3), 0)$，以 $1/2$（$\sigma_1 - \sigma_3$）为半径，绘制出一个应力圆；并从 OC 开始逆时针旋转 2α 角，在圆周上得到点 A；可以证明，A 点的横坐标即为斜面 $m-n$ 的正应力 σ，纵坐标即为剪应力 τ。这样，摩尔圆就可以表示土体中一点的应力状态，其摩尔圆圆周上各点的坐标就表示该点在相应平面上的正应力和剪应力，该面与大主应力作用面的夹角为 α。

【能力训练例题 4-2】 已知土体中某点所受的最大主应力 $\sigma_1 = 500 \text{ kN/m}^2$，最小主应力 $\sigma_3 = 200 \text{ kN/m}^2$。试分别用解析法计算与最大主应力 σ_1 作用平面成 30°的平面上的正应力 σ 和剪应力 τ。

解： 由式（4-9）计算得

$$\sigma = \frac{1}{2}(\sigma_1 + \sigma_3) + \frac{1}{2}(\sigma_1 - \sigma_3)\cos 2\alpha$$

$$= \frac{1}{2} \times (500 + 200) + \frac{1}{2} \times (500 - 200) \times \cos(2 \times 30°) = 425(\text{kN}/\text{m}^2)$$

$$\tau = \frac{1}{2}(\sigma_1 - \sigma_3)\sin 2\alpha = \frac{1}{2} \times (500 - 200) \times \sin(2 \times 30°) = 130(\text{kN}/\text{m}^2)$$

2. 土体极限平衡条件

为了建立实用的土体极限平衡条件，将代表土体某点应力状态的摩尔应力圆和土体的抗剪强度与法向应力关系曲线画在同一个直角坐标系中（图 4-5），这样，就可以判断土体在这一点上是否达到极限平衡状态。将两者进行比较，它们之间的关系有以下三种情况：

（1）应力圆与强度线相离（圆Ⅰ），整个摩尔圆位于抗剪强度包线的下方，即 $\tau < \tau_f$，说明该点在任何平面上的剪应力都小于土所能发挥的抗剪强度，因此不会发生剪切破坏，该点处于弹性平衡状态。

（2）应力圆与强度线相切（圆Ⅱ），切点所代表的平面上的剪应力正好等于土的抗剪强度，即 $\tau = \tau_f$，该点处于极限平衡状态。

（3）应力圆与强度线相割（圆Ⅲ），说明库仑线上方一段圆弧所代表的各截面的剪应力均大于抗剪强度，即 $\tau > \tau_f$，该点处于破坏状态。实际上，这种情况是不能存在的，因为该点任何方向上的剪应力都不能超过土的抗剪强度。

圆Ⅱ称为极限应力圆，根据极限应力圆与抗剪强度包线相切的几何关系，如图 4-6 所示，可建立以 σ_1、σ_3 表示的土中一点处于剪切破坏的条件，即极限平衡条件。

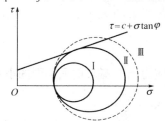
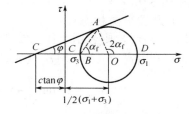

图 4-5　摩尔应力圆与抗剪强度之间的关系　　　图 4-6　土的极限平衡条件

对于黏性土，由图 4-6 中直角三角形 CAO 的几何关系可得：

$$\sin\varphi = \frac{\overline{AO}}{\overline{CO}} = \frac{\frac{1}{2}(\sigma_1 - \sigma_3)}{c\tan\varphi + \frac{1}{2}(\sigma_1 + \sigma_3)} \qquad (4\text{-}11)$$

对式（4-11）进行三角变换，可得到黏性土的极限平衡条件：

$$\sigma_1 = \sigma_3 \tan^2\left(45° + \frac{\varphi}{2}\right) + 2c\tan\left(45° + \frac{\varphi}{2}\right) \qquad (4\text{-}12)$$

$$\sigma_3 = \sigma_1 \tan^2\left(45° - \frac{\varphi}{2}\right) - 2c\tan\left(45° - \frac{\varphi}{2}\right) \qquad (4\text{-}13)$$

对无黏性土，由于 $c = 0$，可得

$$\sigma_1 = \sigma_3 \tan^2\left(45° + \frac{\varphi}{2}\right) \qquad (4\text{-}14)$$

$$\sigma_3 = \sigma_1 \tan^2\left(45° - \frac{\varphi}{2}\right) \tag{4-15}$$

土的极限平衡条件是反映土的强度的重要公式，具有十分重要的工程实践意义，如地基极限承载力和土坡稳定性等公式推导直接应用土的极限平衡条件。

4.2.3 土的抗剪强度理论的工程应用与发展

在图 4-6 的三角形 CAO 中，由外角与内角的几何关系可得：

$$2\alpha_f = 90° + \varphi \tag{4-16}$$

式中破裂角 $\alpha_f = 45° + \varphi/2$。此式说明，破坏面与最大主应力作用面夹角为 $45° + \varphi/2$。利用式（4-12）～式（4-15）所表示的土的极限平衡条件，可对处于某种应力状态的给定土是否破坏进行判断。其判断的基本原则是：

（1）若 σ_1 保持不变，则 σ_3 越大，摩尔圆越远离强度包线，土越稳定；

（2）若 σ_3 保持不变，则 σ_1 越大，摩尔圆越接近强度包线，土越接近破坏。

例如，已知强度指标为 c、φ 的土中某一点所受主应力为 σ_1、σ_3，则将该点主应力代入式（4-12）右端，求在应力 σ_3 下破坏时所需要的大主应力 σ_{1f}：

$$\sigma_{1f} = \sigma_3 \tan^2\left(45° + \frac{\varphi}{2}\right) + 2c \tan\left(45° + \frac{\varphi}{2}\right) \tag{4-17}$$

应力摩尔图如图 4-7 所示。

1）如果 $\sigma_1 = \sigma_{1f}$，则表示土单元刚好处于极限平衡状态；

2）如果 $\sigma_1 < \sigma_{1f}$，则表示土单元达到极限平衡状态要求的大主应力大于实际的大主应力，土体处于弹性平衡状态；

3）如果 $\sigma_1 > \sigma_{1f}$，则表示土体已发生破坏。

同理，也可利用式（4-13），将 σ_1 代入等式右端，求在应力 σ_1 下破坏时所需要的小主应力 σ_{3f}：

$$\sigma_{3f} = \sigma_1 \tan^2\left(45° - \frac{\varphi}{2}\right) - 2c \tan\left(45° - \frac{\varphi}{2}\right) \tag{4-18}$$

应力摩尔图如图 4-8 所示：

1）如果 $\sigma_3 = \sigma_{3f}$，则表示土单元刚好处于极限平衡状态；

2）如果 $\sigma_3 < \sigma_{3f}$，则表示土单元达到极限平衡状态要求的小主应力大于实际的小主应力，土体处于破坏状态；

3）如果 $\sigma_3 > \sigma_{3f}$，则表示土体处于弹性平衡状态。

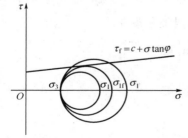

图 4-7 相同 σ_3 作用下的摩尔应力圆

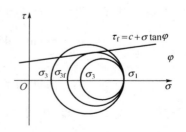

图 4-8 相同 σ_1 作用下的摩尔应力圆

【工程应用例题 4-3】 设砂土地基中一点的最大主应力 $\sigma_1 = 400 \, \text{kPa}$，最小主应力 $\sigma_3 = 200 \, \text{kPa}$，砂土的内摩擦角 $\varphi = 25°$，黏聚力 $c = 0$，试判断该点是否破坏。

解： 为加深理解，以下用多种方法解题。

方法一：按某一平面上的剪应力 τ 和抗剪强度 τ_f 的对比判断。

根据破坏时土单元中可能出现的破裂面与最大主应力 σ_1 作用面的夹角 $\alpha_\text{f} = 45° + \dfrac{\varphi}{2}$，作用在与 σ_1 作用面成 $45° + \dfrac{\varphi}{2}$ 平面上的法向应力 σ 和剪应力 τ，可按式（4-9）计算；抗剪强度 τ_f 可按式（4-2）计算：

$$\sigma = \frac{1}{2}(\sigma_1 + \sigma_3) + \frac{1}{2}(\sigma_1 - \sigma_3)\cos\left[2 \times \left(45° + \frac{\varphi}{2}\right)\right]$$

$$= \frac{1}{2} \times (400 + 200) + \frac{1}{2} \times (400 - 200) \times \cos\left[2 \times \left(45° + \frac{25°}{2}\right)\right] = 257.7 \, (\text{kPa})$$

$$\tau = \frac{1}{2}(\sigma_1 - \sigma_3)\sin\left[2 \times \left(45° + \frac{\varphi}{2}\right)\right]$$

$$= \frac{1}{2} \times (400 - 200) \times \sin\left[2 \times \left(45° + \frac{25°}{2}\right)\right] = 90.6 \, (\text{kPa})$$

$\tau_\text{f} = \sigma \tan \varphi = 257.7 \times \tan 25° = 120.2 \, (\text{kPa}) > \tau = 90.6 \, \text{kPa}$，故可判断该点未发生剪切破坏。

方法二：按式（4-17）判断。

$$\sigma_{1\text{f}} = \sigma_3 \tan^2\left(45° + \frac{\varphi}{2}\right) + 2c\tan\left(45° + \frac{\varphi}{2}\right) = 200\tan^2\left(45° + \frac{25°}{2}\right) = 492.8 \, (\text{kPa})$$

由于 $\sigma_{1\text{f}} = 492.8 \, \text{kPa} > \sigma_1 = 400 \, \text{kPa}$，故该点未发生剪切破坏。

方法三：按式（4-18）判断。

$$\sigma_{3\text{f}} = \sigma_1 \tan^2\left(45° - \frac{\varphi}{2}\right) - 2c\tan\left(45° - \frac{\varphi}{2}\right) = 400\tan^2\left(45° - \frac{25°}{2}\right) = 162.3 \, (\text{kPa})$$

由于 $\sigma_{3\text{f}} = 162.3 \, \text{kPa} < \sigma_3 = 200 \, \text{kPa}$，故该点未发生剪切破坏。

另外，还可以用图解法，比较摩尔应力圆与抗剪切强度包线的相对位置关系来判断，可以得出同样的结论。

【工程应用例题 4-4】 某土体在 $\sigma_3 = 100 \, \text{kN/m}^2$，$\sigma_1 = 250 \, \text{kN/m}^2$ 时破坏。

（1）若 $\varphi = 0°$，当 $\sigma_3 = 300 \, \text{kN/m}^2$ 时，求破坏时相应的 σ_1；

（2）若 $c = 0$，当 $\sigma_3 = 300 \, \text{kN/m}^2$ 时，求破坏时相应的 σ_1。

解： 由破坏时大小主应力之间的相互关系得

$$\sigma_1 = \sigma_3 \tan^2\left(45° + \frac{\varphi}{2}\right) + 2c\tan\left(45° + \frac{\varphi}{2}\right)$$

（1）将 $\varphi = 0°$ 代入式（1），可得

$$\sigma_1 = \sigma_3 + 2c$$

则可求出黏聚力：

$$c = \frac{1}{2}(\sigma_1 - \sigma_3) = \frac{1}{2} \times (250 - 100) = 75(\text{kN}/\text{m}^2)$$

那么，此时

$$\sigma_1 = 300 + 2 \times 75 = 450(\text{kN}/\text{m}^2)$$

（2）将 $c = 0$ 代入式（1），可得

$$\sigma_1 = \sigma_3 \tan^2\left(45° + \frac{\varphi}{2}\right)$$

将 $\sigma_1 = 250\,\text{kN}/\text{m}^2$，$\sigma_3 = 100\,\text{kN}/\text{m}^2$ 代入上式，求出内摩擦角

$$\tan^2\left(45° + \frac{\varphi}{2}\right) = \frac{\sigma_1}{\sigma_3} = \frac{250}{100} = 2.5$$

$$\varphi = 25.38°$$

那么，此时

$$\sigma_1 = 300 \times 2.5 = 750(\text{kN}/\text{m}^2)$$

【工程应用例题 4-5】 在图 4-9 所示的砂土地基中，地面下 6 m 深度的点 A 处，由于地表面荷载的作用增加的应力为 $\Delta\sigma_1 = 150\,\text{kN}/\text{m}^2$，$\Delta\sigma_3 = 70\,\text{kN}/\text{m}^2$。并且根据试验得该土的 $c' = 0$，$\varphi' = 30°$。如果静止土压力系数 $K_0 = 0.5$，那么在该荷载的作用下点 A 是否被破坏？

解： 加载前，可以求出有效的大小主应力如下：

$$\sigma_1' = 18 \times 3 + (20 - 9.8) \times 3 = 84.6(\text{kN}/\text{m}^2)$$

$$\sigma_3' = \sigma_1' K_0 = 84.6 \times 0.5 = 42.3(\text{kN}/\text{m}^2)$$

加载后可以求出有效的大小主应力如下：

$$\sigma_1' = 84.6 + 150 = 234.6(\text{kN}/\text{m}^2)$$

$$\sigma_3' = 42.3 + 70 = 112.3(\text{kN}/\text{m}^2)$$

如图 4-10 所示，摩尔应力圆仍然在破坏包线以下。

对应于 σ_3'，其破坏时的主应力为

$$\sigma_1' = \sigma_3' \tan^2\left(45° + \frac{\varphi'}{2}\right) = 112.3 \times \tan^2\left(45° + \frac{30°}{2}\right) = 336.9(\text{kN}/\text{m}^2) > 234.6\,\text{kN}/\text{m}^2$$

绘摩尔应力圆如图 4-10 所示。

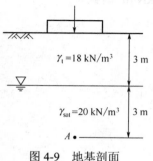

图 4-9 地基剖面

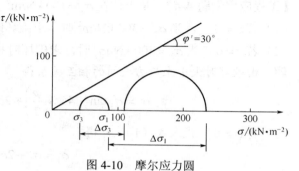

图 4-10 摩尔应力圆

土的抗剪强度理论在工程中应用时应注意以下几点：

（1）土的抗剪强度是土本身和应力状态共同影响的结果，前者体现在土的强度指标c、φ值的大小，后者则表现为某一面上抗剪强度与该面上正应力σ成正比。

（2）土的强度破坏是由土中某一面上剪应力达到其抗剪强度所致。

（3）破裂面不发生在最大剪应力作用面上，而是在摩尔应力圆与强度包线相切的点所代表的面上，即它与大主应力作用面成$45° + \varphi/2$夹角。

（4）如果同一种土的几个试样在不同大小主应力组合下发生剪切破坏，则它们破坏时的极限应力圆的公切线就是该土的抗剪强度包线，据此可求得土的强度指标（c、φ值）。

（5）土的抗剪强度不仅与法向应力、内摩擦角有关，还与应力历史、应力路径、各向异性等诸多因素有关，目前对土的抗剪强度研究多集中在饱和土，实际上大多数土都是非饱和土；如何考虑这些因素，以更准确地反映土的抗剪强度的真实情况，尤其是非饱和土的抗剪强度，是以后土的抗剪强度研究的重点。

4.3　土的抗剪强度指标

抗剪强度指标 c、φ 值，是土体的重要力学性质指标，在确定地基土的承载力、挡土墙的土压力以及验算土坡稳定性等工程问题中，都要用到土体的抗剪强度指标。因此，正确地测定和选择土的抗剪强度指标是土工计算中十分重要的问题。

土体的抗剪强度指标是通过土工试验确定的。室内试验常用方法有直剪试验和三轴剪切试验，现场原位测试的方法有十字板剪切试验。

4.3.1　土的抗剪强度指标的测定方法

4.3.1.1　直接剪切试验

直接剪切试验是室内测定土的抗剪强度指标最常用和简便的方法，所用的仪器是直剪仪。直剪仪分应变控制式直剪仪和应力控制式直剪仪两种。

图 4-11 为应变控制式直剪仪受力简图。垂直压力由杠杆系统通过加压活塞和透水石传给土样，水平剪应力则由轮轴推动活动的下盒施加给土样。土体的抗剪强度可由量力钢环测定，剪切变形由百分表测定。在施加每一级法向应力后，匀速增加剪切面上的剪应力，直至试件剪切破坏。在法向应力σ作用下，剪应力与剪切位移关系曲线如图 4-12（a）所示：

（1）τ-Δl 曲线有明显剪应力峰值的，则取该峰值作为抗剪强度τ_f；

（2）τ-Δl 曲线没有明显剪应力峰值的，一般可取相应于 4 mm 剪切位移量的剪应力作为抗剪强度τ_f。

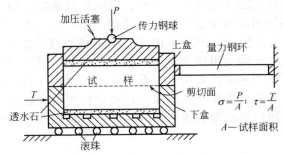

图 4-11　应变控制式直剪仪受力简图

对同一种土至少取四个平行试样，分别在不同垂直压力σ下发生剪切破坏，求得剪切应力为τ_f，绘制τ_f-σ曲线，如图4-12（b）所示。τ_f-σ曲线与横坐标的夹角为土的内摩擦角φ，在纵坐标上的截距为黏聚力c。曲线即为土的抗剪强度曲线，也就是摩尔-库仑破坏包线。

在直剪试验过程中，根据加荷速率的快慢可将试验划分为快剪（不固结不排水）、固结快剪（固结不排水）、慢剪（固结排水）三大类。

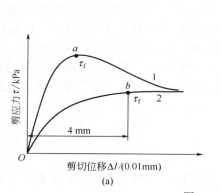 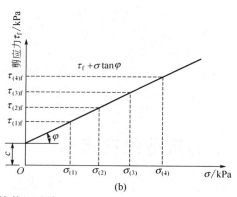

图4-12　直接剪切试验

（a）两种典型的τ-Δl曲线；（b）直剪试验结果

直接剪切试验具有设备简单，土样制备及试验操作方便等许多优点，因此仍为国内一般工程所广泛采用。但其也存在不少缺点，主要有：

（1）剪切面上剪应力分布不均匀，主应力的大小及方向是变化的；

（2）剪切面限制在上下盒之间的水平面上，而不是沿土样最薄弱的面发生剪切破坏；

（3）在剪切过程中，土样剪切面逐渐缩小，而在计算抗剪强度时仍按土样的原截面面积计算，使计算结果偏小；

（4）试验时不能严格控制排水条件，不能量测孔隙水压力。

4.3.1.2　土的三轴压缩试验

由于直接剪切试验存在诸多缺点，因此，对于一级建筑物、重大工程和科学研究必须采用三轴压缩试验方法确定土的抗剪强度指标。三轴压缩试验是目前测定土的抗剪强度指标较为可靠的试验方法，它能较为严格地控制试样的排水、测试剪切前后和剪切过程中土样中的孔隙水压力。

三轴压缩试验是一种较完善的测定土抗剪强度的试验方法，与直接剪切试验相比，三轴压缩试验试样中的应力比较明确和均匀。其使用的三轴压缩仪同样分应变控制式和应力控制式两种。应变控制式三轴压缩仪由压力室、轴向加载系统、围压加载系统、孔隙水压力加载系统、反压力系统和其他附属设备（包括切土器、切土盘、分样器、饱和器、击实器、承膜筒和对开圆模等）组成，如图4-13所示。其核心部分是压力室，它是由一个金属活塞、底座和透明有机玻璃圆筒组成的封闭容器，轴向加压系统用以对试样施加轴向附加压力，并可控制轴向应变的速率；周围压力系统则通过液体（通常是水）对试样施加周围压力；试样为圆柱形，并用橡皮膜包裹起来，以使试样中的孔隙水与膜外液体（水）完全隔开。试样中的孔隙水通过其底部的透水面与孔隙水压力量测系统连通，并由孔隙水压力阀门控制。

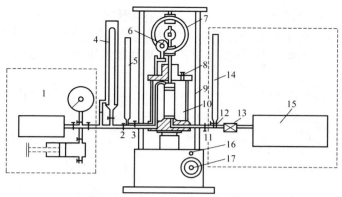

图 4-13　应变控制式三轴压缩仪

1—围压系统；2—围压阀；3—排水阀；4—体变管；5—排水管；6—轴向位移计；7—测力计；8—排气孔；9—轴向加压设备；
10—压力室；11—孔压阀；12—量管阀；13—孔压传感器；14—量管；15—孔压量测系统；16—离合器；17—手轮

试验时，先打开周围压力系统阀门，使试样在各向受到的周围压力达 σ_3 时即维持不变，如图 4-14（a）所示，然后由轴压系统通过活塞对试样施加轴向附加压力 $\Delta\sigma$（$\Delta\sigma = \sigma_1 - \sigma_3$，称为偏应力）。试验过程中，$\Delta\sigma$ 不断增大而 σ_3 却维持不变，试样的轴向应力（大主应力）σ_1（$\sigma_1 = \sigma_3 + \Delta\sigma$）也不断增大，其摩尔应力圆也逐渐扩大至极限应力圆，试样最终被剪破，如图 4-14（b）所示。极限应力圆可由试样剪破时的 σ_{1f} 和 σ_3 做出，如图 4-14（c）中实线圆。

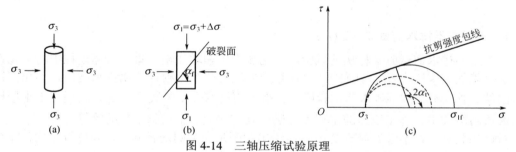

图 4-14　三轴压缩试验原理

（a）试样受周围压力；（b）破坏时试样上的主应力；（c）试样破坏时的摩尔圆

破坏点的确定方法为：量测相应的轴向应变 ε_1，点绘 $\Delta\sigma$-ε_1 关系曲线，以偏应力 $\sigma_1 - \sigma_3$ 的峰值为破坏点，如图 4-15 所示；无峰值时，取某一轴向应变（如 $\varepsilon = 15\%$）对应的偏应力值作为破坏点。

在给定的周围压力 σ_3 的作用下，一个试样的试验只能得到一个极限应力圆。同种土样至少需要三个以上试样在不同的 σ_3 作用下进行试验，方能得到一组极限应力圆，由于这些试样均被剪破，绘极限应力圆的公切线，即为该土样的抗剪强度包线。它通常呈直线状，其与横坐标的夹角即为土的内摩擦角 φ，与纵坐标的截距即为土的黏聚力 c，如图 4-16 所示。

三轴压缩试验可根据工程目的的不同，采用不同的排水条件进行。在试验中，既能令试样沿轴向压缩，也能令其沿轴向伸长；通过试验，还可测定试样的应力、应变、体积应变、孔隙水压力变化和静止侧压力系数等。如试样的轴向应变可根据其顶部刚性试样帽的轴向位移量和起始高度算得；试样的侧向应变可根据其体积变化量和轴向应变间接算得；对饱和试样而言，试样在试验过程中的排水量即为其体积变化量。排水量可通过打开量管阀门，让试样中的水排入量水管，并由量水管中水位的变化算出。在不排水条件下，如要测定试样中的孔隙水压力，可关闭排水阀，打开孔隙水压力阀门，对试样施加轴向压力后，由于试样中孔隙水压力增加而迫使零位指示器中汞面下降，此时可用调压筒施加反向压力，调整零位指示器的水银面始终保持原来的位置，从孔隙水压力表中即可读出孔隙水压力值。

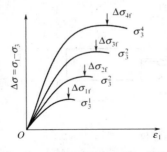

图 4-15　三轴试验的 $\Delta\sigma$-ε_1 曲线

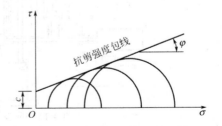

图 4-16　三轴试验的强度破坏包线

三轴压缩试验具有能控制排水条件，量测孔隙水压力；试样的应力分布比较均匀，剪切破坏面为最薄弱面等优点。但三轴压缩试验也存在试验仪器复杂，操作技术要求高，试样制备较复杂；试验在 $\sigma_2 = \sigma_3$ 的轴对称条件下进行，与土体实际受力情况可能不符等缺点。

三轴压缩试验按剪切前的固结程度和剪切时的排水条件，可以分为不固结不排水剪试验（UU 试验）、固结不排水剪试验（CU 试验）和固结排水剪试验（CD 试验）三种试验方法。

1. 不固结不排水剪试验（UU 试验）

不固结不排水剪试验又称快剪试验。在施加围压和增加轴压直至破坏过程中均不允许试样排水。施加周围压力 σ_3、轴向压力 $\Delta\sigma$ 直至剪破的整个过程都关闭排水阀门，不允许试样排水固结。通过不固结不排水剪试验可以获得总的抗剪强度参数 c_u、φ_u。它适用于土层厚度大、渗透系数较小、施工快速的工程以及快速破坏的天然土坡稳定性的验算。

对饱和软黏土，不管如何改变 σ_3，所绘出的摩尔应力圆均相同，仅是位置不同，库仑直线是一条水平线，如图 4-17 所示。

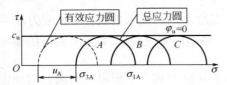

图 4-17　饱和黏性土不固结不排水剪试验结果

试验结果表明，饱和黏性土在三组 σ_3 下的不固结不排水剪试验，得到 A、B、C 三个不同 σ_3 作用下破坏时的总应力圆，但只能得到一个有效应力圆。虽然三个试样的周围压力 σ_3 不同，但破坏时的主应力差相等，三个极限应力圆的直径相等，因而强度包线是一条水平线。这是因为在不排水条件下，试样在试验过程中的含水量和体积均保持不变，改变 σ_3 数值只能引起孔隙水压力同等数值变化，试样受剪前的有效固结应力却不发生改变，因而抗剪强度也就始终不变。

2. 固结不排水剪试验（CU 试验）

固结不排水剪试验又称固结快剪试验。先在施加围压下排水固结，然后在保持不排水的条件下增加轴压直至试样破坏。施加周围压力 σ_3 时打开排水阀门，试样完全排水固结，孔隙水压力完全消散。然后关闭排水阀门，再施加轴向压力增量 $\Delta\sigma$，使试样在不排水条件下剪切破坏。通过该试验方法可以测定总的抗剪强度参数 c_{cu}、φ_{cu} 和有效抗剪强度参数 c'、φ'。固结不排水剪试验可以模拟地基在自重或正常荷载下已达到充分固结，而后遇有施加突然荷载的情况。

对饱和黏性土，其固结不排水剪试验结果如图 4-18 所示。在三组 σ_3 下进行固结不排水剪试验，得到 A、B、C 三个不同 σ_3 作用下破坏时的总应力圆，由总应力圆强度包线确定固结不排水剪总应力强度指标 c_{cu}、φ_{cu}。将总应力圆在水平轴上左移 u_f 得到相应的有效应力圆，按有效应力圆强度包线可确定 c'、φ'。

3．固结排水剪试验（CD 试验）

固结排水剪试验又称慢剪试验。先在施加围压下排水固结，然后在允许试样充分排水的情况下增加轴压直至试样破坏。试样在围压 σ_3 作用下排水固结，再缓慢施加轴向压力增量 $\Delta\sigma$，直至剪破，整个试验过程中打开排水阀门，始终保持试样的孔隙水压力为零。通过该试验方法可以测定有效抗剪强度参数 c_d、φ_d。其强度指标适用于土层厚度小，渗透系数大及施工速度慢的工程。

固结排水剪试验结果如图 4-19 所示。在整个排水剪试验过程中，$u_f = 0$，总应力全部转化为有效应力，所以总应力圆即是有效应力圆，总应力强度线即是有效应力强度线，强度指标为 c_d、φ_d。

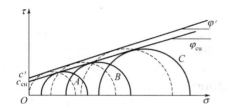

图 4-18　饱和黏性土的固结不排水剪试验结果

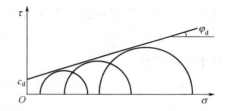

图 4-19　固结排水剪试验结果

饱和黏性土 UU、CU、 CD 三种试验方法结果如图 4-20 所示。结果表明：对于同一种土，在不同的排水条件下进行试验，总应力强度指标完全不同；不论采用哪种试验方法，都可得到近乎同一种有效应力包线，可见抗剪强度与有效应力有唯一对应的关系；有效应力强度指标不随试验方法的改变而不同，抗剪强度与有效应力有唯一的对应关系。

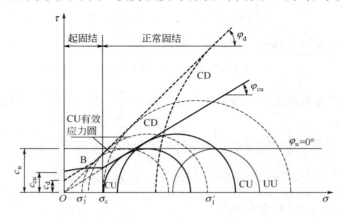

图 4-20　饱和黏性土的三种试验方法结果

【能力训练例题4-6】用某饱和黏土做固结不排水三轴试验，两个试件破坏时的应力状态见表4-1，试求：（1）此时的 c_{cu}、φ_{cu}、c'、φ'；（2）试件 1 破坏面上的 σ' 和 τ。

表 4-1　两个试件破坏时的应力状态

试样	σ_3 /(kN·m^{-2})	σ_1 /(kN·m^{-2})	u /(kN·m^{-2})
1	100	300	35
2	200	520	70

解：（1）根据破坏时的摩尔应力圆可得出下式：

$$\sigma_1 = \sigma_3 \tan^2\left(45° + \frac{\varphi}{2}\right) + 2c\tan\left(45° + \frac{\varphi}{2}\right)$$

令 $K = \tan\left(45° + \dfrac{\varphi}{2}\right)$，代入上式，得

$$\sigma_1 = \sigma_3 K^2 + 2cK$$

将试验结果代入，有

$$\begin{cases} 300 = 100K^2 + 2c_{cu}K\cdots\cdots(1) \\ 520 = 200K^2 + 2c_{cu}K\cdots\cdots(2) \end{cases}$$

（2）－（1），得 $K^2 = 2.2$，则 $K=1.48$。因此

$$\varphi_{cu} = 22° , \quad c_{cu} = 27 \text{ kN/m}^2$$

对于有效应力

$$\sigma'_{31} = 100 - 35 = 65(\text{kN/m}^2)$$

$$\sigma'_{11} = 300 - 35 = 265(\text{kN/m}^2)$$

$$\sigma'_{32} = 200 - 70 = 130(\text{kN/m}^2)$$

$$\sigma'_{12} = 520 - 70 = 450(\text{kN/m}^2)$$

同理可得

$$\begin{cases} 265 = 65K^2 + 2c'K\cdots\cdots(3) \\ 450 = 130K^2 + 2c'K\cdots\cdots(4) \end{cases}$$

（4）－（1），得 $K^2 = 2.846$，$K=1.687$。因此

$$\varphi = 28.7° , \quad c' = 24 \text{ kN/m}^2$$

（2）试件 1 破坏面与大主应力面的夹角 $\alpha = 45° + \dfrac{\varphi'}{2} = 45° + \dfrac{28.7°}{2} = 59.35°$，则

$$\begin{aligned} \sigma' &= \frac{1}{2}(\sigma'_1 + \sigma'_3) + \frac{1}{2}(\sigma'_1 - \sigma'_3)\cos 2\alpha \\ &= \frac{1}{2} \times (265 + 65) + \frac{1}{2} \times (265 - 65) \times \cos(2 \times 59.35°) \\ &= 117(\text{kN/m}^2) \end{aligned}$$

$$\tau = \frac{1}{2}(\sigma'_1 - \sigma'_3)\sin 2\alpha = \frac{1}{2} \times (265 - 65) \times \sin(2 \times 59.35°) = 87.71(\text{kN/m}^2)$$

摩尔应力圆如图 4-21 所示。

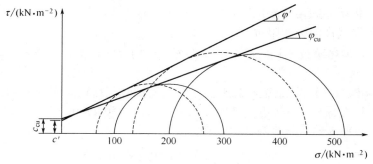

图 4-21　摩尔应力圆

4.3.1.3　无侧限抗压强度试验

无侧限抗压强度试验如同三轴压缩试验中 $\sigma_3 = 0$ 时的特殊情况。试验时，将圆柱形试样置于图 4-22 所示的无侧限压缩仪中，对试样不加周围压力，仅对它施加垂直轴向压力，剪切破坏时试样所承受的轴向压力称为无侧限抗压强度 q_u。由于试样在试验过程中在侧向不受任何限制，故称无侧限抗压强度试验。无黏性土在无侧限条件下试样难以成型，故该试验主要用于黏性土，尤其适用于饱和软黏土。

无侧限抗压强度试验由于周围压力不能变化，因而根据试验结果，只能做一个极限应力圆。因此，对一般黏性土难以做出破坏包线。但对饱和软黏土，在不固结不排水条件下进行剪切试验，可以认为 $\varphi_u = 0°$，如图 4-23 所示。无侧限抗压强度试验如同三轴压缩试验中 $\sigma_3 = 0$ 时的特殊情况，饱和黏性土的三轴不固结不排水试验结果表明，其破坏线为一水平线，即 $\varphi_u = 0°$。因而，由无侧限强度试验所得的极限应力圆的水平切线，即为饱和软黏土的不排水抗剪强度包线，即有

$$\tau_f = c_u = \frac{q_u}{2} \tag{4-19}$$

式中　τ_f——土的不排水剪强度，kPa；

　　　c_u——土的不排水黏聚力，kPa；

　　　q_u——无侧限抗压强度，kPa。

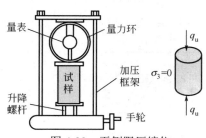

图 4-22　无侧限压缩仪

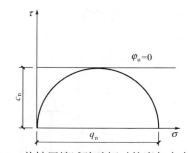

图 4-23　单轴压缩试验破坏时的摩尔应力圆

无侧限抗压强度试验还可用来测定黏性土的灵敏度 S_t。其方法是将已做完无侧限抗压强度试验的原状土样，彻底破坏其结构，并迅速塑成与原状试样同体积的重塑试样，以保持重塑试样的含水量与原状试样相同，并避免因触变性导致土的强度部分恢复。对重塑试样进行无侧限抗压强度试验，测得其无侧阻抗压强度 q_u'，则该土的灵敏度为

$$S_t = \frac{q_u}{q_u'} \tag{4-20}$$

式中　q_u——原状试样的无侧限抗压强度，kPa；

　　　q_u'——重塑试样的无侧限抗压强度，kPa。

无侧限抗压强度试验仪器构造简单，操作方便，用来测定饱和黏土不固结不排水强度与灵敏度非常方便。

【能力训练例题 4-7】 用某饱和黏土做单轴压缩试验，在轴向应力 $\sigma_1=120\ \text{kN/m}^2$ 时试件破坏。如果用该土做不固结不排水三轴压缩试验，当 $\sigma_3=150\ \text{kN/m}^2$ 时，破坏时的 σ_1 是多少？

解： 对于饱和黏土做单轴压缩试验，得

$$c_u = \frac{q_u}{2} = \frac{1}{2} \times 120 = 60 (\text{kN/m}^2)$$

用该土做不固结不排水三轴压缩试验，破坏时 $\sigma_3 = 150\ \text{kN/m}^2$，则对应的大主应力为

$$\sigma_1 = \sigma_3 + 2c_u = 150 + 2 \times 60 = 270 (\text{kN/m}^2)$$

摩尔应力圆如图 4-24 所示。

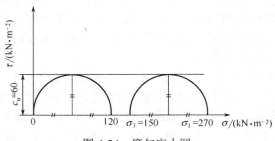

图 4-24　摩尔应力圆

4.3.1.4　十字板剪切试验

十字板剪切试验是一种原位测试土抗剪强度的方法。室内抗剪强度测试一般要求取得原状土样，但由于试样在采取、运送、保存和制备等过程中不可避免地受到扰动，含水率也很难保持不变，特别是对于高灵敏度的软黏土，室内测试获得抗剪强度指标的精度就受到影响。十字板剪切试验不需取原状土样，试验时的排水条件、受力状态与土所处的天然状态比较接近，因此试验结果比较可靠。十字板剪切仪的构造如图 4-25 所示。

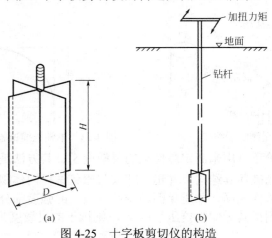

图 4-25　十字板剪切仪的构造

（a）剪切板示意图；（b）十字板剪切仪示意图

十字板剪切试验测试抗剪强度原理是：试验时先将套管打到预定的深度，并将套管内的土清除。将十字板装在钻杆的下端，通过套管压入土中（压入深度约为750 mm）。然后由地面上的扭力设备对钻杆施加扭矩，埋在土中的十字板扭转，直至土剪切破坏。破坏面为十字板旋转所形成的圆柱面。

计算土中抗剪强度与外荷载的关系，实际作用在圆柱面上的扭矩由上下面抗剪强度所产生的抵抗力矩和圆柱侧面抗剪强度所产生的抵抗力矩两部分组成。

$$M = M_1 + M_2 \tag{4-21}$$

式中　　M_1——上下面抗剪强度所产生的抵抗力矩；

　　　　M_2——圆柱侧面抗剪强度所产生的抵抗力矩。

$$M_1 = 2 \times \frac{\pi D^2}{4} \, l \times \tau_f = 2 \times \frac{\pi D^2}{4} - \frac{D}{3} \times \tau_f = \frac{1}{6} \pi D^3 \tau_f \tag{4-22}$$

$$M_2 = \pi D H \times \frac{D}{2} \times \tau_v = \frac{1}{2} \pi D^2 H \tau_v$$

式中　　l——上下面剪应力对圆心的平均力臂，取 $l = \dfrac{D}{3}$；　　　　　（4-23）

　　τ_f、τ_v——剪切破坏时圆柱体上下面和侧面土的抗剪强度，kPa；

　　　　H——十字板的高度，m；

　　　　D——十字板的直径，m。

天然状态的土体是各向异性的，但实用上为了简化计算，假定土体为各向同性体，即 $\tau_f = \tau_v$，并记作 τ_f，则式（4-21）可写成：

$$\tau_f = \frac{M}{\dfrac{\pi D^2}{2}\left(\dfrac{D}{3} + H\right)} \tag{4-24}$$

式中　　τ_f——十字板测定的土的抗剪强度，kPa。

十字板剪切试验的优点是不需钻取原状土样，对土的结构扰动较小。它适用于软塑状态的黏性土。

4.3.2　土的抗剪强度指标的选择

总应力强度指标的三种试验结果各不相同，一般来讲，$\varphi_u < \varphi_{cu} < \varphi_d$，所得的 c 值也不相同。表 4-2 列出了三种剪切方法的大致适用范围，可供参考。但应指出，总应力强度指标仅能考虑三种特定的固结情况，由于地基土的性质和实际加载情况十分复杂，地基在建筑物施工阶段和使用期间却经历了不同的固结状态，要准确估计地基土的固结度相当困难；此外，即使是在同一时间，地基中不同部位土体的固结程度也不尽相同，但总应力法对整个土层均采用第一特定固结度的强度指标，这与实际情况相去甚远。因此，在确定总应力强度指标时还应结合工程经验。在工程设计的计算分析中，应尽可能采用有效应力强度指标的分析方法。

表 4-2　各种试验方法的适用范围

试验方法	适　用　范　围
UU	适用于透水性差的饱和黏土地基，且排水条件差、施工速度快，常用于施工期的稳定性验算强度
CU	竣工后较长时间，突然荷载增加，如房屋加层、天然土坡上堆载等情况
CD	透水性较好的地基（如砂土地基）、排水条件较好（如黏性土层中夹有砂层），而建筑物施工速度慢的工程

土的抗剪强度性质极其复杂，其抗剪强度指标也千变万化。只有当室内试验的应力状态、应力水平和应力路径与实际工程的应力条件完全相同时，试验所得的强度指标才能符合实际，而这只能是近似做到。因此，在选择某种土的抗剪强度指标 c 和 φ 时，必须同时指出土样的原始固结状态和所用的试验方法，才能正确判断这种指标的意义以及如何用于计算分析。与此同时，应对所选的抗剪强度指标的性质和变化规律有一个清楚的认识，并对各种指标数值的范围有一个大致的了解，只有这样才能对实际问题做出正确的判断和选择。选用抗剪强度指标时，应根据工程问题的性质确定分析方法，进而决定采用总应力强度指标或有效应力强度指标，然后选择测试方法。由三轴固结不排水试验确定的有效应力强度指标 c' 和 φ' 宜用于分析地基的长期稳定性，如土坡的长期稳定性分析、估计挡土结构物的长期土压力、位于软土地基上结构物地基长期稳定分析等。对于饱和软黏土的短期稳定性问题，则宜采用不排水剪强度指标 c_u 和 φ_u。在实际工程中，若能够测出天然土体中的孔隙水压力，就可求出土中的有效应力，则可根据有效应力和有效应力强度指标 c' 和 φ' 来分析土体的稳定性，这是一种比较合理的方法。但在实际工程中，往往天然土体中的孔隙水压力难以测算，限制了有效应力法的使用。所以，实际工程中，常用总应力法和总应力强度指标 c 和 φ 来分析土体的稳定性。总应力法选用强度指标时，应主要考虑试验与工程实际相适应的排水条件。若建筑物施工速度较快，而地基土的透水性和排水条件不良时，可采用不排水剪和快剪强度指标；如果地基加荷速率较慢，地基土的透水性好（如低塑性的黏性土）以及排水条件又较佳时（如黏性土层中夹砂层），则采用排水剪或慢剪强度指标；如果介于以上两种情况之间，或建筑物竣工以后较久荷载又突然增加，则采用固结不排水剪或固结快剪强度指标。

 # 实训项目　土的直接剪切试验

一、试验目的

剪切试验的目的是测定土的抗剪强度指标。通常采用四个试样为一组，分别在不同的垂直压力 σ 作用下，施加水平剪应力进行剪切，求得破坏时的剪应力 τ，然后根据库仑定律确定土的抗剪强度参数：内摩擦角 φ 和黏聚力 c 值。

二、试验方法及适用范围

由于土体在固结过程中孔隙水压力发生消散，荷载在土中产生的附加应力最后全部转化为有效应力，其实质是土体强度不断增长的过程。为了模拟现场土体的剪切条件，根据土的固结程度、剪切时的排水条件以及加荷速率，把剪切试验分为以下三种：

（1）快剪（不排水剪）试验。土样施加法向应力后，立即施加水平剪切力，在 3～5 分钟内将试样剪切破坏。在整个试验过程中，孔隙水压力保持不变。这种方法只适用于模拟现场土体较厚、透水性较差、施工速度较快，土体基本上来不及固结就被剪切破坏的情况。

（2）固结快剪（固结不排水剪）试验。先将土样在法向应力作用下达到完全固结，然后施加水平剪切力，直至使土样剪切破坏。此方法适用于模拟现场土体在自重或正常荷载条件下已达到完全固结状态，随后又遇到突然增加荷载或土层较薄、透水性较差、施工速度快的情况。

（3）慢剪（固结排水剪）试验。先将土样在法向应力作用下，达到完全固结。随后施加慢速剪切（剪切速度应小于 0.02 mm/min），剪切过程中使土中水能充分排出，使孔隙水压力消散，直至土样剪切破坏。

三、仪器设备

应变控制式直接剪切仪、百分表、切土刀、环刀、秒表、蜡纸、钢丝锯等。

四、操作步骤

（1）切取土样。用标准环刀，切取原状土或制备的扰动试样，方法同密度试验，每组试验不少于四个试样，并分别测定其密度及含水量。密度差值不得超过 0.03 g/cm³。

（2）仪器检查。

1）将调整平衡的手轮逆时针旋转，使中心轴上升至顶端，以便加荷过程中调整杠杆水平；

2）调整平衡锤使水平杠杆水平；

3）检查仪器各部分接触是否紧密、转动是否灵敏；

4）安装百分表于量力环中，并检查百分表是否接触良好。

（3）安装试样。对准上、下剪切盒并插入固定销钉。在下盒内放入透水石一块，其上放不透水蜡纸一张。将切取土样的环刀刀口向上对准上剪切盒口，在土样上面放上蜡纸一张，用推土器堆入剪切盒中，移去环刀，并在蜡纸上放一块透水石，然后依次加上传压盖板、钢珠及加压框架，并调整加压框架，使钢珠与框架之间的缝隙为 1～3 mm。

（4）垂直加荷。每组试验需要剪切不少于四个试样，分别在不同的垂直压力下剪切，垂直压力由现场情况估计出的最大压力决定，对一般的黏性土、砂土，宜采用 50 kPa、100 kPa、200 kPa、300 kPa 或 100 kPa、200 kPa、300 kPa、400 kPa 的垂直应力。对高含水量、低密度的土样可选用 20 kPa、50 kPa、100 kPa、200 kPa 的应力。

（5）水平剪切。

1）先转动手轮，使上盒前端钢铰与量力环接触，调整百分表计数为零；

2）拔出固定销钉、开动秒表，以 1 转/10 s 的速度旋转手轮，使试样在 3～5 分钟内剪切破坏；

3）剪切过程中，手轮应匀速不间断地旋转，并保持杠杆水平；

4）剪切过程中，百分表指针不再上升，或有明显后退时，表示试样已剪切破坏。若变形继续增加，上下盖错开达到 4 mm 时，也认为试样已剪切破坏；

5）记录手轮转数 n 以及量力环中百分表的读数 R。

（6）拆除容器。剪切结束，依次卸除百分表、垂直荷载和上盒等。重新装上另一试样进行下一级剪切试验，直至所有试样剪切试验结束。

五、计算及绘图

（1）根据百分表读数，计算土样的剪切位移和剪应力。

1）剪切位移：

$$\Delta L = 20n - R$$

2）剪切应力：

$$\tau = \zeta R$$

式中　ΔL —— 剪切位移，0.01 mm；

　　　n —— 手轮转数；

　　　R —— 量力环百分表读数，0.01 mm；

　　　τ —— 剪应力，kPa；

　　　ζ —— 量力环系数，kPa/（0.01 mm）。

（2）以剪应力 τ 为纵坐标，剪切位移 ΔL 为横坐标绘制剪应力和剪切位移关系曲线，如图 4-26 所示。取 τ-ΔL 曲线的峰值为该垂直压力作用下土的抗剪强度 τ_f，无峰值时，取剪切位移 4 mm 所对应的剪应力为土的抗剪强度 τ_f。

（3）以抗剪强度 τ_f 为纵坐标，垂直压力 σ 为横坐标绘制曲线，如图 4-27 所示。将图上各点连成直线，并延长与纵轴相交，则直线的倾角为土的内摩擦角，直线在纵坐标上的截距为土的黏聚力 c（$x=c$）。

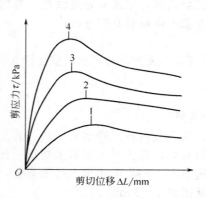

图 4-26 剪应力和剪切位移关系曲线

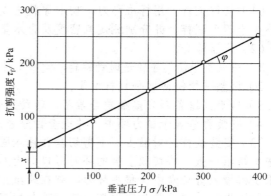

图 4-27 抗剪强度与垂直压力关系曲线

六、试验记录

试验记录见表 4-3。

表 4-3 试验记录

试样编号：		固结时间：		小时
仪器编号：		压缩量：		mm
手轮转速： 转/分		剪切历时：		分钟
垂直压力： kPa		量力环系数：		kPa/（0.01 mm）
抗剪强度： kPa				

手轮转数 n	量力环百分表读数 R/（0.01 mm）	剪切位移 $\Delta L=20n-R$ /（0.01 mm）	剪应力 $\tau=\zeta R$ /kPa	手轮转数 n	量力环百分表读数 R/（0.01 mm）	剪切位移 $\Delta L=20n-R$ /（0.01 mm）	剪应力 $\tau=\zeta R$ /kPa

七、注意事项

（1）对于一般黏性土采用应力-应变曲线峰值应变作为破坏应变。但对高含水量、低密度的软黏土，峰值应变不明显，应采用剪切位移为 4 mm 对应的应变。

（2）同组试样应在同台仪器上试验，以消除仪器误差。

（3）施加水平剪切力时，手轮务必均匀连续转动，不得停顿，以免引起受力不均匀。

（4）量力环应定期校正。

八、思考题

（1）抗剪强度如何测定？直接剪切试验按排水条件如何分类？

（2）终止试验的标准是什么？

（3）砂类土和黏性土的剪切过程有什么不同？c、φ 值有何差异？

知识扩展

非饱和土强度公式

岩土工程中经常遇到的非饱和土，主要为自然干燥土和击（压）实土。有关的工程有土坝、挡土墙填土、跑道、铁路和公路的路堤填土，以及自然干燥土基上的建筑物等。这些工程的稳定性取决于非饱和土的强度特性，因此研究非饱和土的强度理论非常重要。对非饱和土的研究目前还处于起步阶段，其主要原因有：①缺乏适当的理论基础和连贯性，对应力状态及力学性质的一些机理尚未充分认识；②缺乏适当的技术去解决工程实际问题，实际工程中的研究费用比工程面临的危险要大。

非饱和土的强度公式有两类：一是 Bishop 公式，其实质是饱和土的 Mohr-Coulomb 强度公式，即用非饱和土的有效应力代替饱和土的有效应力而得到的；二是 Fredlund 公式，这个公式是用非饱和土独特的应力状态变量来描述非饱和土的强度。这两类强度公式的本质是一致的，即都是以 Mohr-Coulomb 破坏准则为基础的。目前，非饱和土的强度理论还不很成熟。

1. Bishop 公式

$$\tau_f = c' + [(\sigma - u_a) + \chi(u_a - u_w)]\tan\varphi' \qquad (4\text{-}25)$$

式中　τ_f——非饱和土抗剪强度；

　　　c'——饱和土的有效黏聚力；

　　　σ——总正应力；

　　　u_a——非饱和土孔隙气压；

$u_a - u_w$——基质吸力；

　　　φ'——饱和土的有效内摩擦角；

　　　χ——非饱和土的有效应力参数。

式（4-25）即为非饱和土强度的 Bishop 公式。Bishop（1962）根据相同含水量的土样在不同应力条件下的三轴试验结果给出确定有效应力参数 χ 的方法，其结果如图 4-28 所示。

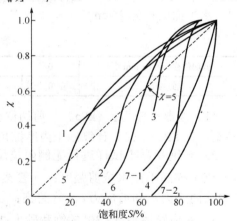

图 4-28　有效应力参数 χ 与饱和度 S 的关系

2. Fredlund 公式

如果说非饱和土的 Bishop 强度公式还是脱胎于饱和土的强度公式的话，那么 Fredlund 提出的非饱和土的双变量强度公式则是从非饱和土本身的力学特性出发，通过试验方法测得的强度公式。Fredlund 强度公式的理论基础仍然是 Mohr-Coulomb 破坏理论，公式中考虑了非饱和土固有的力学参量，即基质吸力对强度的贡献。但目前基质吸力作为非饱和土强度问题的独立应力状态变量尚存在争论。

$$\tau_f = c' + (\sigma - u_a)\tan\varphi' + (u_a - u_w)\tan\varphi^b \qquad (4\text{-}26)$$

式中　τ_f——非饱和土抗剪强度；

c'——有效黏聚力；

$\sigma - u_a$——净正应力；

u_a——孔隙气压；

φ'——有效内摩擦角；

$u_a - u_w$——基质吸力；

φ^b——强度随基质吸力变化的摩擦角。

能力训练

一、思考题

1. 何谓土的抗剪强度？黏性土和砂土的抗剪强度各有什么特点？

2. 土体中首先发生剪切破坏的平面是否就是剪应力最大的平面？为什么？在何种情况下，剪切破坏面与最大剪应力面是一致的？通常情况下，破裂面与大主应力作用面成多大角度？

3. 直接剪切试验与三轴剪切试验各有什么优缺点？

4. 根据不同的固结排水条件，剪切试验分成哪几种类型？对同一饱和土样，采用不同的试验方法时，其强度指标 c、φ 相同吗？为什么？

5. 何谓土的极限平衡状态和极限平衡条件？试用摩尔-库仑强度理论推求土体极限平衡条件的表达式。

二、习题

1. 在某地基中取砂土试样进行直剪试验，试样在竖向荷载 $p=375\,N$ 下的试验结果见表 4-4（水平面面积为 $25\,cm^2$）。

表 4-4　试验结果

剪切位移/（0.01 mm）	0	40	100	140	180	240	320
剪力/N	0	6.1	56.0	110.3	169.5	233.0	125.0

（1）绘制剪应力 τ（kPa）与剪切位移 ε（mm）关系曲线，并确定砂土的抗剪强度 τ_f；（答案：93 kPa）（2）计算砂土内摩擦角 φ。（答案：31°48′）

2. 对饱和黏土试样进行无侧限抗压试验，得到其无侧限抗压强度 $q_u = 120\,kPa$。求：（1）该土样的不排水抗剪强度；（答案：$c_u = 60\,kPa$）（2）与圆柱形试样轴成 60° 交角面上的法向应力 σ 和剪应力 τ。（答案：$\sigma = 90\,kPa$，$\tau = 52\,kPa$）

3. 对内摩擦角 $\varphi = 30°$ 的饱和砂土试样进行三轴压缩试验。首先施加 $\sigma_3 = 200\,kPa$ 围压，然后使最大主应力 σ_1 与最小主应力 σ_3 同时增加，且使 σ_1 的增量 $\Delta\sigma_1$ 始终为 σ_3 的增量 $\Delta\sigma_3$ 的 4 倍，试验在排水条件下进行。试求该土样破坏时的 σ_1 值。（答案：$\sigma_1 = 1\,800\,kPa$）

4. 已知地基中某点处两个相互垂直平面上的正应力分别为 800 kPa 和 300 kPa，剪应力均为 200 kPa。试求：（1）地基中的最大主应力 σ_1 和最小主应力 σ_3；（答案：870 kPa，230 kPa）（2）若地基土的黏聚力 $c=55.0\,kPa$，内摩擦角 $\varphi=30°$，判断该点的平衡状态。（答案：弹性平衡）

5. 某地基干砂试样进行直接剪切试验，当法向压力 $\sigma = 300\,kPa$ 时，测得砂样破坏的抗

剪强度 $\tau_f = 200\,\text{kPa}$。试求：（1）此砂土的内摩擦角 φ；（答案：33°42′）（2）破坏时的最大主应力 σ_1 与最小主应力 σ_3；（答案：673 kPa，193 kPa）（3）最大主应力与剪切面所成的角度。（答案：28°9′）

6. 某条形基础下地基土体中一点的应力为 $\sigma_z = 250\,\text{kPa}$，$\sigma_x = 100\,\text{kPa}$，$\tau = 40\,\text{kPa}$。已知地基为砂土，土的内摩擦角 $\varphi = 30°$。问：（1）该点是否发生剪切破坏？（答案：未破坏）（2）若 σ_z 和 σ_x 不变，τ 值增大为 $60\,\text{kPa}$，该点是否安全？（答案：剪切破坏）

任务自测

任务能力评估表

知识学习	
能力提升	
不足之处	
解决方法	
综合自评	

任务 5　土压力、地基承载力和土坡稳定分析

任务目标

➢ 掌握静止土压力、主动土压力、被动土压力的基本概念
➢ 掌握朗肯、库仑土压力理论及土压力计算
➢ 熟悉重力式挡土墙计算的基本内容
➢ 熟悉地基承载力、地基破坏模式的概念
➢ 掌握临塑荷载、临界荷载和极限荷载的主要计算方法
➢ 了解无黏性土土坡和黏性土土坡稳定性分析计算方法

5.1　概述

挡土墙是防止土体坍塌的构筑物，包括在各类土建工程中广泛使用的地下室外墙、桥台、船闸或水闸闸墙、一般填土挡土墙和重力式码头等，如图 5-1 所示。挡土墙的结构形式有重力式、悬臂式和扶壁式等，通常用块石、砖、素混凝土及钢筋混凝土等材料建成。挡土墙的土压力是指挡土墙后填土因自重或外荷载作用对墙背产生的侧向压力。其计算十分复杂，与填料的性质、挡土墙的形状和位移方向以及地基土质等因素有关，目前大多采用古典的朗肯（Rankine，1857）和库仑（Coulomb，1773）土压力理论。尽管这些理论都基于各种不同的假定和简化，但计算简便，且国内外大量挡土墙模型试验、原位观测及理论研究结果均表明，其计算方法实用可靠。随着现代计算技术的提高，楔体试算法、"广义库仑理论"以及应用塑性理论的土压力解答等均得到了迅速发展，加筋土挡土墙设计理论也日臻完善。

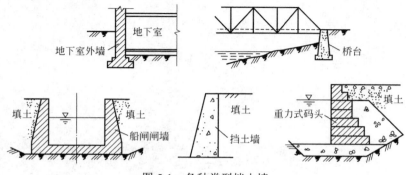

图 5-1　各种类型挡土墙

地基承载力是单位面积上所能承受荷载的能力。为了保证地基在荷载作用下，不至于出现整体剪切破坏而丧失其稳定性，在地基计算中必须验算地基的承载力。

土坡可分为由于地质作用而形成的天然土坡和因人为平整场地、开挖基坑等而形成的人工土坡。由于某些外界不利因素，土坡可能出现局部土体滑动而丧失其稳定性。土坡的坍塌常造成严重的工程事故，并危及人身安全。因此应验算土坡的稳定性及采取适当的工程措施。

5.2 作用在挡土墙上的土压力

5.2.1 土压力的类型

土压力的计算是个比较复杂的问题，根据墙体位移的方向和位移量大小分为以下三种类型：

（1）静止土压力。如图 5-2（a）所示，当挡土墙静止不动，墙后土体处于弹性平衡状态时，作用在墙背上的土压力称为静止土压力，用 E_0 表示。例如，地下室外墙在楼面和内隔墙的支撑作用下几乎无位移发生，作用在外墙面上的土压力即为静止土压力。

（2）主动土压力。如图 5-2（b）所示，当挡土墙向离开土体方向偏移至墙后土体达到极限平衡状态时，作用在墙背上的土压力称为主动土压力，一般用 E_a 表示。

（3）被动土压力。如图 5-2（c）所示，当挡土墙在外力作用下，向土体方向偏移至墙后土体达到极限平衡状态时，作用在墙背上的土压力称为被动土压力，一般用 E_p 表示。如拱桥桥台在桥上荷载作用下挤压土体并产生一定量的位移，则作用在台背的侧压力属于被动土压力。

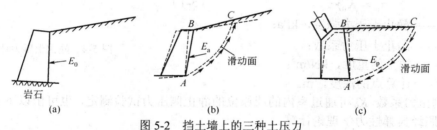

图 5-2　挡土墙上的三种土压力
（a）静止土压力；（b）主动土压力；（c）被动土压力

在试验室内通过挡土墙模型试验可以测出这三种土压力与挡土墙移动方向的关系。如图 5-3 所示，在一个长方形的模型槽中部插上一块刚性挡板，在板的一侧安装压力盒，板的另一侧临空。试验结果表明，在相同条件下，主动土压力小于静止土压力，而静止土压力又小于被动土压力，即 $E_a < E_0 < E_p$。试验结果同时表明，当墙体向前位移时，对于墙后填土为密砂时，位移值 $\Delta a = 0.5\% H$；对于墙后填土为密实黏性土时，位移值 $\Delta a = （1\% \sim 2\%）H$，即可产生主动土压力。而当墙体在外力作用下向后位移时，对于墙后填土为密砂时，位移值

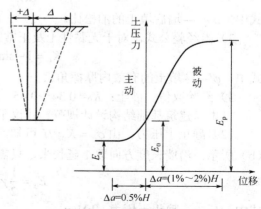

图 5-3　土压力与墙身位移关系

$\Delta a \approx 5\%H$；对于墙后填土为密实黏性土时，位移值$\Delta a \approx 10\%H$，才会产生被动土压力。而被动土压力充分发挥所需要的如此大位移在实际工程中往往是工程结构所不容许的，因此一般情况下，只能利用被动土压力的一部分。

5.2.2 静止土压力计算

1. 产生条件

静止土压力产生的条件是挡土墙静止不动，位移为零，转角为零。

在岩石地基上的重力式挡土墙，由于墙的自重大，地基坚硬，墙体不会产生位移和转动；地下室外墙在楼面和内隔墙的支撑作用下也几乎无位移和转动发生。此时，挡土墙或地下室外墙后的土体处于静止的弹性平衡状态，作用在挡土墙或地下室外墙面上的土压力即为静止土压力。

此外，拱座不允许产生位移，故按静止土压力计算；水闸、船闸边墙因为与闸底板连成整体，边墙位移可以忽略不计，也可按静止土压力计算。

2. 静止土压力计算公式

假定挡土墙后填土水平，重度为γ。挡土墙静止不动，墙后填土处于弹性平衡状态。在填土表面以下深度 z 处取一微小单元体，如图 5-4（a）所示。作用在此微元体上的竖向力为土的自重应力γz，该处的水平向作用力即为静止土压力。

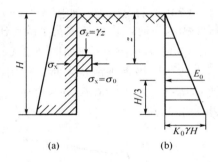

图 5-4 静止土压力计算

（1）静止土压力强度计算公式。

$$\sigma_0 = K_0 \gamma z \qquad (5-1)$$

式中　σ_0——静止土压力强度，kPa；

K_0——静止土压力系数；

γ——填土的重度，kN/m³；

z——计算点的深度，m。

静止侧压力系数 K_0 可通过室内的或原位的静止侧压力试验测定，也可由以下方法确定：

1）按照经典弹性力学理论计算。

$$K_0 = \frac{\Delta \sigma_3}{\Delta \sigma_1} = \frac{\mu}{1-\mu} \qquad (5-2)$$

式中　μ——墙后填土的泊松比。

2）半经验公式。对于无黏性土及正常固结黏土，可近似按下式计算：

$$K_0 = 1 - \sin\varphi' \qquad (5-3)$$

式中　φ'——填土的有效内摩擦角。

3）经验取值。砂土：$K_0 = 0.34 \sim 0.45$；黏性土：$K_0 = 0.5 \sim 0.7$。

日本《建筑基础结构设计规范》建议不分土的种类，均取 $K_0 = 0.5$。

（2）静止土压力。由$\sigma_0 = K_0 \gamma H$可知，静止土压力强度沿墙高呈三角形分布，如图 5-4（b）所示。沿墙长度方向取 1 延长米，只需计算土压力分布图的三角形面积，即

$$E_0 = \frac{1}{2} \gamma H^2 K_0 \qquad (5-4)$$

式中　E_0——静止土压力，kN/m；

H——挡土墙的高度，m。

静止土压力的作用点位于静止土压力强度三角形分布图形的重心，即墙底面以上 $H/3$ 处。

【能力训练例题 5-1】 已知某建于基岩上的挡土墙，墙高 $H=5.0$ m，墙后填土为中砂，重度 $\gamma=18.3$ kN/m³，内摩擦角 $\varphi'=30°$。计算作用在此挡土墙上的静止土压力，并画出静止土压力沿墙背的分布及其合力的作用点位置。

解： 因挡土墙建于基岩上，故按静止土压力公式计算。

（1）静止土压力系数：

$$K_0 = 1 - \sin\varphi' = 1 - \sin 30° = 1 - 0.5 = 0.5$$

（2）墙底静止土压力强度：

$$\sigma_0 = K_0 \gamma z = 0.5 \times 18.3 \times 5.0 = 45.75 \text{（kPa）}$$

（3）静止土压力。

$$E_0 = \frac{1}{2}\gamma H^2 K_0 = 0.5 \times 18.3 \times 5.0^2 \times 0.5 = 114.38 \text{（kN/m）}$$

（4）静止土压力作用点高度：

$$h = H/3 = 5.0/3 = 1.67 \text{（m）}$$

计算图如图 5-5 所示。

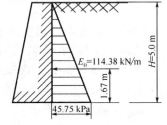

图 5-5 能力训练例题 5-1 图

5.3 朗肯土压力理论

朗肯土压力理论是通过研究弹性半空间体内的应力状态，根据土的极限平衡条件而得出的土压力计算方法。在其理论推导中，首先做出以下基本假定：

（1）挡土墙墙背是竖直、光滑的，不考虑墙背与填土之间的摩擦力；

（2）挡土墙后的填土表面水平。

根据这些假定，由于墙背是光滑的，墙背与填土之间可以看作没有摩擦力存在，因此在墙背无剪应力存在，即墙背为主应力面，故竖直方向的应力为主应力，如图 5-6（a）所示。而竖直方向的应力为土体的竖向自重应力。如果挡土墙无位移，墙后处于弹性状态，则作用在墙背上的应力状态与弹性半空间土体应力状态相同，假设距离填土表面深度为 z 处，则有 $\sigma_z = \sigma_1 = \gamma z$，$\sigma_x = \sigma_3 = K_0 \gamma z$。此时用 σ_1 和 σ_3 做成的摩尔应力圆与土的抗剪强度线相离，如图 5-6（d）中圆 I 所示。

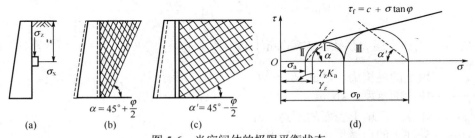

图 5-6 半空间体的极限平衡状态

（a）墙背单元微体；（b）主动朗肯状态；（c）被动朗肯状态；（d）摩尔应力圆表示的朗肯状态

当挡土墙离开土体向左移动时，如图 5-6（b）所示，墙后土体有向前移动和转动的趋势。此时土体中的竖向应力 σ_z 不变，而水平向的应力 σ_x 逐渐减小。随着挡土墙的位移逐渐增大，σ_x 逐步减小到使墙后土体达到主动极限平衡状态，σ_x 仍然为最小主应力 σ_3，此时用 σ_1 和 σ_3 做成的摩尔应力圆与抗剪强度线相切，如图 5-6（d）中圆 II 所示。此时作用在墙背上的法向应力 σ_x 为

最小主应力 σ_a，即朗肯主动土压力。滑裂面与大主应力作用面（即水平面）的夹角为 $45°+\varphi/2$。若挡土墙在外力作用下向填土方向挤压土体，如图 5-6（c）所示，并产生位移和变形。此时 σ_z 仍然保持不变，而 σ_x 随着挡土墙的位移增加而逐步增大，当 σ_x 超过 σ_z 时，此时 σ_x 变成了大主应力 σ_1，而 σ_z 则成为小主应力 σ_3，当墙后的土体达到极限平衡状态时，摩尔应力圆与抗剪强度线处于相切状态，如图 5-6（d）中圆Ⅲ所示，此时作用在墙背上的法向应力 σ_x 为最大主应力 σ_p，即朗肯被动土压力。滑裂面与小主应力作用面（即水平面）的夹角为 $45°-\varphi/2$。

5.3.1 朗肯主动土压力计算

墙背竖直光滑，填土面水平，如图 5-7（a）所示，当挡土墙偏离土体，挡土墙墙后填土达到主动极限平衡状态时，作用于地表以下 z 深度处的自重应力 $\sigma_z = \gamma z$ 为最大主应力 σ_1，作用于墙背上的主动土压力强度 σ_a 是最小主应力 σ_{3f}，如图 5-8 所示。

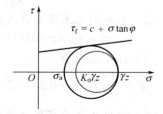

图 5-8　主动朗肯状态时的莫尔圆

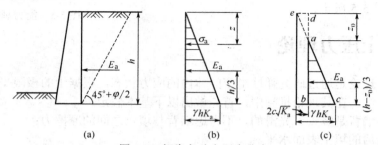

图 5-7　朗肯主动土压力分布
（a）主动土压力图示；（b）无黏性土；（c）黏性土

黏性土：

$$\sigma_a = \sigma_{3f} = \sigma_1 \tan^2\left(45° - \frac{\varphi}{2}\right) - 2c\tan\left(45° - \frac{\varphi}{2}\right) = \gamma z K_a - 2c\sqrt{K_a} \tag{5-5}$$

无黏性土：

$$\sigma_a = \sigma_{3f} = \sigma_1 \tan^2\left(45° - \frac{\varphi}{2}\right) = \gamma z K_a \tag{5-6}$$

式中　K_a——主动土压力系数，$K_a = \tan^2\left(45° - \dfrac{\varphi}{2}\right)$；

　　　　c——填土的黏聚力，kPa；

　　　　γ——填土的重度，kN/m^3；

　　　　z——计算点至填土表面的距离，m；

　　　　φ——黏性土的内摩擦角，（°）。

由式（5-6）可知，无黏性土的主动土压力强度与 z 成正比，沿墙高的压力呈三角形分布，如图 5-7（b）所示，取单位墙长计算，则主动土压力为

$$E_a = \frac{1}{2}\gamma h^2 K_a \tag{5-7}$$

且 E_a 通过三角形的形心，即作用在距墙底 $h'/3$ 处。

黏性土的主动土压力强度由土自重引起的土压力 $\gamma z K_a$ 和由黏聚力 c 引起的负侧压力 $2c\sqrt{K_a}$ 两部分组成，其土压力叠加的结果如 5-7（c）所示，图中 ade 部分为负值，对墙背是拉力，但实际上墙与土在很小的拉力作用下就会分离，因此在计算土压力时，该部分应略去不计，黏性土的土压力分布实际上仅是 abc 部分。

a 点距填土面的深度 z_0 称为临界深度，当填土面无荷载时，可令式（5-5）为零求得，即

$$\sigma_a = \gamma z K_a - 2c\sqrt{K_a} = 0 \tag{5-8}$$

故临界深度为

$$z_0 = \frac{2c}{\gamma\sqrt{K_a}} \tag{5-9}$$

若取单位墙长计算，则主动土压力为

$$E_a = \frac{1}{2}(h - z_0)(\gamma h K_a - 2c\sqrt{K_a}) = \frac{1}{2}\gamma h^2 K_a - 2ch\sqrt{K_a} + \frac{2c^2}{\gamma} \tag{5-10}$$

主动土压力 E_a 通过三角形压力分布图 abc 的形心，即作用在距墙底 $(h - z_0)/3$ 处。

5.3.2 朗肯被动土压力计算

墙背竖直光滑，填土面水平，如图 5-9（a）所示，当挡土墙偏离土体，挡土墙墙后填土达到被动极限平衡状态时，作用于地表以下 z 深度处的自重应力 $\sigma_z = \gamma z$ 为最小主应力 σ_1，作用于墙背上的主动土压力强度 σ_p 是最大主应力 σ_{1f}，如图 5-10 所示。

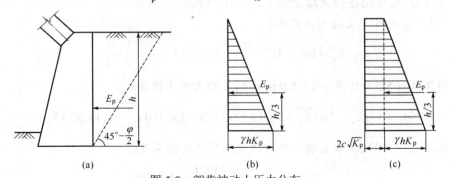

图 5-9 朗肯被动土压力分布
（a）被动土压力图示；（b）无黏性土；（c）黏性土

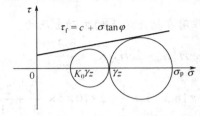

图 5-10 被动朗肯状态时的摩尔圆

黏性土：

$$\sigma_p = \sigma_{1f} = \sigma_3 \tan^2\left(45° + \frac{\varphi}{2}\right) + 2c\tan\left(45° + \frac{\varphi}{2}\right) = \gamma z K_p + 2c\sqrt{K_p} \tag{5-11}$$

无黏性土:

$$\sigma_p = \sigma_{1f} = \sigma_3 \tan^2\left(45° + \frac{\varphi}{2}\right) = \gamma z K_p \qquad (5\text{-}12)$$

式中 K_p——被动土压力系数，$K_p = \tan^2\left(45° + \frac{\varphi}{2}\right)$;

       c——填土的黏聚力，kPa。

       γ——填土的重度，kN/m³;

       z——计算点至填土表面的距离，m;

       φ——黏性土的内摩擦角，（°）。

被动土压力分布如图 5-9（b）和（c）所示，若取单位墙长计算，则总被动土压力为

黏性土:

$$E_p = \frac{1}{2}\gamma h^2 K_p + 2ch\sqrt{K_p} \qquad (5\text{-}13)$$

无黏性土:

$$E_p = \frac{1}{2}\gamma h^2 K_a \qquad (5\text{-}14)$$

被动土压力 E_p 通过三角形或梯形压力分布图的形心，可通过一次求矩得到。

【能力训练例题 5-2】 已知挡土墙墙高 $H = 5.0$ m，墙后填土为黏性土，填土表面水平，重度 $\gamma = 18.3$ kN/m³，内摩擦角 $\varphi = 30°$，黏聚力 $c = 10.0$ kPa。试计算作用在此挡土墙上的主动土压力强度 σ_a 和作用在挡土墙上的主动土压力 E_a。

解:（1）首先计算主动土压力系数。

$$K_a = \tan^2\left(45° - \frac{\varphi}{2}\right) = \tan^2\left(45° - \frac{30°}{2}\right) = \frac{1}{3}$$

（2）根据式（5-5）计算 $z = H = 5.0$ m 时的主动土压力强度。

$$\sigma_a = \gamma H K_a - 2c\sqrt{K_a} = 18.3 \times 5.0 \times 1/3 - 2 \times 10.0 \times \frac{\sqrt{3}}{3} = 18.95(\text{kPa})$$

（3）根据式（5-9）计算主动土压力强度为零点处的深度。

$$z_0 = \frac{2c}{\gamma\sqrt{K_a}} = \frac{2 \times 10.0}{18.3 \times \dfrac{\sqrt{3}}{3}} = 1.89(\text{m})$$

（4）根据式（5-10）计算作用在挡土墙上的主动土压力。

$$E_a = \frac{1}{2}\gamma H^2 K_a - 2cH\sqrt{K_a} + \frac{2c^2}{\gamma}$$

$$= \frac{1}{2} \times 18.3 \times 5^2 \times \frac{1}{3} - 2 \times 10 \times 5 \times \frac{\sqrt{3}}{3} + \frac{2 \times 10^2}{18.3}$$

$$= 29.45(\text{kN/m})$$

（5）计算主动土压力的作用点距离墙底的高度。

$$\frac{H - z_0}{3} = \frac{5 - 1.89}{3} = 1.04(\text{m})$$

计算图如图 5-11 所示。

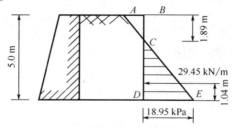

图 5-11　能力训练例题 5-2 图

【能力训练例题 5-3】　已知挡土墙墙高 $H=5.0$ m，墙后填土为无黏性土，填土表面水平，重度 $\gamma=18.3$ kN/m³，内摩擦角 $\varphi=30°$。试计算作用在此挡土墙上的主动土压力强度 σ_a 和作用在挡土墙上的主动土压力 E_a。

解：（1）首先计算主动土压力系数。

$$K_a=\tan^2\left(45°-\frac{\varphi}{2}\right)=\tan^2\left(45°-\frac{30°}{2}\right)=\frac{1}{3}$$

（2）根据式（5-6）计算 $z=H=5.0$ m 时的主动土压力强度。

$$\sigma_a=\gamma H K_a=18.3\times5.0\times\frac{1}{3}=30.5(\text{kPa})$$

（3）根据式（5-7）计算作用在挡土墙上的主动土压力。

$$E_a=\frac{1}{2}\gamma H^2 K_a=\frac{1}{2}\times18.3\times5^2\times\frac{1}{3}=76.25(\text{kN/m})$$

（4）计算主动土压力的作用点距离墙底的高度。

$$\frac{H}{3}=\frac{5}{3}=1.67(\text{m})$$

计算图如图 5-12 所示。

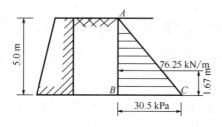

图 5-12　能力训练例题 5-3 图

【能力训练例题 5-4】　已知挡土墙墙高 $H=5.0$ m，挡土墙墙背光滑、竖直，墙后填土为无黏性土，填土表面水平，重度 $\gamma=18.3$ kN/m³，内摩擦角 $\varphi=30°$。试计算作用在此挡土墙上的被动土压力强度 σ_p 和作用在挡土墙上的被动土压力 E_p。

解：（1）首先计算被动土压力系数。

$$K_p=\tan^2\left(45°+\frac{\varphi}{2}\right)=\tan^2\left(45°+\frac{30°}{2}\right)=3$$

（2）根据式（5-12）计算 $z=H=5.0$ m 时的被动土压力强度。

$$\sigma_p=\gamma H K_p=18.3\times5.0\times3=274.5(\text{kPa})$$

（3）根据式（5-14）计算作用在挡土墙上的被动土压力。

$$E_p = \frac{1}{2}\gamma H^2 K_p = \frac{1}{2}\times 18.3\times 5^2\times 3 = 686.25(\text{kN/m})$$

（4）计算被动土压力的作用点距离墙底的高度。

$$\frac{H}{3} = \frac{5}{3} = 1.67(\text{m})$$

计算图如图 5-13 所示。

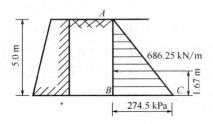

图 5-13　能力训练例题 5-4 图

讨论：由例题 5-1、例题 5-3、例题 5-4 的计算结果可以看出，在挡土墙的结构形式、尺寸和填土性质完全相同的情况下，$E_0 = 114.38$ kN/m，$E_a = 76.25$ kN/m，$E_p = 686.25$ kN/m，$E_p = 9\,E_a$。因此，在挡土墙设计时，尽可能使填土产生主动土压力，以节省挡土墙的尺寸、材料、工程量与投资。

【能力训练例题 5-5】 有一挡土墙高 6 m，墙背竖直、光滑，墙后填土表面水平，填土的重度 $\gamma = 18.5$ kN/m³，内摩擦角 $\varphi = 20°$，黏聚力 $c = 19$ kPa。求被动土压力并绘出被动土压力分布图。

解： （1）计算被动土压力系数。

$$K_p = \tan^2\left(45° + \frac{20°}{2}\right) = 2.04$$

$$\sqrt{K_p} = 1.43$$

（2）计算被动土压力强度。

$$z = 0，\quad \sigma_p = \gamma z K_p + 2c\sqrt{K_p} = 18.5\times 0\times 2.04 + 2\times 19\times 1.43 = 54.34(\text{kPa})$$

$$z = 6\,\text{m}，\quad \sigma_p = \gamma z K_p + 2c\sqrt{K_p} = 18.5\times 6\times 2.04 + 2\times 19\times 1.43 = 280.78(\text{kPa})$$

（3）计算总被动土压力。

$$E_p = \frac{1}{2}\gamma H^2 K_p + 2cH\sqrt{K_p} = \frac{1}{2}\times(54.34 + 280.78)\times 6 = 1\,005.36(\text{kN/m})$$

E_p 的作用方向水平，作用点距墙基为 z，则

$$z_p = \frac{1}{1\,005.36}\times\left[\frac{6}{2}\times 54.34\times 6 + \frac{6}{3}\times\frac{1}{2}\times(280.78 - 54.34)\times 6\right] = 2.32(\text{m})$$

（4）被动土压力分布如图 5-14 所示。

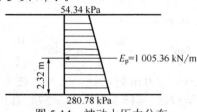

图 5-14　被动土压力分布

5.3.3　几种情况下朗肯土压力计算

1. 填土表面有连续均布荷载

当挡土墙后填土表面有连续均布荷载 q 作用时，一般可将均布荷载换算成位于地表以上的当量土重，即用假想的土重代替均布荷载。当填土面水平时，当量的土层厚度为

$$h' = \frac{q}{\gamma} \tag{5-15}$$

如图 5-15 所示，再以 $h + h'$ 为墙高，按填土面无荷载的情况计算土压力，将 γz 代之以 $\gamma z + q$ 就得到填土表面有超载时的主动土压力强度计算公式。

黏性土：

$$\sigma_a = (\gamma z + q)K_a - 2c\sqrt{K_a} \tag{5-16}$$

无黏性土：

$$\sigma_a = (\gamma z + q)K_a \tag{5-17}$$

实际的土压力分布为梯形 $abcd$ 部分，土压力作用点在梯形的重心。

2. 填土表面受局部均布荷载

当填土表面承受有局部均布荷载时，荷载对墙背的土压力强度附加值仍为 qK_a，但其分布范围难以从理论上严格规定。通常可采用近似方法处理，即从局部均布荷载的两端点 m 和 n 各作一条直线，其与水平表面成 $45° + \dfrac{\varphi}{2}$，与墙背相交于 c 点和 d 点，则墙背 cd 段范围内受到 qK_a 的作用，故作用于墙背的土压力分布如图 5-16 所示。

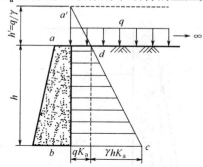

图 5-15　填土表面有连续均布荷载

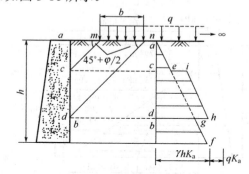

图 5-16　填土表面有局部均布荷载

【能力训练例题 5-6】 挡土墙高 7 m，墙背竖直、光滑，墙后填土面水平，并作用有均布荷载 $q = 20$ kPa，各填土层物理力学性质指标如图 5-17 所示。试计算该挡土墙墙背总侧压力 E 及其作用点位置，并绘出侧压力分布图。

解：因墙背竖直、光滑，填土面水平，符合朗肯条件，可计算得第一层填土的土压力强度为

$$K_{a1} = \tan^2\left(45° - \frac{20°}{2}\right) = 0.49$$

$$\sigma_{a0} = qK_{a1} - 2c_1\sqrt{K_{a1}} = 20 \times 0.49 - 2 \times 12 \times \sqrt{0.49} = -7.00 \,(\text{kPa})$$

$$\sigma_{a1} = (q + \gamma_1 h_1)K_{a1} - 2c_1\sqrt{K_{a1}} = (20 + 18.0 \times 3) \times 0.49 - 2 \times 12 \times \sqrt{0.49} = 19.46(\text{kPa})$$

第二层填土的土压力强度为

$$K_{a2} = \tan^2\left(45° - \frac{26°}{2}\right) = 0.39$$

$$\sigma'_{a1} = (q + \gamma_1 h_1)K_{a2} - 2c_2\sqrt{K_{a2}} = (20 + 18.0 \times 3) \times 0.39 - 2 \times 6 \times \sqrt{0.39} = 21.37(\text{kPa})$$

$$\sigma_{a2} = (q + \gamma_1 h_1 + \gamma'_2 h_2)K_{a2} - 2c_2\sqrt{K_{a2}}$$

$$= [20 + 18.0 \times 3 + (19.2 - 10) \times 4)] \times 0.39 - 2 \times 6 \times \sqrt{0.39} = 35.72(\text{kPa})$$

第二层底部水压力强度为

$$\sigma_w = \gamma_w h_2 = 10 \times 4 = 40.00(\text{kPa})$$

又设临界深度为 z_0，则有

$$\sigma_{az} = (q + \gamma_1 z_0)K_{a1} - 2c_1\sqrt{K_{a1}} = 0$$

$$(20 + 18.0 \times z_0) \times 0.49 - 2 \times 12 \times \sqrt{0.49} = 0$$

得　　$z_0 = 0.794(\text{m})$

各点土压力强度绘于图 5-17 中，可见其总侧压力为

$$E = \frac{1}{2} \times 19.46 \times (3 - 0.794) + 21.37 \times 4 + \frac{1}{2} \times (40.00 + 35.72 - 21.37) \times 4$$

$$= 215.64(\text{kN/m})$$

总侧压力 E 至墙底的距离为

$$x = \frac{1}{215.64} \times \left[21.46 \times \left(4 + \frac{3 - 0.794}{3}\right) + 85.48 \times 2 + 108.70 \times \frac{4}{3}\right] = 1.936(\text{m})$$

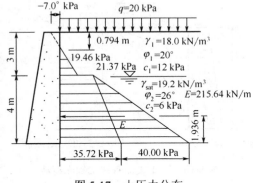

图 5-17　土压力分布

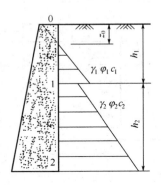

图 5-18　墙后成层填土

3. 成层填土

挡土墙后土体由几种性质不同的土层组成时，计算挡土墙上的土压力，需分层计算。计算时，先求墙后土体竖向自重应力，然后乘以各土层的土压力系数，得到相应的土压力强度。如图 5-18 所示，在分层界面上，由于两土层的抗剪强度指标不同，其传递的因自重引起的土压力作用不同，使土压力分布有突变，这点应特别注意。

（1）对于第一层土：

$$\sigma_{a1} = \gamma_1 h_1 K_{a1} - 2c_1\sqrt{K_{a1}} \tag{5-18}$$

（2）对于第二层土：

$$\sigma_{a2} = (\gamma_1 h_1 + \gamma_2 h_2)K_{a2} - 2c_2\sqrt{K_{a2}} \tag{5-19}$$

【能力训练例题 5-7】 已知挡土墙墙高 $H=5.0$ m，墙背竖直、光滑，填土表面水平，墙后填土分为两层，第一层土的厚度 $H_1=2.0$ m，重度 $\gamma_1=17.0$ kN/m³，内摩擦角 $\varphi_1=25°$；第二层土的厚度 $H_2=3.0$ m，重度 $\gamma_2=18.0$ kN/m³，内摩擦角 $\varphi_2=30°$。试计算第一层填土底面处的主动土压力强度及第二层土对挡土墙产生的主动土压力，以及作用在挡土墙上的总土压力及其作用点到墙底的距离。

解：（1）首先分别计算第一层填土和第二层填土的主动土压力系数。

$$K_{a1} = \tan^2\left(45° - \frac{\varphi_1}{2}\right) = \tan^2\left(45° - \frac{25°}{2}\right) = 0.406$$

$$K_{a2} = \tan^2\left(45° - \frac{\varphi_2}{2}\right) = \tan^2\left(45° - \frac{30°}{2}\right) = 0.333$$

（2）计算第二层填土层底处的主动土压力强度。

$$\sigma_{a11} = \gamma_1 H_1 K_{a1} = 17.0 \times 2.0 \times 0.406 = 13.804(\text{kPa})$$

（3）计算第一层填土对挡土墙产生的主动土压力。

$$E_{a1} = \frac{1}{2}\gamma_1 H_1^2 K_{a1} = \frac{1}{2} \times 17.0 \times 2.0^2 \times 0.406 = 13.804(\text{kPa})$$

（4）计算第二层填土顶面处的主动土压力强度。

$$\sigma_{a12} = \gamma_1 H_1 K_{a2} = 17 \times 2.0 \times 0.333 = 11.332(\text{kPa})$$

（5）计算第二层填土层底处的主动土压力强度。

$$\sigma_{a2} = (\gamma_1 H_1 + \gamma_2 H_2)K_{a2} = (17.0 \times 2.0 + 18.0 \times 3.0) \times 0.333 = 29.304(\text{kPa})$$

（6）计算第一层填土的质量使第二层填土产生的主动土压力。

$$E_{a12} = \gamma_1 H_1 H_2 K_{a2} = 17.0 \times 2.0 \times 3.0 \times 0.333 = 33.966(\text{kN/m})$$

（7）计算第二层填土自重产生的主动土压力。

$$E_{a2}' = \frac{1}{2}\gamma_2 H_2^2 K_{a2} = \frac{1}{2} \times 18.0 \times 3.0^2 \times 0.333 = 26.973(\text{kN/m})$$

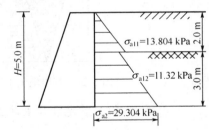

（8）计算第二层填土产生的主动土压力。

$$E_{a2} = E_{a12} + E_{a2}' = 33.966 + 26.973 = 60.939(\text{kN/m})$$

（9）计算作用在挡土墙上的总主动土压力。

$$E_a = E_{a1} + E_{a2} = 13.804 + 60.939 = 74.743(\text{kN/m})$$

图 5-19　主动土压力分布图

（10）计算总主动土压力作用点到墙底的距离。

$$y_a = \frac{E_{a1}y_1 + E_{a12}y_2 + E_{a2}'y_3}{E_a} = \frac{13.804 \times \left(\frac{2}{3}+3\right) + 26.973 \times 1}{74.743} = 1.04(\text{m})$$

作用在挡土墙上的主动土压力分布如图 5-19 所示。

4. 有限填土

如图 5-20 所示，当支挡结构后存在较陡峻的稳定岩石坡面，岩坡的坡角 $\theta > 45° + \dfrac{\varphi}{2}$ 时，应按有限范围填土计算墙背土压力，取岩石坡面为破裂面。根据稳定岩石坡面与填土间的摩擦角按下式计算主动土压力系数：

$$\sigma_a = \gamma z K_a - 2c\sqrt{K_a} \tag{5-20}$$

$$K_a = \frac{\sin(\alpha' + \theta)\sin(\alpha' + \beta)\sin(\theta - \delta_r)}{\sin^2 \alpha' \sin(\theta - \beta)\sin(\alpha' - \delta + \theta - \delta_r)} \tag{5-21}$$

式中　θ ——稳定岩石坡面的倾角；

δ_r ——稳定岩石坡面与填土间的摩擦角，按试验确定，当无试验资料时，可取 $\delta_r = 0.33\varphi_k$，（φ_k 为填土的内摩擦角标准值）。

5. 墙后填土中有地下水

墙后填土常会部分或全部处于地下水位以下，由于渗水或排水不畅会导致墙后填土含水量增加。工程上一般可忽略水对砂土抗剪强度指标的影响，但对于黏性土，随着含水量的增加，抗剪强度指标明显降低，导致墙背土压力增大。因此，挡土墙应具有良好的排水措施，对于重要工程，计算时还应考虑适当降低抗剪强度指标 c 和 φ 值。此外，地下水位以下土的重度应取浮重度，并计入地下水对挡土墙产生的静水压力的影响，如图 5-21 所示，*abdec* 为土压力分布，*cef* 为水压力分布。因此，作用在墙背上总侧压力为土压力与水压力之和。

【能力训练例题 5-8】 已知挡土墙墙高 $H=5.0$ m，墙背竖直、光滑，填土表面水平，墙后填土表面以下 2.0 m 为地下水面，地下水以上填土的重度 $\gamma=18.5$ kN/m³，内摩擦角 $\varphi=30°$；地下水水面以下填土的有效重度 $\gamma'=10.5$ kN/m³，内摩擦角 $\varphi=30°$。试计算地下水位处和墙底处的主动土压力强度；作用在挡土墙上的总土压力及其作用点到墙底的距离。

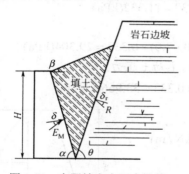
图 5-20　有限填土土压力计算

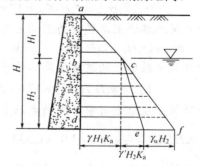
图 5-21　填土中有地下水

解：（1）首先计算主动土压力系数。

$$K_a = \tan^2\left(45° - \frac{\varphi}{2}\right) = \tan^2\left(45° - \frac{30°}{2}\right) = 0.3333$$

（2）计算地下水位处的主动土压力强度。

$$\sigma_{a11} = \gamma_1 H_1 K_a = 18.5 \times 2.0 \times 0.3333 = 12.3321 \text{(kPa)}$$

（3）计算挡土墙底部的主动土压力强度。

$$\sigma_{a2} = (\gamma_1 H_1 + \gamma' H_2)K_a = (18.5 \times 2.0 + 10.5 \times 3.0) \times 0.3333 = 22.8311 \text{(kPa)}$$

（4）计算地下水位以上填土对挡土墙的主动土压力。

$$E_{a1} = \frac{1}{2}\gamma H_1^2 K_a = \frac{1}{2} \times 18.5 \times 2.0^2 \times 0.3333 = 12.3321 \text{(kN/m)}$$

（5）计算地下水位以上填土的重力使地下水位以下的填土产生的主动土压力。

$$E_{a12} = \gamma H_1 H_2 K_a = 18.5 \times 2.0 \times 3.0 \times 0.333\,3 = 36.996\,3 (\text{kN}/\text{m})$$

（6）计算地下水位以下填土由自重产生的主动土压力。

$$E'_{a2} = \frac{1}{2} \gamma' H_2^2 K_a = \frac{1}{2} \times 10.5 \times 3.0^2 \times 0.3333 = 15.748\,4 (\text{kN}/\text{m})$$

（7）计算作用在挡土墙上的总主动土压力。

$$E_a = E_{a1} + E_{a12} + E'_{a2} = 12.332\,1 + 36.996\,3 + 15.748\,4 = 65.076\,8 (\text{kN}/\text{m})$$

（8）计算总主动土压力作用点到墙底的距离。

$$y_a = \frac{E_{a1}y_1 + E_{a12}y_2 + E'_{a2}y_3}{E_a} = \frac{12.332\,1 \times \left(\dfrac{2}{3} + 3\right) + 36.996\,3 \times \dfrac{3}{2} + 15.748\,4 \times 1}{65.076\,8} = 1.79 (\text{m})$$

作用在挡土墙上的主动土压力分布如图 5-22 所示。

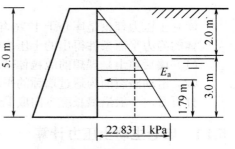

图 5-22　能力训练例题 5-8 图

【能力训练例题 5-9】 用水土分算法计算图 5-23 中挡土墙的主动土压力、水压力及其合力。

解：（1）计算主动土压力系数。

$$K_{a1} = \tan^2 \left(45° - \frac{30°}{2}\right) = 0.333$$

（2）计算地下水位以上土层的主动土压力。

顶面： $\sigma_{a0} = \gamma_1 z K_{a1} = 18 \times 0 \times 0.333 = 0$

$\sigma_{a1} = \gamma_1 z K_{a1} = 18 \times 6 \times 0.333 = 36.0 (\text{kPa})$

（3）计算地下水位以下土层的主动土压力及水压力。

因水下土为砂土，采用水土分算法。

顶面主动土压力： $\sigma_{a1} = \gamma_1 z_1 K_{a2} = 18 \times 6 \times 0.333 = 36 (\text{kPa})$

底面主动土压力： $\sigma_{a2} = (\gamma_1 h_1 + \gamma_2 h_2) K_{a2} = (18 \times 6 + 9 \times 4) \times 0.333 = 48 (\text{kPa})$

顶面水压力： $\sigma_{w1} = \gamma_w z = 9.8 \times 0 = 0$

底面水压力： $\sigma_{w2} = \gamma_w z = 9.8 \times 4 = 39.2 (\text{kPa})$

（4）计算总主动土压力和总水压力。

总主动土压力为

$$E_a = \frac{1}{2} \times 36 \times 6 + 36 \times 4 + \frac{1}{2} \times (48 - 36) \times 4 = 276 (\text{kN/m})$$

E_a 作用方向水平，作用点距墙基距离为 z，则：

$$z = \frac{1}{276} \times \left[108 \times \left(4 + \frac{6}{3}\right) + 144 \times \frac{4}{2} + 24 \times \frac{4}{3}\right] = 3.51 (\text{m})$$

总水压力为

$$E_w = \frac{1}{2} \times 39.2 \times 4 = 78.4 (\text{kN/m})$$

E_w 作用方向水平，作用点距墙基 $4/3 = 1.33$（m）。

（5）挡土墙上主动土压力及水压力分布如图 5-23 所示。

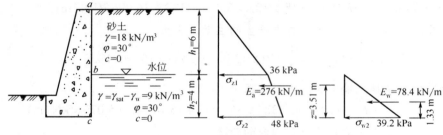

图 5-23　能力训练例题 5-9 图

5.4　库仑土压力理论

库仑土压力理论是库仑于 1776 年根据墙后土体处于极限平衡状态并形成一滑动楔体时，从楔体的静力平衡条件得出的土压力计算理论。其基本假设为：

（1）墙后填土是理想的散粒体（黏聚力 $c = 0$）；

（2）滑动破裂面为通过墙踵的平面。

分析时，一般沿墙长度方向取 1 m 考虑。

5.4.1　库仑主动土压力计算

如图 5-24（a）所示，挡土墙墙背 AB 倾斜，与竖直线的夹角为 α，填土表面 AC 是一平面，与水平面的夹角为 β，若墙背受土推向前移动，当墙后土体达到主动极限平衡状态时，整个土体沿着墙背 AB 和滑动面 BC 同时下滑，形成一个滑动的楔体 ABC。假设滑动面 BC 与水平面的夹角为 θ，不考虑楔体本身的压缩变形。取土楔 ABC 为脱离体，作用于滑动土楔体上的力有：①墙对土楔的反力 E，其作用方向与墙背面的法线的夹角为 δ（δ 为墙与土之间的外摩擦角，称为墙摩擦角）；②滑动面 BC 上的反力 R，其方向与 BC 面的法线成 φ（φ 为土的内摩擦角）；③土楔体 ABC 的重力 G。根据静力平衡条件，G、E、R 三力可构成力的平衡三角形，如图 5-24（b）所示。

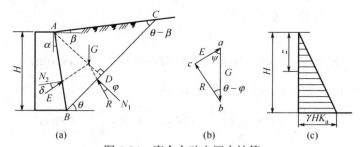

（a）　　　　　　　　　（b）　　　　　　（c）

图 5-24　库仑主动土压力计算

（a）土楔 ABC 上的作用力；（b）力矢三角形；（c）主动土压力分布

$$G = \triangle ABC \cdot \gamma = \frac{1}{2}\gamma \overline{BC} \cdot \overline{AD} \quad （方向向下）$$

$$\overline{BC} = \overline{AB} \cdot \frac{\sin(90° - \alpha + \beta)}{\sin(\theta - \beta)}$$

$$\overline{AB} = \frac{H}{\cos\alpha}$$

$$\overline{BC} = H \cdot \frac{\cos(\alpha - \beta)}{\cos\alpha \sin(\theta - \beta)}$$

由 $\triangle ABD$ 得

$$\overline{AD} = \overline{AB} \cdot \frac{H \cdot \cos(\theta - \alpha)}{\cos\alpha}$$

$$G = \frac{1}{2}\gamma H^2 \frac{\cos(\alpha - \beta)\cos(\theta - \alpha)}{\cos^2\alpha \sin(\theta - \beta)}$$

根据力矢三角形，用正弦定理得

$$\frac{E}{\sin(\theta - \varphi)} = \frac{G}{\sin\left[180° - (\psi + \theta - \varphi)\right]}$$

$$E = G\frac{\sin(\theta - \varphi)}{\sin\left[180° - (\theta - \varphi + \psi)\right]}$$

$$E = \frac{1}{2}\gamma H^2 \frac{\cos(\alpha - \beta) \cdot \cos(\theta - \alpha)\sin(\theta - \varphi)}{\cos^2\alpha \cdot \sin(\theta - \beta) \cdot \sin(\theta - \varphi + \psi)} \tag{5-22}$$

式中，$\psi = 90° - (\delta + \alpha)$。

假定不同的 θ 可画出不同的滑动面，就可得出不同的 E 值，但是，只有产生最大值 E_{max} 的滑动面才是最危险的假设滑动面，与 E 大小相等、方向相反的力，即为作用于墙背的主动土压力，以 E_a 表示。

对于已确定的挡土墙和填土来说，φ、δ、α 和 β 均为已知，只有 θ 是任意假定的，当 θ 发生变化，G 也随之变化，E 与 R 也随之变化。E 是 θ 的函数，按 $dE/d\theta$ 的条件，可求出 E 最大值时的 θ 角，然后求得主动土压力为

$$E_a = \frac{1}{2}\gamma H^2 K_a \tag{5-23}$$

$$K_a = \frac{\cos^2(\varphi - \alpha)}{\cos^2\alpha \cdot \cos(\delta + \alpha)\left[1 + \sqrt{\dfrac{\sin(\delta + \varphi) \cdot \sin(\varphi - \beta)}{\cos(\delta + \alpha) \cdot \cos(\alpha - \beta)}}\right]^2} \tag{5-24}$$

式中　α——墙背的倾斜角，（°），俯斜时取正号，仰斜时取负号；

　　δ——土对挡土墙背的摩擦角，（°）；

　　β——墙后填土面的倾角，（°）；

　　K_a——库仑主动土压力系数；

　　γ——墙后填土的重度，kN/m^3；

　　H——挡土墙的高度，m。

当墙背垂直（$\alpha = 0°$）、光滑（$\delta = 0°$），填土面水平（$\beta = 0°$）时，式（5-22）即变为

$$E_a = \frac{1}{2}\gamma H^2 \tan^2\left(45° - \frac{\varphi}{2}\right) \tag{5-25}$$

此式与填土为砂性土时的朗肯土压力公式相同。因此，朗肯理论是库仑理论的特殊情况。

由式（5-25）可知，库仑主动土压力 E_a 与墙高 H 的平方成正比，为求得距墙顶为任意深

度 z 处的主动土压力强度 σ_a，可将 E_a 对 z 取导数而得，即

$$\sigma_a = \frac{dE_a}{dz} = \gamma z K_a \tag{5-26}$$

由式（5-26）可见，库仑主动土压力强度沿墙高呈三角形分布，如图 5-24（c）所示，其合力的作用点在距墙底 $H/3$ 处，方向与墙背法线的夹角为 δ。必须注意，在图中所示的土压力分布只表示其数值大小，而不代表其作用方向。

【能力训练例题 5-10】 挡土墙高 6 m，墙背俯斜 $\alpha = 10°$，填土面倾角 $\beta = 20°$，填土的重度 $\gamma = 18$ kN/m³，$\varphi = 30°$，$c = 0$，填土与墙背的摩擦角 $\delta = 10°$。试按库仑土压力理论计算主动土压力。

解：（1）由 $\alpha = 10°$，$\beta = 20°$，$\delta = 10°$，$\varphi = 30°$，根据库仑理论求主动土压力系数：

$$K_a = \frac{\cos^2(\varphi - \alpha)}{\cos^2\alpha \cdot \cos(\delta + \alpha)\left[1 + \sqrt{\dfrac{\sin(\delta + \varphi) \cdot \sin(\varphi - \beta)}{\cos(\delta + \alpha) \cdot \cos(\alpha - \beta)}}\right]^2}$$

$$= \frac{\cos^2(30° - 10°)}{\cos^2 10° \cdot \cos(10° + 10°)\left[1 + \sqrt{\dfrac{\sin(10° + 30°) \cdot \sin(30° - 20°)}{\cos(10° + 10°) \cdot \cos(10° - 20°)}}\right]^2}$$

$$= 0.544$$

（2）主动土压力强度为

$$z = 0,\quad \sigma_{a1} = \gamma z K_a = 18 \times 0 \times 0.544 = 0$$

$$z = 6,\quad \sigma_{a2} = \gamma z K_a = 18 \times 6 \times 0.544 = 58.75 \text{(kPa)}$$

（3）总主动土压力为

$$E_a = \frac{1}{2} \times 58.75 \times 6 = 176.25 \text{(kN/m)}$$

E_a 作用方向与墙背法线成 $10°$，E_a 的作用点距墙基 $6/3$ (m) 处。

计算图如图 5-25 所示。

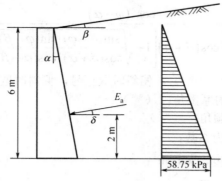

图 5-25　能力训练例题 5-10 图

5.4.2　库仑被动土压力计算

当挡土墙在外力作用下向后推挤填土，最终使滑动楔体沿墙背 AB 和滑动面 BC 向上滑动时如图 5-26 所示，在滑动面 BC 将要破坏的瞬间，滑动楔体 ABC 处于被动极限平衡状态。取 ABC

为分离体，可见除自重 G 外，作用在楔体上的反力 E_p 和 R 的方向与求主动土压力时一样，可求得被动土压力的一般表达式。但要注意到与求主动土压力不同的地方，就是相应于 E_p 为最小值时的滑动面才是真正的滑动面，因为楔体在这时所受的阻力最小，最容易被向上推出。按求主动土压力同样的原理可求得被动土压力的库仑公式为

$$E_p = \frac{1}{2}\gamma H^2 K_p \tag{5-27}$$

式中　K_p——库仑主动土压力系数，按下式确定：

$$K_p = \frac{\cos^2(\varphi + \alpha)}{\cos^2\alpha \cdot \cos(\alpha - \delta)\left[1 - \sqrt{\dfrac{\sin(\varphi + \delta)\cdot\sin(\varphi + \beta)}{\cos(\alpha - \delta)\cdot\cos(\alpha - \beta)}}\right]^2} \tag{5-28}$$

当墙背垂直（$\alpha = 0°$）、光滑（$\delta = 0°$），填土面水平（$\beta = 0°$）时，式（5-27）可写为

$$E_p = \frac{1}{2}\gamma H^2 \tan^2\left(45° + \frac{\varphi}{2}\right) \tag{5-29}$$

可见，在上述条件下，库仑公式与朗肯公式相同。

库仑被动土压力强度 $\sigma_p = \gamma z K_p$，沿墙高呈三角形分布，其合力的作用点在距墙底 $H/3$ 处。

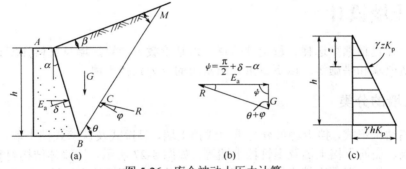

图 5-26　库仑被动土压力计算
（a）土楔 ABC 上的作用力；（b）力矢三角形；（c）主动土压力分布

5.5　朗肯土压力理论与库仑土压力理论的异同点

朗肯土压力理论与库仑土压力理论是在各自的假设条件下，应用不同的分析方法得到的土压力计算公式。只有在最简单的情况下（墙背垂直、光滑，填土表面水平，即 $\beta = 0°$，$\alpha = 0°$，$\delta = 0°$）用这两种理论计算的结果才相等，否则便得出不同的结果。因此，应根据实际情况合理选择使用。

1. 分析原理的异同

朗肯土压力理论与库仑土压力理论计算出的土压力都是墙后土体处于极限平衡状态时的土压力，故均属于极限状态土压力理论。朗肯土压力理论从半无限土体中一点的极限平衡应力状态出发，直接求得墙背上各点的土压力强度分布，其公式简单，便于记忆；而库仑土压力理论是根据挡土墙墙背和滑裂面之间的土楔体整体处于极限平衡状态，用静力平衡条件，直接求得墙背上的土压力。

2. 墙背条件不同

朗肯土压力理论为使墙后填土的应力状态符合半无限土体的应力状态，其假定墙背垂

直、光滑，因而使其应用范围受到了很大限制；而库仑土压力理论墙背可以是倾斜的，也可以是非光滑的，因而使其能适用于较为复杂的各种实际边界条件，应用更为广泛。

3．填土条件不同

朗肯土压力理论计算对于黏性土和无黏性土均适用，而库仑土压力理论不能直接应用于填土为黏性土的挡土墙。朗肯土压力理论假定填土表面水平，使其应用范围受到限制；而库仑土压力理论填土表面可以是水平的，也可以是倾斜的，能够适用于较为复杂的各种实际边界条件，应用更为广泛。

4．计算误差不同

两种土压力理论都是对实际问题做了一定程度的简化，其计算结果有一定误差。朗肯土压力理论忽略了实际墙背并非光滑而是存在摩擦力的事实，使其计算所得的主动土压力系数 K_a 偏大，而被动土压力系数 K_p 偏小，结果偏于安全。库仑土压力理论考虑了墙背与填土的摩擦作用，边界条件正确，但却把土体中的滑动面假定为平面，与实际情况不符，计算所得的主动土压力系数 K_a 稍偏小，被动土压力系数 K_p 偏高；在通常情况下，这种偏差在计算主动土压力时为 2%～10%，可以认为已满足实际工程所要求的精度，但在计算被动土压力时，由于破裂面接近于对数螺线，计算结果误差较大，有时为 2～3 倍甚至更大。

5.6 挡土墙设计

挡土墙设计包括墙型选择、稳定性验算、地基承载力验算、墙身材料强度验算以及一些设计中的构造要求和措施等。以下着重介绍常用的重力式挡土墙。

5.6.1 挡土墙的分类

按挡土墙结构形式，挡土墙可分为重力式挡土墙、悬壁式及扶壁式挡土墙、锚杆挡土墙、锚定板挡土墙、加筋土挡土墙及土钉挡土墙等，如图 5-27 所示。按墙体结构材料，挡土墙又可分为石砌挡土墙、混凝土挡土墙、钢筋混凝土挡土墙、钢板挡土墙等。一般应根据工程需要、土质情况、材料供应、施工技术以及造价等因素合理地选择。

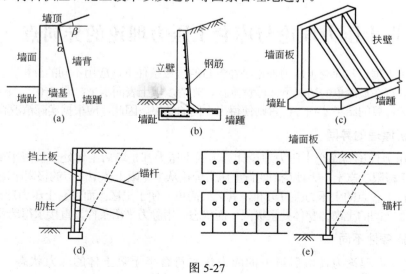

图 5-27

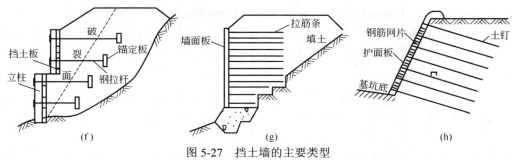

图 5-27　挡土墙的主要类型

（a）重力式挡土墙；（b）悬臂式挡土墙；（c）扶壁式挡土墙；（d）柱板式锚杆挡土墙；
（e）壁板式锚杆挡土墙；（f）锚定板挡土墙；（g）加筋土挡土墙；（h）土钉挡土墙

1. 重力式挡土墙

重力式挡土墙依靠墙身自重平衡墙后填土的土压力来维持墙体稳定，一般用块（片）石、砖或素混凝土筑成，如图 5-27（a）所示。

重力式挡土墙结构形式简单，易于施工，施工工期短，能就地取材，适应性较强，应用广泛，适用于一般地区、浸水地区、地震地区等的边坡支挡工程。但其工程量大，对地基承载要求高，当地基承载力较低时或地质条件复杂适当控制墙高。

2. 悬壁式及扶壁式挡土墙

悬臂式挡土墙多用钢筋混凝土做成，其由立臂、墙趾板、墙踵板三部分组成，如图 5-27（b）所示。它的稳定性主要靠墙踵悬臂以上的土所受重力维持。当墙身较高（超过 6 m）时，沿墙长每隔一定距离设置一道扶壁连接墙面板及墙踵板，以减小立臂下部的弯矩，这样的挡土墙称为扶壁式挡土墙，如图 5-27（c）所示。

它们的共同特点是：墙身断面较小，结构的稳定性不是依靠本身的质量，而主要依靠墙踵板上的填土质量来保证。它们自重轻，砌筑用工省，适用于墙高较大的情况。由于其悬臂部分的拉应力由钢筋来承受，需使用一定数量的钢材；宜在石料缺乏、地基承载力较低的填方地段使用。

3. 锚杆挡土墙

锚杆挡土墙是一种轻型挡土墙，主要由预制的钢筋混凝土立柱、挡土板构成墙面，与水平或倾斜的钢锚杆联合组成。锚杆挡土墙适用于墙高较大、石料缺乏或挖基困难地区，且具备锚固条件的一般岩质边坡加固工程。

按墙面构造的不同，锚杆挡土墙分为柱板式和壁板式两种。柱板式锚杆挡土墙由挡土板、肋柱和锚杆组成，如图 5-27（d）所示。肋柱是挡土板的支座，锚杆是肋柱的支座，墙后的侧向土压力作用于挡土板上，并通过挡土板传递给肋柱，再由肋柱传递给锚杆，由锚杆与周围地层之间的锚固力（即锚杆抗拔力）使之平衡，以维持墙身及墙后土体的稳定。壁板式锚杆挡土墙由墙面板和锚杆组成，如图 5-27（e）所示。墙面板直接与锚杆连接，并以锚杆为支撑，土压力通过墙面板传给锚杆，依靠锚杆与周围地层之间的锚固力（即抗拔力）抵抗土压力，以维持挡土墙的平衡与稳定。

综上所述锚杆挡土墙的特点如下：

（1）结构质量小，挡土墙的结构轻型化，与重力式挡土墙相比，可以节约大量的砌筑用工和节省工程投资。

（2）利于挡土墙的机械化、装配化施工，可以提高劳动生产率。

（3）不需要开挖大量基坑，能克服不良地基开挖的困难，并利于施工安全。

但是锚杆挡土墙也有一些不足之处，使设计和施工受到一定的限制，如施工工艺要求较高，要有钻孔、灌浆等配套的专用机械设备，且要耗用一定的钢材。

4. 锚定板挡土墙

锚定板挡土墙由墙面系、钢拉杆及锚定板和填料共同组成，如图5-27（f）所示。墙面系由预制的钢筋混凝土肋柱和挡土板拼装，或者直接用预制的钢筋混凝土面板拼装而成。钢拉杆外端与墙面系的肋柱或面板连接，而内端与锚定板连接。

锚定板挡土墙是一种适用于填土的轻型挡土结构，与锚杆挡土墙一样，也是依靠拉杆的抗拔力来保持挡土墙的稳定。但是，锚定板挡土墙与锚杆挡土墙又有着明显的区别，锚杆挡土墙的锚杆必须锚固在稳定的地层中，其抗拔力来源于锚杆与砂浆、孔壁、地层之间的摩擦力；而锚定板挡土墙的拉杆及其端部的锚定板均埋设在回填土中，其抗拔力来源于锚定板前填土的被动抗力。因此，前者依靠墙后侧向土压力通过墙面传给拉杆，后者则依靠锚定板在填土中的抗拔力抵抗侧向土压力，以维持挡土墙的平衡与稳定。在锚定板挡土墙中，一方面，填土对墙面产生主动土压力，填土越高，主动土压力越大；另一方面，填土又对锚定板的移动产生被动的土抗力，填土越高，锚定板的抗拔力也越大。

从防锈、节省钢材和适应各种填料三个方面比较，锚定板挡土结构都有较大的优越性，但施工程序较为复杂。

5. 加筋土挡土墙

加筋土挡土墙由填土、填土中布置的拉筋条以及墙面板部分组成，如图5-27（g）所示在垂直于墙面的方向，按一定间隔和高度水平地放置拉筋材料，然后填土压实，通过填土与拉筋间的摩擦作用，把土的侧压力传给拉筋，从而稳定土体。拉筋材料通常为镀锌薄钢带、铝合金、高强塑料及合成纤维等。墙面板一般用混凝土预制，也可采用半圆形铝板。

加筋土挡土墙属柔性结构，对地基变形适应性大，建筑高度大，适用于填方挡土墙。它结构简单，砌筑用工量少，与其他类型的挡土墙相比，可节省投资30%～70%，经济效益大。

6. 土钉挡土墙

土钉挡土墙由土体、土钉和护面板三部分组成，如图5-27（h）所示。它利用土钉对天然土体实施加固，并与喷射混凝土护面板相结合，形成类似重力式挡土墙的加强体。土钉挡土墙适用性强、工艺简单、材料用量与工程量较少，常用于稳定挖方边坡或基坑开挖边坡的临时支护。

土钉挡土墙与加筋土挡土墙均是通过土体的微小变形使拉筋受力而工作，通过土体与拉筋之间的粘结、摩擦作用提供抗拔力，从而使加筋区的土体稳定，并承受其后的侧向土压力，起重力式挡土墙的作用。

土钉挡土墙与加筋土挡土墙的主要差异有：

（1）施工顺序不同。加筋土挡土墙自下而上依次安装墙面板、铺设拉筋、回填压实逐层施工，而土钉墙则是随着边坡的开挖自上而下分级施工。

（2）土钉用于原状土中的挖方工程，所以对土体的性质无法选择，也不能控制；而加筋土用于填方工程中，在一般情况下，对填土的类型是可以选择的，对填土的工程性质也是可以控制的。

（3）加筋筋材多用土工合成材料或钢筋混凝土，筋材直接同土接触而起作用；而土钉多用金属杆件，通过砂浆同土接触而起作用（有时采用直接将钢筋或角钢打入土中而起作用）。

（4）设置形式不同。土钉垂直于潜在破裂面时将会较充分地发挥其抗剪强度，因而应尽可能地垂直于潜在破裂面设置；而拉筋条一般水平设置。

总之，土钉墙是由设置于天然边坡或开挖形成的边坡中的加筋杆件及护面板形成的挡土体系，用以改良原位土体的性能，并与原位土体共同工作，形成重力式挡土墙的轻型支挡结构，从而提高整个边坡的稳定性。

5.6.2 挡土墙的构造措施

在设计重力式挡土墙时，为了保证其安全、合理、经济，除进行验算外，还需采取必要的构造措施。主要从基础埋深、墙背的倾斜形式、墙面坡度的选择、基底坡度、墙趾台阶、伸缩缝设置、墙后排水措施及填土质量要求等几个方面考虑。

1. 基础埋深

重力式挡土墙的基础埋置深度，应根据地基承载力、水流冲刷、岩石裂隙发育及风化程度等因素进行确定。在特强冻胀、强冻胀地区应考虑冻胀的影响。对于土质地基，基础埋深一般在地面以下至少 1 m，且位于冰冻线以下的深度不少于 0.25 m，对于风化后强度锐减的地基至少在地面以下 1.5 m；对于砂夹砾石，可不考虑冰冻线的影响，但埋深至少 1 m；对于一般岩石，埋深至少为 0.6 m，松软岩石至少为 1 m。

2. 墙背的倾斜形式

当采用相同的计算指标和计算方法时，挡土墙墙背以仰斜时主动土压力最小，直立居中，俯斜最大，如图 5-28 所示。墙背的倾斜形式应根据使用要求、地形和施工条件等因素综合考虑确定。如对于支挡挖方工程的边坡，挡墙宜采用仰斜墙背；对于支挡填方工程的边坡，挡墙宜采用俯斜或垂直墙背，以便夯实填土。

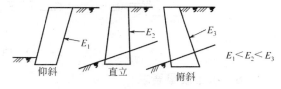

图 5-28　墙背的构造形式

3. 墙面坡度的选择

当墙前地面较陡时，墙面可取 1∶0.05～1∶0.2 的仰斜坡度，宜采用直立墙面。当墙前地形较为平坦时，对中、高挡土墙，墙面坡度可较缓，但不宜缓于 1∶0.4。

4. 基底坡度

为增加挡土墙身的抗滑稳定性，重力式挡土墙可在基底设置逆坡，但逆坡坡度不宜过大，以免墙身与基底下的三角形土体一起滑动。对于土质地基，基底逆坡坡度不宜大于 1∶10；对于岩质地基，基底逆坡坡度不宜大于 1∶5。

5. 墙趾台阶

当墙高较大时，为了提高挡土墙抗倾覆能力，可加设墙趾台阶（图 5-29）。墙趾台阶的高宽比可取 $h:a=2:1$，$a \geqslant 20$ cm。

6. 伸缩缝设置

重力式挡土墙应每间隔 10～20 m 设置一道伸缩缝。当地基有变化时宜加设沉降缝。在挡土结构的拐角处，应采取加强的构造措施。

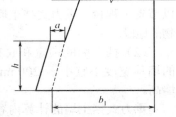

图 5-29　墙趾台阶的尺寸

7. 墙后排水措施

挡土墙因排水不良，雨水渗入墙后填土，使得填土的抗剪强度降低，对挡土墙的稳定产生不利的影响。当墙后积水时，还会产生静水压力和渗流压力，使作用于挡土墙上的总压力增加，对挡土墙的稳定性更不利。因此，在挡土墙设计时，必须采取排水措施。

（1）截水沟。凡挡土墙后有较大面积的山坡，则应在填土顶面，离挡土墙适当的距离设置截水沟，把坡上径流截断排除。截水沟的剖面尺寸要根据暴雨集水面积计算确定，并应用混凝土衬砌。截水沟出口应远离挡土墙，如图 5-30（a）所示。

（2）泄水孔。已渗入墙后填土中的水，则应将其迅速排出。通常在挡土墙设置排水孔，排水孔应沿横、竖两个方向设置，其间距一般取 2～3 m，排水孔外斜坡度宜为 5%，孔眼尺寸不宜小于 100 mm。泄水孔应高于墙前水位，以免倒灌。在泄水孔入口处，应用易渗的粗粒材料做滤水层［图 5-30（b）］，必要时做排水暗沟，并在泄水孔入口下方铺设黏土夯实层，防止积水渗入地基。不利墙体的稳定。墙前也要设置排水沟，在墙顶坡后地面宜铺设防水层，如图 5-30（c）所示。

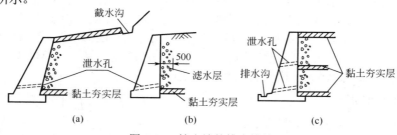

图 5-30　挡土墙的排水措施

8．填土质量要求

挡土墙后填土应尽量选择透水性较强的填料，如砂、碎石、砾石等。因这类土的抗剪强度较稳定，易于排水。当采用黏性土作填料时，应掺入适当的碎石。在季节性冻土地区，应选择炉渣、碎石、粗砂等非冻结填料。不宜采用淤泥、耕植土或膨胀土等作为填料。

5.6.3　挡土墙的计算

挡土墙的截面尺寸一般按试算法确定，即先根据挡土墙所处的工程地质条件、填土性质、荷载情况以及墙身材料、施工条件等，凭经验初步拟定截面尺寸，然后逐项进行验算。如不满足要求，修改截面尺寸，或采取其他措施。挡土墙截面尺寸一般包括：

（1）挡土墙的高度。挡土墙的高度一般由任务要求确定，即考虑墙后被支挡的填土呈水平时墙顶的高度。有时，对长度很大的挡土墙，也可使墙顶低于填土顶面，而用斜坡连接，以节省工程量。重力式挡土墙适用于高度小于 8 m、地层稳定、开挖土石方时不会危及相邻建筑物的地段。

（2）挡土墙的顶宽和底宽。毛石挡土墙的墙顶宽度不宜小于 400 mm；混凝土挡土墙的墙顶宽度不宜小于 200 mm。底宽由整体稳定性确定，初步设计时一般取为 0.5～0.7 倍的墙高。

重力式挡土墙的计算内容包括稳定性验算、地基承载力验算和墙身材料强度验算。

1．抗滑移稳定性验算

基底倾斜的挡土墙［图 5-31（a）］在主动土压力作用下，有可能在基础底面发生滑移。抗滑力与滑动力之比称为抗滑移安全系数 K_s，挡土墙的抗滑移稳定性应按下式计算：

$$\begin{cases} K_s = \dfrac{(G_n + E_{an})\mu}{E_{at} - G_t} \geqslant 1.3 \\ G_n = G\cos\alpha_0; \quad G_t = G\sin\alpha_0 \\ E_{at} = E_a \sin(\alpha - \alpha_0 - \delta) \\ E_{an} = E_a \cos(\alpha - \alpha_0 - \delta) \end{cases} \tag{5-30}$$

式中　　G——挡土墙每延长米自重，kN；

　　　　α_0——挡土墙基底的倾角，（°）；

　　　　α——挡土墙墙背的倾角，（°）；

　　　　δ——土对挡土墙墙背的摩擦角，（°），可按表 5-1 选用；

　　　　μ——土对挡土墙基底的摩擦系数，由试验确定，可按表 5-2 选用。

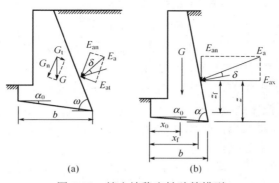

图 5-31　挡土墙稳定性验算模型

（a）挡土墙抗滑移稳定性验算示意图；（b）挡土墙抗倾覆稳定性验算示意图

表 5-1　土对挡土墙墙背的摩擦角 δ

挡土墙情况	摩擦角 δ
墙背平滑、排水不良	$(0\sim0.33)\,\varphi_k$
墙背粗糙、排水良好	$(0.33\sim0.50)\,\varphi_k$
墙背很粗糙、排水良好	$(0.50\sim0.67)\,\varphi_k$
墙背与填土间不可能滑动	$(0.67\sim1.00)\,\varphi_k$

注：φ_k 为墙背填土的内摩擦角。

表 5-2　土对挡土墙基底的摩擦系数 μ

土的类别		摩擦系数 μ
黏性土	可塑	0.25～0.30
	硬塑	0.30～0.35
	坚硬	0.35～0.45
粉土		0.30～0.40
中砂、粗砂、砾砂		0.40～0.50
碎石土		0.40～0.60
软质岩		0.40～0.60
表面粗糙的硬质岩		0.65～0.75

注：① 对易风化的软质岩和塑性指数 $I_p>22$ 的黏性土，基底摩擦系数应通过试验确定。

　　② 对碎石土，可根据其密实程度、填充物状况、风化程度等确定。

若验算结果不满足要求，可选用以下措施来解决：

（1）修改挡土墙的尺寸，增加自重以增大抗滑力；

（2）在挡土墙基底铺砂或碎石垫层，提高摩擦系数，增大抗滑力；

（3）加大墙底面逆坡，增加抗滑力；

（4）在软土地基上，抗滑移安全系数较小，采取其他方法无效或不经济时，可在挡土墙踵后加钢筋混凝土拖板，利用拖板上的填土质量增大抗滑力。

2．抗倾覆稳定性验算

基底倾斜的挡土墙［图 5-31（b）］在主动土压力作用下可能绕墙趾向外倾覆，抗倾覆力矩与倾覆力矩之比称为倾覆安全系数 K_t，K_t 应满足下式要求：

$$\begin{cases} K_t = \dfrac{Gx_0 + E_{az}x_f}{E_{ax}z_f} \geqslant 1.6 \\ E_{ax} = E_a\sin(\alpha - \delta) \\ E_{az} = E_a\cos(\alpha - \delta) \\ x_f = b - z\cot\alpha; \quad z_f = z - b\tan\alpha_0 \end{cases} \tag{5-31}$$

式中 z——土压力作用点与墙踵的高度差，m；

x_0——挡土墙重心与墙趾的水平距离，m；

b——基底的水平投影宽度，m。

挡土墙抗滑验算能满足要求，抗倾覆验算一般也能满足要求。若抗倾覆验算结果不能满足要求，可选用以下措施来解决：

（1）增大挡土墙断面尺寸，使 G 增大，但工程量也相应增大；

（2）展宽墙趾，但墙趾过长，若厚度不足，则需配置钢筋；

（3）墙背做成仰斜，以减小土压力；

（4）在挡土墙垂直墙背上做卸荷台，形状如牛腿（图 5-32），则平台以上土压力不能传到平台以下，总土压力减小，故抗倾覆稳定性增大。

图 5-32 有卸荷台的挡土墙

3．地基承载力验算

挡土墙在自重及土压力的垂直分力作用下，基底压力按线性分布。其验算方法及要求同天然地基浅基础验算，还应保证基底合力的偏心距不应大于 0.25 倍基础的宽度。当基底下有软弱下卧层时，尚应进行软弱下卧层的承载力验算。

4．墙身材料强度验算

挡土墙墙身材料强度应满足《混凝土结构设计规范》和《砌体结构设计规范》等相应的结构设计规范中有关要求。

实训项目 某工程挡土墙设计

已知某块石挡土墙高 6.0 m，墙背倾斜 $\varepsilon = 10°$，填土表面倾斜 $\beta = 10°$，土与墙的摩擦角 $\delta = 20°$，墙后填土为中砂，内摩擦角 $\varphi = 30°$，重度 $\gamma = 18.5 \, \text{kN/m}^3$。地基承载力设计值 $f_a = 160 \, \text{kPa}$。试设计挡土墙尺寸（砂浆块石的重度取 22 kN/m^3）。

解：（1）初定挡土墙断面尺寸。

设计挡土墙顶宽 1.0 m，底宽 4.5 m，如图 5-33 所示，沿墙长方向取 1 m 作为计算单元。墙的自重为

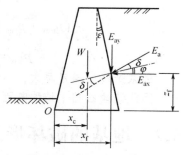

图 5-33　挡土墙计算简图

$$G = \frac{(1.0 + 4.5) \times 6.0 \times 22}{2} = 363(\text{kN/m})$$

因 $\alpha_0 = 0$，$G_n = 363 \text{ kN/m}$，$G_t = 0$。

（2）土压力计算。

由 $\varphi = 30°$、$\delta = 20°$、$\varepsilon = 10°$、$\beta = 10°$，应用库仑土压力理论，可得土压力系数 $K_a = 0.438$。并计算得主动土压力为

$$E_a = \frac{1}{2}\gamma h^2 K_a = \frac{1}{2} \times 18.5 \times 6^2 \times 0.438 = 145.9(\text{kN/m})$$

E_a 的方向与水平方向成 30°，作用点距离墙基 2 m 处。

$$E_{ax} = E_a \cos(\delta + \varepsilon) = 145.9 \times \cos(20° + 10°) = 126.4(\text{kN/m})$$

$$E_{az} = E_a \sin(\delta + \varepsilon) = 145.9 \times \sin(20° + 10°) = 73(\text{kN/m})$$

因 $\alpha_0 = 0$，有

$$E_{an} = E_{az} = 73 \text{ kN/m}$$

$$E_{at} = E_{ax} = 126.4 \text{ kN/m}$$

（3）抗滑稳定性验算。

已知墙底对地基中砂的摩擦系数 $\mu = 0.4$，有

$$K_s = \frac{(G_n + E_{an})\mu}{E_{at} - G_t} = \frac{(363 + 73) \times 0.4}{126.4} = 1.38 > 1.3$$

抗滑安全系数满足要求。

（4）抗倾覆验算。

计算作用在挡土墙上的各力对墙趾 O 点的力臂：自重 G 的力臂 $x_0 = 2.10 \text{ m}$；E_{az} 的力臂 $x_f = 4.15 \text{ m}$；E_{ax} 的力臂 $z_f = 2 \text{ m}$。

$$K_t = \frac{Gx_0 + E_{az} \cdot x_f}{E_{ax} \cdot z_f} = \frac{363 \times 2.10 + 73 \times 4.15}{126.4 \times 2} = 4.21 > 1.6$$

抗倾覆验算满足要求。

（5）地基承载力验算。

作用在基础底面上总的竖向力为

$$N = G_n + E_{az} = 363 + 73 = 436(\text{kN/m})$$

合力作用点到墙前趾 O 点的距离为

$$x = \frac{363 \times 2.10 + 73 \times 4.15 - 126.4 \times 2}{436} = 1.86(\text{m})$$

偏心距 $e = \frac{4.5}{2} - 1.86 = 0.39$（m）

基底边缘

$$\begin{matrix} p_{\max} \\ p_{\min} \end{matrix} = \frac{436}{4.5} \times \left(1 \pm \frac{6 \times 0.39}{4.5}\right) = \begin{matrix} 147.3(\text{kPa}) \\ 46.5(\text{kPa}) \end{matrix}$$

$$\frac{1}{2}(p_{\max} + p_{\min}) = \frac{1}{2} \times (147.3 + 46.5) = 96.9(\text{kPa}) < f_a = 160(\text{kPa})$$

$$p_{\max} = 147.3 \text{ kPa} < 1.2 f_a = 1.2 \times 160 = 192(\text{kPa})$$

地基承载力满足要求。

因此该块石挡土墙的断面尺寸可定为：顶宽 1.0 m，底宽 4.5 m，高 6.0 m。

5.7 地基的破坏形式及地基承载力

地基承载力问题是土力学中的一个重要研究课题，其目的是为了掌握地基的承载规律，发挥地基的承载能力，合理确定地基承载力，确保地基不致因荷载作用而发生剪切破坏，产生过大变形而影响建筑物或土工建筑物的正常使用。为此，地基基础设计一般都限制基底压力最大不超过地基容（允）许承载力或地基承载力特征值（设计值）。

建筑物地基设计应考虑以下三种功能要求：

（1）在长期荷载作用下，地基变形不致造成承重结构的损坏；

（2）在最不利荷载作用下，地基不出现失稳现象；

（3）具有足够的耐久性能。

5.7.1 地基的破坏形式

大量的工程实践和试验研究表明，地基的破坏主要是由于地基土的抗剪强度不够，土体产生剪切破坏所致。地基土的剪切破坏有三种破坏模式：整体剪切破坏、局部剪切破坏和冲切破坏。

1. 整体剪切破坏

整体剪切破坏的特征是随着荷载增加，基础下塑性区发展到地面，形成连续滑动面，两侧挤出并明显隆起；描述整体破坏模式的荷载-沉降曲线（p-s 曲线）的典型特征是具备明显的转折点。地基整体剪切破坏有压密阶段（直线 oa 段）、剪切阶段（曲线 ab 段）和破坏阶段（曲线 bc 段）三个发展阶段，如图 5-34 所示。直线阶段终点的对应荷载 p_{cr} 称为比例界限。剪切阶段终点的对应荷载 p_u 称为极限荷载。密砂和坚硬黏土中最有可能发生整体剪切破坏。

2. 局部剪切破坏

局部剪切破坏的特征是随着荷载增加，基础下塑性区仅发展到地基某一范围内，土中滑动面并不延伸到地面，基础两侧地面微微隆起，没有出现明显的裂缝；描述局部剪切破坏模式的 p-s 曲线以变形为主要特征，直线段范围较小，一般没有明显的转折点，如图 5-35 所示。中等密实砂土、松砂、软黏土都可能发生局部剪切破坏。

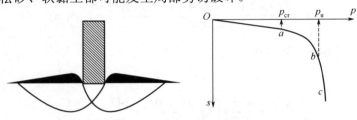

图 5-34　整体剪切破坏

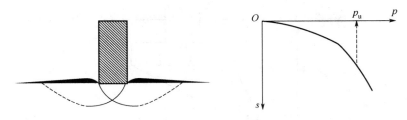

图 5-35　局部剪切破坏

3．冲切破坏

冲切破坏又称刺入剪切破坏，其特征是随着荷载的增加，基础下土层发生压缩变形，基础随之下沉，当荷载继续增加，基础周围附近土体发生竖向剪切破坏，使基础刺入土中，而基础两边的土体并没有明显移动；描述冲切破坏的 p-s 曲线具有典型的变形特征，没有转折点，如图 5-36 所示。压缩性较大的松砂、软土地基或基础埋深较大时可能发生冲切破坏。

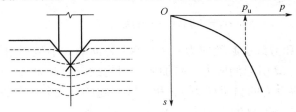

图 5-36　冲切破坏

地基破坏模式的形成与地基土条件、基础条件、加荷方式等因素有关，是这些因素综合作用的结果，对于一个具体工程可能会发生哪一种破坏，需综合考虑各方面的因素。一般来说，密实砂土和坚硬黏土将出现整体剪切破坏；而压缩性比较大的松砂和软黏土，将可能出现局部剪切或冲切破坏。当基础埋深较浅、荷载为缓慢施工的恒荷载时，将趋向发生整体剪切破坏；若基础埋深较大，荷载为快速施加的或是冲击荷载，则可能形成局部剪切或冲切破坏。实际工程中，浅基础（包括独立基础、条形基础、筏形基础、箱形基础等）的地基一般为较好的土层，荷载也是根据施工缓慢施加的，所以工程中的地基破坏一般均为整体剪切破坏。

5.7.2　地基承载力

地基承载力是指地基承受荷载的能力。地基承载力的确定主要有理论公式计算、现场原位试验和查表等方法，以下主要介绍临塑荷载和临界荷载。

临塑荷载是指地基土中将要而尚未出现塑性变形区时的基底压力。其计算公式可根据土中应力计算的弹性理论和土体极限平衡条件导出。

如图 5-37 所示，地基中任意一点 M 的应力大小由以下三部分叠加形成：

（1）基础底面的附加应力 p_0；

（2）基础底面以下深度 z 处土的自重应力 $\gamma_1 z$；

（3）基础由埋深 d 引起的旁载 $\gamma_2 d$。

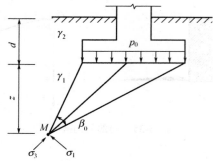

图 5-37　基础中任意一点 M 的主应力

由弹性分析可知，条形基础在均布力作用下，地基中任意一点 M 由附加应力引起的主应力 σ_1 和 σ_3 表示：

$$\sigma_1 = \frac{p_0}{\pi}(\beta_0 + \sin\beta_0) \tag{5-32}$$

$$\sigma_3 = \frac{p_0}{\pi}(\beta_0 - \sin\beta_0) \tag{5-33}$$

由于自重应力 $\gamma_1 z$ 和旁载引起的应力 $\gamma_2 d$ 在各个方向的大小是不相等的，因此点 M 的主应力不能直接用 $\gamma_1 z$ 和 $\gamma_2 d$ 引起的应力与附加应力引起的应力 σ_1 和 σ_3 进行叠加。

为了简化计算，假设土的自重应力 $\gamma_1 z$ 和旁载引起的应力 $\gamma_2 d$ 在各个方向的大小是相等的。因此，地基中任意一点 M 的主应力 σ_1 和 σ_3 可表示为

$$\sigma_1 = \frac{p_0}{\pi}(\beta_0 + \sin\beta_0) + \gamma_1 z + \gamma_2 d \tag{5-34}$$

$$\sigma_3 = \frac{p_0}{\pi}(\beta_0 - \sin\beta_0) + \gamma_1 z + \gamma_2 d \tag{5-35}$$

式中　σ_1、σ_2——基础中任意 M 点的大、小主应力，kPa；

　　　p_0——基底附加应力，kPa；

　　　β_0——M 点至基础边缘两连线的夹角，（°）；

　　　γ_1——基底下土的加权重度，kN/m^3；

　　　γ_2——基础埋深范围内土的加权重度，kN/m^3；

　　　z——M 点至基底的距离，m；

　　　d——基础埋深，m。

1. 塑性区边界方程的推导

根据库仑理论建立的极限平衡条件可知，当单元土体取于极限平衡状态时，作用在单元上的大、小主应力应满足极限平衡条件：

$$\sigma_1 - \sigma_3 = (\sigma_1 + \sigma_3)\sin\varphi + 2c\cos\varphi \tag{5-36}$$

将式（5-34）和式（5-35）代入式（5-36），得

$$\frac{p_0}{\pi}\sin\beta_0 = \left(\frac{p_0\beta_0}{\pi} + \gamma_1 z + \gamma_2 d\right)\sin\varphi + c\cos\varphi \tag{5-37}$$

整理后，得

$$z = \frac{p_0}{\pi \gamma_1}\left(\frac{\sin\beta_0}{\sin\phi} - \beta_0\right) - \frac{c\cos\varphi}{\gamma_1\sin\varphi} - \frac{\gamma_2 d}{\gamma_1} \tag{5-38}$$

式中　φ——地基土的内摩擦角，（°）；

　　　c——地基土的黏聚力，kPa；

　　　其余符号意义同上。

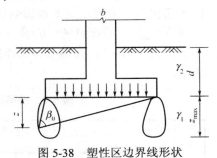

图 5-38　塑性区边界线形状

式（5-38）即为塑性区的边界线方程，它是 β_0、p_0、d、γ_1、γ_2、φ、c 的函数。若 p_0、d、γ_1、γ_2、φ、c 已知，则塑性区具有确定边界线形状，如图 5-38 所示。

2. 临塑荷载 p_{cr} 的推导

基底附加应力为

$$p_0 = p - \gamma_2 d \tag{5-39}$$

式中　p——基础底面接触压力，kPa。

把式（5-39）代入式（5-38）得到用基础底面接触压力表示的塑性区边界方程：

$$z = \frac{p - \gamma_2 d}{\pi \gamma_1}\left(\frac{\sin\beta_0}{\sin\phi} - \beta_0\right) - \frac{c\cos\varphi}{\gamma_1\sin\varphi} - \frac{\gamma_2 d}{\gamma_1} \tag{5-40}$$

根据临塑荷载的定义，在外荷载作用下，地基中刚开始产生塑性区时基础底面所承受的荷载，可以用塑性区的最大深度 $z_{max} = 0$ 来表达。为此，令 $\dfrac{\mathrm{d}z}{\mathrm{d}\beta_0} = 0$ 求出 β_0，再代回式（5-40）就可以得到临塑荷载的计算公式：

$$\frac{\mathrm{d}z}{\mathrm{d}\beta_0} = \frac{p - \gamma_2 d}{\pi \gamma_1}\left(\frac{\cos\beta_0}{\sin\varphi} - 1\right) = 0 \tag{5-41}$$

得 $\cos\beta_0 = \sin\varphi$

根据三角函数关系：

$$\beta_0 = \frac{\pi}{2} - \varphi \tag{5-42}$$

将式（5-41）代入式（5-40），求出 z_{max}：

$$z_{max} = \frac{p - \gamma_2 d}{\pi \gamma_1}\left(\frac{\cos\varphi}{\sin\varphi} - \frac{\pi}{2} + \varphi\right) - \frac{c\cos\varphi}{\gamma_1\sin\varphi} - \frac{\gamma_2 d}{\gamma_1} \tag{5-43}$$

当 $z_{max} = 0$ 时，即得到临塑荷载 p_{cr} 的计算式：

$$p_{cr} = \frac{\pi(\gamma_2 d + c\cot\varphi)}{\tan\varphi + \varphi - \dfrac{\pi}{2}} + \gamma_2 d \tag{5-44}$$

为简化计算，临塑荷载 p_{cr} 的计算式可以写成：

$$p_u = N_c c + N_q \gamma_2 d \tag{5-45}$$

式中　N_c、N_q——地基承载力系数，$N_c = \dfrac{\pi\cot\varphi}{\cot\varphi + \varphi - \dfrac{\pi}{2}}$，$N_q = \dfrac{\cot\varphi + \varphi + \dfrac{\pi}{2}}{\cot\varphi + \varphi - \dfrac{\pi}{2}}$。

N_c、N_q是地基土内摩擦角φ的函数，可以根据地基的内摩擦角计算，也可以查表 5-3 来确定。

工程实践表明，即使地基发生局部剪切破坏，地基中塑性区有所发展，但只要塑性区范围不超出某一限度，就不致影响建筑物的安全和正常使用。实际工程中，将塑性区的最大发展深度z_{max}控制在$(1/4\sim1/3)b$（b为基础宽度），相应的荷载称为临界荷载。在中心荷载作用下，$z_{max} = b/4$；在偏心荷载作用下，$z_{max} = b/3$；与此相对应的临界荷载分别用$p_{1/4}$和$p_{1/3}$表示。

表 5-3　地基承载力系数 N_c、N_q、$N_{\gamma(1/4)}$、$N_{\gamma(1/3)}$ 的值

内摩擦角	地基承载力系数				内摩擦角	地基承载力系数			
$\varphi/(°)$	N_c	N_q	$N_{\gamma(1/4)}$	$N_{\gamma(1/3)}$	$\varphi/(°)$	N_c	N_q	$N_{\gamma(1/4)}$	$N_{\gamma(1/3)}$
0	3.0	1.0	0	0	24	6.5	3.9	0.7	0.7
2	3.3	1.1	0	0	26	6.9	4.4	1.0	0.8
4	3.5	1.2	0	0.1	28	6.4	4.9	1.3	1.0
6	3.7	1.4	0.1	0.1	30	8.0	5.6	1.5	1.2
8	3.9	1.6	0.1	0.2	32	8.5	6.3	1.8	1.4
10	4.2	1.7	0.2	0.2	34	9.2	6.2	2.1	1.6
12	4.4	1.9	0.2	0.3	36	10.0	8.2	2.4	1.8
14	4.7	2.2	0.3	0.4	38	10.8	9.4	2.8	2.1
16	5.0	2.4	0.4	0.5	40	11.8	10.8	3.3	2.5
18	5.3	2.7	0.4	0.6	42	12.8	12.7	3.8	2.9
20	5.6	3.1	0.5	0.7	44	14.0	14.5	4.5	3.4
22	6.0	3.4	0.6	0.8	45	14.6	15.6	4.9	3.7

3．临界荷载计算公式

（1）中心荷载。在式（5-43）中，令$z_{max} = b/4$，整理可得地基在中心荷载作用下的临界荷载计算公式：

$$p_{1/4} = \frac{\pi(\gamma_2 d + c\cot\varphi + \frac{1}{4}b\gamma_1)}{\cot\varphi + \varphi - \frac{\pi}{2}} + \gamma_2 d \qquad (5-46)$$

式中　b——基础宽度，m；若基础形式为矩形，则b为短边长；若基础形式为方形，则b为方形的边长；若基础形式为圆形，则取$b = \sqrt{A}$（A为圆形基础的底面积）。

（2）偏心荷载。在式（5-43）中，令$z_{max} = b/3$，整理可得地基在偏心荷载作用下的临界荷载计算公式：

$$p_{1/3} = \frac{\pi(\gamma_2 d + c\cot\varphi + \frac{1}{3}b\gamma_1)}{\cot\varphi + \varphi - \frac{\pi}{2}} + \gamma_2 d \qquad (5-47)$$

4．查表计算地基的临界荷载

通过对式（5-45）~式（5-47）的分析，可以将地基的临界荷载写成统一的数学表达式：

$$p_u = N_c c + N_q \gamma_2 d + N_\gamma \gamma_1 b \qquad (5-48)$$

式中　N_c、N_q、N_γ——地基承载力系数。

$$N_{\gamma(1/4)} = \frac{\pi}{4(\cot\varphi + \varphi - \frac{\pi}{2})} \quad \text{（当基础受中心荷载作用时）；}$$

$$N_{\gamma(1/3)} = \frac{\pi}{3(\cot\varphi + \varphi - \frac{\pi}{2})} \quad \text{（当基础受偏心荷载作用时）。}$$

N_c、N_q 的意义与式（5-45）相同，$N_{\gamma(1/4)}$ 和 $N_{\gamma(1/3)}$ 也是地基土内摩擦角 φ 的函数，因此可以通过查表 5-3 来确定地基承载力系数。

【工程应用例题 5-11】 某学校教学楼设计拟采用墙下条形基础，基础宽度 $b=3\,\text{m}$，埋置深度 $d=2.5\,\text{m}$，地基土的物理性质：天然重度 $\gamma = 19\,\text{kN}/\text{m}^3$，饱和重度 $\gamma_{\text{sat}} = 20\,\text{kN}/\text{m}^3$，黏聚力 $c=12\,\text{kPa}$，内摩擦角 $\varphi=12°$。试求：（1）该教学楼地基的塑性荷载 p_{cr}、界限荷载 $p_{1/4}$ 和 $p_{1/3}$；（2）若地下水位上升到基础底面，（1）中值有何变化？

解：（1）由 $\varphi=12°$，查表 5-3 得地基承载力系数：
$$N_c = 4.4，\quad N_q = 1.9，\quad N_{\gamma(1/4)} = 0.2，\quad N_{\gamma(1/3)} = 0.3$$

将地基承载力系数代入临塑荷载计算公式，得
$$p_{\text{cr}} = N_c c + N_q \gamma_2 d = 4.4 \times 12 + 1.9 \times 19 \times 2.5 = 143.1(\text{kPa})$$

将地基承载力系数代入临界荷载计算公式，得
$$p_{1/4} = N_c c + N_q \gamma_2 d + N_{\gamma(1/4)} \gamma_1 b = 4.4 \times 12 + 1.9 \times 19 \times 2.5 + 0.2 \times 19 \times 3 = 154.5(\text{kPa})$$
$$p_{1/3} = N_c c + N_q \gamma_2 d + N_{\gamma(1/3)} \gamma_1 b = 4.4 \times 12 + 1.9 \times 19 \times 2.5 + 0.3 \times 19 \times 3 = 160.2(\text{kPa})$$

（2）当地下水位上升到基础底面时，若假定土的抗剪强度指标 c、φ 值不变，则地基承载力系数与问题（1）中相同，但地下水位以下土体采用有效重度计算。
$$\gamma' = \gamma_{\text{sat}} - \gamma_{\text{w}} = 20 - 10 = 10(\text{kN}/\text{m}^3)$$

地基临塑荷载：
$$p_{\text{cr}} = N_c c + N_q \gamma_2 d = 4.4 \times 12 + 1.9 \times 10 \times 2.5 = 100.3(\text{kPa})$$

地基界限荷载：
$$p_{1/4} = N_c c + N_q \gamma_2 d + N_{\gamma(1/4)} \gamma_1 b = 4.4 \times 12 + 1.9 \times 19 \times 2.5 + 0.2 \times 10 \times 3 = 149.05(\text{kPa})$$
$$p_{1/3} = N_c c + N_q \gamma_2 d + N_{\gamma(1/3)} \gamma_1 b = 4.4 \times 12 + 1.9 \times 19 \times 2.5 + 0.3 \times 10 \times 3 = 152.1(\text{kPa})$$

可见，当地下水位上升，土的有效重度减小，地基的承载力降低。

5.7.3 地基极限承载力及其工程应用

地基极限承载力 p_{u} 是指地基承受基础荷载的极限压力。地基容许承载力是指地基稳定、有足够的安全度并且变形控制在建筑物容许范围内时的承载力，即满足地基不会产生剪切破坏而失稳，地基变形引起的建筑物沉降及沉降差等限制在允许范围内时地基土所能承担的最大荷载。为了保证建筑物的安全和正常使用，地基承载力设计值应以一定的安全度将极限承载力加以折减。安全系数 K 与上部结构类型、荷载性质、地基土类型以及建筑物的预期寿命和破坏后果等因素有关，目前尚无统一的安全度准则可用于工程实践。一般认为，安全系数可取 $2\sim3$，但不得小于 2。一般根据土的极限平衡理论和已知边界条件，计算出土中各点达极限平衡时的应力及滑动方向，求得基底极限承载力。由于推导时的假定条件不同，所得极

限承载力的计算公式也就不同，下面主要介绍几种常用的计算公式。

1. 普朗特尔地基极限承载力公式

普朗特尔（L.Prandtl，1920）研究的地基承载力课题：根据塑性理论研究一个刚性体，在外力作用下压入无限刚塑介质中，当介质达到极限平衡时，滑动面的形状和外荷载的计算公式。

（1）基本假设。普朗特尔在推导极限承载力计算公式时做了如下三个基本假定：

1）介质是无质量的；

2）外荷载为无限长的条形荷载；

3）荷载板是光滑的，即荷载板与介质无摩擦。

（2）滑动面的形状。普朗特尔根据极限平衡理论及上述三个基本假定，得出滑动面的形状：两端为直线，中间为对数螺旋线，左右对称，如图 5-39 所示，它可以分成三个区。

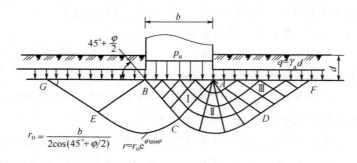

图 5-39　普朗特尔滑动面形状

1）Ⅰ区——位于荷载板底面下，由于假定荷载板底面是光滑的，因此Ⅰ区中竖向应力即为大主应力，成为朗肯主动区，滑动面与水平面的夹角为 $45° + \varphi/2$；

2）Ⅱ区——滑动面为曲面，呈对数螺旋线分布，对数螺旋方程为 $r = r_0 e^{\theta \tan \varphi}$，并且与Ⅰ区和Ⅲ区的滑动面相切，又称过渡区；

3）Ⅲ区——由于Ⅰ区的土体向下位移，附近的土体就向两侧挤，从而使得Ⅲ区成为朗肯被动区，滑动面与水平面的夹角为 $45° - \varphi/2$。

（3）普朗特尔极限承载力计算公式。

$$p_u = N_c c \tag{5-49}$$

式中　N_c——地基极限承载力系数，可从表 5-4 查得，$N_c = \cot \varphi \left[e^{\pi \tan \varphi} \tan^2 \left(\dfrac{\pi}{2} + \varphi \right) - 1 \right]$；

　　　c——地基土的黏聚力，kPa。

表 5-4　普朗特尔和赖斯纳的地基承载力系数表

内摩擦角 $\varphi/(°)$	0	5	10	15	20	25	30	35	40	45
N_c	5.14	6.49	8.35	11.0	14.8	20.7	30.1	46.1	75.3	133.9
N_q	1.00	1.57	2.47	3.94	6.40	10.7	18.4	33.3	64.2	134.9

赖斯纳（H.Reissner，1924）采用普朗特尔的假设和物理模型，但考虑了基础的埋置深度对极限承载力的影响，如图 5-40 所示。为简化计算，赖斯纳把基础埋置深度范围内的土体当作基底水平面上的垂直等效荷载来考虑。由此推得地基的极限承载力计算公式如下：

$$p_u = N_c c + N_q \gamma d \qquad (5\text{-}50)$$

式中　N_q——地基承载力系数，可从表 5-4 查得，$N_q = e^{\pi \tan\varphi} \tan^2\left(\dfrac{\pi}{2} + \varphi\right)$；

　　　γ——基础底以上土的加权重度，kN/m^3；

　　　d——基础的埋置深度，m。

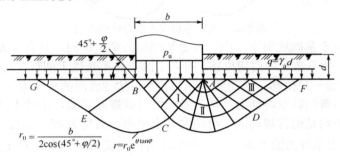

图 5-40　赖斯纳滑动面的形状

【工程应用例题 5-12】　某学生食堂地基采用条形基础，基础宽度 $b = 2\,m$，埋置深度 $d = 1.5\,m$，地基土的物理性质：天然重度 $\gamma = 17.6\ kN/m^3$，黏聚力 $c = 10\ kPa$，内摩擦角 $\varphi = 20°$。求地基极限承载力公式，并说明地基滑裂面的形状。

解：（1）地基的极限承载力：

$$p_u = N_c c + N_q \gamma d$$

由 $\varphi = 20°$ 得　$N_c = 14.8$，$N_q = 6.40$。

因此有

$$p_u = N_c c + N_q \gamma d = 14.8 \times 10 + 6.4 \times 17.6 \times 1.5 = 316.96(kN/m^2)$$

（2）地基滑裂面的形状如图 5-40 所示，其中：

$$\theta = 45° + \frac{\varphi}{2} = 55°,\quad \beta = 45° - \frac{\varphi}{2} = 35°,\quad r_0 = \frac{b}{2\cos(45° + \varphi/2)} = 1.74\,m,\quad AD = r_0 e^{\theta \tan\varphi} = 3.08(m)$$

普朗特尔和赖斯纳的地基极限承载力公式是假定土的重度为 0，但由于土的强度小、同时内摩擦角不为 0，因此不考虑土的重度是不妥的。若考虑土的重度，普朗特尔和赖斯纳滑动面 II 区就不呈对数螺旋线分布，其滑动面形状复杂，目前无法按照极限平衡理论求得解析解。为了弥补这一不足，太沙基（K.Terzaghi，1943）根据普朗特尔的基本原理提出了考虑地基土质量的极限承载力计算公式；汉森（J.B. Hansen，1961）提出了中心倾斜荷载并考虑到其他一些影响因素的极限承载力公式。

2. 太沙基极限承载力公式

太沙基在 1943 年提出条形基础的极限荷载计算公式，它是基于以下基本假设推导得到的：①基础底面是粗糙的；②条形基础受均布荷载作用。

（1）滑动面的形状。地基土发生滑动破坏时，滑动面的形状：两端为直线，中间用曲线连接，且左右对称，与普朗特尔极限承载力的滑动面相似，可以分为三区，如图 5-41 所示。

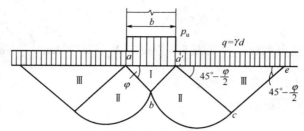

图 5-41 太沙基极限承载力计算模型

1）Ⅰ区——位于基础底面下，由于假定基础底面是粗糙的，具有很大的摩擦阻力作用，因此 ab 面之间的土体不会发生剪切位移，所以Ⅰ区土体不是处于朗肯主动状态，而是处于弹性压密状态，与基础一起位移，滑动面 ab（$a'b$）与基础底面的夹角为 φ。

2）Ⅱ区——与普朗特尔滑动面一样，是一组对数螺旋曲面，连接Ⅰ区和Ⅲ区过渡区。

3）Ⅲ区——仍然是朗肯被动区，滑动面与水平面的夹角为 $45° - \varphi/2$。

（2）太沙基极限承载力的基本公式。根据作用在土楔 aba' 的各力和在竖向的静力平衡条件，可以得到著名的太沙基极限承载力公式：

$$p_u = \frac{1}{2} N_\gamma \gamma b + N_c c + N_q \gamma d \tag{5-51}$$

式中
γ ——地基土的重度，kN/m^3；

b ——基础的宽度，m；

c ——地基土的黏聚力，kN/m^3；

d ——基础的埋深，m；

N_γ、N_c、N_q ——地基承载力系数，是内摩擦角的函数，可以通过查表 5-5 或图 5-42 来确定，若地基为软黏土或松砂，将发生局部剪切破坏，此时，式（5-51）中的承载力因数均应改用图 5-42 中虚线值。

表 5-5 太沙基地基承载力系数 N_γ、N_c、N_q 的数值

内摩擦角	地基承载力系数			内摩擦角	地基承载力系数		
$\varphi/(°)$	N_γ	N_c	N_q	$\varphi/(°)$	N_γ	N_c	N_q
0	0	5.7	1.00	8	0.86	8.5	2.20
2	0.23	6.5	1.22	10	1.20	9.5	2.68
4	0.39	6.0	1.48	12	1.66	10.9	3.32
6	0.63	6.7	1.81	14	2.20	12.0	4.00
16	3.00	13.0	4.91	30	20	36.0	22.4
18	3.90	15.5	6.04	32	28	44.4	28.7
20	5.00	16.6	6.42	34	36	52.8	36.6
22	6.50	20.2	9.17	36	50	63.6	46.2
24	8.6	23.4	11.4	38	90	76.0	61.2
26	11.5	26.0	14.2	40	130	94.8	80.5
28	15.0	31.6	16.8	45	326	172.0	173.0

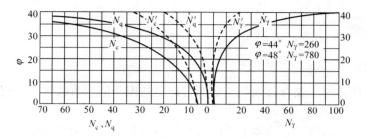

图 5-42 太沙基极限承载力系数图

【工程应用例题 5-13】 条形基础宽 1.5 m，埋置深度 1.2 m，地基为均匀粉质黏土，土的重度 17.6 kN/m³，黏聚力 $c = 15$ kPa，内摩擦角 $\varphi = 24°$。取安全系数 $K = 3.0$。

（1）试用太沙基公式求地基的承载力；

（2）当基础宽度为 3 m，其他条件不变，试求地基的承载力；

（3）当基础宽度为 3 m，深度为 2.4 m，其他条件不变，试求地基的承载力。

解：（1）太沙基极限承载力公式为

$$p_u = \frac{1}{2} N_\gamma \gamma b + N_c c + N_q \gamma d$$

根据内摩擦角 $\varphi = 24°$，查表 5-5 得承载力系数 $N_\gamma = 8.6$、$N_c = 23.4$、$N_q = 11.4$。

代入公式，得

$$p_u = 0.5 \times 8.6 \times 17.6 \times 1.5 + 23.4 \times 15 + 11.4 \times 17.6 \times 1.2 = 705.29 (\text{kPa})$$

因此地基的承载力为

$$f_T = \frac{p_u}{K} = \frac{705.29}{3.0} = 235.1 (\text{kPa})$$

（2）用太沙基公式求极限承载力：

$$p_u = \frac{1}{2} N_\gamma \gamma b + N_c c + N_q \gamma d$$
$$= 0.5 \times 8.6 \times 17.6 \times 3 + 23.4 \times 15 + 11.4 \times 17.6 \times 1.2 = 818.81 (\text{kPa})$$

因此地基的承载力为

$$f_T = \frac{p_u}{K} = \frac{818.81}{3.0} = 273.0 (\text{kPa})$$

（3）用太沙基公式求极限承载力

$$p_u = \frac{1}{2} N_\gamma \gamma b + N_c c + N_q \gamma d$$
$$= 0.5 \times 8.6 \times 17.6 \times 3 + 23.4 \times 15 + 11.4 \times 17.6 \times 2.4 = 1\,059.58 (\text{kPa})$$

因此地基的承载力为

$$f_T = \frac{p_u}{K} = \frac{1\,059.58}{3.0} = 353.19 (\text{kPa})$$

由上计算可以得到：增加基础的埋置深度能有效地提高地基承载力。

5.7.4 汉森公式

1. 适用条件

（1）倾斜荷载作用。汉森公式最主要的特点是适用于倾斜荷载作用，这是太沙基公式无法解决的问题。

（2）基础形状。汉森公式考虑了基础宽度与长度的比值、矩形基础和条形基础的影响。

（3）基础埋深。汉森公式适用于基础埋深小于基础底宽（即 $d<b$）的情况，并考虑了基础埋深与基础宽度的比值的影响。

2. 极限荷载公式

汉森综合考虑基础形状、基础埋深和荷载倾斜情况的影响因素得出了汉森极限荷载公式：

$$p_u = \frac{1}{2} N_\gamma s_\gamma i_\gamma \gamma b + N_c s_c d_c i_c c + N_q s_q d_q i_q q \tag{5-52}$$

式中　　　p_u——地基极限荷载的竖向分力，kPa；

　　　　　γ——基础底面以下持力层土的重度，地下水位以下用有效重度，kPa；

　　　　　q——基底平面处的有效旁侧荷载，kPa；

N_γ、N_c、N_q——地基承载力系数；

s_γ、s_c、s_q——基础形状修正系数；

d_c、d_q——基础埋深系数；

i_γ、i_c、i_q——荷载倾斜系数。

5.8　土坡稳定分析

　　边坡就是由土体构成、具有倾斜坡面的土体，它的简单外形如图 5-43 所示。当土质均匀，坡顶和坡底都是水平且坡面为同一坡度时，称为简单土坡。一般而言，边坡分为天然土坡和人工土（边）坡。

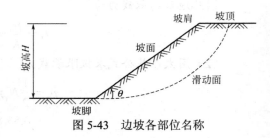

图 5-43　边坡各部位名称

5.8.1　无黏性土坡稳定性分析

　　无黏性土坡即由粗颗粒土所堆筑的土坡。无黏性土坡的滑动一般为浅层平面型滑动，其稳定性分析比较简单。根据实际观测，无黏性土坡破坏时的滑动面往往接近于一个平面。因此，在分析无黏性土坡稳定时，为简化计算，一般均假定滑动面是平面，如图 5-44 所示。

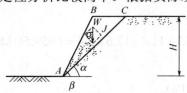

图 5-44　无黏性土坡稳定分析模型

　　已知土坡高为 H，坡角为 β，土的重度为 γ，土的抗剪强度 $\tau_f = \sigma \tan \varphi$。若假定滑动面是通过坡脚 A 的平面 AC，AC 的倾角为 α，则可计算滑动土体 ABC 沿 AC 面上滑动的稳定安全系数 K 值。

沿土坡长度方向截取单位长度土坡，作为平面应变问题分析。已知滑动土体 ABC 的重力为

$$W = \gamma \cdot S_{\triangle ABC} \tag{5-53}$$

W 在滑动面 AC 上的平均法向分力 N 及由此产生的抗滑力 T_f 为

$$N = W \cos \alpha \left.\right\}$$
$$T_{\mathrm{f}} = N \tan \varphi = W \cos \alpha \tan \varphi \left.\right\} \tag{5-54}$$

W 在滑动面 AC 上产生的平均下滑力 T 为

$$T = W \sin \alpha \tag{5-55}$$

土坡的滑动稳定安全系数 K 为

$$K = \frac{T_{\mathrm{f}}}{T} = \frac{W \cos \alpha \tan \varphi}{W \sin \alpha} = \frac{\tan \varphi}{\tan \alpha} \tag{5-56}$$

安全系数 K 随倾角 α 的增大而减小。当 $\alpha = \beta$ 时，滑动稳定安全系数最小，即土坡面上的一层土是最容易滑动的。无黏性土坡的滑动稳定安全系数可取为

$$K = \frac{\tan \varphi}{\tan \beta} \tag{5-57}$$

当坡角 β 等于土的内摩擦角 φ，即稳定安全系数 $K = 1$ 时，土坡处于极限平衡状态。因此，无黏性土坡的极限坡角等于土的内摩擦角 φ，此坡角称为土坡自然休止角。只要坡角 $\beta < \varphi$（$K > 1$），土坡就是稳定的。可以看出，无黏性土坡的稳定性与坡高无关，与坡体材料的质量无关，仅取决于 β 和 φ。为了保证土坡具有足够的安全储备，工程中一般要求 $K \geqslant 1.25$。

5.8.2 黏性土坡整体稳定性分析

黏性土坡发生滑坡时，其滑动面形状多为一曲面。土坡稳定分析时采用的圆弧滑动面首先由彼德森（K.E.Petterson，1916）提出，此后费伦纽斯（W.Fellernius，1927）和泰勒（D.W.Taylor，1948）做了研究和改进。他们提出的分析方法可以分为两类：①土坡圆弧滑动按整体稳定分析法，主要适用于均质简单土坡；②用条分法分析土坡稳定，对非均质土坡、土坡外形复杂及土坡部分在水下时均适用。

由于整体分析法对于非均质的土坡或比较复杂的土坡（如土坡形状比较复杂、土坡上有荷载作用、土坡中有水渗流时等）均不适用，费伦纽斯提出了黏性土坡稳定分析的条分法。由于此法最先在瑞典使用，又称为瑞典条分法。毕肖普（A.W.Bishop，1955）对此法进行改进，提高了条分法的计算精度。下面简要介绍瑞典条分法的基本知识。

1. 瑞典条分法的基本原理

如图 5-45 所示土坡，取单位长度土坡按平面问题计算。设可能的滑动面是一圆弧 AD，其圆心为 O，半径为 R。将滑动土体 $ABCDA$ 分成许多竖向土条，土条宽度一般可取 $b = 0.1R$。任一土条 i 上的作用力包括：土条的重力 W_i，其大小、作用点位置及方向均已知。滑动面 ef 上的法向反力 N_i 及切向反力 T_i，假定 N_i、T_i 作用在滑动面 ef 的中点，它们的大小均未知。土条两

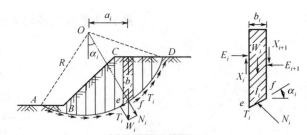

图 5-45 土坡稳定分析的瑞典条分法

侧的法向力 E_i、E_{i+1} 及竖向剪切力 X_i、X_{i+1}，其中 E_i 和 X_i 可由前一个土条的平衡条件求得，而 E_{i+1} 和 X_{i+1} 的大小未知，E_{i+1} 的作用点位置也未知。

由此看到，土条 i 的作用力中有 5 个未知数，但只能建立 3 个平衡条件方程，故为非静定问题。为了求得 N_i 和 T_i 值，必须对土条两侧作用力的大小和位置作适当假定。瑞典条分法假设不

考虑土条两侧的作用力，也即假设 E_i 和 X_i 的合力等于 E_{i+1} 和 X_{i+1} 的合力，同时，它们的作用线重合，因此土条两侧的作用力相互抵消。这时土条 i 仅有作用力 W_i、N_i 及 T_i，根据平衡条件可得：

$$\begin{cases} N_i = W_i \cos \alpha_i \\ T_i = W_i \sin \alpha_i \end{cases} \tag{5-58}$$

滑动面 ef 上土的抗剪强度为

$$\tau_{fi} = \sigma_i \tan \varphi_i + c_i = \frac{1}{l_i}(N_i \tan \varphi_i + c_i l_i) = \frac{1}{l_i}(W_i \cos \alpha_i \tan \varphi_i + c_i l_i) \tag{5-59}$$

式中　α_i——土条 i 滑动面的法线与竖直线的夹角，（°）；

　　　l_i——土条 i 滑动面 ef 的弧长，m；

　　　c_i——滑动面上土的黏聚力，kPa；

　　　φ_i——滑动面上土的内摩擦角，（°）。

土条 i 上的作用力对圆心 O 产生的滑动力矩 M_s 及抗滑力矩 M_r 分别为

$$M_s = T_i R = W_i \sin \alpha_i R \tag{5-60}$$

$$M_r = \tau_{fi} l_i R = (W_i \cos \alpha_i \tan \varphi_i + c_i l_i)R$$

整个土坡相应于滑动面 AD 时的稳定安全系数为

$$K = \frac{M_r}{M_s} = \frac{\sum\limits_{i=1}^{n}(W_i \cos \alpha_i \tan \varphi_i + c_i l_i)}{\sum\limits_{i=1}^{n} W_i \sin \alpha_i} \tag{5-61}$$

2. 最危险滑动面圆心位置的确定

上述稳定安全系数 K 是对于某一个假定滑动面求得的。因此，需要试算许多个可能的滑动面，相应于最小安全系数 K_{min} 的滑动面即为最危险滑动面。工程中，若 $K_{min} \geqslant 1.2$，则一般认为黏性土边坡为稳定的。

瑞典条分法实际上是一种试算法，由于计算工作量大，一般利用计算机完成。

知识扩展

条分法最危险滑动面圆心位置的确定方法

1. 费伦纽斯条分法

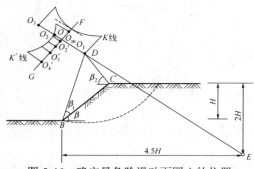

（1）土的内摩擦角 $\varphi=0°$ 时。费伦纽斯提出当土的内摩擦角 $\varphi=0°$ 时，土坡的最危险圆弧滑动面通过坡脚，其圆心为 D 点，如图 5-46 所示。D 点是由坡脚 B 与坡顶 C 分别做 BD 和 CD 线的交点，BD 和 CD 线分别与坡面及水平面成 β_1 和 β_2 角。β_1 及 β_2 角与土坡坡角 β 有关，可由表 5-6 查得。

图 5-46　确定最危险滑动面圆心的位置

表 5-6　　β_1 及 β_2 数值表

土坡坡度 i	坡角 β	$\beta_1(°)$	$\beta_2(°)$
1：0.58	60°	29	40
1：1	45°	28	37
1：1.5	33°41'	26	35
1：2	26°34'	25	35
1：3	18°26'	25	35
1：4	14°02'	25	37
1：5	11°19'	25	37

（2）土的内摩擦角 $\varphi > 0°$ 时。费伦纽斯提出这时最危险滑动面也通过坡脚，其圆心在 ED 的延长线上，如图 5-46 所示。E 点的位置距坡脚 B 点的水平距离为 $4.5H$。φ 值越大，圆心越向外移。计算时从 D 点向外延伸取几个试算圆心 O_1'、O_2'、…，分别求得其相应的滑动安全系数 K_1'、K_2'、…，绘 K' 值曲线可得到最小安全系数值 K_{min}'，其相应的圆心 O_m 即为最危险滑动面的圆心。

实际上，土坡的最危险滑动面圆心位置有时并不一定在 ED 的延长线上，而可能在其左右附近。因此，圆心 O_m 可能并不是最危险滑动面的圆心，这时可以通过 O_m 点作 DE 线的垂线 FG，在 FG 上取几个试算滑动面的圆心 O_1'、O_2'、…，求得其相应的活动稳定安全系数 K_1'、K_2'、…，绘得 K' 曲线，相应于 K_{min}' 值的圆心 O 才是最危险滑动面的圆心。

由此可见，根据费伦纽斯提出的方法，虽然可以将危险滑动面的圆心位置缩小到一定范围，但其试算工作量仍然很大。

2. 泰勒分析法

泰勒对此作了进一步的研究，提出了确定均质简单土坡稳定安全系数的图表（图 5-47、图 5-48）。泰勒认为圆弧滑动面与土的内摩擦角 φ 值，坡角 β 以及硬土层埋藏深度等因素有关，泰勒经过大量计算分析后提出：

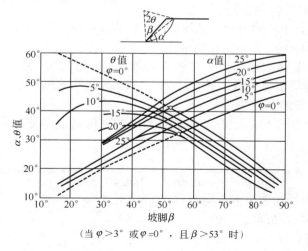

（当 $\varphi > 3°$ 或 $\varphi = 0°$，且 $\beta > 53°$ 时）

图 5-47　按泰勒法确定最危险滑动面圆心位置（1）

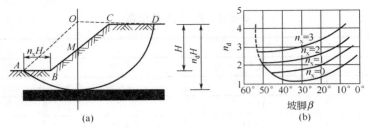

(当 $\varphi=0°$ 且 $\beta>53°$ 时)

图 5-48　按泰勒法确定最危险滑动面圆心位置（2）

（1）当 $\varphi>3°$ 时，滑动面为坡脚圆，其最危险滑动面圆心位置可根据 φ 及 β 值，从图 5-47 中的曲线查得 θ 及 α 值，作图求得。

（2）当 $\phi=0°$ 且 $\beta>53°$ 时，滑动面也是坡脚圆，其最危险滑动面圆心位置，同样可以从图 5-48 中的 θ 及 α 值作图求得。

（3）当 $\varphi=0°$ 且 $\beta<53°$ 时，滑动面可能是中点圆，也可能是坡脚圆或坡面圆，它取决于硬层的埋藏深度。当土体高度为 H，硬层的埋藏深度为 n_dH，若滑动面为中点圆，则圆心位置在坡面中点 M 的铅直线上，且与硬层相切，如图 5-48（a）所示。活动面与土面的交点为 A，A 点距坡脚 B 的距离为 n_xH，n_x 值可根据 n_d 及 β 值由图 5-48（b）查得。若硬层埋藏深度较浅，则滑动面可能是坡脚圆或坡面圆，其圆心位置需通过试算确定。

【工程应用例题 5-14】　如图 5-49 所示，已知某土坡高度 $H=6$ m，坡角 $\beta=55°$，土的性质为：$\gamma=16.7$ kN/m³，$\varphi=12°$，$c=16.7$ kPa。试用瑞典条分法验算土坡的稳定系数。

解：（1）按比例绘出土坡的剖面图。按泰勒经验方法确定最危险滑动面圆心位置，

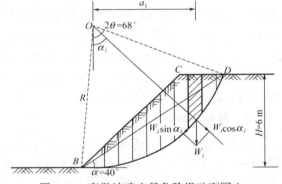

图 5-49　泰勒法确定最危险滑动面圆心

当 $\varphi=12°$，$\beta=55°$ 时，土坡的滑动面是坡角圆，其最危险滑动面圆心的位置，可以从图 5-49 的曲线得到 $\alpha=12°$，$\theta=34°$，由此作图求得。

（2）将滑动土体 $BCDB$ 划分成竖直土条。滑动圆弧 BD 的水平投影长度为 $H \cdot \cot\alpha=7.15$ m。将滑动土体划分成 7 个土条，从坡脚 B 开始编号，将 1~6 条的宽度 b 取为 1 m，而余下第 7 条的宽度为 1.15 m。

（3）各土条滑动面中点与圆心的连线同竖直线的夹角 α_i 值，可按下式计算：

$$\sin\alpha_i = a_i/R$$

$$R = \frac{d}{2\sin\theta} = \frac{H}{2\sin\alpha\sin\theta} = \frac{6}{2\sin40°\cos34°} = 5.63(\text{m})$$

式中　a_i——土条 i 的滑动面中点与圆心 O 的水平距离；

R——圆弧滑动面 BD 的半径；

d——BD 弦的长度；

θ、α——求圆心位置时的参数。

将求得的各土条值列于表 5-7 中。

表 5-7 土坡稳定计算结果

土条编号	土体宽度 b/m	土条中心高度 h_i/m	土条重力 W_i/kN	α_i/(°)	$W_i\sin\alpha_i$/kN	$W_i\cos\alpha_i$/kN	$\hat{L}$/m
1	1	0.60	11.16	9.5	1.84	11.0	
2	1	1.80	33.48	16.5	9.51	32.1	
3	1	2.85	53.01	23.8	21.39	38.5	
4	1	3.75	69.75	31.8	31.8	59.41	
5	1	4.10	76.26	40.1	40.1	58.33	
6	1	3.05	56.73	49.8	49.8	36.62	
7	1.15	1.05	27.90	63.0	63.0	12.67	
合　计					186.60	248.63	9.91

（4）从图 5-49 中量取各土条的中心高度 h_i，计算各土条的重力 $W_i=\gamma bh_i$ 及 $W_i\cos\alpha_i$、$W_i\sin\alpha_i$ 值，将结果列于表 5-7 中。

（5）计算滑动面圆弧 BD 的长度 $\hat{L}$。

$$\hat{L}=\frac{\pi}{180°}2\theta R=\frac{2\pi\times34°\times8.35}{180°}=9.91(\text{m})$$

（6）按式（5-61）计算土坡的稳定安全系数 K。

$$K=\frac{M_s}{M_f}=\frac{\tan\varphi\sum_{i=1}^{n}(W_i\cos\alpha_i+c_il_i)}{\sum_{i=1}^{n}W_i\sin\alpha_i}=\frac{258.63\times\tan12°+16.7\times9.91}{186.6}=1.18$$

能力训练

一、思考题

1. 产生主动土压力的条件是什么？产生被动土压力的条件是什么？三种土压力的大小关系是什么？

2. 朗肯土压力理论的基本假设是什么？库仑土压力理论的基本假设是什么？朗肯土压力理论和库仑土压力理论有何区别？

3. 挡土墙主要有哪些类型？各类型有何适用性？如何确定重力式挡土墙断面尺寸及进行各种验算？

4. 地基发生剪切破坏的类型有哪些？其中整体剪切破坏的过程和特征有哪些？

5. 如何确定最危险圆弧滑动面？

二、习题

1. 已知挡土墙高 $H=6.0$ m，墙后填土为砂土，填土表面倾斜 $\beta=10°$，重度 $\gamma=18.3$ kN/m³，内摩擦角 $\varphi=30°$，墙背倾斜 $\alpha=10°$，填土与墙面之间的摩擦角 $\delta=15°$，试计算作用在此挡土墙上的主动土压力 E_a 及其作用点至墙底的距离 y_a。（答案：$E_a=143.88$ kN/m，$y_a=2$ m）

2. 已知挡土墙高 $H=5.0$ m，墙背竖直、光滑，填土表面水平，墙后填土为黏性土，其上作用均布荷载 $q=10.0$ kPa，重度 $\gamma=18.3$ kN/m³，内摩擦角 $\varphi=30°$。试计算作用在此挡土墙底部的主动土压力强度和挡土墙上的主动土压力及其作用点到墙底的距离。（答案：

$E_a = 92.92\,\text{kN/m}$, $y_a = 1.82\,\text{m}$)

3. 已知某挡土墙高 5.0 m，墙背垂直、光滑，填土表面水平。墙后填土为中砂，重度 $\gamma = 18.0\,\text{kN/m}^3$，饱和重度 $\gamma_{sat} = 20\,\text{kN/m}^3$，$\varphi = 30°$，试计算：（1）静止土压力 E_0、主动土压力 E_a；（2）当地下水位上升至离墙顶 3 m 时，所受的总土压力 E_a 与水压力 E_w，并绘出分布图。（答案：$E_0 = 90\,\text{kN/m}$，$E_a = 75\,\text{kN/m}$；$E_a = 89.67\,\text{kN/m}$，$E_w = 20\,\text{kN/m}$）

4. 某挡土墙高 5 m，墙背竖直、光滑，填土面水平，$\gamma = 18.0\,\text{kN/m}^3$，$\varphi = 22°$，$c = 15\,\text{kPa}$。试计算：（1）该挡土墙主动土压力分布、合力大小及其作用点位置；（2）若该挡土墙在外力作用下，朝填土方向产生较大的位移时，作用在墙背的土压力分布、合力大小及其作用点位置又为多少？（答案：$E_0 = 26.20\,\text{kN/m}$，$y_a = 0.84\,\text{m}$；$E_a = 719.95\,\text{kN/m}$，$y_a = 1.93\,\text{m}$）

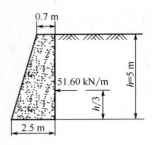

图 5-50　题 5 题

5. 某重力式挡土墙如图 5-50 所示，砌体重度 $\gamma = 22.0\,\text{kN/m}^3$，基底摩擦系数 $\mu = 0.5$，作用在墙背上的主动土压力为 51.60 kN/m。试验算该挡土墙的抗滑和抗倾覆稳定性。

6. 某高校学生食堂条形基础基底宽度 $b = 3.00\,\text{m}$，基础埋深 $d = 2.00\,\text{m}$，地下水位接近地面。地基为砂土，饱和重度 $\gamma_{sta} = 21.1\,\text{kN/m}^3$，内摩擦角为 30°，荷载为中心荷载。

（1）求地基的临界荷载；

（2）若基础埋深 d 不变，基底宽度 b 加大一倍，求地基临界荷载；

（3）若基底宽度 b 不变，基础埋深加大一倍，求地基临界荷载；

（4）从上述计算结果可以发现什么规律？（答案：164 kPa；204 kPa；289 kPa）

7. 某条形基础 $b = 3\,\text{m}$，$d = 12\,\text{m}$，建于均质的黏土地基上，土层 $\gamma = 18.5\,\text{kN/m}^3$，$c = 15\,\text{kPa}$，$\varphi = 20$，试分别计算地基的 p_{cr} 和 $p_{1/4}$。（答案：$p_{cr} = 152.8\,\text{kPa}$，$p_{1/4} = 181.4\,\text{kPa}$）

任务自测

任务能力评估表

知识学习	
能力提升	
不足之处	
解决方法	
综合自评	

任务 6 浅基础设计

任务目标

➤ 熟悉浅基础的概念、分类及应用范围
➤ 掌握基础埋置深度和基础尺寸的确定
➤ 掌握地基承载力设计值的确定、地基特征变形验算
➤ 掌握钢筋混凝土扩展基础设计和柱下条形基础设计

6.1 概述

地基基础是建筑物的根基，根基不牢，将危及整个建筑物的安全。地基基础设计必须根据上部结构（建筑物的用途和安全等级、建筑布置、上部结构类型等）和工程地质条件（建筑场地、地基岩土和气候条件等），结合考虑其他方面的要求（工期、施工条件、造价和环境保护等），合理选择地基基础方案，因地制宜，精心设计，以确保建筑物的安全和正常使用。天然地基上的浅基础施工方便、工期短、造价低，在保证建筑物安全和使用前提下是基础工程的首选，而得到了广泛的使用。

6.1.1 建筑物的安全等级

《规范》中，根据地基损坏造成建筑物破坏后果（如危及人的生命、造成经济损失和社会影响及修复的可能性）的严重性，将建筑物分为三个安全等级，见表 6-1。

表 6-1　建筑物安全等级

安全等级	破坏后果	建筑类型
一级	很严重	重要的工业与民用建筑物，20 层以上的高层建筑，体型复杂的 14 层以上的高层建筑，对地基
二级	严重	一般的工业与民用建筑
三级	不严重	次要的建筑物

6.1.2 地基基础设计的基本原则和一般步骤

为了保证建筑物的安全与正常使用，根据建筑物的安全等级和长期荷载作用下地基变形对上部结构的影响程度，地基基础设计和计算应当满足下述三项基本原则：

（1）在防止地基土体剪切破坏和丧失稳定性方面，应具有足够的安全度。因此，各级建筑物均应进行地基承载力计算；对经常受水平荷载作用的高层建筑和高耸结构，以及建造在斜坡上的建筑物和构筑物，尚应验算其稳定性。

（2）应进行必要的地基变形计算。对一级建筑物及须做地基变形计算的二级建筑物，应控制地基的变形特征值，使之不超过建筑物的地基变形特征允许值，以免引起基础和上部结构的损坏，或影响建筑物的使用功能和外观。

（3）基础的材料型式、构造和尺寸，除应能适应上部结构、符合使用要求、满足上述地基承载力（稳定性）和变形要求外，还应满足对基础结构的强度、刚度和耐久性的要求。

因此，天然地基上浅基础设计的一般步骤是：

（1）充分掌握拟建场地的工程地质条件和地质勘察资料。例如，不良地质现象和地震断层的存在及其危害性、地基土层分布的均匀性和软弱下卧层的位置和厚度、各层土的类别及其工程特性指标。

（2）在研究地基勘察资料的基础上，结合上部结构种类，荷载的性质、大小和分布，建筑布置和使用要求以及拟建基础对原有建筑设施或环境的影响；并充分了解当地建筑经验、施工条件、材料供应、先进技术的推广应用等其他有关情况，综合考虑选择基础类型和平面布置方案。

（3）确定地基持力层和基础埋置深度。

（4）确定地基承载力设计值。

（5）按地基承载力（包括持力层和软弱下卧层）确定基础底面尺寸。

（6）进行必要的地基稳定性和特征变形验算；使地基的稳定性得到充分保证，并使地基的沉降不致引起结构损坏、建筑物倾斜与开裂，或影响其正常使用和外观。

（7）进行基础的结构设计；用简化的或考虑相互作用的计算方法进行基础结构的内力分析和截面设计，以保证基础具有足够的强度、刚度和耐久性。绘制基础施工详图，并提出必要的技术说明。

上述各方面内容密切关联、相互制约，很难一次考虑周详。因此，地基基础设计工作往往需反复多次才能取得满意的结果。对规模较大的基础工程，还宜进行多个地基基础方案设计，经技术经济比较后，择优采用。

6.1.3 浅基础的分类

1. 无筋扩展基础

无筋扩展基础又称为刚性基础，无筋扩展基础通常由砖、石、素混凝土、灰土和三合土等材料建成。这些材料都具有较好的抗压性能，但抗拉、抗剪强度却不高。因此，设计时必须保证基础内的拉应力和剪应力不超过材料强度的设计值。通常可通过对基础的构造进行限制来实现这一目标，即基础的外伸宽度与基础高度的比值（称为无筋扩展基础台阶宽高比）小于基础的台阶宽高比允许值，如图 6-1 所示。这样，基础的相对高度都比较大，几乎不发生挠曲变形。

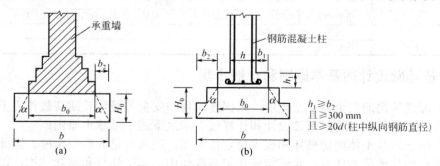

图 6-1　无筋扩展基础构造示意图

（1）砖基础。砖基础是以砖为砌筑材料形成的建筑物基础。砖基础是我国传统的砖木结构采用的基础形式，现代常与混凝土结构配合修建住宅、校舍、办公楼等低层建筑。常见的砌筑方法为"一皮一收"或"一皮一收与两皮一收相间"。砌筑时为保证基础最底层的整体性良好，底层采用"全丁法"砌筑。"一皮"即一层砖，标志尺寸为 60 mm，如图 6-2 所示。

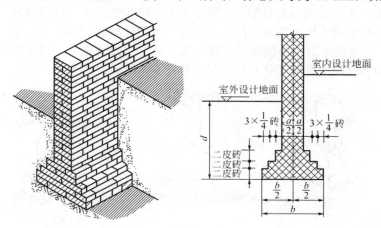

图 6-2　砖基础

砖基础的特点是抗压性能好，整体性、抗拉性、抗弯性、抗剪性较差，材料易得，施工操作简便，造价较低。它适用于地基坚实、均匀，上部荷载较小，六层和六层以下的一般民用建筑和墙承重的轻型厂房基础工程。

（2）毛石基础。毛石基础是用强度等级不低于 MU30 的毛石和强度等级不低于 M5 的砂浆砌筑而成。为保证砌筑质量，毛石基础每台阶高度和基础的宽度不宜小于 400 mm，每阶两边各伸出宽度不宜小于 200 mm。石块应错缝搭砌，缝内砂浆应饱满，且每步台阶不应少于两匹毛石，石块上下皮竖缝必须错开（不少于 10 cm，角石不少于 15 cm），做到交错排列，如图 6-3 所示。

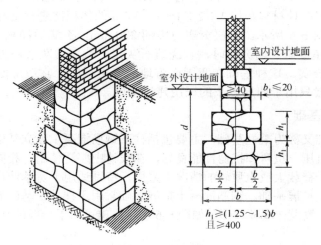

图 6-3　毛石基础

毛石基础的抗冻性较好，在寒冷潮湿地区可用于六层以下建筑物基础。但其整体性欠佳，故有振动的建筑很少采用。

（3）混凝土和毛石混凝土基础。混凝土基础的强度、耐久性和抗冻性均较好，其混凝土强度等级一般采用 C15 以上，常用于荷载较大的墙柱基础。

毛石基础是在混凝土基础中加入一定比例的毛石而形成的基础，如毛石混凝土带形基础、毛石混凝土垫层等。当在大体积混凝土浇筑时，为了减少水泥用量以及混凝土发热量对结构产生的病害，在浇筑混凝土时加入一定量毛石。浇筑混凝土墙体较厚时，也可掺入一定量的毛石，如毛石混凝土挡土墙等。掺入的毛石一般为体积的 25% 左右，毛石的粒径控制在 200 mm 以下。具体操作为：分层浇筑混凝土浆，再分层投入毛石，保证浆体充分包裹住毛石，毛石在结构体空间中应保证其布置均匀，如图 6-4 所示。

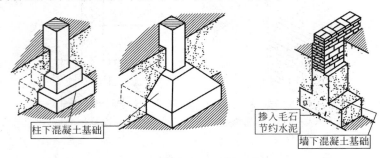

图 6-4　混凝土和毛石混凝土基础

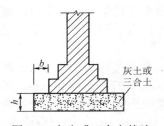

图 6-5　灰土或三合土基础

（4）灰土基础。灰土基础是由石灰、土和水按比例配合，经分层夯实而成的基础，如图 6-5 所示。灰土强度在一定范围内随含灰量的增加而增加。但超过限度后，灰土的强度反而会降低。灰土基础的优点是施工简便，造价较低，就地取材，可以节省水泥、砖石等材料；其缺点是抗冻、耐水性能差，在地下水位线以下或很潮湿的地基上不宜采用，多用于五层以下的民用建筑基础。

（5）三合土基础。三合土基础是由石灰、砂、集料（矿渣、碎砖或碎石）等三种材料，按 1∶2∶4～1∶3∶6 的体积比进行配合，然后在基槽内分层夯实的基础，如图 6-5 所示。每层夯实前虚铺 220 mm，夯实后净剩 150 mm。三合土铺筑至设计标高后，在最后一遍夯打时，宜浇筑石灰浆，待表面灰浆略为风干后，再铺上一层砂子，最后整平夯实。这种基础在我国南方地区应用很广。它造价低廉，施工简单，但强度较低，所以一般只用于四层以下的民用建筑基础。

2．钢筋混凝土基础

钢筋混凝土基础又称为柔性基础，主要包括柱下钢筋混凝土独立基础和钢筋混凝土条形基础。这类基础的抗压、抗弯和抗剪性能良好，在设计中广泛使用，相同条件下比刚性基础的基础高度小，适于荷载大或土质软的情况下采用，特别适用于宽基浅埋的场所。

（1）钢筋混凝土扩展基础。钢筋混凝土扩展基础常用于柱下，基础的截面可设计成阶梯形、锥形，预制柱一般设计成杯口形，如图 6-6 所示，也可用于一般的高耸构筑物，如水塔、烟囱等。

当柱荷载大、地基承载力低或柱荷载差过大、地基土质变化较大，采用独立基础无法满足设计要求时，可考虑采用柱下条形基础、筏形基础或其他基础形式。

（2）钢筋混凝土条形基础。条形基础是指基础长度远远大于宽度的一种基础形式，按上

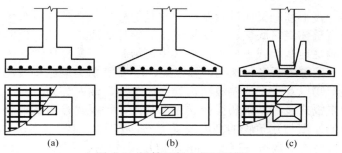

图 6-6　钢筋混凝土扩展基础

（a）阶梯形基础；（b）锥形基础；（c）杯口形基础

部结构分为墙下条形基础和柱下条形基础。基础的长度一般大于或等于 10 倍基础的宽度。

1）墙下钢筋混凝土条形基础。墙下钢筋混凝土条形基础广泛应用于砌体结构，常有不带肋与带肋两种形式，如图 6-7 所示。如果地基土质分布较不均匀，在水平方向压缩性差异较大，为了减小基础不均匀沉降和增强基础的整体性，可做成带肋条形基础。

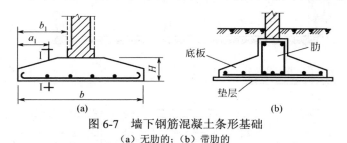

图 6-7　墙下钢筋混凝土条形基础

（a）无肋的；（b）带肋的

2）柱下钢筋混凝土条形基础。当地基较为软弱、柱荷载或地基压缩性分布不均匀，常将同一方向（或同一轴线）上若干柱子的基础连成一体而形成柱下条形基础，如图 6-8 所示。这种基础的抗弯刚度较大，因而具有调整不均匀沉降的能力，并能将所承受的集中柱荷载较均匀地分布到整个基底面积上。柱下条形基础是常用于软弱地基上框架或排架结构的一种基础形式。

（3）柱下十字形基础。当为承受荷载较大的高层建筑，或地基土软弱，单向条形基础底面积不足以承受上部结构荷载时，可在纵、横两方向将柱基础连成十字交叉条形基础，如图 6-9 所示。这种基础在纵、横两向均具有一定的刚度，当地基软弱且在两个方向的荷载和土质不均匀时，交叉条形基础具有良好的调整不均匀沉降的能力。

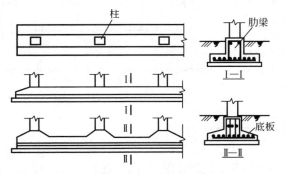

图 6-8　柱下钢筋混凝土条形基础

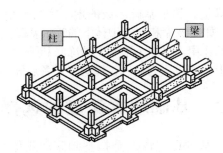

图 6-9　柱下十字形基础

（4）筏形基础。筏形基础又叫满堂基础。它是把柱下独立基础或者条形基础全部用连系梁联系起来，下面再整体浇筑底板，由底板、梁等整体组成。当地基软弱而荷载较大，采用十字交叉基础不能满足地基承载力要求，可采用筏形基础，其整体性好，能很好地抵抗地基不均匀沉降。筏形基础可用于多种结构，如框架、框-剪、剪力墙结构及砌体结构，特别适用于采用地下室的建筑物以及大型的储液结构物（如水池、油库等）。

筏形基础分为平板式筏形基础和梁板式筏形基础，平板式筏形基础是一块等厚度的钢筋混凝土平板，筏板的厚度与建筑物的高度及受力条件有关，通常不小于 200 mm，对于高层建筑，通常根据建筑物的层数按每层 50 mm 确定筏板的厚度。当在柱间设有梁时，则形成梁板式筏形基础，其有下梁式和下梁式两种形式，如图 6-10 所示。

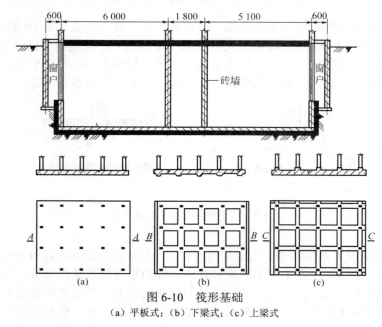

图 6-10　筏形基础
（a）平板式；（b）下梁式；（c）上梁式

（5）箱形基础。箱形基础是由钢筋混凝土顶板、底板、纵横隔墙构成的，具有一定高度的整体性结构，如图 6-11 所示。箱形基础具有较大的基础底面，较深的埋深和中空的结构形式，使开挖卸去的土抵偿了上部结构传来的部分荷载在地基中引起的附加应力（补偿效应）。所以，与一般实体基础（如扩展基础和柱下条形基础）相比，它能显著减小基础沉降量。箱形基础形成的地下室可提供多种使用功能，如冷藏库和高温炉体下的箱形基础具有隔断热传导的作用，可减小地基土的冻胀和干缩；高层建筑的箱形基础可作为商店、库房、设备层和人防之用。

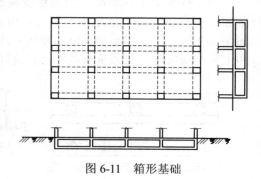

图 6-11　箱形基础

6.2　基础埋置深度的选择

基础埋置深度是指基础底面距地面（一般指设计地面）的距离，如图 6-12 所示。确定基础埋深时应综合考虑如下因素，但对于很多单项工程来说，往往只是其中一两个因素起决定作用。

选择基础埋置深度也即选择合适的地基持力层。基础埋置深度的大小对于建筑物的安全和正常使用、基础施工技术措施、施工工期和工程造价等影响很大，因此，合理确定基础埋置深度是基础设计工作中的重要环节。设计时必须综合考虑建筑物自身条件（如使用条件、结构形式、荷载的大小和性质等）以及所处的环境（如地质条件、气候条件、邻近建筑的影响等），善于从实际出发，抓住决定性因素。以下分述选择基础埋深时应考虑的几个因素。

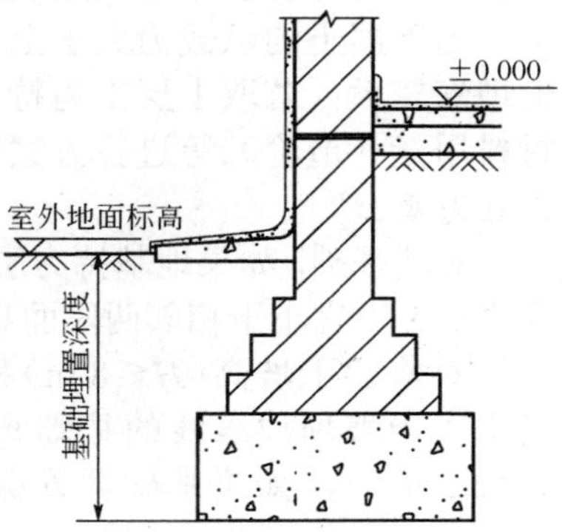

图 6-12　基础埋置深度

6.2.1　与建筑物有关条件与场地环境条件

基础埋置深度首先取决于建筑物的用途，如有无地下室、设备基础和地下设施等，以及基础形式和构造，因而基础埋深要结合建筑设计标高的要求确定。

高层建筑筏形和箱形基础的埋置深度应满足地基承载力、变形和稳定性要求。在抗震设防区，除岩石地基外，天然地基上的箱形和筏形基础的埋置深度不宜小于建筑物高度的 1/15；桩箱或桩筏基础的埋置深度（不计桩长）不宜小于建筑物高度的 1/20～1/18。位于基岩地基上的高层建筑物基础埋置深度，还要满足抗滑要求。

对于高耸构筑物（如烟囱、水塔、筒体结构），基础要有足够埋深以满足稳定性要求；对于承受上拔力的结构基础，如输电塔基础、悬索式桥梁的锚定基础，需要有较大的埋深以满足抗拔要求。

另外，建筑物荷载的性质和大小影响基础埋置深度的选择，如荷载较大的高层建筑和对不均匀沉降要求严格的建筑物，往往为减小沉降，而把基础埋置在较深的良好土层上，这样，基础埋置深度相应较大。此外，承受水平荷载较大的基础，应有足够大的埋深，以保证地基的稳定性。

为了保护基础不受人类和其他生物活动等的影响，基础宜埋置在地表以下，其最小埋深为 0.5 m，且基础顶面宜低于室外设计地面 0.1 m，同时又要便于周围排水沟的布置。当存在相邻建筑物时，新建筑物基础埋深不宜大于原有建筑物基础。当埋深大于原有建筑物基础时，两基础间应保持一定净距，其数值应根据原有建筑荷载大小、基础形式和土质情况确定，一般不宜小于基础地面高差的 1～2 倍（图 6-13）。当上述要求不能满足时，应采取分段施工，采取设置临时加固支撑、打板桩、地下连续墙等施工措施，或加固原有建筑物地基。

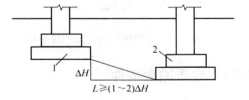

图 6-13　相邻建筑间的相邻基础埋深及间距要求
1—原有基础；2—新基础

6.2.2　工程地质与水文地质条件

1. 工程地质条件

为了保护建筑物的安全，必须根据荷载的大小和性质给基础选择可靠的持力层。一般当上层土的承载力能满足要求时，就应选择浅埋，以减少造价；若其下有软弱土层，则应验算软弱下卧层的承载力是否满足要求，并尽可能增大基底至软弱下卧层的距离。

当下层土的承载力大于上层土时，如果取下层土为持力层，所需的基础底面积较小，但埋深较大；若取上层土为持力层，则情况相反。在工程应用中，应根据施工难易程度、材料用量（造价）等进行方案比较确定。必要时，还可以考虑采用基础浅埋加地基处理的设计方案。

对墙基础，如果地基持力层顶面倾斜，可沿墙长将基础底面分段做成高低不同的台阶状。分段长度不宜小于相邻两段面高差的1～2倍，且不宜小于1 m。

对修建于坡高（$H \leqslant 8$ m）和坡角（$\beta \leqslant 45°$）不太大的稳定土坡坡顶上的基础（图6-14），当垂直于坡顶边缘线的基础底面边长 $b \leqslant 3$ m，且基础底面外缘至坡顶边缘线的水平距离 $a \geqslant 2.5$ m 时，如果基础埋置深度 d 满足下式要求：

$$d \geqslant (\chi b - a)\tan \beta \tag{6-1}$$

则土坡坡面附近由于修建基础所引起的附加应力不影响土坡的稳定性。其中，χ 取 1.5（对条形基础）或 2.5（对矩形基础）。否则，应进行坡体稳定性验算。

2．水文地质条件

选择基础埋深时，应注意地下水的埋藏条件和动态。对于天然地基上浅基础的设计，首先应尽量考虑将基础置于地下水位以上，以免施工排水等造成的麻烦。当基础必须埋在地下水位以下时，除应当考虑基坑排水、坑壁围护等措施以保护地基土不受扰动外，还要考虑可能出现的其他施工与设计问题，如出现涌土、流砂的可能性；地下水对基础材料的化学腐蚀作用；地下室防渗；轻型结构物由于地下水顶托的上浮托力；地下水上浮托力引起基础底板的内力等。

对埋藏有承压含水层的地基（图6-15），确定基础埋深时，必须控制基坑开挖深度，防止基坑因挖土减压而隆起开裂。

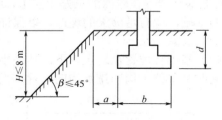

图6-14　土坡坡顶处基础的最小埋深

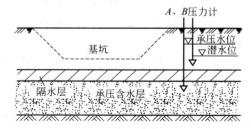

图6-15　基坑下有承压含水层

6.2.3　地质冻融条件

地表下一定深度的地层温度随大气温度而变化。季节性冻土层是冬季冻结、天暖解冻的土层，在我国北方地区分布广泛。若冻胀产生的上抬力大于基础荷重，基础就有可能被上抬；土层解冻时，土体软化，强度降低，地基产生融陷。地基土的冻胀与融陷通常是不均匀的，因此，容易引起建筑开裂损坏。季节性冻土的冻胀性与融陷性是相互关联的，常以冻胀性加以概括。《规范》根据冻土层的平均冻胀率的大小，将地基土划分为不冻胀、弱冻胀、冻胀、强冻胀和特强冻胀五类。为避免受冻胀区土层的影响，基础底面宜设置在冻结线以下。当建筑物基础地面土层为不冻胀、弱冻胀、冻胀土时，基础埋置深度可以浅于冻结线，但基础底面下允许留存的冻土厚度应不足以给上部结构造成危害。

当建筑基础底面以下允许有一定厚度的冻土层时，可用下式计算基础的最小埋深：

$$d_{\min} = z_d - h_{\max} \tag{6-2}$$

式中　$h_{\max}$——基础底面下允许残留冻土层的最大厚度，m，可参照《规范》附录 G；当有充分依据时，也可按当地经验确定；

z_d——设计冻深，m，季节性冻土地区基础设计，冻深可由下式确定：

$$z_d = z_0 \cdot \psi_{zs} \cdot \psi_{zw} \cdot \psi_{ze} - h_{\max} \tag{6-3}$$

z_0——标准冻深，m，采用在地面平坦、裸露、城市之外的空旷场地中不少于 10 年实测最大冻深的平均值，无实测资料时，按《规范》"中国季节性冻土标准冻深线图"采用；

ψ_{zs}——土的类别对冻深的影响系数（表 6-2）；

ψ_{zw}——土的冻胀性对冻深的影响系数（表 6-3）；

ψ_{ze}——环境对冻深的影响系数（表 6-4）。

表 6-2　土的类别对冻深的影响系数

土的类别	影响系数 ψ_{zs}	土的类别	影响系数 ψ_{zs}
黏性土	1.00	中、粗、砾砂	1.30
细砂、粉砂、粉土	1.20	卵石土	1.40

表 6-3　土的冻胀性对冻深的影响系数

冻胀性	影响系数 ψ_{zw}	冻胀性	影响系数 ψ_{zw}
不冻胀	1.00	强冻胀	0.85
弱冻胀	0.95	特强冻胀	0.80
冻胀	0.9		

表 6-4　环境对冻深的影响系数

周围环境	影响系数 ψ_{ze}	周围环境	影响系数 ψ_{ze}
村、镇、旷野	1.00	城市市区	0.90
城市近郊	0.95		

6.3　地基承载力的确定

为了满足地基强度和稳定性的要求，设计时必须控制基础底面最大压力不得大于某一界限值。按照不同的设计思想，可以从不同的角度控制安全准则的界限值——地基承载力。地基承载力可以按三种不同的设计原则进行，即总安全系数设计原则、容许承载力设计原则和概率极限状态设计原则。不同的设计原则遵循各自的安全规则，按不同的规则和不同的公式进行设计。

将安全系数作为控制设计的标准，在设计表达式中出现极限承载力的设计方法，称为安全系数设计原则，为了与分项安全系数相区别，通常称为总安全系数设计原则。其设计表达式为

$$p \leqslant \frac{p_u}{K} \tag{6-4}$$

式中　p——基础底面的压力，kPa；

p_u——地基极限承载力，kPa；

K——总安全系数。

地基极限承载力可以由理论公式计算或用荷载试验获得。国外普通采用极限承载力公式。我国有些规范也采用极限承载力公式，但积累的经验不太多，且安全系数的概念过于"模糊"。

容许承载力设计原则：将满足强度和变形两个基本要求作为地基承载力控制设计的标准。由于土是大变形材料，当荷载增加时，随着地基变形的相应增长，地基极限承载力也在逐渐增大，很难界定出一个真正的"极限值"；另外，建筑物的使用有一个功能要求，常常是地基承载力还有潜力可挖，而变形已达到或超过其正常使用的限值。因此，地基设计是采用正常使用极限状态原则，所选定的地基承载力是在地基土的压力变形曲线线性变形段内，相应于不超过比例界限点的地基压力，其设计表达式为

$$p \leqslant [p] \tag{6-5}$$

式中　　$[p]$——地基容许承载力，kPa。

容许承载力设计原则是我国最常用的方法之一，也积累了丰富的工程经验。《公路桥涵地基与基础设计规范》（JTG D63—2007）采用容许承载力设计原则。《规范》虽然采用概率极限状态设计原则确定地基承载力，采用特征值的形式，但是由于在地基基础设计中有些参数统计困难和统计资料不足，很大程度上还要凭经验确定。地基承载力特征值含义即为在发挥正常使用功能时所允许采用的抗力设计值，因此，地基承载力特征值实质上就是地基容许承载力。地基承载力特征值可由荷载试验或其他原位测试、公式计算，并结合工程实践经验等方法综合确定。

6.3.1　按土的抗剪强度指标确定

1.《规范》推荐的理论公式

对于荷载偏心距 $e \leqslant 0.033b$（b 为偏心方向基础边长）时，以浅基础地基的临界荷载 $p_{1/4}$ 为基础的理论公式计算地基承载力特征值：

$$f_a = M_b \gamma b + M_d \gamma_m d + M_c c_k \tag{6-6}$$

式中　　　　f_a——由土的抗剪强度指标确定的地基承载力特征值，kPa；

M_b、M_d、M_c——承载力系数，根据 φ_k 查表 6-5 获取；

　　　　b——基础底面宽度，大于 6 m 时按 6 m 取值，对于砂土，小于 3 m 时按 3 m 取值；

　　　　c_k——基底下一倍短边宽度的深度范围内土的黏聚力标准值；

　　　　d——基础埋置深度，宜自室外地面标高算起；

　　　　γ——基础底面以下土的重度，地下水位以下取浮重度；

　　　　γ_m——基础埋深范围内各层土的加权平均重度，地下水位以下取浮重度。

表 6-5　承载力系数 M_b、M_d、M_c

土的内摩擦角标准值 φ_k/(°)	M_b	M_d	M_c
0	0	1.00	3.14
2	0.03	1.12	3.32
4	0.06	1.25	3.51
6	0.10	1.39	3.71
8	0.14	1.55	3.93
10	0.18	1.73	4.17
12	0.23	1.94	4.42

土的内摩擦角标准值 $\varphi_k/(°)$	M_b	M_d	M_c
14	0.29	2.17	4.69
16	0.36	2.43	5.00
18	0.43	2.72	5.31
20	0.51	3.06	5.66
22	0.61	3.44	6.04
24	0.80	3.87	6.45
26	1.10	4.37	6.90
28	1.40	4.93	7.40
30	1.90	5.59	7.95
32	2.60	6.35	8.55
34	3.40	7.21	9.22
36	4.20	8.25	9.97
38	5.00	9.44	10.84
40	5.80	10.80	11.73

注：φ_k 为基底下一倍短边宽度的深度范围内土的内摩擦角标准值。

对上述公式做如下说明：

（1）按理论公式计算地基承载力，关键是土的抗剪强度指标 c_k、φ_k 的取值。要求采取原状土样以三轴剪切试验测定，一般要求在建筑场地范围内布置 6 个以上的取土钻孔，各孔中同一层土的试验不少于 3 组。

（2）确定抗剪强度指标 c_k、φ_k 的试验方法必须与地基土的工作状态相适应。例如，对饱和软土，不固结不排水剪的内摩擦角 $\varphi_k = 0°$，查表 6-5 得 $M_b = 0$、$M_d = 1.00$、$M_c = 3.14$。将式（6-6）中的 c_k 改写成 c_u，则地基承载力设计值：$f_a = \gamma_m d + 3.14 c_u$，这时，增大基底尺寸不可能提高地基承载力。但对 $\varphi_k > 0°$ 的土，增大基底宽度，承载力将随着 φ_k 的提高而逐渐增大。

（3）系数 $M_d \geqslant 1.0$，承载力随埋深 d 线性增加。但对设置后回填土的实体基础，因埋深增大而提高的那一部分承载力将被基础和回填土重 G 的相应增加而有所抵偿，尤其是对 $\varphi_u = 0°$ 的软土，$M_d = 1.0$，由于 $\gamma_G \approx \gamma_m$，这两方面几乎相抵而达不到明显的效果。

（4）式（6-6）仅适用于 $e < 0.033b$ 的情况，这是因为用该公式确定承载力时相应的理论模式是基底压力呈条形均匀分布。当受到较大水平荷载而使合力的偏心距过大时，地基反力就会很不均匀，为使理论计算的地基承载力符合其假定的理论模式，根据 $p_{max} \leqslant 1.2 f_a$ 的条件，故而对公式使用时增加了以上限制条件。

（5）按土的抗剪强度确定地基承载力时，没有考虑建筑物对地基变形的要求。因此按式（6-6）求得的承载力确定基础底面尺寸后，还应进行地基变形特征验算。

2．魏锡克公式（或汉森公式等）

德国规范利用太沙基公式、魏锡克公式、汉森公式引入极限状态表达式。采用总安全系数设计原则，用极限承载力除以总安全系数，即

$$K = \frac{p_u \cdot A'}{f_a \cdot A} \quad \text{或} \quad f_a = \frac{p_u \cdot A'}{K \cdot A} \tag{6-7}$$

式中　　K——安全系数；

　　　　p_u——地基土极限承载力；

A'——与土接触的有效基底面积；

A——基底面积。

我国《港口工程地基规范》（JTS 147-1—2010）、《公路桥涵地基与基础设计规范》（JTG D63—2007）和其他地区性规范已推荐采用汉森承载力公式，它与魏锡克公式的形式完全一致，只是系数的取值有所不同。此类公式比较全面地反映了影响地基承载力的各种因素，在国外应用很广泛。其中，安全系数 K 的取值与建筑物的安全等级、荷载的性质、土的抗剪强度指标的可靠程度，以及地基条件等因素有关，对长期承载力一般取 $K=2\sim3$。

【工程应用例题 6-1】 有一条形基础，宽度 $b=2$ m，埋置深度 $d=1$ m，地基土的湿重度 $\gamma=19$ kN/m³，$\gamma_w=9.8$ kN/m³，$c=9.8$ kPa，饱和重度 $\gamma_{sat}=20$ kN/m³，$\varphi=10°$，承载力系数 $M_b=0.18$，$M_d=1.73$，$M_c=4.17$，试求：（1）地基的承载力特征值；（2）若地下水位上升至基础底面，假设 $\varphi=10°$ 不变，承载力有何变化？

解：（1）已知 $\varphi=10°$ 时，承载力系数 $M_b=0.18$，$M_d=1.73$，$M_c=4.17$，当 $b<3$ m 时，取 $b=3$ m。则

$$
\begin{aligned}
f_a &= M_b\gamma b + M_d\gamma_m d + M_c c_k \\
&= 0.18\times19\times3+1.73\times19\times1+4.17\times9.8 \\
&= 84(\text{kPa})
\end{aligned}
$$

（2）由于 $\gamma'=\gamma_{sat}-\gamma_w=20-9.8=10.2(\text{kN/m}^3)$，则

$$
\begin{aligned}
f_a &= M_b\gamma b + M_d\gamma_m d + M_c c_k \\
&= 0.18\times10.2\times3+1.73\times19\times1+4.17\times9.8 \\
&= 79(\text{kPa})
\end{aligned}
$$

可见，当地下水上升时，地基的承载力将降低。

【工程应用例题 6-2】 某建筑物承受中心荷载的柱下独立基础底面尺寸为 2.5 m×1.5 m，埋深 $d=1.6$ m，地基土为粉土，土的物理力学性质指标：$\gamma=17.8$ kN/m³，$c_k=1.2$ kPa，$\varphi_k=22°$，试确定持力层的地基承载力特征值。

解： 由于基础承受中心荷载（偏心距 $e=0$），根据土的抗剪强度指标计算持力层的地基承载力特征值 f_a。

根据 $\varphi_k=22°$，查表 6-5 得：$M_b=0.61$，$M_d=3.44$，$M_c=6.04$。因此有

$$f_a = M_b\gamma b + M_d\gamma_m d + M_c c_k = 0.61\times17.8\times1.5+3.44\times17.8\times1.6+6.04\times1.2=121.5(\text{kPa})$$

6.3.2 按地基荷载试验确定

1. 荷载试验确定地基土承载力特征值

荷载试验主要包括浅层荷载试验、深层平板荷载试验与螺旋板荷载试验。浅层荷载试验可用于测定承载板下压力主要影响范围内各类土。试验影响深度应为 1.5～2.0 倍承载板的宽度或直径。承载板面积可采用 0.25 m² 或 0.5 m²。试坑底面宽度不应小于承载板直径或宽度的 3 倍。试验前应保持坑底岩土层的天然状态。承载板与测试岩土之间应设置 1～20 mm 厚的中粗砂垫层找平。深层平板荷载试验适用于确定深部地基土层及大直径桩桩端土层的承载力，其承压板采用的是直径为 0.8 m 的刚性板，紧靠承压板周围外侧的土层高度不小于 80 cm。地基承载力特征值由荷载-变形（p-s）曲线确定。

螺旋板荷载试验适用于确定深层地基土或地下水位以下的地基土承载力。试验时，将一螺旋形的承压板旋入地面以下预定深度，通过传力杆对螺旋形承压板施加荷载，并观测承压

板的位移，以测定土层的荷载-变形-时间（*p-s-t*）关系，确定地基承载力特征值。

在现场通过一定尺寸的荷载试验板对扰动较少的地基土体直接施加荷载，所测得的成果一般能反映相当于 1～2 倍荷载板宽度的深度以内土体的平均力学性质。荷载试验虽然比较可靠，但费时、耗资且很难多做，规范只要求对地基基础设计等级为甲级的建筑物采用荷载试验、理论公式计算及其他原位试验等方法综合确定。对于成分或结构很不均匀的土层，如杂填土、裂隙土、风化岩等，它具有其他方法所难以替代的作用。

对于密实砂土、硬塑黏土等低压缩性土，其 *p-s* 曲线通常有比较明显的起始直线段和极限值，即呈急进破坏的"陡降型"，如图 6-16（a）所示。对于有一定强度的中、高压缩性土，如松砂、填土、可塑性土等，其 *p-s* 曲线无明显转折点，但曲线的斜率随荷载的增加而逐渐增大，最后稳定在某个最大值，即呈渐进破坏的"缓变型"，如图 6-16（b）所示。下面讨论如何利用荷载试验来确定地基承载力设计值。

按荷载试验 *p-s* 曲线确定地基土承载力：

（1）按下述方法之一确定承载力基本值 f_0：

1）当荷载试验 *p-s* 曲线上有明显的比例界限时，取该比例界限所对应的荷载值 p_1，如图 6-16（a）所示；

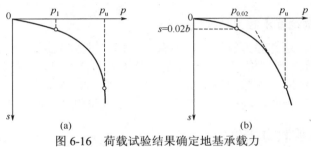

图 6-16　荷载试验结果确定地基承载力
（a）低压缩性土；（b）高压缩性土

2）当极限荷载 p_u 能确定，且 $p_u < 1.5 p_1$ 时，取荷载极限值 p_u 的一半；

3）不能按上述两种方法确定时，如图 6-16（b）所示，加压板面积为 0.25～0.50 m²，对低压缩性土和砂土，可取 $s/b = 0.010 \sim 0.015$ 所对应的荷载值；对中、高压缩性土取 $s/b = 0.02$ 所对应的荷载值。

（2）按下列原则确定地基土承载力标准值 f_k：同一土层参加统计的试验点数不应少于 3 个，且基本值的极差（即最大值减最小值）不超过平均值的 30% 时，取此平均值作为地基承载力标准值 f_k。

（3）将计算值 f_a 与 $1.1 f_k$ 比较，取大值作为地基土承载力设计值。

荷载板的尺寸一般比实际基础小，影响深度较小，试验只反映这个范围内土层的承载力。如果荷载板影响深度之下存在软弱下卧层，而该层又处于基础的主要受力层内，如图 6-17 所示的情况，此时除非采用大尺寸荷载板做试验，否则意义不大。

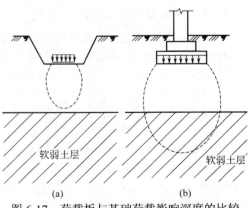

图 6-17　荷载板与基础荷载影响深度的比较
（a）荷载试验；（b）实际基础

2. 岩石地基承载力特征值

岩石地基承载力特征值，可按荷载试验确定。对应于 p-s 曲线上起始直线的终点为比例界限。符合终止加载条件（见《规范》附录 H）的前一级荷载为极限荷载。将极限荷载除以安全系数（安全系数取 3），所得值与对应于比例界限的荷载相比较，取两者中较小值。每个场地荷载试验的数量不少于 3 个，取最小值作为岩石地基承载力特征值 f_a（不再对承载力进行深度修正）。

对完整、较完整和较破碎的岩石地基承载力特征值，也可根据室内饱和单轴抗压强度按下式计算：

$$f_a = \psi_r \cdot f_{rk} \tag{6-8}$$

式中　f_a——岩石地基承载力特征值，kPa；

　　　f_{rk}——岩石饱和单轴抗压强度标准值，kPa，可按《规范》附录 J 确定；

　　　ψ_r——折减系数，根据岩体完整程度以及结构面的间距、宽度、产状和组合，由地区经验确定。无经验时，对完整岩体可取 0.5，对较完整岩体可取 0.2～0.5，对较破碎岩体可取 0.1～0.2。

对破碎、极破碎的岩石地基承载力特征值，可根据地区经验取值；无地区经验时，可根据平板荷载试验确定。

3. 其他原位测试地基承载力特征值

除了荷载试验外，还有静力触探、动力触探、标准贯入试验等原位测试，在我国已经积累了丰富经验。《规范》允许将其应用于确定地基承载力特征值，但是强调必须有地区经验，即当地的对比资料，还应对承载力特征值进行基础宽度和埋置深度修正。同时还应注意，当地基基础设计等级为甲级和乙级时，应结合室内试验成果综合分析，不宜单独应用。

6.3.3　按地基规范承载力表确定

有些土的物理、力学指标与地基承载力之间存在良好的相关性。根据新中国成立以来大量工程实践经验、原位试验和室内土工试验数据，以确定地基承载力为目的进行了大量的统计分析，我国许多地基规范制订了便于查用的表格，由此可查得地基承载力。这里，主要介绍《规范》和《公路桥涵地基与基础设计规范》（JTG D63—2007）关于地基承载力的确定方法。

1. 建筑地基规范确定承载力

1974 年版《建筑地基基础设计规范》建立了土的物理力学性质与地基承载力之间的关系，1989 年版《建筑地基基础设计规范》仍保留了地基承载力表，并在使用上加以适当限制。承载力表使用方便是其主要优点，但也存在一些问题。承载力表是用大量的试验数据，通过统计分析得到的。由于我国幅员辽阔，土质条件各异，用几张表格很难概括全国的土质地基承载力规律。用查表法确定地基承载力，在大多数地区可能基本适合或偏于保守，但也不排除个别地区可能不安全。此外，随着设计水平的提高和对工程质量要求的趋于严格，变形控制已是地基设计的重要原则。因此，作为国标，如仍沿用承载力表，显然已不再适应当前的要求。所以，《规范》取消了地基承载力表，但是，允许各地区（省、市、自治区）根据试验和地区经验，制定地方性建筑地基规范，确定地基承载力表等设计参数。实际上是将原全国统一的地基承载力表地域化。

考虑增加基础宽度和埋置深度，地基承载力也将随之提高，所以，应将地基承载力对不同的基础宽度和埋置深度进行修正，才适合供设计之用。《规范》规定，当基础宽度大于 3 m

或埋置深度大于 0.5 m 时，从荷载试验或其他原位测试、经验值等方法确定的地基承载力特征值应按下式修正：

$$f_a = f_{ak} + \eta_b \gamma (b - 3) + \eta_d \gamma_m (d - 0.5) \qquad (6\text{-}9)$$

式中　f_a——修正后的地基承载力特征值，kPa；

　　　f_{ak}——原地基承载力特征值，kPa；

　η_b、η_d——基础宽度和埋深的地基承载力修正系数，按基底下土的类别查表 6-6 取值；

　　　γ——基础底面以下土的重度，kN/m³，地下水位以下取浮重度；

　　　γ_m——基础底面以上埋深范围内土的加权平均重度，kN/m³，地下水位以下取浮重度；

　　　b——基础底面宽度，m；当 $b<3$ m 时按 3 m 取值，$b>6$ m 时按 6 m 取值；

　　　d——基础埋置深度，m；一般自室外地面标高算起。在填方整平地区，可自填土地面标高算起，但填土在上部结构施工后完成时，应从天然地面标高算起。对于地下室，如采用箱形基础或筏形基础时，基础埋置深度自室外地面标高算起；当采用独立基础或条形基础时，应从室内地面标高算起。

表 6-6　承载力修正系数

土 的 类 别		η_b	η_d
淤泥和淤泥质土		0	1.0
人工填土，e 或 I_L 不小于 0.85 的黏性土		0	1.0
红黏土	含水比>0.8	0	1.2
	含水比≤0.8	0.15	1.4
大面积压实填土	压实系数大于 0.95，黏粒含量不小于 10% 的粉土	0	1.5
	最大干密度大于 2.1 t/m³ 的级配砂石	0	2.0
粉土	黏粒含量不小于 10% 的粉土	0.3	1.5
	黏粒含量小于 10% 的粉土	0.5	2.0
e 或 I_L 均小于 0.85 的黏性土		0.3	1.6
粉砂、细砂（不包括很湿与饱和时的稍密状态）		2.0	3.0
中砂、粗砂、砾砂和碎石土		3.0	4.4

注：① 强风化和全风化的岩石，可参照所风化成的相应土类取值，其他状态下的岩石不修正；
　　② 地基承载力特征值按《规范》附录 D 深层平板荷载试验确定时，η_d 取 0。

2. 《公路路桥涵地基与基础设计规范》确定承载力

由于历史和行业管理不同等原因，我国地基与基础设计规范至今尚未统一，不同规范的地基承载力确定方法，甚至地基承载力的称谓也有较大差异。由原交通部制定的《公路桥涵地基与基础设计规范》规定，设计中应尽可能采用荷载试验或其他原位测试取得地基承载力，但是由于桥涵基础所处环境特殊，在很多地点可能无法进行现场测试，因此，对中小桥、涵洞，或荷载试验和原位测试确有困难时，也可以按《规范》提供的地基承载力表采用。

《公路桥涵地基与基础设计规范》将公路桥涵地基的岩土分为岩石、碎石土、砂土、粉土、黏性土和特殊性土六大类。每一类土可以划分更细的类别，如黏性土既可根据塑性指数 I_P 分为黏土和粉质黏土，又可根据沉积年代的不同分为老黏性土、一般黏性土和新沉积黏性土。根据岩土类别、状态及其物理力学特性指标，可查表得到地基承载力基本容许值 $[f_{a0}]$。

地基承载力基本容许值 $[f_{a0}]$ 实质上是加于荷载试验地基土压力变形关系线性变形段内不超过比例界限点的地基压力值，因此，仍需对 $[f_{a0}]$ 按基础的实际宽度、深度进行修正，修正后的地基承载力容许值$[f_a]$按下式计算：

$$[f_a] = [f_{a0}] + k_1 \gamma_1 (b-2) + k_2 \gamma_2 (h-3) \qquad (6\text{-}10)$$

式中　$[f_a]$——修正后的地基承载力容许值，kPa；

　　　b——基础地面的最小边宽，m；当 $b<2$ m 时，取 $b=2$ m；当 $b>10$ m 时，取 $b=10$ m；

　　　h——基础埋置深度，m；自天然地面起算，有水流冲刷时自一般冲刷线起算，当 $h<3$ m 时，取 $h=3$ m；当 $h/b>4$ 时，取 $h=4b$；

　k_1、k_2——基础宽度、深度修正系数，根据基底持力层土的类别按表 6-7 确定；

　　　γ_1——基底持力层土的天然重度，kN/m^3；若持力层在水面以下且为透水者，应取浮重度；

　　　γ_2——基底以上土层的加权平均重度，kN/m^3；换算时若持力层在水面以下，且不透水时，不论基底以上土的透水性如何，一律取饱和重度；当透水时，水中部分土层则应取浮重度。

表 6-7　地基土承载力宽度和深度修正系数 k_1、k_2

土类\系数	黏性土			粉土	砂土								碎石土			
	老黏性土	一般黏性土		新近沉积黏性土	—	粉砂		细砂		中砂		砾砂、粗砂		碎石、圆砾、角砾		卵石	
		$I_L \geq 0.5$	$I_L < 0.5$			中密	密实	中密	密实	中密	密实	中密	密实	中密	密实	中密	密实
k_1	0	0	0	0	0	1.0	1.2	1.5	2.0	2.0	3.0	3.0	4.0	3.0	4.0	3.0	4.0
k_2	2.5	1.5	2.5	1.0	1.5	2.0	2.5	3.0	4.0	4.0	5.5	5.0	6.0	5.0	6.0	6.0	10.0

注：① 对于稍密和松散状态的砂、碎石土，k_1、k_2 值可采用表列中密值的 50%。
　　② 强分化和全分化的岩石，可参照所风化成的相应土类取值；其他状态下的岩石不修正。

【工程应用例题 6-3】　已知某拟建建筑物场地地质条件，第一层：杂填土，层厚 1.0 m，$\gamma = 18$ kN/m^3；第二层：粉质黏土，层厚 4.2 m，$\gamma = 18.5$ kN/m^3，$e = 0.92$，$I_L = 0.94$，地基土承载力特征值 $f_{ak} = 136$ kPa，试按以下基础条件分别计算修正后的地基承载力特征值：

（1）当基础底面为 4.0 m×2.6 m 的矩形独立基础，埋深 $d=1.0$ m；

（2）当基础底面为 9.5 m×3.6 m 的箱形基础，埋深 $d=3.5$ m。

解：（1）计算矩形独立基础下修正后的地基承载力特征值 f_a。

基础宽度 $b=2.6$ m <3 m，按 3 m 考虑；埋深 $d=1.0$ m，持力层粉质黏土的孔隙比 $e=0.94>0.85$，查表 6-6 得：$\eta_b = 0$，$\eta_d = 1.0$。

$$f_a = f_{ak} + \eta_b \gamma (b-3) + \eta_d \gamma_m (d-0.5)$$
$$= 136 + 0 + 1.0 \times 18 \times (1.0 - 0.5) = 145(\text{kPa})$$

（2）计算箱形基础下修正后的地基承载力特征值 f_a。

基础宽度 $b=9.5$ m >6 m，按 6 m 考虑；$d=3.5$ m，持力层仍为粉质黏土，$\eta_b = 0$，$\eta_d = 1.0$。

$$\gamma_m = (18 \times 1.0 + 18.5 \times 2.5)/3.5 = 18.4(\text{kN}/m^3)$$

$$f_a = 136 + 0 \times 18.5 \times (6-3) + 1.0 \times 18.4 \times (3.5 - 0.5) = 191.2(\text{kPa})$$

6.4 基础底面尺寸的确定

6.4.1 按地基持力层的承载力计算基底尺寸

地基基础设计时，要求作用在基础底面上的压力标准值 p_k 小于或等于修正后的地基承载力特征值 f_a，即

$$p_k \leqslant f_a \tag{6-11}$$

式中　p_k——相应于作用的标准组合时，基础底面处的平均压力，kPa；

　　　f_a——修正后的地基承载力特征值，kPa。

当偏心荷载作用时，除符合式（6-11）要求外，尚应符合下式规定：

$$p_{kmax} \leqslant 1.2 f_a \tag{6-12}$$

式中　p_{kmax}——相应于作用的标准组合时，基础底面边缘的最大压力值，kPa。

1. 轴心受压基础底面尺寸的确定

当基础轴心受压时（图 6-18），作用在基础底面上的平均压应力应小于或等于地基承载力设计值。

$$p_k = \frac{F_k + G_k}{A} \tag{6-13}$$

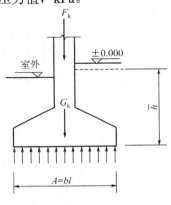

图 6-18　轴心受压基础

式中　F_k——相应于作用的标准组合时，上部结构传至基础顶面的竖向力值，kN；

　　　G_k——基础自重和基础上的土重，kN（$G_k = \gamma_G d$，γ_G 表示基础及其回填土的平均重度，一般取 20 kN/m³。当有地下水时，取为有效重度 10 kN/m³）；

　　　A——基础底面面积，m²。

对于矩形基础：$A = l \cdot b \geqslant \dfrac{F_k}{f_a - G_k}$。一般来说，对于柱下独立矩形基础，基础底面长、短边的比值 n（$n = l/b$，l 表示长边，b 表示短边）一般取 1.5～2.0。所以，基础底面宽度可表示为 $b = \sqrt{n \cdot A} = \sqrt{\dfrac{n F_k}{f_a - G_k}}$，基础底面长度可表示为 $l = b/n$。

当为条形基础时，通常沿着墙体纵向取单位长度 1 m 为计算单元，F_k 即为每延长米的荷载，那么条形基础的宽度可表示为 $b \geqslant \dfrac{F_k}{f_a - G_k}$。

【工程应用例题 6-4】　墙下条形基础在荷载效应标准值组合时，作用在基础顶面上的轴向力 $F_k = 280$ kN/m，基础埋深 $d = 1.5$ m，室内外高差为 0.6 m，地基为黏土（$\eta_b = 0.3$，$\eta_d = 1.6$），其重度 $\gamma = 18$ kN/m³，地基承载力特征值 $f_{ak} = 150$ kPa。求该条形基础宽度。

解：（1）求修正后的地基承载力特征值。

假定基础宽度 $b < 3$ m，因埋深 $d > 0.5$ m，故进行地基承载力深度修正。

$$f_a = f_{ak} + \eta_d \gamma_m (d - 0.5) = 150 + 1.6 \times 18 \times (1.5 - 0.5) = 178.8 \,(\text{kPa})$$

（2）求基础宽度。因为室内外高差为 0.6 m，故基础自重计算高度为

$$d = 1.5 + 0.6/2 = 1.8 \,(\text{m})$$

基础宽度为

$$b \geqslant \frac{F_k}{f_a - \gamma_G d} = \frac{280}{178.8 - 20 \times 1.8} = 1.96 (\text{m})$$

取 $b=2$ m，与假定相符。

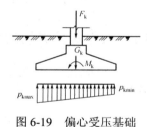

图 6-19　偏心受压基础

2. 偏心受压基础底面尺寸的确定

框架柱和排架柱基础通常都是典型的偏心受压基础，基地压力呈梯形分布，如图 6-19 所示。

$$p_{kmax} = \frac{F_k + G_k}{A} + \frac{M_k}{W} \qquad (6\text{-}14)$$

$$p_{kmin} = \frac{F_k + G_k}{A} - \frac{M_k}{W} \qquad (6\text{-}15)$$

式中　M_k——相应于作用的标准组合时，作用于基础底面的力矩，kN·m；

W——基础底面的抵抗矩，m^3；

p_{kmin}——相应于作用的标准组合时，基础底面边缘的最小压力，kPa。

当基础底面形状为矩形且偏心距 $e = \dfrac{M_k}{F_k + G_k} \geqslant \dfrac{l}{6}$ 时（见图 6-20）时，p_{kmax} 应按下式计算：

$$p_{kmax} = \frac{2(F_k + G_k)}{3ba} \qquad (6\text{-}16)$$

式中　b——垂直于力矩作用方向的基础底面边长，m；

a——合力作用点至基础底面最大压力边缘的距离，m。

在偏心荷载作用下，基础底面面积通常采用试算的方法确定，其具体步骤如下：

（1）假定基础底宽 $b \leqslant 3$ m 进行承载力修正，初步确定承载力特征值 f_a。

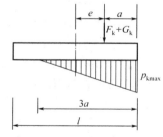

图 6-20　偏心荷载（$e \geqslant l/6$）下基底压力计算示意图

（2）先按中心受压估算基底面积 A_0，然后考虑偏心影响将 A_0 扩大 10%～40%，即

$$A = (1.1 \sim 1.4)A_0 = (1.1 \sim 1.4)\frac{F_k}{f_a - \gamma_G d} \qquad (6\text{-}17)$$

（3）承载力验算：对于矩形基础，基底长、短边之比取 $l/b=1.5\sim2.0$，初步确定基底的边长尺寸，并计算基底边缘的最大和最小压力，要求最大压力满足 $p_{kmax} \leqslant 1.2 f_a$，同时基底的平均压力满足 $\overline{p} = \dfrac{p_{kmax} + p_{kmin}}{2} \leqslant f_a$。如不满足地基承载力要求，需要重新调整基底尺寸，直至符合要求。

【工程应用例题 6-5】　某柱下矩形独立基础，已知按荷载效应标准组合传至基础顶面的内力值 $F_k=920$ kN，$V_k=15$ kN，$M_k=235$ kN·m；地基为粉质黏土，其重度 $\gamma=18.5$ kN/m^3，地基承载力特征值 $f_{ak}=180$ kPa（$\eta_b=0.3$，$\eta_d=1.6$），基础埋深 $d=1.2$ m，基础高度为 0.9 m，试确定基础底面尺寸。

解：（1）求修正后的地基承载力特征值。

假定基础宽度 $b<3$ m，则
$$f_a = f_{ak} + \eta_d \gamma_m (d-0.5) = 180 + 1.6 \times 18.5 \times (1.2-0.5) = 200.72 \text{(kPa)}$$

（2）初步按轴心受压基础估算基底面积：
$$A_0 = \frac{F_k}{f_a - \gamma_G d} = \frac{920}{200.72 - 20 \times 1.2} = 5.2 \text{(m}^2\text{)}$$

考虑偏心荷载的影响，将其底面积 A_0 增大 20%，则 $A=5.2 \times 1.2 = 6.24 \text{(m}^2\text{)}$。取基底长、短边之比 $l/b=2$，得
$$b=1.8 \text{ m}, \quad l=3.6 \text{ m}$$

（3）验算地基承载力。

基础及其台阶上土重：
$$G_k = \gamma_G A d = 20 \times 3.6 \times 1.8 \times 1.2 = 155.52 \text{(kN)}$$

基底力矩：
$$M_k = 235 + 15 \times 0.9 = 248.5 \text{(kN} \cdot \text{m)}$$

偏心距：
$$e = \frac{M_k}{F_k + G_k} = \frac{248.5}{920 + 155.52} = 0.23 \text{(m)} < \frac{l}{6} = 0.6 \text{(m)}$$

基底边缘最大压力：
$$p_{kmax} = \frac{F_k + G_k}{A} \left(1 + \frac{6e}{l}\right) = \frac{920 + 155.52}{3.6 \times 1.8} \times \left(1 + \frac{6 \times 0.23}{3.6}\right) = 229.6 \text{(kPa)} < 1.2 f_a = 240.86 \text{(kPa)}$$

基底压力平均值：
$$\overline{p} = \frac{p_{kmax} + p_{kmin}}{2} = \frac{229.6 + 102}{2} = 165.8 \text{(kPa)} \leqslant f_a = 200.72 \text{ kPa}$$

地基承载验算满足要求，故基底尺寸 $l=3.6$ m，$b=1.8$ m 合适。

【工程应用例题 6-6】 柱截面尺寸 300 mm×400 mm，作用在柱底的荷载标准值：中心垂直荷载 700 kN，力矩 80 kN·m，水平荷载 13 kN。其他参数如图 6-21 所示。试根据持力层地基承载力确定基础底面尺寸。

解：（1）求地基承载力特征值 f_a。

根据黏性土 $e=0.7$，$I_L=0.78$，查表 6-6 得 $\eta_b = 0.3$，$\eta_d=1.6$。

持力层承载力特征值 f_a 为（先不考虑对基础宽度进行修正）

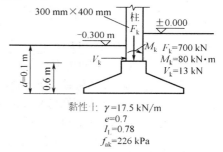

图 6-21　工程应用例题 6-6 图

$$f_a = f_{ak} + \eta_d \gamma_m (d-0.5) = 226 + 1.6 \times 17.5 \times (1.0-0.5) = 240 \text{(kPa)}（\text{式中}，d \text{ 按室外地面算起}）$$

（2）初步选择基底尺寸。计算基础和回填土重 G_k 时的基础埋深：
$$d = \frac{1}{2} \times (1.0 + 1.3) = 1.15 \text{(m)}$$

$$A_0 = \frac{700}{240 - 20 \times 1.15} = 3.23 \text{(m}^2\text{)}$$

由于偏心不大，基础底面积按 20% 增大，即

$$A = 1.2A_0 = 1.2 \times 3.23 = 3.88 (\text{m}^2)$$

初步选择基础底面面积 $A = l \times b = 2.4 \times 1.6 = 3.84 (\text{m}^2)(\approx 3.88\text{m}^2)$，且 $b = 1.6 \text{ m} < 3 \text{ m}$，不需再对 f_a 进行修正。

（3）验算持力层地基承载力。

基础和回填土重 $G_k = \gamma_G \cdot d \cdot A = 20 \times 1.15 \times 3.84 = 88.3(\text{kN})$

偏心距 $e_k = \dfrac{M_k}{F_k + G_k} = \dfrac{80 + 13 \times 0.6}{700 + 88.3} = 0.11 < \dfrac{l}{6} = 0.4$，即 $p_{k\min} \geqslant 0$ 满足。

基底最大压力：

$$p_{k\max} = \frac{F_k + G_k}{A}\left(1 + \frac{6e}{l}\right) = \frac{700 + 88.3}{3.84} \times \left(1 + \frac{6 \times 0.11}{2.4}\right) = 262(\text{kPa}) < 1.2 f_a = 288(\text{kPa})，\quad 满足$$

要求。

该柱基础底面长 $l = 2.4 \text{ m}$，宽 $b = 1.6 \text{ m}$。

6.4.2　地基软弱下卧层验算

当地基受力层范围内有软弱下卧层时，应按下式验算软弱下卧层的地基承载力：

$$p_z + p_{cz} \leqslant f_{az} \tag{6-18}$$

式中　p_z——相应于作用的标准组合时，软弱下卧层顶面处的附加压力值，kPa，如图 6-22 所示；

p_{cz}——软弱下卧层顶面处土的自重压力值，kPa；

f_{az}——软弱下卧层顶面处经深度修正后的地基承载力特征值，kPa。

对条形基础和矩形基础，式（6-18）中的 p_z 值可按下列公式简化计算：

条形基础

$$p_z = \frac{b(p_k - p_c)}{b + 2z\tan\theta} \tag{6-19}$$

矩形基础

$$p_z = \frac{lb(p_k - p_c)}{(b + 2z\tan\theta)(l + 2z\tan\theta)} \tag{6-20}$$

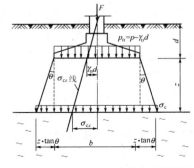

图 6-22　软弱下卧层地基应力计算图

式中　b——矩形基础或条形基础底边的宽度，m；

l——矩形基础底边的长度，m；

p_c——基础底面处土的自重压力值，kPa；

z——基础底面至软弱下卧层顶面的距离，m；

θ——地基压力扩散线与垂直线的夹角，（°），可按表 6-8 采用。

表 6-8　地基压力扩散角 θ

E_{s1}/E_{s2}	z/b	
	0.25	0.50
3	6°	23°
5	10°	25°
10	20°	30°

注：① E_{s1} 为上层土压缩模量；E_{s2} 为下层土压缩模量。
　② $z/b < 0.25$ 时取 $\theta = 0°$，必要时，宜由试验确定；$z/b > 0.50$ 时 θ 值不变；
　③ z/b 在 0.25 与 0.50 之间可插值使用。

【工程应用例题 6-7】 图 6-23 中柱基础荷载标准值 $F_k = 1\,100$ kN，$M_k = 140$ kN·m；若基础底面尺寸 $l \times b = 3.6$ m×2.6 m，试根据图中资料验算基底面积是否满足地基承载力要求。

解：（1）持力层承载力验算。埋深范围内土的加权平均重度为

$$\gamma_{m1} = \frac{16.5 \times 1.2 + (19 - 10) \times 0.8}{2.0} = 13.5 (kN/m^3)$$

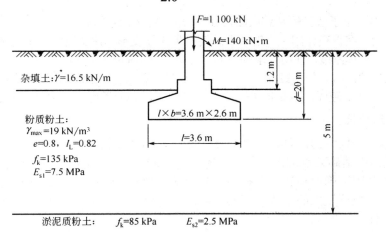

图 6-23　工程应用例题 6-7 图

由粉质黏土 $e = 0.8$，$I_L = 0.82$，查表 6-6 得

$$\eta_b = 0.3，\quad \eta_d = 1.6，$$

修正后的持力层承载力特征值：

$$f_a = 135 + 0 + 1.6 \times 13.5 \times (2 - 0.5) = 167.4 (kPa) > 1.1 f_{ak} = 148.5 \text{ kPa}$$

基础及回填土重（0.8 m 在地下水中）$G_k = (20 \times 1.2 + 10 \times 0.8) \times 3.6 \times 2.6 = 300 (kN)$

$$e_k = \frac{M_k}{F_k + G_k} = \frac{140}{1\,100 + 300} = 0.1 (m)$$

持力层承载力验算：

$$p_k = \frac{F_k + G_k}{A} = \frac{1\,100 + 300}{3.6 \times 2.6} = 149.6 (kPa) < f_a，\text{满足；}$$

$$p_{kmax} = p_k \left(1 + \frac{6e_k}{l}\right) = 149.6 \times \left(1 + \frac{6 \times 0.1}{3.6}\right) = 174.53 (kPa) < 1.2 f_a = 200.9 (kPa)，\text{满足；}$$

$$p_{kmin} = p_k \left(1 - \frac{6e_k}{l}\right) = 149.6 \times \left(1 - \frac{6 \times 0.1}{3.6}\right) = 124.7 (kPa) > 0，\text{满足。}$$

（2）软弱下卧层强度验算。

软弱下卧层顶面处自重应力 $p_{cz} = 16.5 \times 1.2 + (19 - 10) \times 3.8 = 54 (kPa)$；

软弱下卧层顶面以上土的加权平均重度 $\gamma_{m2} = 54/5 = 10.8 (kN/m^3)$；

由淤泥质黏土，$f_{ak} = 85$ kPa > 50 kPa，查表 6-6 得 $\eta_d = 1.0$，故

$$f_{az} = 85 + 1.0 \times 10.8 \times (5 - 0.5) = 133.6 (kPa)$$

由 $E_{s1}/E_{s2} = 7.5/2.5 = 3$，以及 $z/b = 3/2.6 > 0.5$，查表 6-8 得地基压力扩散角 $\theta = 23°$。

软弱下卧层顶面处的附加应力为

$$p_z = \frac{l \cdot b(p - \gamma_{m1}d)}{(l + 2z \tan\theta)(b + 2z \tan\theta)} = \frac{3.6 \times 2.6 \times (149.6 - 13.5 \times 2.0)}{(3.6 + 2 \times 3 \times \tan 23°) \times (2.6 + 2 \times 3 \times \tan 23°)} = 36.27\text{(kPa)}$$

验算：$p_{cz} + p_z = 54 + 36.27 = 90.27\text{(kPa)} < f_{az} = 133.6$ kPa，满足要求。

6.4.3　地基变形的计算

　　按地基承载力选定了适当的基础底面尺寸，一般已可保证建筑物在防止剪切破坏方面具有足够的安全度。但是，在荷载作用下，地基土总要产生压缩变形，使建筑物产生沉降。由于不同建筑物的结构类型、整体刚度、使用要求的差异，对地基变形的敏感程度、危害、变形要求也不同。因此，对于各类建筑结构，如何控制对其不利的沉降形式——"地基变形特征"，使之不会影响建筑物的正常使用甚至破坏，也是地基基础设计必须予以充分考虑的一个基本问题。

1．地基变形特征

　　地基变形特征一般分为沉降量、沉降差、倾斜、局部倾斜。

　　（1）沉降量：指基础某点的沉降值，如图 6-24（a）所示。对于单层排架结构，在低压缩性地基上一般不会因沉降而损坏，但在中、高压缩性地基上，应该限制柱基沉降量，尤其是要限制多跨排架中受荷较大的中排柱基的沉降量不宜过大，以免支承于其上的相邻屋架发生对倾而使端部相碰。

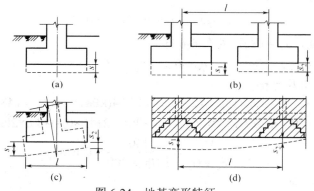

图 6-24　地基变形特征

（a）沉降量 s；　（b）沉降差 $s_1 - s_2$；　（c）倾斜 $(s_1 - s_2)/l$；　（d）局部倾斜 $(s_1 - s_2)/l$

　　（2）沉降差：一般指相邻柱基中点的沉降量之差，如图 6-24（b）所示。框架结构主要因柱基的不均匀沉降而使结构受剪扭曲而损坏，也称敏感性结构。斯肯普顿（A.W.Skempton，1956）曾得出敞开式框架结构柱基能承受大至 $l/150$（约 $0.007l$，l 为柱距）的沉降差而不损坏的结论。通常认为：填充墙框架结构的相邻柱基沉降差按不超过 $0.002l$ 设计时，是安全的。

　　（3）倾斜：指基础倾斜方向两端点的沉降差与其距离的比值，如图 6-24（c）所示，对于高耸结构以及长高比很小的高层建筑，其地基变形的主要特征是建筑物的整体倾斜。高耸结构的重心较高，基础倾斜使重心侧向移动引起的偏心力矩荷载，不仅使基底边缘压力增加而影响倾覆稳定性，还会引起高烟囱等筒体结构的附加弯矩。因此，高耸结构基础的倾斜允许值随结构高度的增加而递减。一般地，地基土层的不均匀分布以及邻近建筑物的影响是高耸结构产生倾斜的重要原因；如果地基的压缩性比较均匀，且无邻近荷载的影响，对高耸结构，只要基础中心沉降量不超过允许值（表 6-9），可不做倾斜验算。高层建筑横向整体倾斜容许值主要取决于其对人们视觉的影响，高大的刚性建筑物倾斜值达到明显可见的程度时大致为 1/250(0.004)，而结构损坏大致当倾斜值达到 1/150 时才开始。

（4）局部倾斜：指砌体承重结构沿纵向 $6\sim10$ m 基础两点的沉降差与其距离的比值，如图 6-24（d）所示。一般砌体承重结构房屋的长高比不太大，因地基沉降所引起的损坏，最常见的是房屋外纵墙由于相对挠曲引起的拉应变形成的裂缝，有裂缝呈现正"八"字形的墙体正向挠曲（下凹）和呈倒"八"字形的反向挠曲（凸起）。但是，墙体的相对挠曲不易计算，一般以沿纵墙一定距离范围（$6\sim10$ m）基础两点的沉降量计算局部倾斜，作为砌体承重墙结构的主要变形特征。

2. 地基变形验算

《规范》按不同建筑物的地基变形特征，要求建筑物的地基变形计算值不应大于地基变形允许值，即

$$s \leqslant [s] \tag{6-21}$$

式中　s——地基变形计算值；

　　$[s]$——地基变形允许值，查表 6-9 得到。

地基特征变形允许值 $[s]$ 的确定涉及的因素很多，它与对地基不均匀沉降反应的敏感性、结构强度储备、建筑物的具体使用要求等条件有关，很难全面、准确地确定。《规范》综合分析了国内外各类建筑物的相关资料，提出了表 6-9 供设计时采用。对表中未包括的其他建筑物的地基变形允许值，可根据上部结构对地基变形的适应能力和使用要求确定。进行地基变形验算，必须具备比较详细的勘察资料和土工试验成果。这对于建筑安全等级不高的大量中、小型工程来说，往往不易得到，而且也没有必要。为此，《规范》在确定各类土的地基承载力时，已经考虑了一般中、小型建筑物在地质条件比较简单的情况下对地基变形的要求。所以，对满足表 6-9 要求的丙级建筑物，在按承载力确定基础底面尺寸之后，可不进行地基变形验算。

表 6-9　建筑物的地基变形允许值

变形特征	地基土类别	
	中、低压缩性土	高压缩性土
砌体承重结构基础的局部倾斜/mm	0.002	0.003
工业与民用建筑相邻柱基的沉降差 框架结构 砌体墙充填的边排柱 当基础不均匀沉降时不产生附加应力的结构	$0.002l$ $0.007l$ $0.005l$	$0.003l$ $0.001l$ $0.005l$
单层排架结构（柱距为 6 m）柱基的沉降量/mm	(120)	200
桥式吊车轨面的倾斜（按不调整轨道考虑）　纵向 横向	0.004 0.003	
多层和高层建筑物的整体倾斜/mm	$H_{\mathrm{g}} \leqslant 24$	0.004
	$24 < H_{\mathrm{g}} \leqslant 60$	0.003
	$60 < H_{\mathrm{g}} \leqslant 100$	0.0025
	$H_{\mathrm{g}} > 100$	0.002
体型简单的高层建筑基础的平均沉降量/mm	200	
高耸结构基础的倾斜/mm	$H_{\mathrm{g}} \leqslant 20$	0.008
	$20 < H_{\mathrm{g}} \leqslant 50$	0.006
	$50 < H_{\mathrm{g}} \leqslant 100$	0.005
	$100 < H_{\mathrm{g}} \leqslant 150$	0.004
	$150 < H_{\mathrm{g}} \leqslant 200$	0.003
	$200 < H_{\mathrm{g}} \leqslant 250$	0.002
高耸结构基础的沉降量/mm	$H_{\mathrm{g}} \leqslant 100$	400
	$100 < H_{\mathrm{g}} \leqslant 200$	300
	$200 < H_{\mathrm{g}} \leqslant 250$	200

注：有括号者仅适用于中压缩性土；l 为相邻柱基中心距离，m；H_{g} 为自室外地面算起的建筑物的高度，m。

凡属以下情况之一者，在按地基承载力确定基础底面尺寸后，仍应做地基变形验算：

（1）地基基础设计等级为甲、乙级的建筑物；

（2）表 6-10 所列范围以内有下列情况之一的丙级建筑物：

1）地基承载力特征值小于 130 kPa，且体型复杂的建筑；

2）在基础上及其附近有地面堆载或相邻基础荷载差异较大，可能引起地基产生过大的不均匀沉降时；

3）软弱地基上的相邻建筑存在偏心荷载时；

4）相邻建筑距离过近，可能发生倾斜时；

5）地基土内有厚度较大或厚薄不均的填土，其自重固结尚未完成时。

地基特征变形验算结果如果不满足式（6-21）的条件，可以先通过适当调整基础底面尺寸或埋深，如仍不满足要求，再考虑从建筑、结构、施工等方面采取有效措施，以防止不均匀沉降对建筑物的损害，或改用其他地基基础设计方案。

表 6-10　可不做地基变形计算的丙级建筑物

地基主要受力层情况	地基承载力特征值 f_{ak}/kPa		$80{\leqslant}f_{ak}$ <100	$100{\leqslant}f_{ak}$ <130	$130{\leqslant}f_{ak}$ <160	$160{\leqslant}f_{ak}$ <200	$200{\leqslant}f_{ak}$ <300
	各土层坡度/%		≤5	≤10	≤10	≤10	≤10
建筑类型	砌体承重结构、框架结构（层数）		≤5	≤5	≤6	≤6	≤7
	单层排架结构（6 m 柱距）	单跨	吊车额定起重量/t	10～15	15～20	20～30	30～50	50～100
			厂房跨度/m	≤18	≤24	≤30	≤30	≤30
		多跨	吊车额定起重量/t	5～10	10～15	15～20	20～30	30～75
			厂房跨度/m	≤18	≤24	≤30	≤30	≤30
	烟囱	高度/m	≤40	≤50	≤75		≤100
	水塔	高度/m	≤20	≤30	≤30		≤30
		容积/m³	50～100	100～200	200～300	300～500	500～1000

注：① 地基主要受力层是指条形基础底面下深度为 $3b$（b 为基础底面宽度），独立基础下为 $1.5b$，且厚度均不小于 5 m 的范围（二层以下一般的民用建筑除外）；
② 地基主要受力层中如有承载力特征值小于 130 kPa 的土层，表中砌体承重结构的设计应符合《规范》的有关要求；
③ 表中砌体承重结构和框架结构均指民用建筑，对于工业建筑，可按厂房高度、荷载情况折合成与其相当的民用建筑层数；
④ 表中吊车额定起重量、烟囱高度和水塔容积的数值是指最大值。

6.5　刚性基础设计与应用

1．刚性基础设计要求

刚性基础设计即无筋扩展基础（图 6-25、图 6-26）设计，主要包括基础底面尺寸、基础剖面尺寸及其构造措施等内容。因无筋扩展基础材料的抗弯、抗拉能力很低，故常设计成轴心受压基础。无筋扩展基础设计时，必须规定基础材料强度及质量、限制台阶宽高比、控制建筑物层高和一定的地基承载力，因而，一般无须进行繁杂的内力分析和截面强度计算。

无筋扩展基础的台阶宽高比要求一般可表示为（图 6-25）：

$$\frac{b_i}{H_i} \leqslant \tan\alpha \tag{6-22}$$

式中　b_i——无筋扩展基础任一台阶的宽度，mm；

H_i——相应 b_i 的台阶高度，mm；

$\tan\alpha$——无筋扩展基础台阶宽高比的允许值，可按表 6-11 选用。

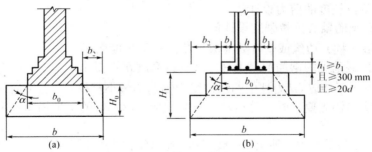

图 6-25 刚性基础构造示意图

d—柱中纵向钢筋直径

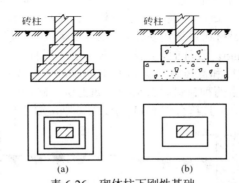

表 6-26 砌体柱下刚性基础

（a）砖基础；（b）混凝土基础

表 6-11 无筋扩展基础台阶宽高比的允许值

基础材料	质量要求	台阶宽高比的允许值		
		$p_k \leqslant 100$	$100 < p_k \leqslant 200$	$200 < p_k \leqslant 300$
混凝土基础	C15 混凝土	1∶1.00	1∶1.00	1∶1.25
毛石混凝土基础	C15 混凝土	1∶1.00	1∶1.25	1∶1.50
砖基础	砖不低于 MU10、砂浆不低于 M5	1∶1.50	1∶1.50	1∶1.50
毛石基础	砂浆不低于 M5	1∶1.25	1∶1.50	—
灰土基础	体积比为 3∶7 或 2∶8 的灰土，其最小干密度： 粉土 1 550 kg/m³ 粉质黏土 1 500 kg/m³ 黏土 1 450 kg/m³	1∶1.25	1∶1.50	—
三合土基础	体积比为 1∶2∶4～1∶3∶6 （石灰∶砂∶集料），每层约虚铺 220 mm，夯至 150 mm	1∶1.50	1∶2.00	—
注：① p_k 为作用标准组合时的基础底面处的平均压力值，kPa； ② 阶梯形毛石基础的每阶伸出宽度不宜大于 200 mm； ③ 当基础由不同材料叠合组成时，应对接触部分做抗压验算； ④ 混凝土基础单侧扩展范围内，基础底面处的平均压力值超过 300 kPa 时，尚应进行抗剪验算；对基底反力集中于立柱附近的岩石地基，应进行局部受压承载力验算。				

对基础底面的平均压力值超过 300kPa 的混凝土基础，按下式验算墙（柱）边缘或变阶处的受剪承载力：

$$V_s \leqslant 0.366 f_t A \tag{6-23}$$

式中　V_s——相应于荷载效应基本组合时的地基土平均净反力产生的沿墙（柱）边缘或变阶
　　　　　　处单位长度的剪力设计值；

　　　f_t——混凝土的轴心抗拉强度设计值；

　　　A——沿墙（柱）边缘或变阶处混凝土基础单位长度面积。

对采用无筋扩展基础的钢筋混凝土柱，其柱脚高度 h_1 不得小于 b_1 [图 6-25（b）]，并不应小于 300 mm 且不小于 $20d$（d 为柱中的纵向受力钢筋的最小直径）。当纵向钢筋在柱脚内的竖向锚固长度不满足锚固要求时，可沿水平方向弯折，弯折后的水平锚固长度不应小于 $10d$ 也不应大于 $20d$。

砖基础是工程中最常见的一种无筋扩展基础，各部分的尺寸应符合砖的尺寸模数。砖基础一般做成台阶式，俗称"大放脚"，其砌筑方式有两种，一是"二皮一收"，如图 6-27（a）所示；另一种是"二一间隔收"，但须保证底层为两皮砖，即 120 mm 高，如图 6-27（b）所示。上述两种砌法都能符合式（6-22）的台阶宽高比要求。其中，"二一间隔收"较节省材料。

为了保证砖基础的砌筑质量，并能起到平整和保护基坑作用，砖基础施工时，常常在砖基础底面以下先做垫层。垫层材料可选用灰土、三合土和混凝土。垫层每边伸出基础底面 50～100 mm，厚度一般为 100 mm。设计时，这样的薄垫层一般作为构造垫层，不作为基础结构部分考虑。因此，垫层的宽度和高度都不计入基础的底部 b 和埋深 d 之内。

有时，无筋扩展基础是由两种材料叠合组合，如上层用砖砌体，下层用混凝土。下层混凝土的高度如果在 200 mm 以上，且符合表 6-11 的要求，则混凝土层可作为基础结构部分考虑。

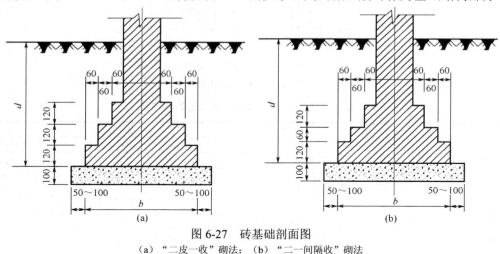

图 6-27　砖基础剖面图

（a）"二皮一收"砌法；　（b）"二一间隔收"砌法

2．刚性基础设计步骤

（1）确定基底面积 $b×l$。

（2）选择无筋扩展基础类型。

（3）按宽高比决定台阶高度与宽度：从基底开始向上逐步收小尺寸，使基础顶面低于室外地面至少 0.1 m，否则应修改尺寸或基底埋深。

（4）基础材料强度小于柱的材料强度时，应验算基础顶面的局部抗压强度，如不满足，应扩大柱脚的底面面积；

（5）为了节省材料，刚性基础通常做成台阶形。基础底部常做成一个垫层，垫层材料一般为灰土、三合土或素混凝土，厚度大于或等于100 mm。薄垫层不作为基础考虑，对于厚度为 150～250 mm 的垫层，可以看成基础的一部分。

【工程应用例题 6-8】 某中学教学楼承重墙厚 240 mm，地基第一层土为 0.8 m 厚的杂填土，重度为 17 kN/m³；第二层为粉质黏土层，厚 5.4 m，重度为 180 kPa。$\eta_b=0.3$，$\eta_d=1.6$。已知上部墙体传来的竖向荷载值 $F_k=210$ kN/m，室内外高差为 0.45 m，试设计该承重墙下条形基础。

解：（1）计算经修正后的地基承载力设计值。

选择粉质黏土层作为持力层，初步确定基础埋深 $d=1.0$ m。

基础埋深范围内土体的加权平均重度为

$$\gamma_{mz} = \frac{\gamma_1 d + \gamma_2 z}{d + z} = \frac{17 \times 0.8 + 18 \times 1.2}{0.8 + 1.2} = 17.6 (\text{kN}/\text{m}^3)$$

所以，经深宽修正后的地基承载力为

$$f_a = f_{ak} + \eta_d \gamma_m (d - 0.5) = 180 + 1.6 \times 17.6 \times (1.0 - 0.5) = 194.08 (\text{kPa})$$

（2）确定基础宽度。

$$b \geqslant \frac{F_k}{f_a - \gamma_G d} = \frac{210}{194.08 - 20 \times (1.0 + 0.45/2)} = 1.24 (\text{m})$$

取基础宽度 $b=1.3$ m。

（3）选择基础材料，并确定基础剖面尺寸。

基础下层采用 350 mm 厚 C15 素混凝土层，其上层采用 MU10 或 M5 砂浆砌二一间隔收的砖墙放大脚。

混凝土基础基底压力为

$$p_k = \frac{F_k + G_k}{A} = \frac{300 + 20 \times 1.7 \times 1.0 \times 2}{1.7 \times 1.0} = 216.47 (\text{kPa}) \geqslant 200 \text{ kPa}$$ 由表 6-11 查得混凝土基础宽高比

允许值 $[b_2 / h_0] =$

1∶1.00，混凝土垫层每边收进 350 mm，基础高 350 mm。砖墙放大脚所需台阶数：

$$n = \frac{1300 - 240 - 2 \times 350}{60 \times 2} = 3$$

墙体放大脚基础总高度：

$$H = 120 \times 2 + 60 \times 1 + 350 = 650 (\text{mm})$$

（4）基础剖面图如图 6-28 所示。

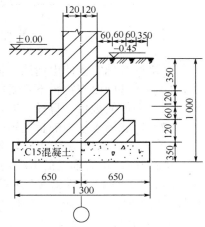

图 6-28　基础剖面图

6.6　扩展基础设计与应用

钢筋混凝土扩展基础是指柱下钢筋混凝土独立基础和墙下钢筋混凝土条形基础。

6.6.1　扩展基础的构造要求

1．一般要求

（1）基础边缘高度。锥形基础的边缘高度一般不宜小于 150 mm，也不宜大于 500 mm [图 6-29（a）]；阶梯形基础的每阶高度宜为 300～500 mm[图 6-29（b）]。

（2）基底垫层。通常在底板下浇筑一层素混凝土垫层。垫层厚度一般为 100 mm，垫层混凝土强度等级应为 C10。

（3）钢筋。底板受力钢筋直径不应小于 10 mm，间距不大于 200 mm 也不宜小于 100 mm；当柱下钢筋混凝土独立基础的边长和墙下钢筋混凝土条形基础的宽度大于或等于 2.5 m 时，钢筋长度可减短 10%，并宜均匀交错布置[图 6-29（c）]。底板钢筋的保护层，当有垫层时不小于 40 mm；无垫层时不小于 70 mm。

（4）混凝土。混凝土强度等级不应低于 C15。

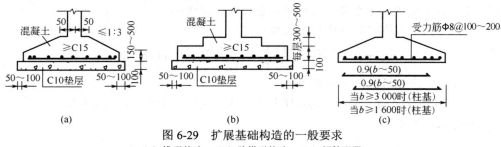

图 6-29　扩展基础构造的一般要求
（a）锥形基础；（b）阶梯形基础；（c）钢筋配置

2．现浇柱下独立基础的构造要求

锥形基础和阶梯形基础构造所要求的剖面尺寸在满足"一般要求"时，可按图 6-30 的要求设计。

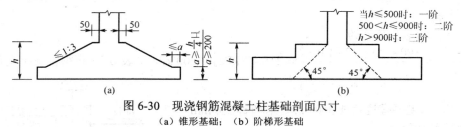

图 6-30　现浇钢筋混凝土柱基础剖面尺寸
（a）锥形基础；（b）阶梯形基础

现浇柱基础中应伸出插筋，插筋在柱内的纵向钢筋连接宜优先采用焊接或机械连接的接头，插筋在基础内应符合下列要求：

（1）插筋的数量、直径，以及钢筋种类应与柱内的纵向受力钢筋相同。

（2）插筋锚入基础的长度等应满足（图 6-31）：

1）当基础高度 h 较小时，轴心受压和小偏心受压柱 $h < 1\ 200$ mm，大偏心受压柱 $h < 1\ 400$ mm；所有插筋的下端宜做成直钩放在基础底板钢筋网上，并满足锚入基础长度应大于锚固长度 l_a 或 l_{aE} 的要求（l_a 应符合相关规范的规定；l_{aE} 为考虑地震作用时的锚固长度。有抗震设防要求时：一、二级抗震等级 $l_{aE} = 1.15l_a$，三级抗震等级 $l_{aE} = 1.05l_a$，四级抗震等级 $l_{aE} = l_a$）。

2）当基础高度 h 较大时，轴心受压和小偏心受压柱 $h > 1\ 200$ mm，大偏心受压柱 $h > 1\ 400$ mm；可仅将四角插筋伸至基础底板钢筋网上，其余插筋只锚固于基础顶面下 l_a 或 l_{aE} 处。

3）基础中插筋至少需分别在基础顶面下 100 mm 和插筋下端设置箍筋，且间距不大于 800 mm，基础中箍筋直径与柱中同。

3．柱下条形基础的构造要求

墙下钢筋混凝土条形基础按外形不同，分为无纵肋板式条形基础和有纵肋板式条形基础两种。

墙下无纵肋板式条形基础的高度 h 应按剪切计算确定。一般要求 $h \geqslant 300$ mm（$\geqslant b/8$，b 为基础宽度）。当 $b < 1\,500$ mm 时，基础高度可做成等厚度；当 $b \geqslant 1\,500$ mm 时，可做成变厚度，且板的边缘厚度不应小于 200 mm，坡度 $i \leqslant 1 : 3$（图 6-32）。板内纵向分布钢筋大于等于 $\Phi 8@300$，且每延长米分布钢筋的面积应不小于受力钢筋面积的 1/10。

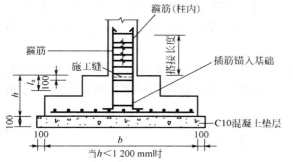

图 6-31 现浇钢筋混凝土柱与基础的连接

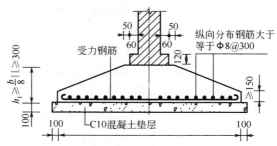

图 6-32 墙下钢筋混凝土条形基础的构造

当墙下的地基土质不均匀或沿基础纵向荷载分布不均匀时，为了抵抗不均匀沉降和加强条形基础的纵向抗弯能力，可做成有肋板条形基础。肋的纵向钢筋和箍筋一般按经验确定。

6.6.2 扩展基础的计算

在进行扩展基础结构计算，确定基础配筋和验算材料强度时，上部结构传来的荷载效应组合应按承载能力极限状态下荷载效应的基本组合；相应的基底反力为净反力（不包括基础自重和基础台阶上回填土重所引起的反力）。

6.6.2.1 墙下钢筋混凝土条形基础的底板厚度和配筋

1. 中心荷载作用

墙下钢筋混凝土条形基础在均布线荷载 F(kN/m) 作用下的受力分析可简化为图 6-33 所示。它的受力情况如同一受 p_n 作用的倒置悬臂梁。p_n 是指由上部结构设计荷载 F 在基底产生的净反力（不包括基础自重和基础台阶上回填土重所引起的反力）。若取沿墙长度方向 $l = 1.0$ m 的基础板分析，则

$$p_n = \frac{F}{b \cdot l} = \frac{F}{b} \qquad (6\text{-}24)$$

式中 p_n——相应于荷载效应基本组合时的地基净反力设计值，kPa；

F——上部结构传至地面标高处的荷载设计值，kN/m；

b——墙下钢筋混凝土条形基础宽度，m。

在 p_n 作用下，将在基础底板内产生弯矩 M 和剪力 V，其值在图中 I—I 截面（悬臂板根部）最大。

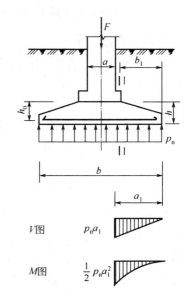

图 6-33 墙下钢筋混凝土条形基础受力分析

$$V = p_n \cdot a_1 \qquad (6\text{-}25)$$

$$M = \frac{1}{2} p_n \cdot a_1^2 \qquad (6\text{-}26)$$

式中　V——基础底板根部的剪力设计值，kN/m；

　　　M——基础底板根部的弯矩设计值，kN·m/m；

　　　a_1——截面 I—I 至基础边缘的距离，m（对于墙下钢筋混凝土条形基础，其最大弯矩、剪力的位置符合下列规定：当墙体材料为混凝土时，取 $a_1 = b_1$；如为砖墙且放脚不大于 1/4 砖长，取 $a_1 = b_1 + 1/4$ 砖长）。

为了防止 V、M 使基础底板发生剪切破坏和弯曲破坏，基础底板应有足够的厚度和配筋。

（1）基础底板厚度。墙下钢筋混凝土条形基础底板属不配置箍筋和弯起钢筋的受弯钢筋，应满足混凝土的抗剪切条件：

$$V \leqslant 0.7\beta_h f_t h_0 \quad \text{或} \quad h_0 \geqslant \frac{V}{0.7\beta_h f_t} \qquad (6\text{-}27)$$

式中　f_t——混凝土轴心抗拉强度设计值；

　　　h_0——基础底板有效高度，mm[即基础板厚度减去钢筋保护层厚度（有垫层 40 mm，无垫层 70 mm）和 1/2 倍的钢筋直径]；

　　　β_h——截面高度影响系数，$\beta_h = (800/h_0)^{1/4}$（当 $h_0 < 800$ mm 时，取 $h_0 = 800$ mm；当 $h_0 > 2\,000$ mm 时，取 $h_0 = 2\,000$ mm）。

（2）基础底板配筋。应符合《混凝土结构设计规范》（GB 50010—2010）正截面受弯承载力计算公式。也可按简化矩形截面单筋板，当取 $\xi = x/h_0 = 0.2$ 时，按下式简化计算：

$$A_s = \frac{M}{0.9h_0 f_y} \qquad (6\text{-}28)$$

式中　A_s——每米长基础底板受力钢筋截面面积；

　　　f_y——钢筋抗拉强度设计值。

2．偏心荷载作用

计算基底净反力的偏心距 e_0（应小于 $b/6$，否则为大偏心问题）：

$$e_0 = \frac{M}{F} \qquad (6\text{-}29)$$

基础边缘处的最大和最小净反力为：

$$p_{min}^{max} = \frac{F}{bl}\left(1 \pm \frac{6e_0}{b}\right) \qquad (6\text{-}30)$$

悬臂根部截面 I—I（图 6-34）处的净反力为：

$$p_1 = p_{min} + \frac{b - a_1}{b}\left(p_{max} - p_{min}\right) \qquad (6\text{-}31)$$

基础的高度和配筋计算仍按式（6-27）和式（6-28）进行。这时，一般考虑 p 按 p_{max} 取值，这样计算的，M、V 值略偏大，偏于安全。也可在计算剪力 V 和弯矩 M 时将式（6-25）和式（6-26）中的 p_n 改为 $(p_{max} + p_{min})/2$。这样计算，当 p_{max}/p_{min} 值较大时，计算的 M 值略偏小，结果偏

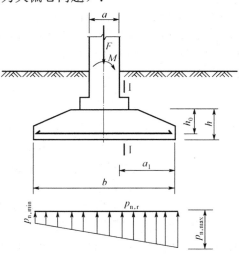

图 6-34　墙下条形基础受偏心荷载作用

于经济和不安全。

6.6.2.2　柱下钢筋混凝土单独基础底板厚度和配筋计算

1.　中心荷载作用

（1）基础底板厚度。在柱中心荷载 $F(kN)$ 作用下，如果基础高度（或阶梯高度）不足，则将沿着柱周边（或阶梯高度变化处）产生冲切破坏，形成 45° 斜裂面的角锥体（图 6-35）。因此，由冲切破坏锥体以外（ A_j ）的地基反力所产生的冲切力（ F_l ）应小于冲切面处混凝土的抗冲切能力。对于矩形基础，柱短边一侧冲切破坏较柱长边一侧危险，所以，一般只需根据短边一侧冲切破坏条件来确定底板厚度，即要求对矩形截面柱的矩形基础，应验算柱与基础交接处[图 6-36（a）]以及基础变阶处的受冲切承载力，按以下公式验算：

$$F_l \leqslant 0.7\beta_{hp}f_t a_m h_0 \tag{6-32}$$

$$a_m = (a_t + a_b)/2$$

$$F_l = p_n \cdot A_l$$

式中　β_{hp} ——受冲切承载力截面高度影响系数（当 $h \leqslant 800\ mm$ 时， β_{hp} 取 1.0；当 $h \geqslant 2\ 000\ mm$ 时， β_{hp} 取 0.9；其间按线性内插法取值）。

f_t ——混凝土轴心抗拉强度设计值；

h_0 ——基础冲切破坏锥体的有效高度；

a_m ——基础冲切破坏锥体最不利一侧计算长度；

a_t ——基础冲切破坏锥体最不利一侧斜截面的边长（当计算柱与基础交接处的受冲切承载力时，取柱宽；当计算基础变阶处的受冲切承载力时，取上阶宽）；

a_b ——基础冲切破坏锥体最不利一侧斜截面在基础底面积范围内的下边长｛当冲切破坏锥体的底面落在基础底面以内[图 6-36（b）]时，计算柱与基础交接处的受冲切承载力时，取柱宽加两倍基础有效高度；当计算基础变阶处的受冲切承载力时，取上阶宽加两倍该处的基础有效高度。当冲切破坏锥体的底面在 b 方向落在基础底面以外即 $a_t + 2h_0 > b$ 时，取 $a_b = b$ ｝；

F_l ——相应于荷载效应基本组合时作用在 A_l 上的地基土净反力设计值；

p_n ——扣除基础自重及其上土重后相应于荷载效应基本组合时的地基土单位面积净反力；

A_l ——冲切验算时取用的部分基底面积[图 6-36（b）、（c）中的阴影面积]。`

（2）基础底板配筋。由于单独基础底板在地基净反力 p_n 作用下，在两个方向均发生弯曲，所以两个方向都要配受力钢筋，钢筋面积按两个方向的最大弯矩分别计算。计算时，应符合《混凝土结构设计规范》（GB 50010—2010）正截面受弯承载力计算公式，也可按式（6-28）简化计算。

图 6-37 中各种情况的最大弯矩计算公式：

1）柱边（Ⅰ—Ⅰ截面）。

$$M_{Ⅰ} = \frac{p_n}{24}(l - a_0)^2(2b + b_0) \tag{6-33}$$

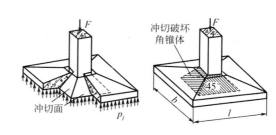

图 6-35　冲切破坏

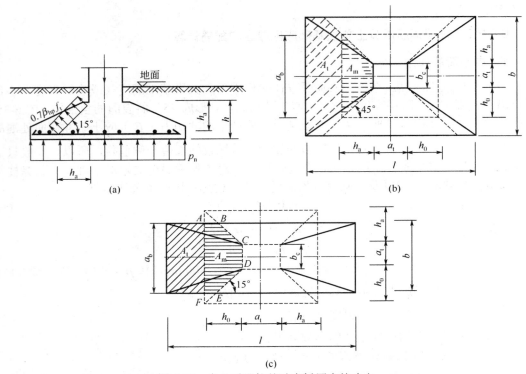

图 6-36　中心受压柱基础底板厚度的确定

（a）柱与基础交接处；（b）当 $b \geqslant a_t + 2h_0$ 时；（c）当 $b < a_t - 2h_0$ 时

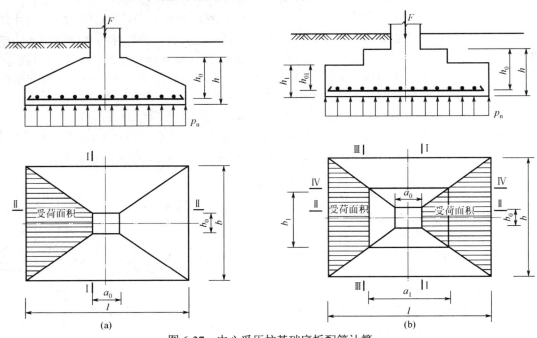

图 6-37　中心受压柱基础底板配筋计算

（a）锥形基础；（b）阶梯形基础

2）柱边（Ⅱ—Ⅱ截面）。

$$M_{II} = \frac{p_n}{24}(b - b_0)^2(2l + a_0) \tag{6-34}$$

3）阶梯高度变化处（III—III截面）。

$$M_{III} = \frac{p_n}{24}(l - a_1)^2(2b + b_1) \tag{6-35}$$

4）阶梯高度变化处（IV—IV截面）。

$$M_{IV} = \frac{p_n}{24}(b - b_1)^2(2l + a_1) \tag{6-36}$$

2. 偏心荷载作用

偏心受压基础底板厚度和配筋计算与中心受压情况基本相同。偏心受压基础底板厚度计算时，只需将式（6-24）中的 p_n 用偏心受压时基础边缘处最大设计净反力 $p_{n,max}$ 代替即可（图6-38）。

$$p_{n,max} = \frac{F}{bl}\left(1 + \frac{6e_0}{l}\right) \tag{6-37}$$

式中　　e_0——净偏心距，$e_0 = M / F$。

偏心受压基础底板配筋计算时，只需将式（6-33）～式（6-36）中的 p_n 换成偏心受压时柱边处（或变阶面处）基底设计反力 $p_{n,I}$（或 $p_{n,II}$）与 $p_{n,max}$ 的平均值 $\frac{1}{2}(p_{n,max} + p_{n,I})$ 或 $\frac{1}{2}(p_{n,max} + p_{n,II})$ 即可，如图6-39所示。

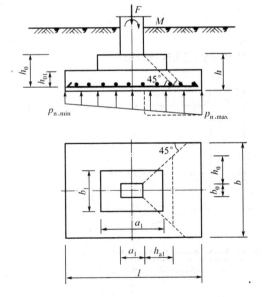

图6-38　偏心受压柱基础底板厚度计算

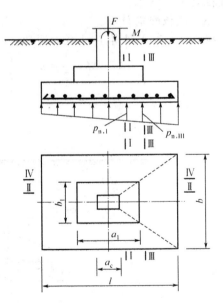

图6-39　偏心受压柱基础底板配筋计算

【工程应用例题 6-9】 已知某教学楼外墙厚 370 mm，传至基础顶面的竖向荷载标准值 F_k=267 kN/m，室内外高差为 0.90 m，基础埋深按 1.30 m 计算（以室外地面起算），地基承载力特征值 f_a=130 kPa（已对其进行深度修正）。试设计该墙下钢筋混凝土条形基础。

解: （1）求基础宽度。

$$b \geqslant \frac{F_k}{f_a - \gamma_G d} = \frac{267}{130 - 20 \times 1.75} = 2.81(\text{m})$$

取基础宽度 b=2.80 m=2 800 mm。

（2）确定基础底板厚度。按 $h = \frac{b}{8} = \frac{2\,800}{8} = 350(\text{mm})$，根据墙下钢筋混凝土基础构造要求，初步绘制基础剖面，如图 6-40 所示。墙下钢筋混凝土基础抗剪切验算如下：

按《规范》的规定，由荷载标准值计算荷载设计值，取荷载综合分项系数 1.35，因此，结构计算时上部结构传至基础顶面的竖向荷载设计值 F 简化计算为

$$F = 1.35F_k = 1.35 \times 267 = 360(\text{kN/m})$$

按式（6-24）计算地基净反力设计值：

$$p_n = \frac{F}{b} = \frac{360}{2.8} = 129(\text{kPa})$$

按式（6-25）计算 I—I 截面的剪力设计值：

$$V = p_n \cdot a_1 = 129 \times (1.095 + 0.12) = 157(\text{kN/m})$$

选用 C20 混凝土，$f_t = 1.10 \text{ N/mm}^3$。

按式（6-27）计算基础至少所需的有效高度：

$$h_0 = \frac{V}{0.7\beta_h f_t} = \frac{157}{0.7 \times 1.0 \times 1.10} = 203.9(\text{mm})$$

实际基础有效高度 $h_0 = 350 - 40 - 20/2 = 300(\text{mm}) > 203.9 \text{ mm}$（按有垫层并暂按 $\phi 20$ 底板筋直径计），可以。

（3）底板配筋计算。

按式（6-26）计算 I—I 截面弯矩：

$$M = \frac{1}{2}p_n a_1^2 = \frac{1}{2} \times 129 \times 1.215^2 = 95.2(\text{kN} \cdot \text{m/m})$$

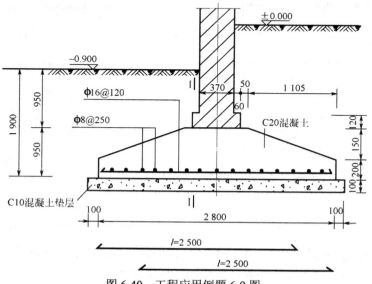

图 6-40　工程应用例题 6-9 图

选用 HPB300 钢筋，f_y=270 N/mm^2。

按式（6-28）求 A_s：

$$A_s = \frac{M}{0.9h_0 f_y} = \frac{95.2 \times 10^6}{0.9 \times 300 \times 270} = 1\,679(\text{mm}^2)$$

选用 φ16@120（实配 A_s=1\,675 mm^2≈1\,679 mm^2），分布钢筋选 φ8@250。基础剖面如图 6-40 所示。

6.7　减轻不均匀沉降措施

当建筑物的不均匀沉降过大时，建筑将开裂损坏并影响使用，对高压缩性土、膨胀土、湿陷性黄土以及软硬不均等不良地基上的建筑物，由于总沉降量大，故不均匀沉降相应也大。如何防止或减轻不均匀沉降，是设计中必须认真思考的问题。通常的方法有：①采用桩基础或其他深基础；②对地基进行处理，以提高原地基的承载力和压缩模量；③在建筑、结构和施工中采取措施。总之，采取措施一方面是减少建筑物的不均匀沉降；另一方面是增强上部结构对沉降和不均匀沉降的适应能力。

1. 建筑措施

建筑措施的目的是提高建筑物的整体刚度，以增强抵抗不均匀沉降危害性的能力。

（1）建筑物体型力求简单。当建筑物体型比较复杂时，宜根据其平面形状和高度差异情况，在适当部位用沉降缝将其划分成若干个刚度较好的单元；当高度差异或荷载较大时，可将两者隔开一定的距离，当拉开距离后的两个单元必须连接时，应采用能自由沉降的连接构造。

（2）设置沉降缝。建筑物设置沉降缝（从基础至屋面垂直断开），应符合下列规定：

1）建筑物的下列部位宜设置沉降缝：

① 建筑平面的转折部位；

② 高度或荷载差异较大处；

③ 地基土的压缩性有显著差异处；

④ 建筑结构或基础类型不同处；

⑤ 分期建造房屋的交界处；

⑥ 长高比过大的砌体承重结构或钢筋混凝土框架结构的适当部位。

2）沉降缝应有足够的宽度（表 6-12）。

表 6-12　房屋沉降缝的宽度

房屋层数	沉降缝宽度/mm
二～三	50～80
四～五	80～120
五层以上	不少于 120

（3）保持相邻建筑物基础间的净距（表 6-13）。

（4）相邻高耸结构或对倾斜要求严格的构筑物的外墙间隔距离，应根据倾斜允许值计算确定。

（5）建筑物各组成部分的标高应根据可能产生的不均匀沉降采取下列相应措施：

1）室内地坪和地下设施的标高，应根据预估沉降量予以提高。建筑物各部分（或设备之间）有联系时，可将沉降较大的标高提高。

2）建筑物与设备之间应留有净空。当建筑物有管道穿过时，应预留孔洞，或采用柔性的管道接头等。

表 6-13　相邻建筑物基础间的净距

被影响长高比 影响预估沉降/mm	$2.0 \leqslant L/H_f < 3.0$	$3.0 \leqslant L/H_f < 5.0$
70～150	2～3	3～6
160～250	3～6	6～9
260～400	6～9	9～12
>400	9～12	不小于 12

注：① 表中 L 为建筑物长度或沉降缝分隔的单位长度，m；H_f 为自基础底面标高算起的建筑物高度，m。
　　② 当被影响建筑的长高比为 $1.5 < L/H_f < 2.0$ 时，其间净距可适当缩小。

2．结构措施

（1）减轻结构自重。

1）选用轻型结构，减少墙体自重，采用架空地板代替室内回填土；

2）设地下室或半地下室，采用覆土少、自重小的基础形式；

3）调整各部分的荷载分布、基础宽度或基础埋深；

4）对不均匀沉降要求严格的建筑物，可选用较小的基底压力。

（2）对于建筑体型复杂、荷载差异较大的框架结构，可采用箱基、桩基、筏基等加强基础整体刚度，减少不均匀沉降。

（3）对砌体承重结构的房屋，宜采用下列措施增强整体刚度和承载力：

1）对于三层和三层以上的房屋，其长高比 L/H_f 宜小于或等于 2.5；当房屋的长高比为 $2.5 < L/H_f \leqslant 3.0$ 时，宜做成纵墙不转折或少转折，并控制其内横墙间距或增强基础刚度和承载力。当房屋的预估最大沉降量小于或等于 120 mm 时，其长高比可不受限制。

2）墙体内宜设置钢筋混凝土圈梁或钢筋砖圈梁。

3）在墙体上开洞时，宜在开洞部位配筋或采用构造柱及圈梁加强。

（4）设置圈梁。

1）在多层房屋的基础和顶层处应各设置一道，其他各层可隔层设置，必要时可逐层设置。单层工业厂房、仓库，可结合基础梁、连系梁、过梁等视情况而设置。

2）圈梁应设置在外墙、内纵墙和主要内横墙上，并宜在平面内连成封闭系统。

3．施工措施

（1）注意施工顺序，即先高后低，先重后轻，先主体后附属。

（2）注意对淤泥和淤泥质土基槽底面的保护，减少扰动。

（3）在已建成的房屋周围不应堆大量的地面荷载，以免引起附加沉降。

实训项目　某工程浅基础设计

某四层教学楼，平面布置图如图 6-41 所示。梁 L-1 截面尺寸为 200 mm×500 mm，伸入墙内 240 mm，梁间距为 3.3 m，外墙及山墙的厚度为 370 mm，双面粉刷，本教学楼的基础采用毛石条形基础，标准冻深为 1.2 m。由上部结构传至基础顶面的竖向力值分别为外纵墙

$\sum F_{1k}=558.57$ kN，山墙$\sum F_{2k}=168.61$ kN，内横墙$\sum F_{3k}=162.68$ kN，内纵墙$\sum F_{4k}=1\ 533.15$ kN。
该地区地形平坦，经地质勘察，工程地质剖面图如图 6-42 所示，地下水位在天然地表下 8.5 m，
水质良好，无侵蚀性。

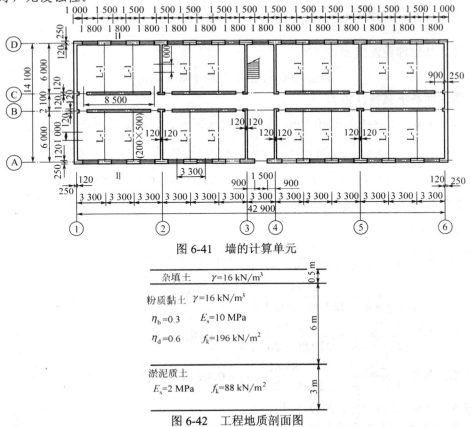

图 6-41　墙的计算单元

图 6-42　工程地质剖面图

基础设计如下。

1．计算荷载

（1）选定计算单元：取房屋中有代表性的一段作为计算单元。

外纵墙：取两窗中心间的墙体。

内纵墙：取①—②轴线之间两门中心间的墙体。

山墙、横墙：分别取 1 m 宽墙体。

（2）荷载计算。

外纵墙：取两窗中心线间的距离 3.3 m 为计算单元宽度，则

$$F_{1k}=\frac{\sum F_{1k}}{3.3}=\frac{558.57}{3.3}=169.26(\text{kN}/\text{m})$$

山墙：取 1 m 为计算单元宽度，则

$$F_{2k}=\frac{\sum F_{2k}}{1}=\frac{168.61}{1}=168.61(\text{kN}/\text{m})$$

内横墙：取 1 m 为计算单元宽度，则

$$F_{3k} = \frac{\Sigma F_{3k}}{1} = \frac{162.68}{1} = 162.68 \text{(kN/m)}$$

内纵墙：取两门中心线间的距离 8.26 m 为计算单元宽度，则

$$F_{4k} = \frac{\Sigma F_{4k}}{8.26} = \frac{1533.15}{8.26} = 185.61 \text{(kN/m)}$$

2. 确定基础埋置深度 d

$$d = z_0 + 200 = 1\,200 + 200 = 1\,400 \text{(mm)}$$

3. 确定地基承载特征值 f_a

假设 $b < 3$ m，因 $d = 1.4$ m > 0.5 m，故只须对地基承载力特征值进行深度修正。

$$\gamma_m = \frac{16 \times 0.5 + 18 \times 0.9}{0.5 + 0.9} = 17.29 \text{(kN/m}^3)$$

$$f_a = f_{ak} + \eta_d \gamma_m (d - 0.5) = 196 + 1.6 \times 17.29 \times (1.4 - 0.5) = 220.89 \text{(kN/m}^2)$$

4. 确定基础宽度、高度

（1）基础宽度。

外纵墙：$b_1 \geqslant \dfrac{F_{1k}}{f_a - \overline{\gamma} \times \overline{h}} = \dfrac{169.26}{220.89 - 20 \times 1.4} = 0.877 \text{(m)}$

山墙：$b_2 \geqslant \dfrac{F_{2k}}{f_a - \overline{\gamma} \times \overline{h}} = \dfrac{168.61}{220.89 - 20 \times 1.4} = 0.874 \text{(m)}$

内横墙：$b_3 \geqslant \dfrac{F_{3k}}{f_a - \overline{\gamma} \times \overline{h}} = \dfrac{162.68}{220.89 - 20 \times 1.4} = 0.843 \text{(m)}$

内纵墙：$b_4 \geqslant \dfrac{F_{4k}}{f_a - \overline{\gamma} \times \overline{h}} = \dfrac{185.61}{220.89 - 20 \times 1.4} = 0.962 \text{(m)}$

故取 $b = 1.2$ m < 3 m，符合假设条件。

（2）基础高度。基础采用毛石、M5 水泥砂浆砌筑。

内横墙和内纵墙基础采用三层毛石，则每层台阶的宽度为

$$b_2 = \left(\frac{1.2}{2} - \frac{0.24}{2} \right) \times \frac{1}{3} = 0.16 \text{(m)} \quad （符合构造要求）$$

允许台阶宽高比 $[b_2/H_0] = 1/1.5$，则每层台阶的高度为

$$H_0 \geqslant \frac{b_2}{[b_2/H_0]} = \frac{0.16}{1/1.5} = 0.24 \text{(m)}$$

综合构造要求，取 $H_0 = 0.4$ m。

最上一层台阶顶面距室外设计地坪为

$$1.4 - 0.4 \times 3 = 0.2 \text{(m)} > 0.1 \text{ m}$$

故符合构造要求（图 6-43）。

外纵墙和山墙基础仍采用三层毛石，每层台阶高 0.4 m，则每层台阶的允许宽度 $b \leqslant [b_2/H_0] H_0 = 1/1.5 \times 0.4 = 0.267 \text{(m)}$。

又因单侧三层台阶的总宽度为 $(1.2-0.37)/2 = 0.415 \text{(m)}$。故取三层台阶的宽度分别为 0.115 m、0.15 m、0.15 m，均小于 0.2 m（符合构造要求）。

最上一层台阶顶面距室外设计地坪为

$$1.4-0.4\times3=0.2(m)>0.1\ m$$

符合构造要求（图6-44）。

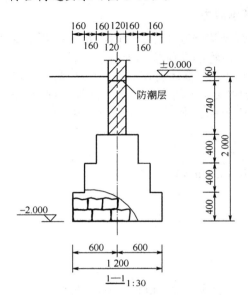

图6-43　内墙基础详图

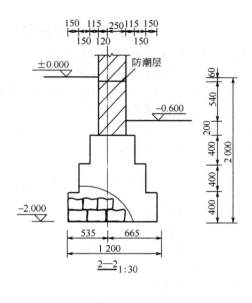

图6-44　外墙基础详图

5. 验算软弱下卧层强度

（1）基底处附加压力。

取内纵墙的竖向压力计算：

$$p_0 = p_k - p_c = \frac{F_k + G_k}{A} - \gamma_m d$$

$$= \frac{185.61 + 20\times1.2\times1\times1.4}{1.2\times1} - 17.29\times1.4$$

$$= 158.47(kN/m^2)$$

（2）下卧层顶面处附加压力。

因 $z/b = 4.1/1.2 = 3.4 > 0.5$，$E_{s1}/E_{s2} = 10/2 = 5$，故由《规范》中表5.2.7，查得 $\theta = 25°$，则

$$p_z = \frac{bp_0}{b+2z\tan\theta} = \frac{1.2\times158.47}{1.2+2\times4.1\times\tan25°} = 37.85(kN/m^2)$$

（3）下卧层顶面处自重压力。

$$p_{cz} = 16\times0.5 + 18\times5 = 98(kN/m^2)$$

（4）下卧层顶面处修正后的地基承载力特征值。

$$\gamma_m = \frac{16\times0.5 + 18\times5}{0.5+5} = 17.82(kN/m^3)$$

$$f_{az} = f_{ak} + \eta_d\gamma_m(d+z-0.5) = 88 + 1.0\times17.82\times(0.5+5-0.5) = 177.1(kN/m^2)$$

（5）验算下卧层的强度。

$$p_z + p_{cz} = 37.85 + 98 = 135.85(kN/m^2) < f_{az} = 177.1(kN/m^2)$$

符合要求。

知识扩展

非饱和土地基承载力

承载力和沉降量是地基设计的两个方面。建筑物基础设计必须同时满足下列两个条件：①沉降量和差异沉降量小于允许沉降值；②建筑物的总荷载小于地基承载力。

因承载力不足引起的地基破坏形式有以下三种：①整体剪切破坏；②局部剪切破坏；③冲剪破坏。地基破坏形式与加荷条件、基础埋置深度、土的类型和密实度等多种因素有关。Vesic(1975)建议用土的刚度指标 I_r 与土的临界刚度指标 I_{rc} 的关系判别地基的破坏类型。土的刚度指标 I_r 可以用下式计算：

$$I_r = \frac{G}{c + q_0 \tan\varphi} = \frac{E}{2(1+\upsilon)(c + q_0 \tan\varphi)} \tag{6-38}$$

式中　G——剪变模量，kPa；

　　　E——变形模量，kPa；

　　　υ——泊松比；

　　　c——凝聚力，kPa；

　　　φ——内摩擦角；

　　　q_0——地基中膨胀区（Expansion zone）平均超载压力，kPa[一般取基底以下 $B/2$（B 为基础宽度）深度处土的重度]。

土的极限刚度指标为

$$I_{rc} = \frac{1}{2} e^{\left(3.30 - 0.45\frac{B}{L}\right)\cos\left(45° - \frac{\varphi}{2}\right)} \tag{6-39}$$

式中　L——基础长度。

当 $I_r > I_{rc}$ 时，土相对不可压缩，地基发生整体剪切破坏；

当 $I_r \leqslant I_{rc}$ 时，土相对可压缩，地基发生局部剪切或冲剪破坏。

1. 非饱和土地基极限承载力公式

太沙基承载力公式是针对均质地基上的条形基础，受中心荷载作用，土有重力的情况得到的，并做了以下假设：

（1）基础底面完全粗糙，即基础与土之间有摩擦力，基底下有一部分土体随基础一起移动，处于弹性平衡状态，称为弹性楔体[图 6-45（a）中的 aba_1]。弹性楔体的边界 ab 为滑动面的一部分，它与水平面的夹角为 φ，φ 的大小与基底的粗糙程度有关。当基底完全粗糙时，弹性楔体内的土与基础一起垂直向下移动，即通过 b 点滑动面 bc 的开始段是一根竖直线。在塑性区内过每一点的一对滑动面彼此成 $90° \pm \varphi$，由几何关系得到 $\varphi = \psi$ [图 6-45（b）]；当基底是完全光滑时，$\psi = 45° + \frac{\varphi}{2}$ [图 6-45（c）]。一般情况下，$\varphi < \psi < 45° + \frac{\varphi}{2}$。

（2）基底完全粗糙的滑动区域由径向剪切区 II 和朗肯被动区 III 组成[图 6-45（c）]。其中，滑动区域 II 的边界 bc 为对数螺旋曲线，其曲线方程 $r = r_0 e^{\theta \tan\varphi}$（$r_0$ 为初始矢径）。朗肯被动区 III 的边界 cd 为直线，与水平面成 $45° - \frac{\varphi}{2}$。

（3）若基础埋深为 D，基底以上两侧的土体用相当的均布超载 $q-\gamma D$ 代替。

根据以上的假定，弹性楔体 aba_1 的受力如图 6-45（d）所示，弹性楔体主要受到以下作用力：

（1）弹性楔体的自重 W，竖直向下，大小为

$$W = \frac{1}{4}\gamma B^2 \tan\psi \tag{6-40}$$

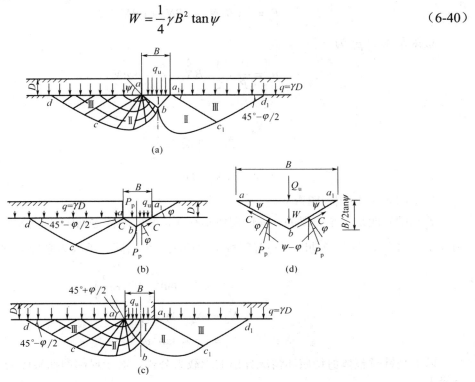

图 6-45　太沙基承载力

（2）基底面的极限荷载 P_u，竖直向下，它等于地基极限承载力与基础宽度的乘积，即

$$P_u = p_u B \tag{6-41}$$

（3）弹性楔体面斜面 ab 上的总凝聚力 c，与斜面平行，方向向上，它等于土的凝聚力 c 与 $\overline{ab}$ 的乘积：

$$c = c\overline{ab} = c\frac{B}{\cos\psi} \tag{6-42}$$

（4）作用在弹性楔体两斜面上的反力 P_p，它与 ab 面的法线成 φ。上述各力在竖直方向建立平衡方程，可以得到

$$P_u = 2P_p \cos(\psi-\varphi) + cB\tan\psi - \frac{1}{4}\lambda B^2 \tan\psi \tag{6-43}$$

对于完全粗糙的基底，$\psi=\varphi$，式（6-43）改写为

$$P_u = 2P_p + cB\tan\varphi - \frac{1}{4}\gamma B^2 \tan\varphi \tag{6-44}$$

反力 P_p 是由土的凝聚力 c、基础两侧的超载 q 和土的重度 γ 引起的。对于完全粗糙的基

底，太沙基把弹性楔体边界 ab 看成挡土墙，分三步求反力 P_p：① $\gamma = c = 0$，仅由超载 q 引起反力 P_{pq}；② $q = \gamma = 0$，求出反力 P_{pc}；③ $q = c = 0$，求出 $P_{p\gamma}$，由叠加原理得到反力 $P_p = P_{pq} + P_{pc} + P_{p\gamma}$，代入式（6-44）得到地基的极限荷载为

$$P_u = \frac{1}{2}\gamma B^2 N_r + qBN_q + cBN_c \tag{6-45}$$

极限承载力 p_u 为

$$p_u = \frac{P_u}{B} = \frac{1}{2}\gamma BN_\gamma + qN_q + cN_c \tag{6-46}$$

$$N_q = \frac{e^{\left(\frac{3}{2}\pi - \varphi\right)\tan\varphi}}{2\cos^2\left(45° + \dfrac{\varphi}{2}\right)} \tag{6-47}$$

$$N_c = (N_q - 1)\cot\varphi \tag{6-48}$$

式中的 N_r 可由相关图查取。

若基础底面是完全光滑的，弹性楔体不存在，变成朗肯主动区 Ⅰ，ab 面与水平面的夹角为 $\psi = 45° + \dfrac{\varphi}{2}$，整个滑动区域与普朗特尔的情况完全相同。承载力系数分别为

$$N_q = e^{\pi\tan\varphi}\tan^2\left(45° + \frac{\varphi}{2}\right) \tag{6-49}$$

$$N_c = (N_q - 1)\cot\varphi \tag{6-50}$$

$$N_\gamma = 1.8N_c\tan^2\varphi \tag{6-51}$$

以上是针对整体剪切破坏情况导出的承载力公式，对于局部剪切破坏的承载力，需做如下修正：

$$c^0 = \frac{2}{3}c \tag{6-52}$$

$$\tan\varphi^0 = \frac{2}{3}\tan\varphi \tag{6-53}$$

式中　　c^0、φ^0——修正后的强度指标。

把太沙基极限承载力公式用于非饱和土地基时，需要考虑基质吸力对地基承载力的贡献。

非饱和土的强度用 $\tau_f = c' + (\sigma - u_a)\tan\varphi' + (u_a - u_w)\tan\varphi^b$ 表明，非饱和土的强度由有效凝聚力、粒间摩擦力和吸力引起的强度组成。为了便于套用非饱和土地基的承载力，可以用等效凝聚力代替有效凝聚力。等效凝聚力的定义为

$$c^e = c' + (u_a - u_w)\tan\varphi^b \tag{6-54}$$

假定有效内摩擦角 φ' 不变，即

$$\varphi^e = \varphi' \tag{6-55}$$

式中　　u_a——孔隙气压；

　　　　u_w——孔隙水压；

$u_s = u_a - u_w$——基质吸力；

φ^{b} ——强度随基质吸力变化的摩擦角，称为吸力摩擦角；

φ^{e} ——等效内摩擦角；

c^{e} ——等效凝聚力。

非饱和土孔隙中含有气体，是相对可压缩的，即非饱和土地基破坏常表现为局部剪切破坏。因此，用式（6-54）、式（6-55）计算非饱和土的太沙基极限承载力时，对式（6-54）、式（6-55）还需做修正。

$$\varphi^{0} = \arctan\left(\frac{2}{3}\tan\varphi^{e}\right) \tag{6-56}$$

$$c^{0} = \frac{2}{3}c^{e} \tag{6-57}$$

2．非饱和土地基承载力公式应用实例

一条形基础，宽 6 m，埋深 3 m，地基土为黏性土。天然土重度为 18.0 kN／m³，固结不排水剪切强度指标 $c = 25.8$ kPa，$\varphi = 24°$，基质吸力 $u_{s} = 150$ kPa，$\varphi^{b} = 15°$，设基础底面是完全粗糙的，试计算天然地基的极限承载力。

解：
$$c^{0} = \frac{2}{3}(c + u_{s}\tan\varphi^{b}) = 44.0$$

$$\varphi^{0} = \arctan\left(\frac{2}{3}\tan\varphi\right) = 16.5$$

由 $\varphi^{0} = 16.5$ 查有关图表得

$$N_{c}^{0} = 14.2, \quad N_{q}^{0} = 5.2, \quad N_{\tau}^{0} = 1.9$$

由式（6-46）得到

$$p_{u} = c^{0}N_{c}^{0} + qN_{q}^{0} + \frac{1}{2}\gamma B N_{\tau}^{0}$$

$$= 44.0 \times 14.2 + 18.0 \times 3 \times 5.2 + \frac{1}{2} \times 18.0 \times 6 \times 1.9 = 1\,008(\text{kPa})$$

基质吸力 $u_{s} = 300$ kPa 时，$p_{u} = 1\,469$ kPa；

基质吸力 $u_{s} = 100$ kPa 时，$p_{u} = 708$ kPa。

随着地基土基质吸力的增加，非饱和土地基承载力增加（图 6-46）。对于非饱和土地基，考虑基质吸力对地基承载力的影响是很重要的，可以节省地基处理费用。

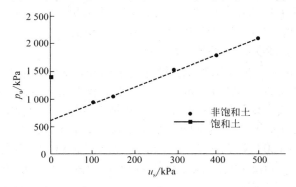

图 6-46 基质吸力与极限承载力的关系

能力训练

一、简答题

1. 简述地基基础设计的基本原则和一般步骤。
2. 浅基础的分类及基本构造要求是什么？
3. 试述基础埋置深度和基础底面尺寸确定方法。
4. 地基基础设计有哪些要求和基本规定？
5. 什么是基础埋置深度？确定基础埋深时应考虑哪些因素？
6. 当基础埋深较浅而基础和底面面积很大时宜采用何种基础？
7. 当有软弱下卧层时如何确定基础底面面积？
8. 在工程中减轻不均匀沉降的措施有哪些？

二、计算题

1. 已知某五层砖混结构宿舍楼的外墙厚 370 mm，上部结构传至基础顶面的竖向荷载标准组合值为 178 kN/m，基础埋深为 1.8 m，室内外高差为 0.3 m，已知土层分布为：第一层，杂填土，厚 0.4 m，γ =16.8 kN/m³；第二层土，粉质黏土，厚 3.4 m，γ =19.1 kN/m³，承载力特征值 f_a=129 kPa；第三层，淤泥质粉质黏土，厚 1.7 m，γ =17.6 kN/m³；第四层土，淤泥，厚 2.1 m，γ =16.6 kN/m³，承载力特征值 f_{az} =50 kPa；地下水位位于地面下 1.3 m 处。试确定基础底面尺寸。（答案：b=2 m）

2. 某宾馆设计采用框架结构独立基础，基础底面尺寸 $l×b$=3.00 m×2.40 m，承受轴心荷载。基础埋深为 1.00 m，地基土分三层：表层为素填土，天然重度 γ_1 =17.5 kN/m³，厚 h_1 =0.80 m；第二层为粉土，γ_2 =20 kN/m³，φ_2 = 21°，承载力系数 M_b=0.56，M_d=3.25，M_c=5.85，c_2=12 kPa，h_2=7.4 m；第三层为粉质黏土，γ_3 =19.2 kN/m³，φ_3 =18°，c_3=24 kPa，h_3=4.8 m。试计算宾馆地基的承载力特征值。（答案：162.3 kPa）

3. 已知某地土层各项物理力学指标及地基承载力特征值如图 6-47 所示，若在该场地拟建条形基础，基础埋深为 d=2.0 m，作用在基础顶面的中心垂直荷载 F_k=420 kN。试根据持力层地基承载力确定基础底面尺寸（e 及 I_L 均小于 0.85 的黏性土，η_b = 0.3，η_d =1.6；e 小于 0.85，I_L 大于 0.85 的黏性土，η_b = 0.4，η_d =1.8）。（答案：b=2 m）

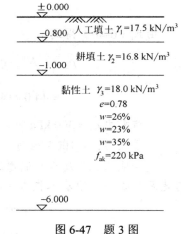

图 6-47　题 3 图

4. 图 6-48 所示某地基上的条形基础，埋深为 1.80 m，基础宽度取 b=2.5 m，作用在室内地面标高处的竖向轴心荷载 F=495 kN/m，持力层土承载力基本容许值 $[f_{ak}]$=200 kPa，其他指标如图，试按持力层承载力要求验算基础底面尺寸是否合适。（答案：合适）

5. 图 6-49 所示某柱下方形底面基础，底面边长为 2.8 m，基础埋深为 1.8 m，柱作用在基础顶面的轴心荷载 F=120 kN。第一层土为黏土，厚度 3.6 m，天然重度 γ_1 =18 kN/m³；地基承载力基本容许值 f_{a0} =160 kPa，深度修正系数 η_2 =1.6。黏土层下为淤泥层，天然重度 γ_2 =17 kN/m³；地基承载力基本容许值 f_{a0} =80 kPa，取地基压力扩散角 θ =22°。试分别验算

地基持力层及下卧层是否满足承载力的要求。（答案：满足）

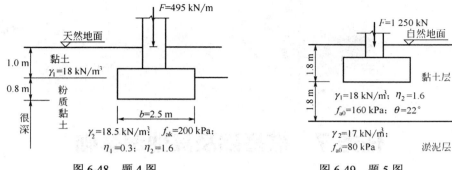

图 6-48　题 4 图　　　　　　　　图 6-49　题 5 图

6. 已知某厂房墙厚 240 mm，墙下采用钢筋混凝土条形基础，相应于荷载效应基本组合时作用在基础顶面上的竖向荷载为 265 kN/m，弯矩为 10.6 kN·m，基础底面宽度为 2 m，基础埋深为 1.5 m。试设计该基础。

7. 某柱下锥形基础柱子截面为尺寸 450 mm×450 mm，基础底面尺寸为 2 500 mm×3 500 mm，基础高度为 500 mm，上部结构传到基础顶面的相应于荷载效应基本组合的竖向荷载值为 $F=775$ kN，$M=135$ kN·m，基础采用混凝土强度的等级为 C20（$f_t=1.1$ N/mm^2），HPB300 钢筋，基础埋深为 1.5 m。试设计柱下钢筋混凝土独立基础。

任务自测

任务能力评估表

知识学习	
能力提升	
不足之处	
解决方法	
综合自评	

任务 7　桩基础及其他深基础

任务目标

➤　熟悉桩基础的类型及适用条件
➤　了解桩土体系的荷载传递机理
➤　掌握桩基础的设计内容、步骤和方法
➤　掌握桩基竖向承载力计算、桩基沉降计算、承台抗弯及抗冲切计算

7.1　深基础及其工程应用概述

天然地基上浅基础一般造价低廉，施工简便，所以在工程建设中应优先考虑采用。当基础沉降量过大或地基稳定性不能满足设计要求时，就有必要采取一定的措施，如进行地基加固处理或改变上部结构，或选择合适的基础类型等。当地基的上覆软土层很厚，即使采用一般地基处理方法仍不能满足设计要求或耗费巨大时，往往采用桩基础或其他深基础，将建筑物的荷载传递到深处合适的坚硬土层上，以保证建筑物对地基稳定性和沉降量的要求。深基础有桩基础、墩基础、地下连续墙、沉井和沉箱等几种类型。

桩基础又称桩基，是一种常用而古老的深基础形式。我国很早就已成功地使用了桩基础，如北京的御河桥、西安的坝桥、南京的古城墙和上海的龙华塔等都是我国古代桩基础建筑的典范。欧洲 19 世纪中叶开始的大规模桥梁、铁路和公路建设，大大推动了桩基础理论和施工方法的发展。由于桩基础具有承载力高、稳定性好、沉降稳定快和沉降变形小、抗震能力强，以及能够适应复杂地质条件等特点，在工程中得到了广泛应用。桩基础除主要用来承受竖向抗压荷载外，还可用于桥梁工程、港口工程、近海采油平台、高耸和高层建筑物、支挡结构、抗震工程结构以及特殊土地基，如冻土、膨胀土中用于承受侧向土压力、波浪力、风力、地层力、车辆制动力、冻胀力、膨胀力等水平荷载和竖向抗拔荷载。近年来，随着生产水平的提高和科学技术的发展，桩的种类和形式、施工机具、施工工艺以及桩基设计理论和设计方法等，都在高速发展。图 7-1 给出了桩基础的工程应用情况。桩基础作为深基础，具有承强力高、稳定性好、沉降量小而均匀、沉降速率低而收敛快等特性。

图 7-1 桩基础的工程应用情况

7.2 桩基础分类与施工

桩基础可以采用单根桩的形式承受和传递上部结构的荷载,这种独立基础称为单桩基础。但绝大多数桩基础是由 2 根或 2 根以上的多根桩组成群桩,由承台将桩群在上部连接成一个整体,建筑物的荷载通过承台分配给各根桩,桩群再把荷载传递给地基。这种由 2 根或 2 根以上桩组成的桩基础称为群桩基础,群桩基础中的单桩称为基桩。

桩基础由设置于土中的桩和承接上部结构荷载的承台两部分组成(图 7-2)。根据承台与地面的相对位置,桩基础一般可分为低承台桩基础和高承台桩基础。低承台桩基础的承台底面位于地面以下,其受力性能好,具有较强的抵抗水平荷载的能力。工业与民用建筑几乎都使用低承台桩基础;高承台桩基础的承台底面位于地面以上,且常处于水下,水平受力性能差,但可避免水下施工及节省基础材料,多用于桥梁及港口工程。

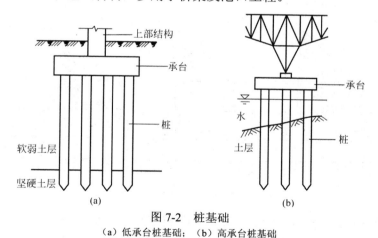

图 7-2 桩基础
(a) 低承台桩基础; (b) 高承台桩基础

7.2.1 桩基础分类

按不同的分类标准,桩基础有不同的分类方式。

1．按承载性状分类

（1）摩擦型桩。

摩擦桩：在承载能力极限状态下，桩顶竖向荷载由桩侧阻力承受，桩端阻力小到可忽略不计，如图 7-3（a）所示。

端承摩擦桩：在承载能力极限状态下，桩顶竖向荷载主要由桩侧阻力承受，如图 7-3（b）所示。

（2）端承型桩。

端承桩：在承载能力极限状态下，桩顶竖向荷载由桩端阻力承受，桩侧阻力较小，可忽略不计，如图 7-3（c）所示。

摩擦端承桩：在承载能力极限状态下，桩顶竖向荷载主要由桩端阻力承受，如图 7-3（d）所示。

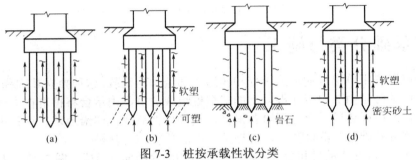

图 7-3　桩按承载性状分类
（a）摩擦桩；（b）端承摩擦桩；（c）端承桩；（d）摩擦端承桩

2．按成桩方法分类

（1）非挤土桩：干作业法钻（挖）孔灌注桩、泥浆护壁法钻（挖）孔灌注桩、套管护壁法钻（挖）孔灌注桩（图 7-4）。

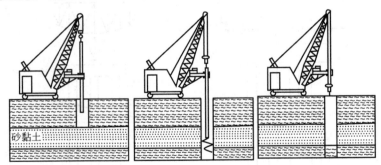

图 7-4　螺旋钻孔灌注桩施工示意图

（2）部分挤土桩：长螺旋压灌灌注桩、冲孔灌注桩、钻孔挤扩灌注桩、搅拌劲性桩、预钻孔打入（静压）预制桩、打入（静压）式敞口钢管桩、敞口预应力混凝土空心桩和 H 型钢桩。

（3）挤土桩：沉管灌注桩、沉管夯（挤）扩灌注桩、打入（静压）预制桩、闭口预应力混凝土空心桩和闭口钢管桩。锤击沉管灌注施工示意图如图 7-5 所示。

3．按桩径大小分类

（1）小直径桩：$d \leqslant 250$ mm。

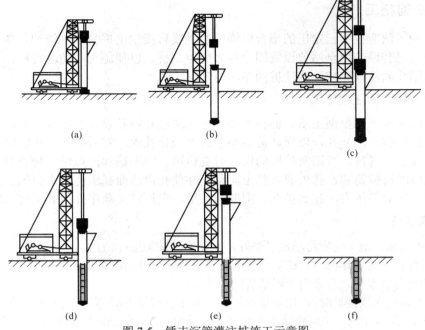

图 7-5　锤击沉管灌注桩施工示意图

（a）就位；（b）锤击沉管；（c）首次灌注混凝土；（d）边拔管、边锤击、边继续灌注混凝土；
（e）安放钢筋笼，继续灌注混凝土；（f）成桩

（2）中等直径桩：$250\ \text{mm}<d<800\ \text{mm}$。

（3）大直径桩：$d\geqslant800\ \text{mm}$。

4．按桩身材料分类

木桩是最古老的桩型，但是由于资源的限制及其易于腐蚀和不易接长等缺点，目前已很少使用。现代桩基础按材料可分为以下三类：

（1）混凝土桩。一般采用钢筋混凝土制作。按照施工制作方法又可分为灌注桩和预制桩。预制桩又可分为现场预制和工厂预制两种，后者要经受运输的考验。预制桩还可分为预应力桩和非预应力桩。使用高强度水泥和钢筋制作的预应力桩具有很高的桩身强度。

（2）钢桩。钢桩按照断面形状可分为钢管桩、钢板桩、型钢桩和组合断面桩，如图 7-6 所示。钢桩较易打入土中，由于挤土少，对地层扰动小，但是造价较高，抗腐蚀性差，需做表面防腐处理。

（3）组合材料桩。这类桩种类很多，并且不断地有新类型出现。例如在作为抗滑桩时，在混凝土中加入大型 I 型钢承受水平荷载；在用深层搅拌法制作的水泥墙中插入 H 型钢，形成地下连续墙（SMW）。最近，我国研究人员在水泥土中插入高强钢筋混凝土桩作为劲芯所形成的桩，承载能力高于一般的灌注桩。另外一种复合载体夯扩桩则是在桩端夯入砖石，其上夯入干硬性混凝土，再浇筑钢筋混凝土桩身。

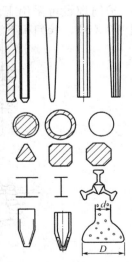

图 7-6　不同断面形状的桩

7.2.2 桩基础施工

桩基础施工前应根据已定出的墩台纵横中心轴线直接定出桩基础轴线和各基桩桩位，目前，实际施工已普遍应用全站仪设置固定标志或控制桩，以便施工时随时校核。下面分别介绍最常用的钻孔灌注桩和挖孔灌注桩的施工方法。

7.2.2.1 钻孔灌注桩施工

钻孔灌注桩施工应根据土质、桩径大小、入土深度和机具设备等条件，选用适当的钻具和钻孔方法进行钻（冲）孔，以保证桩能顺利达到预计孔深，然后清孔、吊放钢筋笼骨架及灌注水下混凝土。目前，我国常使用的钻具有旋转钻、冲击钻和冲抓钻三种类型。为稳固孔壁，采用孔口埋设护筒和在孔内灌入黏土泥浆，并使孔内液面高出孔外水位的方法，以在孔内形成一个向外的静压力，起到护壁、固壁的作用。现按施工顺序介绍其主要工序。

1. 准备工作

（1）准备场地。施工前应将场地平整好，以便安装钻架进行钻孔。

1）当墩台位于无水岸滩时，钻架位置处应整平夯实，并清除杂物，挖换软土。

2）当场地有浅水时，宜采用土或草袋围堰筑岛。

3）当场地为深水或陡坡时，可用木桩或钢筋混凝土桩搭设支架，安装施工平台支承钻机（架）。在水流较平稳的深水中时，也可将施工平台架设在浮船上，就位锚固稳定后在水上钻孔。水中支架的结构强度、刚度和船只的浮力、稳定都应事前进行验算。

（2）埋置护筒。护筒一般为圆筒形结构物，一般用木材、薄钢板或钢筋混凝土制成。护筒制作要求坚固、耐用、不易变形、不漏水、装卸方便和能重复使用。护筒内径应比钻头直径大 $0.2\sim0.4$ m。护筒具有如下作用：

1）固定桩位，并作钻孔导向。

2）保护孔口，防止孔口土层坍塌。

3）隔离孔内外表层水，并保持钻孔内水位高出施工水位，以稳固孔壁。因此，埋置护筒要求稳固、准确。

护筒埋设可采用下埋式（适用于旱地）[图 7-7（a）]、上埋式（适于旱地或浅水筑岛）[图 7-7（b）、（c）]和下沉式（适于深水）[图 7-7（d）]。

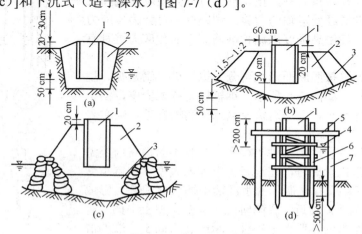

图 7-7　护筒的埋深

（a）下埋式；（b）、（c）上埋式；（d）下沉式

1—护筒；2—夯实黏土；3—砂土；4—施工水位；5—工作平台；6—导向架；7—脚手架

埋置护筒时应注意以下几点：

1）护筒平面位置应埋设正确，偏差不宜大于 50 mm。

2）护筒顶高程应高出地下水位和施工最高水位 1.5～2.0 m。在无水地层钻孔时，因护壁顶没有溢浆口，因此筒顶也应高出地面 0.2～0.3 m。

3）护筒底应低于施工最低水位（一般低 0.1～0.3 m 即可）。对于深水下沉埋设的护筒，应沿导向架借自重、射水、振动或锤击等方法将护筒下沉至稳定深度，黏性土应达到 0.5～1 m，砂性土则应达到 3～4 m。

4）对于下埋式及上埋式护筒，挖坑不宜太大（一般比护筒直径大 0.1～0.6 m），护筒四周应夯填密实的黏土。护筒底应埋置在稳定的黏土层中，否则应换填黏土并夯实，其厚度一般为 0.5 m。

（3）制备泥浆。泥浆在钻孔中的作用是：

1）泥浆相对密度大、浮力大，在孔内可产生较大的悬浮液压力，可防止坍孔，起护壁作用。

2）具有悬浮钻渣的作用，利于钻渣的排出。

3）泥浆会向孔外土层渗漏。在钻进过程中，由于钻头的活动，孔壁表面会形成一层胶泥，具有护壁作用，同时能将孔内外的水流切断，以稳定孔内水位。

因此，在钻孔过程中，孔内应保持一定稠度的泥浆。其相对密度一般以 1.1～1.3 为宜，而在冲击钻进大卵石层时可达 1.4 以上，黏度一般为 16～28 Pa·s，含砂率一般小于 4%。钻孔泥浆由水、黏土（或膨润土）和添加剂组成。开工前应准备数量充足和性能合格的黏土和膨润土。调制泥浆时先将黏土加水浸透，然后用搅拌机或人工拌制，并按不同地层情况严格控制泥浆浓度，正确选用正、反循环法钻孔。为了回收泥浆原料和减少环境污染，应设置泥浆循环净化系统。调制泥浆的黏土的塑性指数不宜小于 15。在较好的黏土层中钻孔，也可先灌入清水，钻孔时在孔内自造泥浆。

（4）制作钢筋笼。在钻孔之前或者钻孔的同时要制作好钢筋笼，以便成孔、清孔后尽快下放钢筋笼并灌注混凝土，以防止塌孔事故的发生。钢筋笼的质量好坏直接影响着整个桩的强度，所以钢筋笼应严格按图纸尺寸要求制作。在制作过程中应注意：在任一焊接接头中心至钢筋直径的 35 倍且不小于 500 mm 的长度区段内，同一根钢筋不得有两个接头，在该区段内的受拉区有接头的受力钢筋截面面积不宜超过受力钢筋总截面面积的 50%，在受压区和装配式构件间的连接钢筋不受此限制；螺旋筋布置在主筋外侧；定位筋应均匀对称地焊接在主筋外侧，下放钢筋笼前应对其进行质量检查，保证钢筋根数、位置、净距、保护层厚度等满足要求。

2. 钻孔

（1）旋转钻进成孔。我国现用旋转钻机按泥浆循环程序不同分为正循环与反循环两种。

1）正循环：即在钻进的同时，泥浆泵将泥浆压进泥浆笼头，并通过钻杆中心从钻头喷入钻孔内，泥浆挟带钻渣沿钻孔上升，从护筒顶部排浆孔排出至沉淀池，钻渣在此沉淀而泥浆仍进入泥浆池循环使用，如图 7-8 所示。

2）反循环：与上述正循环程序相反，将泥浆用泥浆泵送至钻孔内，然后从钻头的钻杆下口吸进，通过钻杆中心排出至沉淀池，泥浆沉淀后再循环使用。反循环钻机的钻进及排渣效率较高，但在接长钻杆时装卸较麻烦，且当钻渣粒直径超过钻杆内径（一般为 120 mm）时

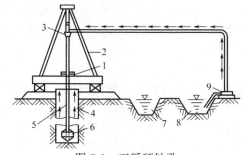

图 7-8　正循环钻孔

1—钻机；2—钻架；3—泥浆笼头；4—护筒；
5—钻杆；6—钻头；7—沉淀池；8—泥浆池；9—泥浆泵

易堵塞管路，不宜采用，如图 7-9 所示。

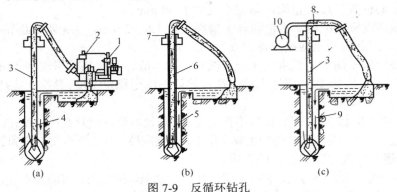

图 7-9　反循环钻孔

（a）泵吸反循环；（b）压气反循环；（c）射流反循环

1—真空泵；2—泥浆泵；3—钻渣；4、5、9—清水；6—气池；7—高压空气进气口；8—高压水进口；10—水泵

（2）冲击成孔。利用冲击锥（重 10～35 kN），通过不断地提锥、落锥反复冲击孔底土层，把土层中的泥砂、石块挤向四壁或打成碎渣，钻渣悬浮于泥浆中并用掏渣筒取出，重复上述过程即可冲击成孔，如图 7-10 所示。冲击钻孔适用于含有漂卵石、大块石的土层及岩层，也能用于其他土层，成孔深度一般不宜超过 50 m。

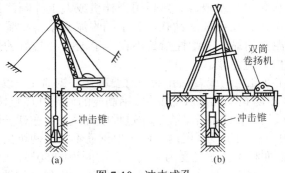

图 7-10　冲击成孔

（a）定型的冲击钻机；（b）简易冲击钻机

（3）冲抓成孔（图 7-11）。这种方法使用兼有冲击和抓土作用的冲抓锥，通过钻架，由带离合器的卷扬机操纵，靠冲抓锥自重（10～20 kN）冲下使抓土瓣锥尖张开插入土层，然后由卷扬机提升锥头并收拢抓土瓣将土抓出，弃土后继续冲抓钻进而成孔，钻锥常采用四瓣或六瓣冲抓锥，其构造如图 7-12 所示。当收紧外套钢丝绳、松内套钢丝绳时，内套在自重作用下相对外套下坠，便使锥瓣张开插入土中。冲抓成孔适用于黏性土、砂性土及夹有碎卵石的砂砾土层，成孔深度宜小于 30 m。

（4）钻孔注意事项。在钻孔过程中应防止坍孔、孔形扭歪或孔偏斜，以及钻头埋住或掉进孔内等事故的发生。钻孔时应注意以下几点：

1）始终要保持钻孔护筒内水位高出筒外 1～1.5 m，并满足护壁泥浆的要求（泥浆的相对密度为 1.1～1.3，黏度为 16～28 Pa·s，含砂率＜4％等），对护壁起到固壁作用，防止坍孔。若发现漏水（漏浆）现象，应找出原因并及时处理。

2）应根据土质等情况控制钻进速度、调整泥浆稠度，以防止坍孔及钻孔偏斜、卡钻和旋转钻机负荷超载等情况发生。

3）钻孔宜一气呵成，不宜中途停钻，以避免坍孔，若坍孔严重应回填重钻。

4）钻孔过程中应加强对桩位、成孔情况的检查。终孔检查时应对桩位、孔径、形状、深度、倾斜度及孔底土质等情况进行检验，合格后立即清孔、吊放钢筋笼，并灌注混凝土。

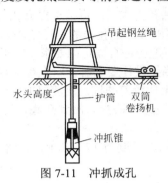

图 7-11　冲抓成孔

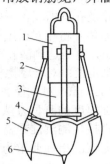

图 7-12　冲抓锥构造

1—外套；2—连杆；3—内套；4—支撑杆；5—叶瓣；6—锥头

（5）常见事故钻孔及预防、处理措施。常见钻孔事故有坍孔、钻孔偏斜、扩孔与缩孔、钻孔漏浆、掉钻落物、糊钻以及形成梅花孔、卡钻、钻杆折断等，其处理方法如下：

1）遇有坍孔，应认真分析原因并查明位置，然后进行处理。坍孔不严重时，可回填黏性土至坍孔位置以上，并采取改善泥浆性能、加高水头、埋深护筒等措施，然后继续钻进。坍孔严重时，应立即将钻孔全部用砂或小砾石夹黏土回填，暂停一段时间后，查明坍孔原因，采取相应措施并重钻。坍孔部位不深时，可采取深埋护筒法，将护筒周围的土夯填密实，并重新钻进。

2）遇有钻孔偏斜时，一般可在偏斜处吊住钻锥反复扫孔，以使钻孔正直。偏斜严重时，应回填黏性土到偏斜处，待沉积密实后重新钻进。

3）遇有扩孔、缩孔时，应采取防止坍孔和钻锥摆动过大的措施。缩孔是由钻锥磨损过多、焊补不及时或地层中有遇水膨胀的软土、黏土泥岩造成的。对于前者，应及时补焊钻锥；对于后者，应用失水率小的优质泥浆护壁。对已发生的缩孔，宜在该处用钻锥上下反复扫孔以扩大孔径。

4）遇有钻孔漏浆时，如护筒内水头不能保持，宜采取将护筒周围的回填土夯实、增加护筒埋置深度、适当减小水头高度或加稠泥浆、倒入黏土慢速转动等措施；用冲击法钻孔时，还可填入片石、碎卵石土，反复冲击以增强护壁。

5）钻锥的转向装置失灵、泥浆太稠、钻锥旋转阻力过大或冲程太小及钻锥来不及旋转，易形成梅花孔（或十字槽孔，多见于冲击钻孔），可采用片石或卵石与黏土的混合物回填钻孔，并重新冲击钻进。

6）糊钻、埋钻常出现于正、反循环（含潜水钻机）回转钻进和冲击钻进过程中，此时应对泥浆稠度、钻渣进出口、钻杆内径、排渣设备进行检查计算，并控制适当的进尺，若已严重糊钻，则应停钻，提出钻锥并清出钻渣，减小冲程、降低泥浆稠度，并在黏土层上回填部分砂、砾石。遇到塌方或其他原因造成埋钻时，应使用空气吸泥机吸出埋钻的泥砂，并提出钻锥。

7）卡钻常发生在冲击钻孔过程中。卡钻后不宜强提，只宜轻提。轻提不动时，可用小冲击钻锥冲击或用冲、吸的方法将钻锥周围的钻渣松动后再提出。

8）遇有掉钻落物时，宜迅速用打捞叉、钩、绳套等工具打捞；若落物已被泥砂埋住，应先清除泥砂，使打捞工具接触落体后再行打捞。处理钻孔事故时，在任何情况下，严禁施工人员进入没有护筒或其他防护设施的钻孔中处理故障。

3．清孔

清孔的目的是抽、换孔内泥浆，清出钻渣，尽量减少孔底沉淀层的厚度，以防止桩底存留过厚的沉淀层而降低桩的承载力；清孔还为灌注水下混凝土创造了良好条件，使测深正确，灌注顺利，并保证灌注的混凝土质量。清孔应紧接在终孔检查后进行，避免间隔时间过长，导致泥浆沉淀过厚及孔壁坍塌。一般采用换浆法清孔。当钻孔完成后，将钻头提离孔底 10～20 cm 空转，继续循环并将相对密度较低（1.1～1.2）的泥浆压入，把孔内的悬浮钻渣和相对密度较大的泥浆换出，直至达到清孔要求。清孔后孔底沉淀厚度应符合规定的要求：对于端承桩，应不大于设计规定值；对于摩擦桩，应符合设计要求（当无设计要求时，对直径≤1.5 m 的桩，沉淀厚度≤300 mm；对直径>1.5 m 或桩长>40 m 或土质较差的桩，沉淀厚度≤500 mm）。

孔底沉淀厚度的测量方法为：在清孔后用取样盒（开口铁盒）吊到孔底，待到灌注混凝土前取出，直接量测沉淀在盒内的沉渣厚度即可。

清孔后泥浆的指标要求为：相对密度为 1.03～1.10，黏度为 17～20 Pa·s，含砂率<2%，胶体率>98%。

4. 吊放钢筋笼

钻孔桩的钢筋应按设计要求预先焊成钢筋笼骨架，整体或分段就位后吊入钻孔。钢筋笼骨架吊放前应检查孔底深度是否符合要求以及孔壁有无妨碍骨架吊放和正确就位的情况。钢筋笼骨架吊装可利用钻架或另立扒杆进行。吊放时应避免骨架碰撞孔壁，并保证骨架外混凝土保护层的厚度，并应随时校正骨架位置。钢筋笼骨架达到设计高程后，应将其牢固定位于孔口。钢筋笼骨架安置完毕后，须再次进行孔底检查，有时须进行二次清孔，达到要求后即可灌注水下混凝土。

5. 灌注水下混凝土

目前我国多采用导管法灌注水下混凝土。导管法的施工过程如图 7-13 所示。将导管居中垂直插入离孔底 0.30～0.40 m（不能插入孔底沉积的泥浆中）处，导管上口接漏斗，在接口处设隔水栓，以隔绝混凝土与导管内水的接触。在漏斗中储备足够数量的混凝土后，放开隔水栓使漏斗中储备的混凝土连同隔水栓向孔底猛落将导管内的水挤出，混凝土从导管下落至孔底堆积，并使导管埋在混凝土内，此后向导管连续灌注混凝土。导管下口应埋入混凝土内 1～1.5 m 深，以保证钻孔内的水不可能重新流入导管。随着混凝土不断由漏斗、导管灌入钻孔，钻孔内初期灌注的混凝土及其上面的水或泥浆不断被顶托升高，相应地不断提升导管和拆除导管，直至钻孔灌注混凝土完毕。

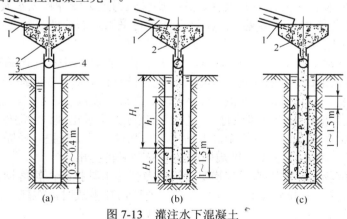

图 7-13　灌注水下混凝土
（a）插管；（b）灌注混凝土；（c）拔管
1—通混凝土储料槽的设备；2—漏斗；3—隔水栓；4—导管

灌注水下混凝土是钻孔灌注桩施工的最后一道关键性工序，其施工质量将严重影响到成桩质量。因此，施工中应注意以下几点：

（1）混凝土应有必要的流动性，坍落度宜为 180～220 mm，水灰比宜为 0.5～0.6，含砂率宜采用 40%～50%，以便混凝土有较好的和易性。为防卡管，石料应尽可能用卵石，适宜直径为 5～30 mm，且最大粒径不超过 40 mm；混凝土拌合必须均匀，并尽可能缩短运输距离和减小颠簸，以防止混凝土离析而发生卡管事故。

（2）灌注混凝土宜连续作业，一气呵成，避免任何原因的中断灌注。因此，混凝土的搅拌合运输设备应满足连续作业的要求，且孔内混凝土上升到接近钢筋笼骨架底时应防止钢筋笼骨架被混凝土顶起。

（3）在灌注过程中，要随时测量和记录孔内混凝土的灌注高程和导管的入孔长度，提管时应控制和保证导管埋入混凝土面内有 1～1.5 m 的深度。应防止导管提升过猛、管底提离混凝土上面或埋入过浅，以免导管内进水造成断桩、夹泥。另一方面，也要防止导管埋入过深，造成导管内混凝土压不出或导管被混凝土埋住而不能提升，导致中止浇灌而成断桩。

（4）灌注的桩顶高程应比设计值预加一定的高度，此范围的浮浆和混凝土应凿除，以确保桩顶混凝土的浇筑质量。预加高度一般为 0.5 m，深桩应酌量增加。

7.2.2.2 挖孔灌注桩施工

挖孔灌注桩适用于无水或少水的较密实的各类土层中，桩的直径（或边长）不宜小于 1.4 m，孔深一般不宜超过 20 m。挖孔桩施工时，必须在保证安全的基础上不间断地快速进行。开挖桩孔、提升出土、排水、支撑、立模板、吊装钢筋笼骨架、灌注混凝土等作业都应事先准备好，并紧密配合。

（1）开挖桩孔。一般采用人工开挖，开挖之前应清除现场四周及山坡上的悬石、浮土等一切不安全因素，做好孔口四周的临时围护和排水设施，而且应采取防止土石掉入孔内的措施，并安排好排土提升设备，布置好弃土通道，必要时孔口应搭防雨棚。挖土过程中要随时检查桩孔尺寸和平面位置，防止误差。应注意施工安全，下孔人员必须配戴安全帽和系安全绳，提取土渣的机具必须经常检查。孔深超过 10 m 时，应经常检查孔内二氧化碳的浓度，如超过 0.3%，应采取通风措施。孔内如用爆破施工，应采用浅眼爆破法，且在炮眼附近加强支护，以防止振坍孔壁；桩孔较深时，应采用电引爆，爆破后应通风排烟，经检查孔内无毒后，施工人员方可下孔。应根据孔内渗水情况，做好孔内排水工作。

（2）护壁和支撑。桩孔开挖过程中，开挖和护壁两个工序必须连续作业，以确保孔壁不坍塌。应根据地质、水文条件、材料来源等情况因地制宜地选择支撑和护壁方法。桩孔较深、土质相对较差、出水量较大或遇流砂等时，宜就地灌注混凝土护壁，如图 7-14 所示，即每下挖 1～2 m 灌注一次，随挖随支。护壁厚度一般为 0.15～0.20 m，混凝土强度等级为 C15～C20，必要时可配置少量的钢筋，也可采用预制钢筋混凝土护壁。如土质较松散而渗水量不大，可考虑用木料作框架式支撑或在木框架后面铺木板作支撑，木框架或木框架与木板间应用扒钉钉牢，

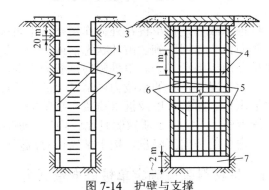

图 7-14　护壁与支撑
1—混凝土护壁；2—固定在护壁上供人上下的钢筋；3—孔口围护；4、6—木框架支撑；5—支撑木板；7—不设支撑地段

木板后面也应与土面塞紧。如土质尚好、渗水不大，也可用荆条、竹笆作护壁，并随挖随护壁，以保证挖土安全进行。

（3）排水。孔内如渗水量不大，可采用人工排水；若渗水量较大，可用高扬程抽水机或将抽水机吊入孔内抽水。若同一墩台有几个桩孔同时施工，可以安排一孔超前开挖，使地下水集中在一孔排出。

（4）吊装钢筋骨架及灌注桩身混凝土。挖孔到达设计深度后，应检查和处理孔底和孔壁情况，清除孔壁、孔底渣土。孔底必须平整，土质及尺寸应符合设计要求，以保证基桩质量。吊装钢筋笼骨架及灌注水下混凝土的方法和注意事项与钻孔灌注桩基本相同。在挖孔过深（超过 20 m）、孔壁土质易坍塌或渗水量较大的情况下，是否采用挖孔桩应慎重考虑。

7.2.3　桩质量检验

桩基础属于地下隐蔽工程，尤其是灌注桩，很容易出现颈缩、夹泥、断桩或沉渣过厚等多种形态的质量缺陷，影响桩身结构完整性和单桩承载力，因此，施工时必须进行施工监督、现场记录和质量检测，以保证质量，减少隐患。对于柱下单桩或大直径灌注桩工程，保证桩身质量就更为重要。目前已有多种桩身结构完整性的检测技术，下列几种较为常用。

（1）开挖检查。只限于对暴露的桩身进行观察检查。

（2）抽芯法。在灌注桩桩身内钻孔（直径 100～150 mm），取混凝土芯样进行观察和单轴抗压试验，了解混凝土有无离析、空洞、桩底沉渣和夹泥等现象，也可检测桩长、桩身质量及判断桩身完整性类别等。有条件时也可采用钻孔电视直接观察孔壁、孔底质量。

（3）声波透射法。可检测桩身缺陷程度及位置，判定桩身完整性类别。预先在桩中埋入 3～4 根金属管，利用超声波在不同强度（或不同弹性模量）的混凝土中传播速度的变化来检测桩身质量。试验时，在其中一根管内放入发射器，而在其他管中放入接收器，通过测读并记录不同深度处声波的传递时间来分析判断桩身质量。

（4）动测法。包括锤击激振、机械阻抗、水电效应、共振等小应变动测，PDA（打桩分析仪）等大应变动测及 PIT（桩身结构完整性分析仪）等。对于等截面、质地较均匀的预制桩测试，效果较可靠；而对于灌注桩的动测检验，目前已有相当多的实践经验，具有一定的可靠性。

7.3　单桩竖向承载力确定

单桩承载力是指单桩在外荷作用下，不丧失稳定性、不产生过大变形时的承载能力。单桩在竖向荷载作用下到达破坏状态前或出现不适于继续承载的变形时所对应的最大荷载，称为单桩竖向极限承载力。单桩竖向承载力主要取决于地基土对桩的支承能力和桩身的材料强度。一般情况下，桩的承载力由地基土的支承能力所控制，材料强度往往不能充分发挥，只有对端承桩、超长桩以及桩身质量有缺陷的桩，桩身材料强度才起控制作用。此外，当桩的入土深度较大、桩周土质软弱且比较均匀、桩端沉降量较大，或建筑物对沉降有特殊要求时，还应考虑桩的竖向沉降量，按上部结构对沉降的要求来确定单桩竖向承载力。

7.3.1　按材料强度确定单桩竖向承载力

按桩身材料强度确定单桩竖向承载力时，可将桩视为轴心受压杆件，根据桩材按《混凝土结构设计规范》（GB 50010—2010）等混凝土或钢结构规范计算。对于钢筋混凝土桩：

$$N \leqslant \varphi(\psi_c f_c A_p + 0.9 f_y' A_g) \tag{7-1}$$

式中　N——单桩竖向承载力设计值，kN；

　　　　φ——桩的稳定系数[对低承台桩基，考虑桩的侧向约束可取 $\varphi=1.0$，但穿过很厚软黏土层（$c_u<10\ \text{kPa}$）和可液化土层的端承桩或高承台桩基，其值应小于 1.0]；

　　　　ψ_c——基桩成桩工艺系数[混凝土预制桩、预应力混凝土空心桩取 0.85；干作业非挤土灌注桩取 0.90；泥浆护壁和套管护壁非挤土灌注桩、部分挤土灌注桩及挤土灌注桩取 0.7～0.8；软土区挤土灌注桩取 0.6]；

　　　　f_c——混凝土的轴心抗压强度设计值，kPa；

　　　　A_p——桩身的横截面面积，m^2；

　　　　f_y'——纵向钢筋的抗压强度设计值，kPa；

　　　　A_g——纵向钢筋的横截面面积，m^2。

尚须注意，只有当桩顶以下 $5d$ 范围内桩身箍筋间距不大于 100 mm，且符合相关构造要求时才考虑纵向主筋对桩身受压承载力的作用，否则上式中 $f_y'A_g$ 项为零。此外，对高承台基桩、桩身穿越可液化土或不排水抗剪强度小于 10 kPa 的软弱土层中的基桩，还应考虑桩身挠曲对轴向偏心力偏心距增大的影响。

7.3.2　按单桩竖向抗压静荷载试验确定单桩竖向承载力

静荷载试验是评价单桩承载力最为直观和可靠的方法，其除了考虑到地基土的支承能力外，也计入了桩身材料强度对承载力的影响。对于甲级、乙级建筑桩基，必须通过静荷载试验。在同一条件下的试桩数量，不宜少于总数的 1%，并不应少于 3 根。工程总桩数在 50 根以内时不应少于 2 根。对于地基条件复杂，桩施工质量可靠性低及本地区采用的新桩型或新工艺等情况下的桩基，也须通过静荷载试验。

对于预制桩，由于打桩时土中产生的孔隙水压力有待消散，土体因打桩扰动而降低的强度随时间逐渐恢复，因此，为了使试验能真实反映桩的承载力，要求在桩身强度满足设计要求的前提下，砂类土间歇时间不少于 7 d，粉土不少于 10 d，非饱和黏性土不少于 15 d，饱和黏性土不少于 25 d。

1. 静荷载试验装置及方法

试验装置主要由加荷稳压、提供反力和沉降观测三部分组成（图 7-15）。桩顶的油压千斤顶对桩顶施加压力，千斤顶的反力由锚桩、压重平台的重力或用若干根地锚组成的伞状装置来平衡。安装在基准梁上的百分表或电子位移计用于量测桩顶的沉降。

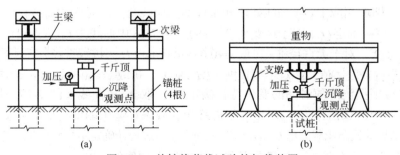

图 7-15　单桩静荷载试验的加载装置

（a）锚桩横梁反力装置；（b）压重平台反力装置

试桩与锚桩（或与压重平台的支墩、地锚等）之间、试桩与支承基准梁的基准桩之间以及锚桩与基准桩之间，都应有一定的间距（表 7-1），以减少相互影响，保证量测精度。

表 7-1　试桩、锚桩与基准桩之间的中心距离

反力装置	试桩与锚桩（或压重平台支墩边）	试桩与基准桩	基准桩与锚桩（或压重平台支墩边）
锚桩横梁	$\geqslant 4(3)d$ 且 $> 2.0\,\text{m}$	$\geqslant 4(3)d$ 且 $> 2.0\,\text{m}$	$\geqslant 4(3)d$ 且 $> 2.0\,\text{m}$
压重平台	$\geqslant 4(3)d$ 且 $\geqslant 2.0\,\text{m}$	$\geqslant 4(3)d$ 且 $> 2.0\,\text{m}$	$\geqslant 4d$ 且 $> 2.0\,\text{m}$
地锚装置	$\geqslant 4d$ 且 $> 2.0\,\text{m}$	$\geqslant 4(3)d$ 且 $> 2.0\,\text{m}$	$\geqslant 4d$ 且 $> 2.0\,\text{m}$

注：① d 为试桩、锚桩或地锚的设计直径，取其较大者；当为扩底桩时，试桩与锚桩的中心距离不应小于 2 倍扩大端的直径。
　　② 括号内数值用于工程桩验收检测时多排桩设计桩中心距小于 $4d$ 的情况。

试验时加载方式通常有慢速维持荷载法、快速维持荷载法、等贯入速率法、等时间间隔加载法以及循环加载法等。工程中最常用的是慢速维持荷载法，即逐级加载，每级荷载值为单桩承载力特征值的 1/8～1/5，当每级荷载下桩顶沉陷量小于 0.1 mm/h 时，则认为已趋于稳定，然后施加下一级荷载直到试桩破坏，再分级卸载到零。对于工程桩的检验性试验，也可采用快速维持荷载法，即一般每隔 1 h 加一级荷载。

2．终止加载条件

当出现下列情况之一时，即可终止加载：

（1）某级荷载下，桩顶沉降量为前一级荷载下沉降量的 5 倍；

（2）某级荷载下，桩顶沉降量大于前一级荷载下沉降量的 2 倍，且经 24 h 尚未达到相对稳定；

（3）达到设计要求的最大加载量或达到锚桩最大抗拔力或压重平台的最大质量；

（4）当荷载-沉降曲线为缓变型时，可加载至桩顶总沉降量 60～80 mm，特殊情况下可按具体要求加载至桩顶累计沉降量超过 80 mm。

3．按试验结果确定单桩承载力

一般认为，当桩顶发生剧烈或不停滞的沉降时，桩处于破坏状态，相应的荷载称为极限荷载（极限承载力 Q_u）。由桩的静荷载试验结果给出荷载与桩顶沉降关系 $Q\text{-}s$ 曲线，再根据 $Q\text{-}s$ 曲线特性，采用下述方法确定单桩竖向极限承载力 Q_u。

（1）根据沉降随荷载的变化特征确定 Q_u。如图 7-16 中曲线①所示，对于陡降型 $Q\text{-}s$ 曲线，可取曲线发生明显陡降的起始点所对应的荷载为 Q_u。该方法的缺点是作图比例将影响 $Q\text{-}s$ 曲线的斜率和所选择的 Q_u。

因 $Q\text{-}s$ 曲线拐点确定易渗入绘图者的主观因素，有些曲线拐点也不甚明了，因此，国外多用切线交会法，即取相应于 $Q\text{-}s$ 曲线始段和末段两点切线交点所对应的荷载作为极限荷载 Q_u。

（2）根据沉降量确定 Q_u。对于缓变型 $Q\text{-}s$ 曲线（图 7-16 中曲线②），一般可取 $s=40\sim60$ mm 对应的荷载值为 Q_u。对于大直径桩，可取 $s=(0.03\sim0.06)D$（D 为桩端直径）所对应的荷载值（大桩径取低值，小桩径取高值）；对于细长桩（$l/d>80$），可取 $s=60\sim80$ mm 对应的荷载。

此外，也可根据沉降随时间的变化特征确定 Q_u，取 $s\text{-lg}t$ 曲线（图 7-17）尾部出现明显向下弯曲的前一级荷载值作为 Q_u；也可根据终止加载条件②中的前一级荷载值作为 Q_u。

测出每根试桩的极限承载力值 Q_u 后，可以下列规定通过统计确定单桩竖向抗压极限承载力 Q_u：

1）参加统计的所有试桩，当满足其级差不超过平均值的 30% 时，取其平均值作为单桩竖向抗压极限承载力；

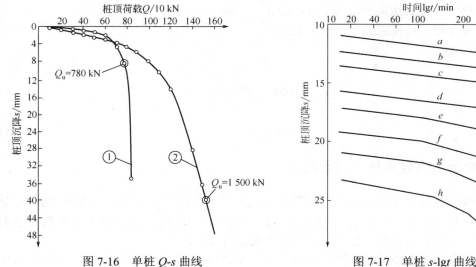

图 7-16　单桩 Q-s 曲线　　　　　图 7-17　单桩 s-lgt 曲线

2）若级差超过平均值的 30%，应分析级差过大的原因，结合工程具体情况综合确定，必要时增加试桩数量；

3）桩数为 3 根或 3 根以下的柱下承台，或工程桩数量少于 3 根时，应取低值。

取上述单桩竖向抗压极限承载力 Q_u 的一半作为单位工程同一条件下单桩竖向抗压承载力特征值 R_a。

7.3.3　按静力触探法确定单桩竖向承载力

静力触探是将圆锥形的金属探头，以静力方式按一定的速率均匀压入土中。借助探头的传感器，测出探头侧阻 f_s 及端阻 q_c。探头由浅入深测出各种土层的这些参数后，即可算出单桩承载力。根据构造不同，探头又可分为单桥探头和双桥探头两种。

静力触探与桩的静荷载试验虽有很大区别，但与桩打入土中的过程基本相似，所以可把静力触探近似看成小尺寸打入桩的现场模拟试验，且由于其设备简单、自动化程度高等优点，是一种很有发展前途的确定单桩承载力的方法，国外应用极广。我国自 1975 年以来，对其已进行了大量研究，积累了丰富的静力触探与单桩竖向静荷载试验曲线对比资料，提出了不少反映地区经验的计算单桩竖向极限承载力标准值 Q_{uk} 的公式。

双桥探头（圆锥面积 15 cm²，锥角 60°，摩擦套筒高 21.85 cm，侧面积 300 cm²）可同时测出 f_s 及 q_c，《建筑桩基技术规范》（JGJ 94—2008）在总结各地经验的基础上提出，当按双桥探头静力触探资料确定混凝土预制桩单桩竖向极限承载力标准值 Q_{uk} 时，对于黏性土、粉土和砂土，如无当地经验时可按下式计算：

$$Q_{uk} = \alpha q_c A_p + \mu_p \sum l_i \beta_i f_{si} \tag{7-2}$$

式中　q_c——桩端平面上、下探头阻力，kPa（取桩端平面以上 4 m 范围内探头阻力加权平均值，再与桩端平面以下 1d 范围内的探头阻力进行平均）；

α——桩端阻力修正系数，黏性土、粉土取 2/3，饱和砂土取 1/2；

A_p——桩端面积；

u_p——桩身周长；

f_{si}——第 i 层土的探头平均侧阻力，kPa；

β_i——第 i 层土桩侧阻力综合修正系数。

β_i 按下式计算：

黏性土：

$$\beta_i = 10.04(f_{si})^{-0.55} \tag{7-3}$$

砂性土：

$$\beta_i = 5.05(f_{si})^{-0.45} \tag{7-4}$$

7.3.4　按经验参数确定单桩竖向承载力

利用土的物理指标与承载力参数之间的经验关系确定单桩竖向极限承载力标准值 Q_{uk} 是一种沿用多年的传统方法，《建筑桩基技术规范》（JGJ 94—2008）在大量经验及资料积累的基础上，针对不同的常用桩型，推荐如下竖向承载力估算公式。

（1）一般预制桩及中小直径灌注桩。对直径 $d < 800$ m 的灌注桩和预制桩，单桩竖向极限承载力标准值 Q_{uk} 可按下式计算：

$$Q_{uk} = Q_{sk} + Q_{pk} = \mu_p \sum q_{sik}l_i + q_{pk}A_p \tag{7-5}$$

式中　Q_{sk}——单桩总极限侧阻力标准值，kN；

Q_{pk}——单桩总极限端阻力标准值，kN；

q_{sik}——桩侧第 i 层土的极限侧阻力标准值，kPa（无当地经验值时，可按表 7-2 取值）；

q_{pk}——桩的极限端阻力标准值，kPa（无当地经验值时，可按表 7-3 取值）。

表 7-2　桩的极限侧阻力标准值 q_{sik}　　　　　　　　　　　　　　　　kPa

土的名称	土的状态		混凝土预制桩	泥浆护壁钻（冲）孔桩	干作业钻孔桩
填土			22～30	20～28	20～28
淤泥			14～20	12～18	12～18
淤泥质土			22～30	20～28	20～28
黏性土	流塑	$I_L > 1$	24～40	21～38	21～38
	软塑	$0.75 < I_L \leqslant 1$	40～55	38～53	38～53
	可塑	$0.50 < I_L \leqslant 0.75$	55～70	53～68	53～66
	硬可塑	$0.25 < I_L \leqslant 0.50$	70～86	68～84	66～82
	硬塑	$0 < I_L \leqslant 0.25$	86～98	84～96	82～94
	坚硬	$I_L \leqslant 0$	98～105	96～102	94～104
红黏土	$0.7 < a_w \leqslant 1$		13～32	12～30	12～30
	$0.5 < a_w \leqslant 0.7$		32～74	30～70	30～70
粉土	稍密	$e > 0.9$	26～46	24～42	24～42
	中密	$0.75 \leqslant e \leqslant 0.9$	46～66	42～62	42～62
	密实	$e < 0.75$	66～88	62～82	62～82
粉细砂	稍密	$10 < N \leqslant 15$	24～48	22～46	22～46
	中密	$15 < N \leqslant 30$	48～66	46～64	46～64
	密实	$N > 30$	66～88	64～86	64～86
中砂	中密	$15 < N \leqslant 30$	54～74	53～72	53～72
	密实	$N > 30$	74～95	72～94	72～94
粗砂	中密	$15 < N \leqslant 30$	74～95	74～95	76～98
	密实	$N > 30$	95～116	95～116	98～120
砾砂	稍密	$5 < N_{63.5} \leqslant 15$	70～110	50～90	60～100
	中密（密实）	$N_{63.5} > 15$	116～138	116～130	112～130

土的名称	土的状态		混凝土预制桩	泥浆护壁钻（冲）孔桩	干作业钻孔桩
圆砾、角砾	中密、密实	$N_{63.5}>10$	160～200	135～150	135～150
碎石、卵石	中密、密实	$N_{63.5}>10$	200～300	140～170	150～170
全风化软质岩		$30<N\leq50$	100～120	80～100	80～100
全风化硬质岩		$30<N\leq50$	140～160	120～140	120～150
强风化软质岩		$N_{63.5}>10$	160～240	140～200	140～220
强风化硬质岩		$N_{63.5}>10$	220～300	160～240	160～260

注：① 对于尚未完成自重固结的填土和以生活垃圾为主的杂填土，不计算其侧阻力；
② a_w 为含水比，$a_w=w/w_L$，w 为土的天然含水率，w_L 为土的液限；
③ N 为标准贯入击数；$N_{63.5}$ 为重型圆锥动力触探击数；
④ 全风化、强风化软质岩和全风化、强风化硬质岩是指其母岩分别为 $f_{rk}\leq15\ MPa$ 、$f_{rk}>30\ MPa$ 的岩石。

表 7-3　桩的极限端阻力标准值 q_{pk}

kPa

土名称	土的状态		混凝土预制桩桩长 l/m				泥浆护壁钻（冲）孔桩桩长 l/m			
			$L\leq9$	$9<l\leq16$	$16<l\leq30$	$l>30$	$5\leq l<10$	$10\leq l<15$	$15\leq l<30$	$30\leq l$
黏性土	软塑	$0.75<I_L\leq1$	210～850	650～1 400	1 200～1 800	1 300～1 900	150～250	250～300	300～450	300～450
	可塑	$0.50<I_L\leq0.75$	850～1 700	1 400～2 200	1 900～2 800	2 300～3 600	350～450	450～600	600～750	750～800
	硬可塑	$0.25<I_L\leq0.50$	1 500～2 300	2 300～3 300	2 700～3 600	3 600～4 400	800～900	900～1 000	1 000～1 200	1 200～1 400
	硬塑	$0<I_L\leq0.25$	2 500～3 800	3 800～5 500	5 500～6 000	6 000～6 800	1 100～1 200	1 200～1 400	1 400～1 600	1 600～1 800
粉土	中密	$0.75\leq e\leq0.9$	950～1 700	1 400～2 100	1 900～2 700	2 500～3 400	300～500	500～650	650～750	750～850
	密实	$e<0.75$	1 500～2 600	2 100～3 000	2 700～3 600	3 600～4 400	650～900	750～950	900～1 100	1 100～1 200
粉砂	稍密	$10<N\leq15$	1 000～1 600	1 500～2 300	1 900～2 700	2 100～3 000	350～500	450～600	600～700	650～750
	中密 密实	$N>15$	1 400～2 200	2 100～3 000	3 000～4 500	3 800～5 500	600～750	750～900	900～1 100	1 100～1 200
细砂	中密 密实	$N>15$	2 500～4 000	3 600～5 000	4 400～6 000	5 300～7 000	650～850	900～1 200	1 200～1 500	1 500～1 800
中砂			4 000～6 000	5 500～7 000	6 500～8 000	7 500～9 000	850～1050	1 100～1 500	1 500～1 900	1 900～2 100
粗砂			5 700～7 500	7 500～8 500	8 500～10 000	9 500～11 000	1 500～1 800	2 100～2 400	2 400～2 600	2 600～2 800
砾砂	中密 密实	$N>15$	6 000～9 500	9 000～10 500			1 400～2 000		2 000～3 200	
角砾 圆砾		$N_{63.5}>10$	7 000～10 000	9 500～11 500			1 800～2 200		2 200～3 600	
碎石 卵石		$N_{63.5}>10$	8 000～11 000	10 500～13 000			2 000～3 000		3 000～4 000	
软岩	全风化	$30<N\leq50$	4 000～6 000				1 000～1 600			
硬岩	全风化	$30<N\leq50$	5 000～8 000				1 200～2 000			
软岩	强风化	$N_{63.5}>10$	6 000～9 000				1 400～2 200			
硬岩	强风化	$N_{63.5}>10$	7 000～11 000				1 800～2 800			

土名称	土的状态		干作业钻孔桩桩长 l/m		
			$5\leq l<10$	$10\leq l<15$	$15\leq l$
黏性土	软塑	$0.75<I_L\leq1$	200～400	400～700	700～950
	可塑	$0.50<I_L\leq0.75$	500～700	800～1 100	1 000～1 600
	硬可塑	$0.25<I_L\leq0.50$	850～1 100	1 500～1 700	1 700～1 900
	硬塑	$0<I_L\leq0.25$	1 600～1 800	2 200～2 400	2 600～2 800
粉土	中密	$0.75\leq e\leq0.9$	800～1 200	1 200～1 400	1 400～1 600
	密实	$e<0.75$	1 200～1 700	1 400～1 900	1 600～2 100

土名称	土的状态	桩型	干作业钻孔桩桩长 l/m		
			$5 \leqslant l < 10$	$10 \leqslant l < 15$	$15 \leqslant l$
粉砂	稍密	$10 < N \leqslant 15$	500～950	1 300～1 600	1 500～1 700
	中密、密实	$N > 15$	900～1 000	1 700～1 900	1 700～1 900
细砂	中密、密实	$N > 15$	1 200～1 600	2 000～2 400	2 400～2 700
中砂			1 800～2 400	2 800～3 800	3 600～4 400
粗砂			2 900～3 600	4 000～4 600	4 600～5 200
砾砂		$N > 15$	3 500～5 000		
角砾、圆砾	中密、密实	$N_{63.5} > 10$	4 000～5 500		
碎石、卵石		$N_{63.5} > 10$	4 500～6 500		
软质岩	全风化	$30 < N \leqslant 50$	1 200～2 000		
硬质岩	全风化	$30 < N \leqslant 50$	1 400～2 400		
软质岩	强风化	$N_{63.5} > 10$	1 600～2 600		
硬质岩	强风化	$N_{63.5} > 10$	2 000～3 000		

注：① 砂土和碎石类土中桩的极限端阻力取值，宜综合考虑土的密实度，桩端进入持力层的深径比 h_b/d，土越密实，h_b/d 越大，取值越高；
② 预制桩岩石极限端阻力指桩端支承于中、微风化基岩表面或进入强风化岩、软质岩一定深度条件下极限端阻力；
③ 全风化、强风化软质岩和全风化、强风化硬质岩指其母岩分别为 $f_{rk} \leqslant 15$ MPa、$f_{rk} > 30$ MPa 的岩石。

（2）大直径桩（$d > 0.8$ m）。大直径桩的桩底持力层一般都呈渐进破坏，其 $Q\text{-}s$ 曲线呈缓变型，单桩承载力的取值常以沉降控制，极限端阻力随桩径的增大而减小，且以持力层为无黏性土时为甚。由于大直径桩一般为钻孔、冲孔、挖孔灌注桩，在无黏性土的成孔过程中将使孔壁因应力解除而松弛，故侧阻力的降幅随孔径的增大而增大。《建筑桩基技术规范》（JGJ 94—2008）推荐其单桩的竖向极限承载力标准值按下式计算：

$$Q_{uk} = Q_{sk} + Q_{pk} = \mu_p \sum \psi_{si} q_{sik} l_{si} + \psi_p q_{pk} A_p \tag{7-6}$$

式中 q_{sik} ——桩侧第 i 层土的极限侧阻力标准值，无当地经验值时，可按表 7-2 取值，对于扩底桩变截面以上 $2d$ 长度范围不计侧阻力；

q_{pk} ——桩径为 0.8 m 的极限端阻力标准值[对于干作业（清底干净），可采用深层平板（端承型桩平板直径应与孔径一致）荷载试验确定；不能进行时按表 7-4 取值；对于其他成桩工艺，可按表 7-3 取值]；

u_p ——桩身周长，当人工挖孔桩桩周护壁为振捣密实的混凝土时，桩身周长可按护壁外直径计算；

ψ_{si}、ψ_p ——大直径桩侧阻、端阻尺寸效应系数，按表 7-5 取值。

表 7-4　干作业桩（清底干净，$d=0.8$ m）极限端阻力标准值 q_{pk}　　　　　kPa

土名称		状态		
黏性土		$0.25 < I_L \leqslant 0.75$	$0 < I_L \leqslant 0.25$	$I_L \leqslant 0$
		800～1 800	1 800～2 400	2 400～3 000
粉土			$0.75 \leqslant e \leqslant 0.9$	$e < 0.75$
			1 000～1 500	1 500～2 000
砂土、碎石类土		稍密	中密	密实
	粉砂	500～700	800～1 100	1 200～2 000
	细砂	700～1 100	1 200～1 800	2 000～2 500
	中砂	1 000～2 000	2 200～3 200	3 500～5 000

土名称		状态		
		稍密	中密	密实
砂土、碎石类土	粗砂	1 200~2 200	2 500~3 500	4 000~5 500
	砾砂	1 400~2 400	2 600~4 000	5 000~7 000
	圆砾、角砾	1 600~3 000	3 200~5 000	6 000~9 000
	卵石、碎石	2 000~3 000	3 300~5 000	7 000~11 000

注：① 当桩进入持力层的深度 h_b 分别为 $h_b \leqslant D$，$D < h_b \leqslant 4D$，$h_b > 4D$ 时，q_{pk} 可相应取低、中、高值。
② 砂土密实度可根据标贯击数判定，$N \leqslant 10$ 为松散，$10 < N \leqslant 15$ 为稍密，$15 < N \leqslant 30$ 为中密，$N > 30$ 为密实。
③ 当桩的长径比 $l/d \leqslant 8$ 时，q_{pk} 宜取较低值。
④ 当对沉降要求不严时，q_{pk} 可取高值。

表 7-5　大直径桩侧阻力尺寸效应系数 ψ_{si}、端阻尺寸效应系数 ψ_p

土类型	黏性土、粉土	砂土、碎石类土
ψ_{si}	$(0.8/d)^{1/5}$	$(0.8/d)^{1/3}$
ψ_p	$(0.8/D)^{1/4}$	$(0.8/D)^{1/3}$

（3）嵌岩桩。随着高层建筑及桥梁工程的高速发展，嵌岩桩的应用日益广泛。近十年来，大量试验研究成果和工程应用经验均表明，一般情况下，只要嵌岩桩不是很短，上覆土层的侧阻力就能部分发挥。此外，嵌岩深度内也有侧阻力作用，故传递到桩端的应力随嵌岩深度增大而递减，当嵌岩深度达 $5d$ 时，该应力接近于零。所以，桩端嵌岩深度一般不必很大，超过某一界限则无助于提高桩的竖向承载力。因此，桩端置于完整、较完整基岩的嵌岩桩单桩的极限承载力标准值 Q_{uk}，由桩周土总侧阻力 Q_{sk} 和嵌岩段总极限阻力 Q_{rk} 组成，当根据岩石单轴抗压强度确定单桩竖向极限承载力标准值时，可按下式计算：

$$Q_{uk} = Q_{sk} + Q_{rk} = \mu_p \sum q_{sik} l_{si} + \xi_r f_{rk} A_p \qquad (7\text{-}7)$$

式中　q_{sik} ——桩周第 i 层土的极限侧阻力标准值，无经验时可根据成桩工艺按表 7-2 取值；

f_{rk} ——岩石饱和单轴抗压强度标准值，对于黏土质岩，取天然湿度单轴抗压强度标准值；

ξ_r ——嵌岩段侧阻和端阻综合系数，与嵌岩深径比 h_r/d、岩石软硬程度和成桩工艺有关，可按表 7-6 采用，表中数值适用于泥浆护壁成桩，对于干作业成桩（清底干净）和泥浆护壁成桩后注浆，ξ_r 应取表列数值的 1.2 倍。

其他符号意义同前。

表 7-6　嵌岩段侧阻和端阻综合系数 ξ_r

嵌岩深径比 h_r/d	0	0.5	1.0	2.0	3.0	4.0	5.0	6.0	7.0	8.0
极软岩、软岩	0.60	0.80	0.95	1.18	1.35	1.48	1.57	1.63	1.66	1.70
较硬岩、坚硬岩	0.45	0.65	0.81	0.90	1.00	1.04	—	—	—	—

注：① 极软岩、软岩指 $f_{rk} \leqslant 15$ MPa，较硬岩、坚硬岩指 $f_{rk} > 30$ MPa，介于两者之间可内插取值。
② h_r 为桩身嵌岩深度，当岩面倾斜时，以坡下方嵌岩深度为准；当 h_r/d 为非表列值时，ξ_r 可内差取值。

此外，《建筑桩基技术规范》（JGJ 94—2008）指出，确定单桩竖向极限承载力标准值尚须满足下列规定：

1）甲级建筑桩基应通过单桩静荷载试验确定；

2）乙级建筑桩基应通过单桩静荷载试验确定，仅当地质条件简单时，结合静力触探等原位测试和经验参数综合确定；

3）丙级建筑桩基，可根据原位测试和经验参数确定。

7.3.5 按动力试桩法确定单桩竖向承载力

动力试桩法是应用物体振动和应力波的传播理论来确定单桩竖向承载力以及检验桩身完整性的一种方法。它与传统的静荷载试验相比，无论在试验设备、测试效率、工作条件以及试验费用等方面，均具有明显的优越性。其最大的技术经济效益是速度快、成本低，可对工程桩进行大量的普查，及时找出工程桩的隐患，防止重大安全质量事故。动力试桩法种类繁多，一般可分为高应变动力检测法和低应变动力检测法两大类。

动测技术在国外应用较早。打桩时，桩在一定能量锤击下入土的难易程度反映土对桩的支承能力，桩在一次锤击下入土的深度 e 称为贯入度。当其他条件相同时，桩打入硬土中的 e 值要比软土中的小；在同一土层中，桩入土越深，e 值就越小。也就是说，e 与打桩时土对桩的阻力之间存在一定的函数关系，反映这种关系的表达式就统称为动力打桩公式。动力打桩公式的基本假定与实际不符，往往带来较大误差，近年来国内外已很少采用。

近二三十年来，随着测试和计算技术的提高，动力试桩技术在我国得到了较大的发展。随着我国桩基工程的发展，动力试桩法已在全国广泛应用，有效地补充了静力试桩的不足，满足了我国桩基工程发展的需要。然而，由于动测技术在我国的研究和应用毕竟为时不长，各种方法尚存在一定的问题，有待进一步研究和完善。

7.3.6 单桩竖向承载力特征值

作用于桩顶的竖向荷载主要由桩侧和桩端土体承担，而地基土体为大变形材料。当桩顶荷载增加时，随着桩顶变形的相应增加，单桩承载力也逐渐增大，很难定出一个真正的"极限值"；此外，建筑物的使用也存在功能上的要求，往往基桩承载力尚未充分发挥，桩顶变形已超出正常使用的限值。因此，单桩竖向承载力应为不超过桩顶荷载-变形曲线线性变形阶段的比例界限荷载，即表示正常使用极限状态计算时采用的单桩承载力值，以发挥正常使用功能时所允许采用的抗力设计值。为与国际标准《结构可靠性总原则》（ISO 2394）中相应的术语"特征值"（characteristic value）相一致，故称为单桩竖向承载力特征值。

《建筑地基基础设计规范》（GB 50007—2011）指出，单桩竖向承载力特征值的确定应符合下列规定：

（1）单桩竖向承载力特征值应通过单桩竖向静荷载试验确定。在同一条件下的试桩数量，不宜少于总桩数的 1% 且不应少于 3 根。单桩竖向承载力特征值取单桩竖向静荷载试验所得单桩竖向极限承载力除以安全系数 2。

当桩端持力层为密实砂卵石或其他承载力类似的土层时，对单桩竖向承载力很高的大直径端承型桩，可采用深层平板荷载试验确定桩端土的承载力特征值。

（2）地基基础设计等级为丙级的建筑物，可采用静力触探及标贯试验参数确定单桩竖向承载力特征值。

（3）初步设计时单桩竖向承载力特征值 R_a 可按下式估算：

$$R_a = q_{pa} A_p + \sum q_{sia} l_i \tag{7-8}$$

式中　　q_{pa}、q_{sia}——桩端阻力特征值、桩侧阻力特征值，由当地静荷载试验结果统计分析算得；

$\quad\quad\quad l_i$——第 i 层土的厚度；

其他符号意义同前。

当桩端嵌入完整及较完整的硬质岩中，桩长较短且入岩较浅时，可按下式估算单桩竖向承载力特征值：

$$R_a = q_{pa}/A_p \qquad\qquad (7-9)$$

式中 q_{pa}——桩端岩石承载力特征值，kN。

对于端承型桩基、桩数少于4根的摩擦型柱下独立桩基，或由于地基性质、使用条件等因素不宜考虑承台效应时，基桩竖向承载力特征值 R 应取单桩竖向承载力特征值，即 $R=R_a$；否则，对符合条件的摩擦型桩基，一般宜考虑承台效应确定其复合基桩的竖向承载力特征值 $R(R>R_a)$。

7.4 桩水平承载力与位移

建筑工程中的桩基础大多以承受竖向荷载为主，但在风荷载、地震荷载、机械制动荷载或土压力、水压力等作用下，也将承受一定的水平荷载。尤其是桥梁工程中的桩基，除了满足桩基的竖向承载力要求之外，还必须对桩基的水平承载力进行验算。

在水平荷载和弯矩作用下，桩身产生挠曲变形并挤压桩侧土体，土体则对桩侧产生水平抗力，而桩周土体水平抗力的大小则控制着竖直桩的水平承载力，其大小和分布与桩的变形、土质条件以及桩的入土深度等因素有关。在出现破坏以前，桩身的水平位移与土的变形是协调的，相应地，桩身产生内力。随着位移和内力的增大，对于低配筋率的灌注桩而言，通常桩身首先出现裂缝，然后断裂破坏；对于抗弯性能好的混凝土预制桩，桩身虽未断裂，但桩侧土体明显开裂和隆起，桩的水平位移将超出建筑物容许变形值，使桩处于破坏状态。

影响桩水平承载力的因素很多，如桩的断面尺寸、刚度、材料强度、入土深度、间距、桩顶嵌固程度以及土质条件和上部结构的水平位移容许值等。实践证明，桩的水平承载力远比竖向承载力低。

桩的刚度与入土深度不同，其受力及破坏特性亦不同。根据桩的无量纲深度 αh（其中，α 为桩的水平变形系数），通常可将桩分为刚性桩（$\alpha h < 2.5$）和柔性桩（$\alpha h > 2.5$）。刚性桩因入土较浅，而表层土的性质一般较差，桩的刚度远大于土层的刚度，桩周土体水平抗力较低，水平荷载作用下整个桩身易被推倒或发生倾斜，如图 7-18（a）所示，故桩的水平承载力主要由桩的水平位移和倾斜控制。桩的入土深度越大，土的水平抗力也就越大。柔性桩为细长的杆件，在水平荷载作用下，将形成一段嵌固的地基梁，桩的变形如图 7-18（b）所示。如果水平荷载过大，桩身某处将产生较大的弯矩值而出现桩材屈服。因此，桩的水平承载力将由桩身水平位移及最大弯矩值所控制。

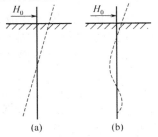

图 7-18   水平受荷桩示意图

确定单桩水平承载力的方法，以水平静荷载试验最能反映实际情况，所得到的承载力和地基土水平抗力系数最符合实际情况，若预先埋设量测元件，还能反映加载过程中桩身截面的内力和位移。此外，也可以采用理论计算，根据桩顶水平位移容许值，或材料强度、抗裂度验算等确定，还可参照当地经验加以确定。

7.4.1 单桩水平静荷载试验

对于受横向荷载较大的甲级、乙级建筑物桩基，单桩水平承载力特征值应通过单桩水平静荷载试验确定。

1．试验装置

一般采用千斤顶施加水平力，力的作用线应通过工程桩基承台标高处，千斤顶与试桩接触处宜设置一球形铰座，以保证作用力能水平通过桩身轴线。桩的水平位移宜用大量程百分表量测，若需测定地面以上桩身转角，在水平力作用线以上 500 mm 左右还应安装一或两只百分表（图 7-19）。固定百分表的基准桩与试桩的净距不少于一倍试桩直径。

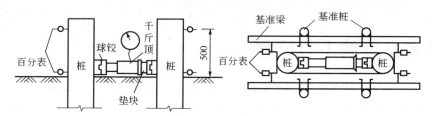

图 7-19　单桩水平静荷载试验装置

2．试验加载方法

一般采用单向多循环加卸载法，每级荷载增量为预估水平极限承载力的 1/15～1/10，根据桩径大小并适当考虑土层软硬，对于直径 300～1 000 mm 的桩，每级荷载增量可取 2.5～20 kN。每级荷载施加后，恒载 4 min 测读水平位移，然后卸载至零，停 2 min 测读残余水平位移，或者加、卸载各 10 min，如此循环 5 次，再施加下一级荷载。对于个别承受长期水平荷载的桩基，也可采用慢速连续加载法进行，其稳定标准可参照竖向静荷载试验确定。

3．终止加载条件

当桩身折断或桩顶水平位移超过 30～40 mm（软土取 40 mm），或桩侧地表出现明显裂缝或隆起时，即可终止试验。

4．水平承载力的确定

根据试验结果，一般应绘制桩顶水平荷载-时间-桩顶水平位移（H_0-t-x_0）曲线（图 7-20），或绘制水平荷载-位移梯度（H_0-$\Delta x_0/\Delta H_0$）曲线（图 7-21），或水平荷载-位移（H_0-x_0）曲线，当具有桩身应力量测资料时，尚应绘制应力沿桩身分布图及水平荷载与最大弯矩截面钢筋应力（H_0-σ_g）曲线（图 7-22）。

试验资料表明，上述曲线中通常有两个特征点，其所对应的桩顶水平荷载称为临界荷载 H_{cr}和极限荷载 H_u。H_{cr} 是相当于桩身开裂、受拉区混凝土不参加工作时的桩顶水平力，一般可取：

（1）H_0-t-x_0 曲线出现突变点（相同荷载增量的条件下出现比前一级明显增大的位移增量）的前一级荷载；

（2）H_0-$\Delta x_0/\Delta H_0$ 曲线的第一直线段的终点或 $\lg H_0$-$\lg x_0$ 曲线拐点所对应的荷载；

（3）H_0-σ_g 曲线第一突变点对应的荷载。

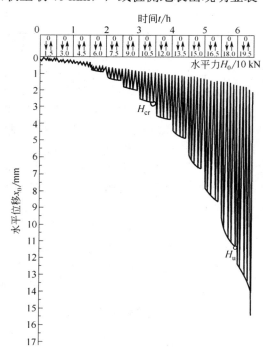

图 7-20　水平静荷载试验 H_0-t-x_0 曲线

H_u 是相当于桩身应力达到强度极限时的桩顶水平力，一般可取：

（1）H_0-t-x_0 曲线明显陡降的前一级荷载或水平位移包络线向下凹时（图 7-20）的前一级荷载；

（2）H_0-$\Delta x_0/\Delta H_0$ 曲线第二直线段终点所对应的荷载；

（3）桩身折断或钢筋应力达到极限的前一级荷载。

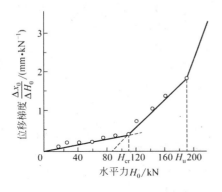

图 7-21　单桩 H_0-$\Delta x_0/\Delta H_0$ 曲线　　　　图 7-22　单桩 H_0-σ_g 曲线

按规范要求获得单位工程同一条件下的单桩水平临界荷载统计值后：当水平承载力按桩身强度控制时，取水平临界荷载统计值为单桩水平承载力特征值 R_{ha}；当桩受长期水平荷载且不允许桩身开裂时，取水平临界荷载统计值的 80% 作为单桩水平承载力特征值 R_{ha}。

混凝土顶制桩、钢桩、桩身配筋率大于 0.65% 的灌注桩，可取水平位移 x_0＝10 mm（对水平位移敏感的建筑物取 x_0＝6 mm）所对应荷载的 75% 作为单桩水平承载力特征值 R_{ha}；对桩身配筋率小于 0.65% 的灌注桩，可取临界荷载 H_{cr} 的 75% 作为水平承载力特征值 R_{ha}。

7.4.2　水平受荷桩内力及位移分析

国内外关于水平荷载下桩的理论分析方法有几十种，我国多采用线弹性地基反力法。该法将土体视为弹性体，用梁的弯曲理论来求解桩的水平抗力 σ_x，并假设 σ_x 与桩的水平位移 x 成正比，且不计桩土之间的摩擦力以及邻桩对水平抗力的影响，即

$$\sigma_x = k_b x \tag{7-10}$$

式中　k_b——地基水平抗力系数。

大量试验表明，σ_x 不仅与土的类别及其性质有关，也随深度而变。常采用的地基水平抗力系数分布规律为图 7-23 中的几种形式。

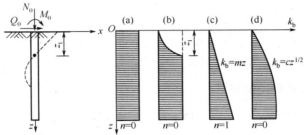

图 7-23　地基水平抗力系数的分布图

（a）常数法；（b）"k"法；（c）"m"法；（d）"c"法

（1）常数法。假定地基水平抗力系数沿深度均匀分布。该法为我国学者张有龄先生于1937年提出，在日本和美国应用较多。

（2）"k"法。假定地基水平抗力系数在第一弹性零点 t 以上按抛物线变化，以下保持为常数。该法由前苏联学者盖尔斯基于1937年提出，曾在我国广泛采用。

（3）"m"法。假定地基水平抗力系数随深度呈线性增加，目前在我国应用最广。

（4）"c"法。假定地基水平抗力系数随深度呈抛物线增加。1964年由日本久保浩一提出。在我国多用于公路部门。

实测资料表明，桩的水平位移较大时，"m"法计算结果较接近实际；当桩的水平位移较小时，"c"法比较接近实际。由于目前我国各规范均推荐使用"m"法，故下面仅简单介绍"m"法。

1. 计算参数

单桩在水平荷载作用下所引起的桩周土的抗力不仅分布于荷载作用平面内，而且受桩截面形状的影响。计算时简化为平面受力，故取桩的截面计算宽度 b_1 为

$$b_1 = \begin{cases} k_f(d+1) & d > 1\,\text{m} \\ k_f(1.5d+0.5) & d \leqslant 1\,\text{m} \end{cases} \tag{7-11}$$

式中　　k_f——桩的形状系数，方形截面桩 $k_f=1.0$，圆形截面桩 $k_f=0.9$；

　　　　d——桩的直径，方形截面时为桩的边长 b。

计算桩身抗弯刚度 EI 时，对于钢筋混凝土桩，可取 $EI=0.85E_cI_0$，其中 E_c 为混凝土的弹性模量；I_0 为桩身换算截面惯性矩。

如果无试验资料，地基土横向抗力系数的比例系数 m 可参考表7-7选取。此外，若桩侧为多层土，可按主要影响深度 $h_m=2(d+1)$ 范围内的 m 加权平均，具体可参见有关规范。

表 7-7　地基土横向抗力系数的比例系数 m 值

序号	地基土类别	预制桩、钢桩		灌注桩	
		$m/(\text{MN} \cdot \text{m}^{-4})$	相应单桩在地面处水平位移 /mm	$m/(\text{MN} \cdot \text{m}^{-4})$	相应单桩在地面处水平位移 /mm
1	淤泥；淤泥质土；饱和湿陷性黄土	2～4.5	10	2.5～6	6～12
2	流塑（$I_L>1$）、软塑（$0.75<I_L \leqslant 1$）状黏性土；$e>0.9$ 粉土；松散粉细砂；松散、稍密填土	4.5～6.0	10	6～14	4～8
3	可塑（$0.25<I_L \leqslant 0.75$）状黏性土、湿陷性黄土；$e=0.75\sim0.9$ 粉土；中密填土；稍密细砂	6.0～10	10	14～35	3～6
4	硬塑（$0<I_L \leqslant 0.25$）、坚硬（$I_L \leqslant 0$）状黏性土、湿陷性黄土；$e<0.75$ 粉土；中密的中粗砂；密实老填土	10～22	10	35～100	2～5
5	中密、密实的砾砂、碎石类土	—	—	100～300	1.5～3

注：① 当桩顶水平位移大于表列数值或灌注桩配筋率较高（≥0.65%）时，m 值应适当降低；当预制桩的水平向位移小于10 mm时，m 值可适当提高。

② 当水平荷载为长期或经常出现的荷载时，应将表列数值乘以0.4降低采用。

③ 当地基为可液化土层时，应将表列数值乘以《建筑桩基技术规范》（JGJ 94—2008）中相应的系数 ψ_l。

2. 单桩挠曲微分方程及解答

设单桩在桩顶竖向荷载 N_0、水平荷载 H_0、弯矩 M_0 和地基水平抗力 $p(z)=b_1\sigma_x$ 作用下产生挠曲，其弹性挠曲微分方程为

$$EI \frac{\mathrm{d}^4 x}{\mathrm{d}z^4} + N_0 \frac{\mathrm{d}^2 x}{\mathrm{d}z^2} = -p(z) \qquad (7\text{-}12)$$

通常，竖向荷载 N_0 的影响很小，可忽略不计，可得桩的挠曲微分方程式为

$$\frac{\mathrm{d}^4 x}{\mathrm{d}z^4} + \alpha^5 zx = 0 \qquad (7\text{-}13)$$

其中

$$\alpha = \sqrt[5]{\frac{mb_1}{EI}} \qquad (7\text{-}14)$$

式中　α——桩的水平变形系数，$1/m$。

采用幂级数对式（7-13）求解，可得沿桩身深度 z 处的内力及位移的简捷算法表达式为：

位移：

$$x_z = \frac{H_0}{\alpha^3 EI} A_x + \frac{M_0}{\alpha^2 EI} B_x \qquad (7\text{-}15)$$

转角：

$$\varphi_z = \frac{H_0}{\alpha^2 EI} A_\varphi + \frac{M_0}{\alpha EI} B_\varphi \qquad (7\text{-}16)$$

弯矩：

$$M_z = \frac{H_0}{\alpha} A_M + M_0 B_M \qquad (7\text{-}17)$$

剪力：

$$V_z = H_0 A_Q + \alpha M_0 B_Q \qquad (7\text{-}18)$$

式中系数 A_x、B_x、A_φ、B_φ、A_M、B_M、A_Q、B_Q 均可查表 7-8 得到。按上式可做出单桩的水平抗力、内力、变位随深度的变化曲线，如图 7-24 所示，由此即可进行桩的设计与验算。

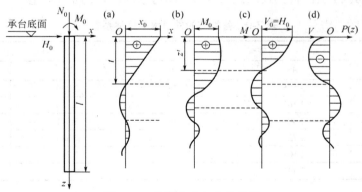

图 7-24　单桩内力与变位曲线

（a）绕曲 x 分布；（b）弯矩 M 分布；（c）剪力 V 分布；（d）水平抗力 σ_x 分布

表 7-8 长桩内力和变形计算系数

αz	A_x	B_x	A_φ	B_φ	A_M	B_M	A_Q	B_Q
0	2.440 7	1.621 0	−1.621 0	−1.750 6	0.000 0	1.000 0	0.000 0	1.000 0
0.1	2.278 7	1.450 9	−1.616 0	−1.650 7	0.099 6	0.999 7	0.988 3	−0.007 5
0.2	2.117 8	1.290 9	−1.601 2	−1.550 7	0.190 7	0.998 1	0.955 5	−0.028 0
0.3	1.958 8	1.140 8	−1.576 8	−1.451 1	0.290 1	0.993 8	0.940 7	−0.058 2
0.4	1.802 7	1.000 6	−1.543 3	−1.352 0	0.377 4	0.986 2	0.839 0	−0.095 5
0.5	1.650 4	0.870 4	−1.501 5	−1.253 9	0.457 5	0.974 6	0.761 5	−0137 5
0.6	1.502 7	0.749 8	−1.460 1	−1.157 3	0.529 4	0.958 6	0.674 9	−0.181 9
0.7	1.360 2	0.638 9	−1.395 9	−1.062 4	0.592 3	0.938 2	0.582 0	−0.226 9
0.8	1.223 7	0.537 3	−1.334 0	−0.969 8	0.645 6	0.913 2	0.485 2	−0.270 9
0.9	1.093 6	0.444 8	−1.267 1	−0.879 9	0.689 3	0.884 1	0.386 9	−0.312 5
1.0	0.970 4	0.361 2	−1.195 6	−0.793 1	0.723 1	0.850 9	0.289 0	−0.350 6
1.1	0.854 4	0.286 1	−1.122 8	−0.709 8	0.747 1	0.814 1	0.193 9	−0.384 4
1.2	0.745 9	0.219 1	−1.047 3	0.630 4	0.761 8	0.774 2	0.101 5	−0.413 4
1.3	0.645 0	0.159 9	−0.970 8	−0.555 1	0.767 6	0.731 6	0.014 8	−0.436 9
1.4	0.551 8	0.107 9	−0.894 1	−0.484 1	0.765 0	0.686 9	−0.065 9	−0.454 9
1.5	0.466 1	0.062 9	−0.818 0	−0.417 7	0.754 7	0.640 8	−0.139 5	−0.467 2
1.6	0.388 1	0.024 2	−0.743 4	−0.356 0	0.737 3	0.593 7	−0.205 6	−0.473 8
1.8	0.259 3	−0.035 7	−0.600 8	−0.246 7	0.684 9	0.498 9	−0.313 5	−0.471 0
2.0	0.147 0	−0.075 7	−0.470 6	−0.156 2	0.614 1	0.406 6	−0.388 4	−0.449 1
2.2	0.064 6	−0.099 4	−0.355 9	−0.083 7	0.531 6	0.320 3	−0.431 7	−0.411 8
2.6	−0.039 9	−0.111 4	−0.178 5	−0.014 2	0.354 6	0.175 5	−0.365	−0.307 3
3.0	−0.087 4	−0.094 7	−0.069 9	−0.063 0	0.193 1	0.076 0	−0.360 7	−0.190 5
3.5	−0.105 0	−0.057 0	−0.012 1	−0.082 9	0.050 8	0.013 5	−0.199 8	−0.016 7
4.0	−0.107 9	−0.014 9	−0.003 4	−0.085 1	0.000 1	0.000 1	0.000 0	−0.000 5

3. 桩顶水平位移

桩顶水平位移是控制基桩水平承载力的主要因素，且桩的无量纲深度不同，桩端约束条件不同，其水平荷载下的工作性状也不同。表 7-9 给出了基桩不同无量纲深度及桩端约束条件下的位移系数 A_x 和 B_x，将其代入式（7-15）即可求出桩顶的水平位移。

表 7-9 各类桩的桩顶水平位移系数

αh	桩端置于土中		桩端嵌固在基岩中	
	A_x	B_x	A_x	B_x
2.4	3.526	2.327 9	2.240	1.586
2.6	3.163	2.048	2.330	1.596
2.8	2.905	1.869	2.371	1.593
3.0	2.727	1.758	2.385	1.586
3.5	2.502	1.641	2.389	1.584
≥4.0	2.441	1.621	2.401	1.600

4. 桩身最大弯矩及其位置

要设计桩截面配筋，最关键的是求出桩身最大弯矩值 M_{max} 及其相应的截面位置 z_0，根据最大弯矩截面剪应力为零的条件，可导得其无量纲法计算过程如下：

（1）$C_D = \alpha M_0 / H_0$，查表 7-10 得相应的换算深度 $\bar{z}(=\alpha z)$，则最大弯矩截面的深度 z_0 为：

$$z_0 = \frac{\bar{z}}{\alpha} \tag{7-19}$$

表 7-10 确定桩身最大弯矩截面系数 C_D 及最大弯矩系数 C_M

$\bar{z}=\alpha z$	C_D	C_M	$\bar{z}=\alpha z$	C_D	C_M	$\bar{z}=\alpha z$	C_D	C_M
0	∞	1.000	1.0	0.824	1.728	2.0	-0.865	-0.304
0.1	131.252	1.001	1.1	0.503	2.299	2.2	-1.048	-0.187
0.2	34.186	1.004	1.2	0.246	3.876	2.4	-1.230	-0.118
0.3	15.544	1.012	1.3	0.034	23.438	2.8	-1.420	-0.074
0.4	6.871	1.029	1.4	-0.145	-4.596	3.0	-1.635	-0.045
0.5	5.539	1.057	1.5	-0.299	-1.876	3.5	-1.893	-0.026
0.6	3.710	1.101	1.6	-0.434	-1.128	4.0	-2.994	-0.003
0.7	2.566	1.169	1.7	-0.555	-0.740	—	-0.045	-0.011
0.8	1.791	1.274	1.8	-0.665	-0.530	—	—	—
0.9	1.238	1.441	1.9	-0.768	-0.396	—	—	—

（2）由 $\bar{z}$ 查表 7-10 可得桩身最大弯矩系数 C_M，即桩身最大弯矩 M_{max} 为

$$M_{max} = C_M M_0 \tag{7-20}$$

一般当桩的入土深度达 $4.0/\alpha$ 时，桩身内力及位移已几乎为零。在此深度以下，桩身只需按构造配筋或不配钢筋。

7.5 桩侧负摩擦力

桩土之间相对位移的方向决定了桩侧摩擦力的方向，当桩周土层相对于桩侧向下位移时，桩侧摩擦力方向向下，称为负摩擦力。通常，在下列情况下应考虑桩侧负摩擦力作用。

（1）在软土地区，大范围地下水位下降，使桩周土中有效应力增大，导致桩侧土层沉降时；

（2）桩侧地面承受局部较大的长期荷载，或地面大面积堆载（包括填土）时；

（3）桩穿越较厚松散填土、自重湿陷性黄土、欠固结土层、液化土层进入相对较硬的土层时；

（4）冻土地区，由于温度升高而引起桩侧土的缺陷时。

必须指出，引起桩侧负摩擦力的条件是，桩侧土体下沉必须大于桩的下沉。

要确定桩侧负摩擦力的大小，首先就得确定产生负摩擦力的深度及其强度大小。桩身负摩擦力并不一定发生于整个软弱压缩土层中，而是在桩周土相对于桩产生下沉的范围内，它与桩周土的压缩、固结，桩身压缩及桩底沉降等直接有关。图 7-25 给出了穿过软弱压缩土层而达到坚硬土层的竖向荷载桩的荷载传递情况。由图可见，在 l_n 深度内，桩周土相对于桩侧向下位移，桩侧摩擦力朝下，为负摩擦力；在 l_n 深度以下，桩截面相对于桩周土向下位移，桩侧摩擦力朝上，为正摩擦力；而在 l_n 深度处，桩周土与桩截面沉降相等，两者无相对位移发生，其摩擦力为零，这种摩擦力为零的点称为中性点。图 7-25（b）和（c）分别为桩侧摩擦力和桩身轴力的分布曲线，其中 Q_n 为中性点以上的负摩擦力之和，或称下拉荷载；Q_s 为总的正摩擦力，且在中性点处桩身轴力达到最大值（$Q+Q_n$），而桩端总阻力则等于 $Q+Q_n-Q_s$。

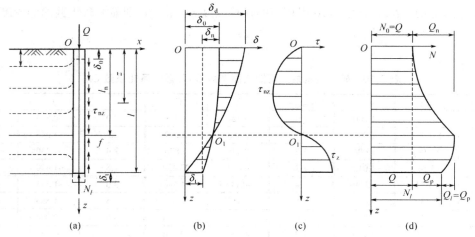

图 7-25 单桩在产生负摩擦力时的荷载传递

桩侧土层的固结随时间而变化，故土层的竖向位移和桩身截面位移都是时间的函数。因此，在桩顶荷载作用下，中性点位置、摩擦力及轴力等也都相应发生变化。当桩截面位移在桩顶荷载作用下稳定后，上层固结程度和速率是影响 Q_n 大小和分布的主要因素。固结程度高、地面沉降大，则中性点下移；固结速率大，则 Q_n 增长快。但 Q_n 的增长需经过一定的时间才能达到极限值。在此过程中，桩身在 Q_n 作用下产生压缩，随着 Q_n 的产生和增大，桩端处轴力增加，沉降也相应增大，由此导致桩土相对位移减小，Q_n 降低而逐渐达到稳定状态。

中性点深度 l_n 应按桩周土层沉降与桩的沉降相等的条件确定，也可参照表 7-11 确定。

表 7-11　中性点深度比 l_n / l_0

持力层土类	黏性土、粉土	中密以上砂	砾石、卵石	基岩
l_n / l_0	0.5～0.6	0.7～0.8	0.9	1.0

注：① l_0 为桩周软弱土层下限深度；
②　桩穿越自重湿陷黄土时，l_n 按表列值增大 10%（持力层为基岩者除外）；
③　当桩周土层固结与桩基固结沉降同时完成时取 $l_0 = 0$；
④　当桩周土层计算沉降量小于 20 mm 时，应按表列值乘以 0.4～0.8 折减。

实测资料表明，桩侧第 i 层土负摩擦力标准值 q_{si}^n 可按下式计算（当计算值大于正摩擦力时取正摩擦力值）：

$$q_{si}^n = \zeta_n \sigma_i' \qquad (7-21)$$

式中　ζ_n——桩周第 i 层土负摩擦力系数，可按表 7-12 取用；

　　　σ_i'——桩周第 i 层土平均竖向有效土覆压力，kPa。

表 7-12　负摩擦力系数 ζ_n

桩周土类	黏性土	黏性土、粉土	砂土	自重湿陷性黄土
ζ_n	0.15～0.25	0.25～0.40	0.35～0.50	0.20～0.35

注：①　同一类土中，打入桩或沉管灌注桩取较大值；钻孔灌注桩、挖孔灌注桩取较小值。
②　填土按土的类别取较大值。

此外，也可根据土的类别，按下列经验公式计算：

软土或中等强度黏土：

$$q_{si}^n = c_u \qquad (7\text{-}22)$$

砂土：

$$q_{si}^n = \frac{N_i}{5} + 3 \qquad (7\text{-}23)$$

式中　c_u——土的不排水抗剪强度，kPa；

　　　N_i——桩周第 i 层土经钻杆长度修正后的平均标准贯入试验击数。

桩侧总的负摩擦力（下拉荷载）Q_n 为（对群桩基础尚应乘以负摩擦力群桩效应系数，参见 7.6 节）：

$$Q_n = \mu_p \sum q_{si}^n \cdot l_i \qquad (7\text{-}24)$$

式中　μ_p——桩的周长，m；

　　　l_i——中性点以上各土层的厚度，m。

国外有学者认为，当桩穿过 15 m 以上可压缩土层且地面每年下沉超过 20 mm，或者为端承桩时，应计算下拉荷载 Q_n，一般其安全系数可取 1.0。

在桩基设计中，应尽量采取某些措施减小负摩擦力。例如，在预制桩表面涂一薄层沥青，或者对钢桩再加一层厚度为 3 mm 左右的塑料薄膜（兼作防锈蚀用），对现场灌注桩也可采用在桩与土之间灌注土浆等方法来消除或降低负摩擦力的影响。

7.6　群桩基础计算

在实际工程中，除少量大直径桩基础外，一般都是群桩基础。竖向荷载下的群桩基础，各桩的承载力发挥和沉降性状往往与相同情况下的单桩有显著差别；承台底产生的土反力也将分担部分荷载，因此，设计时必须综合考虑群桩的工作特点，以确定群桩的承载能力。

7.6.1　群桩工作特点

对于群桩基础，作用于承台上的荷载实际上由桩和地基土共同承担，由于承台、桩、地基土的相互作用情况不同，桩端、桩侧阻力和地基土的阻力因桩基类型不同而异。

1. 端承型群桩基础

由于端承型桩基持力层坚硬，桩顶沉降较小，桩侧摩擦力不易发挥，桩顶荷载基本上通过桩身直接传到桩端处土层上。而桩端处承压面积很小，各桩端的压力彼此互不影响，如图 7-26 所示，因此，可近似认为端承型群桩基础中各基桩的工作性状与单桩基本一致。同时，由于桩的变形很小，桩间土基本不承受荷载，群桩基础的承载力就等于各单桩的承载力之和，群桩的沉降量也与单桩基本相同，故可不考虑群桩效应。

2. 摩擦型群桩基础

摩擦型群桩主要通过每根桩侧的摩擦力将上部荷载传递到桩周及桩端土层中，且一般假定桩侧阻力在土中引起的附加应力 σ_z 按某一角度，沿桩长向下扩散分布，至桩端平面处，压力分布如图 7-27 中阴影部分所示。当桩数少，桩中心距 s_a 较大时，例如 $s_a > 6d$，桩端平面处各桩传来的压力互不重叠或重叠不多，如图 7-27（a）所示，此时群桩中各桩的工作情况与单桩的一致，故群桩的承载力等于各单桩承载力之和。

但当桩数较多，桩距较小，例如常用桩距 $s_a=(3\sim4)d$ 时，桩端处地基中各桩传来的压力将相互重叠，如图 7-27（b）所示。桩端处压力比单桩时大得多，桩端以下压缩土层的厚度也比单桩深，此时群桩中各桩的工作状态与单桩的迥然不同，其承载力小于各单桩承载力之总和，沉降量则大于单桩沉降量，即所谓群桩效应。显然，若限制群桩的沉降量与单桩沉降量相同，则群桩中每一根桩的平均承载力就比单桩时低，故应考虑群桩效应。

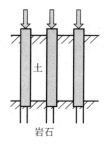

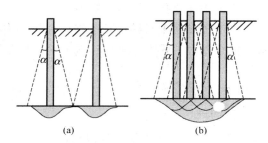

图 7-26　端承型群桩基础　　　　图 7-27　摩擦型群桩桩端平面上的压力分布

但是国内外大量工程实践和试验研究结果表明，采用单一的群桩效应系数不能正确反映群桩基础的工作状况，其低估了群桩基础的承载能力。其原因是：

（1）群桩基础的沉降量只需满足建筑物桩基变形容许值的要求，无须按单桩的沉降量控制；

（2）群桩基础中的一根桩与单桩的工作条件不同，其极限承载能力也不一样。由于群桩基础成桩时桩侧土体受挤密的程度高，潜在的侧阻力大，桩间土的竖向变形量比单桩的大，故桩与土的相对位移减小，影响侧阻力的发挥。通常，砂土和粉土中的桩基，群桩效应使桩的侧阻力提高；而黏性土中的桩基，在常见桩距下，群桩效应往往使侧阻力降低。考虑群桩效应后，桩端平面处压应力增加较多，极限桩端阻力相应提高。因此，群桩基础中桩的极限承载力确定极为复杂，其与桩的间距、土质、桩数、桩径、入土深度以及桩的类型和排列方式等因素有关。

7.6.2　承台下土对荷载的分担作用

在荷载作用下，桩基由桩和承台台底地基土共同承担荷载，构成复合桩基（图 7-28）。复合桩基中基桩的承载力含有承台台底的土阻力，故称为复合基桩。承台台底分担荷载的作用随桩群相对于地基土向下位移幅度的加大而增强。为了保证台底与土保持接触而不脱开，并提供足够的土阻力，则桩端必须贯入持力层促使群桩整体下沉。此外，桩身受荷压缩，产生桩与土的相对滑移，也使基底反力增加。

研究表明，承台台底土反力比平板基础底面下的土反力低（由于桩侧土因桩的竖向位移而发生剪切变形所致），其大小及分布形式，随桩顶荷载水平、桩径桩长比、台底和桩端土质、承台刚度以及桩群的几何特征等因素而变化。通常，台底分担荷载的比例可从 10%直至 50%以上。

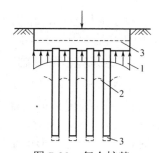

图 7-28　复合桩基
1—台底土反力；2—上层土位移；
3—桩端贯入桩基整体下沉

刚性承台底面土反力呈马鞍形分布，若以桩群外围包络线为界，将台底面积分为内外两区，则内区反力比外区小而且比较均匀，桩距增大时内外区反力差明显降低。台底分担的荷载总值增加时，反力的塑性重分布不显著。利用台底反力分布的上述特征，可以通过加大外区与内区的面积比来提高承台分担荷载的比例。

7.6.3 复合基桩竖向承载力特征值

《建筑桩基技术规范》（JGJ 94—2008）规定，对于端承型桩基、桩数少于 4 根的摩擦型柱下独立桩基，或由于地层土性、使用条件等因素不宜考虑承台效应时，基桩竖向承载力特征值应取单桩竖向承载力特征值，即 $R=R_a$；对于符合下列条件之一的摩擦型桩基，宜考虑承台效应确定其复合基桩的竖向承载力特征值：

（1）上部结构整体刚度较好、体型简单的建（构）筑物；

（2）对差异沉降适应性较强的排架结构和柔性构筑物；

（3）按变刚度调平原则设计的桩基刚度相对弱化区；

（4）软土地基的减沉复合疏桩基础。

考虑承台效应的复合基桩竖向承载力特征值 R 可按下式确定：

不考虑地震作用时：

$$R = R_a + \eta_c f_{ak} A_c \qquad (7\text{-}25)$$

考虑地震作用时：

$$R = R_a + \frac{\xi_a}{1.25} \eta_c f_{ak} A_c \qquad (7\text{-}26)$$

式中　η_c——承台效应系数，可按表 7-13 取值；

　　　f_{ak}——承台底 1/2 承台宽度的深度范围（≤5 m）内各层土地基承载力特征值按厚度加权的平均值；

　　　A_c——计算基桩所对应的承台底地基土净面积[$A_c = (A - nA_{ps})$ ，A_{ps} 为桩身截面面积，A 为承台计算域面积：对于桩下独立桩基，A 为承台总面积；对于桩筏基础，A 为柱、墙筏板的 1/2 跨距和悬臂边 2.5 倍筏板厚度所围成的面积；桩集中布置于单片墙下的桩筏基础，取墙两边各 1/2 跨距围成的面积，按条形承台计算 η_c]；

　　　ξ_a——地基抗震承载力调整系数，应按《建筑抗震设计规范》（GB 50011—2010）采用。

表 7-13　承台效应系数 η_c

B_c/l ＼ s_a/d	3	4	5	6	>6
≤0.4	0.06～0.08	0.14～0.17	0.22～0.26	0.32～0.38	0.50～0.80
0.4～0.8	0.08～0.10	0.17～0.20	0.26～0.30	0.38～0.44	
>0.8	0.10～0.12	0.20～0.22	0.30～0.34	0.44～0.50	
单排桩条形承台	0.15～0.18	0.25～0.30	0.38～0.45	0.50～0.60	

注：① 表中 s_a/d 为桩中心距与桩径之比；B_c/l 为承台宽度与桩长之比。当计算基桩为非正方形排列时，$S_a = \sqrt{A/n}$，A 为承台计算域面积，n 为总桩数。

② 对于桩布置于墙下的箱、筏承台，η_c 可按单排桩基取值。

③ 对于单排桩条形承台，当承台宽度小于 1.5d 时，η_c 按非条形承台取值。

④ 对于采用后注浆灌注桩的承台，η_c 宜取低值。

⑤ 对于饱和黏性土中的挤土桩基、软土地基上的桩基承台，η_c 宜取低值的 0.8 倍。

设计复合桩基时应注意：承台分担荷载是以桩基的整体下沉为前提，故只有在桩基沉降不会危及建筑物的安全和正常使用，且台底不与软土直接接触时，才宜于开发利用承台底土反力的潜力。因此，在下列情况下，通常不能考虑承台的荷载分担效应，即取 η_c=0：

（1）承受经常出现的动力作用，如铁路桥梁桩基；

（2）承台下存在可能产生负摩擦力的土层，如湿陷性黄土、欠固结土、新填土、高灵敏度软土以及可液化土或由于降水地基土固结而与承台脱开；

（3）在饱和软土中沉入密集桩群，引起超静孔隙水压力和土体隆起，随着时间推移，桩间土逐渐固结下沉而与承台脱离等。

【工程应用例题 7-1】 某预制桩桩径为 400 mm，桩长 10 m，穿越厚度 $l_1 = 3$ m、液性指数 $I_L = 0.75$ 的黏土层；进入密实的中砂层，长度 $l_2 = 7$ m。桩基同一承台中采用 3 根桩，桩顶离地面 1.5 m。试确定该预制桩的竖向极限承载力标准值和基桩竖向承载力特征值。

解： 由表 7-2 查得桩的极限侧阻力标准值 q_{sik}：

黏土层：$I_L = 0.75$，$q_{s1k} = 60$ kPa；

中砂层：密实，可取 $q_{s2k} = 80$ kPa。

由表 7-3 查得桩的极限端阻力标准值 q_{pk}：

密实中砂，$l = 10$ m，查得 $q_{pk} = 5\,500 \sim 7\,000$ kPa，可取 $q_{pk} = 6\,000$ kPa。

故单桩竖向极限承载力标准值为

$$Q_{uk} = Q_{sk} + Q_{pk} = \mu_p \sum q_{sik} l_i + q_{pk} A_p$$

$$= \pi \times 0.4 \times (60 \times 3 + 80 \times 7) + 6\,000 \times \pi \times \frac{0.4^2}{4}$$

$$= 929.91 + 753.98$$

$$= 1\,683.89 (\text{kN})$$

因该桩基为桩数不超过 3 根的非端承桩基，可不考虑承台效应，由式（7-9）可求得基桩竖向承载力特征值为

$$R = \frac{Q_{uk}}{2} = \frac{1\,683.89}{2} = 842 (\text{kN})$$

7.6.4 桩顶效应简化计算

桩顶作用效应分为荷载效应和地震作用效应。

1. 荷载效应

对于一般建筑物和受水平力较小的高大建筑物，当桩基中桩径相同时，通常可假定：

（1）承台是刚性的；

（2）各桩刚度相同。

假设 x、y 是桩基平面的惯性主轴，按下列公式计算基桩的桩顶作用效应（图 7-29）：

轴心竖向力作用下

$$N_k = \frac{F_k + G_k}{n} \qquad (7\text{-}27)$$

偏心竖向力作用下

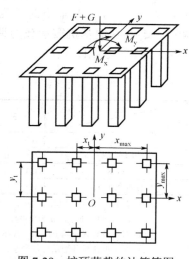

图 7-29 桩顶荷载的计算简图

$$N_k = \frac{F_k + G_k}{n} \pm \frac{M_{xk} y_i}{\sum y_j^2} \pm \frac{M_{yk} x_i}{\sum x_j^2} \qquad (7\text{-}28)$$

水平力

$$H_{ik} = H_k / n \tag{7-29}$$

式中　　　　F_k——荷载效应标准组合下作用于承台顶面的竖向力；

G_k——承台及其上土的自重标准值，地下水位以下部分应扣除水的浮力；

M_{xk}、M_{yk}——荷载效应标准组合下作用于承台底面通过桩群形心的 x、y 轴的力矩；

N_k、H_{ik}——荷载效应标准组合轴心与偏心竖向力作用下第 i 根基桩或复合基桩的平均竖向力和水平力；

H_k——荷载效应标准组合下作用于承台底面的水平力；

x_i、x_j、y_i、y_j——第 i、j 基桩或复合基桩至 y、x 轴的距离；

n——桩基中的基桩总数。

位于 8 度和 8 度以上抗震设防区和其他受较大水平力的高层建筑桩基，当其桩基承台刚度较大或由于上部结构与承台的协同作用能增强承台的刚度时，以及受较大水平力及 8 度和 8 度以上地震作用的高承台桩基，桩顶作用效应的计算应考虑承台与基桩协同工作和土的弹性抗力。对烟囱、水塔、电视塔等高耸结构物桩基则常采用圆形或环形刚性承台，当基桩宜布置在直径不等的同心圆圆周上，且同一圆周上的桩距相等时，仍可按式（7-28）计算。

2. 地震作用效应

对于主要承受竖向荷载的抗震设防区低承台桩基，当同时满足下列条件时，计算桩顶作用效应时可不考虑地震作用：

（1）按《建筑抗震设计规范》（GB 50011—2010）规定可不进行桩基抗震承载力计算的建筑物；

（2）不位于斜坡地带和地震可能导致滑移、地裂地段的建筑物；

（3）桩端及桩身周围无可液化土层；

（4）承台周围无可液化土、淤泥、淤泥质土。

对位于 8 度和 8 度以上抗震设防区的高大建筑物低承台桩基，在计算各基桩的作用效应和桩身内力时，可考虑承台（包括地下墙体）与基桩的共同工作和土的弹性抗力作用。

7.6.5　桩基竖向承载力验算

1. 荷载效应标准组合

承受轴心荷载的桩基，其基桩或复合基桩承载力特征值 R 应符合下式要求：

$$N_k \leqslant R \tag{7-30}$$

承受偏心荷载的桩基，除应满足上式要求外，尚应满足下式要求：

$$N_{kmax} \leqslant 1.2R \tag{7-31}$$

式中　　N_k——荷载效应标准组合轴心竖向力作用下，基桩或复合基桩的平均竖向力；

N_{kmax}——荷载效应标准组合偏心竖向力作用下桩顶最大竖向力。

2. 地震作用效应和荷载效应标准组合

地震灾害调查表明，不论桩周土类别如何，基桩竖向承载力均可提高 25%，故轴心荷载作用下：

$$N_{Ek} \leqslant 1.25R \tag{7-32}$$

偏心荷载作用下，除应满足式（7-32）的要求外，尚应满足：

$$N_{Ekmax} \leqslant 1.5R \qquad (7\text{-}33)$$

式中　　N_{Ek}——地震作用效应和荷载效应标准组合下，基桩或复合基桩的平均竖向力；

　　　　N_{Ekmax}——地震作用效应和荷载效应标准组合下，基桩或复合基桩的最大竖向力。

7.6.6　桩基软弱下卧层承载力验算

对桩距不超过 $6d$ 的群桩基础，当桩端持力层以下受力层范围内存在承载力低于桩端持力层 1/3 的软弱下卧层时，应进行下卧层的承载力验算。验算时要求（图 7-30）：

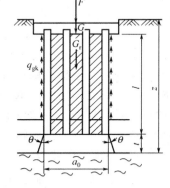

$$\sigma_z + \gamma_m z \leqslant f_{az} \qquad (7\text{-}34)$$

$$\sigma_z = \frac{F_k + G_k - \dfrac{3(a_0 + b_0)\sum q_{sik}l_i}{2}}{(a_0 + 2t\tan\theta)(b_0 + 2t\tan\theta)} \qquad (7\text{-}35)$$

式中　　σ_z——作用于软弱下卧层顶面的附加应力；

　　　　γ_m——软弱层顶面以上各土层重度加权平均值（地下水位以下取浮重度）；

　　　　z——地面至软弱层顶面的深度；

　　　　f_{az}——软弱下卧层经深度修正（系数取 1）的地基承载力特征值；

图 7-30　软弱下卧层承载力验算

a_0、b_0——桩群外围桩边包络线内矩形面积的长边、短边长度；

　　　　θ——桩端硬持力层压力扩散角，按表 7-14 取值；

　　　　t——桩端至软弱下卧层顶面的距离。

表 7-14　地基压力扩散角 θ

E_{S1}/E_{S2}	z/b	
	0.25	0.50
3	6°	23°
5	10°	25°
10	20°	30°
注：① E_{S1} 为上层土压缩模量，E_{S2} 为下层土压缩模量； ② $z/b < 0.25$ 时取 $\theta = 0°$，必要时，宜由试验确定，$z/b > 0.50$ 时，θ 值不变。		

7.6.7　桩基竖向抗拔承载力及负摩擦力

1. 桩基竖向抗拔承载力验算

承受拉拔力的桩，应同时验算群桩基础呈整体破坏和呈非整体破坏时基桩的抗拔承载力：

$$N_k \leqslant \frac{T_{gk}}{2} + G_{gp} \qquad (7\text{-}36)$$

$$N_k \leqslant \frac{T_{uk}}{2} + G_p \qquad (7\text{-}37)$$

式中　　G_{gp}——群桩基础所包围体积的桩土总自重设计值除以总桩数，地下水位以下取有效重度；

G_p——基桩自重设计值，地下水位以下取有效重度，对于扩底桩，应按规范确定桩、土柱体周长后计算桩土自重。

基桩的抗拔极限承载力及群桩呈整体破坏和呈非整体破坏时的基桩抗拔极限承载力标准值 T_{gk}、T_{uk} 的计算可参见前述章节的规定。此外，还应按《混凝土结构设计规范》（GB 50010—2010）验算桩身的抗拉承载力，并按规定进行裂缝宽度或抗裂性验算。

2. 桩基负摩擦力验算

群桩中任一基桩的下拉荷载标准值 Q_g^n，可取单桩下拉荷载 Q_n 乘以负摩擦力群桩效应系数 η_n，即

$$Q_g^n = \eta_n Q_n \tag{7-38}$$

其中

$$\eta_n = s_{ax} \cdot s_{ay} / \left[\pi d \left(\frac{q_n}{\gamma_n} + \frac{d}{4} \right) \right] \tag{7-39}$$

式中 s_{ax}、s_{ay}——桩纵、横向中心距；

q_n——中性点以上桩周土层厚度加权平均负摩擦力标准值；

γ_n——中性点以上桩周土层厚度加权平均重度（地下水位以下取有效重度）。

对于单桩基础，可取 $\eta_n = 1$；当按式（7-39）计算的群桩基础 $\eta_n > 1$ 时，取 $\eta_n = 1$。

当考虑桩侧负摩擦力，验算基桩竖向承载力特征值时，对于摩擦型基桩，取桩身计算中性点以上侧阻力为零，按下式验算基桩承载力：

$$N_k \leqslant R \tag{7-40}$$

对端承型基桩，除应满足式（7-40）要求外，尚应计入下拉荷载 Q_g^n，按下式验算基桩承载力：

$$N_k + Q_g^n \leqslant R \tag{7-41}$$

式（7-40）、式（7-41）中，基桩竖向承载力特征值只计中性点以下部分侧阻值和端阻值。

当土层不均匀和建筑物对不均匀沉降较敏感时，尚应将负摩擦力引起的下拉荷载计入附加荷载验算桩基沉降。

7.6.8 桩基水平承载力与沉降验算

1. 桩基水平荷载验算

对于受水平力的竖直桩，在一般建筑桩基中，当外荷合力与竖直线的夹角小于等于 5°时，竖直桩的水平承载力能满足设计要求，可不设斜桩，但要求基桩的桩顶水平荷载设计值 H_{ik} 满足：

$$H_{ik} \leqslant R_h \tag{7-42}$$

式中 R_h——单桩基础或群桩中基桩的水平承载力特征值，单桩基础取 $R_h = R_{ha}$（R_{ha} 为单桩水平承载力特征值，可按单桩水平静载试验等方法确定），群桩基础（不含水平力垂直于单排桩基纵向轴线以及力矩较大的情况）取 $R_h = \eta_h R_{ha}$，其中 η_h 为群桩效应综合系数，其值与桩径、桩距、桩数、土的水平抗力系数、桩顶位移等因素有关，具体可参见《建筑桩基技术规范》（JGJ 94—2008）。

当缺少单桩水平静载试验资料时，可按下式估算桩身配筋率小于 0.65% 的灌注桩的单桩

水平承载力特征值 R_{ha}：

$$R_{ha} = \frac{0.75\alpha\gamma_m f_t W_0}{v_m}(1.25 + 22\rho_g)\left(1 \pm \frac{\xi_N N_k}{\gamma_m f_t A_n}\right) \qquad (7\text{-}43)$$

式中　γ_m——桩截面模量塑性系数，圆形截面 $\gamma_m = 2$，矩形截面 $\gamma_m = 1.75$；

$\quad$ f_t——桩身混凝土抗拉强度设计值；

$\quad$ v_m——桩身最大弯矩系数，按表 7-15 取值，对于单桩基础和单排桩基纵向轴线与水平力方向相垂直的情况，按桩顶铰接考虑；

$\quad$ ρ_g——桩身配筋率；

$\quad$ ξ_N——桩顶竖向力影响系数，竖向压力取 0.5，竖向拉力取 1.0，± 号根据桩顶竖向力性质确定，压力取 "+"，拉力取 "−"；

$\quad$ N_k——荷载效应标准组合下桩顶的竖向力；

$\quad$ W_0——桩身换算截面受拉边缘的弹性抵抗矩，圆形截面 $W_0 = \dfrac{\pi d}{32}\left[d^2 + 2(\alpha_E - 1)\rho_g d_0{}^2\right]$，

$\quad\quad$ 方形截面 $W_0 = \dfrac{b}{6}\left[b^2 + 2(\alpha_E - 1)\rho_g b_0{}^2\right]$；

$\quad$ A_n——桩身换算截面面积，圆形截面 $A_n = \dfrac{\pi d_0}{4}\left[1 + (\alpha_E - 1)\rho_g\right]$，方形截面

$\quad\quad$ $A_n = b_0{}^2\left[1 + (\alpha_E - 1)\rho_g\right]$，$d_0$ 和 b_0 分别指扣除保护层的桩直径或边长，α_E 指钢筋弹性模量与混凝土弹性模量的比值；

$\quad$ α——桩的水平变形系数，由式（7-14）确定；

表 7-15　桩顶（身）最大弯矩和水平位移系数

桩顶约束情况	桩的换算埋深(ah)	v_m	v_x
铰接、自由	4.0	0.768	2.441
	3.5	0.750	2.502
	3.0	0.703	2.727
	2.8	0.675	2.905
	2.6	0.639	3.163
	2.4	0.601	3.526
固接	4.0	0.926	0.940
	3.5	0.934	0.970
	3.0	0.967	1.028
	2.8	0.990	1.055
	2.6	1.018	1.079
	2.4	1.045	1.095

注：① 铰接（自由）的 v_m 是桩身的最大弯矩系数，固接的 v_m 是桩顶的最大弯矩系数；

$\quad$ ② 当 $\alpha h > 4.0$ 时取 $\alpha h = 4.0$。

当桩的水平承载力由水平位移控制，且缺少单桩水平静载试验资料时，对预制桩、钢桩、桩身配筋率大于 0.65% 的灌注桩，其 R_{ha} 可按下式估算；

$$R_{ha} = \frac{0.75\alpha^3 EI}{v_x} x_{0a}$$

(7-44)

式中 x_{0a}——桩顶容许水平位移；

v_x——桩顶水平位移系数，按表 7-16 取值，取值方法同 v_m。

当验算永久荷载控制的桩基水平承载力时，应将上述方法确定的单桩水平承载力特征值 R_{ha} 乘以调整系数 0.80；验算地震作用桩基的水平承载力时，应将上述方法确定的 R_{ha} 乘以调整系数 1.25。

当计算水平荷载较大和受水平地震作用、风荷载作用的带地下室的高大建筑物桩基的水平位移时，可考虑地下室侧墙、承台、桩群、土共同作用，按《建筑桩基技术规范》（JGJ 94—2008）规定的方法计算。

2. 桩基沉降验算

当建筑物对桩基的沉降有特殊要求，或桩端存在软弱下卧层，或为摩擦型群桩基础时，尚应考虑桩基的沉降验算，保证其沉降变形计算值不大于桩基沉降变形容许值。

桩基变形容许值无当地经验时，可按表 3-1 规定采用，对于表中未包括的建筑物桩基容许变形值，可根据上部结构对桩基变形的适应能力和使用上的要求确定。一般验算因地质条件不均匀、荷载差异很大、体型复杂等因素引起的地基变形时，对砌体承重结构，应由局部倾斜控制；对多层或高层建筑和高耸结构，应由整体倾斜值控制；当其结构为框架、框架-剪力墙、框架-核心筒结构时，尚应控制柱（墙）之间的差异沉降。

对桩中心距不大于 6d 的群桩基础，可假定桩群为一假想的实体深基础，按与浅基础相同的计算方法和步骤计算桩端平面以下由附加应力引起的压缩层范围内地基的变形量，但计算过程中各土层的压缩模量，按实际的自重应力和附加应力由试验曲线确定；同时，基底边长取承台底面边长（a_c，b_c），最后引入桩基等效沉降系数 ψ_e 对沉降计算结果加以修正为

$$s = \psi \cdot \psi_e \cdot s'$$

(7-45)

式中 s——桩基最终沉降量；

s'——按分层总和法计算的桩基沉降量，桩基沉降计算深度 z_n 应按应力比法确定；

ψ——桩基沉降计算经验系数，无当地可靠经验时可按《建筑桩基技术规范》（JGJ 94—2008）查取；

ψ_e——桩基等效沉降系数，可按《建筑桩基技术规范》（JGJ 94—2008）有关规定计算。

对于单桩、单排桩、桩中心距大于 6d 的桩基，当承台底地基土分担荷载按复合桩基计算时，可采用 Mindlin 解考虑桩径影响；计算基桩引起的附加应力，采用 Boussinesq 解计算承台引起的附加应力，取两者叠加，按单向压缩分层总和法计算该点的最终沉降量，并应计入桩身压缩量，详见《建筑桩基技术规范》（JGJ 94—2008）。

7.7 桩基工程设计

《建筑桩基技术规范》（JGJ 94—2008）规定，建筑桩基应按下列两类极限状态设计：

（1）承载能力极限状态：桩基达到最大承载能力、整体失稳或发生不适于继续承载的变形。

（2）正常使用极限状态：桩基达到建筑物正常使用所规定的变形限值或耐久性要求的某项限值。桩基的设计应力求选型恰当、经济合理、安全适用，对桩和承台有足够的强度、刚度和耐久性；对地基（主要是桩端持力层）有足够的承载力和不产生过量的变形。

1．桩基设计内容

（1）选择桩的类型和几何尺寸；

（2）确定单桩径向（和水平向）承载力设计值；

（3）确定桩的数量、间距和布桩方式；

（4）验算桩基的承载力和沉降；

（5）桩身结构设计；

（6）承台设计；

（7）绘制桩基施工图。

2．桩基设计步骤

（1）进行调查研究、场地勘察，收集有关资料；

（2）综合勘察报告、荷载情况、使用要求、上部结构条件等确定桩基持力层；

（3）选择桩材，确定桩的类型、外形尺寸和构造；

（4）确定单桩承载力特征值；

（5）根据上部结构荷载情况，初步拟定桩的数量和平面布置；

（6）根据桩的平面布置，初步拟定承台的轮廓尺寸及承台底标高；

（7）验算作用于单桩上的竖向和横向荷载；

（8）验算承台尺寸及结构强度；

（9）必要时验算桩基的整体承载力和沉降量，当桩端下有软弱下卧层时，验算软弱下卧层的地基承载力；

（10）单桩设计，绘制桩和承台的结构及施工样图。

设计桩基之前必须充分掌握设计原始资料，包括建筑类型、荷载、工程地质勘察资料、材料来源及施工技术设备等情况，并尽量了解当地使用桩基的经验。

对桩基的详细勘察，除满足现行勘察规范有关要求外，尚应满足以下要求：

（1）勘探点间距：端承型桩和嵌岩桩，主要由桩端持力层顶面坡度决定，点距一般为12～24 m，若相邻两勘探点揭露出的层面坡度大于10%，应视具体情况适当加密勘探点；摩擦型桩，点距一般为20～30 m，若土层性质或状态在水平向分布变化较大，或存在可能对成桩不利的土层，也应适当加密勘探点；在复杂地质条件下的柱下单桩基础，应按桩列线布置勘探点，并宜逐桩设点。

（2）勘探深度：布置1/3～1/2的勘探孔作为控制性孔，且一级建筑桩基场地至少应有3个，二级建筑桩基应不少于2个。控制性孔应穿透桩端平面以下压缩层厚度；一般性勘探孔应深入桩端平面以下3～5 m，嵌岩桩钻孔应深入持力岩层不小于3～5倍桩径；当持力岩层较薄时，部分钻孔应钻穿持力岩层。岩溶地区，应查明溶洞、溶沟、溶槽、石笋等的分布情况。

在勘察深度地区范围内的每一地层，均应进行室内试验或原位测试，以提供设计所需参数。

7.7.1　桩类型及规格选择

桩基设计时，首先应根据建筑物的结构类型、荷载情况、地层条件、施工能力及环境限制（噪声、振动）等因素，选择预制桩或灌注桩的类别，桩的截面尺寸和长度以及桩端持力层等。

一般当土中存在大孤石、废金属以及花岗岩残积层中未风化的石英脉时，预制桩将难以穿过；当土层分布很不均匀时，混凝土预制桩的预制长度较难掌握；在场地土层分布比较均匀的条件下，采用质量易于保证的预应力高强混凝土管桩比较合理。

桩的长度主要取决于桩端持力层的选择。桩端最好进入坚硬土层或岩层，采用嵌岩桩或端承桩；当坚硬土层埋藏很深时，宜采用摩擦型桩基，桩端应尽量达到低压缩性、中等强度的土层上。桩端进入持力层的深度，黏性土、粉土不宜小于 $2d$，砂类土不宜小于 $1.5d$，碎石类土不宜小于 $1d$。当存在软弱下卧层时，桩端以下硬持力层厚度不宜小于 $3d$，嵌岩灌注桩嵌入倾斜的完整和较完整岩的全断面深度不宜小于 $0.4d$ 且不小于 0.5 m；倾斜度大于 30% 的中风化岩，宜根据倾斜度及岩石完整性适当加大嵌岩深度；嵌入平整、完整的坚硬和较坚硬岩的深度不宜小于 $0.2d$ 且不小于 0.2 m。此外，在桩底下 $3d$ 范围内应无软弱夹层、断裂带、洞穴和空隙分布，尤其是荷载很大的柱下单桩更应如此。一般岩层表面起伏不平，且常有隐伏的沟槽，尤其在碳酸盐类岩石地区，岩面石芽、溶槽密布，桩端可能落于岩面隆起或斜面处，有导致滑移的可能，因此在桩端应力扩散范围内应无岩体临空面存在，并确保基底岩体的滑动稳定。

当硬持力层较厚且施工条件允许时，桩端进入持力层的深度应尽可能达到桩端阻力的临界深度，以提高桩端阻力。对于砂、砾，该临界深度值为 $(3\sim6)d$，对于粉土、黏性土，为 $(5\sim10)d$。此外，同一建筑物还应避免同时采用不同类型的桩（如摩擦型桩和端承型桩，但用沉降缝分开者除外）。同一基础相邻桩的桩底标高差，对于非嵌岩端承型桩不宜超过相邻桩的中心距，对于摩擦型桩，在相同土层中不宜超过桩长的 1/10。

成孔方法及桩型初步确定后，即按表 7-16 定出桩径和桩长，并初步确定承台底面标高。一般若建筑物楼层高、荷载大，宜采用大直径桩，尤其是大直径人工挖孔桩比较经济实用，目前国内最大桩径已达 5 m。一般情况下，承台埋深主要从结构要求和方便施工的角度来选择。季节性冻土上的承台埋深应根据地基土的冻胀性考虑，并应考虑是否需要采取相应的防冻害措施。膨胀土上的承台，其埋深选择与此类似。

表 7-16　常用灌注桩的桩径、桩长及适用范围

成孔方法		桩径/mm	桩长/m	适用范围
泥浆护壁成孔	冲抓	≥800	≤30	碎石土、砂类土、粉土、黏性土及风化岩，当进入中等风化和微风化岩层时，冲击成孔的速度比回转钻快
	冲击		≤50	
	回旋		≤80	
	潜水钻	500～800	≤50	黏性土、淤泥、淤泥质土及砂类土
干作业成孔	螺旋钻	300～800	≤30	地下水位以上的黏性土、粉土、砂类土及人工填土
	钻孔扩底	300～600	≤30	地下水位以上坚硬、硬塑的黏性土及中密以上的砂类土
	机动洛阳铲	300～500	≤20	地下水位以上的黏性土、粉土、黄土及人工填土
沉管成孔	锤击	340～800	≤30	硬塑黏性土、粉土及砂砾土，直径大于等于 600 mm 的强风化岩
	振动	400～500	≤24	可塑黏性土、中细砂
爆扩成孔		≤350	≤12	地下水位以上的黏性土、黄土、碎石土及风化岩
人工挖孔		≥100	≤40	黏性土、粉土、黄土及人工填土

7.7.2　桩数及桩位布置

1. 桩数选择

初步估算桩数时，先不考虑群桩效应，根据单桩竖向承载力特征值 R，当桩基为轴心受压时，桩数 n 可按下式估算：

$$n \geqslant \frac{F_k + G_k}{R} \qquad (7\text{-}46)$$

式中　　F_k——作用在承台上的轴向压力设计值；

G_k——承台及其上方填土的重力。

偏心受压时，若桩的布置使得群桩横截面的重心与荷载合力作用点重合，桩数仍可按上式确定。否则，应将上式确定的桩数增加 10%～20%。对桩数超过 3 根的非端承群桩基础，应在求得基桩承载力特征值后重新估算桩数，如有必要，还要通过桩基软弱下卧层承载力和桩基沉降验算才能最终确定。

承受水平荷载的桩基，在确定桩数时还应满足桩水平承载力的要求。此时，可粗略地以各单桩水平承载力之和作为桩基的水平承载力，其偏于安全。

此外，在层厚较大的高灵敏度流塑黏土中，不宜采用桩距小而桩数多的打入式桩基，而应采用承载力高、桩数少的桩基；否则，软黏土结构破坏严重，使土体强度明显降低，加之相邻各桩的相互影响，桩基的沉降和不均匀沉降都将显著增加。

2. 桩中心距

桩的间距过大，承台体积增加，造价提高；间距过小，桩的承载能力不能充分发挥，且给施工造成困难。一般桩的最小中心距应符合表 7-17 规定。对于大面积桩群，尤其是挤土桩，桩的最小中心距还应按表列数值适当加大。

表 7-17　桩的最小中心距

土类与成桩工艺		桩排数不小于 3，桩数不小于 9 的摩擦型桩桩基/mm	其他情况
非挤土灌注桩		3.0d	3.0d
部分挤土灌注桩		3.5d	3.0d
挤土桩	穿越非饱和土、饱和非黏性土	4.0d	3.5d
	穿越非饱和黏性土	4.5d	4.0d
沉管夯扩、钻孔挤扩桩	穿越非饱和土、饱和非黏性土	2.2D 且 4.0d	2.2D 且 3.5d
	穿越非饱和黏性土	2.5D 且 4.5d	2.2D 且 4.0d
钻孔、挖孔扩底灌注桩		2D 或 D+2.0 m（当 D > 2 m）	1.5D 或 D+1.5 m（当 D > 2 m）

3. 桩位布置

桩在平面内可布置成方形（或矩形）、三角形和梅花形[图 7-31（a）]，条形基础下的桩，可采用单排或双排布置[图 7-31（b）]，也可采用不等距布置。

为了使桩基中各桩受力比较均匀，布桩时应尽可能使上部荷载的中心与桩群的横截面形心重合或接近。当作用在承台底面的弯矩较大时，应增加桩基横截面的惯性矩。对柱下单独桩基和整片式桩基，宜采用外密内疏的布置方式；对横墙下桩基，可在外纵墙之外布设一至两根"探头"桩（图 7-32）。此外，在有门洞的墙下布桩时，应将桩设置在门洞的两侧；在梁式或板式基础下布置群桩时，应注意使梁板中的弯矩尽量减小，即多在柱、墙下布桩，以减少梁和板跨中的桩数。

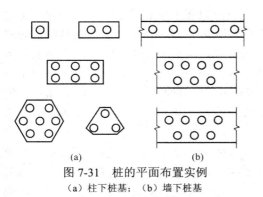

图 7-31　桩的平面布置实例

（a）柱下桩基；（b）墙下桩基

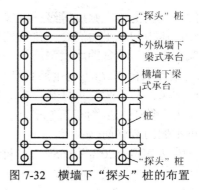

图 7-32　横墙下"探头"桩的布置

7.7.3　桩身截面强度计算

预制桩的混凝土强度等级宜大于等于 C30，采用静压法沉桩时，可适当降低，但不宜小于 C20；预应力混凝土桩的混凝土强度等级宜大于等于 C40。预制桩的主筋（纵向）应按计算确定并根据断面的大小及形状选用 4～8 根直径为 14～25 mm 的钢筋。最小配筋率 $\rho_{\min}$ 宜大于等于 0.8%，一般可为 1% 左右，静压法沉桩时宜大于等于 0.6%。箍筋直径可取 6～8 mm，间距小于等于 200 mm，在桩顶和桩尖处应适当加密，如图 7-33 所示。用打入法沉桩时，直接受到锤击的桩顶应设置三层Φ6@40～70 mm 的钢筋网，层距 50 mm。桩尖所有主筋应焊接在一根圆钢上，或在桩尖处用钢板加强。主筋的混凝土保护层应大于等于 30 mm，桩上须埋设吊环，位置由计算确定。桩的混凝土强度必须达到设计强度的 100% 时才可起吊和搬运。

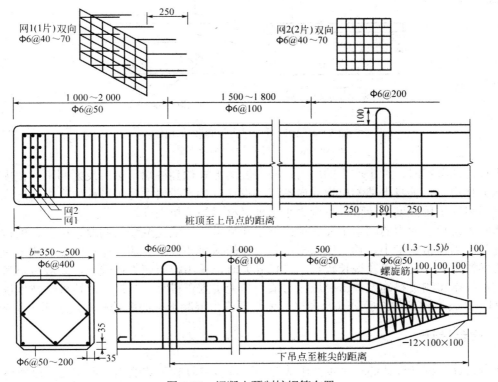

图 7-33　混凝土预制桩钢筋布置

灌注桩的混凝土强度等级一般应大于等于 C25，混凝土预制桩桩尖应大于等于 C30。当桩顶轴向压力和水平力满足《建筑桩基技术规范》（JGJ 94—2008）受力条件时，可按构造要求配置桩顶与承台的连接钢筋笼。对甲级建筑桩基，配置 $6\sim10$ 根 $\phi2\sim14$ 主筋，$\rho_{min} > 0.2\%$，锚入承台 $30d_g$（d_g 为主筋直径），伸入桩身长度大于等于 $10d$，且不小于承台下软弱土层层底深度；对乙级建筑桩基，可配置 $4\sim8$ 根 $\phi10\sim12$ 的主筋，锚入承台 $30d_g$，且伸入桩身长度大于等于 $5d$；对于沉管灌注桩，配筋长度不应小于承台软弱土层层底厚度；丙级建筑桩基可不配构造钢筋。

一般 ρ_g 可取 $0.20\%\sim0.65\%$（小桩径取高值，大桩径取低值），对受水平荷载特别大的桩、抗拔桩和嵌岩端承桩，应根据计算确定。主筋的长度一般可取 $4.0/\alpha$，当为抗拔桩、端承桩或承受负摩擦力和位于坡地岸边的基桩，应通长配置。承受水平荷载的桩，主筋宜大于等于 $8\phi10$，抗压和抗拔桩应大于等于 $6\phi10$，且沿桩身周边均匀布置，其净距不应小于 $60\ mm$，并尽量减少钢筋接头。箍筋宜采用 $\phi(6\sim8)@200\sim300\ mm$ 的螺旋箍筋，受水平荷载较大和抗震的桩基，桩顶$(3\sim5)d$ 内箍筋应适当加密；当钢筋笼长度超过 $4\ m$ 时，每隔 $2\ m$ 左右应设一道 $\phi12\sim18$ 的焊接加劲箍筋。主筋的混凝土保护层厚度应大于等于 $35\ mm$，水下浇灌混凝土时应大于等于 $50\ mm$。

预制桩除了满足上述计算之外，还应考虑运输、起吊和锤击过程中的各种强度验算。桩在自重作用下产生的弯曲应力与吊点的数量和位置有关。桩长在 $20\ m$ 以下者，起吊时一般采用双点吊；在打桩架龙门吊立时，采用单点吊。吊点位置应按吊点间的正弯矩与吊点处的负弯矩相等的条件确定，如图 7-34 所示。其中 q 为桩单位长度的重力，K 为考虑在吊运过程中桩可能受到的冲击和振动而取的动力系数，可取 1.3。桩在运输或堆放时的支点应放在起吊吊点处。通常，普通混凝土桩的配筋由起吊和吊立的强度计算控制。

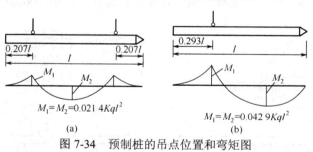

图 7-34　预制桩的吊点位置和弯矩图
（a）双点起吊时；（b）单点起吊时

用锤击法沉桩时，冲击产生的应力以应力波的形式传到桩端，然后反射回来。在周期性拉压应力作用下，桩身上端常出现环向裂缝。设计时，一般要求锤击过程中产生的压应力小于桩身材料的抗压强度设计值，拉应力小于桩身材料的抗拉强度设计值。

影响锤击拉压应力的因素主要有锤击能量和频率、锤垫及桩垫的刚度、桩长、桩材及土质条件等。当锤击能量小、频率低，采用软而厚的锤垫和桩垫，在不厚的软黏土或无密实砂夹层的黏性土中沉桩，以及桩长较小（<12 m）时，锤击拉压应力比较小，一般可不考虑。设计时常根据实测资料确定锤击拉压应力值。当无实测资料时，可按《建筑桩基技术规范》（JGJ 94—2008）建议的经验公式及表格取值。预应力混凝土桩的配筋常取决于锤击拉应力。

7.7.4　承台设计

承台设计是桩基设计的一个重要组成部分，承台应具有足够的强度和刚度，以便将上部结构的荷载可靠地传给各基桩，并将各单桩连成整体。承台的设计主要包括构造设计和强度设计两部分，强度设计包括抗弯、抗冲切和抗剪切计算。

1. 外形尺寸及构造要求

（1）承台的平面尺寸一般由上部结构、桩数及布桩型式决定。通常，墙下桩基做成条形承台，即梁式承台；柱下桩基宜采用板式承台（矩形或三角形），如图 7-35 所示。其剖面形状可做成锥形、台阶形或平板形。

1）承台厚度≥300 mm，宽度≥500 mm，承台边缘至边桩的中心距不小于桩的直径或边长，且边缘挑出部分≥150 mm，对于条形承台梁，应≥75 mm。

2）为保证群桩与承台之间连接的整体性，桩顶应嵌入承台一定长度，对大直径桩，宜≥100 mm；对中等直径桩，宜≥50 mm。混凝土桩的桩顶主筋应伸入承台内，其锚固长度宜≥30 倍钢筋直径，对于抗拔桩基，应≥40 倍钢筋直径。

（2）承台的混凝土强度等级宜≥C15，采用 HRB 335 级钢筋时宜≥C20。

（3）承台的配筋按计算确定。

1）对于矩形承台板，宜双向均匀配置，钢筋直径宜≥10 mm，间距应满足 100～200 mm。

2）对于三桩承台，应按三向板带均匀配置，最里面 3 根钢筋相交围成的三角形应位于柱截面范围以内，如图 7-35（b）所示。

3）台底钢筋的混凝土保护层厚度宜≥70 mm，承台梁的纵向主筋应≥12 mm。

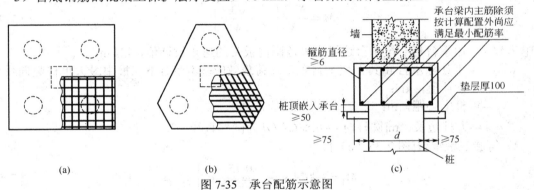

（a）　　　　　　　　　　（b）　　　　　　　　　　（c）

图 7-35　承台配筋示意图

（a）矩形承台配筋；（b）三桩承台配筋；（c）墙下承台梁配筋图

（4）筏形、箱形承台板的厚度应满足整体刚度、施工条件及防水要求。对于桩布置于墙下或基础梁下的情况，承台板厚度宜≥250 mm，且板厚与计算区段最小跨度之比不宜小于1/20。承台板的分布构造钢筋可用 ϕ10～12@150～200 mm，考虑到整体弯矩的影响，纵横两方向的支座钢筋应有 1/3～1/2 贯通全跨配置，且配筋率≥0.15%；跨中钢筋应按计算配筋率全部连通。

（5）两桩桩基的承台宜在其短向设置连系梁。连系梁顶面宜与承台顶位于同一标高，梁宽应≥200 mm，梁高可取承台中心距的 1/15～1/10，并配置不小于 4ϕ12 的钢筋。

（6）承台埋深应≥600 mm，在季节性冻土、膨胀土地区宜埋设在冰冻线、大气影响线以下，但当冰冻线、大气影响线深度≥1 m 且承台高度较小时，应视土的冻胀、膨胀性等级分别采取换填无黏性垫层、预留空隙等隔胀措施。

2. 承台受弯计算

承台受弯计算，主要是确定外力作用下（荷载效应基本组合值）引起的弯矩，按《混凝土结构设计规范》（GB 50010—2010）计算其正截面受弯承载力和配筋。

（1）多桩矩形承台计算。截面取在柱边和承台高度变化处（杯口外侧或台阶边缘，图 7-36）：

$$M_x = \sum N_i y_i \qquad (7-47)$$

$$M_y = \sum N_i x_i \qquad (7-48)$$

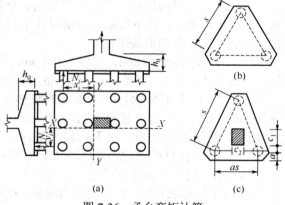

图 7-36　承台弯矩计算

式中　M_x、M_y——垂直 y 轴和 x 轴方向计算截面处的弯矩设计值，kN·m；

　　　　x_i、y_i——垂直 y 轴和 x 轴方向自桩轴线到相应计算截面的距离，m；

　　　　N_i——不计承台和其上填土自重，在荷载效应基本组合下的第 i 桩竖向反力设计值，kN。

（2）三桩承台。

1）等边三桩承台[图 7-35（b）]。

$$M = \frac{N_{max}}{3}\left(s_a - \frac{\sqrt{3}}{4}c\right) \qquad (7-49)$$

式中　M——由承台形心至承台边缘距离范围内板带的弯矩设计值，kN·m；

　　　　N_{max}——不计除承台和其上填土自重，在荷载效应基本组合下三桩中最大单桩竖向反力设计值，kN；

　　　　s_a——桩中心距，m；

　　　　c——方柱边长，m[圆柱时 $c = 0.886d$（d 为圆柱直径）]。

2）等腰三桩承台[图 7-35（c）]。

$$M_1 = \frac{N_{max}}{3}\left(s_a - \frac{0.75}{\sqrt{4-\alpha^2}}c_1\right) \qquad (7-50)$$

$$M_2 = \frac{N_{max}}{3}\left(\alpha s_a - \frac{0.75}{\sqrt{4-\alpha^2}}c_2\right) \qquad (7-51)$$

式中　M_1、M_2——由承台形心到承台两腰和底边的距离范围内板带的弯矩设计值，kN·m；

　　　　s_a——长向桩中心距，m；

　　　　α——短向桩中心距与长向桩中心距之比，当 α 小于 0.5 时，应按变截面的两桩承台设计；

　　　　c_1、c_2——垂直于、平行于承台底边的柱截面边长，m。

3. 承台受冲切验算

桩基承台厚度应满足柱（墙）对承台的冲切和基桩对承台的冲切承载力要求。

（1）轴心竖向力作用下桩基承台受柱的冲切。冲切破坏锥体应采用自柱（墙）边或承台变阶处至相应桩顶边缘连线所构成的锥体，锥体斜面与承台底面之夹角不应小于 45°，如图 7-37 所示。

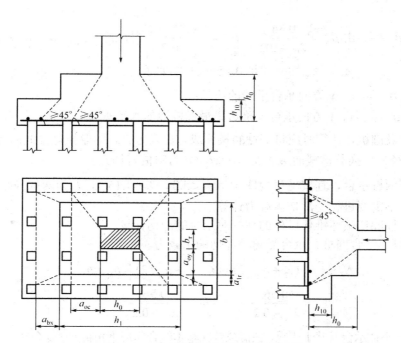

图 7-37　柱对承台的冲切计算示意图

1）柱下矩形独立承台受柱冲切的承载力。

$$F_l \leqslant 2\left[\beta_{0x}(b_c + a_{0y}) + \beta_{0y}(h_c + a_{0x})\right]\beta_{hp}f_t h_0 \qquad (7\text{-}52)$$

$$F_l = F - \sum Q_i \qquad (7\text{-}53)$$

式中　F_l——不计承台及其上土重，在荷载效应基本组合下作用于冲切破坏锥体上的冲切力设计值；

　　　F——不计承台及其上土重，在荷载效应基本组合作用下柱（墙）底的竖向荷载设计值；

$\sum Q_i$——不计承台及其上土重，在荷载效应基本组合下冲切破坏锥体内各桩或复合基桩的反力设计值之和；

　　　f_t——承台混凝土抗拉强度设计值；

　　β_{hp}——承台受冲切承载力截面高度影响系数（当 $h \leqslant 800$ mm 时，β_{hp} 取 1.0，$h \geqslant 2\,000$ mm 时，β_{hp} 取 0.9；其间按线性内插法取值）；

　　　h_0——承台冲切破坏锥体的有效高度；

β_{0x}、β_{0y}——由 $\beta_{0x} = \dfrac{0.84}{\lambda_{0x} + 0.2}$，$\beta_{0y} = \dfrac{0.84}{\lambda_{0y} + 0.2}$ 求得，$\lambda_{0x} = a_{0x}/h_0$，$\lambda_{0y} = a_{0y}/h_0$，$\lambda_{0x}$、$\lambda_{0y}$ 均应满足 $0.25 \sim 1.0$ 的要求；

　h_c、b_c——x、y 方向柱截面的边长；

a_{0x}、a_{0y}——x、y 方向柱边离最近桩边的水平距离。

2）柱下矩形独立阶形承台受上阶冲切的承载力。

$$F_l \leqslant 2\left[\beta_{1x}(b_1 + a_{1y}) + \beta_{1y}(h_1 + a_{1x})\right]\beta_{hp}f_t h_{10} \qquad (7\text{-}54)$$

式中　　β_{1x}、β_{1y}——由 $\beta_{1x} = \dfrac{0.84}{\lambda_{1x} + 0.2}$，$\beta_{1y} = \dfrac{0.84}{\lambda_{1y} + 0.2}$ 求得，其中 $\lambda_{1x} = a_{1x}/h_{10}$，$\lambda_{1y} = a_{1y}/h_{10}$，

$\qquad\qquad$ λ_{1x}、λ_{1y} 均应满足 $0.25 \sim 1.0$ 的要求；

$\qquad\qquad$ h_1、b_1——x、y 方向承台上阶的边长；

$\qquad\qquad$ a_{1x}、a_{1y}——x、y 方向承台上阶边离最近桩边的水平距离。

对于圆柱及圆桩，计算时应将其截面换算成方柱及方桩，即取换算柱截面边长 $b_c = 0.8d_c$（d_c 为圆柱直径），换算桩截面边长 $b_p = 0.8d$（d 为圆桩直径）。

对于柱下两桩承台，宜按受弯构件（$l_0/h < 5.0$，$l_0 = 1.15l_n$，l_n 为两桩净距）计算受弯、受剪承载力，不需要进行受冲切承载力计算。

（2）位于柱冲切破坏锥体以外的基桩对承台的冲切计算。

1）四桩以上（含四桩）承台受角桩冲切的承载力。

$$N_l \leqslant \left[\beta_{1x}(c_2 + a_{1y}/2) + \beta_{1y}(c_1 + a_{1x}/2) \right] \beta_{hp} f_t h_0 \qquad (7\text{-}55)$$

$$\beta_{1x} = \frac{0.56}{\lambda_{1x} + 0.2} \qquad\qquad \beta_{1y} = \frac{0.56}{\lambda_{1y} + 0.2} \qquad (7\text{-}56)$$

式中　　N_l——不计承台及其上土重，在荷载效应基本组合作用下角桩（含复合基桩）反力设计值；

$\qquad$ β_{1x}、β_{1y}——角桩冲切系数；

$\qquad$ a_{1x}、a_{1y}——从承台底角桩顶内边缘引 $45°$ 冲切线与承台顶面相交点至角桩内边缘的水平距离[当柱（墙）边或承台变阶处位于该 $45°$ 线以内时，则取由柱（墙）边或承台变阶处与桩内边缘连线为冲切锥体的锥线，如图 7-38 所示]；

$\qquad\qquad$ h_0——承台外边缘的有效高度；

$\qquad$ λ_{1x}、λ_{1y}——角桩冲跨比，$\lambda_{1x} = a_{1x}/h_0$，$\lambda_{1y} = a_{1y}/h_0$，其值均应满足 $0.25 \sim 1.0$ 的要求。

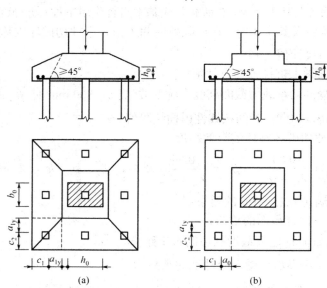

图 7-38　四桩以上（含四桩）承台角桩冲切计算
（a）锥形承台；（b）阶形承台

2）三桩三角形承台受角桩冲切的承载力。

底部角桩：

$$N_l \leqslant \beta_{11}\left(2c_1 + a_{11}\right)\beta_{hp}\tan\frac{\theta_1}{2}f_t h_0 \qquad (7\text{-}57)$$

$$\beta_{11} = \frac{0.56}{\lambda_{11} + 0.2} \qquad (7\text{-}58)$$

顶部角桩：

$$N_l \leqslant \beta_{12}\left(2c_2 + a_{12}\right)\beta_{hp}\tan\frac{\theta_2}{2}f_t h_0 \qquad (7\text{-}59)$$

$$\beta_{12} = \frac{0.56}{\lambda_{12} + 0.2} \qquad (7\text{-}60)$$

式中　λ_{11}、λ_{12}——角桩冲跨比，$\lambda_{11} = a_{11}/h_0$，$\lambda_{12} = a_{12}/h_0$，其值均应满足 0.25～1.0 的要求；

　　　　a_{11}、a_{12}——从承台底角桩顶内边缘引 45°冲切线与承台顶面相交点至角桩内边缘的水平距离；当柱（墙）边或承台变阶处位于该 45°线以内时，取由柱（墙）边或承台变阶处与桩内边缘连线为冲切锥体的锥线，如图 7-39 所示。

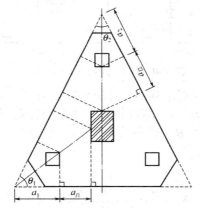

图 7-39　三桩三角形承台角桩冲切计算

4．承台受剪切计算

柱下桩基承台，应分别对柱边、变阶处和桩边连线形成的贯通承台的斜截面的受剪承载力进行验算。当承台悬挑边有多排基桩型成多个斜截面时，应对每个斜截面的受剪承载力进行验算。

（1）承台斜截面受剪承载力。

$$V \leqslant \beta_{hs}\alpha f_t b_0 h_0 \qquad (7\text{-}61)$$

$$\alpha = \frac{1.75}{\lambda + 1} \qquad (7\text{-}62)$$

$$\beta_{hs} = \left(\frac{800}{h_0}\right)^{1/4} \qquad (7\text{-}63)$$

式中　V——不计承台及其上土自重，在荷载效应基本组合下，斜截面的最大剪力设计值；

　　　　f_t——混凝土轴心抗拉强度设计值；

　　　　b_0——承台计算截面处的计算宽度；

　　　　h_0——承台计算截面处的有效高度；

α ——承台剪切系数；

λ ——计算截面的剪跨比[$\lambda_x = a_x / h_0$，$\lambda_y = a_y / h_0$，此处，a_x、a_y 为柱边（墙边）或 承台变阶处至 y、x 方向计算一排桩的桩边的水平距离，如图 7-40 所示，当 $\lambda < 0.25$ 时，取 $\lambda = 0.25$；当 $\lambda > 3$ 时，取 $\lambda = 3$]；

β_{hs} ——受剪切承载力截面高度影响系数（当 $h_0 < 800\ \mathrm{mm}$ 时，取 $h_0 = 800\ \mathrm{mm}$；当 $h_0 > 2\,000\ \mathrm{mm}$ 时，取 $h_0 = 2\,000\ \mathrm{mm}$；其间按线性内插法取值）。

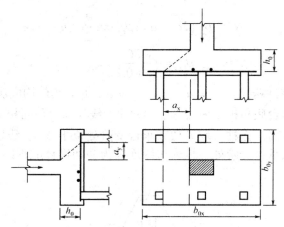

图 7-40　承台斜截面受剪计算

（2）阶梯形承台的斜截面受剪承载力。计算变阶处截面（A_1—A_1，B_1—B_1）的斜截面受剪承载力时，其截面有效高度均为 h_{10}，截面计算宽度分别为 b_{y1} 和 b_{x1}，如图 7-41 所示。

计算柱边截面（A_2—A_2，B_2—B_2）的斜截面受剪承载力时，其截面有效高度均为 $h_{10} + h_{20}$，截面计算宽度分别为

对 A_2—A_2

$$b_{y0} = \frac{b_{y1} \cdot h_{10} + b_{y2} \cdot h_{20}}{h_{10} + h_{20}} \tag{7-64}$$

对 B_2—B_2

$$b_{x0} = \frac{b_{x1} \cdot h_{10} + b_{x2} \cdot h_{20}}{h_{10} + h_{20}} \tag{7-65}$$

（3）锥形承台变阶处及柱边处（A—A 及 B—B）截面的受剪承载力。截面有效高度均为 h_0，如图 7-42 所示，截面的计算宽度分别为

对 A—A

$$b_{y0} = \left[1 - 0.5\frac{h_{20}}{h_0}\left(1 - \frac{b_{y2}}{b_{y1}} \right) \right] b_{y1} \tag{7-66}$$

对 B—B

$$b_{x0} = \left[1 - 0.5\frac{h_{20}}{h_0}\left(1 - \frac{b_{x2}}{b_{x1}} \right) \right] b_{x1} \tag{7-67}$$

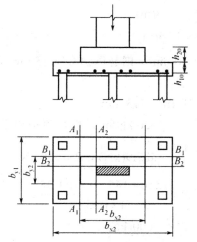

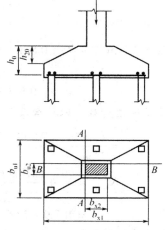

图 7-41　阶梯形承台斜截面受剪计算
图 7-42　锥形承台斜截面受剪计算

5. 局部受压计算

对于柱下桩基，当承台混凝土强度等级低于柱或桩的混凝土强度等级时，应验算柱下或桩上承台的局部受压承载力。

6. 抗震验算

当进行承台的抗震验算时，应根据《建筑抗震设计规范》（GB 50011—2010）的规定对承台顶面的地震作用效应和承台的受弯、受冲切、受剪承载力进行抗震调整。

【工程应用例题 7-2】 某二级建筑桩基如图 7-43 所示，柱截面尺寸为 450 mm×600 mm，作用在基础顶面的荷载设计值为：$F_k=2\,800$ kN，$M_k=210$ kN·m（作用于长边方向），$H_k=145$ kN，拟采用截面为 350 mm×350 mm 的预制混凝土方桩，桩长 12 m，已确定基桩竖向承载力特征值 $R=500.0$ kN，水平承载力特征值 $R_h=45$ kN，承台混凝土强度等级为 C20，配置 HRB335 级钢筋，试设计该桩基础（不考虑承台效应）。

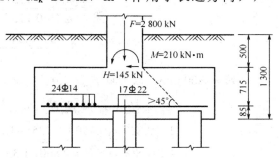

解： C20 混凝土，$f_t=1\,100$ kPa，$f_c=9\,600$ kPa；HRB335 级钢筋，$f_y=300$ N/mm²。

（1）基桩持力层、桩材、桩型、外形尺寸及单桩承载力特征值均已选定，桩身结构设计从略。

（2）确定桩数及布桩。

初选桩数

$$n=\frac{F_k}{R}=\frac{2\,800}{500}=5.6$$

暂取 6 根，取桩距 $s=3d=3\times0.35=1.05$(m)，按矩形布置，如图 7-40 所示。

（3）初选承台尺寸。

取承台长边和短边为

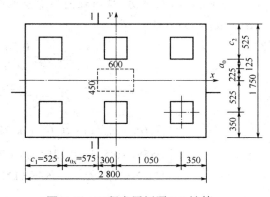

图 7-43　工程应用例题 7-2 计算

$$a = 2 \times (0.35 + 1.05) = 2.8 \text{(m)}$$

$$b = 2 \times 0.35 + 1.05 = 1.75 \text{(m)}$$

承台埋深 1.3 m，承台高 0.8 m，桩顶伸入承台 50 mm，钢筋保护层取 35 mm，则承台有效高度为

$$A_0 = 0.8 - 0.050 - 0.035 = 0.715 \text{(m)} = 715 \text{ mm}$$

（4）计算桩顶荷载。取承台及其上土的平均重度 $\gamma_G = 20 \text{ kN/m}^3$，则桩顶平均竖向力为

$$N_k = \frac{F_k + G_k}{n} = \frac{2\,800 + 20 \times 2.8 \times 1.75 \times 1.3}{6} = 487.9 \text{(kN)} < R = 500 \text{ kN}$$

$$N_{kmax} = N_k + \frac{(M_k + H_k h) x_{max}}{\sum x_i^2} = 487.9 + \frac{(210 + 145 \times 0.8) \times 1.05}{4 \times 1.05^2}$$

$$= 487.9 + 77.6 = 565.5 \text{(kN)} < 1.2R = 600 \text{(kN)}$$

基桩水平力设计值：

$$H_{1k} = H_k / n = 145 / 6 = 24.2 \text{(kN)}$$

其值远小于单桩水平承载力特征值 $R_h = 45 \text{ kN}$，因此无须验算考虑群桩效应的基桩水平承载力。

（5）承台受冲切承载力验算。

1）柱边冲切，求冲跨比 λ_0 与冲切系数 β_0：

$$\lambda_{0x} = \frac{a_{0x}}{h_0} = \frac{0.575}{0.715} = 0.804 \quad （满足 0.25 \sim 1.0）$$

$$\beta_{0x} = \frac{0.84}{\lambda_{0x} + 0.2} = \frac{0.84}{0.804 + 0.2} = 0.837$$

$$\lambda_{0y} = \frac{a_{0y}}{h_0} = \frac{0.125}{0.715} = 0.175 \quad （取 \lambda_{0y} = 0.25）$$

$$\beta_{0y} = \frac{0.84}{\lambda_{0y} + 0.2} = \frac{0.84}{0.25 + 0.2} = 1.867$$

因 $h = 800$ mm，故可取 $\beta_{hp} = 1.0$。

$$2\left[\beta_{0x}(b_c + a_{0y}) + \beta_{0y}(h_c + a_{0x})\right]\beta_{hp} f_t h_0$$

$$= 2 \times [0.837 \times (0.450 + 0.125) + 1.867 \times (0.600 + 0.575)] \times 1.0 \times 1100 \times 0.715$$

$$= 4\,207.8 \text{(kN)} > F_l = 2\,800 \times 1.35 - 0 = 3\,780 \text{(kN)}，满足要求。$$

2）角桩向上冲切，从角柱内边缘至承台外边缘距离 $c_1 = c_2 = 0.525$ m，$a_{1x} = a_{0x}$，$\lambda_{1x} = \lambda_{0x}$，$a_{1y} = a_{0y}$，$\lambda_{1y} = \lambda_{0y}$。

$$\beta_{1x} = \frac{0.56}{\lambda_{1x} + 0.2} = \frac{0.56}{0.804 + 0.2} = 0.558$$

$$\beta_{1y} = \frac{0.56}{\lambda_{1y} + 0.2} = \frac{0.56}{0.25 + 0.2} = 1.244$$

$$\left[\beta_{1x}(c_2 + a_{1y}/2) + \beta_{1y}(c_1 + a_{1x}/2)\right]\beta_{hp} f_t h_0$$

$$= [0.558 \times (0.525 + 0.125/2) + 1.244 \times (0.600 + 0.575/2)] \times 1.0 \times 1100 \times 0.715$$

$$= 1126.2 \text{(kN)} > N_{kmax} = 565.5 \text{ kN}，满足要求。$$

（6）承台受剪切承载力计算。

剪跨比与以上冲跨比相同，故对 I—I 斜截面：

$$\lambda_x = \lambda_{0x} = 0.804 \quad (介于 0.25 与 3.0 之间)$$

故剪切系数

$$\alpha = \frac{1.75}{\lambda + 1.0} = \frac{1.75}{0.804 + 1.0} = 0.970$$

因 $h_0 = 715$ mm < 800 mm，故可取 $h_0 = 800$ mm 后求得 $\beta_{hs} = 1.0$。

$$\beta_{hs} \alpha f_t b_0 h_0 = 1.0 \times 0.970 \times 1100 \times 1.75 \times 0.715$$
$$= 1\,335.1 (kN) > 2N_{kmax} = 2 \times 565.5 = 1\,131.0 (kN)，满足要求$$

II—II 斜截面 λ 按 0.3 计，其受剪切承载力更大，故验算从略。

（7）承台受弯承载力计算：

$$M_x = \sum N_i y_i = 3 \times 487.9 \times 0.325 = 475.7 (kN \cdot m)$$

$$A_s = \frac{M_x}{0.9 f_y h_0} = \frac{475.7 \times 10^6}{0.9 \times 300 \times 715} = 2\,464.1 (mm^2)$$

选用 22 Φ 12，$A_s = 2\,488$ mm^2，沿平行于 y 轴方向均匀布置。

$$M_y = \sum N_i x_i = 2 \times 565.5 \times 0.757 = 856.2 (kN \cdot m)$$

$$A_s = \frac{M_y}{0.9 f_y h_0} = \frac{856.2 \times 10^6}{0.9 \times 300 \times 715} = 4\,435.1 (mm^2)$$

选用 18 Φ 18，$A_s = 4\,581$ mm^2，沿平行于 x 轴方向均匀布置。

7.8 其他深基础简介

7.8.1 沉井基础

1. 沉井作用及适用条件

沉井是一种带刃脚的井筒状构造物[图 7-44（a）]。它是利用人工或机械方法清除井内土石，借助自重或加压重等措施克服井壁摩擦力逐节下沉至设计标高，再浇筑混凝土封底并填塞井孔，成为建筑物的基础[图 7-44（b）]。

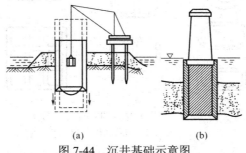

(a)   (b)

图 7-44 沉井基础示意图

（a）沉井下沉；（b）沉井基础

沉井的特点是埋置深度较大（如日本用壁外喷射高压空气施工，井深超过 200 m），整体性强，稳定性好，具有较大的承载面积，能承受较大的垂直和水平荷载。此外，沉井既是基础，又是施工时的挡土和挡水围堰构造物，施工工艺简便，技术稳妥可靠，无需特殊专业设备，并可做成补偿性基础，避免过大沉降，保证基础稳定性。因此在深基础或地下结构中应用较为广泛，如桥梁墩台基础，地下泵房、水池、油库、矿用竖井，大型设备基础，高层和超高层建筑物基础等。但沉井基础施工工期较长，对粉、细砂类土在井内抽水易发生流砂现象，造成沉井倾斜；沉井下沉过程中遇到的大孤石、树干或井底岩层表面倾斜过大，也会给施工带来一定的困难。

沉井最适合在不太透水的土层中下沉，这样易于控制沉井下沉方向，避免倾斜。一般下列情况可考虑采用沉井基础：

（1）上部荷载较大，表层地基土承载力不足，而在一定深度下有较好的持力层，且与其他基础方案相比，较为经济、合理；

（2）在山区河流中，虽土质较好，但冲刷大，或河中有较大卵石，不便桩基础施工；

（3）岩层表面较平坦且覆盖层薄，但河水较深，采用扩大基坑施工围堰有困难。

2. 沉井分类

（1）按施工的方法不同，沉井可分为一般沉井和浮运沉井。一般沉井指直接在基础设计的位置上制造，然后挖土，依靠沉井自重下沉。若基础位于水中，则先人工筑岛，再在岛上筑井下沉。浮运沉井指先在岸边制造，再浮运就位下沉的沉井。通常在深水地区（如水深大于 10 m）或水流流速大、有通航要求、人工筑岛困难或不经济时，可采用浮运沉井。

（2）按制造沉井的材料，沉井可分为混凝土沉井、钢筋混凝土沉井、竹筋混凝土沉井和钢沉井。混凝土沉井因抗压强度高，抗拉强度低，多做成圆形，且仅适用于下沉深度不大（4～7 m）的松软土层。钢筋混凝土沉井抗压、抗拉强度高，下沉深度大（可达数十米以上），可做成重型或薄壁就地制造下沉的沉井，也可做成薄壁浮运沉井及钢丝网水泥沉井等，在工程中应用最广。沉井承受拉力主要在下沉阶段，我国南方盛产竹材，因此可就地取材，采用耐久性差但抗拉力好的竹筋代替部分钢筋，做成竹筋混凝土沉井，如南昌赣江大桥等。钢沉井由钢材制作，其强度高、质量小、易于拼装，适于制造空心浮运沉井，但用钢量大，国内较少采用。此外，根据工程条件也可选用木沉井和砌石沉井等。

（3）根据井孔的布置方式可分为单孔、双孔及多孔沉井（图 7-45）。

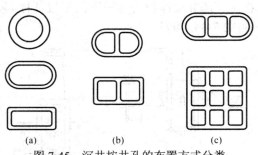

图 7-45　沉井按井孔的布置方式分类
（a）单孔沉井；（b）双孔沉井；（c）多孔沉井

（4）按沉井的平面形状沉井可分为圆形、矩形和圆端形三种基本类型。圆形沉井在下沉过程中易于控制方向，当采用抓泥斗挖土时，比其他沉井更能保证其刃脚均匀地支承在土层上。在侧压力作用下，井壁仅受轴向应力作用，即使侧压力分布不均匀，弯曲应力也不大，能充分利用混凝土抗压强度大的特点，多用于斜交桥或水流方向不定的桥墩基础。

矩形沉井制造方便，受力有利，能充分利用地基承载力，与矩形墩台相配合。沉井四角一般做成圆角，以减少井壁摩擦力和除土清孔的困难。矩形沉井在侧压力作用下，井壁受较大的挠曲力矩；在流水中阻水系数较大，冲刷较严重。

圆端形沉井在控制下沉、受力条件、阻水冲刷等方面均较矩形者有利，但施工较为复杂。

对平面尺寸较大的沉井，可在沉井中设隔墙，构成双孔或多孔沉井，以改善井壁受力条件及均匀取土下沉。

（5）按沉井的立面形状，沉井可分为柱形、阶梯形和锥形沉井（图 7-46）。柱形沉井受

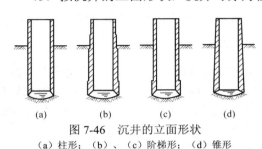

图 7-46 沉井的立面形状
（a）柱形；（b）、（c）阶梯形；（d）锥形

周围土体约束较均衡，下沉过程中不易发生倾斜，井壁接长较简单，模板可重复利用，但井壁侧阻力较大，当土体密实、下沉深度较大时，易出现下部悬空，造成井壁拉裂，故一般用于入土不深或土质较松软的情况。阶梯形沉井和锥形沉井可以减小土与井壁的摩擦力，井壁抗侧压力性能较为合理，但施工较复杂，消耗模板多，沉井下沉过程中易发生倾斜，多用于土质较密实，沉井下沉深度大，且要求沉井自重不太大的情况。通常，锥形沉井井壁坡度为 1/40～1/20，阶梯形井壁的台阶宽度为 100～200 mm。

3. 沉井基础构造

（1）沉井的轮廓尺寸。沉井的平面形状常取决于上部结构（或下部结构墩台）底部的形状。对于矩形沉井，为保证下沉的稳定性，沉井的长短边之比不宜大于 3。若上部结构的长宽比较为接近，可采用方形或圆形沉井。沉井顶面尺寸为结构物底部尺寸加襟边宽度。襟边宽度不宜小于 0.2 m，且大于沉井全高的 1/50，浮运沉井不小于 0.4 m，如沉井顶面需设置围堰，其襟边宽度应比围堰构造的再大一些。建筑物边缘应尽可能支承于井壁上或顶板支承面上，对井孔内不以混凝土填实的空心沉井，不允许结构物边缘全部置于井孔位置上。

沉井的入土深度需根据上部结构、水文地质条件及各土层的承载力等确定。入土深度较大的沉井应分节制造和下沉，每节高度不宜大于 5 m。当底节沉井在松软土层中下沉时，还不应大于沉井宽度的 0.8 倍；若底节沉井高度过高、沉井过重，将给制模、筑岛时岛面处理、抽除垫木等带来困难。

（2）沉井的一般构造。沉井一般由井壁、刃脚、隔墙、井孔、凹槽、封底和顶板等组成（图 7-47），有时井壁中还预埋射水管等其他部分。各组成部分的作用如下：

1）井壁。沉井的外壁是沉井的主体部分，在沉井下沉过程中起挡土、挡水及利用本身自重克服土与井壁间摩擦力下沉的作用。当沉井施工完毕后，就成为传递上部荷载的基础或基础的一部分。因此，井壁必须具有足够的强度和一定的厚度，并根据施工过程中的受力情况配置竖向及水平向钢筋。一般，壁厚为 0.80～1.50 m，最薄不宜小于 0.40 m。混凝土强度等级不低于 C15。

2）刃脚。刃脚即井壁下端形如楔状的部分，其作用是利于沉井切土下沉。刃脚底面（踏面）宽度一般不大于 150 mm，软土可适当放宽。若下沉深度大、土质较硬，刃脚底面应以型钢（角钢或槽钢）加强（图 7-48），以防刃脚损坏。刃脚内侧斜面与水平面夹角不宜小于 45°。刃脚高度视井壁厚度、便于抽除垫木而定，一般大于 1.0 m，混凝土强度等级宜大于 C20。

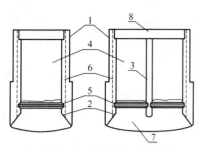

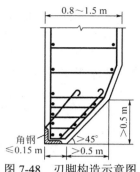

图 7-47　沉井的一般构造

图 7-48　刃脚构造示意图

1—井壁；2—刃脚；3—隔墙；4—井孔；5—凹槽；
6—射水管；7—封底混凝土；8—顶板

3）隔墙。隔墙为沉井的内壁，其作用是将沉井空腔分隔成多个井孔，便于控制挖土下沉，防止或纠正倾斜和偏移，并加强沉井刚度，减小壁挠曲应力。隔墙厚度一般小于井壁，为 0.5～1.0 m。隔墙底面应高出刃脚底面 0.5 m 以上，避免被土搁住而妨碍下沉。如为人工挖土，还应在隔墙下端设置过人孔，以便工作人员在井孔间往来。

4）井孔。井孔为挖土、排土的工作场所和通道。其尺寸应满足施工要求，最小边长不宜小于 3 m。井孔应对称布置，以便对称挖土，保证沉井均匀下沉。

5）凹槽。凹槽位于刃脚内侧上方，高约 1.0 m，深度一般为 150～300 mm。其用于沉井封底时，使井壁与封底混凝土较好地结合，使封底混凝土底面反力更好地传给井壁。沉井挖土困难时，可利用凹槽做成钢筋混凝土板，改为气压箱室挖土下沉。

6）射水管。当沉井下沉较深，土阻力较大，估计下沉困难时，可在井壁中预埋射水管组。射水管应均匀布置，以利于通过控制水压和水量来调整下沉方向。一般水压不小于 600 kN。如使用泥浆润滑套施工方法，应有预埋的压射泥浆管路。

7）封底混凝土。沉井沉至设计标高进行清底后，便在刃脚踏面以上至凹槽处浇筑混凝土形成封底。封底可防止地下水涌入井内，其底面承受地基土和水的反力，封底混凝土顶面应高出凹槽 0.5 m，其厚度可由应力验算决定，根据经验也可取不小于井孔最小边长的 1.5 倍。混凝土强度等级一般不低于 C15，井孔内填充的混凝土强度等级不低于 C10。

8）顶板。沉井封底后，若条件允许，为节省砌筑工作量，减轻基础自重，在井孔内可不填充任何东西，做成空心沉井基础，或仅填砂石，此时须在井顶设置钢筋混凝土顶板，以承托上部结构的全部荷载。顶板厚度一般为 1.5～2.0 m，钢筋配置由计算确定。

沉井井孔是否填充，应根据受力或稳定要求决定。在严寒地区，低于冻结线 0.25 m 以上部分，必须用混凝土或砌体填实。

7.8.2　地下连续墙

地下连续墙是 20 世纪 50 年代由意大利米兰 ICOS 公司首先开发成功的一种支护形式。它是在泥浆护壁条件下，使用专门的成槽机械，在地面开挖一条狭长的深槽，然后在槽内设置钢筋笼，浇筑混凝土，逐步形成一道连续的地下钢筋混凝土连续墙。

地下连续墙发展初期仅作为施工时承受水平荷载的挡土墙或防渗墙使用；随后，逐渐将其用作高层建筑的地下室、地下停车场及地铁等建筑的外墙结构，除施工过程中的支挡作用外，地下连续墙还承担部分或全部的建筑物竖向荷载。近年来，连续墙在公路行业也得到了应用，主要用作悬索桥重力式锚碇基坑的施工支护结构，同时也兼作基础的一部分，参与使用阶段受力，如广东虎门大桥西锚碇采用圆形地下连续墙、江苏润扬长江大桥北锚碇采用矩形地下连续墙、武汉阳逻长江大桥南锚碇及广州珠江黄浦大桥采用的圆形地下连续墙等。而《公路桥涵地基与基础设计规范》（JTG D63—2007）更是把地下连续墙新增为桥梁基础结构，并根据墙段单元之间的连接组合、平面布置以及使用功能，将其分为条壁式地下连续墙基础、井筒式地下连续墙基础及部分地下连续墙基础等形式。

地下连续墙的优点是无须放坡，土方量小；全盘机械化施工，工效高，速度快，施工期短；混凝土浇筑无须支模和养护，成本低；可在沉井作业、板桩支护等方法难以实施的环境中进行无噪声、无振动施工；可穿过各种土层进入基岩，无须采取降低地下水的措施，因此可在密集建筑群中施工；尤其是用于2层以上地下室的建筑物，可配合"逆筑法"施工（从地面逐层而下修筑建筑物地下部分的一种施工技术）而更显出其独特的作用。目前，地下连续墙已发展有后张预应力、预制装配和现浇预制等多种形式，其使用日益广泛，目前在泵房、桥台、地下室、箱基、地下车库、地铁车站、码头、高架道路基础、水处理设施甚至深埋的下水道等，都有成功应用的实例。

地下连续墙的成墙深度由使用要求决定，大都在 50 m 以内，与墙宽、墙深以及受力情况有关，目前常用 600 mm 及 800 mm 两种，特殊情况下也有 400 mm 及 1 200 mm 的薄型及厚型地下连续墙。地下连续墙的施工工序如下：

（1）修筑导墙。沿设计轴线两侧开挖导沟，修筑钢筋混凝土（钢、木）导墙，以供成槽机械钻进导向、围护地表土和保持泥浆稳定液面。导墙内壁面之间的净空应比地下连续墙设计厚度加宽 40～60 mm，埋深一般为 1～2 m，墙厚 0.1～0.2 m。

（2）制备泥浆。泥浆是以膨润土或细粒土在现场加水搅拌制成，用以平衡侧向地下水压力和土压力。泥浆压力使泥浆渗入土体孔隙，在墙壁表面形成一层组织致密、透水性很小的泥皮，保护槽壁稳定而不致坍塌，并起到携渣、防渗等作用。泥浆液面应保持高出地下水位0.5～1.0 m，其相对密度（1.05～1.10）应大于地下水的相对密度。其浓度、黏度、pH、含水率、泥皮厚度以及胶体率等多项指标应严格控制并随时测定、调整，以保证其稳定性。

（3）成槽。成槽是地下连续墙施工中最主要的工序，对于不同土质条件和槽壁深度，应采用不同的成槽机具开挖槽段。例如，大卵石或孤石等复杂地层可用冲击钻；切削一般土层，特别是软弱土，常用导板抓斗、铲斗或回转钻头抓铲。采用多头钻机开槽，每段槽孔长度可取 6～8 m，采用抓斗或冲击钻机成槽，每段长度可更大。墙体深度可达几十米。

（4）槽段连接。地下连续墙各单元槽段之间靠接头连接。接头通常要满足受力和防渗要求，并且施工简单。国内目前使用最多的接头形式是用接头管连接的非刚性接头。单元槽段内土体被挖除后，在槽段的一端先吊放接头管，再吊入钢筋笼，浇筑混凝土，然后逐渐将接头管拔出，形成半圆形接头，如图 7-49 所示。

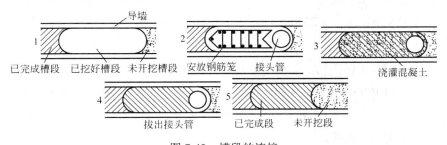

图 7-49　槽段的连接

地下连续墙既是地下工程施工时的围护结构，又是永久性建筑物的地下部分。因此，设计时应针对墙体施工和使用阶段的不同受力和支承条件下的内力进行简化计算；或采用能考虑土的非线性力学性状以及墙与土的相互作用的计算模型以有限单元法进行分析。

实训项目　某桩基工程设计

某教学楼，已知由上部结构传至柱下端的荷载组合如下：

荷载标准组合：竖向荷载 $F_k=3\ 040$ kN，弯矩 $M_k=400$ kN·m，水平力 $H_k=80$ kN。

荷载准永久组合：竖向荷载 $F_Q=2\ 800$ kN，弯矩 $M_Q=250$ kN·m，$H_Q=80$ kN。

荷载基本组合：竖向荷载 $F=3\ 800$ kN，弯矩 $M=500$ kN·m，水平力 $H=100$ kN。

工程地质资料见表 7-18，地下稳定水位为 -4 m。试桩（直径 500 mm，桩长 15.5 m）极限承载力标准值为 1 000 kN。试按柱下桩基础进行桩基有关设计计算。

表 7-18　工程地质资料

地层名称	深度/m	重度 $\gamma/(kN \cdot m^{-3})$	孔隙比 e	液性指数 I_L	黏聚力 c/kPa	内摩擦角 $\varphi/°$	压缩模量 $E_s/(N \cdot mm^{-2})$	承载力 f_{ak}/kPa
杂填土	0~1	16						
粉土	1~4	18	0.9		10	12	4.6	120
淤泥质土	4~16	17	1.10	0.55	5	8	4.4	110
黏土	16~26	19	0.65	0.27	15	20	10.0	280

解：（1）选择桩型、桩材及桩长。

由试桩初步选择直径 500 mm 的钻孔灌注桩，水下混凝土用 C25，钢筋采用 HPB300，查表得 $f_c=11.9$ N/mm²，$f_t=1.27$ N/mm²，$f_y=f_y'=270$ N/mm²。

初选第四层土层（黏土层）为持力层，桩端进入持力层不得小于 1 m，$L=16+1-1.5=15.5$(m)（图 7-50）。

（2）确定单桩竖向承载力特征值 R。

1）根据桩身材料确定。

初选 $\rho=0.45\%$，$\phi_c=0.8$，$\phi=1.0$ 计算得

$$R_a = \phi(A_{ps}f_c\phi_c + 0.9f_y'A_s')$$

$$= 1.0\left(\frac{\pi}{4}\times 500^2 \times 11.9 \times 0.8 + 0.9 \times 270 \times 0.004\ 5 \times \frac{\pi}{4}\times 500^2\right)\times 10^{-3}$$

$$= 2\ 083.9(kN)$$

图 7-50　单桩布置

2）按土对桩的支撑力确定。

查表 $q_{s2k}=42$ kPa，$q_{s3k}=25$ kPa，$q_{s4k}=60$ kPa；查表，$q_{pk}=1100$ kN，则

$$Q_{uk} = Q_{sk} + Q_{pk} = q_{pk}A_p + u\sum q_{sik}l_i$$

$$= 1100 \times 0.5^2 \times \pi/4 + \pi \times 0.5 \times (42 \times 2.5 + 25 \times 12 + 60 \times 1) = 946(kN)$$

$$R_a = Q_{uk}/K = 946/2 = 473(kN)$$

3）由单桩静载试验确定：

$$R_a = Q_{uk}/2 = 1\ 000/2 = 500(kN)$$

单桩竖向承载力特征值取上述三项计算值的最小者，即取 $R_a=473$ kN。

（3）确定桩的数量和平面布置。

桩数初步确定为 $n = F_k \times 1.2 / R_a = 3\,040 \times 1.2 / 473 = 7.71$，取 $n = 8$ 根。

桩间距：$s = 3d = 3 \times 0.5 = 1.5$(m)。8 根桩呈梅花形布置，初选承台台底面积为 $4 \times 3.6\ m^2$。

承台和土自重：$G_k = 4 \times 3.6 \times 1.5 \times 20 = 432$(kN)。如图 7-51 所示。承台尺寸确定后，可根据验算考虑承台效应的桩基竖向承载力特征值。

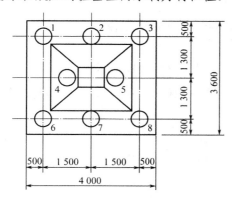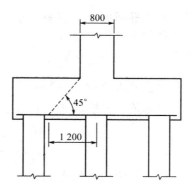

图 7-51　桩的布置

$$s_a = A/n = 4 \times 3.6/8 = 1.8(m)，\quad s_a/d = 1.8/0.5 = 3.6，\quad B_c/l = 3.6/15.5 = 0.232$$

查表 7-14 得 $\eta_c = 0.13$。

承台台底地基净面积：$A_c = 4 \times 3.6 - 8 \times 0.5^2 \times \pi/4 = 12.83(m^2)$

计算桩基对应的承台台底净面积：$A_c/n = 12.83/8 = 1.604(m^2)$

基底以下 1.8 m（1/2 承台宽）土地基承载力特征值：$f_{ak} = (120 \times 1.8)/1.8 = 120$(kPa)

不考虑地震的作用，群桩中基桩的竖向承载力特征值为

$$R = R_a + \eta_c f_{ak} A_{c/n} = 473 + 0.13 \times 120 \times 1.604 = 498(kN) > R_a = 473\ kN$$

（4）桩顶作用效应计算。

1）轴心竖向力作用下：

$$N_k = (F_k + G_k)/n = (3\,040 + 432)/8 = 434(kN) < R = 498\ kN，满足要求。$$

2）偏心荷载作用下：

设承台厚度为 1 m，则

$$N_{kmax} = \frac{F_k + G_k}{n} + \frac{M_{xk} y_i}{\sum y_i^2} + \frac{M_{yk} x_i}{\sum x_i^2} = 434 + \frac{(400 + 80 \times 1.0) \times 1.5}{4 \times 1.5^2 + 2 \times 0.75^2}$$
$$= 434 + 71 = 505(kN)，亦满足要求。$$

由于 $N_{kmim} = 434 - 71 = 363$(kN) > 0，桩不受上拔力。

（5）群桩沉降计算。

因本建筑为丙类建筑，桩为摩擦端承桩，不需要验算沉降。

（6）承台设计。

取立柱截面为 0.8 m×0.6 m，承台混凝土强度 C25，采用等厚度承台高度 1 m，底面钢筋保护层厚度 0.1 m（承台有效高度 0.9 m），圆桩直径换算为方桩的边长为 $0.8d = 0.8 \times 0.5 = 0.4$(m)。

1）受弯计算。

单桩净反力（不计承台和承台上土重）设计值的平均值为

$$N = F/n = 3\,800/8 = 475(\text{kN})$$

边角桩的最大净反力：

$$N_{\max} = \frac{F}{n} + \frac{(M + H \times 1.0)x_{\max}}{\sum x_i^2} = 475 + \frac{(500 + 100 \times 1) \times 1.5}{4 \times 1.5^2 + 2 \times 0.75^2}$$

$$= 475 + 56.8 = 531.8(\text{kN})$$

边桩和轴线桩间的中间桩净反力：$475 + 56.8 \times 0.75 \div 1.5 = 503.4(\text{kN})$

桩基承台的弯矩计算值为

$$M_x = \sum N_i y_i = 3 \times 475 \times (1.3 - 0.6/2) = 1\,425(\text{kN} \cdot \text{m})$$

$$M_y = \sum N_i x_i = 2 \times 531.8 \times (1.5 - 0.8/2) + 503.4 \times (0.75 - 0.8/2) = 1\,346.15(\text{kN} \cdot \text{m})$$

承台长向配筋（一般取 $\gamma_s = 0.9$ ）：

$$A_{sy} = \frac{M_y}{\gamma_s f_y h_0} = \frac{1\,346.15 \times 10^6}{0.9 \times 270 \times 900} = 6\,155.2(\text{mm}^2)$$

按构造要求，钢筋根数为 19～36。

可选配 24Φ20 @150 钢筋，则 $A_s = 314 \times 24 = 7\,536(\text{mm}^2)$。

承台短向配筋：

$$A_{sx} = \frac{1\,425 \times 10^6}{0.9 \times 270 \times 900} = 6\,515.8(\text{mm}^2)$$

按构造要求，钢筋根数为 21～40。

可选配 24Φ20 @170 钢筋，则 $A_s = 314 \times 24 = 7\,536(\text{mm}^2)$。

2）受冲切计算。

① 柱对承台的冲切。

冲跨比：$\lambda_{0x} = a_{0x}/h_0 = \dfrac{1.5 - 0.5 \times 0.4 - 0.5 \times 0.8}{0.9} = \dfrac{0.9}{0.9} = 1.0$

$$\lambda_{0y} = a_{0y}/h_0 = \frac{1.3 - 0.5 \times 0.4 - 0.5 \times 0.6}{0.9} = \frac{0.8}{0.9} = 0.889$$

冲切系数：$\beta_{0x} = 0.84/(\lambda_{0x} + 0.2) = 0.84/(1 + 0.2) = 0.7$

$$\beta_{0y} = 0.84/(\lambda_{0y} + 0.2) = 0.84/(0.889 + 0.2) = 0.77$$

作用在冲切破坏锥体上相应于荷载效应基本组合的冲切力设计值为

$$F_l = F - \sum N_i = 3\,800 - 2 \times 475 = 2\,850(\text{kN})$$

矩形承台受柱冲切的承载力为

$$2 \times \left[\beta_{0x}(b_c + a_{0y}) + \beta_{0y}(h_c + a_{0x}) \right] \beta_{hp} f_t h_0$$

$$= 2 \times \left[0.7 \times (0.6 + 0.8) + 0.77 \times (0.8 + 0.9) \right] \times 0.9 \times 1.27 \times 10^3 \times 0.9$$

$$= 4\,709(\text{kN}) > F_l = 2\,850\,\text{kN}$$

因此柱对承台的冲切承载力满足要求。

② 角桩对承台的冲切。

冲跨比：$\lambda_{1x} = a_{1x}/h_0 = \dfrac{0.9}{0.9} = \dfrac{0.9}{0.9} = 1.0 = \lambda_{1y}$

冲切系数： $\beta_{1x} = \dfrac{0.56}{\lambda_{1x}+0.2} = \dfrac{0.56}{1+0.2} = 0.467 = \beta_{1y}$

$$[\beta_{1x}(c_2 + a_{1y}/2) + \beta_{1y}(c_1 + a_{1x}/2)]\beta_{hp}f_t h_0$$

$$= \left[0.467 \times (0.5 + 0.5 \times 0.4 + 0.9/2)\right] \times 2 \times 0.9 \times 1.27 \times 900$$

$$= 1100(kN) > N_{max} = 531.8\ kN$$

因此角桩对承台的冲切满足设计要求。

3）受剪切计算。

剪跨比： $\lambda_x = a_x/h_0 = 0.9/0.9 = 1.0$， $\lambda_y = a_y/h_0 = 0.8/0.9 = 0.889$

截面高度影响系数： $\beta_{hs} = (800/900)^{0.25} = 0.97$

剪切系数： $\beta_x = 1.75/(\lambda_x + 1.0) = 1.75/2 = 0.875$

$$\beta_y = 1.75/(\lambda_y + 1.0) = 1.75/1.889 = 0.926$$

斜截面的最大剪力设计值： $V_y = 475 \times 3 = 1\,425(kN)$

$$V_x = 2 \times 531.8 + 503.4 = 1\,567(kN)$$

斜截面受剪力承载力设计值为

$$\beta_{hs}\beta_x f_t b_0 h_0 = 0.97 \times 0.875 \times 1.27 \times 3\,600 \times 900 \times 10^{-3} = 3\,492(kN) > V_x = 1\,567\ kN$$

满足要求。

$$\beta_{hs}\beta_y f_t b_0 h_0 = 0.97 \times 0.926 \times 1.27 \times 4\,000 \times 900 \times 10^{-3} = 4\,107(kN) > V_y = 1\,425\ kN$$

满足要求。

4）桩基及承台施工图的绘制（图 7-52）。

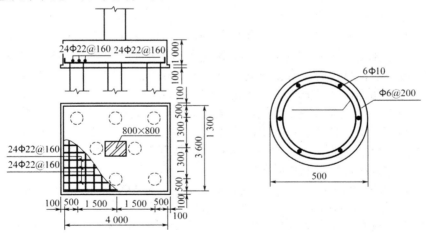

图 7-52 承台及桩的配筋图

桩内纵筋为 6Φ10，箍筋为Φ6@250 的螺旋箍，每隔 2 m 设一道Φ12 的加强箍。本实训项目采用等厚度承台，各种冲切和剪切承载均满足要求，且有较大余地，故承台亦可设计成锥形或梯形，但需经冲切和剪切验算。

🌐知识扩展

异形桩的发展

我国的灌注桩基多由圆形桩组成，且桩径越来越大。圆形灌注桩因其单桩承载力高、稳定性好、适应性强、施工方便等而得到广泛应用，但其混凝土用量大、工期长等，致使桩基造价较高、经济效益降低。为进一步提高桩基承载能力、降低工程造价，岩土工程界新兴了异形桩。异形桩是在传统圆形桩基础上发展起来的一种较有前途的新桩型，它不仅能最大限度地发挥地基土（岩）和桩本身的潜在能力，而且可以节省原材料、降低工程造价，适应了桩基发展的需求，目前已得到岩土工程界异常广泛的关注，也是日臻成熟的桩基研究发展的热点之一。

1. 异形桩类型

异形桩是一种特殊的桩种系列，其总体上可以分为两大类：

（1）纵截面异形桩。典型的桩如 H 形桩、异形灰土井桩、楔形桩、钉形桩、DX 多节挤扩灌注桩、挤扩支盘桩等，通过改变桩身的竖向桩型，以增加桩土界面的不平直度和粗糙度，充分利用桩周土层的性质，从而取得较大的侧阻力，根据桩周土层的变化沿深度方向改变桩径或桩型，以获得可能达到的最大侧阻力和端阻力。

（2）横截面异形桩。通过改变桩横截面的几何特性，利用等截面非圆桩侧表面积与惯性矩的增加，来达到增大桩侧摩擦力与水平承载力的"异形"力学效果，主要有十字形桩、Y 形沉管灌注桩、X 形混凝土桩等。

2. 典型的纵截面异形桩

（1）H 形桩。常见的 H 形桩有 H 形钢桩、钢筋混凝土槽板组合 H 形桩以及 H 形钢桩与钢筋混凝土组合桩三种。但对于一般的 H 形长桩或超长桩，由于异形效应，易产生扭转，特别是 H 形钢桩，由于本身的形状和受力差异，决定了该种桩的布置方式和构造措施。此外，H 形桩的侧向刚度较弱，打桩时桩身易倾向于抗弯能力较弱的一侧（惯性矩 $I_y < I_x$），若桩身较长，则易产生施工弯曲，并且 H 形钢桩的造价成本较高。

（2）异形灰土井桩。异形灰土井桩属于柔性桩，桩本身强度不高，且在荷载作用下其沉降变形较大，易超过上部结构容许变形的极限值；由于异形灰土井桩有效桩长的存在，使得其桩长设计受到一定的限制，故其适用范围有限，具有明显的局域性，主要适用于陕甘黄土地区工业与民用建筑中深层地基中处理。

（3）DX 多节挤扩灌注桩。DX 多节挤扩灌注桩（简称 DX 桩）是一种变截面桩，是在钻（冲）孔后，向孔内下入专用的 DX 挤扩装置，通过地面液压站控制该装置弓压臂的扩张和收缩，按承载能力要求和地层土质条件，在桩身不同部位挤扩出 3 岔分布或 $3n$ 岔（n 为挤扩次数）分布的扩大岔腔或近似的圆锥盘状的扩大头腔后，放入钢筋笼、灌注混凝土，形成由桩身、承力岔、承力盘和桩根共同承载的桩型，如图 7-53 所示。这种桩一般适用于一般黏性土、粉土、细砂土、砾石、卵石等，不适用于淤泥质土、风化岩层。

3. 典型的横截面异形桩

（1）Y 形沉管灌注桩。Y 形沉管灌注桩简称 Y 形桩，派生于传统的圆形沉管灌注桩，其断面形状为三段圆弧弧线向内、外加三个尖角组成的曲边三角形，如图 7-54 所示。Y 形沉管灌注桩作为一种新型的异形截面桩，其应用还处于起步阶段。Y 形桩的成桩工艺包括桩模结构、桩尖形状、打设时下管及提管速度等参数，特别是其三只凸角的充盈情况等，均有进一步的实践和完善，其承载力计算方法和理论以及桩身强度等参数均还有待于研究。目前，Y形桩主要应用于处理高速公路桥头深厚软基，作为柔性基础下的刚性桩复合地基应用于工程实践中，还没有得到大面积推广。

（2）X形混凝土桩。X形混凝土桩简称X形桩，其横截面以X形代替了预应力管桩的圆形，增大了桩的表面积。据专家预测，与预应力管桩相比，这一技术的造价将降低20%～25%。X形桩结合了原有传统圆形灌注桩的优点，又解决了预制桩的运输成本和现场焊接不便的缺点，是一种既符合国家环保节能政策又满足市场需求的新型异形桩，具有广阔的发展应用前景。

X形桩截面由外包方形截面边长 a、弧度数 θ 及开弧间距 s 三个独立变量（图7-55）控制，在具有相同桩身面积的情况下，X形桩与圆形桩、方形桩相比具有更大的惯性矩。与同截面面积圆形、方形截面惯性距之比随 a 的增大而增大、随 θ 增大而增大、随 s 的增大而减小，即具有较大的周长面积比，因而可以在不增加工程量的前提下大大提高单桩承载力，从而提高性价比。X形桩普遍适用于黏性土、粉土、淤泥质土、松散或稍密砂土及已完成自重固结的素填土等软土地基处理，也可以在厚度较大、灵敏度较高的淤泥和流塑状态的黏性土等软弱土层中采用。

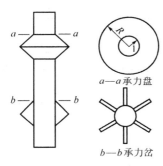

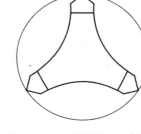

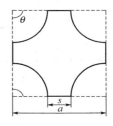

图 7-53　DX桩截面示意图　　　图 7-54　Y形桩截面示意图　　　图 7-55　X形桩截面示意图

异形桩的出现颠覆了传统的桩基设计理念，由于异形桩的"异形"特性，为减小桩身截面和节约材料提供了非常有利的条件。但异形桩的受力机理比较复杂，其单桩承载力的确定理论尚不完善，其成桩质量与完整性检测等一系列问题亟待研究。

能力训练

一、思考题

1．桩可以分为哪几种类型?端承桩和摩擦桩的受力情况有什么不同?

2．何谓单桩竖向承载力?确定单桩竖向承载力的方法有哪几种?

3．在工程实践中，如何选择桩的直径、桩长以及桩的类型?

4．如何确定承台的平面尺寸及厚度?设计时应做哪些验算?

5．桩基础设计主要包括哪些内容? 其设计步骤如何?

二、习题

1．截面边长为400 mm的钢筋混凝土实心方桩，打入10 m深的淤泥和淤泥质土后，支承在中风化的硬质岩石上。已知作用在桩顶的竖向压力为 800 kN，桩身的弹性模量为 $3×10^4\,N/mm^2$，试估算该桩的沉降量。（答案：1.67 mm）

2．某工程桩基采用预制混凝土桩，桩截面尺寸为 350 mm×350 mm，桩长 10 m，土层分布情况如图 7-56 所示，试确定该基桩的竖向承载力标准值 Q_{uk} 和基桩的竖向承载力设计值 R（不考虑承台效应）。（答案：$Q_{uk}=1302$ kN，$R=789$ kN ）

3．某场区从天然地面起往下的土层分布是：粉质黏土，厚度 $l_1=3$ m，$q_{s1a}=24$ kPa；粉土，厚度 $l_2=6$ m，$q_{s2a}=20$ kPa；中密中砂，$q_{s3a}=30$ kPa，$q_{pa}=2\,600$ kPa。现采用截面边长为 350 mm×350 mm 的预制桩，承台底面在天然地面以下 1.0 m，桩端进入中密中砂的深度为 1.0 m，试确定单桩承载力特征值。（答案：595.7 kN）

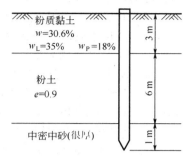

图 7-56 土层分布情况

任务自测

任务能力评估表

知识学习	
能力提升	
不足之处	
解决方法	
综合自评	

任务 8　基坑工程

任务目标

➢ 了解基坑工程的特点，基坑支护结构的类型、适用条件、设计内容和原则

➢ 掌握作用于基坑支护结构上土压力的计算方法，以及悬臂式桩墙、单支点桩墙、水泥土墙和土钉墙的基本设计计算方法

➢ 掌握水泥土墙变形计算、多支点桩墙设计计算方法

➢ 掌握钢基坑稳定性分析内容和方法

➢ 了解基坑地下水控制方法

8.1　概述

基坑工程是基础工程中一个古老的传统课题，同时又是一个综合性的岩土工程问题，既涉及土力学中典型的强度、稳定与变形问题，又涉及土与支护结构的共同作用问题。

随着基坑的开挖越来越深、面积越来越大，基坑围护结构的设计和施工越来越复杂，所需要的理论越来越完善和技术越来越高，远远超越了作为施工辅助措施的范畴。基坑工程的理论计算和设计方法也得到了改进和拓展，由此逐步形成了一门独立的学科分支——基坑工程。

深基坑工程涉及结构工程、岩土工程和环境工程等众多学科领域，综合性强，影响因素多，设计计算理论还不成熟，在一定程度上还依赖于工程实践经验。建筑基坑是指为进行建筑物（包括构筑物）基础与地下室的施工所开挖的地面以下空间。为保证基坑施工，主体地下结构的安全和周围环境不受损害，需对基坑进行包括土体、降水和开挖在内的一系列勘察、设计、施工和检测等工作。这项综合性的工程就称为基坑工程。

1. **基坑工程特点。**

（1）安全储备小、风险大。基坑工程大多作为一种临时性措施，在土方回填后不再为工程服务，其在设计、施工过程中有些荷载不加考虑，如地震荷载；同时，相对于永久性结构而言，基坑工程在强度、变形、防渗、耐久性等方面的要求更低一些，加上建设方对基坑工程认识上的偏差，为降低工程费用，对设计提出一些不合理的要求，甚至有些施工单位在施工过程中存在侥幸心理，看情况采取支护措施等，都降低了基坑工程的安全储备。

（2）制约因素多。基坑工程作为一种岩土工程，受工程地质和水文地质条件的影响很大，区域性强。我国幅员辽阔，地质条件变化很大，有软土、砂性土、砾石土、黄土、膨胀土、红土、风化土、岩石等，不同地层中的基坑工程所采用的围护结构体系差异很大，即使是在同一个城市，不同的区域也有差异。因此，围护结构体系的设计、基坑的施工均要根据具体的地质条件因地制宜，不同地区的经验可以参考借鉴，但不可照搬照抄。另外，基坑工程围护结构体系除受地质条件制约以外，还要受到相邻建筑物、地下构筑物和地下管线等的影响，周边环境的容许变形量、重要性等也会成为基坑工程设计和施工的制约因素，甚至成为影响基坑工程成败的关键。因此，基坑工程的设计和施工应根据基本原理和规律灵活应用，不能简单引用。基坑支护开挖所提供的空间是为主体结构的地下室施工所用，因此任何基坑设计，在满足基坑安全及周围环境保护的前提下，要合理地满足施工的易操作性和工期要求。

（3）计算理论不完善。基坑工程作为地下工程，所处的地质条件复杂，影响因素众多，人们对岩土力学性质的了解还不深入，很多设计计算理论，如岩土压力、岩土的本构关系等还不完善，还是一门发展中的学科。作用在基坑围护结构上的土压力不仅与位移大小、方向有关，还与时间有关。目前，土压力理论还很不完善，实际设计计算中往往采用经验取值，或者按照朗肯土压力理论或库仑土压力理论计算，然后根据经验进行修正。在考虑地下水对土压力的影响时，是采用水土压力合算还是分算更符合实际情况，在学术界和工程界认识还不一致，各地制定的技术规程或规范中的规定也不尽相同。至于时间对土压力的影响，即考虑土体的蠕变性，目前在实际应用中较少顾及。实践发现，基坑工程具有明显的时空效应，基坑的深度和平面形状对基坑围护体系的稳定性和变形有较大的影响，土体所具有的流变性对作用于围护结构上的土压力、土坡的稳定性和围护结构变形等有很大的影响。这种规律尽管已被初步认识和利用，形成了一些新的设计和施工方法，但离完善还有较大的差距。岩土的本构模型目前数以百计，但真正能获得实际应用的模型寥寥无几，即使获得了实际应用，也与实际情况有较大的差距。基坑工程设计计算理论的不完善，直接导致了工程中的许多不确定性，因此要与监测、监控相配合，而且要有相应的应急措施。

（4）经验性强。基坑工程的设计和施工不仅需要岩土工程方面的知识，而且需要结构工程方面的知识。同时，基坑工程中设计和施工是密不可分的，设计计算的工况必须与施工实际的工况一致，才能确保设计的可靠性。所有设计人员必须了解施工，施工人员必须了解设计。设计计算理论的完善和施工中的不确定因素会增加基坑工程失效的风险，所以，需要设计施工人员具有丰富的现场实践经验。

2．基坑工程设计依据

基坑工程设计依据包括工程所处地质条件、周围环境、施工条件、设计规范、主体建筑地下结构的设计图纸、各种相关的规划文件、批复文件等，设计前期应全面掌握。

基坑支护设计必须依据国家及地区现行有关的设计、施工技术规范、规程，如各种国家、行业和地区的基坑工程设计规范，地下连续墙、钻孔灌注桩、搅拌桩等围护结构设计施工技术规程、规范，钢筋混凝土结构、钢结构等设计规范等。因此，设计前必须调研和汇总有关规范和规程，并注意各类规范的统一和协调。

调研当地相似基坑工程的成功与失败的原因并吸取其经验和教训，在基坑工程设计中应以此为重要设计依据。特别在进行异地设计、施工时，更须注意。

3．基坑工程支护体系要求

基坑工程施工的目的是构建安全、可靠的支护体系。对支护体系的要求体现在如下三个方面：

（1）保证基坑四周边坡土体的稳定性，同时满足地下室施工有足够空间的要求，这是土方开挖和地下室施工的必要条件。

（2）保证基坑四周相邻建（构）筑物和地下管线等设施在基坑支护和地下室施工期间不受损害，即坑壁土体的变形，包括地面和地下土体的垂直和水平位移要控制在允许范围内。

（3）通过截水、降水、排水等措施，保证基坑工程施工作业面在地下水位以上。

4．基坑支护工程设计基本原则

（1）在满足支护结构本身强度、稳定性和变形要求的同时，确保周围环境的安全；

（2）在保证安全可靠的前提下，设计方案应具有较好的技术经济和环境效应；

（3）为基坑支护工程施工和基础施工提供最大限度的施工方便，并保证施工安全。

5．基坑支护工程设计内容

基坑工程从规划、设计到施工检测全过程应包含如下内容：

（1）基坑内建筑场地勘察和基坑周边环境勘察：基坑内建筑场地勘察可利用构（建）筑物设计提供的勘察报告，必要时进行少量补勘。基坑周边环境勘察须查明：

1）基坑周边地面建（构）筑物的结构类型、层数、基础类型、埋深、基础荷载大小及上部结构现状；

2）基坑周边地下建（构）筑物及各种管线等设施的分布和状况；

3）场地周围和邻近地区地表及地下水分布情况及对基坑开挖的影响程度。

（2）支护体系方案技术经济比较和选型：基坑支护工程应根据工程和环境条件提出几种可行的支护方案，通过比较，选出技术经济指标最佳的方案。

（3）支护结构的强度、稳定和变形以及基坑内外土体的稳定性验算：基坑支护结构均应进行极限承载力状态的计算，计算内容包括支护结构和构件的受压、受弯、受剪承载力计算和土体稳定性计算。对于重要基坑工程，尚应验算支护结构和周围土体的变形。

（4）基坑降水和止水帷幕设计以及支护墙的抗渗设计：包括基坑开挖与地下水变化引起的基坑内外土体的变形验算（如抗渗稳定性验算、坑底突涌稳定性验算等）及其对基础桩邻近建筑物和周边环境的影响评价。

（5）基坑开挖施工方案和施工检测设计。

8.1.1 基坑支护结构类型与工程应用

我国大量的深基坑工程施工始于 20 世纪 80 年代。由于城市高层建筑的迅速发展，地下停车场、地下商场、高层建筑埋深、人防等各种需要，高层建筑需要建设一定的地下室。近几年，由于城市地铁工程的迅速发展，地铁车站、局部区间明挖等也涉及大量的基坑工程，在双线交叉的地铁车站，基坑深达 20～30 m。水利、电力也存在地下厂房、地下泵房的基坑开挖问题。

无论是高层建筑还是地铁的深基坑工程，由于都是在城市中进行开挖，基坑周围通常存在交通要道、已建建筑或管线等各种构筑物，这就涉及基坑开挖的一个很重要内容——要保护其周边构筑物的安全使用。而一般基坑支护大多是临时结构，投资太大也易造成浪费，但支护结构不安全又势必会造成工程事故。因此，如何安全、合理地选择合适的支护结构并根据基坑工程的特点进行科学的设计是基坑工程要解决的主要内容。常用的支护结构类型有土钉墙、水泥土重力式挡墙、地下、连续墙、灌注桩排桩围护墙、型钢水泥土搅拌墙、钢板桩围护墙、钢筋混凝土板桩围护墙等。

1．土钉墙

土钉墙是用于土体开挖时保持基坑侧壁或边坡稳定的一种挡土结构，主要由密布于原位土体中的细长杆件——土钉、黏附于土体表面的钢筋混凝土面层及土钉之间的被加固土体组成，是具有自稳能力的原位挡土墙，如图 8-1 所示。土钉墙与各种隔水帷幕、微型桩及预应力锚杆（索）等构件结合起来，又可形成复合土钉墙。复合土

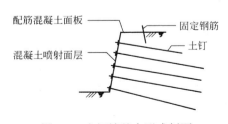

图 8-1 土钉墙基本形式剖面

钉墙主要有土钉墙+预应力锚杆（索）、土钉墙+隔水帷幕和土钉墙+微型桩三种常用形式。由于复合土钉墙是土钉墙基本形式与其他围护结构的组合，具有与土钉墙同样的特点和适用条件。

（1）主要特点。

1）施工设备及工艺简单，对基坑形状适应性强，经济性较好；

2）坑内无支撑体系，可实现敞开式开挖；

3）柔性大，有良好的抗震性和延性，破坏前有变形发展过程；

4）密封性好，完全将土坡表面覆盖，阻止或限制了地下水从边坡表面渗出，防止了水土流失及雨水、地下水对坑壁的侵蚀；

5）土钉墙靠群体作用保持坑壁稳定，当某条土钉失效时，周边土钉会分担其荷载；

6）施工所需场地小，移动灵活，支护结构基本不单独占用场地内的空间；

7）由于孔径小，与桩等施工工艺相比，穿透卵石、漂石及填石层的能力更强；

8）边开挖边支护，便于信息化施工，能够根据现场监测数据及开挖暴露的地质条件及时调整土钉参数；

9）需占用坑外地下空间；

10）土钉施工与土方开挖交叉进行，对现场施工组织要求较高。

（2）适用条件。

1）开挖深度小于 12 m、周边环境保护要求不高的基坑工程。

2）地下水位以上或经人工降水后的人工填土、黏性土和弱胶结砂土的基坑支护。

3）不适用于以下土层：

① 含水丰富的粉细砂、中细砂及含水丰富且较为松散的中粗砂、砾砂及卵石层等；

② 黏聚力很小、过于干燥的砂层及相对密度较小的均匀度较好的砂层；有深厚新近填土、淤泥质土、淤泥等软弱土层的地层及膨胀土地层；

③ 周边环境敏感，对基坑变形要求较为严格的工程，以及不允许支护结构超越红线或邻近地下构筑物，在可实施范围内土钉长度无法满足要求的工程。

2. 水泥土重力式挡墙

水泥土重力式挡墙是以水泥材料为固化剂，通过搅拌机械采用喷浆施工将固化剂和地基土强行搅拌，形成具有一定厚度的连续搭接的水泥土柱状加固体挡墙，如图 8-2 所示。

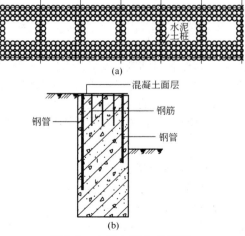

图 8-2　水泥土重力式挡墙

（a）俯视图；（b）剖面图

（1）主要特点。

1）可结合重力式挡墙的水泥土桩形成封闭隔水帷幕，止水性能可靠；

2）使用后遗留的地下障碍物相对比较容易处理；

3）围护结构占用空间较大；

4）围护结构位移控制能力较弱，变形较大；

5）当墙体厚度较大时，采用水泥土搅拌桩或高压喷射注浆对周边环境影响较大。

（2）适用条件。

1）软土地层中开挖深度不超过 7.0 m、周边环境保护要求不高的基坑工程；

2）周边环境有保护要求时，采用水泥土重力式挡墙围护的基坑深度不宜超过 5.0 m；

3）对基坑周边距离 1～2 倍开挖深度范围内存在对沉降和变形敏感的构筑物时，应慎重选用。

3. 地下连续墙

地下连续墙可分为现浇地下连续墙和预制地下连续墙两大类，目前在工程中应用的现浇地下连续墙的槽段形式主要有壁板式、T 形和 Π 形等，并可通过将各种形式槽段组合，形成方格形、圆筒形等结构形式。

常规现浇地下连续墙是采用原位连续成槽浇筑形成的钢筋混凝土围护墙。地下连续墙具有挡土和隔水双重作用，如图 8-3 所示。

图 8-3　常规现浇地下连续墙平面示意图

（1）主要特点。

1）施工具有低噪声、低振动等优点，对环境的影响小。

2）刚度大、整体性好，基坑开挖过程中安全性高，支护结构变形较小。

3）墙身具有良好的抗渗能力，坑内降水时对坑外的影响较小。

4）可作为地下室结构的外墙，可配合逆作法施工，以缩短工程工期、降低工程造价。

5）受到条件限制而墙厚无法增加的情况下，可采用加肋的方式形成 T 形槽段或 Π 形槽段，增加墙体的抗弯刚度。

6）存在弃土和废泥浆处理、粉砂地层易引起槽壁坍塌及渗漏等问题，需采取相关的措施来保证连续墙施工的质量。

7）由于地下连续墙水下浇筑、槽段之间存在接缝的施工工艺特点，地墙墙身以及接缝位置存在防水的薄弱环节，易产生渗漏水现象。用于"两墙合一"，需进行专项防水设计。

8）由于"两墙合一"地下连续墙作为永久使用阶段的地下室外墙，需结合主体结构设计，在地下连续墙内为主体结构留设预埋件。"两墙合一"地下连续墙设计必须在主体建筑结构施工图设计基本完成方可开展。

（2）适用条件。

1）深度较大的基坑工程，一般开挖深度大于 10 m 才有较好的经济性；

2）邻近存在保护要求较高的构筑物，对基坑本身的变形和防水要求较高的工程；

3）基地内空间有限，地下室外墙与红线距离极近，采用其他围护形式无法满足留设施工操作空间要求的工程；

4）围护结构作为主体结构的一部分，且对防水、抗渗有较严格要求的工程；

5）采用逆作法施工，地上和地下同步施工时，一般采用地下连续墙作为围护墙；

6）超深基坑工程如 $30\sim50$ m 的深基坑工程，采用其他围护体无法满足要求时，常采用地下连续墙作为围护体。

4. 灌注桩排桩围护墙

灌注桩排桩围护墙是采用连续的柱列式排列的灌注桩形成围护结构。工程中常用的灌注桩排桩的形式有分离式、双排式和咬合式。分离式排桩是工程中灌注桩排桩围护墙最常用，也是较简单的围护结构形式。灌注桩排桩外侧可结合工程的地下水控制要求设置相应的隔水帷幕，如图 8-4（a）所示；为增大排桩的整体抗弯刚度和抗侧移能力，可将桩设置为前后双排，将前后排桩桩顶的冠梁用横向连梁连接，就形成了双排门架式挡土结构，如图 8-4（b）所示；有时因场地狭窄等原因，无法同时设置排桩和隔水帷幕，可采用桩与桩之间咬合的形式，形成可起到止水作用的咬合式排桩围护墙。咬合式排桩围护墙的先行桩采用素混凝土桩或钢筋混凝土桩，后行桩采用钢筋混凝土桩，如图 8-4（c）所示。

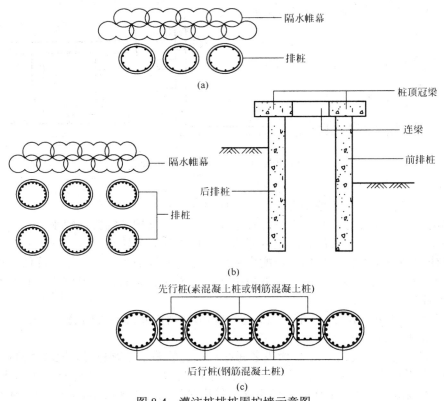

图 8-4　灌注桩排桩围护墙示意图
（a）分离式排桩平面示意图；（b）双排式排桩示意图；（c）咬合式排桩平面示意图

5. 型钢水泥土搅拌墙

型钢水泥土搅拌墙是一种在连续套接的三轴水泥土搅拌桩内插入型钢形成的复合挡土隔水结构，如图 8-5 所示。

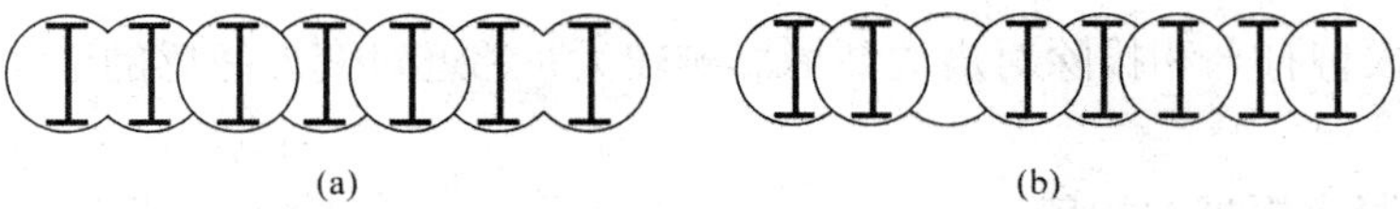

图 8-5　型钢水泥土搅拌墙平面示意图

（a）型钢密插型；（b）型钢插二跳一型

（1）主要特点。

1）受力结构与隔水帷幕合一，围护体占用空间小；

2）围护体施工对周围环境影响小；

3）采用套接一孔施工，实现了相邻桩体完全无缝衔接，墙体防渗性能好；

4）三轴水泥土搅拌桩施工过程无须回收处理泥浆，且基坑施工完毕后型钢可回收，环保节能；

5）工艺简单、成桩速度快，围护体施工工期短；

6）在地下室施工完毕后型钢可拔除，实现型钢的重复利用，经济性较好；

7）仅在基坑开挖阶段用作临时围护体，在主体地下室结构平面位置、埋置深度确定后即有条件设计、实施；

8）由于型钢拔除后在搅拌桩中留下的孔隙需采取注浆等措施进行回填，特别是邻近变形敏感的建（构）筑物时，对回填质量要求较高。

（2）适用条件。

1）从黏性土到砂性土，从软弱的淤泥和淤泥质土到较硬、较密实的砂性土，甚至在含有砂卵石的地层中经过适当的处理都能够进行施工；

2）软土地区一般用于开挖深度不大于 13.0 m 的基坑工程；

3）适用于施工场地狭小，或距离用地红线、建筑物等较近时，采用排桩结合隔水帷幕体系无法满足空间要求的基坑工程；

4）型钢水泥土搅拌墙的刚度相对较小，变形较大，在对周边环境保护要求较高的工程如基坑紧邻运营中的地铁隧道、历史保护建筑、重要地下管线施工时，应慎重选用；

5）当基坑周边环境对地下水位变化较为敏感，搅拌桩桩身范围内大部分为砂（粉）性土等透水性较强的土层时，应慎重选用。

6. 钢板桩围护墙

钢板桩是一种带锁口或钳口的热轧（或冷弯）型钢，钢板桩打入后靠锁口或钳口相互连接咬合，形成连续的钢板桩围护墙，用来挡土和挡水，如图 8-6 所示。

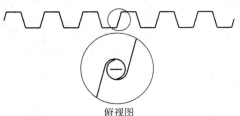

俯视图

图 8-6　钢板桩围护墙平面图

（1）主要特点。

1）具有轻型、施工快捷的特点。

2）基坑施工结束后钢板桩可拔除，循环利用，经济性较好。

3）在防水要求不高的工程中，可采用自身防水。在防水要求高的工程中，可另行设置隔水帷幕。

4）钢板桩抗侧刚度相对较小，变形较大。

5）钢板桩打入和拔除对土体扰动较大。钢板桩拔除后需对土体中留下的孔隙进行回填处理。

（2）适用条件。

1）由于其刚度小，变形较大，一般适用于开挖深度不大于 7 m，周边环境保护要求不高的基坑工程；

2）由于钢板桩打入和拔除对周边环境影响较大，邻近对变形敏感的建（构）筑物基坑工程不宜采用。

7. 钢筋混凝土板桩围护墙

钢筋混凝土板桩围护墙是由钢筋混凝土板桩构件连续沉桩后形成的基坑围护结构，如图 8-7 所示。

8. 内支撑系统

支撑结构选型包括支撑材料和体系的选择以及支撑结构布置等内容。支撑结构选型从结构体系上，可分为平面支撑体系和竖向斜撑体系；从材料上，可分为钢支撑、钢筋混凝土支撑、钢和混凝土组合支撑的形式。各种形式的支撑体系根据其材料特点，具有不同的优缺点和应用范围。由于基坑规模、环境条件、

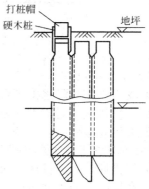

图 8-7　钢筋混凝土板桩围护墙立面图

主体结构以及施工方法等的不同，难以对支撑结构选型确定出一套标准的方法，应在确保基坑安全可靠的前提下做到经济合理、施工方便为原则，根据实际工程具体情况综合考虑确定。

钢支撑体系是在基坑内将钢构件用焊接或螺栓拼接起来的结构体系。由于受现场施工条件的限制，钢支撑的节点构造应尽量简单，节点形式也应尽量统一，因此钢支撑体系通常均采用具有受力直接、节点简单的正交布置形式，从降低施工难度角度不宜采用节点复杂的角撑或者桁架式的支撑布置形式。钢支撑架设和拆除速度快，架设完毕后不需等待即可直接开挖下层土方，而且支撑材料可重复循环使用的特点，对节省基坑工程造价和加快工期具有显著优势，适用于开挖深度一般、平面形状规则、狭长形的基坑工程，图 8-8（a）是典型的围护墙结合内支撑系统示意图。钢支撑几乎成为地铁车站基坑工程首选的支撑体系，如图 8-8（b）所示。钢筋混凝土支撑具有刚度大、整体性好的特点，而且可采取灵活的平面布置形式，以适应基坑工程的各项要求。目前常用的支撑布置形式有正交支撑、圆环支撑或对撑、角撑结合边桁架布置形式，如图 8-8（c）所示。

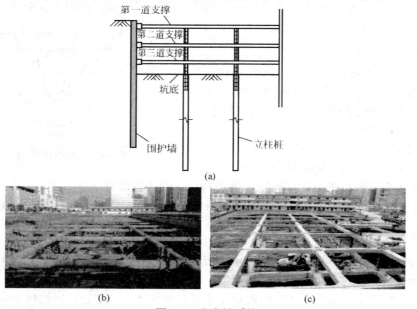

图 8-8　内支撑系统
（a）典型的围护墙结合内支撑系统示意图；（b）钢支撑体系；（c）钢筋混凝土支撑体系

8.1.2　作用于支护结构上的荷载与土压力计算

作用于支护结构上的荷载通常有土压力、水压力、影响区范围内建（构）筑物荷载、施工荷载、地震荷载以及其他附加荷载。其中，最重要的荷载是土压力和水压力。其计算方法有水土分算法和水土合算法两种。对砂性土和粉土，可按水土分算法，即分别计算土、水压力，然后叠加；对黏性土，可根据现场情况和工程经验，一般按水土合算法进行，即采用土的饱和重度计算总的水土压力。

作用于支护结构的土压力，工程中通常按朗肯土压力理论计算，然而，在基坑开挖过程中，作用在支挡结构上的土压力、水压力等是随着开挖的进程逐步形成的，其分布形式除与土性和地下水等因素有关外，更重要的是还与墙体的位移量及位移形式有关。而位移性状随着支撑和锚杆的设置及每步开挖施工方式的不同而不同，因此，土压力并不完全处于静止和主动状态。有关实测资料证明：当支护墙上有支锚时，土压力分布一般呈上下小、中间大的抛物线形状或更复杂的形状；只有当支护墙无支锚时，墙体上端绕下端外倾，才会产生一般呈直线分布的主动土压力。太沙基（Terzaghi）和佩克（Peck）根据实测和模型试验结果，提出了作用于板桩墙上的土压力分布经验图。

8.2　基坑稳定性分析

基坑工程的设计计算一般包括三方面的内容，即稳定性验算、支护结构强度设计和基坑变形计算。稳定性验算是指分析地基周围土体或土体与围护体系一起保持稳定性的能力；支护结构强度设计是指分析计算支护结构的内力，使其满足构件强度设计的要求；基坑变形计算的目的是控制基坑开挖对周边环境的影响，保证周边相邻建筑物、构筑物和地下管线等的安全。

基坑边坡的坡度太陡，围护结构的插入深度太浅或支撑力不够，都有可能导致基坑丧失稳定性而破坏。基坑的失稳破坏可能缓慢发展，也可能突然发生；有的有明显的触发原因，如振动、暴雨、超载或其他人为因素，有的却没有明显的触发原因，这主要是由于土的强度逐渐降低，引起安全度不足造成的。基坑破坏模式可分为长期稳定和短期稳定。根据基坑的形式，又可分为有支护基坑破坏和无支护基坑破坏。其中，有支护基坑围护形式又可分为刚件围护、无支撑柔性围护和带支撑柔性围护。各种基坑围护形式因为作用机理不同，具有不同的破坏模式。

基坑可能的破坏模式在一定程度上揭示了基坑的失稳形态和破坏机理，是基坑稳定性分析的基础。《建筑地基基础设计规范》（GB 50007—2011）将基坑的失稳形态归纳为两类：

（1）因基坑土体强度不足、地下水渗流作用而造成基坑失稳，包括基坑内外侧土体整体滑动失稳；基坑底土隆起，地层因承压水作用出现管涌、渗漏等。

（2）因支护结构（包括桩、墙、支撑系统等）的强度、刚度或稳定性不足引起支护系统破坏而造成基坑倒塌、破坏。

8.2.1　基坑渗流稳定性分析

渗透破坏主要表现为管涌、流土和突涌。这三种渗透破坏的机理是不同的，一些书籍将流土的验算叫作管涌验算，混淆了概念。管涌是指在渗透水流作用下，土中细粒在粗粒所形成的孔隙通道中出现移动、流失，土的孔隙不断扩大，渗流量也随之加大，最终导致土体内形成贯通的渗流通道，以致土体发生破坏的现象。而流土则是指在向上的渗流水流作用下，表层局部范围的土体和土颗粒同时发生悬浮、移动的现象，只要满足式（8-1）的条件，原则上任何土均可发生渗流。只不过有时砂土在达到流土的临界水力坡降以前已发生管涌破坏。管涌是一个渐进破坏的过程，可以发生在任何方向渗流的逸出处，这时常见浑水流出，或水中带出细粒；也可以发生在土体内部。在一定级配（特别是级配不连续）的砂土中常有发生，其水力坡降 $i = 0.1 \sim 0.4$，对于不均匀系数 $C_u < 10$ 的均匀砂土，更多发生流土。

$$i = i_{cr} = \frac{\gamma'}{\gamma_w} \tag{8-1}$$

从上面的讨论可以看出，管涌和流土是两个不同的概念。发生的土质条件和水力条件不同，破坏的现象也不相同。有些规范规定验算的条件实际上是验算流土是否发生的水力条件，而不是管涌发生的条件。在基坑工程中，有时也会发生管涌，主要取决于土质条件，只要级配条件满足，在水力坡降较小的条件下也会发生管涌。例如当隔水帷幕失效时，水从帷幕的孔隙中渗漏，水流夹带细粒土流入基坑中，将土体掏空，在墙后地面出现下陷现象。在地下水位较高的软土中，虽然水力坡降比较大，但软土很少具有不连续的级配，通常没有产生管涌的土质条件，所以容易发生的是流土破坏，应当验算流土破坏的稳定性。为此，有些规范将这一验算称为抗渗流稳定性验算，不再称为抗管涌稳定性验算。

1. 抗渗流稳定性验算

抗渗流稳定性验算的图示如图 8-9（a）所示，要避免基坑发生流土破坏，需要在渗流出口处保证满足下式：

$$\gamma' \geqslant i\gamma_w \tag{8-2}$$

式中 γ'、γ_w——土体的浮重度和地下水的重度，kN/m^3；

i——渗流出口处的水力坡度。

计算水力坡度 i 时，渗流路径可近似取最短的路径，即紧贴围护结构位置的路线，以求得最大水力坡降值：

$$i = \frac{h}{h + 2t} \tag{8-3}$$

根据式（8-2）可以定义抗流土安全系数为

$$K = \frac{\gamma'}{i\gamma} = \frac{\gamma'(h + 2t)}{\gamma_w h} \tag{8-4}$$

抗渗流稳定性安全系数 K 的取值带有很大的地区经验性。

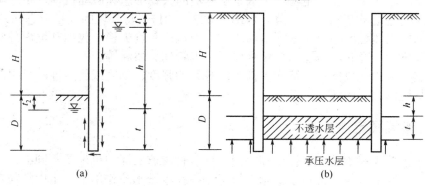

(a)   (b)

图 8-9　抗渗透稳定性验算

2．承压水冲溃坑底（也称为突涌）的验算

当基坑下存在不透水层且不透水层又位于承压水层之上时，应验算坑底是否会被承压水冲溃，若有可能冲溃，则须采用减压井降水以保证安全。

计算图示如图 8-9（b）所示，计算原则为自基坑底部到承压水层上界面范围内（$h+t$）土体的自重压力应大于承压水的压力，安全系数不小于 1.20。

3．《建筑基坑工程技术规范》（YB 9258—1997）抗渗流稳定性的验算

（1）当坑底以下有承压水被不透水层隔开时，设围护结构插入深度为 D，围护结构底至承压水层的距离为 ΔD，承压水的水头压力为 p_w，坑底土的饱和重度为 γ，则坑底土层抗渗流稳定分析系数 γ_{Rw} 由下式计算：

$$\gamma_{Rw} = \frac{\gamma_m(D + \Delta D)}{p_w} \tag{8-5}$$

式中　　γ_m——承压水层以上坑底土的饱和重度，kN/m^3；

$D + \Delta D$——承压水顶面距基坑底面的深度，m；

$\quad p_w$——承压水的水头压力，kPa；

$\quad \gamma_{Rw}$——基坑底土层抗渗流稳定分析系数。

（2）当地层中无承压水层或承压水层埋置深度很深时，坑底土层抗渗流稳定分项系数由下式计算：

$$\gamma_{Rw} = \frac{\gamma_m D}{\gamma_m\left(\frac{1}{2}h' + D\right)} \tag{8-6}$$

式中　h'——基坑内外地下水位的水头差，m。

对于这种计算状况的坑底土层抗渗流稳定分项系数，规范规定取 1.1。

8.2.2　基坑抗隆起稳定性分析

基坑抗隆起稳定性验算是基坑支护设计中一项十分关键的设计内容，它不仅关系基坑的稳定安全问题，也与基坑的变形密切相关。目前，已出现的基坑抗隆起稳定分析方法可归纳为三大类，即极限平衡法、极限分析法以及常规位移有限元法。无论是哪种方法，主要针对的都是黏土基坑抗隆起稳定性的分析问题。对于同时考虑 c-φ 土体抗隆起稳定分析问题，我国基坑工程实践中目前用的是地基承载力模式以及圆弧滑动的基坑抗隆起稳定性分析模式。

1．黏土基坑不排水条件下的抗隆起稳定性分析

对于黏土基坑抗隆起稳定问题，由于基坑开挖时间较短且黏性土渗透性较差，可采用总应力分析方法。对黏土基坑不排水条件下抗隆起稳定性分析的传统方法是太沙基（1943）、Bjerrum 和 Eide（1956）所提出的基于承载力模式的极限平衡方法。这一类方法一般是在指定的破坏面上进行验算，分析计算时还可能会作一些假定。该类方法仍然在工程实践中应用。随着近代数值分析手段的进步，有限元方法也应用到基坑抗隆起稳定性分析。

（1）黏土基坑抗隆起稳定性分析的极限平衡法。太沙基（1943）分析黏土基坑抗隆起稳定性的模式如图 8-10 所示。基坑开挖深度为 H，基坑宽度为 B，土体不排水强度记为 S_u，坚硬土层的埋置深度距基坑开挖地面距离记为 T。基于地基承载力的理念，太沙基给出了用稳定系数表达的抗隆起稳定性分析表达式：

$$\frac{\gamma H}{S_u} = 5.7 + H/B_1 \tag{8-7}$$

式中，$\gamma H/S_u$ 为稳定系数，5.7 为考虑基地完全粗糙时的地基承载力系数 N_c 的值。当 $T \geqslant B\sqrt{2}$ 且 $B_1 = B/\sqrt{2}$ 时，$B_1 = T$。

一般认为，太沙基的抗隆起分析模式适用于浅又宽的基坑抗隆起分析问题，即适用于 $H/B \leqslant 1.0$ 的情况。

对于 $H/B \geqslant 1.0$ 的情况，一般认为 Bjerrum 和 Eide 的抗隆起分析模式更适合一些。Bjerrum 和 Eide 采用如图 8-11 所示的深基础破坏模式分析坑底的抗隆起稳定问题。值得注意的是，当坚硬土层埋置深度较浅时，可能形不成图中所示的破坏模式，此时就需要对地基承载力系数 N_c 加以修正。

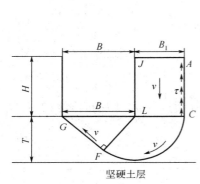

图 8-10　太沙基抗隆起稳定性分析模式

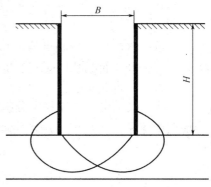

图 8-11　Bjerrum 和 Eide 抗隆起分析模式

（2）黏土基坑抗隆起稳定性分析的极限分析上限方法。极限分析定理是解决工程稳定性分析问题的有着严格塑性力学依据的理论，包括上限定理和下限定理。上限定理从构造运动许可的速度场出发，能够界定外荷载的上限；下限定理从构造静力许可的应力场出发，能够界定外荷载的下限。运动许可的速度场要求满足几何相容条件、速度边界条件以及关联流动法则等；静力许可应力场要求在全局范围内满足平衡方法并且不违反屈服条件，满足应力边界条件等。理论上讲，极限分析下限方法能够给出极限荷载的下限，在工程适用中是偏于安全的，但是在全局范围内，构造静力许可的应力场一般是比较复杂的，目前主要是借助于极限分析有限元技术来应用。理论上讲，上限方法只能给出不小于真实极限荷载的解，但运动许可的速度场构造相对简单，而且与实际可能的破坏模式密切相关，因此应用起来方便、适用。这也是上限方法应用较多的一个主要原因。

2. 同时考虑 c-φ 时基坑抗隆起稳定性分析

目前我国基坑工程实践中，同时考虑 c-φ 的抗隆起分析模式主要有两种：一种为地基承载力模式的抗隆起稳定性分析；另一种为圆弧滑动模式的抗隆起稳定性分析。

（1）地基承载力模式的抗隆起稳定性分析。地基承载力模式的抗隆起稳定性分析方法计算简图如图 8-12 所示，以验算支护墙体底面的地基承载力作为抗隆起分析依据。根据太沙基建议的浅基础地基极限承载力计算模式，是土体黏聚力、土重力以及地面超载三项贡献的叠加。但是，在此处的基坑抗隆起稳定性分析中，基础宽度是不能明确界定的，为简化分析，地基承载力模式的抗隆起分析由下式来考虑：

$$K_{wz} = \frac{\gamma_2 D N_q + c N_c}{\gamma_1 (h_0 + D) + q} \tag{8-8}$$

式中　γ_1——坑外地表至围护墙底，各土层天然重度的加权平均值，kN/m³；

　　　γ_2——坑内开挖面以下至围护墙底，各土层天然重度的加权平均值，kN/m³；

　　　h_0——基坑开挖深度，m；

　　　D——围护墙体在基坑开挖面以下的入土深度，m；

　　　q——坑外地面荷载，kPa；

N_q、N_c——根据围护墙底的地基土特性计算的地基承载力系数；

　　　c——围护墙体地基土黏聚力，kPa；

　　　K_{wz}——围护墙底地基承载力安全系数。

如果按基底光滑情况处理，那么地基承载力系数由 Prandtl 给出：

$$\begin{cases} N_q = e^{\pi \tan \varphi} \tan^2 \left(45° + \dfrac{\varphi}{2} \right) \\ N_c = \left(N_q - 1 \right) \tan \varphi \end{cases} \tag{8-9}$$

式中　φ——摩擦角，（°）。

如果按基底粗糙情况处理，那么地基承载力系数由太沙基给出：

$$\begin{cases} N_q = 0.5 \left[\dfrac{e^{\left(\frac{3\pi}{4} - \frac{1}{2}\varphi \right) \tan \varphi}}{\cos \left(45° + \dfrac{1}{2}\varphi \right)} \right]^2 \\ N_c = \left(N_q - 1 \right) / \tan \varphi \end{cases} \tag{8-10}$$

从图 8-12 中假定的验算模式可以看出，地基承载力的抗隆起验算分析中应该认为支护墙体抗弯刚度较大，以至不发生明显的弯曲变形。由于该抗隆起分析模式假定以支护墙体地面为验算基准面，因此只能反映支护墙体地面土体强度对抗隆起稳定性分析的影响。同时，从以上分析还可以看出，该模式下是无法考虑地基承载力中基础宽度对地基承载力的贡献的。计算分析表明，当土体内摩擦角较大时，由于地基承载力系数增长迅速，所求的安全系数过大。

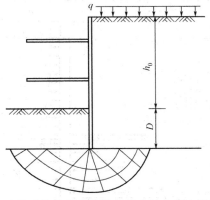

图 8-12　地基承载力模式抗隆起稳定性分析方法计算简图

（2）圆弧滑动的抗隆起稳定性分析。该抗隆起稳定性分析模式认为，土体沿围护墙体底面滑动，且滑动面为一圆弧，不考虑基坑尺寸的影响，如图 8-13 所示。取圆弧滑动的中心位于最下一道支撑处，基坑抗隆起安全系数通过绕 O 点的力矩平衡获得。产生滑动力矩的项有：GM 段作用的地面超载 q 产生的滑动力矩，$OAMG$ 区域内土体自重产生的滑动力矩，$OACB$ 区域内土体自重产生的滑动力矩。抗滑动力矩为滑动面 $MACEF$ 上抗剪强度产生的抗滑动力矩。BCF 区域内土体产生的滑动力矩与 BEF 区域内土体质量产生的抗滑动力矩相抵消。各部分滑动力矩的计算相对较为简单。在计算滑动面上的抗剪强度时采用公式 $\tau = \sigma \tan \varphi + c$。滑动面上 σ 选择

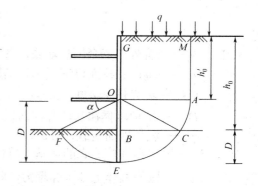

图 8-13 圆弧滑动模式抗隆起稳定性分析

做如下处理：在 MA 面上的 σ 应该是水平侧压力，该侧压力实际上应该介于主动土压力与静止土压力之间，因此近似地取为 $\sigma = \gamma z \tan^2 \left(45° - \dfrac{\varphi}{2} \right)$，而不再减去 $2c \tan \left(45° - \dfrac{\varphi}{2} \right)$，这是为了考虑实际情况，而且在开挖深度较大时，后者要比前者小得多；AE 滑动面上的法向应力 σ 可以认为由两部分组成，即土体自重在滑动面法向上的分力加上该处的水平侧压力在滑动面法向上的分力，水平侧压力的计算与 MA 段相同；EF 滑动面上的法向分力 σ 也由两部分组成，为土体自重在滑动面法向上的分力加上该处的水平侧压力在滑动面法向上的分力（有人认为 EF 上的水平侧压力应取为介于静止土压力和被动土压力之间，不过此处为安全起见仍取为介于静止土压力与主动土压力之间，按上述 MA 段上的水平侧压力计算）。需要指出的是，目前抗隆起圆弧滑动模式中，有的不考虑 $OACB$ 区域内土体自重产生的滑动力矩。

8.2.3 支护结构踢脚稳定性分析

支护结构在水平荷载作用下，对于内支撑或锚杆支点体系，基坑土体有可能在支护结构产生踢脚破坏时出现不稳定现象。对于单支点结构，踢脚破坏产生于以支点处为转动点的失稳；对于多层支点结构，则可能绕最下层支点转动而产生踢脚失稳。因此，必须进行嵌固稳定性验算。

1. 悬臂式支挡结构的嵌固深度验算

悬臂式支挡结构的嵌固深度应符合下列嵌固稳定性要求，其计算模型如图 8-14 所示。

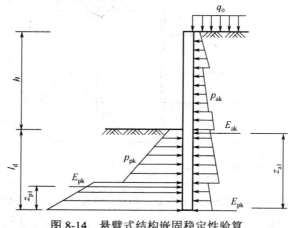

图 8-14 悬臂式结构嵌固稳定性验算

验算式为

$$\frac{E_{pk}z_{p1}}{E_{ak}z_{a1}} \geqslant K_{em} \tag{8-11}$$

式中　　K_{em}——嵌固稳定安全系数（安全等级为一级、二级、三级的悬臂式支挡结构，K_{em}
　　　　　　　　分别不应小于1.25、1.20、1.15）；

E_{ak}、E_{pk}——基坑外侧主动土压力、基坑内侧被动土压力合力的标准值，kN；

z_{a1}、z_{p1}——基坑外侧主动土压力、基坑内侧被动土压力合力作用点至挡土构件底端的
　　　　　　距离，m。

2. 单层锚杆和单层支撑的支挡结构嵌固深度验算

单层锚杆和单层支撑的支挡结构嵌固深度应符合下列嵌固稳定性要求，其计算模型如图8-15所示。

验算式为

$$\frac{E_{pk}z_{p2}}{E_{ak}z_{a2}} \geqslant K_{em} \tag{8-12}$$

式中　　z_{a2}、z_{p2}——基坑外侧主动土压力、基坑
　　　　　　　　内侧被动土压力合力作用
　　　　　　　　点至支点的距离，m；

　　　　　其他符号意义同前。

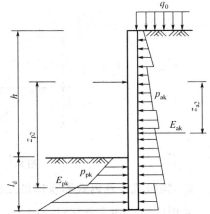

图 8-15　单层锚杆和单层支撑的
支挡结构嵌固稳定性验算

8.2.4　基坑整体稳定性分析

基坑整体稳定性分析是对具有支护结构的直立土坡进行稳定性分析，基本方法还是采用土力学中的土坡稳定分析方法。基坑整体稳定性的目的就是确定拟支护结构的嵌固深度是否满足整体稳定。对于水泥土墙、多层支点排桩及多层支点地下连续墙嵌固深度计算值 h，宜按整体稳定条件采用圆弧滑动简单条分法确定。

1. 重力式水泥土墙整体稳定性计算

对于重力式水泥土墙，可用简单条分法进行整体稳定验算，如图8-16所示，计算公式为

$$\frac{\sum_{j=1}^{n}\{c_jl_j+[(q_jb_j+\Delta G_j)\cos\theta_j-u_jl_j]\tan\varphi_j\}}{\sum_{j=1}^{n}(q_jb_j+\Delta G_j)\sin\theta_j} \geqslant K_s \tag{8-13}$$

式中　　K_s——圆弧滑动稳定性安全系数，其值不应小于1.3；

c_j——第 j 分条滑裂面处土体的黏聚力，kPa；

l_j——第 j 分条滑裂面处的弧长，m；

q_j——第 j 分条上部的超载，kN/m；

b_j——第 j 分条的宽度，m；

ΔG_j——第 j 分条土体自重或墙体自重，kN；

φ_j——第 j 分条滑裂面处土体的内摩擦角，（°）；

θ_j——第 j 分条滑弧面中点处的法线与垂直面的夹角，（°）。

u_j——第 j 分条在滑裂面上的孔隙水压力，kPa[对地下水位以下的砂土、碎石土、粉土，当地下水是静止的或渗流水力梯度可忽略不计时，在基坑外侧可取 $u_j = \gamma_w h_{wa,j}$（γ_w——地下水重度；$h_{wa,j}$——基坑外地下水位至第 j 土条滑弧面中点的深度，m；$h_{wp,j}$——基坑内地下水位至第 j 土条滑弧面中点的深度，m），在基坑内侧，可取 $u_j = \gamma_w h_{wp,j}$，对地下水位以上的各类土和地下水位以下的黏性土，取 $u_j = 0$]。

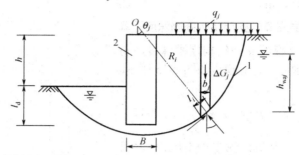

图 8-16　简单条分法稳定性验算简图

2. 锚拉式、悬臂式和双排桩支挡结构整体稳定性计算

采用圆弧滑动条分法对锚拉式、悬臂式和双排桩支挡结构进行整体稳定性验算时应满足下式要求，如图 8-17 所示：

$$\min\{K_{s,1}, \ K_{s,2}, \cdots, \ K_{s,i}, \cdots\} \geqslant K_s \tag{8-14}$$

$$K_{s,i} = \frac{\sum\{c_j l_j + [(q_j l_j + \Delta G_j)\cos\theta_j - u_j l_j]\tan\varphi_j\} + \sum R'_{k,k}[\cos(\theta_j + \alpha_k) + \psi_v]/S_{x,k}}{\sum(q_j b_j + \Delta G_j)\sin\theta_j} \tag{8-15}$$

式中　K_s——圆弧滑动整体稳定安全系数（安全等级为一级、二级、三级的锚拉式支挡结构，K_s 分别不应小于 1.35、1.30、1.25）；

$K_{s,i}$——第 i 个滑动圆弧的抗滑力矩与滑动力矩的比值（抗滑力矩与滑动力矩之比的最小值宜通过搜索不同圆心及半径的所有潜在滑动圆弧确定）；

θ_j——第 j 土条滑弧面中点处的法线与垂直面的夹角，（°）；

l_j——第 j 土条的滑弧段长度，m，取 $l_j = b_j / \cos\theta_j$；

ΔG_j——第 j 土条的自重，kN，按天然重度计算；

$R'_{k,k}$——第 k 层锚杆对圆弧滑动体的极限拉力值，kN[应取锚杆在滑动面以外的锚固体极限抗拔承载力标准值与锚杆杆体受拉承载力标准值（$f_{ptk} A_p$ 或 $f_{yk} A_s$）的较小值；锚固体的极限抗拔承载力可按表 8-1 取值计算，但锚固段应取滑动面以外的长度]；

α_k——第 k 层锚杆的倾角，（°）；

$S_{x,k}$——第 k 层锚杆的水平间距，m；

ψ_v——计算系数[可按 $\psi_v = 0.5\sin(\theta_j + \alpha_k)\tan\varphi$ 取值，φ 为第 k 层锚杆与滑弧交点处土的内摩擦角]；

其他符号意义同前。

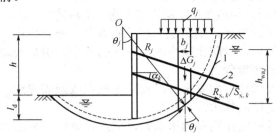

图 8-17　滑弧条分法整体稳定性验算图

表 8-1　锚杆的极限粘结强度标准值

土层名称	土层状态或密实度	q_{sik}/kPa	
		一次压力注浆	二次压力注浆
填　土		16～30	30～45
淤泥质土		16～20	20～30
黏性土	$I_L>1$	18～30	25～45
	$0.75<I_L\leq1$	30～40	45～60
	$0.50<I_L\leq0.75$	40～53	60～70
	$0.25<I_L\leq0.50$	53～65	70～85
	$0<I_L\leq0.25$	65～73	85～100
	$I_L\leq0$	73～90	100～130
粉土	$e>0.90$	22～44	40～60
	$0.75\leq e\leq0.90$	44～64	60～90
	$e<0.75$	64～100	80～130
粉细砂	稍密	22～42	40～70
	中密	42～63	75～110
	密实	63～85	90～130
中砂	稍密	54～74	70～100
	中密	74～90	100～130
	密实	90～120	130～170
粗砂	稍密	80～130	100～140
	中密	130～170	170～220
	密实	170～220	220～250
砾砂	中密、密实	190～260	240～290
风化岩	全风化	80～100	120～150
	强风化	150～200	200～260

8.3　基坑开挖与支护

8.3.1　基坑地下水控制

　　合理确定控制地下水的方案是保证工程质量、加快工程进度、取得良好社会效益和经济效益的关键。通常应根据地质、环境和施工条件以及支护结构设计等因素综合考虑。

　　地下水控制方法有集水明排法、降水法、截水和回灌技术。降水方法通常有轻型井点法、喷射井点法、管井井点法和深井泵井点法。

　　选择降水方法时，一般中粗砂以上粒径的土用水下开挖或堵截法；中砂和细砂颗粒的土用井点法和管井法；淤泥或黏土用真空法或电渗法。降水方法必须经过充分调查，并注意含水层埋藏条件及其水位或水压，含水层的透水性（渗透系数、导水系数）及富水性，地下水的排泄能力，场地周围地下水的利用情况，场地条件（周围建筑物及道路情况、地下水管线埋设情况）等。

对基坑周围环境复杂的地区，确定地下水控制方案，应充分论证和预测地下水对环境影响的变化，并采取必要措施，以防止发生因地下水的改变而引起的地面下沉、道路开裂、管线错位、建筑物偏斜、损坏等危害。

当因降水危及基坑及周边环境安全时，宜采用截水或回灌方法。截水后，基坑中的水量或水压较大时，宜采用基坑内降水。

当基坑底为隔水层且层底作用有承压水时，应进行坑底土突涌验算，必要时可采取水平封底隔渗或钻孔减压措施，以保证坑底土层稳定。

1. 集水明排法

集水明排法又称表面排水法，它是在基坑开挖过程中以及基础施工和养护期间，在基坑四周开挖集水沟汇集坑壁及坑底渗水，并引向集水井，如图 8-18 所示。

集水明排法可单独采用，亦可与其他方法结合使用。单独使用时，降水深度不宜大于 5 m，否则坑底容易产生软化、泥化，坡角出现流砂、管涌，边坡塌陷，地面沉降等问题。与其他方法结合使用时，其主要功能是收集基坑中和坑壁局部渗出的地下水和地面水。

排水沟和集水井可按下列规定布置：

（1）排水沟和集水井宜布置在拟建建筑基础边净距 0.4 m 以外，排水沟边缘离开边坡坡脚不应小于 0.3 m；在基坑四角或每隔 30～40 m 应设一个集水井。

（2）排水沟底面应比挖土面低 0.3～0.4 m，集水井底面应比沟底面低 0.5 m 以上。

（3）沟、井截面应根据排水量确定。

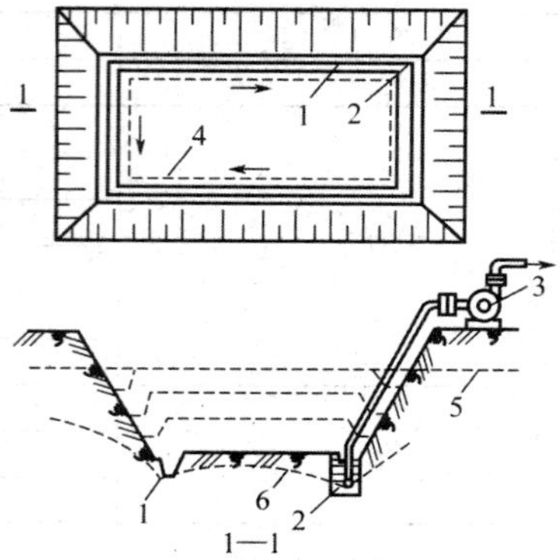

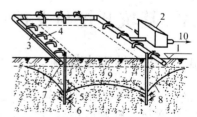

图 8-18　集水明排法
1—排水明沟；2—集水井；3—离心式水泵；4—设备基础或建筑基础边线；5—原地下水位线；6—降低后地下水位线

当基坑侧壁出现分层渗水时，可按不同高程设置导水管、导水沟等构成明排系统；当基坑侧壁渗水量较大或不能分层明排时，宜采用导水降水法。基坑明排尚应重视环境排水，当地表水对基坑侧壁产生冲刷时，宜在基坑外采取截水、封堵、导流等措施。

集水明排法所需设备简单，费用低，一般土质条件均可采用。但当地基土为饱和粉细砂土等黏聚力较小的细粒土层时，由于抽水会引起流砂现象，造成基坑破坏和坍塌，因此应避免采用集水明排法。

2. 井点降水法

井点降水法主要是将带有滤管的降水工具沉设到基坑四周的土中，利用各种抽水工具，在不扰动土的结构条件下，将地下水抽出，以利基坑开挖。一般有轻型井点、喷射井点、管井井点和深井泵井点等方法。

（1）轻型井点法。当在井内抽水时，井中的水位开始下降，周围含水层的地下水流向井中，经一段时间后达到稳定，水位形成向井弯曲的"下降漏斗"，地下水位逐渐降低到坑底设计标高以下，使施工能在干燥、无水的环境下进行，如图 8-19 所示。

图 8-19　轻型井点降低地下水示意图
1—地面；2—水泵房；3—集水总管；4—弯联管；5—井点管；6—滤管；7—静水位；8—降后水位；9—基坑；10—出水管

井点布置应当根据基坑大小、平面尺寸和降水深度要求，以及含水层的渗透性能和地下水流向等因素确定。若要求降水深度为 4～5 m，可采用单排井点；若要求降水深度大于 6 m，则可采用两级或多级井点。若基坑宽度小于 10 m，可在地下水流的上游设置单排井点。当基坑面积较大时，可设置不封闭井点或封闭井点（如环形、U 形），井点管距基坑壁不小于 1.2 m。

　　轻型井点系统包括滤管、集水总管、连接管和抽水设备。用连接管将井点管与集水总管和水泵连接，形成完整系统。抽水时，先打开真空泵抽出管路中的空气，使之形成真空，这时地下水和土中空气在真空吸力作用下被吸入集水箱，空气经真空泵排出，当集水总管存水较多时，再开动离心泵抽水。

　　降水系统接通以后，试抽水，若无漏水、漏气和淤塞等现象，即可正式使用。应控制井点系统真空度，一般不低于 55.3 kPa。管路井点有漏气时，真空度会达不到要求。为保证连续抽水，应配置双电源；待地下建筑回填后，才能拆除井点，并将井点孔回填。冬期施工时，还应对集水总管做保温处理。

　　（2）喷射井点法。喷射井点一般有喷水和喷气两种，井点系统由喷射器、高压水泵和管路组成。

　　喷射器结构形式有外接式和同心式两种，其工作原理是利用高速喷射液体的动能工作，由离心泵供给高压水流入喷嘴高速喷出，经混合室造成压力降低，形成负压和真空，则井内的水在大气压力作用下，由吸气管压入吸水室，吸入水和高速射流在混合室中相互混合，射流将本身的一部分动能传给被吸入的水，使吸入水流的动能增加，混合水流入扩散室，由于扩散室截面扩大，流速下降，大部分动能转为压能，将水由扩散室送至高处，如图 8-20 所示。

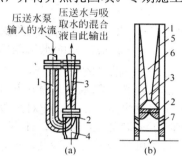

图 8-20　喷射井点构造原理图
（a）外接式；（b）同心式（喷嘴ϕ6.5）
1—输水导管（亦可为同心式）；
2—喷嘴；3—混合室（喉管）；4—吸入管；
5—内管；6—扩散室；7—工作水流

　　喷射井点管路系统布置和井点管的埋设与轻型井点基本相同。井点管间距 2～3 m，钻孔深度应比滤管底深 1 m 左右。可用套管法成孔或成孔后下钢筋笼以保护喷射器。每下一井点管立即与总管接通（不接回水管），单管试抽排泥，测真空度（一般不得小于 93.3 kPa），试抽直至井点管出水变清即停。全部接通后经试抽，工作水循环进行后，方可正式工作。工作水应保持清洁。

　　（3）管井井点法。管井井点的确定：先根据总涌水量验算单根管井极限涌水量，再确定管井的数量。管井由两部分组成，即井壁管和滤水管。井壁管可用直径为 200～300 mm 的铸铁管、无砂混凝土管、塑料管；滤水管可用钢筋焊接骨架，外包滤网（孔眼点直径为 1～2 mm），长 2～3 m，也可用实管打花孔，外缠钢丝做成。

　　根据已确定的管井数量沿基坑外围均匀设置管井。钻孔可用泥浆护壁套管法，也可用螺旋钻。但孔径应大于管井外径 150～250 mm，将钻孔底部泥浆掏净，下沉管井，用集水总管将管井连接起来，并在孔壁与管井之间填 3～15 mm 砾石作为过滤层。吸水管用直径为 50～100 mm 胶皮管或钢管，其底端应在设计降水位的最低水位以下。

　　铸铁管可用管内活塞拉孔及空压机清洗。对其他材料的管井用空压机清洗，洗至水清为止。在排水时需经常对电动机等设备进行检查，并观测水位、记录流量。

　　（4）深井泵井点法。深井泵井点由深井泵（或深井潜水泵）和井管滤网组成。

　　井孔钻孔可用钻孔机或水冲法，孔的直径应大于井管直径 200 mm。孔深应考虑到抽水期内沉淀物可能的厚度而适当加深。

　　井管应垂直放置，井管滤网应放置在含水层的适当范围内。井管内径应大于水泵外径

50 mm，孔壁与井管之间填大于滤网孔径的填充料。

应注意潜水泵电缆的可靠性，深井泵的电动机宜有阻逆装置，在换泵时应清洗滤井。

3．截水与回灌

（1）截水。基坑截水方法应根据工程地质条件、水文地质条件及施工条件等，选用水泥土搅拌桩帷幕、高压旋喷或摆喷注浆帷幕、搅拌-喷射注浆帷幕、地下连续墙或咬合式排桩。支护结构采用排桩时，可采用高压喷射注浆与排桩相互咬合的组合帷幕。

对碎石土、杂填土、泥炭质土或地下水流速较大时，宜通过试验确定高压喷射注浆帷幕的适用性。

当坑底以下存在连续分布、埋深较浅的隔水层时，应采用落底式帷幕。落底式帷幕进入下卧隔水层的深度应满足下式要求，且不宜小于 1.5 m：

$$l \geqslant 0.2\Delta h_w - 0.5b \tag{8-16}$$

式中　　l——帷幕进入隔水层的深度，m；

　　　　Δh_w——基坑内外的水头差值，m；

　　　　b——帷幕的厚度，m。

（2）回灌。降水时，基坑周围形成降水漏斗，在降水漏斗范围内的土体会由于有效应力的增加而发生压缩沉降，使对沉降和不均匀沉降敏感的建筑物或地下设施、管线等受到损害，此时除了采取截水措施外，还可以采用回灌措施减少或避免降水的有害影响。

回灌可采用井点、砂井、砂沟等，一般回灌井与降水井相距不小于 6 m。回灌水宜用清水，回灌水量根据水位观测孔进行控制和调节，一般回灌水位不宜高于原地下水位。如果建筑物离基坑稍远，且为较均匀的透水层，中间无隔水层，则采用最简单的回灌沟方法进行回灌较好且经济易行，如图 8-21 所示。但如果建筑物离基坑近，且为弱透水层或透水层中间夹有弱透水层和隔水层，则须用回灌井点进行回灌，如图 8-22 所示。

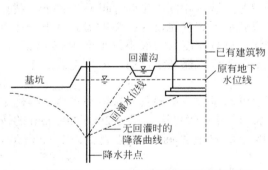
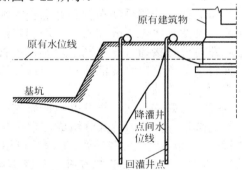

图 8-21　井点降水与回灌沟回灌示意图　　　　图 8-22　井点降水与回灌井点回灌示意图

8.3.2　基坑支护结构设计

1．勘察要求与环境调查

（1）基坑工程的岩土勘察应符合下列规定：

1）勘探点范围应根据基坑开挖深度及场地的岩土工程条件确定；基坑外宜布置勘探点，其范围不宜小于基坑深度的 1 倍；当需要采用锚杆时，基坑外勘探点的范围不宜小于基坑深度的 2 倍；当基坑外无法布置勘探点时，应通过调查取得相关勘察资料并结合场地内的勘察资料进行综合分析。

2）勘探点应沿基坑边布置，其间距宜取 15～25 m；当场地存在软弱土层、暗沟或岩溶等复杂地质条件时，应加密勘探点并查明其分布和工程特性。

3）基坑周边勘探孔的深度不宜小于基坑深度的 2 倍；基坑面以下存在软弱土层或承压含水层时，勘探孔深度应穿过软弱土层或承压含水层。

4）应按《岩土工程勘察规范》（GB 50021—2001）（2009 年版）的规定进行原位测试和室内试验，并提出各层土的物理性质指标和力学参数。

5）当有地下水时，应查明各含水层的埋深、厚度和分布，判断地下水类型、补给和排泄条件；有承压水时，应分层测量其水头高度。

6）应对基坑开挖与支护结构使用期内地下水位的变化幅度进行分析。

7）当基坑需要降水时，宜采用抽水试验测定各含水层的渗透系数与影响半径；勘察报告中应提出各含水层的渗透系数。

8）当建筑地基勘察资料不能满足基坑支护设计与施工要求时，宜进行补充勘察。

（2）基坑支护设计前，应查明下列基坑周边环境条件：

1）既有建筑物的结构类型、层数、位置、基础形式和尺寸、埋深、使用年限、用途等；

2）各种既有地下管线、地下构筑物的类型、位置、尺寸、埋深、使用年限、用途等；对既有供水、污水、雨水等地下输水管线，尚应包括其使用状况及渗漏状况；

3）道路的类型、位置、宽度、道路行驶情况、最大车辆荷载等；

4）确定基坑开挖与支护结构使用期内施工材料、施工设备的荷载；

5）雨期时的场地周围地表水汇流和排泄条件，地表水的渗入对地层土性影响的状况。

2．支护结构选型

（1）支护结构选型时，应综合考虑下列因素：

1）基坑深度；

2）土的性状及地下水条件；

3）基坑周边环境对基坑变形的承受能力及支护结构一旦失效可能产生的后果；

4）主体地下结构及其基础形式、基坑平面尺寸及形状；

5）支护结构施工工艺的可行性；

6）施工场地条件及施工季节；

7）经济指标、环保性能和施工工期。

（2）可按表 8-2 选择支护结构。

表 8-2　各类支护结构的适用条件

结构类型		适用条件	
		安全等级	基坑深度、环境条件、土类和地下水条件
支挡式结构	锚拉式结构	一级二级三级	适用于较深的基坑	1. 排桩适用于可采用降水或截水帷幕的基坑；2. 地下连续墙宜同时用作主体地下结构外墙，可同时用于截水；3. 锚杆不宜用在软土层和高水位的碎石土、砂土层中；4. 当邻近基坑有建筑物地下室、地下构筑物等，锚杆的有效锚固长度不足时，不应采用锚杆；5. 当锚杆施工会造成基坑周边建（构）筑物的损害或违反城市地下空间规划等规定时，不应采用锚杆
	支撑式结构		适用于较深的基坑	
	悬臂式结构		适用于较浅的基坑	
	双排桩		当拉锚式、支撑式和悬臂式结构不适用时，可考虑采用双排桩	
	支护结构与主体结构结合的逆作法		适用于基坑周边环境条件很复杂的深基坑	

结构类型		适用条件		
		安全等级	基坑深度、环境条件、土类和地下水条件	
土钉墙	单一土钉墙	二级三级	适用于地下水位以上或经降水的非软土基坑，且基坑深度不宜大于 12 m	当基坑潜在滑动面内有建筑物、重要地下管线时，不宜采用土钉墙
	预应力锚杆复合土钉墙		适用于地下水位以上或经降水的非软土基坑，且基坑深度不宜大于 15 m	
	水泥土桩垂直复合土钉墙		用于非软土基坑时，基坑深度不宜大于 12 m；用于淤泥质土基坑时，基坑深度不宜大于 6 m；不宜用在高水位的碎石土、砂土、粉土层中	
	微型桩垂直复合土钉墙		适用于地下水位以上或经降水的基坑，用于非软土基坑时，基坑深度不宜大于 12 m；用于淤泥质土基坑时，基坑深度不宜大于 6 m	
重力式水泥土墙		二级三级	适用于淤泥质土、淤泥基坑，且基坑深度不宜大于 7 m	
放坡		三级	1.施工场地应满足放坡条件； 2.可与上述支护结构形式结合	

注：① 当基坑不同部位的周边环境条件、土层性状、基坑深度等不同时，可在不同部位分别采用不同的支护形式；
　　② 支护结构可采用上、下部以不同结构类型组合的形式。

3．排桩、地下连续墙支护结构

悬臂式桩、墙的设计计算常采用极限平衡法和布鲁姆（H.Blum）简化计算法。

（1）极限平衡法。对于悬臂式支护结构，可采用三角形分布土压力模式，计算简图如图 8-23 所示。

当单位宽度桩墙两侧所受的净土压力相平衡时，桩墙处于稳定状态，相应的桩墙入土深度即为其保证稳定所需的最小入土深度，可根据静力平衡条件求出。具体计算步骤如下：

1）计算桩墙底端后侧主动土压力 e_{a3} 及前侧被动土压力 e_{p3}，然后叠加求出第一个土压力为零的点 O 距基坑底面的距离 u；

2）计算 O 点以上土压力合力 $\sum E$，求出 $\sum E$ 作用点至 O 点的距离 y；

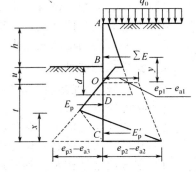

图 8-23　悬臂式桩墙计算静力平衡法

3）计算桩、墙底端前侧主动土压力 e_{a2} 和后侧被动土压力 e_{p2}；

4）计算 O 点处桩墙前侧主动土压力 e_{a1} 和后侧被动土压力 e_{p1}；

5）根据作用在支护结构上的全部水平作用力平衡条件（$\sum X = 00$）和绕墙底端力矩平衡条件（$\sum M = 0$）得

$$\sum E + [(e_{p3} - e_{a3}) + (e_{p2} - e_{a2})]\frac{z}{2} - (e_{p3} - e_{a3})\frac{t}{2} = 0 \tag{8-17}$$

$$\sum (t + y)E + [(e_{p3} - e_{a3}) + (e_{p2} - e_{a2})]\frac{z}{2} \cdot \frac{z}{3} - (e_{p3} - e_{a3})\frac{t}{2} \cdot \frac{t}{3} = 0 \tag{8-18}$$

上两式中，只有 z 和 t 两个未知数，将 e_{a2}、e_{p2}、e_{a3}、e_{p3} 计算公式代入并消去 z，可得一个关于 t 的方程，求解该方程，即可求出 O 点以下桩墙的入土深度（有效嵌固深度）t。

为安全起见，实际嵌入基坑底面以下的入土深度为

$$t_c = u + (1.2 \sim 1.4)t \tag{8-19}$$

6）计算桩墙最大弯矩 M_{max}。根据最大弯矩点剪力为零，求出最大弯矩点 D 离基坑底的

距离 d，再根据 D 点以上所有力对 D 点取矩，可求得最大弯矩 M_{max}。

（2）布鲁姆简化计算法。布鲁姆法的计算简图如图 8-24 所示。桩墙底部后侧出现的被动土压力以一个集中力 E'_p 代替。由桩墙底部 C 点的力矩平衡条件 $\sum M = 0$，有

$$(h+u+t-h_a)\sum E - \frac{1}{3}E_p = 0 \qquad (8\text{-}20)$$

因 $E_p = \frac{1}{2}\gamma(K_p - K_a)t^2$，代入上式可得

$$t^3 - \frac{6\sum E}{\gamma(K_p - K_a)}t - \frac{6(h+u-h_a)\sum E}{\gamma(K_p - K_a)} = 0 \qquad (8\text{-}21)$$

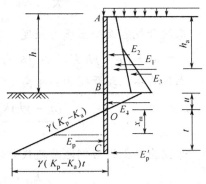

图 8-24　悬臂式桩墙计算布鲁姆法

式中　　t——桩墙的有效嵌固深度，m；

$\sum E$——桩墙后侧 AO 段作用于桩墙上净土、水压力，kN/m；

K_a——主动土压力系数；

K_p——被动土压力系数；

γ——土体重度，kN/m³；

h——基坑开挖深度，m；

h_a——$\sum E$ 作用点距地面距离，m；

u——土压力零点 O 距基坑底面的距离，m。

由式（8-21），经试算可求出桩墙的有效嵌固深度 t。为了保证桩墙的稳定，基坑底面以下的最小插入深度 t_c 应为

$$t_c = u + (1.1 \sim 1.4)t \qquad (8\text{-}22)$$

最大弯矩应在剪力为零（$\sum Q = 0$）处，于是有

$$\sum E - \frac{1}{2}\gamma(K_p - K_a)x_m^2 = 0 \qquad (8\text{-}23)$$

由此可求得最大弯矩点距土压力为零点 O 的距离 x_m 为

$$x_m = \sqrt{\frac{2\sum E}{\gamma(K_p - K_a)}} \qquad (8\text{-}24)$$

而此处的最大弯矩为

$$M_{max} = (h+u+x_m-h_a)\sum E - \frac{\gamma(K_p - K_a)x_m^3}{6} \qquad (8\text{-}25)$$

【工程应用例题 8-1】　某基坑开挖深度 $h = 5.0$ m。土层重度为 20 kN/m³，内摩擦角 $\varphi = 20°$，黏聚力 $c = 10$ kPa，地面超载 $q_0 = 10$ kPa。现拟采用悬臂式排桩支护，试确定桩的最小长度和最大弯矩。

解：沿支护墙长度方向取 1 延长米进行计算，则有：

主动土压力系数

$$K_a = \tan^2\left(45° - \frac{\varphi}{2}\right) = \tan^2\left(45° - \frac{20°}{2}\right) = 0.49$$

被动土压力系数

$$K_p = \tan^2\left(45° - \frac{\varphi}{2}\right) = \tan^2\left(45° - \frac{20°}{2}\right) = 2.04$$

基坑开挖底面处土压力强度

$$e_a = (q_0 + \gamma h)K_a - 2c\sqrt{K_a} = (10 + 20 \times 5) \times 0.49 - 2 \times 10 \times \sqrt{0.49} = 39.90(\text{kN/m}^2)$$

土压力零点距开挖面的距离

$$u = \frac{(q_0 + \gamma h)K_a - 2c\left(\sqrt{K_a} + \sqrt{K_p}\right)}{\gamma(K_p - K_a)} = \frac{11.33}{31.00} = 0.37(\text{m})$$

开挖面以上桩后侧地面超载引起的侧压力

$$E_{a1} = q_0 K_a h = 1.0 \times 0.49 \times 5 = 24.5(\text{kN})$$

其作用点距地面的距离

$$h_{a1} = \frac{1}{2}h = \frac{1}{2} \times 5 = 2.5(\text{m})$$

开挖面以上桩后侧主动土压力

$$E_{a2} = \frac{1}{2}\gamma h^2 K_a - 2ch\sqrt{K_a} + \frac{2c^2}{\gamma} = \frac{1}{2} \times 20 \times 5^2 \times 0.49 - 2 \times 10 \times 5\sqrt{0.49} + \frac{2 \times 10^2}{20} = 62.5(\text{kN})$$

其作用点距地面的距离

$$h_{a2} = \frac{2}{3}\left(h - \frac{2c}{\gamma\sqrt{K_a}}\right) = \frac{2}{3} \times \left(5 - \frac{2 \times 10}{20 \times \sqrt{0.49}}\right) = 2.38(\text{m})$$

桩后侧开挖面至土压力零点净土压力

$$E_{a3} = \frac{1}{2}(e_a - e_p) = \frac{1}{2} \times (39.90 - 28.57) \times 0.37 = 2.10(\text{kN/m})$$

其作用点距地面的距离

$$h_{a3} = h + \frac{1}{3}u = 5 + \frac{1}{3} \times 0.37 = 5.12(\text{m})$$

作用于桩后的土压力合力

$$\sum E = E_{a1} + E_{a2} + E_{a3} = 24.5 + 62.5 + 2.10 = 89.10(\text{kN})$$

$\sum E$ 的作用点距地面的距离

$$h_a = \frac{E_{a1}h_{a1} + E_{a2}h_{a2} + E_{a3}h_{a3}}{\sum E} = \frac{24.5 \times 2.5 + 62.8 \times 2.38 + 2.10 \times 5.12}{89.10} = 2.08(\text{m})$$

将上述计算得到的 K_a、K_p、u、$\sum E$、h_a 值代入式（8-21）得

$$t^3 - \frac{6 \times 89.10}{20 \times (2.04 - 0.49)}t - \frac{6 \times 89.10 \times (5 + 0.37 - 2.08)}{20 \times (2.04 - 0.49)} = 0$$

即

$$t^3 - 17.25t - 56.74 = 0$$

由此可解得 t=5.29 m。

取增大系数 $K_t' = 1.3$，则桩的最小长度

$$l_{min} = h + u + 1.3 \times t = 5 + 0.37 + 1.3 \times 5.29 = 12.25(\text{m})$$

最大弯矩点距土压力零点的距离

$$x_\mathrm{m} = \sqrt{\frac{2\sum E}{(K_\mathrm{p} - K_\mathrm{a})\gamma}} = \sqrt{\frac{2 \times 89.10}{(2.04 - 0.49) \times 20}} = 2.40(\mathrm{m})$$

最大弯矩

$$M_\mathrm{max} = 90.97 \times (5 + 0.37 + 2.40 - 2.08) - \frac{20 \times (2.04 - 0.49) \times 2.4^3}{6} = 435.56(\mathrm{kN \cdot m})$$

（3）单层支锚桩、墙计算。单层支锚桩、墙支护结构因在顶端附近设有一支撑或拉锚，可认为在支锚点处无水平移动而简化成一简支撑，但桩、墙下端的支承情况与其入土深度有关，因此，单支锚支护结构的计算与桩墙的入土深度有关。

1）入土较浅时，单支点桩墙支护结构计算。当支护桩、墙入土深度较浅时，桩、墙前侧的被动土压力全部发挥，墙的底端可能有少许向前位移的现象发生。桩、墙前后的被动和主动土压力对支锚点的力矩相等，墙体处于极限平衡状态。此时，桩墙可看作在支锚点铰支而下端自由的结构（图8-25）。取单位墙宽分析，对于排桩，以每根桩的控制宽度作为分析单元。桩墙的有效嵌固深度 t，根据对支点 A 的力矩平衡条件（$\sum M_\mathrm{A} = 0$）求得：

$$\sum E(h_\mathrm{a} - h_0) - E_\mathrm{p}\left(h - h_0 + u + \frac{2}{3}t\right) = 0 \tag{8-26}$$

由上式经试算可求出 t。桩墙在基坑底以下的最小插入深度 t_c 仍可按式（8-22）确定。

支点 A 处的水平力 R_a 根据水平力平衡条件求出：

$$R_\mathrm{a} = \sum E - E_\mathrm{p} \tag{8-27}$$

根据最大弯矩截面的剪力等于零，可求得最大弯矩截面距土压力零点的距离 x_m：

$$x_\mathrm{m} = \sqrt{\frac{2(\sum E - R_\mathrm{a})}{\gamma(K_\mathrm{p} - K_\mathrm{a})}} \tag{8-28}$$

由此可求出最大弯矩：

$$M_\mathrm{max} = \sum E(h - h_\mathrm{a} + u + x_\mathrm{m}) - R_\mathrm{a}(h - h_0 + u + x_\mathrm{m}) - \frac{1}{6}\gamma(K_\mathrm{p} - K_\mathrm{a})x_\mathrm{m}^3 \tag{8-29}$$

2）入土较深时单支点桩墙支护结构计算。当支护桩、墙入土深度较深时，桩、墙的底端向后倾斜，墙前墙后均出现被动土压力，支护桩在土中处于弹性嵌固状态，相当于上端简支而下端嵌固的超静定梁。工程上常采用等值梁法来计算。

等值梁法基本原理如图8-26所示。一根一端固定另一端简支的梁，弯矩的反弯点在 b 点，该点弯矩为零。如果在 b 点切开，并规定 b 点为左端梁的简支点，这样在 ab 段内的弯矩保持不变，由此，简支梁 ab 称为 ac 梁 ab 段的等值梁。

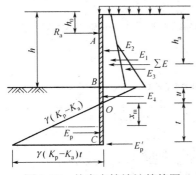

图 8-25　单支点桩墙计算简图

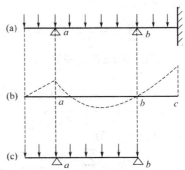

图 8-26　等值梁法基本原理

等值梁法应用于单支点桩墙计算，其计算步骤如下：

1）确定正负弯矩反弯点的位置。实测结果表明，净土压力零点位置与弯矩零点位置很接近，因此可假定反弯点就在净土压力零点处。它距基坑底面的距离 u 根据作用于墙前后侧土压力为零的条件求出。

2）由等值梁 AO 根据平衡方程计算支点反力 R_a 和 O 点剪力 Q_0：

$$R_a = \frac{\sum E(h - h_a + u)}{h - h_0 + u} \tag{8-30}$$

$$Q_0 = \frac{\sum E(h_a - h_0)}{h - h_0 + u} \tag{8-31}$$

3）取桩墙下段 OC 为隔离体，取 $\sum M_C = 0$，可求出有效嵌固深度 t：

$$t = \sqrt{\frac{6Q_0}{\gamma(K_p - K_a)}} \tag{8-32}$$

而桩墙在基坑底以下的最小插入深度 t_c 仍按式（8-22）确定。

4）由等值梁 AO 求算最大弯矩 M_{max}。由于作用于桩墙上的力均已求得，M_{max} 可以很方便地求出。

【工程应用例题 8-2】 某基坑工程开挖深度 h=8.0 m，采用单支点桩锚支护结构，支点离地面距离 h_0=1 m，支点水平间距 s_h=2.0 m。地基土层参数加权平均值：黏聚力 c=0，内摩擦角 φ = 28°，重度 γ=18.0 kN/m³。地面超载 q_0=20 kPa。试用等值梁法计算桩墙的入土深度 t_c、水平支锚力 R_a 和最大弯矩 M_{max}。

解： 取每根桩的控制宽度 s_h 作为计算单元。

主动和被动土压力系数分别为

$$K_a=0.36，K_p=2.77$$

墙后地面处土压力强度

$$e_{a1} = q_0 K_a - 2c\sqrt{K_a} = 20 \times 0.36 - 2 \times 0 \times \sqrt{0.36} = 7.20 (kPa)$$

墙后基坑底面处土压力强度

$$e_{a2} = (20 + 18 \times 8) \times 0.36 - 2 \times 0 \times \sqrt{0.36} = 59.04 (kPa)$$

净土压力零点离基坑底距离

$$u = \frac{e_{a2}}{\gamma(K_p - K_a)} = \frac{59.04}{18 \times (2.77 - 0.36)} = 1.36 (m)$$

墙后净土压力

$$\sum E = \frac{1}{2} \times (7.20 + 59.04) \times 8 \times 2 + \frac{1}{2} \times 59.04 \times 1.36 \times 2 = 610.21 (kN)$$

$\sum E$ 作用点离地面的距离

$$h_a = \frac{\frac{1}{2} \times 7.2 \times 8^2 \times 2 + \frac{1}{3} \times (59.04 - 7.2) \times 8^2 \times 2}{610.21} + \frac{\frac{1}{2} \times 59.04 \times 1.36 \times 2 \times \left(8 + \frac{1}{3} \times 1.36\right)}{610.21} = 5.49 (m)$$

支点水平锚固拉力

$$R_a = \frac{\sum E(h + u - h_a)}{h + u - h_0} = \frac{610.21 \times (8 + 1.36 - 5.49)}{8 + 1.36 - 1} = 282.48 (kN)$$

土压力零点（弯矩为零点）剪力

$$Q_0 = \frac{\sum E(h_a - h_0)}{h + u - h_0} = \frac{610.21 \times (5.49 - 1)}{8 + 1.36 - 1} = 327.73 (\text{kN})$$

桩的有效嵌固深度

$$t = \sqrt{\frac{6Q_0}{\gamma(K_p - K_a)s_h}} = \sqrt{\frac{6 \times 327.73}{18 \times (2.77 - 0.36) \times 2}} = 4.76 (\text{m})$$

桩的最小长度

$$l = h + u + 1.4t = 8 + 1.36 + 1.4 \times 4.76 = 16.02 (\text{m})$$

求剪力为零点离地面距离 h_q，由 $R_a - \frac{1}{2}\gamma h_q^2 K_a s_h = 0$ 得

$$h_q = \frac{-q_0 K_a s_h + \sqrt{q_0^2 K_a^2 s_h^2 + 2\gamma K_a s_h R_a}}{\gamma K_a S_h} = \frac{1}{\gamma}(-q_0 + \sqrt{q_0^2 + 2\gamma R_a / K_a s_h})$$

$$= \frac{-20 + \sqrt{20^2 + 2 \times 18 \times 282.48/(0.36 \times 2.0)}}{18} = 5.58 (\text{m})$$

最大弯矩

$$M_{max} = 282.48 \times (5.58 - 1) - \frac{1}{6} \times 18 \times 5.58^3 \times 0.36 \times 2.0 - \frac{1}{2} \times 20 \times 5.58^2 \times 0.36 \times 2.0$$

$$= 694.30 (\text{kN} \cdot \text{m})$$

（4）多支点桩、墙计算。当土质较差、基坑又较深时，通常采用多层支锚结构，支锚层数及位置则根据土层分布及性质、基坑深度、支护结构刚度和材料强度以及施工要求等因素确定。

目前对多支点支护结构的计算方法通常采用等值梁法、连续梁法、支撑荷载 1/2 分担法、弹性支点法以及有限单元法等。以下对几种主要方法予以简单介绍。

1）连续梁法。多支撑支护结构可看作刚性支承（支座无位移）的连续梁，如图 8-27 所示，应按以下各施工阶段的情况分别计算。

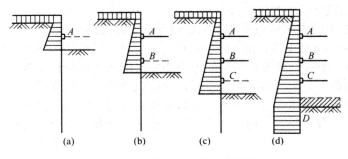

图 8-27　各施工阶段的计算简图

① 在设置支撑 A 以前的开挖阶段[图 8-27（a）]，可将挡墙作为一端嵌固在土中的悬臂桩。

② 在设置支撑 B 以前的开挖阶段[图 8-27（b）]，挡墙是两个支点的静定梁，两个支点分别是 A 及净土压力为零的一点。

③ 在设置支撑 C 以前的开挖阶段[图 8-27（c）]，挡墙是具有三个支点的连续梁，三个支

点分别为 A、B 及净土压力零点。

④ 在浇筑底板以前的开挖阶段[图 8-27（d）]，挡墙是具有四个支点的三跨连续梁。

2）支撑荷载 1/2 分担法。对多支点的支护结构，若支护墙后的主动土压力分布采用太沙基和佩克假定的图式，则支撑或拉锚的内力及其支护墙的弯矩，可按以下经验法计算。

① 每道支撑或拉锚所受的力是相邻两个半跨的土压力荷载值；

② 假设土压力强度用 q 表示，对于按连续梁计算，最大支座弯矩（三跨以上）为 $M=ql^2/10$，最大跨中弯矩为 $M=ql^2/20$。

③ 弹性支点法。工程界又称其为弹性抗力法、地基反力法。其计算方法如下：

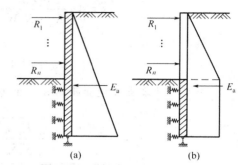

图 8-28　弹性支点法计算简图
（a）三角形土压力模式；（b）矩形土压力模式

a. 墙后的荷载既可直接按朗肯主动土压力理论计算[三角形分布土压力模式，图 8-28（a）]又可按矩形分布的经验土压力模式[图 8-28（b）]计算。后者在我国基坑支护结构设计中被广泛采用。

b. 基坑开挖面以下的支护结构受到的土体抗力用弹簧模拟：

$$\sigma_x = k_s y \qquad\qquad (8\text{-}33)$$

式中　k_s——地基土的水平抗力系数，kN/m^3；

　　y——土体的水平变形，m。

c. 支锚点按刚度系数为 k_z 的弹簧进行模拟。以"m"法为例，基坑支护结构的基本挠曲微分方程为

$$EI\frac{d^4y}{dz^4} + m \cdot z \cdot b \cdot y - e_a \cdot b_s = 0 \qquad\qquad (8\text{-}34)$$

式中　EI——支护结构的抗弯刚度，$kN \cdot m^2$；

　　y——支护结构的水平挠曲变形，m；

　　z——竖向坐标，m；

　　b——支护结构宽度，m；

　　e_a——主动侧土压力强度，kPa；

　　m——地基土的水平抗力系数 k_s 的比例系数，kN/m^4；

　　b_s——主动侧荷载宽度，m（排桩取桩间距，地下连续墙取单位宽度）。

求解式（8-34）即可得到支护结构的内力和变形，通常可用杆系有限元法求解。首先，将支护结构进行离散，支护结构采用梁单元，支撑或锚杆用弹性支撑单元，外荷载为支护结构后侧的主动土压力和水压力，其中水压力既可单独计算，即采用水土分算模式；又可与土压力一起算，即水土合算模式。但需注意的是，水土分算和水土合算时所采用的土体抗剪强度指标不同。

4. 水泥土桩墙

水泥土是一种具有一定刚性的脆性材料，其抗压强度比抗拉强度大得多，因此水泥土桩墙的很多性能类似重力式挡土墙，设计时一般按重力式挡土墙考虑。但由于水泥土桩墙与一般重力式挡土墙相比，埋置深度相对较大，而桩体本身刚性不大，所以实际工程中变形也较大，其变形规律介于刚性挡土墙和柔性支挡结构之间。因此，为安全计，可沿用重力式挡墙的方法验算其抗倾覆、抗滑移稳定性，用圆弧滑动法验算整体稳定性。

（1）土压力计算。对于水泥土桩墙支护结构，作用在其上的土压力通常按朗肯土压力理论计算，但也有按梯形土压力分布形式计算的（图8-29）。水压力的计算既可与土压力合算又可分开计算。

（2）抗倾覆稳定性验算。

水泥土桩墙绕墙趾 O 的抗倾覆稳定安全系数：

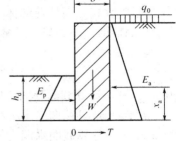

图8-29　水泥土桩墙稳定性验算

$$K_q = \frac{抗倾覆力矩}{倾覆力矩} = \frac{bW/2 + z_p E_p}{z_a E_a}$$

（8-35）

式中　K_q——抗倾覆安全系数，根据基坑的坑壁安全等级、结构形式以及采用的计算理论和相应的土工参数进行确定，一般取 $K_q \geqslant 1.0 \sim 1.3$，等级高的取上限，等级低的取下限；

b——水泥土桩墙厚度，m；

W——墙体自重，kN；

z_a——主动土压力作用线离墙趾距离，m；

E_a——墙后主动土压力，kN；

E_p——墙前被动土压力，kN；

z_p——被动土压力作用线离墙趾距离，m。

（3）抗滑移稳定性验算。水泥土桩墙沿墙底抗滑移安全系数由下式确定：

$$K_h = \frac{墙体抗滑力}{墙体滑动力} = \frac{W \tan \varphi_0 + c_0 b + E_p}{E_a}$$

（8-36）

式中　c_0——墙底土层的黏聚力，kPa；

φ_0——墙底土层的内摩擦角，（°）；

K_h——墙底抗滑移安全系数；一般取 $K_h \geqslant 1.15 \sim 1.20$。

墙底抗滑移安全系数也可根据水泥土桩墙结构基底的摩擦系数进行计算：

$$K_h = \frac{\mu W + E_p}{E_a}$$

（8-37）

式中　μ——墙体基底与土的摩擦系数（当无试验资料时，可按经验取值，一般对淤泥质土：$\mu = 0.20 \sim 0.25$；黏性土：$\mu = 0.25 \sim 0.40$；砂土：$\mu = 0.25 \sim 0.50$）。

（4）墙体应力计算。水泥土桩墙的墙体应力验算包括正应力与剪应力验算两个方面。

1）墙体正应力验算。水泥土桩墙墙体应力按下式验算：

$$\begin{cases} \sigma_{max} = \bar{\gamma} z + q_0 + M x_1 / I \leqslant q_u / K_j \\ \sigma_{min} = \bar{\gamma} z - M x_2 / I \geqslant 0 \end{cases}$$

（8-38）

式中　σ_{max}、σ_{min}——计算截面上的最大及最小应力，kPa；

$\bar{\gamma}$——墙体平均重度，kN/m³；

z——计算截面以上水泥土墙的高度，m；

q_0——支护结构顶面堆载，kPa；

M——墙体在计算截面处的弯矩，kN·m；

x_1、x_2——墙体在计算截面处的截面形心至最大、最小应力点的距离，m；

I——墙体在截面处水泥土截面的惯性矩，m⁴；

q_u ——水泥土无侧限抗压强度，kPa；

K_j ——考虑水泥土强度不均匀的系数（取 2.0，当墙体插毛竹时，可取 $K_j=1.5$）。

一般取坑底截面处及墙体变截面处验算。如不满足要求，应加大支护结构的厚度。

2）墙体剪应力验算。墙体剪应力验算按下式进行：

$$\tau = \frac{E_a'}{mb} \leqslant 0.1 \frac{q_u}{K_j} \tag{8-39}$$

式中 τ ——计算截面处的剪应力，kPa；

E_a' ——计算截面以上主动土压力的合力，kN；

m ——计算截面水泥土的置换率，为水泥土面积与总截面面积的比值。

（5）基底地基承载力验算。水泥土墙是由加固土形成的重力式挡墙，加固后的墙重比原状土增加不大，一般仅增加 3%左右。因此基底承载力一般可满足要求，不必验算。若基底土质确实很差，如为较厚的软弱土层，则应对地基承载力进行验算，验算方法按有关规范进行，验算截面选取基底截面。

【工程应用例题 8-3】 某基坑开挖深度 h=5.0 m，采用水泥土搅拌桩墙进行支护，墙体宽度 b=4.5 m，墙体入土深度（基坑开挖面以下）h_d=7.5 m，墙体重度 γ_0=20 kN/m³，墙体与土体摩擦系数 μ=0.3。基坑土层重度 γ=19.5 kN/m³，内摩擦角 φ = 24°，黏聚力 c=0，地面超载 q_0=20 kPa。试验算支护墙的抗倾覆、抗滑移稳定性。

解： 沿墙体纵向取 1 延长米进行计算。则主动和被动土压力系数为

$$K_a = \tan^2\left(45° - \frac{24°}{2}\right) = 0.42 , \quad K_p = \tan^2\left(45° - \frac{24°}{2}\right) = 2.37$$

地面超载引起的主动土压力为

$$E_{a1} = q_0(h + h_d)K_a = 20 \times (5 + 6.5) \times 0.42 = 96.60 \text{(kN)}$$

E_{a1} 的作用点距墙趾的距离 $z_{a1} = \frac{1}{2}(h + h_d) = \frac{1}{2} \times (5 + 6.5) = 5.75 \text{(m)}$

墙后的主动土压力 $E_{a2} = \frac{1}{2}\gamma(h + h_d)^2 K_a = \frac{1}{2} \times 19.5 \times (5 + 6.5)^2 \times 0.42 = 541.56 \text{(kN)}$

E_a 的作用点距墙趾的距离 $z_{a2} = \frac{1}{3}(h + h_d) = \frac{1}{3} \times (5 + 6.5) = 3.83 \text{(m)}$

墙前的被动土压力 $E_p = \frac{1}{2}\gamma h_d^2 K_p = \frac{1}{2} \times 19.5 \times 6.5^2 \times 2.37 = 976.29 \text{(kN)}$

E_p 的作用点距墙趾的距离 $z_p = \frac{1}{3} h_d = \frac{1}{3} \times 6.5 = 2.17 \text{(m)}$

墙体自重 $W = b(h + h_d)\gamma_0 = 4.5 \times (5 + 6.5) \times 20 = 1\,035 \text{(kN)}$

抗倾覆安全系数为

$$K_q = \frac{\frac{1}{2}bW + E_p z_p}{E_{a1}z_{a1} + E_{a2}z_{a2}} = \frac{\frac{1}{2} \times 4.5 \times 1\,035 + 976.29 \times 2.17}{96.60 \times 5.75 + 541.56 \times 3.83} = 1.69 > 1.6 , \text{满足要求}.$$

抗滑移安全系数为

$$K_h = \frac{\mu W + E_p}{E_a} = \frac{0.3 \times 1\,035 + 976.29}{96.60 + 541.56} = 2.02 > 1.3 , \text{满足要求}.$$

（6）水泥土桩墙变形计算。水泥土桩墙的变形包括墙体的弹性挠曲和刚体位移（平移和转动）。

1）弹性挠曲计算。由于水泥土桩墙本身不是完全的刚体，在基坑开挖时，墙身的强度往往不高，只有暴露于空气之后，强度才迅速形成。因此，由于墙身的弹性挠曲引起的墙体变形不可忽略，工程上一般忽略基坑开挖面以下墙身的挠曲，把墙身固定在坑底处，按悬臂梁计算墙身的弹性挠曲（图 8-30）：

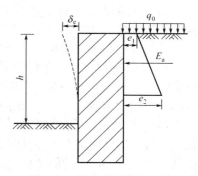

图 8-30　墙体弹性挠曲计算

$$\delta_e = \frac{11e_1 + 4e_2}{120EI}h^4 \qquad (8-40)$$

式中　　δ_e——墙体的最大挠曲，mm；

E——墙体的弹性模量，MPa；

e_1、e_2——墙体在顶面和开挖面的土压力强度，N/m^2；

h——墙体的高度，m；

I——墙身截面惯性矩，m^4。

对于成层土体，由于土压力的分布比较复杂，可适当简化。同时水泥土桩墙的弹性模量可假定为定值，一般取 $E=（100\sim120）q_u$（q_u 为水泥土的无侧限抗压强度）。

2）刚体位移。水泥土桩墙的刚体位移包含刚性水平滑移和刚性转动位移两部分。刚性水平滑移的计算目前仍无完善的理论和方法。刚性转动位移计算是假定墙体为刚性（刚度无穷大），在墙后土压力、墙前土抗力和墙底地基土反力作用下，墙体绕某点 O 做刚性转动，然后根据静力平衡条件求出墙身的转动和墙顶的位移。其中墙后的土压力，在开挖面以上按朗肯土压力公式计算，呈三角形分布，在开挖面以下假定呈矩形分布。墙前土体的抗力则利用一个个独立作用的弹簧来模拟，可按"m"法计算。

（7）水泥土桩墙构造要求。在进行水泥土桩墙设计时，尚应满足如下构造要求：

1）水泥土桩墙采用格栅式布置时，水泥土桩的置换率：对淤泥不得小于 0.8，对淤泥质土不得小于 0.7，对其他土质条件不得小于 0.7。

2）水泥土桩与桩之间的搭接应视挡土及抗渗的不同要求而定。对同时具有挡土和抗渗作用要求者，桩与桩之间的搭接长度不小于 200 mm。

3）水泥土桩可设计成不同埋置深度，使墙底桩头参差不齐，以提高墙底与土体之间的摩擦力，从而提高抗滑移稳定性。

4）对于水泥土桩墙和传统重力式挡墙，在某一确定的嵌固深度条件下，无论是为满足抗倾覆稳定性还是抗滑移稳定性，增加墙宽都是最有效而经济的措施。

5. 土钉支护结构

土钉支护设计应满足规定的强度、稳定性、变形和耐久性等要求。设计须自始至终与施工及现场检测相结合，施工中出现的情况以及检测数据，应及时反馈修改设计，并指导下一步施工。土钉支护设计内容包括结构参数确定、土钉拉力设计以及土钉墙内、外部稳定性分析等内容。

（1）结构参数确定。

1）土钉长度。一般对非饱和土，土钉长度 L 与开挖深度 H 之比取 0.7～1.2；密实砂土及干硬性黏土取小值。为减小变形，顶部土钉长度宜适当增加。非饱和土底部土钉长度可适当减小，但不宜小于 0.5H。对于饱和软土，由于土体抗剪能力很低，设计时取 L/H 大于 1 为宜。

2）土钉间距。土钉间距的大小影响土体的整体作用效果，目前尚不能给出有足够理论依据的定量指标。土钉的水平间距和垂直间距一般宜为 1.2～2.0 m。垂直间距依土层及计算确定，且与开挖深度相对应。上下插筋交错排列，遇局部软弱土层间距可小于 1.0 m。

3）土钉筋材尺寸。土钉中采用的筋材有钢筋、角钢、钢管等，其常用尺寸如下：当采用钢筋时，一般为 $\phi 18 \sim \phi 32$，HRB335 级以上螺纹钢筋。当采用角钢时，一般为 ∟ $50 \times 50 \times 5$ 角钢。当采用钢管时，一般为 $\phi 50$ 钢管。

4）土钉倾角。土钉与水平线的倾角称为土钉倾角，一般为 $0°\sim20°$，其值取决于注浆钻孔工艺与土体分层特点等多种因素。研究表明，倾角越小，支护的变形越小，但注浆质量较难控制；倾角越大，支护的变形越大，但有利于土钉插入下层较好土层，注浆质量也易于保证。

5）注浆材料。注浆材料用水泥砂浆或素水泥浆。水泥采用强度等级不低于 42.5 级的普通硅酸盐水泥，水灰比为 1∶0.40～1∶0.50。

6）支护面层。临时性土钉支护的面层通常用 50～150 mm 厚的钢筋网喷射混凝土，混凝土强度等级不低于 C20。钢筋网常用 $\phi 7 \sim \phi 8$，HPB300 级钢筋焊成 150～300 mm 方格网片。永久性土钉墙支护面层厚度为 150～250 mm，可设两层钢筋网，分两层喷成。

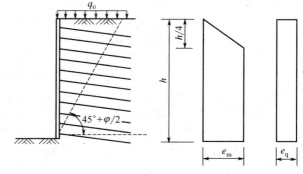

图 8-31　侧压力分布

（2）土钉抗力设计。假定土钉为受拉工作，不考虑其抗弯刚度。土钉设计内力可按以下公式计算（图 8-31）。

1）土钉所受的侧压力为

$$e = e_m + e_q \tag{8-41}$$

式中　e——土钉长度中点所处深度位置上的侧压力，kPa；

e_q——地表均布荷载引起的侧压力，kPa；

e_m——土钉长度中点所处深度位置上土钉土体自重引起的侧压力，kPa[对砂土和粉土：

$e_m = 0.55 K_a \gamma h$；对一般黏性土：$0.2\gamma h \leqslant e_m = \left(1 - 2c / \sqrt{K_a \gamma h}\right) K_a \gamma h \leqslant 0.55 K_a \gamma h$]。

2）土钉抗拔力计算。在土体自重和地表均布荷载作用下，土钉所受最大拉力或设计内力 N 可由下式求出：

$$N = \frac{1}{\cos\theta} e s_v s_h \tag{8-42}$$

式中　θ——土钉倾角，（°）；

s_v——土钉垂直间距，m；

s_h——土钉水平间距，m。

3）土钉筋材抗拉强度验算。此时土钉在拉应力作用下不发生屈服破坏，故各层土钉在设计内力作用下应满足下列强度条件：

$$F_{s,d} N \leqslant 1.1\pi d^2 f_{yk} / 4 \tag{8-43}$$

式中　$F_{s,d}$——土钉的局部稳定性安全系数，取 1.2～1.4，基坑深度较大时取较大值；

　　N——土钉设计拉力，kN，

　　d——土钉钢筋直径，m；

f_{yk}——钢筋抗拉强度标准值，kN/m^2。

4）土钉抗拔出验算。为防止土钉从破裂面内侧稳定土体中拔出，各排土钉的长度 l 宜满足以下要求：

$$l \geqslant l_1 + F_{s,d}N / \pi d_0 \tau \qquad (8-44)$$

式中 l_1——破裂线内土钉长度（图8-32），m；

d_0——土钉孔径，m；

τ——土钉与土体之间的界面粘结强度，kPa（由试验确定，无实测资料时，可按表8-3取用）。

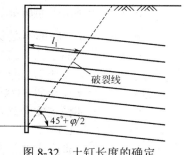

图 8-32 土钉长度的确定

表 8-3 界面粘结强度标准值

土层名称	土层状态	q_{sik}/kPa	
		成孔注浆土钉	打入钢管土钉
素填土	—	15~30	20~35
淤泥质土	—	10~20	15~25
黏性土	$0.75 < I_L \leqslant 1$	20~30	20~40
	$0.25 < I_L \leqslant 0.75$	30~45	40~55
	$0 < I_L \leqslant 0.25$	45~60	55~70
	$I_L \leqslant 0$	60~70	70~80
粉土	—	40~80	50~90
砂土	松散	35~50	50~65
	稍密	50~65	65~80
	中密	65~80	80~100
	密实	80~100	100~120

注：表中数据作为低压注浆时的极限粘结强度标准值 q_{sik}(kPa)。

（3）土钉墙支护内部稳定性分析。土钉支护的内部稳定性分析采用圆弧破裂面条分法。如图8-33所示，在土条 i 上作用有土体自重 W_i，地表荷载 Q_i，土钉抗拉力 R_k。其中 R_k 取以下较小者：

1）按土钉筋材强度，得

$$R_k = 1.1\pi d^2 f_{yk} / 4 \qquad (8-45)$$

2）按破坏面外土钉体抗拔出能力，得

$$R_k = \pi d_0 l_a \tau \qquad (8-46)$$

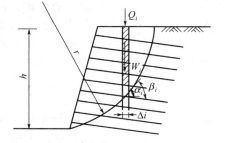

图 8-33 内部稳定性分析计算简图

式中 l_a——破坏面外土钉锚固长度。

3）按破坏面内土钉体抗拔出能力，有

$$R_k = \pi d_0 (l - l_a)\tau + R_1 \qquad (8-47)$$

式中 R_1——土钉端部与混凝土面层连接处的极限抗拔力。

土钉支护内部稳定性安全系数为

$$F_s = \frac{\sum \left[(W_i + Q_i)\cos\alpha_i \tan\varphi_j + \left(\dfrac{R_k}{s_{hk}}\right)\sin\beta_k \tan\varphi_j + c_j(\Delta_i / \cos\alpha_i) + \left(\dfrac{R_k}{s_{hk}}\right)\cos\beta_k \right]}{\sum [(W_i + Q_i)\sin\alpha_i]} \qquad (8-48)$$

式中 α_i——土条 i 底面中点切线与水平面之间的夹角，（°）；

Δ_i——土条 i 的宽度，m；

φ_j——土条 i 底面所处第 j 层土的内摩擦角，（°）；

c_j——土条 i 底面所处第 j 层土的黏聚力，kPa；

R_k——破坏面上第 k 排土钉的最大抗力，按式（8-45）～式（8-47）中小者取用；

β_k——第 k 排土钉轴线与该处破坏面切线之间的夹角，（°）；

s_{hk}——第 k 排土钉的水平间距，m；

F_s——内部稳定安全系数（$H \leqslant 7$ m 时，$F_s \geqslant 1.2$；$H=7 \sim 12$ m 时，$F_s \geqslant 1.3$；$H \geqslant 12$ m 时，$F_s \geqslant 1.4$）。

（4）土钉墙外部稳定性分析。土钉与原位土体组成复合土体，形成类似重力式挡墙的土钉墙，其外部整体稳定性分析包括抗滑动稳定性、抗倾覆稳定性及抗基坑隆起稳定性分析等三方面，计算分析简图如图 8-34 所示。

1）抗滑动稳定性验算。抗滑动安全系数 K_h 应满足：

$$K_h = \frac{F_t}{E_{ax}} \geqslant 1.2 \qquad (8-49)$$

$$F_t = (W + q_0 B)\tan\varphi + cB \qquad (8-50)$$

$$B = \frac{11}{12}L\cos\alpha \qquad (8-51)$$

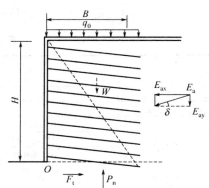

图 8-34　土钉墙外部稳定性分析简图

式中　E_{ax}——作用于土钉墙后主动土压力水平分量，kN；

F_t——土钉墙底面上产生的抗滑力；

W——墙体自重，kN；

B——土钉墙计算宽度，m；

α——土钉与水平面之间的夹角。

2）按倾覆稳定性验算。抗倾覆安全系数 K_q 应满足：

$$K_q = \frac{M_R}{M_s} = \frac{\frac{1}{2}B(W + q_0 B) + E_{ay}B}{E_{ax} z_{Ea}} \qquad (8-52)$$

式中　E_{ay}——作用于土钉墙后主动土压力垂直分量，kN；

z_{Ea}——土钉墙后主动土压力作用点离墙底的垂直距离，m。

8.3.3　基坑开挖与支护工程监测

1．基坑开挖规定

（1）根据《建筑基坑支护技术规程》（JGJ 120—2012），基坑开挖应符合如下基本规定：

1）当支护结构构件强度达到开挖阶段的设计强度时，方可下挖基坑；对采用预应力锚杆的支护结构，应在施加预加力后，方可下挖基坑；对土钉墙，应在土钉、喷射混凝土面层的养护时间大于 2 d 后，方可下挖基坑。

2）应按支护结构设计规定的施工顺序和开挖深度分层开挖。

3）开挖的锚杆、土钉施工作业面与锚杆、土钉的高差不宜大于 500 mm。

4）开挖时，挖土机械不得碰撞或损害锚杆、腰梁、土钉墙墙面、内支撑及其连接件等构件，不得损害已施工的基础桩。

5）当基坑采用降水时，应在降水后开挖地下水位以下的土方。

6）当开挖揭露的实际土层性状或地下水情况与设计依据的勘察资料明显不符，或出现异常现象、不明物体时，应停止开挖，在采取相应处理措施后方可继续开挖。

7）挖至坑底时，应避免扰动基底持力土层的原状结构。

（2）软土基坑开挖尚应符合下列规定：

1）应按分层、分段、对称、均衡、适时的原则开挖；

2）当主体结构采用桩基础且基础桩已施工完成时，应根据开挖面下软土的性状，限制每层开挖厚度；

3）对采用内支撑的支护结构，宜采用开槽方法浇筑混凝土支撑或安装钢支撑；开挖到支撑作业面后，应及时进行支撑的施工；

4）对重力式水泥土墙，沿水泥土墙方向应分区段开挖，每一开挖区段的长度不宜大于 40 m。

（3）当基坑开挖面上方的锚杆、土钉、支撑未达到设计要求时，严禁向下超挖土方。

（4）采用锚杆或支撑的支护结构，在未达到设计规定的拆除条件时，严禁拆除锚杆或支撑。

（5）基坑周边施工材料、设施或车辆荷载严禁超过设计要求的地面荷载限值。

（6）基坑开挖和支护结构使用期内，应按下列要求对基坑进行维护：

1）雨期施工时，应在坑顶、坑底采取有效的截排水措施；排水沟、集水井应采取防渗措施。

2）基坑周边地面宜做硬化或防渗处理。

3）基坑周边的施工用水应有排放系统，不得渗入土体内。

4）当坑体渗水、积水或有渗流时，应及时进行疏导、排泄、截断水源。

5）开挖至坑底后，应及时进行混凝土垫层和主体地下结构施工。

6）主体地下结构施工时，结构外墙与基坑侧壁之间应及时回填。

（7）支护结构或基坑周边环境出现规定的报警情况或其他险情时，应立即停止开挖，并应根据危险产生的原因和可能进一步发展的破坏形式，采取控制或加固措施。危险消除后，方可继续开挖。必要时，应对危险部位采取基坑回填、地面卸土、临时支撑等应急措施。当危险由地下水管道渗漏、坑体渗水造成时，尚应及时采取截断渗漏水水源、疏排渗水等措施。

2. 基坑工程监测规定

根据《建筑基坑工程监测技术规范》（GB 50497—2009），基坑工程监测应符合如下规定：

（1）开挖深度超过 5 m 或开挖深度未超过 5 m 但现场地质情况和周围环境较复杂的基坑工程均应实施基坑工程监测。

（2）建筑基坑工程设计阶段应由设计方根据工程现场及基坑设计的具体情况，提出基坑工程监测的技术要求，主要包括监测项目、测点位置、监测频率和监测报警值等。

（3）基坑工程施工前，应由建设方委托具备相应资质的第三方对基坑工程实施现场监测。监测单位应编制监测方案。监测方案应经建设、设计、监理等单位认可，必要时还需与市政道路、地下管线、人防等有关部门协商一致后方可实施。

（4）监测单位编写监测方案前，应了解委托方和相关单位对监测工作的要求，并进行现场踏勘，搜集、分析和利用已有资料，在基坑工程施工前制订合理的监测方案。

（5）监测方案应包括工程概况、监测依据、监测目的、监测项目、测点布置、监测方法及精度、监测人员及主要仪器设备、监测频率、监测报警值、异常情况下的监测措施、监测数据的记录制度和处理方法、工序管理及信息反馈制度等。

（6）监测单位应严格实施监测方案，及时分析、处理监测数据，并将监测结果和评价及时向委托方及相关单位作信息反馈。当监测数据达到监测报警值时必须立即通报委托方及相关单位。

（7）监测工作，应按下列步骤进行：

1）接受委托；

2）现场踏勘，收集资料；

3）制订监测方案，并报委托方及相关单位认可；

4）展开前期准备工作，设置监测点、校验设备和仪器；

5）设备、仪器、元件和监测点验收；

6）现场监测。

3．监测项目

根据《建筑基坑支护技术规程》（JGJ 120—2012），基坑支护设计应根据支护结构类型和地下水控制方法，按表 8-4 选择基坑监测项目，并应根据支护结构构件、基坑周边环境的重要性及地质条件的复杂性确定监测点部位及数量。选用的监测项目及其监测部位应能够反映支护结构的安全状态和基坑周边环境受影响的程度。

表 8-4　基坑监测项目

监测项目	支护结构的安全等级		
	一级	二级	三级
支护结构顶部水平位移	应测	应测	应测
基坑周边建（构）筑物、地下管线、道路沉降	应测	应测	应测
坑边地面沉降	应测	应测	宜测
支护结构深部水平位移	应测	应测	选测
锚杆拉力	应测	应测	选测
支撑轴力	应测	宜测	选测
挡土构件内力	应测	宜测	选测
支撑立柱沉降	应测	宜测	选测
支护结构沉降	应测	宜测	选测
地下水位	应测	应测	选测
土压力	宜测	选测	选测
孔隙水压力	宜测	选测	选测
注：表内各监测项目中，仅选择实际基坑支护形式所含有的内容。			

4．监测方法

基坑工程监测方法应根据基坑等级、精度要求、设计要求、场地条件、地区经验和方法适用性等因素综合确定，监测方法应合理易行。

一般来说，基坑工程应首先确定监测项目。对于不同的监测项目，其监测方法和要求也不尽一致，下面主要介绍水平位移观测和竖向位移观测的方法。

（1）水平位移观测。

1）监测基准点的设置。水平位移监测基准点应埋设在基坑开挖深度 3 倍范围以外不受施工影响的稳定区域，或利用已有稳定的施工控制点，不应埋设在低洼积水、湿陷、冻胀、胀缩等影响范围内；基准点的埋设应按有关测量规范、规程执行。宜设置有强制对中的观测墩；采用精密的光学对中装置，对中误差不宜大于 0.5 mm。

2）观测方法。测定待定方向上的水平位移时可采用视准线法、小角度法、投点法等；测定监测点任意方向的水平位移时可视监测点的分布情况，采用前方交会法、自由设站法、极坐标法等；当基准点距基坑较远时，可采用 GPS 测量法或三角、三边、边角测量与基准线法相结合的综合测量法。

3）监测精度要求。基坑围护墙（坡）顶水平位移监测精度应根据围护墙（坡）顶水平位移报警值按表 8-5 确定。

表 8-5　基坑围护墙（坡）顶水平位移监测精度要求　　　　　　　mm

设计控制值	≤30	30～60	＞60
监测点坐标中误差	≤1.5	≤3.0	≤6.0
注：监测点坐标中误差，系指监测点相对测站点（如工作基点等）的坐标中误差，为点位中误差的 $1/\sqrt{2}$。地下管线的水平位移监测精度宜不低于 1.5 mm。			

（2）竖向位移观测。

1）监测基准点的设置。水准基准点宜均匀埋设，数量不应少于 3 个点，埋设位置、方法要求和观测方法与水平位移观测相同。各监测点与水准基准点或工作基点应组成闭合环路或附合水准路线。

2）观测方法。可采用几何水准或液体静力水准等方法。

3）观测精度要求。基坑围护墙（坡）顶、墙后地表与立柱的竖向位移监测精度应根据竖向位移报警值（表 8-6）确定。

表 8-6　竖向位移报警值　　　　　　　　　　　　　　mm

竖向位移报警值	≤20（35）	20～40（35～60）	≥40（60）
监测点测站高差中误差	≤0.3	≤0.5	≤1.5
注：① 监测点测站高差中误差是指相应精度与视距的几何水准测量单程一测站的高差中误差； ② 括号内数值对应于墙后地表及立柱的竖向位移报警值。地下管线的竖向位移监测精度宜不低于 0.5 mm。坑底隆起（回弹）监测精度不宜低于 1 mm。			

 实训项目　某工程基坑支护与监测方案设计

某基坑开挖深度在裙房处为 20.0 m，在主楼处为 22.3 m，局部深坑最深处达 29.2 m，如图 8-35 所示。在基坑开挖范围内，工程地质情况自上而下为：（1）填土，底板标高-0.14 m；

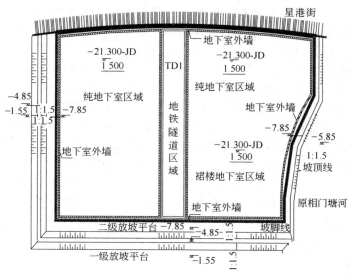

图 8-35　基坑平面图

（2）粉质黏土，底板标高-3.04 m，湿，可塑～硬塑，中压缩性；（3）粉质黏土，底板标高-4.84 m，湿，可塑，中压缩性；（4）砂质粉土，底板标高-10.77 m，饱和，松散～稍密，中压缩性；（5）、（6）粉质黏土夹黏质粉土，底板标高-33.87 m，很湿，软塑～可塑，中高压缩性；（7）粉质黏土，底板标高-34.58 m，湿，可塑～硬塑，中压缩性；（8）粉质黏土夹黏质粉土，底板标高-37.47 m，饱和，软塑～可塑，中压缩性，见表8-7。

表 8-7　基坑设计使用主要土层参数

层序	土层名称	重度/（kN·m^{-3}）	c/kPa	φ/°	层厚/m
（1）	填土	19.3	40	17.0	3.40
（3）	粉质黏土	18.7	16	25.5	3.10
（4）	砂质粉土	18.4	2	32.5	4.90
（5）、（6）	粉质黏土夹黏质粉土	18.6	12	26.5	4.60
（7）	粉质黏土	18.5	15	24.0	13.70
（8）	粉质黏土夹黏质粉土	18.8	17	26.5	2.10

本场地浅部地下水属潜水类型。第（4）层属于第一承压水含水层，第（8）层为第二承压水含水层，现场勘察在注水试验孔中对第（8）层承压水头进行了量测，其水位埋深为4～6 m。而根据华东地区已有工程的长期水位观测资料，该层承压水水位呈年周期性变化，水位埋深的变化幅度一般在4～10 m。无论是最低还是最高，水位均超过基坑开挖深度，存在承压水层上覆土层厚度不足而导致管涌产生的可能性。根据基坑工程的施工经验，对承压水位的监控非常重要，通过控制承压水位可以有效避免产生管涌、流砂等不良地质现象。

1. 基坑支护设计

本工程的±0.000相当于绝对标高+4.050 m。基坑西侧和北侧采用二级卸土放坡，卸土面标高为-7.850 m，基坑南侧卸土放坡至原相门塘河河底标高。基坑东侧（星港街侧）采用复合土钉墙作为自然地面至第一道支撑底部浅层高差的围护体，沿竖向设置5道土钉。围护结构主体采用钻孔灌注桩，桩径有ϕ1 200@1 400（星港街侧，桩长28.2 m）和ϕ1 050@1 250（其余侧，桩长约26.9 m）两种，钻孔灌注桩外侧采用单排ϕ850三轴搅拌桩止水，搅拌桩深度至基坑周边坑底以下6 m。星港街侧坑底采用三轴搅拌桩进行加固，裙房底板与塔楼底板高差部分采用旋喷桩加土钉支护。基坑内设3道钢筋混凝土围檩和支撑，支撑中心标高分别为-8.250 m、-13.600 m、-17.900 m，支撑竖向支承采用钻孔灌注桩加型钢格构立柱。本工程深坑分为南区、北区，采用钻孔灌注桩作为围护结构，采用高压旋喷桩作为加固体及止水帷幕；深坑被动区土体采用ϕ850@600的三轴水泥土搅拌桩加固，被动区三轴水泥土搅拌桩加固体与围护钻孔灌注桩之间设置压密注浆，间隔2 400。基坑主裙楼交界处采用复合土钉墙的围护形式。基坑南、北侧塔楼区域深坑周边采用复合土钉墙围护体，土钉墙止水帷幕采用ϕ1 000@800的高压旋喷桩；塔楼电梯井区域周边设置ϕ1 000钻孔灌注桩并结合ϕ1 000@700高压旋喷桩止水帷幕作为围护结构；同时该区域采用满堂布置的ϕ1 000@700高压旋喷桩封底加固。其他深坑的周边采用ϕ1 000@800高压旋喷桩作为重力式挡土结构。南、北区深坑区域高压旋喷桩桩长为4.90～10.35 m，钻孔灌注桩桩长9.6～11.5 m。塔楼电梯井坑立柱桩采用钻孔灌注桩。坑外卸载放坡区采用两级轻型井点降水，坑内采用14口减压井降承压水，用深井进行坑内土体疏干降水。

2. 基坑监测设计

（1）监测设计基本原则。

1）系统性原则。

① 所设计的监测项目能有机结合，并形成整体，测试的数据能相互进行校核；

② 运用、发挥系统功效对基坑进行全方位、立体监测，确保所测数据的准确、及时；

③ 在施工工程中进行连续监测，确保数据的连续性、完整性和系统性；

④ 利用系统功效减少监测点布设，节约成本。

2）可靠性原则。

① 设计中采用的监测手段是已基本成熟的方法；

② 监测中使用的监测仪器、元件均通过专业计量标定且在有效期内；

③ 对布设的测点进行有效的保护设计。

3）与设计相结合原则。

① 对设计中使用的关键参数进行监测，以便能达到在施工过程中进一步优化设计的目的；

② 对评审中有争议的工艺、原理所涉及的受力部位进行监测，以作为反演分析的依据；

③ 依据设计计算情况，确定围护体、支撑结构的报警值。

4）关键部位优先、兼顾全面原则。

① 对围护体、支撑结构中相当敏感的区域加密测点数和项目，进行重点监测；

② 对勘察工程中发现地质变化起伏较大的位置及施工过程中有异常的部位进行重点监测；

③ 除关键部位优先布设测点外，在系统性的基础上均匀布设监测点。

5）与施工相结合原则。

① 结合施工调整监测点的布设方法和位置；

② 结合施工调整测试方法、监测元件及测点的保护措施；

③ 结合施工调整监测时间、监测频率。

6）经济合理原则。

① 监测方法的选择。在安全、可靠的前提下结合工程经验尽可能采用直观、简单、有效的方法。

② 监测元件的选择。在确保可靠的基础上尽可能使用国产仪器设备。

③ 监测点的数量。在确保全面、安全的前提下，合理利用监测点之间的联系，减少测点数量，提高工效，降低成本。基坑主要监测点布置如图8-36所示。

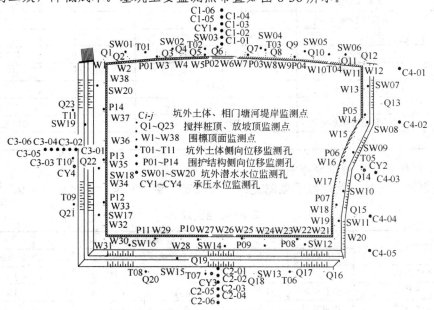

图8-36 基坑主要监测点位置布置示意图

（2）监测内容。

1）围护结构监测。

① 坡顶及围护桩压顶梁变形监测；

② 围护桩深层水平位移监测（桩身测斜）；

③ 工程桩变形监测（针对深坑施工过程）。

2）水平及竖向支撑系统监测。

① 支撑轴力监测；

② 立柱沉降监测；

③ 支撑两端点的差异沉降监测；

④ 坑底回弹监测。

3）水工监测。

① 坑外地下水位监测；

② 坑外承压水位监测。

4）环境监测。

① 周边地下管线及建（构）筑物变形监测；

② 坑外地表沉降监测；

③ 坑外深层土体水平位移监测（土体测斜）。

（3）测试主要仪器设备。监测工程中主要采用的仪器设备见表 8-8。

表 8-8　监测仪器设备

序号	设备仪器名称	规格型号	数量	使用项目
1	水准仪	瑞士 WILD NA2	1	沉降观测
2	全站仪	TOPCON GTS—332	1	平面位移
3	经纬仪	瑞士 WILD T2	1	平面位移
4	测斜仪	美国 Geokon603	1	深层水平位移
5	频率接收仪	国产 ZXY	2	应力观测
6	振弦式传感器	国产系列	102	轴力观测
7	水位观测计	SWJ—90 电测水位计	1	水位观测
8	分层沉降仪	CJJ—90 电测沉降计	1	基坑回弹
9	电子手簿	PDA	1	现场记录
10	笔记本电脑	IBM	2	数据处理
11	打印机	HP1125C	1	输出设备
12	监测数据处理系统	DLOGV2.0	1	现场数据处理
13	对讲机	GP88S	4	现场通信

（4）监测频率与监测报警控制值。

1）根据施工进展，及时埋设监测元件，合理安排监测频率，具体见表 8-9。

表 8-9　监测频率

监测项目	监测频率				
	围护施工	降水施工	开挖至底板	底板施工	底板至±0.00 结构施工
地下管线变形	1 次/7d	1 次/3d	1 次/1d	1 次/2d	1 次/3d
坑外地下水位	测点埋设	1 次/3d	1 次/1d	1 次/2d	1 次/3d
围檩变形	测点埋设	—	1 次/1d	1 次/2d	1 次/3d

监测项目	监测频率				
	围护施工	降水施工	开挖至底板	底板施工	底板至±0.00 结构施工
围护结构深层侧向变形	测点埋设	—	1 次/1d	1 次/2d	1 次/3d
立柱变形	—	测点埋设	1 次/1d	1 次/2d	1 次/3d
坑底回弹	—	测点埋设	1 次/1d	1 次/2d	1 次/3d
支撑轴力	—	测点埋设	1 次/1d	1 次/2d	1 次/3d
工程桩变形	—	测点埋设	1 次/1d	1 次/2d	/

注：① 现场监测将采用定时观测与跟踪观察相结合的方法进行。
② 监测频率可根据监测数据变化大小进行适当调整。
③ 监测数据有突变时，监测频率加密到 2～3 次/d。

2）根据国家及上海市现行规范提出的一级基坑变形设计和监测控制值，结合工程周边环境条件和设计要求，提出报警控制值，见表 8-10。

表 8-10　监测报警控制值

监测项目	警戒值/mm	
	日变量	累计变化值
地下管线变形	3	100
围护桩顶沉降、位移	5	50
围护桩身位移	5	50
土体位移	5	60
立柱沉降	2	20
工程桩变形	3	20
支撑轴力	设计值（一道 7 000 t、二道 14 000 t、三道 13 000 t）的 80%	
坑外水位	200	1 000

在施工过程中应对以上各项要求进行认真核对，并以设计值为最大限值的 80% 作为临界值，即当实测值等于限值的 80% 时，应加密监测，必要时应进行连续监测。当有危险征兆时，应及时通知监理和建设单位，以便采取有效措施，确保基坑以及周围环境和人员的安全，保障施工的顺利进行。

3）资料整理与提交。监测工作提交的成果一般包括日监测报告、阶段小结和最终监测报告三部分。其中日监测报告，对监测数据经计算机相应软件处理后，绘制成表格、变化曲线等，由现场监测工程师分析当天监测数据及累计数据的变化规律，及时书面上报业主与设计院，当监测值达到报警值或监测值的变化速率突然增加或连续保持高速率时，应及时口头报警，并于当天提供书面数据和分析意见；根据施工安排，分阶段提供施工监测小结报告；总结报告将以前所有的监测数据以表格和曲线的形式整理而成，以充分反映各监测点的数据变化规律。监测工作全部结束，提交完整技术报告。

知识扩展

井点工程降水设计

1. 基坑总涌水量计算

井点系统理论计算以法国水力学家裘布依 1857 年提出的水井理论为基础。根据水井穿透含水层的程度，可把水井分为完整井和非完整井两类。穿越全部含水层，并在含水层全部厚度上都进水的井叫作完整井；否则叫作非完整井。

降水井又有承压井与无承压井之分。凡布置在两层不透水层之间的充满水的含水层内，地下水有一定压力的井称为承压井；凡布置在潜水层内，地下水具有自由表面的井称为潜水井。

（1）均质含水层潜水完整井基坑涌水量计算（图 8-37）。

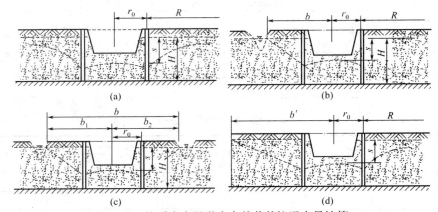

图 8-37　均质含水层潜水完整井基坑涌水量计算
（a）基坑远离边界；（b）岸边降水；（c）基坑位于两地表水体之间；（d）基坑靠近隔水边界

1）当基坑远离边界时，涌水量计算：

$$Q = 1.366k \cdot \frac{(2H-s)s}{\lg(1+\frac{R}{r_0})} \tag{8-53}$$

式中　Q——基坑涌水量，m^3/d；

k——渗透系数，m/d；

H、s、R——潜水含水层厚度、基坑水位降深、降水影响半径，m；

r_0——基坑等效半径，m[矩形基坑：$r_0 = 0.29(a+b)$。不规则基坑：$r_0 = \sqrt{A/\pi}$。a、b——基坑的长短边，m；A——基坑面积，m^2]。

2）当岸边降水时，涌水量计算：

$$Q = 1.366k \cdot \frac{(2H-s)s}{\lg(2b/r_0)} \quad (b < 0.5R) \tag{8-54}$$

3）当基坑位于两个地表水体之间或位于补给区与排泄区之间时，涌水量计算：

$$Q = 1.366k \cdot \frac{(2H-s)s}{\lg\left[\frac{2(b_1+b_2)}{\pi r_0}\cos\frac{\pi(b_1-b_2)}{2(b_1+b_2)}\right]} \tag{8-55}$$

4）当基坑靠近隔水边界时，涌水量计算：

$$Q = 1.366k \cdot \frac{(2H-s)s}{2\lg(R+r_0) - \lg r_0(2b'+r_0)} \quad (b < 0.5R) \tag{8-56}$$

（2）均质含水层潜水非完整井基坑涌水量计算（图 8-38）。

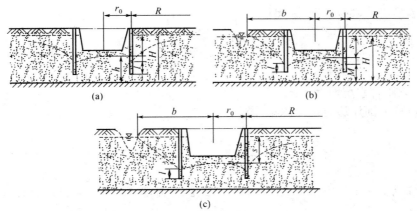

图 8-38　均质含水层潜水非完整井基坑涌水量计算
（a）基坑远离边界；　（b）近河基坑含水层厚度不大；　（c）近河基坑含水层厚度很大

1）基坑远离边界时，涌水量计算：

$$Q = 1.366k \cdot \frac{H^2 - h_{\mathrm{m}}^2}{\lg\left(1 + \dfrac{R}{r_0}\right) + \dfrac{h_{\mathrm{m}} - l}{l}\lg\left(1 + 0.2\dfrac{h_{\mathrm{m}}}{r_0}\right)} \quad \left(h_{\mathrm{m}} = \frac{H + h}{2}\right) \tag{8-57}$$

2）近河基坑降水，含水层厚度不大时，涌水量计算：

$$Q = 1.366ks\left[\frac{l + s}{\lg\dfrac{2b}{r_0}} + \frac{l}{\lg\dfrac{0.66l}{r_0} + 0.25\dfrac{l}{M}\lg\dfrac{b^2}{M^2 - 0.14l^2}}\right] \quad \left(b > \frac{M}{2}\right) \tag{8-58}$$

式中　M——由含水层底板到过滤器有效工作部分中点的长度，m。

3）近河基坑含水层厚度很大时，涌水量计算：

$$Q = 1.366ks\left[\frac{l + s}{\lg\dfrac{2b}{r_0}} + \frac{l}{\lg\dfrac{0.66l}{r_0} + 0.22\mathrm{arsh}\dfrac{0.44l}{b}}\right] \quad (b < l) \tag{8-59}$$

$$Q = 1.366ks\left[\frac{l + s}{\lg\dfrac{2b}{r_0}} + \frac{l}{\lg\dfrac{0.66l}{r_0} - 0.11\dfrac{l}{b}}\right] \quad (b < l) \tag{8-60}$$

（3）均质含水层承压水完整井基坑涌水量计算（图 8-39）。

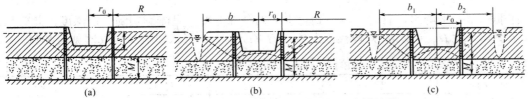

图 8-39　均质含水层承压水完整井基坑涌水量计算
（a）基坑远离边界；　（b）基坑位于河岸边；　（c）基坑位于两地表水体之间

1）当基坑远离边界时，涌水量计算：

$$Q = 2.73k \frac{Ms}{\lg\left(1 + \dfrac{R}{r_0}\right)}$$ （8-61）

式中　M——承压含水层厚度，m。

2）当基坑位于河岸边时，涌水量计算：

$$Q = 2.73k \frac{Ms}{\lg\dfrac{2b}{r_0}} \quad (b<0.5R)$$ （8-62）

3）当基坑位于两个地表水体之间或位于补给区与排泄区之间时，涌水量计算：

$$Q = 2.73k \frac{Ms}{\lg\left[\dfrac{2(b_1 + b_2)}{\pi r_0}\cos\dfrac{\pi(b_1 - b_2)}{2(b_1 + b_2)}\right]}$$ （8-63）

（4）均质含水层承压水非完整井基坑涌水量计算[图8-40（a）]。

$$Q = 2.73k \frac{Ms}{\lg\left(1 + \dfrac{R}{r_0}\right) + \dfrac{M - l}{l}\lg\left(1 + 0.2\dfrac{M}{r_0}\right)}$$ （8-64）

均质含水层承压-潜水非完整井基坑涌水量计算[图8-40（b）]。

$$Q = 1.366k \cdot \frac{(2H - M)M - h^2}{\lg\left(1 + \dfrac{R}{r_0}\right)} \quad (b>l)$$ （8-65）

式中　H——自承压水层底板算起的含水层水头高度，m；

　　　M——承压含水层厚度，m；

　　　h——达到基坑水位降深后，坑底稳定水头高度，m，即 $h = H - s$。

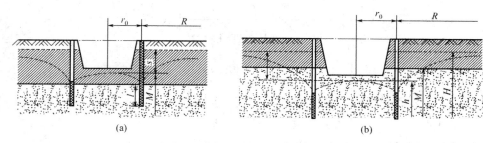

图8-40　基坑涌水量计算

在非完整井中降水，有时影响不到含水层的全部深度，只能影响到一定深度，此时只能用降水影响深度 H_0（或 M_0）替代以上各式 H（或 M）。降水影响深度取值见表8-11。

表8-11　降水影响深度 H_0（或 M_0）

$s/(s+l)$	0.2	0.3	0.5	0.8
H_0（或 M_0）	$1.3(s+l)$	$1.5(s+l)$	$1.7(s+l)$	$1.85(s+l)$

注：s 为基坑水位降深，l 为滤水管长度。

2. 降水影响半径确定

降水井影响半径宜通过试验或根据当地经验确定，当基坑侧壁安全等级为二、三级时，可按下列经验公式计算。

潜水含水层：

$$R = 2s\sqrt{kH} \tag{8-66}$$

承压含水层：

$$R = 10s\sqrt{kH} \tag{8-67}$$

式中　R——降水影响半径，m；

　s、H——基坑水位降深、含水层厚度，m；

　　　k——渗透系数，m/d。

3. 过滤器长度确定

真空井点和喷射井点的过滤器长度不宜小于含水层厚度的 1/3，管井过滤器长度宜与含水层厚度一致。群井抽水时，各井点单井过滤器进水部分长度可按下式验算：

$$y_0 \geqslant l \tag{8-68}$$

4. 单井井管进水长度确定

单井井管进水长度 y_0 可按下列规定计算：

潜水完整井：

$$y_0 = \sqrt{H^2 - \frac{0.732Q}{k}\left[\lg R_0 - \frac{1}{n}\lg(nr_0^{n-1}r_w)\right]} \tag{8-69}$$

承压完整井：

$$y_0 = \sqrt{H'^2 - \frac{0.366Q}{kM}\left[\lg R_0 - \frac{1}{n}\lg(nr_0^{n-1}r_w)\right]} \tag{8-70}$$

式中　r_0——圆形基坑半径；

　r_w、H——管井半径、潜水含水层厚度；

　　　R_0——基坑等效半径与降水井影响半径之和，$R_0 = R + r_0$；

　H'、M——承压水位至该承压含水层底板的距离、承压含水层厚度；

　R、n——降水井影响半径、降水井数量。

当过滤器工作部分长度小于 2/3 含水层厚度时，应采用非完整井公式计算。若不满足上式条件，应调整井点数量和井点间距，再进行验算。当井距足够小，仍不能满足要求时，应考虑基坑内布井。

5. 基坑中心点水位降水计算

潜水完整井稳定流：

$$s = H - \sqrt{H^2 - \frac{Q}{1.366k}\left[\lg R_0 - \frac{1}{n}\lg(r_1 r_2 \cdots r_n)\right]} \tag{8-71}$$

承压完整井稳定流：

$$s = \frac{0.366Q}{kM}\left[\lg R_0 - \frac{1}{n}\lg(r_1 r_2 \cdots r_n)\right] \tag{8-72}$$

式中　s——在基坑中心处或各井点中心处地下水位降深；

$r_1, r_2, \cdots, r_n$——各井距基坑中心或各井中心处的距离。

对非完整井或非稳定流，应根据具体情况进行水位降深验算，计算出的降深不能满足降水设计要求时，应重新调整井数、布井方式。

6. 单井出水量确定

（1）轻型井点的单井出水能力可按 $36\sim60$ m³/d 确定。

（2）真空喷射井点的单井出水量与喷射器类型有关，一般为 $80\sim720$ m³/d。

（3）管井的出水量 q(m³/d)可按下列经验公式确定：

$$q = 120\pi r_s l \sqrt[3]{k} \tag{8-73}$$

式中　r_s——过滤器半径，m；

　　　l——过滤器进水部分长度，m；

　　　k——土的渗透系数，m/d。

当含水层为软弱土层时，单井出水量计算公式为

$$q = 2.50 i r k H$$

式中　i——水力坡度，降水开始时取 $i=1$；

　　　r——井半径，m。

7. 井数、井距、渗透系数确定

（1）井数。降水井的数量 n 可按下式计算：

$$n = \frac{1.1Q}{q} \tag{8-74}$$

式中　Q——基坑总涌水量；

　　　q——单井出水量。

（2）井距。井距可按下式计算：

$$b = \frac{2(a+b)}{n} \tag{8-75}$$

式中　a、b——基坑长度和宽度，m。

（3）渗透系数。土的渗透性如何，是井点降水设计的主要依据。渗透系数大小可从室内渗透试验和野外抽水试验得出。对于重要的工程，要做野外抽水试验，并作认真分析。土的渗透系数参考值见表 8-12。

表 8-12　土的渗透系数参考值

土名	$k/(\text{m}\cdot\text{d}^{-1})$	土名	$k/(\text{m}\cdot\text{d}^{-1})$	土名	$k/(\text{m}\cdot\text{d}^{-1})$
淤泥质黏土	≤0.005	粉砂	0.5~1.0	粗砂	20~50
粉质黏土	0.005~0.1	细砂	1.0~5.0	圆砾	50~100
粉土	0.1~0.5	中砂	5.0~20	卵石	100~500

【工程应用例题 8-4】 某基坑降水工程，基坑长 41 m，宽 17 m，深 5 m，静止水位 0.9 m，渗透系数为 10 m/d，含水层厚 10.1 m，试作降水工程设计。

解： 根据已知条件知：a=41 m，b=17 m，H=10.1 m，H_1=5 m，如图 8-41 所示。降低后地下水位与基坑底的距离 h 一般要求为

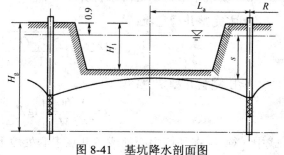

图 8-41　基坑降水剖面图

$0.5 \sim 1$ m，这里取 $h = 1$ m。根据水文地质条件，选用管井井点降水，设计管井为完整井。过滤器直径 $D = 450$ mm，过淀器长度 $l = 1$ m，填砾厚度为 75 mm，则井径 $D_1 = 600$ mm，井点距井壁 1.0 m，井管理深 $H_n = 9.15$ m。

（1）S、R 及 r_w 计算。

水位降低值：$s = 5 - 0.9 + 1 = 5.1 (\text{m})$

降水影响半径：$R = 2s\sqrt{kH} = 2 \times 5.1 \times \sqrt{10 \times 10.1} = 102.5 (\text{m})$

管井半径：$r_w = D_1 / 2 = 600 / 2 = 300 (\text{mm})$

（2）涌水量计算。

按当基坑远离边界时的均质含水层潜水完整井计算：

基坑等效半径 $r_0 = 0.29(a + b) = 0.29 \times (41 + 17) = 16.8 (\text{m})$

$$\text{涌水量} Q = 1.366k \cdot \frac{(2H - s)s}{\lg\left(1 + \dfrac{R}{r_0}\right)} = 1.366 \times 10 \times \frac{(2 \times 10.1 - 5.1)}{\lg\left(1 + \dfrac{102.5}{16.8}\right)} = 1\,235.7 (\text{m}^3/\text{d})$$

（3）单井抽水量计算。

$$q = 120\pi r_s l \sqrt[3]{k} = 120 \times 3.14 \times 0.225 \times 1 \times \sqrt[3]{10} = 182.7 (\text{m}^3/\text{d})$$

$$q = 2.50irkH = 2.50 \times 1 \times 0.3 \times 10 \times 10.1 = 75.8 (\text{m}^3/\text{d})$$

取 $q = 75.8$ m³/d。

（4）井数、井距确定。

$$\text{井数} n = \frac{1.1Q}{q} = 1.1 \times 1\,235.7 / 75.8 = 17.9 \approx 18$$

$$\text{井点间距} b = \frac{[(17 + 2) \times 2 + (41 + 2) \times 2]}{18} = 6.9 (\text{m})$$

考虑基坑四角增加 4 口井，实取井数 n = 22。

8. 管井降水工程施工

（1）成孔方法。管井降水工程成孔方法分为人工成孔法、机械钻孔法和水冲法。

（2）成井工艺。管井成井工艺包括成孔后的冲孔换浆、井管安装、填砾、封口止水和试抽。

1）冲孔换浆。如果采用无循环液钻孔法和水冲法成孔，可直接用清水进行冲孔，使孔内渣物含量降到最低。若采用泥浆作为循环液钻孔法成孔，则用稀泥浆冲孔。冲孔换浆目的就是使孔内干净，冲掉井壁上的泥皮，增加出水量。

2）井管安装。井管一般分为井壁管、滤水管和沉砂管。井壁管起护壁和输水作用；滤水管起过滤和疏导含水层中水的作用；沉砂管起沉淀水中泥砂的作用，以防堵塞过滤管，保证水流畅通和清洁。滤水管一般为包网滤水管或贴砾滤水管。

滤水管所下到的位置与滤水管长度、孔隙、含水层厚度等因素有关。一般含水层很薄或涌水量很大时，要将整个滤水管对准含水层。当含水层很厚时，滤水管长度小于含水层厚度。井管直径应根据含水层的富水性及水泵性能选取，且井管外径不宜小于 200 mm，井管内径宜大于水泵外径 50 mm。沉砂管长度不宜小于 3 m。钢制、铸铁和钢筋骨架过滤器的孔隙率分别不宜小于 30%、23% 和 50%。

3）填砾。填砾是在滤水管和地层之间形成一个人工过滤层，以增大滤水管周围有效孔隙率，达到减少进水时水头损失、稳定含水层、增大降水井出水量的目的。井管外滤料宜选用磨圆度较好的硬质岩石，不宜采用棱角状石渣料、风化料或其他熟质岩石。填砾厚度一般为

75～100 mm，所用滤料规格宜满足下列要求：

① 对于砂土含水层：

$$D_{50} = (6 \sim 8)d_{50} \tag{8-76}$$

② 对于 $d < 20$ mm 碎石类含水层：

$$D_{50} = (6 \sim 8)d_{20} \tag{8-77}$$

式中　　D_{50}——滤料筛分样颗粒组成中，过筛质量累计为 50% 时的最大颗粒直径；

d_{50}、d_{20}——填料和含水层颗料分布累计曲线上质量为 50% 和 20% 所对应的颗粒粒径。

③ 对于 $d \geqslant 20$ mm 的碎石类土含水层，可充填粒径为 10～20 mm 的滤料。

④ 滤料应保证不均匀系数小于 2。

4）封闭止水。填砾后，应进行孔口封闭止水。止水的目的是使降水井形成真空以防止抽水时漏气，另外还可以防止地表水和泥土进入井内。止水的方法就是将黏土或黏土球均匀地投入井管和井壁之间并分层捣实。

5）试抽。试抽就是在正式抽水之前进行的短期抽水过程。试抽目的是检查已完成的降水井出水量如何，并根据抽水情况检查抽水设备及管路是否运转正常；二是在试抽过程中对降水井进行洗井，防止泥砂淤井并增加降水井出水量。

9．降水对临近建筑物的影响与预防措施

在降水过程中，常会带出很多土粒，使抽水影响范围内的地基强度下降，由于含水层中的水源源不断地排出地表，建筑物地基原来的地层平衡受到破坏。另外，由于基坑开挖，裸露地段的地层失去压力平衡，导致临近建筑物地基受到破坏，发生不均匀沉降甚至倾斜、倒塌。预防措施如下：

（1）减少基坑周围的静、动荷载。对于轻型井点，尽量采用一级轻型井点降水；对于管井井点，降水法应尽量采用潜水泵抽水。

（2）缩短降水时间，加快基础工程施工进度，提高降水速度。

（3）防止抽水过程中将土粒或砂粒带出。根据砂土粒径选择过滤管，限制滤水管进水速度，保证一定的填粒厚度，使砂粒或土粒带出的可能性降到最低。

（4）对建筑物地基进行防护，用旋喷桩或注浆加固等在建筑物周围形成防护，以保护其地基不受破坏。

（5）井点管布置在基坑内侧。采用地下连续墙、混凝土板桩及钢板桩作为挡土支护结构系统时，井点管布置在基坑内侧，降水时可减少对基坑外侧的影响。

（6）采用井点降水与回灌技术相结合方法。回灌技术是指除降水井点外，在需要保护的建筑物或构筑物附近靠近基坑一侧，在降水井点布置线外侧，再埋设井点管，采用人工回灌水的方法，保持原建筑物地基中地下水位的基本稳定。

能力训练

一、思考题

1．简述基坑支护结构的类型及主要原理。

2．基坑支护结构上的荷载主要有哪些？

3．悬臂式围护结构的嵌入深度如何确定？

4. 基坑开挖与支护工程监测的项目有哪些?

5. 基坑支护结构中土压力的计算模式有哪些?适用条件是什么?

6. 目前基坑工程设计与施工中尚存在哪些问题?

7. 常用的地下水控制方法有哪些?各有什么特点?

二、习题

1. 已知基坑开挖深度 $h=10\,\text{m}$，未见地下水，坑壁黏性土土性参数为：重度 $\gamma=18\,\text{kN/m}^3$，黏聚力 $c=10\,\text{kPa}$，内摩擦角 $\varphi=25°$，坑侧无地面超载。试计算作用于每延长米支护结构上的主动土压力（算至基坑底面）。（答案：248.9 kN/m）

2. 当基坑土层为软土时，应验算坑底土抗隆起稳定性。如图 8-42 所示，已知基坑开挖深度 $h=5\,\text{m}$，基坑宽度较大，深宽比略而不计。支护结构入土深度 $t=5\,\text{m}$，坑侧地面荷载 $q=20\,\text{kPa}$，土的重度 $\gamma=18\,\text{kN/m}^3$，内摩擦角 $\varphi=0°$，黏聚力 $c=10\,\text{kPa}$，不考虑地下水的影响。如果取承载力系数 $N_c=5.14$，$N_q=1.0$，抗隆起安全系数为多少? （答案：0.707）

3. 基坑剖面如图 8-43 所示，已知黏土饱和重度 $\gamma_{\text{sat}}=20\,\text{kN/m}^3$，水的重度 $\gamma_{\text{w}}=10\,\text{kN/m}^3$，承压水层测压管中水头高度为 14 m，如果要求坑底抗突涌稳定安全系数 K 不小于 1.1，问该基坑在不采取降水措施的情况下，最大开挖深度 H 为多少? （答案：8.3 m）

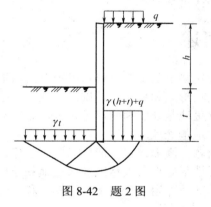

图 8-42　题 2 图

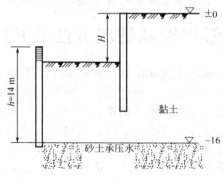

图 8-43　题 3 图

任务自测

任务能力评估表

	知识学习	
	能力提升	
	不足之处	
	解决方法	
	综合自评	

任务 9　　地基处理及复合地基

任务目标

➢　了解常用地基处理方法的施工工艺和流程

➢　掌握复合地基相关设计参数定义及复合地基承载力和变形的分析计算方法

➢　熟悉常用地基处理方法的设计计算理论

➢　掌握常用地基处理方法的分类和各种方法的适用范围

9.1　常用地基处理方法及其应用概述

建筑物是通过基础修筑在地基土之上的。由于建筑物上部结构材料强度很高，而地基土的强度相对较低、压缩性较大，因此必须设置一定结构形式和尺寸的基础，使地基的强度和变形满足设计的要求。如果天然地基很软弱，不能满足地基强度和变形等要求，则要对地基进行人工处理后再建造基础，这种人工处理方法称为地基处理。

建筑物地基一般面临强度和稳定性问题、变形问题、渗漏问题、液化问题。当建筑物的天然地基存在上述问题之一或几个时，需要对其进行地基处理。天然地基通过地基处理形成人工地基，从而满足建筑物对地基的各种要求。地基处理除用于新建工程的软弱和特殊土地基外，也作为事后补救措施用于已建工程地基加固。

1. 地基处理目的

地基处理目的是利用换填、夯实、挤密、排水、胶结、加筋和热化学等方法对地基土进行加固，用以改良地基土的工程特性，主要包括以下方面：

（1）改善强度特性。地基的剪切破坏表现在建筑物的地基承载力不够，如：偏心荷载及侧向土压力的作用使结构物失稳；填土或建筑物荷载使邻近地基产生隆起；土方开挖时边坡失稳；基坑开挖时坑底隆起。因此，为了防止剪切破坏，需要采取一定措施以增加地基的抗剪强度。

（2）改善压缩特性。地基的高压缩性表现为建筑物的沉降和差异沉降大，如：填土或建筑物荷载使地基产生固结沉降；建筑物基础的负摩擦力引起建筑物的沉降；基坑开挖引起邻近地基沉降；降水产生地基固结沉降。因此，需要采取措施以提高地基土的压缩模量，以减少地基的沉降或不均匀沉降；另外，防止侧向流动（塑性流动）产生的剪切变形，也是地基处理的目的。

（3）改善透水特性。地基的透水性表现在堤坝等基础产生的地基渗漏，如：市政工程开挖过程中，因土层内常夹有薄层粉砂或粉土而产生流砂和管涌。地下水的运动会使地基出现一些问题，为此，需要采取一定措施使地基土变成不透水层或降低其水压力。

（4）改善动力特性。地基的动力特性表现在地震时饱和松散粉细砂（包括部分粉土）产生液化，如：交通荷载或打桩等原因使邻近地基产生振动下沉。为此，需要研究采取何种措施防止地基土液化，并改善其振动特性以提高地基的抗震性能。

（5）改善特殊土的不良地基特性。如：采取措施以消除或减少黄土的湿陷性和膨胀土的胀缩性等。

2．地基处理方法

地基处理方法可分为多种，如按时间可分为临时处理和永久处理；按处理深度可分为浅层处理和深层处理；按处理土性对象可分为砂性土处理、黏性土处理、饱和土处理、非饱和土处理；按地基处理的作用机理划分为置换、夯实、挤密、排水、胶结、加筋和冷热等处理方法。值得注意的是，严格地按照地基处理的作用机理进行分类比较困难，很多地基处理方法具有多种处理效果。如碎石桩具有置换、挤密、排水和加筋的多重作用；石灰桩具有既挤密又吸水，吸水后又进一步挤密等反复作用；在各种挤密法中，同时都有置换作用。

常用地基处理方法的作用及其适用范围见表 9-1。

表 9-1　常用地基处理方法的作用及其适用范围

分类	处理方法	原理及作用	适用范围
碾压及夯实	重锤夯实，机械碾压，振动压实，强夯（动力固结）	利用压实原理，通过机械碾压夯击，把表层地基土压实；强夯则利用强大的夯击能，在地基中产生强烈的冲击波和动应力，迫使土动力固结密实	适用于碎石、砂土、粉土、低饱和度黏性土、杂填土等
换填垫层	砂石垫层，素土垫层，灰土垫层，矿渣垫层	以砂石、素土、灰土和矿渣等强度较高材料，置换地基表层软弱土，提高持力层的承载力，扩散应力，减少沉降量	适用于处理暗沟、暗塘等软弱土地基
排水固结	天然地基预压，砂井预压，塑料排水带预压，真空预压，降水预压	在地基中增设竖向排水体，加速地基的固结和强度增长，提高地基的稳定性；加速沉降发展，使地基沉降提前完成	适用于处理饱和软弱土层；对于渗透性极低的泥炭土，必须慎重对待
振动挤密	振冲挤密，灰土挤密桩，砂石桩，石灰桩，爆破挤密	采用一定的技术措施，通过振动或挤密，使土体的孔隙减少，强度提高；必要时，在振动挤密的过程中，回填砂、砾石、灰土、素土等，与地基土组成复合地基，从而提高地基的承载力，减少沉降量	适用于处理松砂、粉土、杂填土及湿陷性黄土
置换及拌入	振冲置换，深层搅拌，高压喷射注浆，石灰桩等	采用专门的技术措施，以砂、碎石等置换软弱土地基中部分软弱土，或在部分软弱土地基中掺入水泥、石灰或砂浆等形成增强体，与未处理部分土组成复合地基，从而提高地基的承载力，减小沉降量	黏性土、冲填土、粉砂、细砂等（振冲置换法对于排水剪强度 $c_u < 20$ kPa 时慎用）
加筋	土工合成材料加筋，锚固，树根桩，加筋土	在地基中埋设强度较大的土工合成材料、钢片等加筋材料，使地基土能够承受抗拉力，防止断裂，保持整体性，提高刚度，改变地基土体的应力场和应变场，从而提高地基的承载力，改善地基的变形特性	软弱土地基、填土及高填土、砂土
其他	灌浆，冻结，托换技术，纠偏技术	通过独特的技术措施处理软弱土地基	根据实际情况确定

值得注意的是，地基处理方法很多，各种处理方法都有其适用范围、局限性和优缺点，没有一种方法是万能的。具体工程情况很复杂，工程地质条件千变万化，各个工程间地基条件差别很大，具体工程对地基的要求也不同，而且机具、材料等条件也会因工作部门不同、地区不同而有较大的差别。因此，在选择地基处理方法前，应完成下列工作：

（1）搜集详细的岩土工程勘察资料、上部结构及基础设计资料等；

（2）根据工程的实际要求和采用天然地基存在的主要问题，确定地基处理的目的、处理范围和处理后要求达到的各项技术经济指标等；

（3）结合工程情况，了解当地地基处理经验和施工条件相似场地上同类工程的地基处理经验和使用情况；

（4）调查邻近建筑、地下工程和有关管线等情况；

（5）了解建筑场地的环境情况。

确定地基处理方法宜按下列步骤进行：

（1）根据结构类型、荷载大小及使用要求，结合地形地貌、地层结构、土质条件、地下水特征、环境情况和相邻近建筑的影响等因素进行综合分析，初步选出几种可供考虑的地基处理方案；

（2）对初步选出的各种地基处理方案，分别从加固原理、适用范围、预期处理效果、耗用材料、施工机械、工期要求和对环境的影响等方面进行技术经济分析和对比，选择最佳的地基处理方法；

（3）对已选定的地基处理方法，宜按建筑物地基基础设计等级和场地复杂程度，在有代表性的场地上进行相应的现场试验或试验性施工，并进行必要的测试，以检验设计参数和处理效果。如果达不到设计要求，应查明原因，修改设计参数或调整地基处理方法。

9.2　复合地基工程应用理论

9.2.1　复合地基概念与分类

1. 复合地基概念

复合地基是指天然地基和部分杂填土地基在地基处理过程中，部分土体得到增强或被置换，或在这些地基中设置加筋材料而形成增强体，由增强体和其周围地基土共同承担上部荷载并协调变形的人工地基。复合地基有两个基本特点：

（1）加固区是由增强体和其周围地基土两部分组成，是非均质和各向异性的；

（2）增强体和其周围地基土体共同承担荷载并协调变形。

前一特征使它区别于均质地基（包括天然地基和人工均质地基），后一特征使它区别于桩基础。

2. 复合地基分类

在工程实践中，复合地基常从以下四个方面进行分类。

（1）按增强体的设置方向分类。复合地基的加固区从整体来看是非均质的和各向异性的，根据地基中增强体方向的不同，可以分为竖向增强体复合地基与水平向增强体复合地基，分别如图 9-1 和图 9-2 所示。

图 9-1　竖向增强体复合地基　　　　图 9-2　水平向增强体复合地基

竖向增强体复合地基广泛应用于土木工程的各个方面。竖向增强体复合地基也称为桩式复合地基，也可简称为复合地基（一般不做说明时，复合地基都是指竖向增强体桩式复合地基）。根据竖向增强体材料的粘结性质，桩式复合地基可分为散体材料桩复合地基与非散体材料桩复合地基。

水平向增强体复合地基主要是指加筋土地基，例如在天然地基水平方向加入土工织物、土工格栅等形成的复合地基。水平向增强体复合地基常用于路堤和油罐等的地基加固，效果良好。

（2）按增强体材料分类。按增强体材料不同，复合地基分为四大类，即土工合成材料（如土工格栅、土工布等）、砂石桩、各类土桩（如水泥土桩、土桩、灰土桩、渣土桩等）、各类低强度混凝土桩和钢筋混凝土桩等。

桩体按成桩所采用的材料还可分为以下三种：

1）散体土类桩：如碎石桩、砂桩等。

2）水泥土类桩：如水泥土搅拌桩、旋喷桩等。

3）混凝土类桩：树根桩、CFG 桩等。

（3）按桩体成桩后的桩体强度（或刚度）分类。

1）柔性桩：无须桩周土的围箍即可自立，桩身刚度和强度较小、压缩量较大，单桩沉降以桩身压缩为主、受桩端持力层性状影响不大的复合地基竖向增强体。散体土类桩属于此类桩。

2）半刚性桩：水泥土类桩。

3）刚性桩：在地基变形中，桩体变形可忽略的桩，如混凝土类桩。

由柔性桩和桩间土所组成的复合地基称为柔性桩复合地基，其他依次为半刚性桩复合地基、刚性桩复合地基。在刚性桩中，应力大部分从桩尖开始扩散，应力传到下卧层时还很大，如果存在较厚的软弱土层，沉降量可能会很大，且沉降速度较慢。而在柔性桩中，应力从基底开始扩散，形成桩土复合地基，传到下卧层时应力很小，如此创造了排水条件，初期沉降快而大，后期沉降小，并加快了沉降速率。

（4）按基础刚度和垫层设置分类。按基础刚度和垫层设置分类，复合地基分为刚性基础（设垫层或不设垫层）下的复合地基、柔性基础（设垫层或不设垫层）下的复合地基。

（5）按增强体长度分类。复合地基按增强体长度，分为等长度复合地基和不等长度复合地基（长短桩复合地基）。

在实际工程中，复合地基具有多种类型，要建立可适用于各种类型的复合地基承载力和沉降计算的统一公式比较困难，甚至是不可能的。在桩体复合地基中，桩的作用是主要的，而在地基处理中，桩的类型较多，性能变化较大。因此，复合地基的类型按桩的类型进行划分比较合适。

9.2.2 复合地基作用机理与破坏模式

1. 复合地基作用机理

复合地基的作用机理体现在以下几个方面。

（1）桩体作用。复合地基是桩体与桩周土共同作用，由于桩体的刚度比周围土体大，在刚性基础下发生等量变形时，地基中的应力将重新分配，桩体上产生应力集中现象，大部分荷载由桩体承担，桩间土所承受的应力和应变减小。这样复合地基承载力较原地基有所提高，沉降量有所减小。随着桩体刚度的增加，其桩体作用发挥得更加明显。

（2）加速固结作用。砂（砂石）桩、碎石桩具有良好的透水性，可加速地基的固结，另外，水泥土类桩和混凝土类桩在某种程度上也可加速地基固结。

（3）挤密作用。砂（砂石）桩、碎石柱等在施工过程中由于振动、挤压等原因，可对桩间土起到一定的密实作用。

（4）加筋作用。各种复合地基除了可提高地基的承载力和整体刚度外，还可用来提高土体的抗剪强度，增加土坡的抗滑能力。

2. 复合地基破坏模式

竖向增强体复合地基和水平向增强体复合地基的破坏模式不同，现分别加以讨论分析。

竖向增强体复合地基的破坏模式可以分成下述两种情况：一种是桩间土首先破坏，进而复合地基发生全面破坏；另一种是桩体首先破坏，进而复合地基发生全面破坏。在实际工程中，桩间土和桩体同时达到破坏是很难遇到的。大多数情况下，桩体复合地基都是桩体先破坏，继而引起复合地基全面破坏。

竖向增强体复合地基中桩体破坏的模式可以分成四种形式，即刺入破坏、鼓胀破坏、桩体剪切破坏和滑动剪切破坏，如图 9-3 所示。

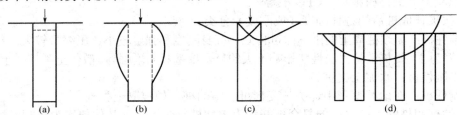

图 9-3 竖向增强体复合地基破坏模式
（a）刺入破坏；（b）鼓胀破坏；（c）桩体剪切破坏；（d）滑动剪切破坏

桩体发生刺入破坏模式如图 9-3（a）所示。在桩体刚度较大，地基土承载力较低的情况下，较易发生桩体刺入破坏。桩体发生刺入破坏，承担荷载大幅度降低，进而引起复合地基桩间土破坏，造成复合地基全面破坏。这种破坏模式常发生在刚性桩复合地基，特别是柔性基础下（填土路堤下）刚性桩复合地基更容易发生。若处在刚性基础下，则可能产生较大沉降，造成复合地基失效。

桩体鼓胀破坏模式如图 9-3（b）所示。在荷载作用下，桩周土不能提供桩体足够的围压，桩体发生过大的侧向变形，产生桩体鼓胀破坏。散体材料桩复合地基较易发生鼓胀破坏模式。在刚性基础下和柔性基础下，散体材料桩复合地基均可能发生桩体鼓胀破坏。

桩体剪切破坏模式如图 9-3（c）所示。在荷载作用下，复合地基中桩体发生剪切破坏，进而引起复合地基全面破坏。低强度的柔性桩较容易产生桩体剪切破坏。在刚性基础下和柔性基础下，低强度柔性桩复合地基均可产生桩体剪切破坏。相比之下，在柔性基础下发生的可能性更大。

滑动剪切破坏模式如图 9-3（d）所示。在荷载作用下，复合地基沿某一滑动面产生滑动破坏。在滑动面上，桩体和桩间土均发生剪切破坏。各种复合地基均可能发生滑动破坏模式。相比而言，在柔性基础下比在刚性基础下发生的可能性更大。

在荷载作用下，复合地基发生何种模式破坏，其影响因素很多。从上面分析可知，它不仅与复合地基中增强体材料性质有关，也与复合地基上的基础结构形式有关，除此之外，还与荷载形式有关。竖向增强体本身的刚度对竖向增强体复合地基的破坏模式有较大影响。桩间土与增强体性质的差异程度也会对复合地基的破坏模式产生影响。总之，对于具体的桩体复合地基的破坏模式，应考虑上述各种影响因素，通过综合分析加以估计。这里，对竖向增强体复合地基的破坏模式简单总结一下：

（1）对于不同的桩型，有不同的破坏模式。如碎石桩易发生鼓胀破坏，而 CFG 桩易发生刺入破坏。

（2）对于同一桩型，当桩身强度不同时，也会有不同的破坏模式。对于水泥搅拌桩，当水泥掺入量 a_w 较小，如 a_w＝5%时，易发生鼓胀破坏；当 a_w＝15%时，易发生整体剪切破坏；当 a_w＝25%时，易发生刺入破坏。

（3）对于同一桩型，当土层条件不同时，也将发生不同的破坏模式。当浅层存在非常软的黏土时，碎石桩将在浅层发生剪切或鼓胀破坏，如图9-4（a）所示；当较深层存在局部非常软的黏土时，碎石桩将在较深层发生局部鼓胀，如图9-4（b）所示；对于较深层存在较厚的非常软的黏土的情况，碎石桩将在较深层发生鼓胀破坏，而其上的碎石桩将发生刺入破坏，如图9-4（c）所示。

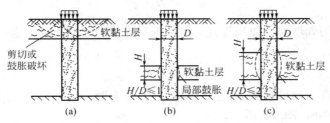

图 9-4　不同影响因素下的复合地基破坏

水平向增强体复合地基通常的破坏模式是整体破坏。同时，受天然地基土体强度、加筋体强度和刚度、加筋体布置形式等因素影响而具有多种破坏形式。

（1）加筋体以上土体剪切破坏。如图9-5（a）所示，在荷载作用下，最上层加筋体以上土体发生剪切破坏。也有人把它称为薄层挤出破坏。这种破坏多发生在第一层加筋体埋置较深、加筋体强度大，且具有足够锚固长度，加筋层上部土体强度较弱的情况。这种情况下，上部土体中的剪切破坏无法通过加筋层，剪切破坏局限于加筋体上部土体中。

（2）加筋体在剪切过程中被拉出或与土体产生过大相对滑动产生破坏。如图9-5（b）所示，在荷载作用下，加筋体与土体间产生过大的相对滑动，甚至加筋体被拉出，加筋体复合土体发生破坏而引起整体剪切破坏。这种破坏形式多发生在加筋体埋置较浅，加筋层较少，加筋体强度高但锚固长度过短，两端加筋体与土体界面不能提供足够的摩擦力防止加筋体被拉出的情况。试验结果表明，这种破坏形式多发生在加筋层数小于2或3的情况。

（3）加筋体在剪切过程中被拉断而产生剪切破坏。如图9-5（c）所示，在荷载作用下，加筋体在剪切过程中被拉断，引起整体剪切破坏。这种破坏形式多发生在加筋体埋置较浅，加筋层数较多，并且加筋体足够长，两端加筋体与土体界面能够提供足够的摩擦力防止加筋体被拉出的情况。在这种情况下，最上层加筋体首先被绷断，然后一层一层逐步向下发展。试验结果表明，加筋体绷断破坏形式多发生在加筋体较长，加筋体层数大于4的情况。

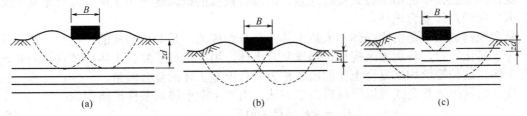

图 9-5　水平向增强体复合地基破坏模式

9.2.3　复合地基有关设计参数

1. 置换率

在复合地基理论中，置换率是一个非常重要的概念。取一根桩及其所影响的桩周土所组成的单元体作为研究对象，桩体的横截面面积与该桩体所承担的复合地基面积之比称为复合地基面积置换率。

某建筑结构的基础总面积为 A，采用复合地基进行设计，其竖向受力体为桩体和桩间土体，单桩桩体横截面面积为 A_p，总桩数为 N_p，则可以从总体角度来定义复合地基置换率 m 在整个基础范围内为

$$m = \frac{A_p}{A} N_p \tag{9-1}$$

设每根桩分担的处理地基面积为 A_e，单桩桩身横截面面积为 A_p，也可定义复合地基置换率 m 的表达式为

$$m = A_p / A_e \tag{9-2}$$

桩位平面布置有两种最常见形式：一种是正方形布置，另一种是等边三角形（也称为梅花形）布置，如图 9-6、图 9-7 所示。

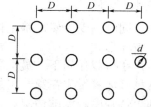

图 9-6　桩位平面正方形布置

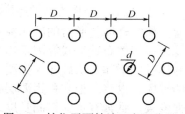

图 9-7　桩位平面等边三角形布置

（1）圆形桩按正方形布置时，如果桩直径为 d，桩间距为 D，如图 9-6 所示，则复合地基置换率为

$$m = \frac{\pi d^2}{4D^2} \tag{9-3}$$

（2）圆形桩按等边三角形布置时，如果桩直径为 d，桩间距为 D，如图 9-7 所示，则复合地基置换率为

$$m = \frac{\pi d^2}{2\sqrt{3} D^2} \tag{9-4}$$

2. 复合模量

复合地基置换率应用于桩式复合地基，而复合模量的概念既适用于桩式复合地基，又适用于水平向增强体复合地基。

复合地基加固区是由增强体和天然土体两部分组成的，是非均匀质的。在复合地基计算时，为了简化计算，将加固区视作一均质复合土体，用等价均质复合土体代替真实的非均质复合土体。这种等价均质复合土体的模量称为复合地基土体的复合模量。

复合模量的计算公式可以用材料力学方法，由桩土变形协调条件推演得到：

$$E_{sp} = mE_p + (1-m)E_s \tag{9-5}$$

式中　　E_p——桩体压缩模量；

　　　　E_s——土体压缩模量；

　　　　E_{sp}——复合地基的复合模量。

3. 桩土应力比

桩土应力比是指在复合地基加固区的上表面，桩体的竖向应力与桩间土的竖向应力之比。在

上部结构荷载作用下，桩体部分的竖向应力为 σ_p，桩间土所受的竖向应力为 σ_s，则桩土应力比

$$n = \frac{\sigma_p}{\sigma_s} \tag{9-6}$$

桩土应力比 n 的大小可以用来定性地反映复合地基的工作状况。影响桩土应力比 n 的因素很多，如荷载水平、荷载作用时间、桩间土性质、桩长、桩体刚度、复合地基置换率等。

9.2.4 复合地基承载力与变形计算

1. 复合地基承载力计算

（1）竖向增强体复合地基承载力计算。复合地基承载力一般应通过现场复合地基荷载试验确定，初步设计时也可按复合求和法估算。复合求和法是分别确定桩体的承载力和桩间土的承载力，再根据一定的原则叠加这两部分承载力得到复合地基的承载力。复合求和法的计算公式根据桩的类型不同而有所不同。

1）散体材料桩复合地基可采用以下三种公式计算：

$$f_{spk} = m f_{pk} + (1-m) f_{sk} \tag{9-7}$$

当 $n \leqslant f_{pk} / f_{sk}$ 时

$$f_{spk} = \left[1 + m(n-1)\right] f_{sk} \tag{9-8}$$

当 $n > f_{pk} / f_{sk}$ 时

$$f_{spk} = f_{sk} \left[1 + m(n-1)\right] \big/ n \tag{9-9}$$

式中　f_{spk}、f_{pk}、f_{sk}——复合地基、桩体和桩间土承载力特征值，kPa；

2）对水泥土桩复合地基可按下式计算：

$$f_{spk} = m R_a / A_p + \beta(1-m) f_{sk} \tag{9-10}$$

式中　R_a——单桩竖向承载力特征值，kPa；

　　　A_p——桩截面面积，m^2；

　　　β——桩间土承载力折减系数，宜按地区经验取值。

（2）水平向增强体复合地基承载力计算。水平向增强体复合地基主要包括在地基中铺设各种加筋材料，如土工织物、土工格栅等形成的复合地基。复合地基工作性状与加筋体长度、强度、加筋层数，以及加筋体与土体间的黏聚力和摩擦系数等因素有关。水平向增强体复合地基破坏可具有多种形式，影响因素也很多。到目前为止，许多问题尚未完全搞清楚，计算理论尚不成熟。这里只简单介绍 Florkiowicz(1990)承载力公式。

图 9-8 表示水平向增强体复合地基上的条形基础。刚性条形基础宽度为 B，下卧厚度为 Z_0 的加筋复合土层，其黏聚力为 c_r，内摩擦角为 φ_v，复合土层下的天然土层黏聚力为 c，内摩擦角为 φ。Florkiewicz 认为，基础的极限荷载 q_f 是无加筋体（$c_r = 0$）的双层土体系的常规承载力 $q_0 B$ 和由加筋引起的承载力提高值 $\Delta q_f B$ 之和，即

$$q_f = q_0 B + \Delta q_f B \tag{9-11}$$

复合地基中各点的视黏聚力 c_r 值取决于所考虑的方向，其表达式（Schlosser 和 Long，1974）为

$$c_r = \sigma_0 \frac{\sin \delta \cos(\delta - \varphi_0)}{\cos \varphi_0} \tag{9-12}$$

式中　δ——考虑方向与加筋体方向的倾斜角；

　　　σ_0——加筋体材料的纵向抗拉强度。

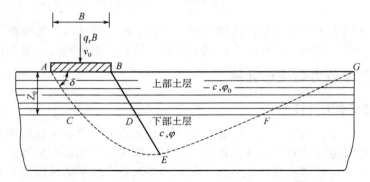

图 9-8　水平向增强体复合地基上的条形基础

采用极限分析法分析，地基土体滑动模式取 Prandtl 滑移面模式。当加筋复合土层中加筋体沿滑移面 AC 滑动时，地基破坏。此时，刚性基础竖直向下速度为 v_0，加筋体沿 AC 面滑动引起的能量消散率增量为

$$D = \overline{AC}c_r v_0 \frac{\cos\varphi}{\sin(\delta - \delta_0)} = \sigma_0 v_0 Z_0 \mathrm{ctan}(\delta - \varphi_0) \tag{9-13}$$

忽略了 $ABCD$ 区和 $BGFD$ 区中由于加筋体存在（$c_r \neq 0$）能量消散率增量的增加。根据上限定理，可得到承载能力提高值表达式：

$$\Delta q_f = \frac{D}{v_0 B} = \frac{Z_0}{B}\sigma_0 \mathrm{ctan}(\delta - \varphi_0) \tag{9-14}$$

式中，v_0 可根据 Prandtl 滑移面模式确定。

2. 复合地基变形计算

在各类复合地基沉降实用计算方法中，通常把沉降量分为三部分，即加固区土体压缩量 s_1、加固区下卧层土体压缩量 s_2 和垫层压缩量 s_3，而复合地基总沉降 s 表达式为

$$s = s_1 + s_2 + s_3 \tag{9-15}$$

复合地基沉降量构造成示意图如图 9-9 所示。

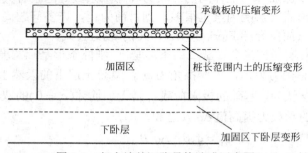

图 9-9　复合地基沉降量构造成示意图

具体的计算方法一般有三种。

（1）复合模量法。复合模量法的原理是，将复合地基加固区的增强体和基体两部分视为一个复合体，采用复合压缩模量 E_{sp} 表征复合土体的压缩性，采用分层总和法计算其复合地

基加固区压缩量。计算时，按照地基的地质分层情况，将地基分成若干层，假定加固区的复合土体为与天然地基分层相同的若干层均质地基，这样加固区和下卧层均按分层总和法进行沉降计算。表达式为

$$s = \psi_{sp}(s_1 + s_2) = \psi \left[\sum_{i=1}^{n_1} \frac{p_0}{E_{spi}} (z_i \overline{\alpha_i} - z_{i-1} \overline{\alpha_{i-1}}) + \sum_{i=n_1+1}^{n_2} \frac{\sigma_2}{E_{mi}} (z_i \overline{\alpha_i} - z_{i-1} \overline{\alpha_{i-1}}) \right] \tag{9-16}$$

式中　　s——最终沉降量，mm；

s_1、s_2——加固区和下卧层的计算沉降量，mm；

ψ_{sp}——复合地基沉降计算修正系数，根据地区沉降观测资料经验确定，无地区经验时，可根据变形计算深度范围内压缩模量的当量值（$\overline{E_s}$）按表 9-2 取值；

p_0——基础底面处的附加应力，kPa；

E_{spi}——第 i 个天然土层和桩形成的复合模量，MPa；

z_i、z_{i-1}——基础底面至第 i、$i-1$ 层土底面的距离，m；

$\overline{\alpha_i}$、$\overline{\alpha_{i-1}}$——基础底面计算点至第 i、$i-1$ 层土底面范围内的平均附加应力系数；

σ_2——作用于下卧层顶面处的附加应力，kPa，可根据应力扩散角原理计算；

E_{si}——第 i 个天然土层的压缩模量，MPa；

n_1、n_2——加固区 1 或 2 内的土层数和下卧层内的土层数。

表 9-2　复合地基沉降计算经验系数 ψ_{sp}

$\overline{E_s}$/MPa	4.0	7.0	15.0	20.0	35.0
ψ_{sp}	1.0	0.7	0.4	0.25	0.2

变形计算深度范围内压缩模量的当量值（$\overline{E_s}$），应按下式计算：

$$\overline{E_s} = \frac{\sum_{i=1}^{n} A_i + \sum_{j=1}^{m} A_j}{\sum_{i=1}^{n} \dfrac{A_i}{E_{spi}} + \sum_{j=1}^{m} \dfrac{A_j}{E_{sj}}} \tag{9-17}$$

式中　　E_{spi}——第 i 层复合土层的压缩模量，MPa；

E_{sj}——加固土层以下的第 j 层土的压缩模量，MPa；

A_i、A_j——第 i 层复合土层和加固土层以下的第 j 层土附加应力系数沿土层厚度的积分值。

E_{spi} 值可通过面积加权法计算或弹性理论表达式计算，也可通过室内试验测定。面积加权法表达式为

$$E_{spi} = mE_p + (1-m)E_{si} \tag{9-18}$$

式中　　m——复合地基面积置换率；

E_p——桩体压缩模量，MPa；

E_{si}——各层土体的压缩模量，MPa。

复合地基变形计算时，复合土层的压缩模量还可按下列公式计算：

$$E_{spi} = \xi \cdot E_{si} \tag{9-19}$$

$$\xi = f_{spk} / f_{ak} \tag{9-20}$$

式中　E_{spi}——第 i 层复合土层的压缩模量，MPa；

　　　ξ——复合土层的压缩模量提高系数；

　　　f_{spk}——复合地基承载力特征值，kPa；

　　　f_{ak}——基础底面下天然地基承载力特征值，kPa。

（2）应力修正法。应力修正法的基本思路是，认为桩体和桩间土体压缩量相等，计算出桩间土的压缩量则可以得到复合地基的压缩量。在计算桩间土的压缩量时，忽略桩体的作用，根据桩间土分担的荷载，利用桩间土的压缩模量按分层总和法计算。计算时采用荷载 P 在基础底面桩间土产生的附加应力作为荷载来计算加固区压缩变形 s_1，采用荷载 P 在下卧层产生的附加应力作为荷载来计算下卧层压缩变形 s_2。

在该法中，根据桩间土承担的荷载 p_s，按照桩间土的压缩模量 E_s，忽略增强体的存在，采用分层总和法计算加固区土层的压缩量。

$$s = s_1 + s_2 = \psi \left(\sum_{i=1}^{n} \frac{\Delta \sigma_{1i}}{E_{si}} h_i + \sum_{j=1}^{m} \frac{\Delta \sigma_{2j}}{E_{sj}} h_j \right) \tag{9-21}$$

式中　n——加固区土分层数；

　　　m——下卧层土分层数；

　　　$\Delta \sigma_{1i}$——桩间土应力在加固区第 i 层土中产生的平均附加应力，kPa；

　　　$\Delta \sigma_{2j}$——荷载 P 在下卧层第 j 层土中产生的平均附加应力，kPa；

　　　E_{si}——加固区第 i 层土压缩模量，kPa；

　　　E_{sj}——下卧层第 j 层土压缩模量，kPa；

　　　h_i——加固区第 i 层土的分层厚度，m；

　　　h_j——下卧层第 j 层土的分层厚度，m；

　　　ψ——沉降计算经验系数，参照规范取值。

（3）桩身压缩量法。桩身压缩量法认为桩身的压缩量和桩身下刺入量之和就是地基加固区整体的压缩量。

在荷载作用下，桩身压缩量为

$$s_p = \frac{\mu_p p - p_{b0}}{2E_p} l \tag{9-22}$$

式中　μ_p——应力集中系数，$\mu_p = n / [1 + m(n-1)]$；

　　　l——桩身长度，即等于加固区厚度；

　　　E_p——桩身材料变形模量；

　　　p_{b0}——桩底端端承力密度。

9.3　换土垫层法工程应用

当软弱土地基的承载力和变形满足不了建筑物的工程技术要求，而软弱土层的厚度又不是很大时，将基础底面下处理范围内的软弱土层部分或全部挖去，然后分层换填强度较大的砂、砂石、素土、灰土、高炉干渣、粉煤灰等其他性能稳定、无侵蚀性的材料，同时以人工或机械方法分层压、夯振动，使之达到要求的密实度，成为良好的人工地基。这种地基处理方法称为换土垫层法，也称换填法。

换填法适用于浅层地基处理，包括淤泥、淤泥质土、松散素填土、杂填土和吹填土等地基以及暗塘、暗浜、暗沟等，还有低洼区域的填筑。换填法还适用于一些地域性特殊土，如膨胀土、湿陷性黄土、季节性冻土的处理。

换填法具有如下作用：提高地基承载能力；减少沉降量；加速软弱土层的排水固结；防止冻胀；消除膨胀土的胀缩作用。

9.3.1 垫层设计

换土垫层法的设计应满足建筑物对地基强度和变形的要求，而且应符合经济合理的原则。换填垫层地基的承载力应通过现场静荷载试验确定。垫层可选下列材料：砂石、粉质黏土、灰土、粉煤灰、矿渣、其他工业废渣及土工合成材料。对垫层材料的基本要求可参考《建筑地基处理技术规范》（JGJ 79—2012）。

1. 垫层厚度的确定

垫层的厚度必须满足如下要求：当上部荷载通过垫层按一定的扩散角传至软弱下卧土层时，该软弱下卧土层顶面所受的自重应力与附加应力之和不应大于同一标高处软弱土层的地基承载力设计值（图 9-10），即满足：

$$p_z + p_{cz} \leqslant f_{az} \tag{9-23}$$

式中　p_z——垫层底面处土的附加应力，kPa；

　　　p_{cz}——垫层底面处土的自重应力，kPa；

　　　f_{az}——垫层底面处下卧土层经修正后地基承载力特征值，kPa。

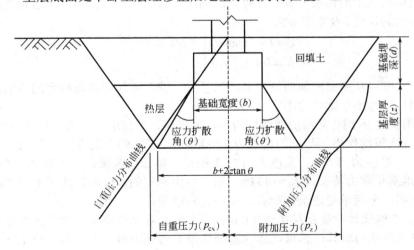

图 9-10　垫层剖面

垫层底面处的附加应力，对于条形基础和矩形基础，分别按式（9-24）和式（9-25）计算。

条形基础：

$$p_z = \frac{b(p_k - p_c)}{b + 2z\tan\theta} \tag{9-24}$$

矩形基础：

$$p_z = \frac{lb(p_k - p_c)}{(l + 2z\tan\theta)(b + 2z\tan\theta)} \qquad (9\text{-}25)$$

式中　b——矩形基础或条形基础底面的宽度，m；

　　　l——矩形基础或条形基础底面的长度，m，条形基础一般取 1 m；

　　　p_k——相应于荷载效应标准组合时，基础底面处的平均压力值，kPa；

　　　p_c——基础底面处土的自重应力，kPa；

　　　z——基础底面下垫层的厚度，m；

　　　θ——垫层应力扩散角，按表 9-3 选取。

表 9-3　垫层应力扩散角 θ

z/b	换填材料		
	中砂、粗砂、砾砂、圆砾、石屑、角砾、卵石、碎石、矿渣	粉质黏土和粉煤灰（$8 < I_p < 14$）	灰土
0.25	20°	6°	28°
≥0.50	30°	23°	

注：① 当 $z/b < 0.25$ 时，除灰土取 28° 外，其余材料均取 $\theta = 0$；
　　② 当 $0.25 < z/b < 0.50$ 时，θ 值可插值求得。

其中，换填垫层的厚度不宜小于 0.5 m，也不宜大于 3 m。具体设计时，可根据下卧土层的地基承载力，先假设一个垫层的厚度，然后按式（9-23）进行验算，若不符合要求，则改变厚度重新验算，直至满足设计要求为止。

2．垫层宽度的确定

关于垫层宽度的计算，目前还缺乏可行的理论方法，在实践中常常按照当地某些经验数据（考虑砂垫层两侧土的性质）或按经验方法确定。常用的经验方法是扩散角法。此时矩形基础的垫层底面的长度 l' 及宽度 b' 为

$$\left.\begin{array}{l} l' = l + 2z\tan\theta \\ b' = b + 2z\tan\theta \end{array}\right\} \qquad (9\text{-}26)$$

垫层顶面宽度可从垫层底面两侧向上，按基坑开挖期间保持边坡稳定的当地经验放坡确定。垫层顶面每边超出基础底边不宜小于 300 mm。

【工程应用例题 9-1】 某四层砖混结构的住宅建筑，承重墙下为条形基础，宽 1.2 m，埋深 1.0 m，上部建筑物作用于基础的荷载为 120 kN/m，基础的平均重度为 20 kN/m³。地基表层为粉质黏土，厚度为 1.0 m，重度为 17.5 kN/m³；第二层为淤泥，厚度为 15 m，重度为 17.8 kN/m³，地基承载力特征值 $f_{ak} = 50$ kPa；第三层为密实的砂砾石。地下水距离地表 1.0 m。因为地基较软弱，不能承受建筑物荷载，试设计砂垫层。

解：（1）先假设该砂垫层厚度为 1.0 m，并要求分层碾压夯实，干密度大于 1.5 t/m³。

（2）砂垫层厚度的验算：根据题意，基础底面平均压力由下式计算，为 120 kPa。

$$p = \frac{F + G}{b}$$

砂层底面处的附加应力由式（9-24）得

$$p_z = \frac{1.2 \times (120 - 17.5 \times 1)}{1.2 + 2 \times 1 \times \tan 30°} = 52.2(\text{kPa})$$

$$p_{c0} = 17.5 \times 1 + (17.8 - 10) \times 1 = 25.3(\text{kPa})$$

根据下卧层淤泥地基承载力特征值 $f_{ak}=50\ kPa$，再经深度修正后得到地基承载力特征值为

$$f_{az} = 50 + \frac{17.5 \times 1 + (17.8 - 10) \times 1}{2} \times 1 \times (2 - 0.5) = 69(kPa)$$

则有

$$p_z + p_{cz} = 52.2 + 25.3 = 77.5(kPa) > f_{az} = 69(kPa)$$

这说明所设计的垫层厚度不够，再假设垫层的厚度为 1.5 m，重新进行验算，可知此时的垫层厚度能满足要求。

（3）确定砂垫层的宽度 b' 为

$$b' \geqslant b + 2z\tan\theta = 1.2 + 2 \times 1.5 \times \tan 30° = 2.93(m)$$

取 $b' = 3$ m。

（4）绘制砂垫层剖面图。（略）

9.3.2　垫层施工要点

（1）垫层施工应根据不同的换填材料选择施工机械。粉质黏土、灰土宜采用平碾、振动碾或羊足碾，中小型工程也可采用蛙式夯、柴油夯；砂石等宜采用振动碾；粉煤灰宜采用平碾、振动碾、平板振动器、蛙式夯；矿渣宜采用平板振动器或平碾，也可采用振动碾。

（2）垫层的施工方法、分层铺填厚度、每层压实遍数等宜通过试验确定。除接触软土下卧层的垫层底部应根据施工机械设备及下卧层土质条件确定厚度外，一般情况下，垫层的分层铺填厚度可取 200～300 mm。为保证分层压实质量，应控制机械碾压速度。

（3）粉质黏土和灰土垫层土料的施工含水量宜控制在最优含水量 $w_{op}\pm 2\%$ 的范围内，粉煤灰垫层的施工含水量宜控制在最优含水量 $w_{op}\pm 4\%$ 的范围内。最优含水量可通过击实试验确定，也可按当地经验取用。

（4）当垫层底部存在古井、古墓、洞穴、旧基础、暗塘等软硬不均的部位时，应根据建筑对不均匀沉降的要求予以处理，并经检验合格后，方可铺填垫层。

（5）基坑开挖时应避免坑底土层受扰动，可保留约 200 mm 厚的土层暂不挖去，待铺填垫层前再挖至设计标高。严禁扰动垫层下的软弱土层，防止其被践踏、受冻或受水浸泡。在碎石或卵石垫层底部宜设置 150～300 mm 厚的砂垫层或铺一层土工织物，以防止软弱土层表面的局部破坏，同时必须防止基坑边坡坍土混入垫层。

（6）换填垫层施工应注意基坑排水，除采用水撼法施工砂垫层外，不得在浸水条件下施工，必要时应采用降低地下水位的措施。

（7）垫层底面宜设在同一标高上，如深度不同，基坑底土面应挖成阶梯或斜坡搭接，并按先深后浅的顺序进行垫层施工，搭接处应夯压密实。粉质黏土及灰土垫层分段施工时，不得在柱基、墙角及承重窗间墙下接缝。上下两层的缝距不得小于 500 mm。接缝处应夯压密实。灰土应拌合均匀并应当日铺填夯压。灰土夯压密实后 3 d 内不得受水浸泡。粉煤灰垫层铺填后宜当天压实，每层验收后应及时铺填上层或封层，防止干燥后松散、起尘、污染环境，同时应禁止车辆碾压通行。

垫层竣工验收合格后，应及时进行基础施工与基坑回填。

9.4　排水固结法工程应用

排水固结法亦称预压法，是通过在天然地基中设置竖向排水体（砂井或塑料排水板）和

水平向排水体，利用建（构）筑物自身质量分级逐渐加载，或在建（构）筑物建造前先对地基进行加载预压，根据地基土排水固结的特性，使土体提前完成固结沉降，从而增加地基强度的一种软土地基加固方法。

排水固结法的主要用途包括：

（1）使地基沉降在加载预压期间基本完成或大部分完成，减少竣工后地基的不均匀沉降；

（2）通过排水固结，加速增加地基土的抗剪强度，提高地基的承载力和稳定性；

（3）消除欠固结软土地基中桩基承受的负摩擦力等。

为了达到排水固结效果，排水固结法必须由排水系统和加压系统两部分共同组成。设置排水系统的目的在于改变地基原有的排水边界条件，增加孔隙水排出的途径，缩短排水距离，加快排水速度，使地基在预压期间尽快完成设计要求的沉降量，并及时提高地基土强度。该系统由水平排水垫层和竖向排水体构成。设置加压系统的目的是对地基施加预压荷载，使地基土孔隙中的水产生压力差，从饱和地基中自然排出，使地基土固结完成压缩。

根据加压方式不同，排水固结法可以分为堆载预压（含超载预压）法、真空预压法、降低地下水位法、电渗排水法以及联合加压法。堆载预压法特别适用于存在连续薄砂层的地基，但只能加速主固结而不能减少次固结，对有机质和泥炭等次固结土，不宜只采用堆载预压法，可以利用超载的方法来克服次固结。真空预压法适用于能在加固区形成（包括采取措施后形成）稳定负压边界条件的软土地基。真空预压法、降低地下水位法和电渗排水法由于不增加剪应力，地基不会产生剪切破坏，所以适用于很软弱黏土地基的排水固结处理。

9.4.1　袋装砂井固结排水法和塑料排水板预压法

1. 袋装砂井固结排水法

软土在我国沿海和内陆地区都有相当大的分布范围。软土地基具有高压缩性、低渗透性、固结变形持续时间长等特点，排水固结是软土地基处治的有效方法。袋装砂井技术就是通过在软土地基中设置竖向排水以改变原有地基的边界条件，增加孔隙水的排出途径，大大缩短软基的固结时间，从而达到使原有地基满足使用要求的目的。

袋装砂井堆载预压地基是在软弱地基中用钢管打孔，装入砂袋作为竖向排水通道并在其上部设置砂砾垫层，作为水平排水通道。在砂砾垫层上压载，以增加土中附加应力，使土体中孔隙水较快地通过袋装砂井和砂砾垫层排出，从而加速土体固结，使地基得到加固。

袋装砂井堆载预压地基可加速饱和软黏土的排水固结，使沉降及早完成和稳定，同时可大大提高地基的抗剪强度和承载力，防止地基土发生滑动破坏。该工艺施工机具简单，可就地取材，缩短施工周期，降低施工造价。

袋装砂井固结排水法的施工工序为：

（1）整平原地面。若原地面为稻田、藕田或荒地，应在路基两侧开沟排干地表水，清除表面杂草，平整地面。若原地面为鱼塘，应抽干塘水，清除表层淤泥 50～100 cm，后换填砂。

（2）摊铺下层砂垫层。在整平的地面或经换填砂后的渔塘上摊铺 30 cm 厚的砂垫层，砂垫层应延伸出坡脚外 1 m，确保排水畅通。

（3）现场灌砂成井。按照砂井平面位置图（砂桩间距为 1.5 m），将打桩机具定位在砂井位置。打入套管，套管打入长度为砂井长度加 30 cm 砂垫层。砂袋灌入砂后，露天放置并应有遮盖，忌长时间暴晒，以免砂袋老化。砂袋灌砂率（r）按下式计算：

$$r = \frac{m_{sd}}{0.78d^2L\rho_d}$$

(9-27)

式中　m_{sd}——实际灌入砂的质量，kg；

　　　　d——砂井直径，m；

　　　　L——砂井深度，m；

　　　　ρ_d——中粗砂的干密度，kg/m³。

砂井可用锤击法或振动法施工。导管应垂直，钢套管不得弯曲，沉桩时应用经纬仪或垂球控制垂直度。

（4）土工格栅、土工布铺设。砂井施工完成后，平整好原砂垫层。将土工格栅平整地铺设在砂垫层上，最大拉力方向应沿横断面方向铺设，接头处采用铅丝绑扎。

在土工格栅上铺 20 cm 砂垫层，伸出的砂袋应竖直埋设在砂垫层内，不得卧倒。在 20 cm 砂垫层上铺设土工布，沿路堤横向铺设，土工布两端施以不小于 5 kN/m 的预拉力，在路基两侧挖沟锚固。土工布之间采用缝接，缝接长度为 15 cm。

2．塑料排水板预压法

塑料排水板预压法是用来加固软弱地基的一种工艺。它是将有通槽的带状塑料排水板用插板机插入软土中，然后在地面上加载预压。土中水沿着塑料板的通槽上升溢出土层，使地基得以加固。其加固效果与袋装砂井相同，承载力可提高 70%～100%，历时 100 d 固结度可达到 80%，加固费用比袋装砂井节省 10%左右。

塑料排水板预压法在工程中的常用处理方法有塑料排水板堆载预压法、塑料排水板真空预压法。

（1）塑料排水板堆载预压法。此法的加压系统为预压土石，排水系统为砂垫层和塑料排水板。软土受上部荷载的作用而压缩，孔隙水受压而沿塑料排水板、水平砂垫层排出，孔隙水压力 u 随之减少了 Δu，相应有效应力增长 $\Delta u = \Delta \sigma$，且随着孔隙水压力逐渐向有效应力的转化，软土得到固结。应力系统转化的流程为：开始时，$\sigma = u_0 + \sigma'_0$，固结期间 $\sigma = (u_0 - \Delta u) + (\sigma'_0 + \Delta \sigma)$，结束时 $\sigma = \sigma' + u_1$。

预压荷载的大小、预压期及施加荷载的方法是影响预压效果的关键因素。排水板间距的大小是影响预压期长短的关键因素。

（2）塑料排水板真空预压法。在加固区表面铺设水平砂垫层，然后铺设有一定间距的纵向排水体，再在砂层上铺设不透气的薄膜而形成一封闭区域，运用真空装置在膜内外形成一压力差，$\Delta p = p - p_t$，即真空度。真空度沿纵向排水体逐渐向下延伸，同时也向四周扩散，依次在射流泵、膜下、纵向排水体、加固排水体之间形成真空度差，使水沿加固土体、纵向排水体、砂垫层、射流泵而排出。结果使有效应力在总应力不变的情况下，由于孔隙水压力的减小而增大，从而达到加固软土地基的目的。

塑料排水板的真空度传递性能相当优良，且沿深度方向基本上呈线性变化。运用有效应力圆确定破坏面与主应力方向的夹角，进而确定固结不排水抗剪角。真空预加附加压力是各向等压，剪切蠕动引起的强度折减系数约为 0.9。

9.4.2　天然地基堆载预压法

堆载预压法是在工程建设之前用大于或等于设计荷载的填土荷载，促使地基提前固结沉降，以提高地基的强度。当强度指标达到设计要求数值后，去掉荷载，修筑建筑物或构筑物。

经过堆压预处理后，地基一般不会再产生大的固结沉降。堆载物一般用填土或砂石等散粒材料。施工填筑时采用分层分级施加荷载，从而控制加荷速率、避免地基发生破坏，达到地基强度慢慢提高的效果。该法施工简单，不需要特殊的施工机械和材料，但软土的排水固结时间较长，因此工期一般较长。

1. 堆载预压法设计

堆载预压法设计的目的在于：根据上部结构荷载的大小、地基土的性质以及工期要求，合理安排排水系统和加压系统，使地基在受压过程中快速排水固结，增加一部分强度以满足逐渐加载条件下地基稳定性的要求，并加速地基的固结沉降、缩短预压时间。

堆载预压法设计包括加压系统设计、排水系统设计以及现场监测设计。加压系统设计主要是指堆载材料的选用、预压荷载的确定、荷载分级、加载速率和预压时间；排水系统设计包括竖向排水体的材料选用，确定竖向排水体的直径、间距、深度和排列方式；现场监测设计包括地面沉降、水平位移以及孔隙水压力观测点的布置。要求做到：加固期限尽量短；固结沉降快；充分增加强度；注意安全。

（1）加压系统设计。堆载材料一般采用填土、砂石等散粒材料；油罐通常利用罐体充水对地基进行预压；对堤、坝等以稳定为控制的工程，则以其本身的质量有控制地分级逐渐加载，直至设计标高。

预压荷载大小应根据设计要求确定。对于沉降有严格限制的建筑，应采用超载预压法处理，超载量大小应根据预压时间内要求完成的变形量通过计算确定，并宜使预压荷载下受压土层各点的有效竖向应力大于建筑物荷载引起的相应点的附加应力。预压荷载顶面的范围应等于或大于建筑物基础外缘所包围的范围。

加载速率应根据地基土的强度确定。当天然地基土的强度满足预压荷载下地基的稳定性要求时，可一次性加载，否则应分级逐渐加载。待前期预压荷载下地基土的强度增长满足下一级荷载下地基的稳定性要求则方可加载，直至加到设计荷载。具体计算步骤如下：

1）利用地基土的天然抗剪强度 c_u 计算第一级容许施加的荷载 p_1。一般可根据斯开普顿极限荷载的半经验公式作为初步估算，即

$$p_1 = \frac{5c_u}{K}\left(1 + 0.2\frac{B}{A}\right)\left(1 + 0.2\frac{D}{B}\right) + \gamma D \tag{9-28}$$

式中　K——安全系数，建议采用 1.1～1.5；

　　　c_u——天然地基土的不排水抗剪强度（由无侧限、三轴不排水剪切试验或原位十字板剪切试验测定），kPa；

　　　D——基础埋置深度，m；

　A、B——基础的长边和短边长度，m；

　　　γ——基础标高以上土的重度，kN/m^3。

对饱和软黏性土，也可采用下式估算；

$$p_1 = \frac{5.14c_u}{K} + \gamma D \tag{9-29}$$

对长条梯形填土，可根据 Fellenius 公式估算，即

$$p_1 = \frac{5.52c_u}{K} \tag{9-30}$$

2）计算第一级荷载 p_1 作用下地基强度的增长值。地基在 p_1 荷载作用下，经过一段时间预压，地基强度逐渐提高为

$$c_{u1} = \eta(c_u + \Delta c_u')$$

(9-31)

式中　　$\Delta c_u'$——p_1 作用下地基因固结而增长的强度，与土层的固结度有关，一般可先假定一固结度，通常假定为 70%，然后求出强度增量 $\Delta c_u'$；

　　　　η——考虑剪切蠕动的强度折减系数。

3）计算 p_1 作用下达到所定固结度（一般为 70%）所需要的时间（根据表 9-4 中的公式）。这一步计算的目的在于确定第一级荷载停歇的时间，亦即第二级荷载开始施加的时间。该时间可根据固结度与时间的关系求得。

表 9-4　不同条件下平均固结度计算公式

条件	平均固结度计算公式	α	β	备注
普通表达式	$\overline{U} = 1 - \alpha e^{-\beta t}$			
竖向排水固结（$\overline{U}_a > 30\%$）	$\overline{U}_a = 1 - \dfrac{8}{\pi^2} e^{-\frac{\pi^2 c_v}{4H^2}t}$	$\dfrac{8}{\pi^2}$	$\dfrac{\pi^2 c_v}{4H^2}$	太沙基解
内径向排水固结	$\overline{U}_t = 1 - e^{-\frac{8c_h}{F_n d_e^2}t}$	1	$\dfrac{8c_h}{F_n d_e^2}$	$F_n = \dfrac{n^2}{n^2-1}\ln(n) - \dfrac{3n^2-1}{4n^2}$ n 为井径比，$n = \dfrac{d_e}{d_w}$
竖向和内径向排水固结（砂井地基平均固结度）	$\overline{U}_{rz} = 1 - \dfrac{8}{\pi^2} e^{-\left(\frac{8c_h}{F_n d_e^2} + \frac{\pi^2 c_v}{4H^2}\right)t}$ $= 1 - (1-\overline{U}_t)(1-\overline{U}_a)$	$\dfrac{8}{\pi^2}$	$\dfrac{8c_h}{F_n d_e^2} + \dfrac{\pi^2 c_v}{4H^2}$	
砂井未打穿受压土层的平均固结度	$\overline{U} = Q\overline{U}_{rz} + (1-Q)\overline{U}_t$ $\approx 1 - \dfrac{8Q}{\pi^2} e^{-\frac{8c_h}{F_n d_e^2}t}$	$\dfrac{8Q}{\pi^2}$	$\dfrac{8c_h}{F_n d_e^2}t$	$Q \approx \dfrac{H_2}{H_1 + H_2}$
内径向排水固结（$\overline{U}_r > 60\%$）	$\overline{U}_r = 1 - 0.692 e^{\frac{5.78c_h}{R^2}t}$	0.629	$\dfrac{5.78c_h}{R^2}$	R 为土柱体半径

注：c_v 为竖向固结系数，$c_v = \dfrac{k_v(1+e)}{\alpha r_w}$；$c_h$ 为径向固结系数（或水平固结系数），$c_h = \dfrac{k_h(1+e)}{\alpha r_w}$；$d_e$ 为砂井有效影响范围的直径；d_w 为砂井直径。

4）根据第 2）步所得到的地基强度 c_{u1} 计算第二级所能施加的荷载 p_2。p_2 可近似按下式估算：

$$p_2 = \frac{5.52 c_{u1}}{K}$$

(9-32)

在此基础上，求出在 p_2 作用下地基固结度达到 70% 时的地基强度以及所需要的时间。然后计算第三级所能施加的荷载，依次可计算出以后各级荷载和停歇时间。这样，初步的加载计划就确定下来。

5）按以上步骤确定的加载计划进行每一级荷载下地基的稳定性验算。当地基稳定性不满足要求时，应调整上述加载计划。

6）计算预压荷载下地基的最终沉降量、预压期间的沉降量和剩余沉降量。这一步计算的目的在于确定预压荷载卸除的时间，此时地基在预压荷载下所完成的沉降量已达到设计要求，所剩余的沉降量是建筑物所允许的。

如果在预压期间地基沉降量不能满足设计要求，则可以采用超载预压，重新制订加荷计划。

（2）排水系统设计。

1）竖向排水体材料选择。排水竖井分普通砂井、袋装砂井和塑料排水板（带）。当竖向排水体长度超过 20 m 时，建议采用普通砂井或塑料排水板。

2）竖向排水体深度设计。竖向排水体深度一般为 10～25 m，应根据建筑物对地基的稳定性、变形要求和工期确定。

① 当软土层厚度较小（小于 20 m）、底部有透水层时，竖向应尽可能穿透软土层。

② 当深厚的高压缩性土层间有砂层或砂透镜体时，竖向应尽可能打至砂层或砂透镜体。

③ 对于无砂层的深厚地基，可根据其稳定性及建筑物在地基中造成的附加应力与自重应力之比值确定（一般为 0.1～0.2）。

④ 按稳定性控制的工程，如路堤、土坝、岸坡、堆料等，竖向深度应通过稳定分析确定，至少应超过最危险滑动面 2.0 m。

⑤ 按沉降控制的工程，竖井深度应根据在限定的预压时间内需完成的变形量确定。

3）竖向排水体平面布置设计。普通砂井直径可取 300～500 mm，袋装砂井直径可取 70～120 mm。塑料排水板常用当量换算直径表示，可按下式计算：

$$d_\mathrm{p} = \frac{2(b+\delta)}{\pi} \tag{9-33}$$

式中　d_p——塑料排水板当量换算直径，mm；

　　b——塑料排水板宽度，mm；

　　δ——塑料排水板厚度，mm。

竖向排水体直径和间距主要取决于土的固结性质和施工期限的要求。排水体截面大小以能及时排水固结为标准，由于软土的渗透性比砂性土小，所以排水体的理论直径可以很小。但直径过小，施工困难；直径过大，并不能显著提高固结速率。从原则上讲，为达到同样的固结度，缩短排水体间距比增加排水体直径效果好，即：井距和井间距的关系是"细而密"而非"粗而稀"。

竖向排水体在平面上可布置成正方形或等边三角形（梅花形）。正方形排列的每个砂井，其影响范围为一个正方形；等边三角形排列的每个砂井，其影响范围则为一个正六边形。因此，以等边三角形排列较为紧凑和有效。

在进行固结计算时，多边形作为边界条件求解较困难。为简化起见，建议每个砂井的影响范围由多边形改为面积与多边形面积相等的圆（图 9-11）来求解。

等边三角形排列时：

$$d_\mathrm{e} = l\sqrt{\frac{2\sqrt{3}}{\pi}} = 1.05l \tag{9-34}$$

正方形排列时：

$$d_\mathrm{e} = l\sqrt{\frac{4}{\pi}} = 1.13l \tag{9-35}$$

式中　d_e——排水竖井的有效排水直径；

　　l——排水竖井的间距。

排水竖井的间距 l 可根据地基土的固结特性和预定时间内所要求达到的固结度确定。设计时，竖井的间距可按井径比 n 选用（$n = d_\mathrm{e}/d_\mathrm{w}$，$d_\mathrm{w}$ 为竖井直径，对塑料排水板，可取 $d_\mathrm{w} = d_\mathrm{p}$）。塑料排水板或袋装砂井的间距可按 n=15～22 选用，普通砂井的间距可按 n=6～8 选用。

竖向排水体的布置范围一般比建筑物基础范围稍大为好。扩大的范围可由基础轮廓线向外增大 2～4 m。

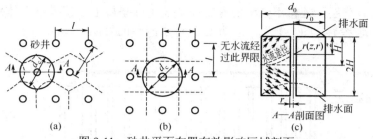

图 9-11　砂井平面布置有效影响区域剖面

（a）正三角形排列；（b）正方形排列；（c）砂井有效影响区域

4）砂料设计。制作砂井的砂宜采用小粗砂，砂的粒径必须保证砂井具有良好的透水性。砂井粒度要不被黏土颗粒堵塞。砂应洁净，不含有草根等杂物，其黏粒含量应不大于 3%。

5）地表排水砂垫层设计。为使砂井排水有良好通道，在竖井顶面必须铺设排水砂垫层，以连通各竖井将水排到工程场地以外。砂垫层砂料宜用中粗砂，黏粒含量不宜大于 3%，砂料中可混有少量粒径小于 50 mm 的砾石。砂垫层的干密度应大于 $1.5\ \text{g}/\text{cm}^3$，其渗透系数宜大于 $1 \times 10^{-2}\ \text{cm}/\text{s}$。

砂垫层应形成一个连续的、有一定厚度的排水层，以免地基沉降时被切断而使排水通道堵塞。陆地上施工时，砂垫层厚度不应小于 500 mm；水下施工时，一般为 1 m。砂垫层的宽度应大于堆载宽度或建筑物的底宽，并伸出砂井区外边线 2 倍砂井直径。在预压区边缘应设置排水沟，在预压区内宜设置与砂垫层相连的排水盲沟。在砂料贫乏地区，可采用连通砂井的纵、横砂沟代替整片砂垫层。

2．堆载预压法施工要点

（1）塑料排水带的性能指标必须符合设计要求。塑料排水带在现场应严加保护，防止阳光照射、破损或污染。破损或污染的塑料排水带不得在工程中使用。

（2）砂井的灌砂量应按井孔的体积和砂在中密状态时的干密度计算，其实际灌砂量不得小于计算值的 95%。

（3）灌入砂袋中的砂宜用干砂，并应灌至密实。

（4）塑料排水带和袋装砂井施工时，宜配置能检测其深度的设备。

（5）塑料排水带需接长时，应采用滤膜内芯带平搭接的连接方法，搭接长度宜大于 200 mm。

（6）塑料排水带施工所用套管应保证插入地基中的带子不扭曲。袋装砂井施工所用套管内径略大于砂井直径。

（7）塑料排水带和袋装砂井施工时，平面井距偏差不应大于井径，垂直度偏差不应大于 1.5%，深度不得小于设计要求。

（8）塑料排水带和袋装砂井砂袋埋入砂垫层中的长度，应满足堆载预压工程在加载过程中的地基强度和稳定控制要求。在加载过程中应进行竖向变形、水平位移及孔隙水压力等项目的监测。根据监测资料控制加载速率，应满足如下要求：对竖井地基，最大竖向变形量不应超过 15 mm/d，对天然地基，最大竖向变形量不应超过 10 mm/d；边缘处水平位移不应超过 5 mm/d；根据上述观察资料综合分析、判断地基的强度和稳定性。

9.4.3　真空预压法

真空预压法是在需要加固的软黏土地基内设置竖向排水体（如砂井或塑料排水板等），

然后在地面铺设砂垫层，并将不透气的密封膜覆盖于砂垫层上，使膜下土体抽成真空，产生负压荷载作用于地基土（图 9-12），由此达到排水固结的目的。

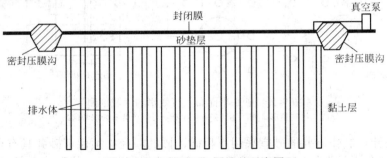

图 9-12　真空预压加固地基示意图

真空预压法适用于一般软黏土地基。由于真空预压法是在地基中产生等向负压力（$-u$）而使土层固结，地基剪应力不增加，因此地基不会产生剪切破坏，对软弱黏土层很有利。

真空预压法的设计与计算内容包括：竖向排水体的断面尺寸、间距、排列方式和深度的选择，预压区面积和分块大小，真空预压工艺，要求达到的真空度和土层的固结度，真空预压和建筑物荷载下地基的变形计算，真空预压后地基土的强度增长计算等。

真空预压区边缘应大于建筑物基础轮廓线，每边增加量不得小于 3 m。每块预压面积宜尽可能大且呈方形。排水竖井的尺寸、间距、排列方式和深度的确定可参照堆载预压法。砂井的砂料应选用中粗砂，其渗透系数应大于$1×10^{-2}$ cm/s。真空预压所需抽真空设备的数量，可按加固面积的大小和形状、土层结构特点，以一套设备可抽真空的面积为 1 000～1 500 m^2 来确定。对于表层存在良好的透气层或在处理范围内有充足水源补给的透水层，应采取有效措施隔断透气层或透水层。对于复杂条件地基，应通过试验确定工程设计参数。

加固区划分是真空预压施工的重要环节，理论计算结果和实际加固效果表明，每块真空预压场地的面积宜大不宜小。目前，国内单块真空预压面积已达 30 000 m^2。真空预压施工中，抽真空工艺设备包括真空源和一套膜内、膜外管路。而密封系统则由密封膜、密封沟和辅助措施组成。

【工程应用案例 1】　某一级公路桥头段软基段采用真空—堆载联合预压法处理。加固场地面积约 3 600 m^2，软黏土层厚度大于 50 m，土层分布如下：第 1 层为黏土、亚黏土，为 1.6 m 厚的"硬壳"层；第 2 层为淤泥质黏土，层厚 1.70 m；第 3 层为淤泥，层厚 13 m，灰色，流塑状，高压缩性，为路基主要压缩层；第 4 层为亚黏土，层厚 2.50 m，物理力学性质为一般～稍好；第 5 层为淤泥质黏土、黏土，层厚 6.00 m；第 6 层为亚黏土、淤积黏土，层厚 4.5 m；第 7 层为亚黏土、黏土，层厚 10.90 m。

（1）软基加固设计方案。本路段地基属软土地基，路堤沉降较大，而桥梁沉降较小，因此处理好两者之间的沉降差是工程的关键。为了控制桥头段与桥梁的工后沉降差不大于 10 cm，设计方案如下：

塑料排水板采用 SPB—IB 型（厚度为 4.5 mm，宽度为 100 mm），塑料排水板打设深度为 21 m，间距为 1.2 m，平面上呈梅花形分布。铺设厚 50 cm 的砂垫层，滤管和主管的管材选用 PVC 管，主管长度不小于 80 cm，滤管长度不小于 50 cm，且要求能承受 400 kPa 的压力。连接采用软胶管，以适应真空预压的差异沉降，连接处应注意密封性能。滤管的间距为 6 m，主管的间距为 15 m。膜下真空度要求不低于 85 kPa，真空加固面积约为 3 600 m^2，按每 800 m^2 布置 1 台真空泵，共布置 6 台，其中 2 台备用。铺设 2 层 PVC 土工膜，每层厚度为 0.14 mm。膜上覆水 70 cm，真空预压一个月后，放干膜上覆水，保持真空预压状态，进行路基填筑，真空-堆载联合预压至满足停泵要求。自2003年1月24日开始抽真空预压，实际施工过程中，真空预压52 d。3月18日开始填筑路基，至4月8日路面填筑完毕，开始联合预压，至7月8日停泵为止，最大沉降为1 738 mm。

（2）加固结果分析。

1）真空预压期间。加固区淤泥地基中孔隙水压力在真空预压的初期下降较快，之后逐渐消散，除少数测点由于初值较大或较接近塑料排水板等原因消散值偏大，孔隙水压力消散程度沿深度方向基本不变，一般在50 kPa左右。路基填筑期间，11 m以上加固区淤泥地基中孔隙水压力上升较大，深部孔隙水压力上升较小；在联合预压阶段，淤泥中孔隙水压力逐渐消散，停泵后孔隙水压力快速回升。影响区孔隙水压力基本无多大变化。

2）砂井中沿深度方向的孔隙水压力最大消散值基本相同，消散值较淤泥中孔隙水压力消散值大，一般均在80 kPa左右。砂井中孔隙水压力受膜下真空度的影响较大，淤泥孔隙水压力在短时间内基本上不受膜下真空度的影响。

3）真空-堆载联合预压的方式实质上为孔隙水压力差的叠加，堆载引起的正的超静水压力与真空预压引起的负的超静水压力不会相互抵消。联合预压阶段孔隙水压力差并不是在地基中各深度均显著增加，而是中间大、两端小。

4）路堤堆载在天然地基下中心点下工后沉降为51 mm，小于100 mm，真空-堆载联合预压能大幅消除沉降量，减少工后沉降量，满足桥头软基工后沉降要求。沉降以加固区中心为最大，向周围逐渐递减，形成一个锅底形状。加固区周围的两处民房在加固期间未受影响，基本无沉降或沉降很小。停泵后，地表产生回弹，三个多月的回弹量约为38 mm，回弹速率随停泵时间的增加逐渐减少。

9.5　挤密法工程应用

挤密地基是指利用沉管、冲击、夯扩、振冲、振动沉管等方法在土中挤压、振动成孔，使桩孔周围土体得到挤密、振密，并向桩孔内分层填料形成的地基。其适用于处理湿陷性黄土、砂土、粉土、素填土和杂填土等地基。

当以消除地基土的湿陷性为主要目的时，宜选用土桩挤密法。当以提高地基土的承载力或增强其水稳性为主要目的时，宜选用灰土桩（或其他具有一定胶凝强度桩如二灰桩、水泥土桩等）挤密法。当以消除地基土液化为主要目的时，宜选用振冲或振动挤密法。

1. 土桩、灰土桩挤密地基

（1）适用范围。土桩与灰土桩挤密法属于柔性桩，主要用于地下水以上的湿陷性黄土、黏性土、素填土和杂填土等，处理深度为5～15 m。当以消除地基土的湿陷性为主要目的时，桩孔内宜用素土作填料；当以提高地基承载力或增强水稳定性为主要目的时，桩孔内宜用灰土作填料；当地基的含水量大于24%、饱和度大于65%时，因不易挤密，不宜选用；灰土桩所用的土为消石灰与土的体积配合比为2∶8或3∶7的灰土。

（2）加固机理。该方法的加固机理是由挤密、灰土性质和桩土共同作用而形成的。土桩挤压成孔时，桩孔位置原有土体被侧向挤压，使桩周一定范围内的土层密实度提高，而且灰土桩是石灰和土按体积比例拌合并在桩孔内夯实加密后形成的桩，这种材料在化学性能上具备气硬性和水硬性，使土体固化作用提高，土体强度逐渐增加。在力学性能上，它可达到挤密地基效果，提高地基承载力，消除湿陷性，使沉降均匀和沉降量减小。在灰土桩挤密地基中，由于灰土桩的变形模量大于桩间土的变形模量，荷载在桩上产生应力集中，从而降低了基础底面以下一定深度内土中的应力，消除了持力层内产生大量压缩变形和湿陷变形的不利因素。

土桩挤密地基由桩间挤密土和分层填夯的素土桩组成，土桩桩体和桩间土均视为被机械挤密的重塑土，两者均属同类土料，物理力学性能指标无明显差异。因此，土桩挤密地基可视为厚度较大的素土垫层。

（3）设计计算。

1）桩孔布置原则和要求。桩孔间距应以保证桩间土挤密后能达到要求的密实度和消除湿陷性为原则。

2）桩径。桩径宜为 300～450 mm，并根据所选用的成孔设备或成孔方法确定。

3）桩距和排距。桩距和排距宜按等边三角形布置，桩孔之间的中心距离可为桩孔直径的 2.0～2.5 倍。也可按规范进行估算。

4）处理范围。土（或灰土）桩处理地基的面积应大于基础或建筑物底层平面的面积，并应符合下列规定：当采用局部处理时，超出基础底面的宽度；对非自重湿陷性黄土、素填土和杂填土等地基，每边不应小于基底宽度的 0.25 倍，并不应小于 500 mm；对自重湿陷性黄土地基，每边不应小于基底宽度的 0.75 倍，并不应小于 1 000 mm；当采用整片处理时，超出建筑物外墙基础底面外缘的宽度，每边不宜小于处理土层厚度的 1/2，并不应小于 2 m。灰土挤密桩和土挤密桩处理地基的深度，应根据建筑场地的土质情况、工程要求等综合因素确定。对湿陷性黄土地基，应符合现行国家规范的有关规定。

5）填料和压实系数。桩孔内的填料应根据工程要求或处理地基的目的确定，桩体的夯实质量宜用平均压实系数 $\bar{\lambda}$ 控制。当桩孔内用灰土或素土分层回填、分层夯实时，桩体内的平均压实系数 $\bar{\lambda}$ 均不应小于 0.96。

6）承载力和变形模量。承载力和变形模量用荷载试验方法确定或参照工程经验确定。

（4）施工工艺。土桩与灰土桩的桩孔填料不同，但两者的施工工艺和程序相同。

1）成孔挤密，成孔挤密有沉管法成孔、冲击法成孔和爆破法成孔。

2）桩孔回填夯实。回填夯实施工前，应进行回填试验，以确定每次合理的填料数量和夯实击数。根据回填夯实质量标准确定应达到的指标。

2．振冲挤密法

（1）设计要点。地基处理范围应根据建筑物的重要性和场地条件确定，当用于多层建筑和高层建筑时，宜在基础外缘扩大 1～3 排桩。当要求消除地基液化时，在基础外缘扩大宽度不应小于基底下可液化土层厚度的 1/2，并不应小于 5 m。对大面积满堂处理，桩位布置宜用等边三角形布置；对单独基础或条形基础，宜用正方形、矩形或等腰三角形布置。桩的间距应通过现场试验确定，并应符合下列规定：①振冲桩的间距应根据上部结构荷载大小和场地土层情况，并结合所采用的振冲器功率大小综合考虑。30 kW 振冲器布桩间距可采用 1.3～2.0 m；55 kW 振冲器布桩间距可采用 1.4～2.5 m；75 kW 振冲器布桩间距可采用 1.5～3.0 m。荷载大或对黏性土，宜采用较小的间距，荷载小或对砂土，宜采用较大的间距。②对粉土和砂土地基，振动沉管桩的间距不宜大于桩直径的 4.5 倍；对黏性土地基，不宜大于桩直径的 3 倍。桩长一般不宜小于 4 m，当相对硬层埋深不大时，应按相对硬层埋深确定；当相对硬层埋深较大时，按建筑物地基变形允许值确定；在可液化地基中，桩长应按要求的抗震处理深度确定。

在桩顶和基础之间宜铺设一层 300～500 mm 厚的碎（砂）石垫层。振冲法桩体材料可用含泥量不大于 5%的碎石、卵石、矿渣或其他性能稳定的硬质材料，不宜使用风化易碎的石料。常用的填料粒径为：30 kW 振冲器 20～80 mm；55 kW 振冲器 30～100 mm；75 kW 振冲器 40～150 mm。振动沉管法桩体材料可用碎石、卵石、角砾、圆砾、砾砂、粗砂、中砂或石屑等硬质材料，含泥量不得大于 5%，最大粒径不宜大于 50 mm。

振冲桩的直径一般为 0.8～1.2 m；振动沉管桩的直径一般为 0.3～0.8 m。可按每根桩所用填料量计算。振冲挤密地基承载力特征值应通过现场荷载试验确定。振冲挤密地基的变形计算应符合《建筑地基基础设计规范》（GB 50007—2011）的有关规定。

（2）施工要点。振冲施工可根据设计荷载大小、原土强度高低、设计桩长等条件选用不同功率的振冲器。施工前应在现场进行试验，以确定水压、振密电流和留振时间等各种施工参数。升降振冲器的机械可用起重机、自行井架式施工平车或其他合适的设备。施工设备应配有电流、电压和留振时间自动信号仪表。

振冲施工可按下列步骤进行：清理平整施工场地，布置桩位；施工机具就位，使振冲器对准桩位；启动供水泵和振冲器，水压可用 200～600 kPa，水量可用 200～400 L/min，将振冲器徐徐沉入土中，造孔速度宜为 0.5～2.0 m/min，直至达到设计深度。记录振冲器经各深度的水压、电流和留振时间；造孔后边提升振冲器边冲水直至孔口，再放至孔底，重复两三次以扩大孔径并使孔内泥浆变稀，开始填料制桩；大功率振冲器投料可不提出孔口，小功率振冲器下料困难时，可将振冲器提出孔口填料，每次填料厚度不宜大于 50 cm；将振冲器沉入填料中进行振密制桩，当电流达到规定的密实电流值和规定的留振时间后，将振冲器提升30～50 cm；重复以上步骤，自下而上逐段制作桩体直至孔口，记录各段深度的填料量、最终电流值和留振时间（均应符合设计规定）；关闭振冲器和水泵。

施工现场应事先设置泥水排放系统，或组织好运浆车辆将泥浆运至预先安排的存放地点，应尽可能设置沉淀池以重复使用上部清水。桩体施工完毕后应将顶部预留的松散桩体挖除，如无预留，应将松散桩头压实，随后铺设并压实垫层。

9.6　夯实法与振冲法工程应用

9.6.1　夯实法

夯实法主要有强夯法和强夯置换法两种。强夯法（dynamic compaction method）处理地基首先由法国 Menard 技术公司于 20 世纪 60 年代创用。我国于 1978 年，在天津首先开展试验研究。由于该法设备简单、效果显著、经济和功效高，很快得到了推广和应用。

强夯置换法在地基中设置碎石墩，并对地基土进行挤密。碎石墩与墩间土形成复合地基以提高地基承载力，减小沉降。该法适用范围较广。

强夯法和强夯置换法至今没有一套成熟的理论和设计计算方法，还需要在实践中加以总结和提高。强夯造成的振动、噪声等公害也应引起足够的重视。

1. 强夯法

（1）强夯法加固原理。强夯法是强力夯实法的简称，是被起吊到高处的很重的夯锤自由落下，对土体进行强力夯实，以提高地基强度和降低其压缩性的地基处理方法（图 9-13）。

土层在巨大的强夯冲击能作用下，产生了很大的应力和冲击波，致使土中孔隙压缩，土体局部液化，夯击点周围一定深度内产生的裂隙形成

图 9-13　强夯施工现场

了良好的排水通道，使土中的孔隙水（气）顺利溢出，土体迅速固结，从而降低此深度范围内土的压缩性，提高地基承载力。

对于非饱和土地基，冲击力对地基土的压密过程同试验室的击实试验类似，挤密振密效果明显；对饱和无黏性土地基，在冲击力作用下，土体可能发生液化，其压密过程同爆破和振动压密过程类似，挤密和振密效果也明显。饱和黏性土地基在锤击作用下，夯击点附近的地基土发生结构破坏，在一定范围内地基土体中将产生超孔隙水压力。若超孔隙水压力随着时间而消散，地基土体固结，孔隙比减小，土体强度提高。

从加固效果来看，采用强夯法加固非饱和土地基、饱和砂土地基，效果很好；但加固饱和黏性土地基时，可能成功也可能失败，应用时应该慎重。

（2）强夯法设计。

1）强夯法有效加固深度和单位夯击能。目前，对于强夯法的有效加固深度，国内外尚无确切定义。一般可理解为，经强夯加固后，该土层强度和变形等指标能满足设计要求的土层范围。强夯法有效加固深度（H）可用下式进行估算：

$$H = k\sqrt{\frac{Wh}{10}} \qquad (9\text{-}36)$$

式中 W——锤重，kN；

h——落距，m；

k——修正系数，一般为 0.34～0.80。

《建筑地基处理技术规范》（JGJ 79—2012）规定，强夯法有效加固深度应根据现场或当地经验确定，在缺少试验资料或经验时，可按表 9-5 预估。

表 9-5   强夯法的有效加固深度   m

单击夯击能/kN·m	碎石土、砂土等粗颗粒土	粉土、粉质黏土、湿陷性黄土等细颗粒土
1 000	4.0～5.0	3.0～4.0
2 000	5.0～6.0	4.0～5.0
3 000	6.0～7.0	5.0～6.0
4 000	7.0～8.0	6.0～7.0
5 000	8.0～8.5	7.0～7.5
6 000	8.5～9.0	7.5～8.0
8 000	9.0～9.5	8.0～8.5
10 000	9.5～10.0	8.5～9.0
12 000	10.0～11.0	9.0～10.0
注：强夯法的有效加固深度应从起夯面算起。		

夯击能分为单击夯击能（单次夯击能）、最佳夯击能、平均夯击能（单位面积夯击能）。单击夯击能是表征每击能量大小的参数，其值等于锤重和落距的乘积。单击夯击能应根据加固土层的厚度、地基状况和土质成分综合确定。

在设计中，根据需要加固的深度初步确定采用的夯击能，然后再根据机具条件确定起重设备、夯锤尺寸以及自动脱钩装置。起重设备可用履带式起重机、轮胎式起重机，有的还制作了专用的三脚架和轮胎式强夯机；自动脱钩装置由工厂定型生产；夯锤大小根据选用的夯击能和起重设备起吊高度确定。

2）夯击范围和夯击点布置。由于建筑物基础的应力扩散作用，强夯处理的范围应大于建筑物基础范围，具体扩大范围可根据建筑物结构类型和重要性等因素综合考虑确定。一般情况下，每边超出基础外缘的宽度宜为设计处理深度的 1/2～2/3，且不宜小于 3 m。

夯点的平面布置应根据建筑物的基底平面形状确定，常采用等边三角形、等腰三角形或正方形布置；对于办公楼、住宅建筑等，可根据承重墙位置布设夯点，一般可采用等腰三角形布点，这样保证了横向承重墙以及纵墙和横墙交接处墙基下均有夯点。夯点平面布置合理与否与夯实效果和施工费用有直接关系。

夯点间距的选择宜根据建筑物的结构类型、加固土层厚度及土质条件，通过试夯确定。对细颗粒土来说，为便于超静孔隙水压力的消散，夯击点间距不宜过小。当加固深度要求较大时，第一遍的夯击点间距更不宜过小，以免夯击时在浅层形成密实层而影响夯击能往下传递。另外，若各夯点间距太小，在夯击时上部土体易向侧向已夯成的夯坑内挤出，从而造成坑壁坍塌，夯锤歪斜或倾倒，影响夯实效果；反之，如间距过大，也会影响夯实效果。

根据国内工程实践经验，第一遍夯击点间距可取夯锤直径的 2.5～3.5 倍，第二遍夯击点位于第一遍夯击点之间，以后各遍夯击点间距可适当减小。对处理深度较深或单击夯击能较大的工程，第一遍夯点间距可适当增大。

3）夯击击数和夯击遍数。夯击击数可通过试验确定。一般以最后一次沉降量小于某一数值，或连续两击的沉降差小于某一数值为标准。

根据现场试夯的夯击次数与夯沉量的关系曲线来确定夯击遍数。由粗颗粒土组成的渗透性强的地基土，夯击遍数可少些；由细颗粒土组成的渗透性弱的地基土，夯击遍数则要多些。

根据我国工程实践，对大多数工程夯击 2～3 遍，最后再以低能量满夯 2 遍，一般均能取得较好的处理效果。满夯可采用轻锤或低落距锤多次夯击，锤印搭接。

4）间歇时间。两遍夯击之间应有一定的间歇时间，以利于强夯时土中超静孔隙水压力的消散，所以间歇时间取决于土中超静孔隙水压力的消散时间。土中超静孔隙水压力的消散速率与土的类别、夯点间距等因素有关。对砂性土，其渗透系数大，一般在数分钟和 2～3 h 即可消散完。但对渗透性差的黏性土地基，一般需要数周才能消散完。夯点间距对孔压消散速率也有很大影响，夯点间距小，孔压消散慢；夯点间距大，孔压消散快。

当缺少实测资料时，可根据地基土的渗透性确定。对于渗透性差的黏性土地基，间隔时间应不少于 4 周，对于渗透性好的砂土地基，则可连续夯击。在完成全部夯击遍数后，应再以低能量夯点相搭接全面积满夯，以便将表层松土夯实。

（3）强夯法施工。强夯法施工一般按以下步骤进行：

1）清理并平整施工场地。

2）铺垫层。对地下水位较高的黏性土地基和易液化的粉细砂地基，强夯前需铺设砂、砂砾或碎石垫层，垫层厚度一般为 0.5～2.0 m。对于地下水位在 2 m 深度以下的砂砾地基，可直接进行夯击，无须铺设垫层。

3）夯击点放线定位。

4）对第一遍第一次夯击点进行夯击，并按要求顺序完成第一遍夯击。

5）完成第一遍夯击后，用推土机填平夯坑，并测量场地高程。

6）在规定时间间歇后，按上述步骤进行第二遍夯击。

7）按上述步骤完成设计要求的夯击遍数。最后，用低能量满夯，将场地表层松土夯实，并测量夯后场地高程。

强夯施工时，应对每一夯击点的夯击能量、夯击次数和每次夯击沉量等做好现场记录。

2．强夯置换法

（1）强夯置换法加固原理。对饱和软黏土地基如淤泥和淤泥质土地基，强夯处理效果不显著，这时可采用在夯坑内填碎石、砂或其他粗颗粒材料，通过夯击能作用排开软土，从而在地基中形成碎石墩。这种方法被称为强夯置换法。

为了将强夯加固地基应用到饱和黏性土地基，发展了强夯置换法。其加固机理与强夯法不同。强夯置换法是利用强夯的冲击力，强行将砂、碎石、石块等挤填到饱和软土层中，置换原饱和软土，形成桩柱或密实砂、石层；与此同时，该密实砂、石层还可作为下卧软弱土的良好排水通道，加速下卧层土的排水固结，从而使地基承载力提高，沉降减小。

（2）强夯置换法设计与施工。由于碎石墩具有较高的强度并能和周围土体型成复合地基，而且碎石墩中的孔隙是软土孔隙水良好的排水通道，因此缩短了软土的排水固结时间，使土体强度得到提高。强夯置换法具有良好的处理效果，但目前尚无成熟的设计、施工方法，需要在实践中不断积累经验，逐步推广强夯置换法的适用土类。

强夯置换法设计内容、施工步骤与强夯法基本相同，这里不再对强夯置换法的设计与施工进行累述。

【工程应用案例2】 某有大面积塌陷的煤矸石堆积场，堆积年限由近期至 20 世纪五六十年代以前均有，矿区工程的扩建和改建有很大一部分在林西矿西北角的煤矸石堆积场。该区大部分是在 10～25 年前倾填的煤矸石，还有少部分为大地震后的废墟。勘察报告显示：0～11 m 为褐黄色煤矸石，其粒径大小不等，从 0.5～200 mm，个别粒径更大。由于回填方式为倾填，所以结构松散，若直接做天然地基，会产生不均匀沉降，给建筑物造成很大的危害。矿务局和矿方经多次研究，最后决定采用强夯法加固地基。

（1）强夯法施工工艺。施工采用 L—952 履带起重机一台，C—80 型推土机一台，120 kN 钢筋混凝土锤一个，锤的规格为 2 m×2 m×1 m，锤底面积为 2 m×2 m，夯锤落距为 17 m，自动脱钩，自由落下。

夯点相距 3 m，共夯 3 遍。具体做法是：第一遍夯，夯点间距 6 m（夯点中心距离），第一遍夯完后整平场地，抄平并放样第二遍夯点位置。第二遍夯，夯点间距仍为 6 m，与第一遍夯点相同，第二遍夯完后整平场地，抄平并放样第三遍夯点位置。第三遍是平拍夯，分两次进行，第一次每隔 2 m 为一个夯点，夯完后整平场地并放样第二次夯点；第二次夯点为第一次两夯之间的空夯点，夯完后整平场地并抄平。

（2）强夯加固煤矸石地基效果。强夯法加固煤矸石地基由于没有一套完整的理论和计算公式，目前只能用夯前夯后现场原位测试对比法说明强夯以后的效果。本工程是在施工场地强夯前后各布置 17 个动力触探试验孔，按统计的数字分别绘制出动力触探曲线图，来分析加固煤矸石地基的效果。

9.6.2 振冲法

振冲法是振动水冲法的简称，按加固原理不同又分为振冲置换法和振冲密实法两种。

（1）振冲置换法。该法也称作振动水冲碎石桩法，适用范围为饱和松散粉细砂、中粗砂和砾砂、杂填土、人工填土、粉土和不排水抗剪强度≥20 kPa 的黏性土、饱和黄土地基。

其加固机理是：利用一个产生水平向振动的管状设备，在高压水水流冲击作用下，边冲边振，在黏性土地基中成孔，再在孔内分批填入碎石等粗颗粒的坚硬材料，制成一根一根的桩体，桩体与原来的地基土构成复合地基。与原来的地基相比，复合地基的承载力高、压缩性小。

（2）振冲密实法。该法主要适用于处理砂土和粉土地基，不加填料的振冲密实法仅适用于处理黏粒含量小于 10% 的粗砂和中砂地基。

其加固原理是：依靠振冲器的强烈振冲使饱和砂层发生液化，砂颗粒重新排列、孔隙减少。依靠振冲器的水平振动力，把振冲中填入的大量粗集料挤入周围砂层使地基密度增加（达75%以上）、孔隙减少，抗液化性增强。同时由于振冲时向振冲孔内填筑碎砾石形成反滤性能良好的竖向排水减压渠道，加速地基排水固结。

1．振冲法的设计

（1）振冲置换法。

1）加固范围：对于一般基础，在基础外缘之外宜布置1～2排护桩；对可液化地基，在基础边缘扩大宽度不应小于基底下可液化土层厚度的一半。

2）桩径：桩的直径与土类及强度、桩身材料粒径、桩的填料量、振动器类型及施工质量关系密切。如果是不均匀地层，在强度较弱的土层中，桩径较大；反之亦然。此外，振动器的功率越大，其振动力也越大，桩径也越大。如果施工质量控制不好，很容易形成上粗下细的"胡萝卜"形。因此，桩体直径竖向并不均匀，可按填料量估算平均直径，一般为0.8～1.2 m。

3）桩的间距：应根据荷载和地基土的抗剪强度确定，一般为1.5～2.5 m，荷载大、地基土强度低或桩端未达硬土层应取小值，反之可取大值。桩位按等边三角形或正方形布置。

4）桩的深度：或称桩长，即垫层底面以下桩的实有长度，一般为4～10 m。当硬土层埋藏深度不大（小于10 m）时，桩长应伸至硬土层；当硬土层埋藏较深时，应按建筑物地基的允许变形值确定；在可液化的地基中，桩长应按要求的抗震处理深度确定。

5）桩体材料：可用泥量≤10%的硬质碎石、砾卵石，粒径不宜超过8 cm，通常为2～5 cm；无级配要求。

（2）振冲密实法。

1）加固范围：应根据建筑物的重要性和场地条件来确定，当用于高层或多层建筑时，宜在基础外缘扩大1～2排桩；但在地震区有抗液化要求时，在基础外缘扩大宽度不应小于基底下可液化土层厚度的1/2。

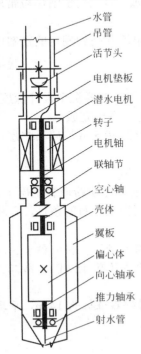

图9-14 振冲器构造

水管
吊管
活节头
电机垫板
潜水电机
转子
电机轴
联轴节
空心轴
壳体
翼板
偏心体
向心轴承
推力轴承
射水管

2）桩位布置和间距：对大面积满堂处理，宜用等边三角形布桩；对独立基础或条形基础，宜用正方形、矩形或等腰三角形布桩。振冲密实法的间距根据砂土的颗粒组成、密实要求、振动器功率、地下水等因素而定。砂基的粒径越小，密实要求越高，则间距应越小。

3）加固深度：应根据砂基的物理力学性能，如颗粒组成、起始密实程度、地下水位、建筑物的地震设计烈度以及松软土层的厚度和工程要求等来综合确定。

2．施工

（1）施工机具及配套。不论是振冲置换还是振冲密实，其施工用主要机具都是振冲器、吊机、水泵、控制操作台。振冲器构造如图9-14所示；吊机要求起重能力为100～200 kN，起吊高度大于加固深度3 m，并加设导向架与吊机臂临时固定；水泵及供水管压力宜为0.6～0.8 MPa，流量宜为20～30 m^3/h；控制电流和水压的操作台须附150 A以上容量的电流表、500 V电压表。设备和主要仪表均应在开工前严格检查调试完毕。此外还应备有加料斗或翻斗车等。

（2）振冲置换施工工艺。

1）将振冲器按拟振桩点编号顺序对准，开动振冲器、水源电源，检查水压、电压和振冲器空载电流，一切正常后开启振冲器喷水。

2）振冲器依靠自重在振动喷水作用下以 1～2 m/min 的速度徐徐沉入土中，观察并记录沉入深度和电流变化，若电流超过电机额定值，必须减缓下沉速度，每沉入 0.5～1.0 m，宜在该高度段悬留振冲 5～10 s 扩孔，孔内泥浆溢出时再继续沉入。

3）当下沉达到设计深度时，振冲器应在孔底适当留振，并减小射水压力（一般保持 100 kPa），以便排除泥浆进行清孔。也可将振冲器以 1～2 m/min 匀速连续沉至设计深度以上 0.3～0.5 m，然后以 3～6 m/min 匀速提出孔口，再同法沉至孔底，如此反复 1～2 次，最后在设计深度以上 0.3～0.5 m 处适当留振 1～2 m/min，以达到扩孔目的。

4）加料振密。将振冲器提出孔口，往孔内加料，每次 0.5～0.6 m³，然后把振冲器沉入填料中进行振密，并使填料挤向孔壁软土中。当桩体直径不再扩大时，电机电流即迅速增大，当达到试验所得的密实电流值时，认为该处的桩体已经振实；否则应再提起振冲器继续加料，再沉入振冲器振密，直至该处振密时电流达到规定的密实电流值为止。密实电流值一般应超过振冲器空载电流 30 A 以上。

5）重复上一工序。提出振冲器、加料、沉入振冲器振密，直至桩顶。孔中每次加料高度为 0.5～0.8 m，如在砂土中制桩，振冲器可不提出孔口，应边振边加料，连续填料，直到此深度处的桩体密实电流达到规定值后，才将振冲器上提 0.3～0.5 m，继续加料振密，多次反复直至桩顶。

振密过程中，宜小水量地喷水补给，以降低孔内泥浆密度，利于填料下沉，使填料在水饱和状态下振捣密实。

（3）振冲密实施工工艺。

1）振冲器就位后应安放钢护筒，使振冲器对准护筒轴心；

2）将振冲器徐徐下沉（同置换法工艺）；

3）振冲器达到设计深度后，将水压和水量降至孔口有一定量回水，但无大量细颗粒带出的程度，将填料堆于护筒周围；

4）填料在振冲器振动下，依靠自重沿护筒周壁下沉至孔底，在电流升高到规定的密实电流值后将振冲器上提 0.3～0.5 m；

5）重复上一工序，直至全孔处理完毕后关闭振冲器和水泵；

6）不加填料依靠周壁砂层塌陷密实的施工方法亦大体相同，在使振冲器沉至设计深度、留振至规定的密实电流值后，将振冲器上提 0.3～0.5 m，如此重复进行直至完成。

振冲施工，距地表 1 m 左右土比较疏松，一般应予挖去，换铺 0.3～0.5 m 厚碎石垫层，碾（振）压密实，并使其符合基础底面设计高程。

施工过程排出的大量污泥必须从排水沟引至沉淀池，以免污染环境。

【工程应用案例3】 某新建电厂厂址坐落于 30 多米厚新近沉积的淤泥质粉质黏土层上，该土层天然地基承载力只有 45 kPa，无法满足工程设计要求。考虑到当地产石的条件，石料便宜，排污方便，故对部分地基进行碎石桩加固方案。

本场地土层主要包括三层：第一层土为粉质黏土，第二、三层均为淤泥质粉质黏土。地下水接近于地面，0.8～5.0 m 深度范围内地基土不排水抗剪强度平均值只有 15 kPa，第二、三层地基土均为欠固结土。

（1）碎石桩设计参数。为了提供地基土承载力和减少变形，采用碎石桩桩长 14 m，平均桩径 0.85 m，呈梅花形布桩。

（2）加固效果检查措施。

1）为了检验碎石桩加固效果和探索加固机理，在工程现场进行了一组天然地基、一组单桩和两组复合地基的静荷载试验，并在荷载板下埋设了土压力盒和孔隙水压力计。

2）位移观测：分别进行了建筑物沉降观测、土体内部沉降观测和土体内部水平位移观测与分析。

9.7 化学加固工程应用

化学固化法是在软黏土地基土中掺入水泥、石灰等，用映射、搅拌等方法使它们与土体充分混合固化；或把一些能固化的化学浆液（水泥浆、水玻璃、氯化钙溶液等）注入地基土孔隙中，以改善地基土的物理力学性质，达到加固的目的。这类方法按加固材料的状态分为粉体类（水泥、石灰粉末）和浆液类（水泥浆及其他化学浆液）；按施工工艺分为低压搅拌法（粉体喷射搅拌桩、水泥浆搅拌桩）、高压喷射注浆法（高压旋喷桩等）和胶结法（灌浆法、硅化法）三类；按材料分为硅化加固法、碱液加固法、电化学加固法和高分子化学加固法。

9.7.1 灌浆法

灌浆法是指利用一般的液压、气压或电化学法通过注浆管把浆液注入地层，浆液以填充、渗透和挤密等方式进入土颗粒间的孔隙或岩石的裂隙，经一定时间后，原来松散的土粒或裂隙胶结成一个整体，形成一个强度大、防渗性能高和化学稳定性良好的固结体。

1．灌浆法的目的

（1）防渗：降低地基土的透水性，防止流砂、钢板桩渗水、坝基漏水、隧道开挖时涌水以及改善地下工程的开挖条件。

（2）堵漏：截断水流，改善施工、运行条件，封填孔洞，堵截流水。

（3）加固：提高岩土的力学强度和变形模量，恢复混凝土结构及砌筑建筑物的整体性，防止桥墩和边坡岸的冲刷；整治塌方滑坡，处理路基病害；对原有建筑物地基进行加固处理。

（4）纠正建筑物偏斜：提高地基承载力，减少地基的沉降和不均匀沉降，使已发生不均匀沉降的建筑物恢复原位或减少其偏斜度。

2．灌浆法的加固机理

灌浆就是要让水泥或其他浆液在周围土体中通过渗透、充填、压密扩展形成浆脉。由于地层中土体的不均匀性，通过钻孔向土层中加压灌入一定水灰比的浆液，一方面灌浆孔向外扩张形成圆柱状浆体，钻孔周围土体被挤压充填，紧靠浆体的土体遭受破坏和剪切，形成塑性变形区，离浆体较远的土体则发生弹性变形，钻孔周围土体的整个密度得到提高；另一方面，随着灌浆的进行、土体裂缝的发展和浆液的渗透，浆液在地层中形成方向各异、厚薄不一的片状、条状、团块状浆体，纵横交错的浆脉随其凝结硬化，造成结石体与土体之间紧密而粗糙地接触，沿灌浆管形成不规则的、直径粗细相间的桩柱体。这种桩柱体与压密的地基土形成复合地基，相互共同作用，起到控制沉降、提高承载力的作用。

3．灌浆法的加固作用

（1）注浆射流切割破坏土体作用：喷流动压以脉冲形式冲击土体，使土体结构破坏出现空洞。

（2）混合搅拌作用：钻杆在旋转和提升的过程中，在射流后面形成空隙，在喷射压力作用下，迫使土粒向与喷嘴移动相反的方向（阻力小的方向）移动，与浆液搅拌混合后形成固结体。

（3）置换作用：高速水射流切割土体的同时，由于通入压缩空气而把一部分切割下的土粒排出灌浆孔，土粒排出后所空下的体积由灌入的浆液补入。

（4）充填、渗透固结作用：高压浆液充填冲开的和原有的土体空隙，析水固结，还可渗入一定厚度的砂层而形成固结体。

（5）压密作用：注浆在切割破碎土体的过程中，在破碎带边缘还有剩余压力，这种压力对土层可产生一定的压密作用，使注浆体边缘部分的抗压强度高于中心部分。

4．灌浆设计

（1）设计内容。灌浆设计内容包括：①灌浆标准：通过灌浆要求达到的效果和质量指标。②施工范围：包括灌浆深度、长度和宽度。③灌浆材料：包括浆材种类和浆液配方。④浆液影响半径：指浆液在设计压力下所能达到的有效扩散距离。⑤钻孔布置：根据浆液影响半径和灌浆体设计厚度，确定合理的孔距、排距、孔数和排数。⑥灌浆压力：规定不同地区和不同深度的允许最大灌浆压力。⑦灌浆效果评估：用各种方法和手段检测灌浆效果。

（2）方案选择原则。灌浆方案的选择一般应遵循下述原则：

1）灌浆目的若是为提高地基强度和变形模量，一般可选用以水泥为基本材料的水泥浆、水泥砂浆和水泥水玻璃浆等，或采用高强度化学浆材，如环氧树脂、聚氨酯以及以有机物为固化剂的硅酸盐浆材等。

2）灌浆目的若是为防渗堵漏，可采用黏土水泥浆、熟土水玻璃浆、水泥粉煤灰混合物、丙凝、AC-MS、铬木素以及无机试剂为固化剂的硅酸盐浆液等。

3）在裂隙岩层少量灌浆一般采用纯水泥浆或在水泥浆（水泥砂浆）中掺入少量膨润土；在砂砾石层中或溶洞中可采用黏土水泥浆；在砂层中一般只采用化学浆液；在黄土中采用单液硅化法或碱液法。

4）对孔隙较大的砂砾石层或裂隙岩层，采用渗入性注浆法，在砂层灌注粒状浆材宜采用水力劈裂法；在黏性土层中采用水力劈裂法或电动硅化法；纠正建筑物的不均匀沉降则采用挤密灌浆法。

（3）浆材及配方设计。根据土质和灌浆目的的不同，灌浆材料的选择也是不同的。水泥浆材是工程中应用最广泛的浆液，这种悬浮液的主要问题是析水性大、稳定性差。水灰比越大，上述问题就越突出。此外，纯水泥浆的凝结时间较长，在地下水流速较大的条件下灌浆时浆液易受冲刷和稀释等。为了改善水泥浆液的性质，以适应不同的灌浆目的和自然条件，常在水泥浆中掺入各种附加剂。

（4）浆液扩散半径的确定。浆液扩散半径 r 是一个重要的参数，它对灌浆工程量及造价具有重要的影响。扩散半径并非是最远距离，而是能符合设计要求的扩散距离。在确定扩散半径时，要选择多数条件下可达到的数值，而不是取平均值。r 值可按理论公式进行估算；当地质条件较复杂或计算参数不易选准时，就应通过现场灌浆试验来确定，在现场进行试验时，要选择不同特点的地基，用不同的灌浆方法，以求不同条件下浆液的 r 值。当有些地层因渗透性较小而不能达到 r 值时，可提高灌浆压力或浆液的流动性，必要时还可在局部地区增加钻孔以缩小孔距。

（5）孔位布置。注浆孔位的布置是根据浆液的注浆有效范围，使被加固土体在平面和深度范围内连成一个整体的原则决定的。

（6）灌浆压力的确定。灌浆压力是指在不会使地表面产生变化和邻近建筑物不会受到影响的前提下可能采用的最大压力。由于浆液的扩散能力与灌浆压力的大小密切相关，有人倾向于采用较高的灌浆压力，在保证灌浆质量的前提下，使钻孔数尽可能减少。高灌浆压力还能使一些微细孔隙张开，有助于提高可灌性。当孔隙中被某种软弱材料充填时，高灌浆压力能在充填物中造成劈裂灌注，使软弱材料的密度、强度和不透水性等得到改善。此外，高灌浆压力还有助于挤出浆液中的多余水分，使浆液结石的强度提高。但是，当灌浆压力超过地层的压重和强度时，将有可能导致地基及其上部结构的破坏。因此，一般都以不使地层结构破坏或仅发生局部和少量的破坏，作为确定地基容许灌浆压力的基本原则。灌浆压力值与地层土的密度、强度、初始应力、钻孔深度、位置及灌浆次序等因素有关，而这些因素又难以准确地预知，因而宜通过现场灌浆试验来确定。

（7）灌浆量。灌注所需的浆液总用量 Q 可参照下式计算：

$$Q = K \cdot V \cdot N \cdot 100 \tag{9-37}$$

式中　Q——浆液总用量，L；

　　　V——注浆对象的土量，m^3；

　　　N——土的孔隙率；

　　　K——经验系数（软土、黏性土、细砂，$K=0.3\sim0.5$；中砂、粗砂，$K=0.5\sim0.7$；砾砂，$K=0.7\sim1.0$；湿陷性黄土，$K=0.5\sim0.8$）。

一般情况下，黏性土地基中的浆液注入率为 $15\%\sim20\%$。

5. 灌浆工艺

（1）注浆孔的钻孔孔径一般为 $70\sim110$ mm，垂直偏差应小于 1%。注浆孔有设计角度时应预先调节钻杆角度，倾角偏差不得大于 $20°$。

（2）当钻孔钻至设计深度后，必须通过钻杆注入封闭泥浆，直到孔口溢出泥浆方可提杆。当提杆至中间深度时，应再次注入封闭泥浆，最后完全提出钻杆。封闭泥浆的 7 d 无侧限抗压强度宜为 $0.3\sim0.5$ MPa，浆液黏度为 $80\sim90$ mPa·s。

（3）注浆压力一般与加固深度的覆盖压力、建筑物荷载、浆液黏度、灌注速度和灌浆量等因素有关。注浆过程中压力是变化的，初始压力小，最终压力高，在一般情况下，每深 1 m 压力增加 $20\sim50$ kPa。

（4）若进行第二次注浆，由于化学浆液的黏度较小，不宜采用自行密封式密封圈装置，宜采用两端用水加压的膨胀密封型注浆芯管。

（5）灌浆完后就要拔管，若不及时拔管，浆液会把管子凝住而造成拔管困难。拔管时宜使用拔管机。用塑料阀管注浆时，注浆芯管每次上拔高度应为 330 mm；花管注浆时，花管每次上拔或下钻高度宜为 500 mm。拔出管后及时刷洗注浆管，以便保持通畅洁净。拔出管后在土中留下的孔洞，应用水泥砂浆或土料填塞。

（6）灌浆的流量一般为 $7\sim10$ L/min。对充填型灌浆，流量可适当加大，但也不宜大于 20 L/min。

（7）在满足强度要求的前提下，可用磨细粉煤灰或粗灰部分地替代水泥，掺入量应通过试验确定，一般掺入量为水泥质量的 $20\%\sim50\%$。

（8）为了改善浆液性能，可在拌制水泥浆液时加入如下外加剂：

1）加速浆体凝固的水玻璃，其模数应为 $3.0\sim3.3$，水玻璃掺入量应通过试验确定，一般为水泥用量的 $0.5\%\sim3\%$；

2）提高浆液扩散能力和可泵性的表面活性剂（或减水剂），如三乙醇胺等，其掺入量为水泥用量的 $0.3\%\sim0.5\%$；

3）提高浆液的均匀性和稳定性，防止固体颗粒离析和沉淀而掺加的膨润土，其掺入量不宜大于水泥用量的 5%。浆体必须经过搅拌机充分搅拌均匀后，才能开始压注，并应在注浆过程中不停地缓慢搅拌，浆体在泵送前应经过筛网过滤。

（9）冒浆处理。土层的上部压力小、下部压力大，浆液就有向上抬高的趋势。灌注深度大，上抬不明显；而灌注深度浅，浆液上抬较多，甚至会溢到地面上来。此时可采用间歇灌注法，亦即让一定数量的浆液灌入上层孔隙大的土中后，暂停工作，让浆液凝固，几次反复就可把上抬的通道堵死；或者加快浆液的凝固时间，使浆液出注浆管凝固。工作实践证明，需加固的土层之上应有不少于 2 m 厚的土层，否则应采取措施防止浆液上冒。

9.7.2 高压喷射注浆法

高压喷射注浆法是利用钻机把带有喷嘴的注浆管钻进至土层的预定位置后，以高压设备使浆液或水成为 20～40 MPa 的高压射流从喷嘴中喷射出来，冲击破坏土体，同时钻杆以一定速度渐渐向上提升，将浆液与土粒强制搅拌混合，浆液凝固后，在土中形成一个固结体。高压喷射注浆法所形成的固结体型状与喷射流移动方向有关，一般分为旋转喷射（简称旋喷）、定向喷射（简称定喷）和摆动喷射（简称摆喷）三种形式（图 9-15）。

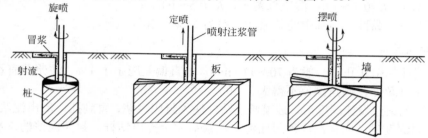

图 9-15　高压喷射注浆的三种形式

旋喷法施工时，喷嘴一边喷射一边旋转并提升，固结体呈圆柱状，主要用于加固地基、提高地基的抗剪强度、改善土的变形性质，也可组成闭合的帷幕，用于截阻地下水流和治理流砂。旋喷法施工后，在地基中形成的圆柱体，称为旋喷桩。

定喷法施工时，喷嘴一边喷射一边提升，喷射的方向固定不变，固结体型如板状或壁状。

摆喷法施工时，喷嘴一边喷射一边提升，喷射的方向呈较小角度来回摆动，固结体型如较厚墙状。

定喷及摆喷两种方法通常用于基坑防渗、改善地基土的水流性质和稳定边坡等工程。

1. 作用机理

（1）高压喷射流对土体的破坏作用。破坏土体结构强度的最主要因素是喷射动压，根据动量定律，在空气中喷射时的破坏力为

$$P = \rho \cdot Q \cdot v_\mathrm{m} \tag{9-38}$$
$$Q = v_\mathrm{m} \cdot A$$

式中　P——破坏力，$\mathrm{kg \cdot m/s^2}$；

　　　ρ——密度，$\mathrm{kg/m^3}$；

　　　Q——流量，$\mathrm{m^3/s}$；

　　　v_m——喷射流平均速度，$\mathrm{m/s}$；

　　　A——喷嘴截面面积，$\mathrm{m^2}$。

或

$$P = \rho \cdot A \cdot v_\mathrm{m}^2 \tag{9-39}$$

破坏力对于某一种密度的液体而言，是与该射流的流量 Q 和流速 v_m 的乘积成正比。而流

量 Q 又为喷嘴截面面积 A 与喷射流平均速度 v_m 的乘积。所以，在一定的喷嘴截面面积 A 的条件下，为了取得更大的破坏力，需要增加平均流速，也就是需要增加旋喷压力。一般要求高压脉冲泵的工作压力在 20 MPa 以上，这样就使射流像刚体一样冲击破坏土体，使土与浆液搅拌混合，凝固成圆柱状的固结体。

喷射流在终期区域，能量衰减很大，不能直接冲击土体使土颗粒剥落，但能对有效射程的边界土产生挤压力，对四周土有压密作用，并使部分浆液进入土粒之间的孔隙，使固结体与四周土紧密相依，不产生脱离现象。

（2）水（浆）、气同轴喷射流对土的破坏作用。单射流虽然具有巨大的能量，但由于压力在土中急剧衰减，因此破坏土的有效射程较短，致使旋喷固结体的直径较小。

当在喷嘴出口的高压水喷流的周围加上圆筒状空气射流，进行水、气同轴喷射时，空气流使水或浆的高压喷射流从破坏的土体上将土粒迅速吹散，使高压喷射流的喷射破坏条件得到改善，阻力大大减小，能量消耗降低。因而增大了高压喷射流的破坏能力，形成的旋喷固结体的直径较大。

旋喷时，高压喷射流在地基中把土体切削破坏。其加固范围就是以喷射距离加上渗透部分或压缩部分的长度为半径的圆柱体。一部分细小的土粒被喷射的浆液所置换，随着液流被带到地面上（俗称冒浆），其余的土粒与浆液搅拌混合。在喷射动压力、离心力和重力的共同作用下，土粒按质量大小有规律地排列起来，小颗粒在中部居多，大颗粒多数在外侧或边缘部分，形成了浆液主体搅拌混合、压缩和渗透等部分，经过一定时间便凝固成强度较高、渗透系数较小的固结体。随着土质的不同，横断面结构也多少有些不同。由于旋喷体不是等颗粒的单体结构，固结质量也不均匀，通常是中心部分强度低、边缘部分强度高。

定喷时，高压喷射注浆的喷嘴不旋转，只做水平的固定方向喷射，并逐渐向上提升，便在土中冲成一条沟槽，并把浆液灌进槽中，最后形成一个板状固结体。固结体在砂性土中有一部分渗透层，在黏性土中却无这一部分渗透层。

2．水泥与土的固结机理

水泥与水拌合后，首先产生铝酸三钙水化物和氢氧化钙，它们可溶于水，但溶解度不大，很快就达到饱和。这种化学反应连续不断地进行，就析出一种胶质物体。这种胶质物体有一部分混在水中悬浮，后来就包围在水泥微粒的表面，形成一层胶凝薄膜。所生成的硅酸二钙水化物几乎不溶于水，只能以无定形体的胶质包围在水泥微粒的表层，另一部分渗入水中。由水泥各种成分所生成的胶凝膜，逐渐发展起来成为胶凝体，此时表现为水泥的初凝状态，开始有胶粘物的性质。此后，水泥各成分在不缺水、不干涸的情况下，继续不断地按上述水化程序发展、增强和扩大，从而产生下列现象：

（1）胶凝体增大并吸收水分，使凝固加速，结合更密。

（2）由于微晶（结晶核）的产生，进而产生结晶体，结晶体与胶凝体相互包围渗透并达到一种稳定状态，这就是硬化的开始。

（3）水化作用继续深入水泥微粒内部，使未水化部分参加以上化学反应，直到完全没有水分和胶质凝固结晶充盈为止。但无论水化时间持续多久，很难将水泥微粒内核全部水化完成，所以水化过程是个长久的过程。

3．施工工艺

当前，高压喷射注浆法的基本工艺类型有单管法、二重管法、三重管法和多重管法等四种。

（1）单管法。单管旋喷注浆法是利用钻机把安装在注浆管（单管）底部侧面的特殊喷嘴，置入土层预定深度后，用高压泥浆泵等装置，以 20 MPa 左右的压力把浆液从喷嘴中喷射出去以冲击破坏土体,使浆液与从土体上崩落下来的土搅拌混合,经过一定时间凝固,便在土中形成一定形状的固结体,如图9-16(a)所示。这种方法在日本称为CCP工法。

(2)二重管法。使用双通道的二重注浆管,当二重注浆管钻进到土层的预定深度后,通过在管底部侧面的一个同轴双重喷嘴,同时喷射出高压浆液和空气两种介质的喷射流冲击破坏土体,即以高压泥浆泵等高压发生装置将20 MPa左右压力的浆液,从内喷嘴中高速喷出,并用0.7 MPa左右压力把压缩空气从外喷嘴中喷出。在高压浆液和它外圈环绕气流的共同作用下,破坏土体的能量显著增大,最后在土中形成较大的固结体。固结体的范围明显增加,如图9-16(b)所示。这种方法在日本称为JSG工法。

(3)三重管法。使用分别输送水、气、浆三种介质的三重注浆管,在以高压泵等高压发生装置产生20~30 MPa的高压水喷射流的周围,环绕一股0.5~0.7 MPa的圆筒状气流,进行高压水喷射流和气流同轴喷射冲切土体,形成较大的空隙,再另由泥浆泵注入压力为0.5~3 MPa的浆液填充。喷嘴做旋转和提升运动,最后在土中凝固为较大的固结体,如图9-16(c)所示。这种方法在日本称为CJP工法。

(4)多重管法。这种方法首先需要在地面钻一个导孔,然后置入多重管,用逐渐向下运动的旋转超高力水射流(压力约40 MPa),切削破坏四周的土体,经高压水冲击下来的土和石成为泥浆后,立即用真空泵从多重管中抽出。如此反复地冲和抽,便在地层中形成一个较大的空间。装在喷嘴附近的超声波传感器及时测出空间的直径和形状,最后根据工程要求选用浆液、砂浆、砾石等材料进行填充。于是在地层中形成一个大直径的柱状固结体,在砂性土中最大直径可达4 m,如图9-16(d)所示。这种方法在日本称为SSS—MAN工法。

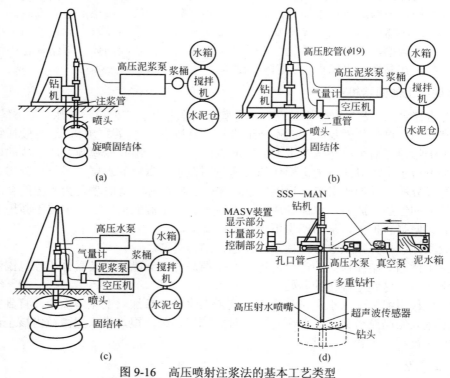

图9-16　高压喷射注浆法的基本工艺类型
(a)单管法高压喷射注浆示意图;　(b)二重管法高压喷射注浆示意图;
(c)三重管法高压喷射注浆示意图;　(d)多重管法高压喷射注浆示意图

【工程应用案例4】　某电站一期临时土石围堰设计为碾压土石围堰,由上游围堰、下游围堰和横向围堰组成（图9-17）。土石围堰基本地质条件按其结构组成成分不同，自上而下可分为三层：第一层为人工堆填土石层；第二层为河床原始覆盖层；第三层为基岩（岩性主要为钙质砂岩、泥页岩和泥质粉砂岩）。

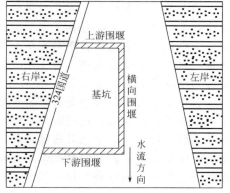

图9-17　临时土石围堰平面示意图

（1）防渗堵漏技术设计。根据初期设计，平班水电站右岸一期临时土石围堰防渗处理全部为高压喷射灌浆防渗；后因考虑施工期限与工程投资，经业主、监理和施工三方共同研究决定：在下游围堰和横向围堰下游段进行常规灌浆防渗，而对上游围堰和横向围堰上游段实行高喷防渗处理。

下游围堰和横向围堰下游段水位较浅，尤其在枯水季节，下游围堰堰体基本不受江水浸泡；河床原始覆盖层多为砂岩颗粒且颗粒较均匀，局部地段有卵、砾石和大块石。针对上述水文与地质情况，决定采用常规灌浆并结合使用水玻璃进行防渗堵漏。相比较之下，上游围堰和横向围堰上游段所处的水位较深、水头差较大、水流较急，特别是上游围堰龙口段。在龙口段合龙之前，堆填土石渣时由于水深流速较急，许多黏土物质和细小岩块被水流冲走或带走。再者，该部分围堰河床原始覆盖层多为大块石、卵石等堆积。经对比分析，决定采用的防渗措施为高（摆）喷灌浆为宜。

（2）防渗灌浆施工。

1）常规灌浆。常规灌浆孔布置为双序双排孔，孔距2.0 m，排距1.0 m，呈梅花形布置；一般情况下，先施工Ⅰ序孔再施工Ⅱ序孔。钻孔设备采用普通150型地质钻机造孔，灌浆材料为42.5级普通硅酸盐水泥。

在对平班水电站土石围堰进行常规灌浆防渗处理时，经业主和监理单位同意，施工方大胆尝试新的灌浆施工工艺。此工艺没有自上而下式分段钻孔、灌浆的复杂程序，采取一次性造孔至设计孔深，再自下而上依次分段灌浆。自下而上分段灌浆采用钻孔到位后，不提钻而直接以钻杆为灌浆管，依次从下至上分段有压灌浆，直至孔口返浆为止。该灌浆方法能让围堰体内部的孔隙或裂隙充分接受浆体充填与扩散，达到防渗目的。此外，对于灌浆量较大的孔段，采取间歇性灌浆或灌入水玻璃堵漏处理。

2）高喷灌浆。平班水电站为中小型电站，其一期土石围堰又为临时性工程，从工程投资与施工等不同角度分析认为，上游围堰和横向围堰上游段采取高喷较为合适。不足的是，河床覆盖层多为大块石或卵石等组成，效果可能不是很理想。

围堰高喷灌浆孔设计为单排孔（孔距1.0 m），分Ⅱ序孔施工。施工设备和材料主要有：GQ—80型地质钻机、拔管机、英格索兰空压机、高喷台车、泥浆泵、高压水泵以及42.5级普通硅酸盐水泥灌浆材料等。

钻孔采用偏心钻头跟管钻进，一次性钻至设计孔深，拔套管。然后下入高喷管至距孔底50 cm处进行高喷施工。高喷采取摆喷灌浆方案，理论上摆喷灌浆后会在围堰体中形成一道四菱柱状搭接式的防渗墙，俯视呈连续菱形搭接分布（图9-18）。

3）灌浆施工与环保。水泥灌浆施工中，环保问题有时不足以引起人们的注意。水泥本身具有腐蚀性，水泥浆液流入水中会影响水生生物的生存环境；水泥的包装袋也会对陆地生物产生影响。基于环境保护为出发点，在该电站一期土石围堰防渗施工中，积极倡导与响应环保施工。主要从以下两个方面做起：一是在制作浆液时，把用过的水泥包装袋存放到指定地点，既可以回收又环保；二是在灌浆作业时，废弃浆液不得随意排放，要排放到围堰内侧基坑中，待凝固后随基坑开挖一起清理掉。

（3）灌浆效果检查。灌浆效果的检查方法有多种，平班水电站一期土石围堰灌浆防渗处理的效果检查方法主要包括压水试验、基坑抽水与开挖检查等。

压水试验位置选择在下游围堰和横向围堰下游段中，由监理单位随机指定地点进行压水试验。通过压水试验表明，自下而上式常规灌浆防渗处理是成功的，灌浆效果是明显的，完全达到预期目的。

基坑抽水与开挖检查是在土石围堰堰体灌浆防渗施工全部完工后进行的。经检查，除了上游围堰龙口段和局部地段有漏、渗水现象外，其余地段均没有漏水现象。对漏水地段进行补强灌浆处理后，整个土石围堰基本不漏水，围堰内基坑开挖只需两台抽水机即可满足开挖要求，完全达到了需要四台抽水机排水的设计要求。同时，经防渗处理的一期土石围堰为随后的一期混凝土围堰和厂坝混凝土的开浇提供了保证，也经历了当年汛期的考验。

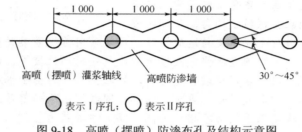

图 9-18　高喷（摆喷）防渗布孔及结构示意图

9.7.3　水泥土搅拌法

水泥土搅拌法是利用水泥（或石灰）等材料作为固化剂，通过特制的深层搅拌施工机械，在地基深处将软土和固化剂（浆液或粉体）强制搅拌，硬化后形成具有整体性、水稳定和一定强度的水泥加固土，从而提高地基强度，增大其变形模量。根据施工方法的不同，水泥土搅拌法可分为水泥浆搅拌（湿法）和粉体喷射搅拌（干法）两种。前者是用水泥浆和地基土搅拌，后者是用水泥粉或石灰粉和地基土搅拌。

1. 加固机理

水泥（或水泥浆）与软土采用机械搅拌加固的基本原理，是基于水泥加固土的物理化学反应过程，有别于混凝土的硬化机理。水泥加固土中水泥掺入量很小，仅占被加固土质量的7%～15%，水泥的水解和水化反应完全是在具有一定活性的介质——土的围绕下进行的，所以水泥土的强度增长较混凝土缓慢。

（1）水泥的水解和水化反应：用水泥加固软土时，水泥颗粒表面的矿物很快与软土中的水发生水解和水化反应，生成氢氧化钙、含水硅酸钙、含水铝酸钙等化合物。

（2）土颗粒与水泥化合物的作用：当水泥的各种水化物生成后，有的继续硬化，形成水泥石骨架；有的则与其周围具有一定活性的黏土颗粒发生反应。发生的反应主要有离子交换和团粒化作用、硬凝反应。

（3）碳酸化作用：水泥化合物中游离的氢氧化钙能吸收水中和空气中的二氧化碳，发生碳酸化反应，生成不溶于水的碳酸钙，这种反应也能使水泥土增加强度，但增长的速度较慢，幅度也较小。

2. 水泥土搅拌法应用领域、适用地层及其特点

复合地基可由若干根搅拌桩柱体和桩间土构成。另外，设计者也可将搅拌桩柱体逐根紧密排列，构成地下连续墙或作为防水帷幕、基坑工程围护挡墙、被动区加固、大体积水泥稳定土等。

水泥土搅拌法适用于正常固结的淤泥与淤泥质土、粉土、饱和黄土、素填土（包括冲填土）、黏性土和无流动地下水的饱和松散砂土等软土地基。值得注意的是：

（1）当水泥土搅拌法用于处理泥炭土、有机质土、塑性指数 I_p 大于 25 的黏土，地下水具有腐蚀性以及无工程经验的地区，必须通过现场试验确定其适用性。

（2）当地基土的天然含水量小于 30%（黄土含水量小于 25%）、大于 70% 或地下水的 pH 小于 4 时不宜采用粉体喷射搅拌法。

水泥搅拌法特点：

（1）成本低：固化原位土，无需其他材料，加固材料可就地取材。

（2）喷入量灵活可控。

（3）环境友好：无振动、无噪声、无污染。

（4）施工速度快：国产深层搅拌机每台班 8 h 可成桩 100～150 m，但国产粉体喷射机有粉尘污染。

3．水泥系搅拌桩复合地基设计与计算

水泥系搅拌桩是指水泥系固化材料和地基土搅拌而成的桩。水泥系固化材料以水泥为主，加入火山灰质材料（如粉煤灰、火山灰）和无机化合物（如硫酸钙、氯化钙）等成分构成。水泥系搅拌法形成的加固体，可作为竖向承载搅拌桩复合地基；基坑工程围护挡墙、被动区加固、防渗帷幕；大体积水泥土等。

水泥系竖向承载搅拌法复合地基的设计技术参数包括置换率和桩长，桩体强度和水泥掺入比，桩径、桩距、褥垫层设置，平面布置及其他相关的设计参数。

（1）置换率与桩长。桩长应根据上部结构对承载力和变形的要求来确定，并宜穿透软弱土层到达承载力相对较高的土层；为提高抗滑稳定性而设置的搅拌桩，其桩长应超过危险滑弧以下 2 m。湿法的加固深度不宜大于 20 m；干法的加固深度不宜大于 15 m。

从承载力角度看，提高置换率比增加桩长效果更好。因为水泥土桩是介于刚性桩和柔性桩之间具有一定压缩性的半刚性桩，桩身强度越高，其特性越接近于刚性桩；反之则接近于柔性桩。

（2）桩体强度和水泥掺入比。桩体的强度指标采用水泥土试块的无侧限抗压强度来进行衡量。

水泥土的强度随龄期的增长而增大。为了降低造价，对承重搅拌桩试块，国内外都取 90 d 龄期为标准龄期，以 90 d 龄期试块的立方体抗压强度平均值作为桩体强度值；对起支挡作用承受水平荷载的搅拌桩，为了缩短养护期，水泥土强度标准取 28 d 龄期试块的立方体抗压强度平均值作为桩体强度值。实际上，当龄期超过 3 个月后，水泥土强度增长缓慢，180 d 的水泥土强度为 90 d 的 1.25 倍，而 180 d 后水泥土强度增长仍未终结。

当拟加固的软弱地基为成层土时，应选择最弱的一层土进行室内配比试验。水泥掺入比 a_w = 掺加的水泥土质量/被加固的软土质量×100%。由于块状加固属于大体积处理，对于水泥土的强度要求不高，因此为了节约成本，块状加固体可选 7%～12% 的水泥掺入量，水泥掺入比大于 10% 时，水泥土强度可达 0.3～2 MPa。除块状加固外，其余的水泥掺入比可取 12%～20%，也可以按水泥的掺入比 a_w = 掺加的水泥土质量/被加固的软土体积×100% 进行计算。目前，水泥掺量在实际工程中一般采用 180～250 kg/m³。

（3）桩径、桩距和褥垫层。桩径主要取决于水泥土桩的施工机械，当前国内搅拌机的成桩直径一般为 500～700 mm。水泥土搅拌桩的桩径不宜小于 500 mm。

复合地基中，搅拌桩的桩距一般>2*d*，*d* 为桩径。

在刚性基础和桩之间设置一定厚度的褥垫层后，可以保证基础始终通过褥垫层把一部分荷载传到桩间土上，起调整桩和土荷载的分担作用。特别是当桩身强度大时，在基础下设置褥垫层可以减小桩土应力比，充分发挥桩间土的作用，即可减少基础底面的应力集中现象。因此对竖向承载搅拌桩复合地基，应在基础和桩之间设置一层褥垫层，褥垫层厚度可取 200～300 mm。其材料可选用中砂、粗砂、级配砂石等，最大粒径不宜大于 20 mm。

（4）平面布置。水泥土桩的布置形式对加固效果有较大影响，一般可根据工程地质特点、上部结构特点及对地基承载力和变形的要求以及现阶段搅拌桩的施工工艺和设备，采用柱状、壁状、格栅状、块状等不同加固形式，如图 9-19 所示。

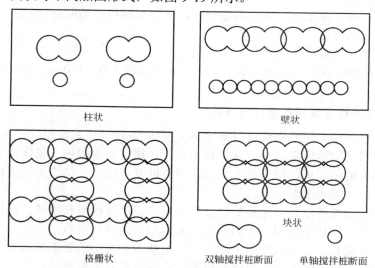

图 9-19　搅拌桩的加固形式

（5）单桩竖向承载力的设计计算。单桩竖向承载力标准值应通过现场单桩荷载试验确定，也可按式（9-40）、式（9-41）进行计算，取其中较小值。

$$R_a = u_p \sum_{i=1}^{n} q_{si} l_i + \alpha q_p A_p \tag{9-40}$$

$$R_a = \eta f_{cu} A_p \tag{9-41}$$

式中　　R_a——竖向单桩承载力标准值，kN；

u_p——桩的周长，m；

n——桩长范围内所划分的土层数；

q_{si}——桩周第 i 层土的侧阻力特征值，kPa，可查表 9-6；

l_i——桩长范围内第 i 层土的厚度，m；

α——桩端天然地基土的承载力折减系数，可取 0.4～0.6，承载力高时取低值；

q_p——桩端土未经修正的承载力特征值，kPa；

A_p——桩的横截面面积，m^2；

η——桩身强度折减系数，干法可取 0.20～0.30，湿法可取 0.25～0.33；

f_{cu}——与搅拌桩桩身水泥土配比相同的室内加固土试块在标准养护条件下 90 d 龄期的立方体抗压强度平均值，kPa。

表 9-6　桩周第 i 层土的侧阻力特征值 q_{si}

土名	土的状态	q_{si}/kPa
淤泥、泥炭土	流塑	4～7
淤泥质土	流塑～软塑	6～12
黏性土	软塑	10～15
黏性土	可塑	12～18

（6）复合地基的设计计算。水泥土搅拌桩复合地基承载力特征值应通过现场单桩或多桩复合地基静荷载试验确定，初步设计时可按下式计算：

$$f_{spk} = m\frac{R_a}{A_p} + \beta(1-m)f_{sk} \tag{9-42}$$

式中　f_{spk}——复合地基承载力特征值，kPa；

$\quad\ \ m$——面积置换率；

$\quad\ \ f_{sk}$——桩间土承载力特征值，kPa；

$\quad\ \ A_p$——桩横截面面积，m^2；

$\quad\ \ \beta$——桩间土承载力折减系数（当桩端土未经修正的承载力特征值大于桩周土的承载力特征值平均值时，可取 0.1～0.4，差值大时取低值；当桩端土未经修正的承载力特征值小于或等于桩周土的承载力特征值平均值时，可取 0.5～0.9，差值大时或设置褥垫层时均取高值）；

$\quad\ \ R_a$——单桩承载力标准值，kN。

（7）水泥土搅拌桩沉降验算。水泥土搅拌桩复合地基变形 s 计算，包括搅拌桩群体的压缩变形 s_1 和桩端土下未加固土层的压缩变形 s_2 之和。

4．水泥土搅拌法施工

（1）施工机械。搅拌施工机械按机械传动方式分为转盘式和动力头式。转盘式机械多用水文地质钻机的转盘改制而成，其优点是传动设备装在底盘上，重心点低，比较稳定，但不易组成多头搅拌，还需增加加压装置。动力头式搅拌机多见于国外，动力头采用马达或电动机和减速器组成。

搅拌施工机械按使用固化剂的形态分为浆液喷射搅拌机和粉体喷射搅拌机。浆液喷射搅拌机根据搅拌轴数分为单轴和多轴搅拌机。搅拌施工机械按喷浆方式分为中心管喷浆方式和叶片喷浆方式。后者是使水泥浆从叶片上若干小孔喷出，水泥浆和土体混合较为均匀，对于大直径叶片和连续搅拌是合适的，但因喷浆孔小而易被浆液堵塞，只能使用纯水泥浆而不能使用其他固化剂，且加工制作较为复杂。中心管喷浆方式中的水泥浆是从两个搅拌轴之间的另一根管子输出。

（2）施工工艺。水泥土搅拌法施工工艺如图 9-20 所示。

1）定位。起重机或塔架悬吊搅拌机到指定桩位对中。

2）预搅下沉。待深层搅拌机冷却水循环正常后，启动电机，放松起重机钢丝绳，使搅拌机沿导向架搅拌切土下沉，下沉速度由电流监测表控制，工作电流应不大于 70 A。若下沉速度太慢，可从输浆系统补给清水以利钻进。

3）制备水泥浆。待搅拌机下沉到一定深度后，开始按设计的配合比制备水泥浆，在压浆前将水泥浆倒入集料斗中。

4）提升喷浆搅拌。搅拌机下沉到设计深度后，开启灰浆泵将水泥浆压入地基中，边喷浆、边旋转，同时严格按照设计确定的提升速度提升搅拌机。

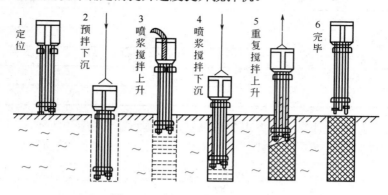

图 9-20　水泥土搅拌法施工工艺

5）重复上下搅拌。深层搅拌机提升至设计加固深度的顶面标高时，集料斗中的水泥浆应正好排空。为了使软土和水泥浆搅拌均匀，可以再次将搅拌机边旋转边沉入土中，至设计加固深度后，再将搅拌机边旋转边提升出地面。

6）清洗。向集料斗中注入适量清水，启动灰浆泵，清洗集料斗、全部管路及搅拌头。

7）移位。重复上述 1）～6）步骤，再进行下一根桩的施工。

由于搅拌桩顶部与上部结构的基础或承台接触部分受力较大，因此还可以对桩顶 1.0～1.5 m 范围内再增加一次输浆，以提高其强度。

5. 粉体喷射搅拌法施工

（1）施工机械设备。施工机械设备主要包括钻机、粉体发送器、空气压缩机和搅拌钻头等。钻机是粉体喷射搅拌法施工的主要成桩机械。粉体发送器是定时定量发送粉体材料的设备，它是粉体喷射搅拌法加固软土地基施工机械中的关键设备。粉体发送器的工作原理如图 9-21 所示。粉体喷射法的粉体喷出，是以空气压缩机作为风源。钻头的型式应保证反向提升时，对桩周土体有压密作用，而不是使灰、土向地面翻升而降低桩身质量。

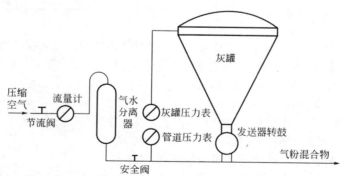

图 9-21　粉体发送器的工作原理

（2）施工工艺。

1）放样定位。

2）桩体对位。移动钻机，使钻头对准设计桩位。

3）下钻。启动粉喷搅拌机和空气压缩机，使钻头边旋转边钻进，被加固的土体在原位受到钻头的扰动。

　　4）钻进结束。钻头钻至加固设计标高后停钻。

　　5）提升、喷射和搅拌。启动搅拌机反向旋转，钻头边旋转边提升；同时粉体发送器将粉体（常用 42.5 级普通硅酸盐水泥）喷入被搅动的土中，使土体和粉体充分搅拌混合。当钻头提升至上部加固设计标高（至少距地面 0.5 m）时，应停止发送粉体。

　　6）重复搅拌。为保证粉体搅拌均匀，必须再次将搅拌头下沉到设计深度。提升搅拌时，其速度控制在 0.5～0.8 m/min。

　　7）移位。钻头提升至地面后，钻机移位对准另一个桩孔，重复上述步骤进行下一根桩的施工。

6. 搅拌法施工质量检查

　　（1）开挖检验。可根据设计要求，选取一定数量的桩进行开挖，或在开挖基槽时，检查加固桩体外观质量、搭接质量和整体性以及桩位、桩数和桩头质量等。

　　（2）取芯检验和室内试验。可在成桩 28 d 后从外露桩体中凿取试块或采用岩芯钻孔取样，钻孔直径不宜小于 108 mm，取样总数为施工总数的 0.5%，且不少于 3 根。

　　（3）静荷载试验。对承受垂直荷重的水泥土搅拌桩，静荷载试验是最可靠的质量检验方法。

　　（4）沉降观测。建筑物竣工后，尚应进行沉降、侧向位移等观测。

　　（5）其他方法。

　　【工程应用案例 5】　某单幢建筑物建筑面积为 2 455 m²，6 层和 7 层单元各一，砖混结构，条形基础，条形基础宽度为 1.1～1.6 m。拟建场地地质情况为：淤泥类土总厚度为 35.7 m，填土为 2.5 m；淤泥为 8.7 m，饱和软流塑状，含水量为 65%，承载力 f_{ak}=45 kPa；粉砂淤泥互层 4.8 m，饱和松散，承载力 f_{ak}=100 kPa；淤泥为 27 m，饱和软塑状，含水量为 50%。下覆粉细砂混卵砾石层。

　　处治措施与效果：

　　（1）采用粉喷桩沿条形基础双排布置，桩距为 0.7～1.0 m，桩径为 550 mm，置换率 m=35%，单幢桩数为 580 根，6 层单元桩深为 12 m，7 层单元桩深 13 m 且外侧设单排围护桩，桩端持力层为粉砂淤泥互层，复合地基承载力特征值 f_{spk}=160 kPa。

　　（2）每延长米用普通硅酸盐水泥 57.1 kg，掺入比 a_w=14.1%，配比试验中水泥掺入比为 15% 时试块强度为 900 kPa，开挖揭露的桩质坚硬，经复合地基压板试验极限荷载时沉降量为 5.0～12.2 mm，平均沉降量为 8.1 mm；对应于设计荷载时沉降量为 1.2～3.8 mm，平均沉降量为 2.3 mm。该建筑竣工 3 年，使用正常；沉降约为 35 cm，与预留沉降相近。

9.8　托换技术工程应用

　　既有建（构）筑物地基加固与基础托换思路：

　　（1）通过将原基础加宽，减小作用在地基土上的接触压力，或者通过基础加深，使基础置入较深的好土层；

　　（2）通过地基处理改良地基土体或改良部分地基土体，提高地基土体抗剪强度、改善压缩性；

　　（3）在地基中设置墩基础或桩基础等竖向增强体，通过复合地基作用来满足建筑物对地基承载力和变形的要求，常用锚杆静压桩、树根桩或高压旋喷注浆等加固技术。按照加固机理，可将基础托换技术分为基础加宽托换、坑式托换、桩式托换和注浆托换等类别。

　　1）基础加宽托换。基础加宽托换是通过增大基底面积，以减小作用在地基上的接触压力，降低地基土中的附加应力水平，使地基的沉降量减小，或者满足地基承载力和变形的要求。通常采用混凝土套或钢筋混凝土套加固基础。基础加宽托换时，要注意以下几点：

① 基础加大后应满足混凝土刚性要求；在基础加宽部分两边的地基土，进行与原基础下同样的原土压密施工和浇筑素混凝土垫层。

② 通常应将原墙凿毛，浇水湿透，并按 1.5～2.0 m 长度划分成许多单独区段，错开时间分别施工，决不能在基础全长挖成连续的坑槽和全场范围地基土暴露过久，以免导致饱和土基底下挤出，使基础随之产生很大的不均匀沉降。

③ 为使新旧基础牢固连接，应将原有基础凿毛并刷洗干净，可每隔一定高度和间距设置钢筋锚杆，也可在墙脚或圈梁钻孔穿钢筋，再用环氧树脂填满，穿孔钢筋须与加固筋焊牢。

④ 基础托换完毕后应迅速拆模，分层回填夯实。当原有基础承受偏心荷载作用，或受相邻建筑物基础条件限制，或为沉降处的基础，或为了不影响建筑物的室内正常使用时，可以采用单面加宽基础[图 9-22（a）]；当原有基础承受中心荷载作用时，可以采用双面加宽基础[图 9-22（b）]。

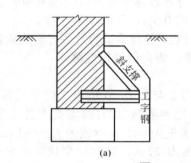

图 9-22　条形基础加宽托换
（a）单面加宽；（b）双面加宽

2）坑式托换。坑式托换是直接在被托换建筑物的基础下挖坑，然后浇筑混凝土，而将原有基础增大埋置深度，使基础支撑在较好土层上的一种托换方法，原来称墩式托换，现称加深基础。

对于许多既有建筑物或改建工程，由于基底面积不足而使地基承载力和变形不满足要求，此时除可采用基础加宽托换的托换方法外，尚可采用将基础支承在较好的新持力层上的坑式托换加固方法，以满足设计规范的地基承载力和变形要求。

坑式托换具有施工较简单方便，费用较低，施工期间仍可使用建筑物等优点，但工期较长，会产生一定的附加沉降，施工要特别注意安全。其适用于土质较好，开挖深度范围内无地下水或降低地下水位较方便的条形基础或独立基础托换。

其施工步骤是：①在贴近被托换基础的侧面开挖一个长约 1.5 m×1.0 m 的竖向导坑，深度比原基础底面深 1.5～2.0 m，在两侧设支护；②将导坑横向扩展到基础下面，并继续在基础下面垂直开挖到要求的持力层深度；③在基础底面下支模、浇筑混凝土或浆砌砌块，直到基础底面下 8 cm，养护 1 d 后，用干硬性 1∶1 水泥砂浆从侧面用小铁铲强力捣实，以保证完全密合，使被托换基础上的荷载直接传到新的混凝土墩上；④分块、分段地挖坑和修筑墩子，直至全部基础被托换完成为止。

3）桩式托换。桩式托换为所有采用桩的形式进行基础托换方法的总称。它是在基础结构的下部或两侧设置各类桩（包括静压桩、锚杆静压桩、预试桩、打入桩、灌注桩、灰土桩和树根桩等），在桩上搁置托梁或承台系统或直接与基础锚固，来支撑被托换的墙或柱基。桩式托换适用于软弱黏性土、松散砂土、饱和黄土、湿陷性黄土、素填土和杂填土等地基土中。

9.8.1 桩式托换

1. 锚杆静压桩

锚杆静压桩技术是由锚杆和静力压桩两项技术巧妙结合而形成的一种桩基施工新工艺。在需加固的既有建筑基础上按设计开凿压桩孔和锚杆孔，用胶粘剂固定好锚杆，然后安装压桩架，与建筑物基础连为一体，并利用既有建筑物自重作为反力，用千斤顶将预制桩段压入土中，桩段间用硫黄胶泥或焊接。当压桩力和压入深度达到设计要求后，将桩与基础用微膨胀混凝土浇筑在一起，桩即可受力，从而达到提高地基承载力和控制沉降的目的。

锚杆静压桩施工机具简单、施工作业面小，施工方便灵活，技术可靠，效果明显，施工时无振动、无污染，对原有建筑物里的生活或生产秩序影响小。锚杆静压桩适用范围广，可适用于黏性土、淤泥质土、杂填土、粉土、黄土等地基。

锚杆静压桩技术除用于既有建筑物地基加固外，也适用于新建建筑。在旧城区改造或打桩设备短缺地区，可用锚杆静压桩技术进行桩基施工。对于新建建筑，在基础施工时可事先预留压桩孔和预埋锚杆，等上部结构施工至 3 或 4 层时，再利用建筑自重作为压桩反力开始压桩。

（1）锚杆静压桩的加固设计。

1）承载力设计。锚杆静压桩承载力的计算可按照《建筑地基基础设计规范》（GB 50007—2011）中的公式估算，即

$$R_k = q_p A_p + u_p \sum q_{si} l_i \tag{9-43}$$

式中　R_k——单桩竖向承载力特征值，kN；

　　　q_p——桩端土承载力特征值，kPa；

　　　A_p——桩身横截面面积，m^2；

　　　u_p——桩身周边长度，m；

　　　q_{si}——桩周土摩擦力特征值，kPa，

　　　l_i——按土层划分的各段桩长，m。

也可以按《建筑桩基技术规范》（JGJ 94—2008）中单桩竖向极限承载力特征值估算，即

$$Q_{uk} = u \sum q_{sik} l_i + q_{pk} A_p \tag{9-44}$$

$$R = \frac{Q_{uk}}{\gamma_{sp}} \tag{9-45}$$

式中　Q_{uk}——单桩竖向极限承载力特征值，kN；

　　　u——桩身周长，m；

　　　q_{sik}——第 i 层土极限侧阻力特征值，kPa；

　　　q_{pk}——桩端阻力特征值，kPa；

　　　γ_{sp}——桩侧阻和端阻综合抗力分项系数。

终止压桩力与承载力有着本质区别，根据《建筑地基处理技术规范》（JGJ 79—2012）和《既有建筑地基基础加固技术规范》（JGJ 123—2012）的有关规定，对于压入式桩，由于压桩过程是动摩擦，当压桩力能满足设计要求的单桩承载力特征值的 1.5 倍时，一定能满足静荷载试验时安全系数为 2 的要求。单桩承载力可按下式估算：

$$R_k = P_{ap}/K \tag{9-46}$$

式中　R_k——单桩承载力特征值；

　　　P_{ap}——终止压桩力；

　　　K——安全系数，取 1.5。

2）桩数及桩位布置设计。单桩与桩段长度的设计要根据加固要求和地基条件而定。静压桩的设计数量是根据桩材强度及地基土的承载力，在确定托换桩的承载力特征值（R_k）后，按照下式计算所需桩数 n：

$$n = m(F+G)/R_k \tag{9-47}$$

式中　F——上部结构传至基础顶面的竖向力设计值；

　　　G——基础自重设计值加基础上的土重特征值；

　　　m——基础底面积托换率，选值与托换的性质有关。

桩身材料可采用钢筋混凝土或钢材；对钢筋混凝土桩宜采用方形；桩内主筋应通过计算确定。配筋桩身混凝土强度等级不应低于 C30。当桩身承受拉应力时，应采用焊接接头。其他情况可采用硫黄胶泥接头连接。当采用硫黄胶泥接头时，其桩节两端应设置焊接钢筋网片，一端应预埋插筋，另一端应预留插筋孔和吊装孔。当采用焊接接头时，桩节的两端均应设置预埋连接铁件。桩位置宜靠近墙体或柱子，以利于荷载的传递。桩孔的成孔过程中往往要截断底板钢筋，桩孔尽量布置在弯矩较小处，并使凿孔时截断的钢筋最少。采用硫黄胶泥接桩还是焊接接桩取决于是否承受水平力或拉拔力，硫黄胶泥接桩抗水平力和抗拉拔力性能差。

3）承台设计。原基础承台除应满足有关承载力要求外，尚应符合下列规定：承台周边至边桩的净距不宜小于 200 mm；承台厚度不宜小于 350 mm；桩顶嵌入承台内长度应为 50～100 mm；当桩承受拉力或有特殊要求时，应在桩顶四角增设锚固筋，伸入承台内的锚固长度应满足钢筋锚固要求；压桩孔内应采用 C30 微膨胀早强混凝土浇筑密实。

4）锚杆及锚固深度设计。锚杆根据压桩力设计。锚杆可用螺纹钢和光圆钢筋制作，也可在端部加粗或加焊钢筋，锚固深度一般取 10～12 倍锚杆直径，并不应小于 300 mm，锚杆露出承台顶面长度应满足压桩机具要求，一般不应小于 120 mm。当压桩力小于 400 kN 时，可采用 M24 锚杆；当压桩力为 400～500 kN 时，可采用 M27 锚杆；锚杆螺栓在锚杆孔内的胶粘剂可采用环氧砂浆或硫黄胶泥；锚杆与压桩孔、周围结构及承台边缘的距离不应小于 200 mm。

（2）施工工艺。首先清除基础面上的覆土，并将地下水位降低至基础面以下，以保证作业面。按加固设计图放线定位。凿孔完成后，对锚杆孔应认真清渣，采用树脂砂浆固定锚杆，养护后再安装压桩反力架。桩段长度根据反力架及施工环境确定。压桩过程中不能中途停顿过久。接桩可采用硫黄胶泥，也可采用焊接，视设计要求确定。硫黄胶泥接桩和焊接接桩均应符合有关技术规程规定。压桩至设计要求时，可进行封桩。压桩施工过程中应加强沉降监测，注意施工过程中产生的附加沉降。

3. 树根桩

树根桩托换是桩式托换的一种常见施工技术，实际上就是在地基中设置桩径为 10～30 cm 的小直径就地钻孔灌注桩，又称钻孔喷灌微型（小型）桩。它是由意大利 Fondedile 公司的 F. Lizzi 在 20 世纪 30 年代发明的一项专利。随后，树根桩在各国得到了广泛的应用。由于这些灌注桩可以是垂直的或倾斜的、单根的或成排设置的，形成的桩基形状如"树根"而得名（图 9-23）。如果树根桩布置成三维的网状体系，则称为网状结构树根桩，在日本简称为 RRP 工法。由于桩与土体共同工作，所以国外将树根桩列入地基处理中的加筋法范畴。

树根桩的施工步骤为：

（1）在钢导管的导向下，用小型钻机旋转法钻进（钻孔直径一般为 75～250 mm），穿过原有建筑物基础进入下面坚实土层。

（2）当钻到设计深度后进行清孔。

（3）放入钢筋，钢筋数量视桩孔直径而定，当为小直径桩孔（75～125 mm）时，可放入单根钢筋；为大直径桩孔（180～250 mm）时，则放置数根钢筋组成的钢筋笼。

（4）用压浆泵灌注水泥砂浆或细石混凝土，采取边灌、边振、边拔管，最后成桩。桩可竖向或斜向设置，也可在各个方向倾斜任意角度，如同一束树根。

本法桩形式灵活，桩截面小，能将桩身、墙身和基础连成一体，压力灌浆能使桩体与地基紧密结合，除支承垂直荷载、抗拔、抗侧向荷载和抗倾覆力矩外，还能加固地基；因桩孔很小，对墙基和地基几乎都不产生任何应力，同时施工可在地面上进行，施工场地较小（平面尺寸为 0.6～1.8 m，净空低（2.1～2.7 m）；机具振动和噪声甚微，对被托换建（构）筑物比较安全，费用较省，可用于各种土层和建筑结构。

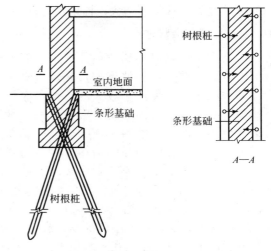

图 9-23 典型树根桩托换

9.8.2 灌浆托换

灌浆托换是指利用液压、气压或电化学原理，通过注浆管把浆液均匀地注入地层，浆液以填充、渗透和挤密等方式侵入土颗粒间或岩石裂隙中被水分和空气所占据的空间，经一定时间后，浆液将原来松散的土粒或裂隙胶结成一个整体，形成一个结构新、强度大、防水性能好和化学稳定性良好的结石体。

灌浆托换在我国煤炭、冶金、水电、建筑、交通等部门都得到了广泛使用，并取得了良好的效果。根据灌浆机理，灌浆托换可分为下述几类。

1．渗透灌浆法

渗透灌浆法是指在风力作用下使浆液充填土的孔隙和岩石的裂隙，排挤出孔隙中存在的自由水和空气，而基本上不改变原状土体的结构和体积，所用灌浆压力相对较小。这类灌浆一般只适用于中砂以上的砂性土和有裂隙的岩石。

渗透灌浆法主要适用于砂土、粉土、黏性土或人工填土等地基加固，一般用于防渗堵漏，提高地基土的强度和变形模量以及控制地层沉降等。按注浆的材料进行分类时，浆液可分为颗粒状浆液（以水泥为主剂的浆液）和化学浆液两种，与颗粒状浆液相比，化学浆液的优点是能灌入较小的孔隙，稠度较小，能较好地控制凝固时间，但工艺复杂、成本高。施工时先在基础中钻孔，孔径应比灌浆管直径（一般为 25 mm）大 2～3 mm，孔距取 1.0～3.5 mm；孔数对于独立基础应不小于两个孔。灌浆压力为 0.2～0.6 MPa，灌浆有效半径为 0.6～1.2 m。

2．劈裂灌浆法

劈裂灌浆法是指在压力作用下，浆液克服地层的初始应力和抗拉强度，引起岩体或土体结构的破坏和扰动，沿垂直于最小主应力的平面发生劈裂，或原有的裂隙或孔隙张开，浆液的可灌性和扩散距离增大，而所用的灌浆压力相对较高。

3. 挤密灌浆法

挤密灌浆法是指通过钻孔在土中灌入极浓的浆液，在注浆点使土体挤密，在注浆管端部附近形成浆泡。当浆泡的直径较小时，灌浆压力基本上沿钻孔的径向扩展。随着浆泡尺寸的逐渐增大，便产生较大的上抬力而使地面抬动。经研究证明，向外扩张的浆泡将在土体中引起复杂的径向和切向应力体系。紧靠浆泡处的土体将遭受严重破坏和剪切，并形成塑性变形区，在此区内土体的密度可能因扰动而减小；离浆泡较远的土则基本上发生弹性变形，土的密度有明显的增加。浆泡的形状一般为球形或圆柱形。在均匀土中的浆泡形状相当规则，反之则很不规则。浆泡的最后尺寸取决于很多因素，如土的密度、湿度、力学性质、地表约束条件、灌浆压力和注浆速率等。实践证明，离浆泡界面 0.3～2.0 m 内的土体都能受到明显的加密。

挤密灌浆法常用于中砂地基，黏土地基中若有适宜的排水条件也可采用。如遇排水困难而可能在土体中引起高孔隙水压力，就必须采用很低的注浆速率。挤密灌浆法可用于非饱和土体，以调整不均匀沉降进行托换技术，以及在大开挖或隧道开挖时对邻近土进行加固。

4. 电动化学灌浆法

电动化学灌浆法是在在施工时将带孔的注浆管作为阳极，将滤水管作为阴极，将溶液向阳极压入土中，并通以直流电（两电极间电压梯度一般采用 0.3～1.0 V/cm）。在电渗作用下，孔隙水由阳极流向阴极，促使通电区域中土的含水率降低，并形成渗浆通路，化学浆液也随之流入土的孔隙，并在土中硬结。如果地基土的渗透力 $k<1×10^{-4}$ cm/s，由于孔隙很小，只靠静压力难以使浆液注入土的孔隙，此时需用电渗作用使浆液注入土。因而电动化学灌浆法就是在电渗排水和灌浆法的基础上发展起来的一种加固方法。但由于电渗排水作用可能会引起邻近既有建筑物基础的附加下沉，这一情况应予慎重注意。

知识扩展

水泥粉煤灰碎石桩法

水泥粉煤灰碎石桩简称 CFG 桩，是由水泥、粉煤灰、碎石、石屑或砂加水拌合，用各种成桩机械制成的高粘结强度桩。CFG 桩与桩间土和褥垫层一起组成复合地基的地基处理方法，是近年来新开发的一种地基处理技术。

CFG 桩具有如下 5 个特点：

（1）桩长、桩径和桩距调节灵活。

（2）承载力提高幅度大。CFG 桩身强度高，可充分利用桩侧及桩端阻力，由于褥垫层的变形协调作用，桩与土的承载力都能充分发挥。

（3）沉降量小。CFG 桩所用材料与普通灌注桩几乎相同，因此其绝对沉降量、差异沉降量都较小。

（4）工艺可控性好。

（5）工程费用低。

CFG 桩的适用条件：就基础形式来说，可用于条形基础、独立基础、筏形基础、箱形基础；就土层而言，可用于处理黏性土、粉土、砂土、填土和淤泥质土等地基。

1. 加固机理

CFG 桩加固软弱地基，桩和桩间土一起通过褥垫层形成 CFG 桩复合地基，如图 9-24 所示。此处的褥垫层不是基础施工时通常做的 10 cm 厚的素混凝土垫层，而是由粒状材料组成的散体垫层。由于 CFG 桩是高粘结强度桩，褥垫层是桩和桩间土形成复合地基的必要条件，也即褥垫层是 CFG 桩复合地基不可缺少的一部分。CFG 桩加固软弱地基主要有三种作用，即桩体作用、挤密与置换作用、褥垫层作用。

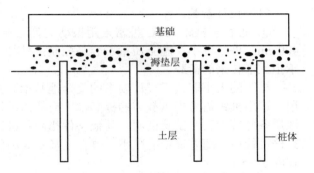

图 9-24　CFG 桩复合地基示意图

（1）桩体作用。CFG 桩不同于碎石桩，是具有一定粘结强度的混合料。在荷载作用下，CFG 桩的压缩性明显比其周围软土小，因此基础传给复合地基的附加应力随地基的变形逐渐集中到桩体上，出现应力集中现象，复合地基的 CFG 桩起到桩体作用。

（2）挤密与置换作用。当 CFG 桩用于挤密效果好的土时，由于 CFG 桩采用振动沉管法施工，其振动和挤密作用使桩间土得到挤密，复合地基承载力的提高既有挤密又有置换；当 CFG 桩用于不可挤密的土时，其承载力的提高只是置换作用。

（3）褥垫层作用。褥垫层技术是 CFG 桩复合地基的一个核心技术，复合地基的许多特性都与褥垫层有关。褥垫层的作用体现在以下几个方面：

1）保证桩、土共同承担荷载。褥垫层是复合地基的组成部分。若无褥垫层，桩承受主要荷载，只有桩变形后才有一部分荷载传到土层。褥垫层提供了桩受荷后上下刺入的条件，有利于让土较早承载。

2）通过改变褥垫层厚度，调整桩垂直荷载的分担。通常褥垫层越薄，桩承担的荷载占总荷载的百分比越高，反之亦然。

3）减少基础底面的应力集中。研究表明，当褥垫层的厚度大于 10 cm 时，桩对基础产生的应力集中已显著降低。

4）调整桩土水平荷载的分担。垫层越厚，土分担的水平荷载占总荷载的百分比越大，桩分担的水平荷载占总荷载的百分比越小。

2. 设计计算

当 CFG 桩桩体强度较高时，具有刚性桩的性状，但在承担水平荷载方面与传统的桩基有明显的区别。桩在桩基中可承受垂直荷载也可承受水平荷载，它传递水平荷载的能力远远小于传递垂直荷载的能力。而 CFG 桩复合地基通过褥垫层把桩和承台（基础）断开，改变了过分依赖承担垂直荷载和水平荷载的传统设计思想。

对于垂直荷载的传递，如何在桩基中发挥桩间土的承载能力是人们都在探索的课题。大桩距布桩的"疏桩理论"就是为了调动桩间土承载能力而形成的新的设计思想。传统桩基中，只提供了桩可能向下刺入变形的条件，而 CFG 桩复合地基通过褥垫层与基础连接，并有上下双向刺入变形模式，保证桩间土始终参与工作。因此，垂直承载力设计首先是将土的承载能力充分发挥，不足部分由 CFG 桩来承担。显然，与传统的桩基设计思想相比，桩的数量可以大大减少。

需要指出的是，CFG 桩不只是用于加固软弱的地基，对于较好的地基土，若建筑物荷载较大，天然地基承载力不够，就可以用 CFG 桩来弥补。

（1）设计参数。

① 桩径和桩距。CFG 桩常采用振动沉管法施工，其桩径根据桩管大小而定，一般为 350～400 cm。桩径过小，施工质量不容易控制；桩径过大，需加大褥垫层厚度才能保证桩土共同承担上部传来的荷载。

桩距的大小取决于设计要求的复合地基承载力、土性与施工机具，可参考表 9-7 进行选用。选用桩距需考虑承载力的提高幅度应能满足设计要求、施工方便、桩作用的发挥和场地地质条件等因素。试验证明，其他条件相同，桩距越小，复合地基承载力越大，当桩距小于 3 倍桩径后，随着桩距的减小，复合地基承载力的增长明显下降，从桩土的发挥考虑，桩距宜取 3～5 倍桩径。

表 9-7　CFG 桩桩距选用参考值

布桩形式 ＼ 土质	挤密性好的土，如砂土、粉土、松散填土	可挤密性土，如粉质黏土、非饱和黏土等	不可挤密性土，如饱和黏土、淤泥质土等
单、双排桩的条形基础	$(3\sim5)d$	$(3.5\sim5)d$	$(4\sim5)d$
≤9 根的独立基础	$(3\sim6)d$	$(3.5\sim6)d$	$(4\sim6)d$
满堂基础	$(4\sim6)d$	$(4\sim6)d$	$(4.5\sim7)d$
注：d—桩径，以成桩后的实际桩径为准。			

2）桩长。桩长可由式（9-48）结合土性、桩周摩擦系数和端承系数进行预估。

桩顶所受的集中力

$$P_p = n\alpha\beta f_{ak} A_p \tag{9-48}$$

$$n = \left(\frac{f_{spk}}{\alpha\beta f_{ak}} - 1\right)/m + 1 \tag{9-49}$$

式中　n——桩土应力比；

　　　α——桩间土的强度提高系数[可根据经验预估或实测给定，没有经验并无实测资料时，对于一般性黏土可取 $\alpha=1$；对于灵敏度较高的土和结构性土，采用对桩间土扰动的施工工艺且施工进度很快时，α 宜取小于 1 的数值；$\alpha = \dfrac{f_{sk}}{f_{ak}}$（$f_{sk}$ 为加固后桩间土的承载力特征值）]；

　　　β——桩间土强度发挥度，一般工程 $\beta=0.90\sim0.95$，对于重要或变形要求高的建筑物，$\beta=0.75\sim1.0$；

　　　A_p——桩的断面面积，m^2；

　　　f_{spk}——复合地基承载力标准值，kPa；

　　　f_{ak}——天然地基承载力特征值，kPa；

　　　m——面积置换率。

3）桩体强度。原则上桩体配比按标号控制，根据桩体强度与承载力的关系，桩体强度一般取 3 倍桩顶应力即可。

4）褥垫层设计。褥垫层厚度一般取 10～30 cm 为宜，当桩距过大时，考虑土性，褥垫层厚度还可适当加大。褥垫层材料宜用中砂、粗砂级配砂石或碎石等，最大粒径一般不宜大于 30 mm。不宜采用卵石。

褥垫层铺设厚度的计算式为

$$h = \frac{\Delta H}{v} \tag{9-50}$$

式中 h——褥垫层的虚铺厚度，cm；

　　　v——夯填度，取 $v=0.87\sim0.90$；

　　　ΔH——褥垫层压实厚度，一般取 $15\sim30$ cm。

（2）桩体强度与配合比设计。

1）桩体强度计算。桩身材料配比按照桩体强度控制，桩体试块抗压强度应满足下式要求：

$$f_{cu} \geqslant 3\frac{R_a}{A_p} \qquad\qquad (9\text{-}51)$$

式中 f_{cu}——桩体混合料试块标准养护 28 d 的立方体（边长 150 mm）抗压强度平均值，kPa；

　　　R_a——单桩竖向承载力特征值，kN；

　　　A_p——桩截面面积，m^2。

2）桩体材料中水泥掺量及其他材料的配合比计算。

① 以 28 d 混合料试块的强度 f_{cu} 确定桩身混合料的水灰比。其比为质量比，即 $m(C)/m(W)$，习惯表示为 C/W。

$$f_{cu} = 0.366R_C\left(\frac{C}{W} - 0.071\right) \qquad\qquad (9\text{-}52)$$

式中 R_C——水泥强度，MPa，42.5 级普通硅酸盐水泥的 $R_C = 42.5\ \text{MPa}$；

　　　C——水泥用量，kg；

　　　W——水的用量，kg；

　　　f_{cu}——桩体混合料试块标准养护 28 d 的立方体（边长 150 mm）抗压强度平均值，kPa。

② 混合料中粉灰比的用量计算：

$$\frac{W}{C} = 0.187 + 0.791\frac{F}{C} \qquad\qquad (9\text{-}53)$$

式中 F——粉煤灰的用量，kg。

③ 碎石与石屑的用量计算：

$$G = \rho - C - W - F \qquad\qquad (9\text{-}54)$$

式中 ρ——混合料密度，一般情况下，取 $\rho = 2\,200\ \text{kg}/\text{m}^3$。

④ 石屑率的计算：

$$\lambda = \frac{G_1}{G_1 + G_2} \qquad\qquad (9\text{-}55)$$

式中 G_1——每立方米石屑质量，kg；

　　　G_2——每立方米碎石质量，kg；

　　　λ——石屑率，一般取 $\lambda=0.25\sim0.33$。

3．施工方法

CFG 桩桩径较大时一般用钻孔灌注桩的成桩设备，桩径较小时（350～400 mm）宜用振动沉管打桩机或螺旋机，有时则是两者联合使用。由于 CFG 桩是一项新发展起来的地基处理基础，其设计计算理论和工程施工经验尚不够成熟，施工前一般须进行试成桩确定有关参数后，再精心组织正常施工（图 9-25）。由于人们大多采用振动沉管机施工，以下就以振动成桩工艺做简要介绍。

图 9-25　CFG 施工现场

（1）沉管。

1）桩机就位须水平、稳固、调整沉管与地面垂直，确保垂直偏差≤1%。

2）若采用预制钢筋混凝土桩尖，需埋入地下 30 cm 左右。

3）启动电动机，沉管过程中注意调整桩机稳定，严禁倾斜和错位。

4）沉管过程中须做好记录，每沉 1 m 记录一次激振电流，对土层变化处应特别说明，直到沉管至设计标高。

（2）投料。

1）在沉管过程中，可用料斗进行孔中投料，待沉管至设计标高后须尽快投料，直到管内混合料面与钢管料口平齐。

2）如上料量不多，须在拔管过程中进行孔中投料，以保证成桩桩顶标高满足设计要求。

3）混合料配比应严格执行规定，碎石和石屑含杂质量不大于 5%。

4）按设计配比配制混合料，投入搅拌机加水拌合，加水量由混合料坍落度控制，一般坍落度为 30～50 mm，成桩后桩顶浮浆厚度一般不超过 200 mm。

5）混合料须搅拌均匀，搅拌时间不得少于 1 min。

（3）拔管。

1）当混合料加至与钢管投料口平齐后，开动电动机，沉管原地留振 10 s 左右，然后边振、边拔管。

2）拔管速度按均匀线速控制，一般控制在 1.2～1.5 m/min，如遇淤泥或淤泥质土，拔管速率可适当放慢。

3）当桩管拔出地面，确认成桩符合设计要求后，用粒状材料或湿黏土封顶，然后移机继续下一根桩施工。

（4）施工顺序。连续施工可能造成的缺陷是桩径被挤扁或缩颈，但桩很少完全断开；跳打一般很少发生已打桩桩径被挤小或缩颈现象，但土质较硬，在已打桩中间补打新桩时，已打桩可能被振断或振裂。

在软土中，桩距较大可采用隔桩跳打；在饱和的松散粉土中施打，如桩距较小，不宜采用隔桩跳打方案；满堂布桩无论桩距大小，均不宜从四周向内推进施工。施打新桩时，与已打桩间隔时间应该不少于 7 d。

（5）保护桩长。所谓保护桩长，是指成桩施工时预先设定加长的一段桩长，基础施工时将其剔掉。保护桩长越长，桩的施工质量越容易控制，但浪费的材料也越多。设计桩顶标高离地表距离不大于 1.5 m 时，保护桩长可取 5～7 cm，上部用土封顶。桩顶标高离地面距离较大时，保护桩长可设置为 70～100 cm，上部用粒状材料封顶直至地表。

（6）褥垫层铺设。褥垫层材料多为粗砂、中砂或级配砂石，限制最大粒径不超过 3 cm。虚铺后多采用静力压实，当桩间土含水量不大时亦可夯实；桩间土含水量较高，尤其是高灵敏度土，要注意施工扰动对桩间土的影响，以免产生橡皮土。

【工程应用案例6】 某小区一高层住宅楼，剪力墙结构，地上 24 层，地下 2 层，基础采用箱形基础，基础埋深为 5.0 m。该建筑东西两侧有已建高层住宅两栋，最近距离为 15 m。基础坐于第④层黏质粉土层，④层及以下工程地质条件如下：

④ 层为黏质粉土层：厚度为 1.0～4.0 m，土层厚度极不均匀，可塑，桩侧阻力特征值 $q_a = 30$ kPa，承载力特征值 $f_{ak} = 180$ kPa；

⑤ 层为粉质黏土层：厚度为 2.0～5.0 m，桩侧阻力特征值 $q_a = 32$ kPa，承载力特征值 $f_{ak} = 150$ kPa。

⑥层为细砂层：平均厚度为 8 m，土层厚度均匀，标准贯入锤击数为 23 击，桩侧阻力特征值 $q_a = 35$ kPa，根端阻力特征值 $q_p = 700$ kPa，承载力特征值 $f_{ak} = 250$ kPa。

⑦层为粉质黏土层：平均层厚为 5 m，硬塑，桩侧阻力特征值 $q_a = 32$ kPa，桩端阻力特征值 $q_p = 900$ kPa，承载力特征值 $f_{ak} = 200$ kPa。

⑧层为细砂层：平均厚度为 5～6 m，密实，标准贯入锤击数为 39 击，桩端阻力特征值 $q_p = 1\,100$ kPa，承载力特征值 $f_{ak} = 280$ kPa。

⑨层为圆砾层：未钻进，密实，桩端阻力特征值 $q_p = 2\,100$ kPa，承载力特征值 $f_{ak} = 400$ kPa。

设计要求经深度修正后的地基承载力特征值 f_{apk} 不小于 400 kPa，沉降不大于 100 mm。

根据场地特点，初步设计 4 种方案，见表 9-8。

表 9-8　设计方案

方案	桩长/m	桩端土层
1	6.5	⑥细砂
2	15	⑦粉质黏土
3	20	⑧细砂
4	25	⑨圆砾

4 种设计方案中，方案 3、4 持力层承载力高，但埋藏深，桩身较长。

方案 1 桩长较小，适当减小桩间距即可满足复合地基承载力要求，且已穿越厚度不均的第④层黏质粉土层，持力层为第⑥层细砂层，其下土层厚度均匀，不会出现不均匀沉降。方案 2 桩长较大，设计桩间距较大，虽满足承载力要求，但穿越第④层黏质粉土层，难以消除不均匀土层造成的沉降差。若减小桩间距，则费用增加，不经济。经上述分析，建议采用方案 1。

（1）复合地基承载力与变形计算。

基本参数：桩径 $d = 400$ mm，桩长 $l = 6.5$ m，等边三角形布桩，桩间距 $s = 1.4$ m，则：

$$A_p = \frac{\pi d^2}{4} = 0.125\,6\ \text{m}^2, \quad u_p = \pi d = 1.256\ \text{m}, \quad m = \frac{\pi d^2}{2\sqrt{3}s^2} = 0.074$$

取第④层平均土层厚度为 2.5 m，第⑤层平均土层厚度为 3.0 m，桩身进入第⑥层 1.0 m。单桩竖向承载力特征值计算如下：

$$R_a = u_p \sum q_{si}l_i + A_p q_p = 1.256 \times (30 \times 2.5 + 32 \times 3.0 + 35 \times 1.0) + 0.125\,6 \times 700 = 347(\text{kN})$$

复合地基承载力特征值计算，因天然地基承载力较高，取 $\beta = 0.9$。

$$f_{spk} = m\frac{R_a}{A_p} + \beta(1-m)f_{ak}$$

$$= 0.074 \times \frac{347}{0.125\,6} + 0.9 \times (1 - 0.074) \times 180$$

$$= 354(\text{Pa})$$

对复合地基承载力进行深度修正：基础以上土的加权平均重度 $\gamma_m = 18$ kN/m²，复合地基深度修正系数 $\eta_d = 1.0$。

$$f_{ap} = f_{akp} + \eta_d \gamma_m (d - 0.5) = 354 + 1.0 \times 18 \times (5.0 - 0.5) = 435(\text{kPa}) > 400\ \text{kPa}$$

复合地基承载力经修正后，满足设计要求。

加固区计算变形量为 15.5 mm，下卧层变形量为 61 mm，最大倾斜 1.5‰，满足要求。

（2）施工工艺选择。采用长螺旋钻孔、管内泵压混合料施工工艺。在选择地基处理施工工艺时，主要考虑到以下因素：由于场地两侧均有已建高层建筑，为避免深层降水对已有建筑物产生不良影响，降水至基坑作业面以下 1 m，不再做深层降水；地基处理工艺应避免振动和噪声。

（3）地基加固效果。

1）CFG 桩单桩静荷载试验：3 根 CFG 桩破坏荷载均为 960 kN，极限荷载为 880 kN，均大于理论设计值。说明短桩施工质量容易保证，设计值偏于安全。

2）单桩复合地基静荷载试验：从 $Q\text{-}s$ 曲线可以看出，复合地基荷载试验曲线是渐近形的光滑曲线，不存在极限荷载。取 $s/b = 0.01$ 对应的荷载作为复合地基承载力特征值，两次试验的平均值为 386 kPa，经深度修正后，承载力特征值为 467 kPa，复合地基承载力超过设计要求。

（4）评价。当桩端下卧层土质均匀，且变形能够满足设计要求时，应优先设计短桩复合地基。在设计时，桩间距越小，复合地基模量越大，变形量越小，能很好地解决加固区土质不均匀问题，且短桩施工质量易于保证。

能力训练

一、思考题

1. 简述换填法处理原理及适用范围，如何计算垫层的厚度与宽度？
2. 简述排水固结作用机理及适用范围。
3. 高压喷射注浆法与水泥土搅拌法加固各有什么特点？
4. 什么叫强夯法？其加固机理是什么？强夯法施工工艺有哪些？施工时需要注意哪些细节？
5. 振冲法包括哪两种方法？加固机理是什么？振冲法设计参数包括哪些？施工工艺包括哪些？

二、习题

1. 某五层砖混结构住宅建筑，墙下为条形基础，宽 12 m、埋深 1 m，上部建筑物作用于基础上的荷载为 150 kN/m，基础的平均重度为 20 kN/m²。地基土表层为粉质黏土，厚 1 m，重度为 17.8 kN/m³；第二层为淤泥质黏土，厚 15 m，重度为 17.5 kN/m³，含水率 w=55%；第三层为密实的砂砾石，地下水距地表 1 m。因地基土较软弱，不能承受上部建筑物的荷载，试设计砂垫层厚度和宽度。（答案：厚 1.6 m，底宽 3.05 m）

2. 某市住宅小区经工程地质勘察，地表为耕土，厚度为 0.8 m；第二层为粉砂，松散，厚度为 6.5 m；第三层为粉质黏土，可塑状态，厚度为 4.8 m，地下水位埋深 2.0 m。考虑用强夯加固地基。试设计锤重与落距，以进行现场试验。（答案：锤重 150 kN，落距 15 m）

任务自测

任务能力评估表

知识学习	
能力提升	
不足之处	
解决方法	
综合自评	

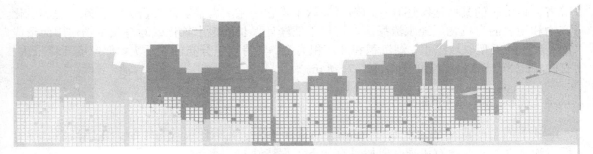

任务 10　特殊土地基处理

任务目标

➤ 掌握软土的工程特性与评价指标，以及软土地基的工程措施
➤ 熟悉湿陷性黄土地基的特征、影响因素、评价指标以及工程措施
➤ 掌握膨胀土的特性、评价指标及工程措施
➤ 了解岩溶、土洞、土岩组合及红黏土等特殊土地基的特点及工程措施
➤ 了解冻土与盐渍土地基的特点、评价方法及工程措施

10.1　特殊土地基及其工程处理应用概述

我国东部临海，西部多山，南方大部处于亚热带，北方大部位于寒温带，全国气候类型多，地势复杂多变。从沿海到内陆，由平原逐步过渡到山区，分布着多种多样物理力学性质不尽相同的土层。由于不同的地理环境、气候条件、地质成因、历史过程、物质成分等原因形成的，与一般土类具有不同工程性质的土称为特殊土，将基础建在这类土层上的地基称为特殊土地基。我国的特殊土主要是指广泛分布于全国地区的软土、湿陷性黄土、膨胀土、红黏土、盐渍土和冻土等。此外，我国山区广大，广泛分布在我国西南地区的山区地基与平原相比，其主要表现为地基的不均匀性和场地的不稳定性两方面，工程地质条件更为复杂，如岩溶、土洞及土岩组合地基等，对建（构）筑物具有直接和潜在的危险。为保证各类建（构）筑物的安全和正常使用，应根据其工程特点和要求，因地制宜、综合治理。尤其是我国西部工程建设的高速发展，对该类地基的处治提出了更高的要求。因此，针对软土、湿陷性黄土、膨胀土、红黏土、冻土和盐渍土等各类特殊土地基的工程特征，提出合理的评估指标和工程处理措施，确保建（构）筑物的安全使用，具有重要的工程价值。

10.2　软土地基

软土是指天然孔隙比大于或等于 1.0，天然含水量大于液限，并且具有灵敏结构性的细粒土，包括淤泥、淤泥质土、泥炭、泥炭质土等。

我国软土分布很广，如长江、珠江地区的三角洲沉积；上海，天津塘沽，浙江温州、宁波，江苏连云港等地的滨海相沉积；闽江口平原的溺谷相沉积；洞庭湖、洪泽湖、太湖以及昆明滇池等地区的内陆湖泊相沉积；位于各大、中河流的中、下游地区的河滩沉积；位于内蒙古，东北大、小兴安岭，南方及西南森林地区等地的沼泽沉积。此外，广西、贵州、云南等省、自治区的某些地区还存在山地型的软土，它是泥灰岩、炭质页岩、泥质砂页岩等风化产物和地表的有机物质经水流搬运，沉积于低洼处，长期饱水软化或间有微生物作用而形成的。沉积的类型以坡洪积、湖沉积和冲沉积为主。其特点是分布面积不大，但厚度变化很大，有时相距为 2~3 m，厚度变化可达 7~8 m。

10.2.1　软土工程特性及评价

软土的主要特征是含水量高（$w = 35\% \sim 80\%$）、孔隙比大（$e \geq 1$）、压缩性高、强度低、渗透性差，并含有机质，一般具有如下工程特性。

（1）触变性。尤其是滨海相软土一旦受到扰动（振动、搅拌、挤压或搓揉等），原有结构破坏，土的强度明显降低或很快变成稀释状态。触变性的大小，常用灵敏度 S_t 来表示，一般 S_t 为 3~4，个别可达 8~9。故软土地基在振动荷载下，易产生侧向滑动、沉降及基底向两侧挤出等现象。

（2）流变性。软土除排水固结引起变形外，在剪应力作用下，土体还会发生缓慢而长期的剪切变形，对地基沉降有较大影响，对斜坡、堤岸、码头及地基稳定性不利。

（3）高压缩性。软土的压缩系数大，一般 $\alpha_{1-2} = 0.5 \sim 1.5 \text{ MPa}^{-1}$，最大可达 4.5 MPa^{-1}；压缩指数 C_c 为 0.35~0.75。软土地基的变形特性与其天然固结状态相关，欠固结软土在荷载作用下沉降较大，天然状态下的软土层大多属于正常固结状态。

（4）低强度。软土的天然不排水抗剪强度一般小于 20 kPa，其变化范围为 5~25 kPa，有效内摩擦角 φ' 为 12°~35°，固结不排水剪切试验内摩擦角 $\varphi_{cu} = 12° \sim 17°$，软土地基的承载力常为 50~80 kPa。

（5）低透水性。软土的渗透系数一般为 $1 \times 10^{-6} \sim 1 \times 10^{-8} \text{ cm/s}$，在自重或荷载作用下固结速率很慢时，在加载初期地基中常出现较高的孔隙水压力，影响地基的强度，延长建筑物沉降时间。

（6）不均匀性。由于沉降环境的变化，黏性土层中常局部夹有厚薄不等的粉土，使水平和垂直分布上有所差异，使建筑物地基易产生差异沉降。

软土地基的岩土工程分析和评价应根据其工程特性，结合不同工程要求进行，通常应包括以下内容：

（1）判定地基产生失稳和不均匀变形的可能性。当建筑物位于池塘、河岸、边坡附近时，应验算其稳定性。

（2）选择适宜的持力层和基础形式，当有地表硬壳层时，基础宜浅埋。

（3）当建筑物相邻高低层荷载相差很大时，应分别计算各自的沉降并分析，当地面有较大面积堆载时，应分析对相邻建筑物的不利影响。

（4）软土地基承载力应根据地区建筑经验，并结合下列因素综合确定：

1）软土成层条件、应力历史、结构性、灵敏度等力学特性及排水条件；

2）上部结构的类型、刚度、荷载性质、大小和分布，对不均匀沉降的敏感性；

3）基础的类型、尺寸、埋深、刚度等；

4）施工方法和程序；

5）采用预压排水处理的地基，应考虑软土固结排水后强度的增长。

（5）地基的沉降量可采用分层总和法计算，并乘以经验系数；也可采用土的应力历史的沉降计算方法。必要时应考虑土的次固结效应。

（6）在软土开挖、打桩、降水时，应按《岩土工程勘察规范》（GB 50021—2001）（2009年版）有关规定执行。

此外，还须特别强调软土地基承载力综合评定的原则，不能单靠理论计算，要以地区经验为主。软土地基承载力的评定，按变形控制原则比按强度控制原则更为重要。

软土地基主要受力层中的倾斜基岩或其他倾斜坚硬地层，是软土地基的一大隐患。其可能导致不均匀沉降，以及蠕变滑移而产生剪切破坏，因此对这类地基不但要考虑变形，而且要考虑稳定性。若主要受力层中存在砂层，砂层将起排水通道作用，加速软土固结，有利于地基承载力的提高。

水文地质条件对软土地基影响较大，如抽降地下水形成降落漏斗会导致附近建筑物产生沉降或不均匀沉降；基坑迅速抽水则会使基坑周围水力坡度增大而产生较大的附加应力，致使坑壁坍塌；承压水头改变将引起明显的地面浮沉等。此外，沼气逸出等对地基稳定和变形也有影响，通常应查明沼气带的埋藏深度、含气量和压力的大小，以此评价对地基影响的程度。

适当控制建筑施工的加荷速率或改善土的排水固结条件可提高软土地基的承载力及其稳定性，即随着荷载的施加，地基土强度逐渐增大，承载力得以提高；若荷载过大，加荷速率过快，将出现局部塑性变形，甚至产生整体剪切破坏。

10.2.2　软土地基的工程措施

在软土地基上修建各种建筑物时，应特别重视地基的变形和稳定问题，考虑上部结构与地基的共同作用，采用必要的建筑及结构措施，确定合理的施工顺序和地基处理方法，并应采取下列措施：

（1）充分利用表层密实的黏性土（一般厚 $1\sim2$ m）作为持力层，基底尽可能浅埋（埋深 $d=500\sim800$ mm），但应验算下卧层软土的强度；

（2）尽可能设法减小基底附加应力，如采用轻型结构、轻质墙体，扩大基础底面或采用半地下室等；

（3）采用换土垫层或桩基础等，但应考虑欠固结软土产生的桩侧负摩擦力；

（4）采用砂井预压，加速土层排水固结；

（5）采用高压喷射、深层搅拌、粉体喷射等处理方法；

（6）使用期间，对大面积地面堆载划分范围，避免荷载局部集中、直接压在基础上。当遇到暗塘、暗沟、杂填土及冲填土时，须查明范围、深度及填土成分。较密实均匀的建筑垃圾及性能稳定的工业废料可作为持力层，而有机质含量大的生活垃圾和对地基有侵害作用的工业废料，未经处理不宜作为持力层。并应根据具体情况，选用如下处理方法：

1）不挖土，直接打入短桩。如上海市通常采用长约 7 m、断面为 200 mm×200 mm 的钢筋混凝土桩，每桩承载力为 $30\sim70$ kN。同时，认为承台底土与桩共同承载，土承受该桩所受荷载的 70%左右，但不超过 30 kPa，对暗塘、暗沟下有强度较高的土层效果更佳。

2）填土不深时，可挖去填土，将基础落深，或用毛石混凝土、混凝土等加厚垫层，或用砂石垫层处理。若暗塘、暗沟不宽，也可设置基础梁直接跨越。

3）对于低层民用建筑，可适当降低地基承载力，直接利用填土作为持力层。

4）冲填土一般可直接作为地基。若土质不良时，可选用上述方法加以处理。

10.3　湿陷性黄土地基

10.3.1　黄土的特征和分布

　　黄土是一种产生于第四纪地质历史时期干旱条件下的沉积物，其外观颜色较杂乱，主要呈黄色或褐黄色，颗粒组成以粉粒（直径为 0.075～0.005 mm）为主，同时含有砂粒和黏粒。它的内部物质成分和外部形态特征与同时期其他沉积物不同。我国甘肃、陕西、山西等省大部分地区的黄土是在第四纪时期形成的。由风力搬运堆积而成，又未经次生扰动、不具层理的黄土，称为原生黄土；而由风力以外的其他力搬运堆积而成、具有层理或砾石夹层的黄土，则称为次生黄土。我国的湿陷性黄土一般呈黄色或褐黄色，粉土粒含量常占土重的 60% 以上，含有大量的碳酸盐、硫酸盐和氯化物等可溶盐类，天然孔隙比约为 1.0，一般具有肉眼可见的大孔隙，竖直节理发育，能保持直立的天然边坡。具有天然含水量的黄土，如未受水浸湿，一般强度较高，压缩性较小。在覆盖土层的自重应力、建筑物附加应力的作用下受水浸湿，结构迅速破坏而发生显著附加下沉的黄土，称为湿陷性黄土；有的黄土并不发生湿陷，则称为非湿陷性黄土。非湿陷性黄土地基的设计和施工与一般黏性土地基无差异。湿陷性黄土分为非自重湿陷性黄土和自重湿陷性黄土两种。非自重湿陷性黄土是指在土自重应力作用下受水浸湿后不发生湿陷；自重湿陷性黄土则是指在土自重应力下浸湿后发生湿陷。我国黄土的沉积经历了整个第四纪时期，按形成年代的早晚，有老黄土和新黄土之分。黄土形成年代越久，大孔结构退化，土质越趋密实，强度高而压缩性小，湿陷性减弱甚至不具湿陷性；形成年代越短，其湿陷性越显著。黄土的地层划分见表 10-1。

表 10-1　黄土的地层划分

时代		地层的划分	说明
全新世（Q_4）黄土	新黄土	黄土状土	一般具湿陷性
晚更新世（Q_3）黄土		马兰黄土	
中更新世（Q_2）黄土	老黄土	离石黄土	上部分土层具湿陷性
早更新世（Q_1）黄土		午城黄土	不具湿陷性
注：全新世（Q_4）黄土包括湿陷性（Q_4^1）黄土和新近堆积（Q_4^2）黄土。			

　　黄土在世界各地分布甚广，其面积达 1.3×10^7 km²，约占陆地总面积的 9.3%，主要分布于中纬度干旱、半干旱地区。如法国的中部和北部，东欧的罗马尼亚、保加利亚、俄罗斯、乌克兰等，美国沿密西西比河流域及部分西部地区。我国黄土分布亦非常广泛，面积约 6.4×10^5 km²，其中湿陷性黄土约占 3/4。以黄河中游地区最为发育，多分布于甘肃、陕西、山西等省份，青海、宁夏回族自治区、河南也有部分分布，其他如河北、山东、辽宁、黑龙江、内蒙古自治区和新疆等也有零星分布。

10.3.2　影响黄土地基湿陷性的主要因素

　　黄土的结构是在黄土发育的整个历史过程中形成的。干旱或半干旱气候是黄土形成的必要条件。季节性的短期雨水把松散干燥的粉粒黏聚起来，而长期的干旱使土中水分不断蒸发，于是，少量的水分连同溶于其中的盐类都集中在粗粉粒的接触点处，可溶盐逐渐浓缩沉淀而成为胶结物。随着含水量的减少，土粒彼此靠近，颗粒间的分子引力以及结合水和毛细水的连接力也逐渐加大。这些因素都增强了土粒之间抵抗滑移的能力，阻止了土体的自重压密，于是形成了以粗粉粒为主体骨架的多孔隙黄土结构，其中零星散布着较大的砂粒（图 10-1）。附于砂粒和粗粉粒表面的细粉粒、黏粒、腐殖质胶体以及大量集合于大颗粒接触点处的各种可溶盐和水分子形成了胶结性连接，从而构成了矿物颗粒集合体。周边由几个颗粒包围着的孔隙就是肉眼可见的大孔隙。它可能是植物的根须造成的管状孔隙。

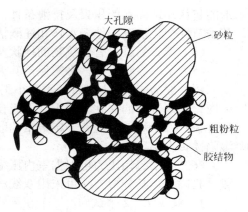

图 10-1　黄土结构示意图

研究表明，黄土受水浸湿和荷载作用是产生湿陷性的外因，黄土的结构特征及其物质成分是产生湿陷性的内在原因。影响黄土湿陷性的因素主要有：

（1）黄土的物质成分。黄土中胶结物的多寡和成分，以及颗粒的组成和分布，对于黄土的结构特点和湿陷性的强弱有着重要影响。胶结物含量大，可把骨架颗粒包围起来，则结构致密。黏粒含量特别是胶结能力较强的小于 0.001 mm 颗粒的含量多，均匀分布在骨架之间，起到胶结物的作用，使黄土湿陷性降低并使其力学性质得到改善；粒径大于 0.05 mm 的颗粒增多，胶结物多呈薄膜状分布，骨架颗粒多数彼此直接接触，其结构疏松，强度降低而湿陷性增强。我国黄土湿陷性存在由西北向东南递减的趋势，与自西北向东南方向砂粒含量减少而黏粒含量增多是一致的。此外，黄土中的盐类及其存在状态对湿陷性也有着直接的影响，以较难溶解的碳酸钙为主而具有胶结作用时，湿陷性减弱，但石膏及其他碳酸盐、硫酸盐和氯化物等易溶盐的含量越大时，湿陷性增强。

（2）黄土的物理性质。黄土的湿陷性与其孔隙比和含水量等物理性质有关。天然孔隙比越大或天然含水率越小，则湿陷性越强。饱和度 $S_r \geqslant 80\%$ 的黄土，称为饱和黄土，饱和黄土的湿陷性已退化。在天然含水量相同时，黄土的湿陷变形随湿度的增加而增大。

（3）外加压力。黄土的湿陷性还与外加压力有关。外加压力越大，湿陷量显著增加，但当压力超过某一数值后，再增加压力，湿陷量反而减少。

10.3.3　湿陷性黄土地基的勘察与评价

正确评价黄土地基的湿陷性具有很重要的工程意义，其主要包括三方面内容：①查明一定压力下黄土浸水后是否具有湿陷性；②判别场地的湿陷类型，是自重湿陷性还是非自重湿陷性；③判定湿陷性黄土地基的湿陷等级，即其强弱程度。

1. 湿陷性黄土地基勘察

湿陷性黄土地区的地基勘察除满足一般勘察要求外，还需针对湿陷性黄土的特点进行如下勘察工作：

（1）着重查明地层时代、成因、湿陷性土层的厚度、土的物理力学性质（包括湿陷起始压力），湿陷系数随深度的变化、地下水位变化幅度和其他工程地质条件，以及划分湿陷类型和湿陷等级，确定湿陷性、非湿陷性土层在平面与深度上的界线。

（2）划分不同的地貌单元，查明湿陷洼地、黄土溶洞、滑坡、崩塌、冲沟和泥石流等不良地质现象的分布地段、规模和发展趋势及其对建设的影响。

（3）了解场地内有无地下坑穴，如古墓、古井、坑、穴、地道、砂井和砂巷等；研究地形的起伏和地面水的积累及排泄条件；调查洪水淹没范围及其发生时间，地下水位的深度及其季节性变化情况，地表水体和灌溉情况等。

（4）调查邻近已有建筑物的现状及其开裂与损坏情况。

（5）采取原状土样，必须保持其天然湿度、密度和结构（Ⅰ级土试样），探井中取样竖向间距一般为 1 m，土样直径不宜小于 12 cm。钻孔中取样，必须注意钻进工艺。取土勘探点中应有一定数量的探井。在Ⅲ、Ⅳ级自重湿陷性黄土场地上，探井数量不得少于取土勘探点的 1/3~1/2。场地内应有一定数量的取土勘探点穿透湿陷性黄土层。

（6）湿陷起始压力可根据室内压缩试验或野外荷载试验确定，其分析方法可采用双线法或单线法。

1）双线法。2 个试样，一个在天然湿度下分级加荷，另一个在天然湿度下加第一级荷重，下沉稳定后浸水，至湿陷稳定后再分级加荷。绘制 $p\text{-}d_s$ 曲线，取 $d_s = 0.015$（d_s 为土粒相对密度）所对应的压力作为湿陷起始压力 p_{sh}，如图 10-2 所示。

2）单线法。5 个试样，各试样均分别在天然湿度下分级加荷至不同的规定压力。绘制 $p\text{-}d_s$ 曲线，p_{sh} 的确定方法与双线法相同。

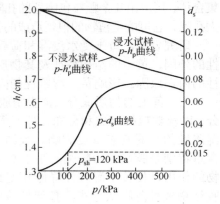

图 10-2 双线法压缩试验曲线

2. 湿陷性黄土地基评价

黄土是否具有湿陷性以及湿陷程度如何，为在不同地域采用统一标准，可以用一个数值指标来判定。黄土的湿陷量与所受压力大小有关，所以黄土湿陷性是由某一给定的压力作用下土体浸水后的湿陷系数值来衡量，湿陷系数由室内压缩试验成果获得。根据现场荷载试验 $p\text{-}\delta_s$ 曲线（压力与浸水下沉量曲线），取其转折点所对应的压力作为湿陷起始压力。

根据《湿陷性黄土地区建筑规范》（GB 50025—2004），湿陷系数计算如下：

$$\delta_s = \frac{h_p - h'_p}{h_0} \tag{10-1}$$

式中　h_p——保持天然湿度和结构的试样，加载一定压力时，下沉稳定后的高度，mm；

　　　h'_p——加压稳定后的试样，在浸水（饱和）条件下，附加下沉稳定后的高度，mm；

　　　h_0——试样的原始高度，mm。

自重湿陷性黄土在没有外荷载的作用下，浸水后也会迅速发生剧烈的湿陷，甚至一些很轻的建筑物也难免遭受其害。在黄土地区地基勘察中，应按实测自重湿陷量或计算自重湿陷量判定建筑场地的湿陷类型。

测定黄土自重湿陷系数试验时，分级加荷至试样上覆土的饱和自重压力，下沉稳定后，试样浸水饱和，附加下沉稳定，试验终止。计算公式如下：

$$\delta_{zs} = \frac{h_z - h'_z}{h_0} \tag{10-2}$$

式中　h_z——保持天然湿度和结构的试样，加载至该试样上覆土的饱和自重压力时，下沉稳定后的高度，mm；

　　　h'_z——加压稳定后的试样，在浸水（饱和）条件下，附加下沉稳定后的高度，mm；

h_0——试样的原始高度，mm。

黄土的湿陷性应按室内浸水（饱和）压缩试验，在一定压力下测定的湿陷系数进行判定，并应符合下列规定：

（1）当湿陷系数值小于 0.015 时，定为非湿陷性黄土；

（2）当湿陷系数值等于或大于 0.015 时，定为湿陷性黄土。

湿性黄土的湿陷程度，可根据湿陷系数的大小分为下列三种：

（1）当 $0.015 \leqslant \delta_s \leqslant 0.03$ 时，湿陷性轻微；

（2）当 $0.03 \leqslant \delta_s \leqslant 0.07$ 时，湿陷性中等；

（3）当 $\delta_s > 0.07$ 时，湿陷性强烈。

湿陷性黄土场地的湿陷类型，应按自重湿陷量的实测值 Δ'_{zs} 或计算值 Δ_{zs} 判定，并应符合下列规定：

（1）当自重湿陷量的实测值 Δ'_{zs} 或计算值 Δ_{zs} 小于或等于 70 mm 时，应定为非自重湿陷性黄土场地；

（2）当自重湿陷量的实测值 Δ'_{zs} 或计算值 Δ_{zs} 大于 70 mm 时，应定为自重湿陷性黄土场地；

（3）当自重湿陷量的实测值和计算值出现矛盾时，应按自重湿陷量的实测值判定。

湿陷性黄土的湿陷等级应根据各层土的累计总湿陷量和自重湿陷量的大小，根据表 10-2 综合确定，湿陷性黄土场地自重湿陷量的计算值 Δ_{zs} 应按下式计算：

$$\Delta_{zs} = \beta_0 \sum_{i=1}^{n} \delta_{zsi} h_i \qquad （10-3）$$

式中　δ_{zsi}——第 i 层土的自重湿陷系数；

　　　h_i——第 i 层土的厚度，mm；

　　　β_0——修正系数（可以按照经验取值：陇西地区取 1.50；陇东、陕北、晋西地区取 1.20；关中地区取 0.90；其他地区取 0.50）。

表 10-2　湿陷性黄土地基湿陷等级

湿陷类型	非自重湿陷性黄土	自重湿陷性黄土	
	$\Delta_{zs} \leqslant 70$ mm	70 mm $< \Delta_{zs} \leqslant 350$ mm	$\Delta_{zs} > 350$ mm
$\Delta_s \leqslant 300$ mm	I （轻微）	II （中等）	—
300 mm $< \Delta_s \leqslant 600$ mm	II （中等）	II （中等）或III（严重）	III（严重）
$\Delta_s > 600$ mm		III（严重）	IV（很严重）

注：当总湿陷量计算值 $\Delta_s > 600$ mm，自重湿陷量计算值 $\Delta_{zs} > 300$ mm 时，可判为III（严重）级；其他情况为II（中等）级。

湿陷性黄土地基受水浸湿饱和，湿陷量的计算公式为

$$\Delta_s = \sum_{i=1}^{n} \beta \delta_{si} h_i \qquad （10-4）$$

式中　δ_{si}——第 i 层土的湿陷系数；

　　　h_i——第 i 层土的厚度，mm；

　　　β——修正系数（可以按照经验取值：基底下 $0 \sim 5$ m 深度内，取 $\beta=1.50$；基底下 $5 \sim 10$ m 深度内，取 $\beta=1$；基底下 10 m 以下至非湿陷性黄土层顶面，在自重湿陷性黄土场地，可取工程所在地区的 β_0 值）。

确定湿陷量计算值的计算深度，应自基础底面（如基底标高不确定时，自地面下 1.50 m）算起；在非自重湿陷性黄土场地，累计至基底下 10 m（或地基压缩层）深度止；在自重湿陷性黄土场地，累计至非湿陷黄土层的顶面止。其中湿陷系数 δ_{si}（10 m 以下为 δ_{zi}）小于 0.015 的土层不累计。

10.3.4 湿陷性黄土地基工程的处理

湿陷性黄土的主要特点是遇水的湿陷性。湿陷的内因是黄土具有大的孔隙和结构疏松，而水是发生湿陷的主要外因。要消除内因就得进行地基处理，要改变外因就得采取防水措施。基于上述原因，对于不同的建筑物采取不同的工程措施，其一般原则如下。

1. 对于重要建筑物

对于重要建筑物，应全部消除地基的湿陷性，必须进行地基处理。地基处理方法应根据建筑物的类别和湿陷性黄土的特性，并考虑施工设备、施工进度、材料来源和当地环境等因素，经技术经济综合分析比较后确定。湿陷性黄土地基常用的处理方法，可按表 10-3 选择其中一种或多种相结合的最佳处理方法。

表 10-3 湿陷性黄土地基常用的处理方法

地基处理方法	适用范围	可处理湿陷性黄土层厚度/m
垫层法	地下水位以上，局部或整片处理	1~3
强夯法	地下水位以上，S_r=60%的湿陷性黄土，局部或整片处理	3~12
挤密法	地下水位以上，S_r=65%的湿陷性黄土	5~15
预浸水法	自重湿陷性黄土场地，地基湿陷等级为Ⅲ（严重）或Ⅳ（很严重），可消除地面下 6 m 以下湿陷性黄土层的全部湿陷性	6 m 以上采取垫层或其他方法
其他方法	经过试验研究或工程实践证明有效	—

2. 对于一般建筑物

对于一般建筑物，可以消除部分地基土的湿陷性，同时采取结构措施和防水措施，在自重湿陷性黄土地区，当基础底面下 3 m 内土层的湿陷系数较大时，可以采用地基处理方法消除湿陷性，按照表 10-3 选用地基处理方法。

3. 防水措施

防水措施包括场地防水措施和单体建筑防水措施两个方面。场地防水是指建筑物选择排水畅通或利于场地排水的地形条件；单体建筑防水是指在建筑物周围设置具有一定深度的混凝土散水，以排泄屋面水。

4. 结构措施

当地基不处理或仅消除部分湿陷量时，结构设计应根据建筑物类别、地基湿陷等级或地基处理后下部未处理湿陷性黄土层的湿陷起始压力值或剩余湿陷量，以及建筑物的不均匀沉降、倾斜和构件等不利情况，采取下列结构措施：

（1）加强结构的整体刚度与构件刚度；

（2）选择合适的结构体系和基础形式等。

【工程应用案例 1】某地区黄土进行场地初步勘探，取样做室内压缩试验，成果见表 10-4，试确定该土层的总湿陷量，并确定黄土的湿陷等级。（修正系数取 0.5）

表 10-4 室内压缩试验成果

取样深度/m	自重湿陷系数 δ_{zs}	湿陷系数 δ_s
1.0	0.032	0.044
2.0	0.027	0.036
3.0	0.022	0.038
4.0	0.020	0.030

取样深度/m	自重湿陷系数 δ_{zs}	湿陷系数 δ_s
5.0	0.001	0.012
6.0	0.005	0.022
7.0	0.004	0.020
8.0	0.001	0.006

解： 先计算自重湿陷量 Δ_{sz}，自地面算起至全部湿陷性黄土底部为止，其中 $\delta_{zs} < 0.015$ 的土层不累计，根据题目所给，修正系数 $\beta_0 = 0.5$。

$$\Delta_{zs} = \beta_0 \sum_{i=1}^{n} \delta_{zsi} h_i = 0.5 \times (0.032 + 0.027 + 0.022 + 0.02) \times 1\,000 = 50.5 (\text{mm})$$

根据规定，$\Delta_{zs} < 70$ mm 为非自重湿陷性黄土。

湿陷量的计算深度，应自基础底面（如基底标高不确定，自地面下 1.50 m）算起，累计至基底下 10 m（或地基压缩层）深度止。其中湿陷系数 δ_{si} 小于 0.015 的土层不累计。

$$\Delta_s = \sum_{i=1}^{n} \beta \delta_{si} h_i$$
$$= 1.5 \times 0.036 \times 500 + 1.5 \times (0.038 + 0.030 + 0) \times 1\,000 + 1.0 \times (0.022 + 0.02) \times 1\,000$$
$$= 171 (\text{mm})$$

根据表 10-2，黄土湿陷可以定为 Ⅰ（轻微）湿陷。

10.4 膨胀土地基

膨胀土是指土中黏粒成分主要由亲水性黏土矿物组成，同时具有显著的吸水膨胀性和失水收缩性两种变形特性的黏性土。膨胀土在我国分布广泛，且常呈岛状分布，以黄河以南地区较多，广西、云南、湖北、河南、安徽、四川、河北、山东、陕西、江苏、贵州和广东等地均有不同范围的分布。国外也一样，如美国有膨胀土的州有 40 个。此外在印度、澳大利亚、南美洲、非洲和中东广大地区，也常有不同程度的分布。目前，世界上已有 40 多个国家发现膨胀土造成的危害，据报道，膨胀土每年给工程建设带来的经济损失已超过百亿美元，比洪水、飓风和地震所造成的损失总和的两倍还多。膨胀土工程问题已成为世界性的研究课题。在膨胀土地区进行建筑物设计和施工，要认真调查研究，通过勘察工作对膨胀土地基做出必要的评价，采取相应的设计和施工措施，确保房屋和构筑物的安全。

10.4.1 膨胀土特性

我国膨胀土除少数形成于全新世（Q_4）外，其地质年代多属第四纪晚更新世（Q_3）或更早些，具黄、红、灰白等色，常呈斑状，并含有铁锰质或钙质结核，具有如下工程特征：

（1）多出露于二级及二级以上的河谷阶地、山前和盆地边缘及丘陵地带。地形坡度平缓，一般坡度小于 12°，无明显的天然陡坎。膨胀土在结构上多呈坚硬～硬塑状态，结构致密，呈棱形土块者常具有胀缩性，且棱形土块越小，胀缩性越强。

（2）裂隙发育是膨胀土的一个重要特征，常见光滑面或擦痕。裂隙有竖向、斜交和水平三种。裂隙间常充填灰绿、灰白色黏土。竖向裂隙常出露地表，裂隙宽度随深度的增加而逐渐尖灭；斜交剪切缝隙越发育，胀缩性越严重。此外，膨胀土地区旱季常出现地裂，上宽下窄，长可达数十米至百米，深数米，壁面陡立而粗糙，雨季则闭合。

（3）膨胀土的黏粒含量一般很高，粒径小于 0.002 mm 的胶体颗粒含量一般超过 20%。液限大于 40%，塑性指数大于 17，且多为 22~35。自由膨胀率一般超过 40%（红黏土除外）。其天然含水量接近或略小于塑限，液性指数常小于零，压缩性小，多属低压缩性土。

（4）膨胀土的含水量变化易产生胀缩变形。初始含水量与胀后含水量越接近，土的膨胀就越小，收缩的可能性和收缩值就越大。膨胀土地区多为上层滞水或裂隙水，水位随季节性变化，常引起地基的不均匀胀缩变形。

10.4.2　膨胀土地基的勘察和评价

为判别及评价膨胀土的胀缩性，除一般物理力学指标外，尚应确定下列胀缩性指标。

1. 自由膨胀率

取 100 g 膨胀土样，研磨成粉末，全部过 0.05 mm 筛，在 105~110 ℃下烘干至恒重（结构内部无约束力），用取土匙取适量试样经无颈漏斗注入容积为 10 mL 量土杯中，盛满刮平台后，将试样倒入盛有蒸馏水的量筒内。在量筒内注入 30 mL 纯水并加入 5 mL 浓度为 5% 的纯氯化钠溶液，将试样倒入量筒内用搅拌器搅拌悬液，上近液面下至筒底，上下搅拌各 10 次，用纯水清洗搅拌器及量筒壁使悬液达 50 mL。待悬液澄清后每隔 5 h 测读一次土面高度，直至两次读数差值不大于 0.2 mL 可认为膨胀稳定。按照下式确定自由膨胀率：

$$\delta_{ef} = \frac{v_w - v_0}{v_0} \tag{10-5}$$

式中　v_0——试样原有的体积，10 mL；

　　　v_w——土样在水中膨胀稳定后的体积，mL。

2. 膨胀率

膨胀率是指试样在一定压力下浸水膨胀稳定后增加的高度与原高度的比值，按下式计算：

$$\delta_{ep} = \frac{h_w - h_0}{h_0} \tag{10-6}$$

式中　h_0——土样的原始高度，mm；

　　　h_w——土样浸水膨胀后在第 i 级压力 p_i 作用下的膨胀稳定高度，mm。

3. 线缩率

用内壁涂有薄层润滑油的环刀切取试样，用推土器从环刀内推出试样，立即把试样放入收缩装置[参考《膨胀土地区建筑技术规范》（GB 50112—2013）]，称取试样质量，在室温下自然风干。试验初期每隔 1~4 h 测记一次读数（百分表读数、试样的质量），2 d 后每隔 6~24 h 记一次读数。试验结束取下试样，将试样在 105~110 ℃下烘至恒重称干土质量。

$$\delta_s = \frac{h_0 - h}{h_0} \tag{10-7}$$

式中　h_0——试验开始时的土样高度，mm；

　　　h——试验中某次测得的土样高度，mm。

4. 收缩系数

收缩系数是指原状土样在直线收缩阶段，含水量减少 1% 所对应的竖向线缩率：

$$\lambda_d = \frac{\Delta \delta_s}{\Delta w} \tag{10-8}$$

式中　$\Delta\delta_s$——收缩过程中与两点含水量之差对应的竖向线缩率之差；

Δw——收缩过程中直线变化阶段两点含水量之差。

10.4.2.1　膨胀土地基评价

膨胀土地基应查明建筑场地内膨胀土的分布及地形地貌条件，根据工程地质特征及土的自由膨胀率等指标进行综合评价。

1. 膨胀土的判别

自由膨胀率大于或等于40%的土应判定为膨胀土，一般发生在下列工程地质特征的场地：

（1）裂隙发育，常有光滑面和擦痕，有的裂隙中充填着灰白、灰绿色黏土。

（2）多出露于二级或二级以上阶地山前和盆地边缘丘陵地带，地形平缓，无明显自然陡坎。

（3）常见浅层塑性滑坡、地裂、新开挖坑壁易发生坍塌等。

（4）建筑物裂缝随气候变化而张开和闭合。

2. 膨胀土的膨胀潜势

不同胀缩性能的膨胀土对建筑物的危害程度将有明显差别。调查研究表明：自由膨胀率较小的膨胀土，膨胀潜势较弱，对建筑物损坏轻微；自由膨胀率大的土，具有较强的膨胀潜势，对建筑物可能造成严重破坏，因此，可以采用自由膨胀率的大小划分土的膨胀潜势强弱。根据《膨胀土地区建筑技术规范》（GB 50112—2013），按自由膨胀率依次将膨胀土地基的膨胀潜势划分为弱、中、强三个等级，见表10-5。

表10-5　膨胀土的膨胀潜势分类

自由膨胀率/%	膨胀潜势
$40 \leqslant \delta_{ef} < 65$	弱
$65 \leqslant \delta_{ef} < 90$	中
$\delta_{ef} \geqslant 90$	强

3. 膨胀土地基的评价

根据建筑物地基的胀缩变形对低层砖混结构房屋的影响程度，对膨胀土地基进行评价时，其胀缩等级按分级胀缩变形量 s_c 大小进行划分，见表10-6。

表10-6　膨胀土地基的胀缩等级分类

地基分级变形量 s_c /mm	级别
$15 \leqslant s_c < 35$	I
$35 \leqslant s_c < 70$	II
$s_c \geqslant 70$	III

膨胀土地基变形量可按下列三种情况分别计算：

（1）当离地表处地基土的天然含水量等于或接近最小值时，或地面有覆盖且无蒸发可能时，以及建筑物在使用期间经常有水浸湿的地基，可按膨胀变形量计算。根据《膨胀土地区建筑技术规范》（GB 50112—2013），地基土的膨胀变形量应按下式计算：

$$s_e = \psi_e \sum_{i=1}^{n} \delta_{epi} h_i \qquad (10\text{-}9)$$

式中　s_e——地基土的膨胀变形量，mm；

ψ_e——计算膨胀变形量的经验系数，宜根据当地经验确定，若无可依据经验，三层

及三层以下建筑物可采用 0.6;

δ_{epi}——基础底面下第 i 层土在该层土的平均自重压力与平均附加压力之和作用下的膨胀率,由室内试验确定膨胀率采用的压力应为 50 kPa;

h_i——第 i 层土的计算厚度,m;

n——自基础底面至计算深度内所划分的土层数,计算深度应根据大气影响深度确定,有浸水可能时可按浸水影响深度确定。

(2) 离地表处地基土的天然含水量大于 1.2 倍塑限含水量,或直接受高温作用的地基,可按收缩变形量计算,地基土的收缩变形量应按下式计算:

$$s_s = \psi_s \sum_{i=1}^{n} \lambda_{si} \Delta w_i h_i \qquad (10\text{-}10)$$

式中 s_s——地基土的收缩变形量,mm;

ψ_s——计算收缩变形量的经验系数,宜根据当地经验确定,若无可依据经验,三层及三层以下建筑物可采用 0.8;

λ_{si}——第 i 层土的收缩系数,由室内试验确定;

Δw_i——地基土收缩过程中,第 i 层土可能发生的含水量变化的平均值,以小数表示;

n——基础底面至计算深度内所划分的土层数。

(3) 其他情况下可按胀缩变形量计算。

$$s_{es} = \psi_{es} \sum (\delta_{epi} + \lambda_{si} \Delta w_i) h_i \qquad (10\text{-}11)$$

式中 s_{es}——地基土的胀缩变形量,mm;

ψ_{es}——计算收缩变形量的经验系数,可采用 0.7;

δ_{epi}——基础底面下第 i 层土在压力为 p_i(该层土的平均自重应力与平均附加应力之和)作用下的膨胀率,由室内试验确定。

10.4.2.2 膨胀土地基勘察

膨胀土地基勘察除满足一般勘察要求外,还应着重进行如下工作:

(1) 收集当地多年的气象资料(降水量、气温、蒸发量、地温等),了解其变化特点;

(2) 查明膨胀土的成因,划分地貌单元,了解地形形态及有无不良地质现象;

(3) 调查地表水排泄积累情况以及地下水的类型、埋藏条件、水位和变化幅度;

(4) 测定土的物理力学性质指标,进行收缩试验、膨胀力试验和膨胀率试验,确定膨胀土地基的胀缩等级;

(5) 调查植被等周围环境对建筑物的影响,分析当地建筑物损坏原因。

10.4.3 膨胀土地基计算及工程措施

1. 膨胀土地基计算

根据场地的地形、地貌条件,可将膨胀土建筑场地分为:①平坦场地:地形坡度 <5°;或地形坡度为 5°~14°,且距坡肩水平距离大于 10 m 的坡顶地带。②坡地场地:地形坡度 ≥5°;或地形坡度 <5°,但同一建筑物范围内局部地形高差大于 1 m。膨胀土地基的胀缩变形量可按式(10-11)计算。

位于平坦场地的建筑物地基,承载力可由现场浸水荷载试验、饱和三轴不排水试验或《膨胀土地区建筑技术规范》（GB 50112—2013）承载力表确定，变形则按胀缩变形量控制。而位于斜坡场地上的建筑物地基，除按上述计算控制外，尚应进行地基的稳定性计算。

2. 膨胀土地基工程措施

膨胀土是一种吸水极易膨胀，失水收缩性强的土体，它具有孔隙大、黏粒含量高、遇水后强度变低等特点。根据这些特点，膨胀土地基在设计和施工时应采取下列措施：

（1）地基处理。根据膨胀土的胀缩等级、当地材料和施工工艺等进行综合比较后选择合理的方法：

1）桩基础，采用桩基础应穿过膨胀土层达到稳定土层或基岩。

2）换土垫层，可以采用非特殊土作为换土，换层厚度可以通过变形计算确定。

（2）结构措施。较均匀的弱膨胀土地基，可以采用条形基础。承重墙结构可以采用抗拉强度较大的实心砖，不能使用空斗墙等对变形敏感的结构。在基础顶部和房屋顶部设置圈梁提高房屋的整体刚度。在膨胀土地区不宜采用对变形敏感的结构，如壳和拱等结构。

（3）建筑措施。建筑体型力求简单，在建筑结构不同部位应设置沉降缝；宜采用外排水，当排水量大时，应采用雨水明沟或排水管。膨胀土位于地表下 3 m 时，基础应尽量浅埋，在其他情况，一般基础埋深宜超过大气影响深度。

【工程应用案例 2】 某公路膨胀土地基进行场地初步勘探，取样做室内试验，成果如表 10-7 所示，试按《膨胀土地区建筑技术规范》（GB 50112—2013）的规定，计算膨胀土分级变形量，并确定膨胀土地基的胀缩等级。

表 10-7 某公路膨胀土地基试验成果

序号	层厚 h_i /m	层底深度/m	第 i 层土含水量变化 Δw_i	第 i 层土的收缩系数 λ_{si}	第 i 层土膨胀率 δ_{epi}
1	0.64	1.60	0.027 3	0.28	0.008 4
2	0.86	2.50	0.021 1	0.48	0.022 3
3	1.00	3.50	0.014 0	0.035	0.024 9

解：根据《膨胀土地区建筑技术规范》（GB 50112—2013）计算胀缩变形量：

$$s_{es} = \psi_{es}(\sum \delta_{epi} + \lambda_{si}\Delta w_i)h_i = 0.7 \times [(0.008\ 4 \times 640 + 0.022\ 3 \times 860 + 0.024\ 9 \times 1\ 000) +$$
$$0.28 \times 0.027\ 3 \times 640 + 0.48 \times 0.0211 \times 860 + 0.35 \times 0.014\ 0 \times 1\ 000] = 47.6 (mm)$$

根据表 10-6 可以确定膨胀土地基的胀缩等级为Ⅱ级。

10.5 山区地基及红黏土地基

山区地基覆盖层厚薄不均，下卧基岩面起伏较大，土岩组合地基在山区较为普遍。当地基下卧岩层为可溶性岩层时，易出现岩溶发育。土洞是岩溶作用的产物，凡具备土洞发育条件的岩溶地区，一般均有土洞发育。红黏土也常分布在岩溶地区，成为基岩的覆盖层。由于地表水和地下水的运动引起冲蚀和潜蚀作用，红黏土中也常有土洞存在。

10.5.1 土岩组合地基

1. 工程特性

土岩组合地基在山区建设中较为常见，其主要特征是地基在水平和垂直方向具有不均匀性，主要工程特性如下。

（1）下卧基岩表面坡度较大。若下卧基岩表面坡度较大，其上覆土层厚薄不均，将使地基承载力和压缩性相差悬殊而引起建筑物不均匀沉降，致使建筑物倾斜或土层沿岩面滑动而丧失稳定。如建筑物位于沟谷部位，基岩呈 V 形，岩石坡度较平缓，上覆土层强度较高时，对中小型建筑物，只需适当加强上部结构刚度，不必做地基处理。若基岩呈八字形倾斜，建筑物容易在两个倾斜面交界处出现裂缝，此时可在倾斜交界处用沉降缝将建筑物分开。

（2）石芽密布并有出露的地基。该类地基多系岩溶的结果，在我国贵州、广西壮族自治区和云南等广泛分布。其特点是基岩表面凹凸不平，起伏较大，石芽间多被红黏土充填（图10-3），即使采用很密集的勘探点，也不易查清岩石起伏变化全貌。目前在理论上其地基变形尚无法计算。若充填于石芽间的土强度较高，则地基变形较小；反之变形较大，有可能使建筑物产生过大的不均匀沉降。

（3）大块孤石或个别石芽出露地基。地基中夹杂着大块孤石，多出现在山前洪积层中或冰碛层中。该类地基类似于岩层面相背倾斜及个别石芽出露地基，其变形条件最为不利，在软硬交界处极易产生不均匀沉降，造成建筑物开裂。

2. 地基处理

地基处理措施可分为两大类。一类是处理压缩性较高部分的地基，使之适应压缩性较低的地基。如采用桩基础、局部深挖、换填或用梁、板、拱跨越，当石芽稳定可靠时，以石芽作支墩基础等方法。此类处理方法效果较好，但费用较高。另一类是处理压缩性较低部分的地基，使之适应压缩性较高的地基。如在石芽出露部位做褥垫（图10-4），也能取得良好效果。褥垫可采用炉渣、中砂、粗砂、土夹石（其中碎石含量占20%～30%）或黏性土等，厚度宜取 300～500 mm，采用分层夯实。

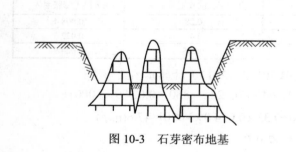

图 10-3　石芽密布地基

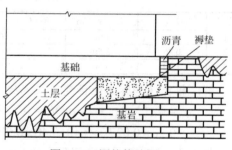

图 10-4　褥垫构造图

10.5.2　岩溶

岩溶或称喀斯特（Karst），是指可溶性岩石，如石灰岩、白云岩、石膏、岩盐等受水的长期溶蚀作用而形成溶洞、溶沟、裂隙、暗河、石芽、漏斗、钟乳石等奇特的地区及地下形态的总称（图10-5）。我国岩溶分布较广，尤其是碳酸盐类岩溶，西南、东南地区均有分布，以贵州、云南、广西等地最为发育。

1. 岩溶发育条件和规律

岩溶的发育与可溶性岩层、地下水活动、气候、地质构造及地形等因素有关，前两项是

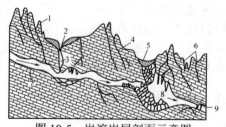

图 10-5　岩溶岩层剖面示意图

1—石芽、石林；2—漏斗；3—落水洞；4—溶蚀裂缝；
5—塌陷洼地；6—溶沟、溶槽；7—暗河；8—溶洞；9—钟乳石

形成岩溶的必要条件。若可溶性岩层具有裂隙，能透水，而又具有足够溶解能力和足够流量的水，就可能出现岩溶现象。岩溶的形成必须有地下水的活动，因富含 CO_2 的大气降水和地表水渗入地下后，不断更新水质，维持地下水对可溶性岩层的化学溶解能力，从而加速岩溶的发展。若大气降水丰富，地下水源充沛，岩溶发展就快。此外，地质构造上具有裂隙的背斜顶部和向斜轴部、断层破碎带、岩层接触面和构造断裂带等，地下水流动快，有利于岩溶的发育。地形的起伏直接影响地下水的流速和流向，如地势高差大，地表水和地下水流速大，也将加速岩溶的发育。

可溶性岩层不同，岩石的性质和形成条件不同，岩溶的发育速度也就不同。一般情况下，石灰岩、泥灰岩、白云岩及大理石发育较慢；岩盐、石膏及石膏质岩层发育很快，经常存在漏斗、洞穴并发生塌陷现象。岩溶的发育和分布规律主要受岩性、裂隙、断层以及不同可溶性岩层接触面的控制，其分布常具有带状和成层性。当不同岩性的倾斜岩层相互成层时，岩溶在平面上呈带状分布。

2. 岩溶地基稳定性评价和处理措施

对岩溶地基的评价与处理，是山区工程建设经常遇到的问题，通常应先查明其发育、分布等情况，做出准确评价，其次是预防与处理。

首先要了解岩溶的发育规律、分布情况和稳定程度。岩溶对地基稳定性的影响主要表现在：

（1）地基主要受力层范围内若有溶洞、暗河等，在附加荷载或振动作用下，溶洞顶板塌陷，地基出现突然下沉；

（2）溶洞、溶槽、石芽、漏斗等岩溶形态使基岩面起伏较大，或分布有软土，导致地基沉降不均匀；

（3）基岩上基础附近有溶沟、竖向岩溶裂痕、落水洞等，可能使基底沿倾向临空面的软弱结构面产生滑动；

（4）基岩和上覆土层内，因岩溶地区较复杂的水文地质条件，易产生新的工程地质问题，造成地基恶化。

一般情况下，应尽量避免在上述不稳定的岩溶地区进行工程建设，若一定要利用这些地段作为建筑场地，应结合岩溶的发育情况、工程要求、施工条件、经济与安全的原则，采取如下必要的防护和处理措施：

（1）清爆换填。适用于处理顶板不稳定的浅埋溶洞地基。清爆换填即清除覆土，爆开顶板，挖去松软填充物，回填块石、碎石、黏土或毛石混凝土等，并分层密实。对地基岩体内的裂隙，可灌注水泥浆、沥青或黏土浆等。

（2）梁、板跨越。对于洞壁完整、强度较高而顶板破碎的岩溶地基梁、板，须落在较完整的岩面上。

（3）洞底支撑。其适用于处理跨度较大，顶板具有一定厚度的溶洞地基，但稳定条件差。若能进入洞内，可用石砌柱、拱或钢筋混凝土柱支撑洞顶，但应查明洞底的稳定性。

（4）水流排导。地下水宜疏不宜堵，一般宜采用排水隧洞、排水管道等进行疏导，以防止水流通道堵塞，造成动水压力对基坑底板、地坪及道路等的不良影响。

（5）处理好岩溶土洞。土洞是岩溶地区上覆土层在地表水冲蚀或地下水潜蚀作用下形成的洞穴（图10-6）。土洞继续发展，逐渐扩大，则引起地

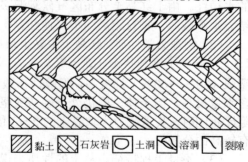

黏土 ▨ 石灰岩 ◻ 土洞 ◱ 溶洞 ◲ 裂隙

图 10-6 土洞剖面示意图

表塌陷。在建筑物地基范围内有土洞和地表塌陷时，必须进行认真处理，可采取如下措施：

1）地表、地下水处理。在建筑场地范围内，做好地表水的截流、防渗、堵漏，杜绝地表水渗入，使之停止发育；尤其对地表水引起的土洞和地表塌陷，可起到根治作用。对形成土洞的地下水，若地质条件许可，可采取截流、改道的办法，防止土洞和塌陷的进一步发展。

2）挖填夯实。对于浅层土洞，可先挖除软土，然后用块石或毛石混凝土回填。对地下水形成的土洞和塌陷，可挖除软土和抛填块石后做反滤层，面层用黏土夯实。也可用强夯破坏土洞，加固地基，效果良好。

3）灌填处理。其适用于埋藏深、洞径大的土洞。施工时在洞体范围的顶板上钻两个或多个孔，用水冲法将砂、砾石从孔（直径>100 mm）中潜入洞内，直至排气孔（小孔，直径50 mm）冒砂为止。若洞内有水，灌砂困难，也可用压力灌注C15的细石混凝土等。

4）垫层处理。在基底夯填黏土夹碎石作垫层，以扩散土洞顶板的附加压力，碎石骨架还可降低垫层沉降量，增加垫层强度，碎石之间以黏性土充填，可避免地表水下渗。

5）梁板跨越。若土洞发育剧烈，可用梁、板跨越土洞，以支承上部建筑物，但需考虑洞旁土体的承载力和稳定性；若土洞直径较小，土层稳定性较好，也可只在洞顶上部用钢筋混凝土连续板跨越。

6）桩基和沉井。对重要建筑物，当土洞较深时，可用桩、沉井或其他深基础穿过覆盖土层，将建筑物荷载传至稳定的岩层上。

10.5.3　红黏土地基

石灰岩、白云岩等碳酸盐系出露区的岩石在炎热湿润的气候条件下，经长期的成土化学风化作用（红土化作用），形成棕红、褐黄等色的高塑性黏土称红黏土。其液限一般大于50%，具有表面收缩、上硬下软、裂隙发育等特征。

红黏土广泛分布于我国贵州、云南、广西壮族自治区等地，湖南、湖北、安徽、四川等部分地区也有分布。其通常堆积在山坡、山麓、盆地或洼地中，主要为残积、坡积类型。一般为岩溶地区的覆盖层，因受基岩起伏影响，厚度变化较大。土层受间歇性水流冲蚀，被搬运至低洼处，沉积形成新土层，但仍保留其基本特征，且液限大于45%的土黏土，称为次生红黏土。

1. 红黏土的工程地质特征

（1）矿物化学成分。红黏土的矿物成分主要为石英和高岭石（或伊利石），化学成分以SiO_2、Fe_2O_3、Al_2O_3为主。土中基本结构单元除静电引力和吸附水膜连接外，还有铁质胶结，使土体具有较高的连接强度，抑制土粒扩散层厚度和晶格扩展，在自然条件下具有较好的水稳性。由于红黏土分布区气候潮湿多雨，含水量远高于缩限，在自然条件下失水，土粒结合水膜减薄，颗粒距离缩小，使红黏土具有明显的收缩性和裂喷发育等待征。

（2）物理力学性质。红黏土中黏土颗粒含量较高（55%～70%），故其孔隙比较大（1.1～1.7），常处于饱和状态（S_r>85%），天然含水量（30%～60%）、液限（60%～110%）、塑限（30%～60%）都很高，但液性指数较小（0.1～0.4），因此红黏土以含结合水为主。其含水量虽高，但土体一般仍处于硬塑或坚硬状态，且具有较高的强度和较低的压缩性。在孔隙比相同时，其承载力为软黏土的2～3倍。此外，红黏土的各种性能指标变化幅度很大，具有较高的分散性。

（3）不良工程特征。从土的性质来说，红黏土是较好的建筑物地基，但也存在一些不良工程特征：①有些地区的红黏土具有胀缩性；②厚度分布不均，常因石灰岩表面石芽、溶沟等的存在，厚度在近距离内相差悬殊（有的 1 m 之间相差竟达 8 m）；③上硬下软，从地表向下由硬至软明显变化，接近下卧基岩面处，土常呈软塑或流塑状态，土的强度逐渐降低，压缩性逐渐增大；④因地表水和地下水的运动引起冲蚀和潜蚀作用，岩溶现象一般较为发育，在隐伏岩溶上的红黏土层常有土洞存在，影响场地稳定性。

2. 红黏土地基评价与工程措施

在工程建设中，应根据具体情况，充分利用红黏土上硬下软的分布特征，基础尽量浅埋。当红黏土层下部存在局部的软弱下卧层和岩层起伏过大时，应考虑地基不均匀沉降的影响，采取相应的措施。

红黏土地基还常存在岩溶和土洞，可按前述方法进行地基处理。为了清除红黏土地基中存在石芽、土洞和土层不均匀等不利因素的影响，应采取换土、填洞、加强基础和上部结构整体刚度，或采用桩基和其他深基础等措施。

红黏土裂隙发育，在建筑物施工或使用期间均应做好防水排水措施，避免水分渗入地基。对于天然土坡和人工开挖的边坡及基槽，应防止破坏坡面植被和自然排水系统，坡面上的裂隙应填塞，做好地表水、地下水及生产和生活用水的排泄、防渗等措施，保证土体的稳定性。对基岩面起伏大、岩质坚硬的地基，也可采用大直径嵌岩桩和墩基进行处理。

10.6　冻土地基及盐渍土地基

10.6.1　冻土地基

含有固态水且冻结状态持续两年或两年以上的土，称为多年冻土；只在冬季气温降至 0 ℃以下才结冰，春季气温回升融化的土，称为季节性冻土。我国多年冻土主要分布在严寒地区，集中在东北、青藏高原以及天山、阿尔泰山等地区，总面积达到 200 多万平方千米，约占我国国土面积的 21.5%。

1. 冻土物理力学性质

冻土中的固相物质通常包括矿物质、有机质和冰等。固相物质组成了土的基本骨架，液相和气相物质充填在土骨架的孔隙中。下面简单介绍几个与冻土紧密相关的物理量及其计算公式。

（1）相对冰含率。相对冰含率是指单位体积内冰的质量与全部水的质量之比。

$$i = \frac{m_b}{m_s} \times 100\% \qquad (10\text{-}12)$$

式中　m_b——单位体积内冰的质量，g；

　　　m_s——单位体积内水的质量，g。

（2）冻胀率。冻胀率是指单位冻结深度的冻胀量，计算公式如下：

$$\eta = \frac{\Delta h}{H} \times 100\% \qquad (10\text{-}13)$$

式中　η——冻胀率；

　　　Δh——冻胀量，mm；

　　　H——冻结深度，mm。

以冻胀率表示土的冻胀性优点很多，有可比性、科学性、合理性，而且有普遍实用价值。

土体冻胀性的分类方法有许多种，根据土体冻胀率可将土分为五类，见表10-8。

表10-8　冻土的分类

冻土名称	冻胀率 η /%
非冻胀性土	<1
弱冻胀性土	1～3.5
冻胀性土	3～6
强冻胀性土	6～12
特强冻胀性土	>12

（3）冻土抗压强度。冻土抗压强度是冻土最基本的力学特性，也是目前冻土工程中最常用的设计指标。冻结温度越低，土中的未冻水含量越少，固体颗粒和冰胶结得越牢固，其强度也就越大。在长期荷载作用下，冻土具有强烈的流变性，其抗压强度远低于瞬时荷载下的抗压强度，因此，在工程应用时要考虑时间因素对冻土结构物的影响。

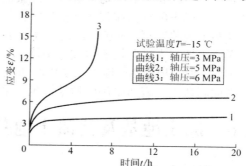

图10-7　不同温度不同应力水平冻土蠕变试验曲线

（4）冻土的蠕变特性。当应力水平不高时，冻土表现的是黏弹性稳定蠕变性质，当应力水平超过某一值时，冻土产生塑性流动，如图10-7所示。从图中可以看出，冻土蠕变可以采用维亚洛夫等人提出的如下幂函数关系来拟合：

$$\varepsilon = A_0 \sigma^B t^C \qquad (10\text{-}14)$$

$$A_0 = \frac{1}{\left(|T|+1\right)^k}$$

式中　A_0——与温度有关，；

　　　B——试验确定的应力影响无量纲常数；

　　　C——试验确定的时间影响无量纲常数；

　　　k——试验确定的温度影响无量纲常数；

　　　T——试验温度；

　　　σ——蠕变应力，MPa；

　　　t——蠕变时间，h；

　　　ε——蠕变应变。

2. 冻土地基评价

根据融化下沉系数的大小，多年冻土分为不融沉、弱融沉、融沉、强融沉和融陷五大类，现将粉土和黏土融沉级别列出，见表10-9；其他粗粒土的融沉级别可以查《岩土工程勘察规范》（GB 50021—2001）（2009年版）确定。

冻土地基的平均融化下沉系数可按下式计算：

$$\delta_0 = \frac{h_1 - h_2}{h_1} = \frac{e_1 - e_2}{1 + e_1} \times 100\% \qquad (10\text{-}15)$$

式中　δ_0——融沉系数，%；

h_1、e_1——冻土试样融化前的高度（mm）和孔隙比；

h_2、e_2——冻土试样融化后的高度（mm）和孔隙比。

表 10-9　多年冻结粉土、黏土融沉性分类

土的名称	总含水量 w_0 /%	平均融沉系数 δ_0		融沉等级	融沉类别	冻土类型
粉土	$w_0 < 17$	$\delta_0 \leqslant 1$		I	不融沉	少冰冻土
	$17 \leqslant w_0 < 21$	$1 < \delta_0 \leqslant 3$		II	弱融沉	多冰冻土
	$21 \leqslant w_0 < 32$	$3 < \delta_0 \leqslant 10$		III	融沉	富冰冻土
	$w_0 > 32$	$10 < \delta_0 \leqslant 25$		IV	强融沉	饱冰冻土
黏土	$w_0 < w_p$	$\delta_0 \leqslant 1$		I	不融沉	少冰冻土
	$w_p \leqslant w_0 < w_p + 4$	$1 < \delta_0 \leqslant 3$		II	弱融沉	多冰冻土
	$w_p + 4 \leqslant w_0 < w_p + 15$	$3 < \delta_0 \leqslant 10$		III	融沉	富冰冻土
	$w_p + 15 \leqslant w_0 < w_p + 35$	$10 < \delta_0 \leqslant 25$		IV	强融沉	饱冰冻土
注：总含水量 w_0 包括冰和未冻水。						

根据融化下沉系数的大小可以计算冻土地基的融陷变形值：

$$s = \delta_0 \times h_1 \tag{10-16}$$

3．冻土地基基础设计

根据《冻土地区建筑地基基础设计规范》（JGJ 118—2011）进行冻土地基基础的设计。其基本设计步骤与其他类似基础设计相同，只是确定基础的最小埋置深度和地基强度验算有所区别，现分别介绍如下：

（1）确定基础的最小埋置深度。为防止冻胀融沉对建筑物的影响，基础的最小埋置深度 d_m 宜超过冻土地基的最大融化深度：

$$d_m = d_t + d_0 \tag{10-17}$$

式中　d_t——冻土地基最大融化深度，通过查表或根据经验确定，m；

　　　d_0——安全储备值，一般桩基础采用 2.0 m，其他基础采用 1.0 m。

（2）地基强度验算。地基强度按照下列公式进行校核：

$$N + G \leqslant fA + u \sum_{i=1}^{n} q_i l_i \tag{10-18}$$

式中　N——基础承受的最大荷载，通过试验或查规范计算确定，kN；

　　　G——基础的自重，kN；

　　　f——基底的冻土承载力，无资料时按照《冻土地区建筑地基基础设计规范》（JG 118—2011）确定，kPa；

　　　A——基础底面面积，m^2；

　　　u——桩基周长；

　　　n——基础穿过多年冻土的层数；

　　　q_i——第 i 层冻土与基础侧面的冻结强度，无资料时按照《冻土地区建筑地基基础设计规范》（JGJ 118—2011）确定，kPa；

　　　l_i——第 i 层冻土与基础的接触深度，m。

4．预防冻胀的工程措施

考虑到工程冻害均由地基土与基础构筑物共同作用而产生，工程中的防冻胀措施从总体讲可以分为两个方面：一方面是地基土改良；另一方面是基础和结构物抗冻胀。

（1）地基土改良。地基土改良方面主要有以下几种方法：机械法（粗颗粒土换填、强夯法）、热物理法（土体疏干、加固周围土体）、物理化学法（盐化、添加憎水物和电化学处理）和综合法（盐化加密）。

机械法防冻胀是基于改变土颗粒的粒度成分或接触条件，减少水分迁移的原理。它是挖除粉粒含量高的土并用较纯净的砂砾石换填以减少冻胀破坏的方法，主要是利用饱水粗颗粒土冻结时，水分不向冻结锋面迁移，而向相反方向迁移，因此，可避免强烈的分凝冻胀。非饱和粗颗粒土冻结时，虽然水分是向冻结锋面迁移，但比其他的土小得多。

热物理法防冻胀措施是基于改变土中水热状况，减少水分迁移量的原理。铺设隔热层不但可以改变隔热层下土中的温度进程，而且可以把一维的水热迁移问题转化为二维问题，以此来改变水分迁移的方向和强度。细颗粒土或者砂土上铺设隔热层，使得其下土层的温度高于邻近的土层，冻结迟缓，引起冻结时水分的双向迁移，即隔热层下土层的水分自下而上的垂直迁移和由隔热层下土层向邻近无隔热层的横向水分迁移。由于横向水分迁移先出现而强度较大，所以隔热层土层均处于脱水状态。

物理化学法防冻胀措施是基于添加某种试剂改变土壤水的成分和性质或者改变土颗粒的集聚状态，减少水分迁移量的原理。盐化法通过在土中添加化学试剂，改变土中水溶液的溶质成分或浓度，减少土的冻结温度，使土层即使在负温下仍处于未冻状态或在较低的负温下冻结。利用电化学的方法，通过阳极端向阴极端的疏干排水，使土的渗透性降低，力学性能和冻胀量显著降低。一般来说，如果方法使用得当，物理化学方法防治冻胀效果是显著的，其主要缺点是代价昂贵且效果随冻融循环次数增多而减弱。

（2）基础和结构物抗冻胀。基础和结构物抗冻胀主要从结构物自身的设计和施工方面来改善其抗冻胀的能力。其主要有增加基础荷载及基侧单位压力，基础周围铺设防冻材料，加固基础锚固和改变基础断面形式及表面平整度等措施。

增大上部荷载可有效防治冻胀。季节冻土区内，土层由地表向下冻结，水分由下向上迁移，上部荷载通过基础底面向下传递。因此，由应力梯度引起的自上而下的水分迁移抵消了部分由温度梯度引起的自下而上的水分迁移量。试验表明，土的冻胀量随上部荷载增大按指数规律衰减。

在基础周围铺设防冻填料主要是通过切断水分补给通道的原理来实现。目前填料主要包括干燥卵砾石、垂直层状反滤层、憎水黏土层、放水聚合物、土工布（防渗补强）和沥青复合物或者油渣。

【工程应用案例3】 某公路路基通过多年冻土地区，地基为粉质黏土，经初步勘探，冻土层厚度为 3 m。通过室内试验获得：冻土的相对密度为 2.7，密度为 2.0 g/cm³，冻土的总含水量为 40%，冻土起始融沉含水量为 21%，塑限含水量为 20%。要求：①按照《岩土工程勘探规范》（GB 50021—2001）（2009 年版）计算冻土的融沉系数；②判断融沉等级；③确定该路基的融陷变形量的大小。

解：（1）根据已知求融化前后的孔隙比：

$$e_1 = \frac{G_s(1+w_1)}{\rho} - 1 = \frac{2.7 \times (1+0.4)}{2.0} - 1 = 0.89$$

$$e_2 = \frac{G_s(1+w_2)}{\rho} - 1 = \frac{2.7 \times (1+0.21)}{2.0} - 1 = 0.634$$

（2）根据公式求融沉系数：

$$\delta_0 = \frac{e_1 - e_2}{1 + e_1} \times 100 = \frac{0.89 - 0.634}{1 + 0.89} \times 100 = 13.5$$

根据土性和融沉系数查表 10-9 得到该冻土地基融沉等级：Ⅳ级，强融沉，饱冰冻土。

（3）根据公式计算冻土地基的融陷变形值：

$$s = \delta_0 \times h_1 = 0.135 \times 3\,000 = 405(\text{mm})$$

10.6.2　盐渍土地基

1. 盐渍土的形成和分布

盐渍土是指含有较多易溶盐（含量＞0.3%），且具有融陷、盐胀、腐蚀等工程特性的土。盐渍土分布很广，一般分布在地势较低且地下水位较高的地段，如内陆洼地、盐湖和河流两岸的漫滩、低阶地、牛轭湖以及三角洲洼地、山间洼地等。我国西北地区如青海、新疆有大面积的内陆盐渍土，沿海各省则有滨海盐渍土。此外，盐渍土在俄罗斯、美国、伊拉克、埃及、沙特阿拉伯、阿尔及利亚、印度以及非洲、欧洲等许多国家和地区均有分布。盐渍土厚度一般不大，自地表向下 1.5～4.0 m，其厚度与地下水埋深、土的毛细作用上升高度以及蒸发作用影响深度（蒸发强度）等有关。盐渍土形成受如下因素影响：

（1）干旱、半干旱地区，因蒸发量大，降雨量小，毛细作用强，极利于盐分在表面聚集。

（2）内陆盆地因地势低洼，周围封闭，排水不畅，地下水位高，利于水分蒸发、盐类聚集。

（3）农田洗盐、压盐、灌溉退水、渠道渗漏等进入某土层也将促使盐渍化。

2. 盐渍土的工程特征

影响盐渍土基本性质的主要因素是土中易溶盐的含量。土中易溶盐类主要有氯盐渍土、硫酸盐渍土和碳酸盐渍土三种。

（1）氯盐渍土。氯盐渍土分布最广，地表常有盐霜与盐壳特征。因氯盐渍土富吸湿性，结晶时体积不膨胀，具脱水作用，故土的最佳含水量低，且长期维持在最佳含水量附近，使土易于压实。氯盐含量越大，土的液限、塑限指数及可塑性越低，强度越高。此外，含有氯盐的土，一般天然孔隙比较低，密度较高，并具有一定的腐蚀性。当氯盐含量大于 4% 时，渍土将对混凝土、钢铁、木材、砖等建筑材料具有不同程度的腐蚀性。

（2）硫酸盐渍土。硫酸盐渍土分布较广，地表常覆盖一层松软的粉状、雪状盐晶。随硫酸盐（Na_2SO_4）含量增大，体积变大，且随温度升降变化而胀缩，如此不断循环，使土体松胀。松胀现象一般出现在地表以下大约 0.3 m 处。由于硫酸盐渍土具有松胀和膨胀性，与氯盐渍土相比，其总含盐量对土的强度影响恰好相反，随总含盐量的增加而降低。当总含盐量约为 12% 时，可使强度降低到不含盐时的一半左右。此外，硫酸盐渍土具有较强的腐蚀性，当硫酸盐含量超过 1% 时，对混凝土产生有害影响，对其他建筑材料也具有不同程度的腐蚀作用。

（3）碳酸盐渍土。碳酸盐渍土中存在大量的吸附性钠离子，其与土中胶体颗粒互相作用，形成结合水膜，使土颗粒间的联结力减弱，土体体积增大，遇水时产生强烈膨胀，使土的透水性减弱，密度减小，导致地基稳定性及强度降低，引起边坡坍滑等。当碳酸盐渍土中 Na_2CO_3 含量超过 0.5% 时，即产生明显膨胀，密度随之降低，其液限、塑限也随含盐量增高而增高。此外，碳酸盐渍土中的 Na_2CO_3、$NaHCO_3$ 能加强土的亲水性，使沥青乳化，对各种建筑材料存在不同程度的腐蚀性。

3. 盐渍土的工程评价及防护措施

盐渍土的岩土工程评价包括下列内容：

（1）根据地区的气象、水文、地形、地貌、场地积水、地下水位、管道渗漏、地下洞室等环境条件变化，对场地建筑适宜性做出评价。

（2）评价岩土中含盐类型、含盐量及主要含盐矿物对岩土工程性能的影响。

（3）盐渍土地基的承载力宜采用荷载试验确定，当采用其他原位测试方法，如标准贯入、静力触探及旁压试验等时，应与荷载试验结果进行对比。确定盐渍岩地基承载力时，应考虑盐渍岩的水溶性影响。

（4）盐渍岩边坡的坡度宜比非盐渍岩的软质岩石边坡适当放缓，对软弱夹层、破碎带及中、强风化带应部分或全部加以防护。

（5）盐渍土的含盐类型、含盐量及主要含盐矿物对金属及非金属建筑材料的腐蚀性评价。

此外，对具有松胀性及湿陷性盐渍土进行评价时，尚应按照有关膨胀土及湿陷性土等专业规范的规定，做出相应评价。

在盐渍土上兴建建筑时，尚应根据建筑物的重要性和承受不均匀沉降的能力、地基的融陷等级以及浸水的可能性等，采取相应的设计和施工措施。

（1）防水措施。主要有场地排水，地面防水，地下管道、沟和集水井的敷设，检漏井、检漏沟设置以及地基隔水层设置等。

（2）防腐措施。主要有砖墙勒脚防腐、混凝土防腐和钢筋阻锈等。

（3）地基处理措施。因地制宜地选取消除或减小融陷性的各种地基处理方法，或穿透融陷性盐渍土层以及隔断盐渍土中毛细水上升的各种方法，如浸水预融、强夯、振动水冲、换土及采用桩基础等。

（4）施工时间和顺序。适当选取施工时间，避免在冬期或雨期施工；合理安排施工顺序，消除各种不利因素的影响。

 # 实训项目　某工程地基处理方案

某建筑工程，建筑场地为第四纪全新世冲积层，地下水位较高，场地土为深厚的中高压缩性饱和软土，场地地质自上而下分为 7 层，主要物理力学指标见表 10-10。

表 10-10　场地地层分布与主要物理力学性质

层号	土层名称	平均层厚/m	压缩模量 E_s /MPa	承载力特征值 f_{ak} /kPa	桩侧阻力特征值 q_{si} /kPa	桩端阻力特征值 q_{pi} /kPa
①	杂填土	2.0	—	—	—	—
②	淤泥质粉质黏土	3.0	3.0	80	12	—
③	淤泥质粉土	7.0	4.0	80	15	—
④	粉质黏土	7.0	5.0	110	30	1 100
⑤	粉砂	4.0	9.0	160	32	1 200
⑥	中砂	10	30.0	280	42	2 100
⑦	密实卵石	未钻透	80.0	350	80	4 000

该建筑为框架结构，基础采用筏形基础，设置地下室，室内外高差为 0.3 m，基础埋深自室外地坪起算 2 m。上部结构传至基础顶面的竖向荷载标准值 $F_k = 480 \times 10^3$ kN，准永久荷

载组合值 $F'_k=350×10^3$ kN，筏形基础底面尺寸为 30 m×90 m。由岩土勘察报告可知，该建筑物基础坐落在第②层淤泥质粉质黏土层上，天然地基承载力特征值为 80 kPa，采用 CFG 桩复合地基进行地基处理，设计要求处理后的地基承载力特征值不小于 170 kPa，沉降量不大于 120 mm。其地基处理方案如下。

1. CFG 桩几何尺寸及布置

由于上部结构基础为筏形基础，CFG 桩按梅花桩（等边三角形）形式满堂布置在基础范围内，采用长螺旋钻孔灌注桩施工工艺、有效桩径 d=400 mm。由于软弱土层较厚，为满足承载力和沉降要求，选择长桩疏桩布置方案。初步确定桩端持力层为第⑤层粉砂层，桩端进入持力层的深度宜为桩径的 1～3 倍，取 1.0 m，则桩长 $l=3+7+7+1+0.5=18.5$(m)，地基处理与土层关系如图 10-8 所示。

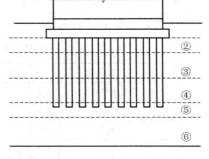

图 10-8　地基处理与土层关系

经选择确定桩距 $s=6$ m，　$d=2.4$ m，则

$$A_p = \frac{\pi d^2}{4} = 0.125\,6(\text{m}^2)，\quad u_p = \pi d = 1.256(\text{m})，$$

$$m = \frac{\pi d^2}{2\sqrt{3}s^2} = 0.025$$

2. 复合地基的承载力校核

单桩承载力特征值计算：

$$R_a = u_p \sum q_{si}l_i + A_p q_p = 1.256 \times (12 \times 3 + 15 \times 7 + 30 \times 7 + 32 \times 1) + 0.125\,6 \times 1\,200 = 631(\text{kN})$$

复合地基承载力特征值计算：因天然地基承载力较低，取 $\beta = 0.75$。

$$f_{spk} = m\frac{R_a}{A_p} + \beta(1-m)f_{ak}$$

$$= 0.025 \times \frac{632}{0.125\,6} + 0.75 \times (1 - 0.125\,6) \times 80 = 184(\text{kPa}) > 170\,\text{kPa}$$

满足要求。

3. 复合地基的变形校核

地基变形计算深度应大于复合土层的厚度，并符合有关地基变形计算深度的规定。沉降计算深度按下式计算：

$$z = b(2.5 - 0.4\ln b) = 30 \times (2.5 - 0.4 \times \ln 30) = 34(\text{m})$$

因第⑦层为密实卵石层，沉降计算深度取在卵石层表面，即 $z =31$ m。

复合地基土层的分层与天然地基相同，各复合土层的压缩模量等于该层天然地基压缩模量的 ξ 倍，$\xi = f_{spk}/f_{ak} = 184/80 = 2.3$。复合地基换算后的各土层压缩模量值见表 10-11。

因建筑设地下室，取 $G_k = 0$，竖向荷载取准永久组合值 $F_k = 350 \times 10^3$ kN。则基底附加应力 p_0 为

$$p_0 = \frac{F_k + G_k}{A} - \gamma_0 d = \frac{F_k + 0}{A} - \gamma_0 d = \frac{350 \times 10^3}{30 \times 90} - 18 \times 2 = 93.6(\text{kPa})$$

采用《建筑地基基础设计规范》（GB 50007—2011）推荐的地基沉降计算公式计算沉降量：

$$s = \psi_s s' = \psi_s \sum_{i=1}^{n} \frac{p_0}{E_{si}}(z_i \overline{\alpha}_i - z_{i-1}\overline{\alpha}_{i-1})$$

沉降计算深度范围内土层压缩量采用角点法计算（按表 10-11 分层），s' 计算结果见表 10-12。

$$\overline{E}_s = \frac{\sum A_i}{\sum \dfrac{A_i}{E_{si}}} = \frac{0.79+1.69+1.485+0.191+0.532+2.223}{\dfrac{0.749}{6.9}+\dfrac{1.69}{9.2}+\dfrac{1.485}{11.5}+\dfrac{0.191}{20.7}+\dfrac{0.532}{9}+\dfrac{2.223}{30}} = 12.26(\text{MPa})$$

查相关表得，沉降计算经验系数 $\psi_s = 0.51$。 $s = \psi_s s' = 0.51 \times 52.34 = 26.7(\text{mm}) < 120\ \text{mm}$，满足沉降量控制要求。

表 10-11　复合地基换算后的各土层压缩模量

土层编号	土层名称	平均厚度/m		天然土层压缩模量 E_s /MPa	复合地基压缩模量换算值 ξE_s /MPa
②	淤泥质粉质黏土	3.0	复合地基	3.0	6.9
③	淤泥质粉土	7.0		4.0	9.2
④	粉质黏土	7.0		5.0	11.5
⑤	粉砂	1.0		9.0	20.7
		3.0	天然地基	9.0	
⑥	中砂	10		30.0	

表 10-12　复合地基沉降计算表

l'/m	b'/m	l'/b'	z_i/m	z_i/b'	$\overline{\alpha}_i$	$\overline{\alpha}_i z_i$	$\overline{\alpha}_i z_i - \overline{\alpha}_{i-1}z_{i-1}$	E_s /MPa	$\Delta s'$ /mm	$s' = \sum \Delta s'$ /mm
90/2 =45	30/2 =15	3	0	0	0.250	0	0	0	0	
			3	0.2	0.249 8	0.749	0.749	6.9	10.16	
			10	0.67	0.243 9	2.439	1.69	9.2	17.19	
			17	1.13	0.230 8	3.924	1.485	11.5	11.87	
			18	1.2	0.228 6	4.115	0.191	20.7	0.86	
			21	1.4	0.221 3	4.647	0.532	9.0	5.53	
			31	2.1	0.221 6	6.870	2.223	30.9	6.73	52.34

4. CFG 桩桩体强度设计

$$f_{cu} \geqslant 3\frac{R_a}{A_p} = 3 \times \frac{631}{0.125\,6} = 15\,072(\text{kN}/\text{m}^2) = 15.07\ \text{MPa}$$

桩身混合料强度取 15 MPa。

5. 桩体材料中水泥掺量及其他材料的配合比确定

（1）以 28 d 混合料试块的强度 f_{cu} 确定桩身混合料的水灰比：

$$f_{cu} = 0.366 R_C \left(\frac{C}{W} - 0.071\right)$$

其中，42.5 级普通硅酸盐水泥 $R_C = 42.5\ \text{MPa}$。经计算得 $C/W = 1.035$。一般情况下，混合料密度为 2.2 g/cm³。如振动沉管施工中，混合料的坍落度为 3 cm，需水量为 189 kg/cm³，则可得出水泥用量 $C=195.7$ kg。

（2）混合料中粉灰比的用量：

$$\frac{W}{C} = 0.187 + 0.791 \frac{F}{C}$$

计算得粉煤灰的用量 $F = 192.8\ \text{kg}$。

（3）碎石与石屑的用量：

$$G = 2.2 \times 10^3 - C - W - F = 1\,622.5\,(\text{kg})$$

（4）石屑率：

$$\lambda = \frac{G_1}{G_1 + G_2}$$

取 $\lambda = 0.3$，经计算得 $G_1 = 486.75\ \text{kg}, G_2 = 1135.75\ \text{kg}$。

6. 褥垫层的铺设厚度

$$h = \frac{\Delta H}{\nu}$$

取 $\Delta H = 20\ \text{cm}$，$\nu = 0.88$，则 $h = 22.7\ \text{cm}$。褥垫层采用中粗砂、碎石与卵石等均可。

知识扩展

两种新型软弱土地基处理方法

1. 排水粉喷桩复合地基法

排水粉喷桩复合地基法简称 2D 工法，该方法在喷粉压力及搅拌剪切力的作用下，利用竖向排水体的排水作用，使粉喷桩施工过程的超孔隙水压力能迅速消散，加速了桩周土体的固结，提高了桩周土体的强度；同时由于施工过程的劈裂以及竖向排水体的排水作用，粉喷桩成桩过程中桩体搅拌均匀，桩身质量特别是深部的桩身质量得到保证。

粉喷桩施工方法是在 1967 年由瑞典工程师 Kjeld Pans 发明的。该方法是利用压缩空气输送粉体固化材料，并通过搅拌叶片使固化材料与软黏土搅拌混合在一起，形成水泥土桩体加固软弱土地基的方法。大量工程实践表明，粉喷桩具有施工简单、快速、振动小等优点，能有效地提高软土地基的稳定性，减少和控制沉降量。但是粉喷桩成本高，同时若在施工中存在临空面，粉喷桩施工会引起边坡失稳；在已有构筑物附近施工会引起地面开裂、构筑物受损等现象；有时施工完后粉喷桩会出现突然下沉等。

排水固结是一种加固软黏土地基的经济有效的方法。该方法的加固机理是对天然地基或先在地基中设置如排水板、砂井等竖向排水体，然后利用建筑物本身质量分级逐渐加载，或是在场地先行加载预压，使土体中的孔隙水排出，逐渐固结，地基发生沉降的同时，强度也得到逐步提高。排水固结法可以使地基的沉降在加载预压期间大部分完成或基本完成，使路基或构造物在使用期间不致产生不利的沉降和沉降差。同时，排水固结法能加速地基土抗剪强度增长，从而提高地基的承载力和稳定性。

排水粉喷桩复合地基法就是一种将上述两种方法结合起来的新型地基处理工法。

（1）排水粉喷桩的加固机理。该法的加固机理是利用粉喷桩与竖向排水体（这里指采用塑料排水板）联合加固软黏土地基，在发挥粉喷桩复合地基已有优势的同时，竖向排水体的存在使粉喷桩施工以及上部加载过程中产生的超孔隙水压力更快地消散，即加快桩间土体的固结速率。因此，与常规粉喷桩复合地基相比，该方法在满足路堤稳定性和工后沉降设计要求的前提下，可增大粉喷桩的桩间距，从而节省工程造价，具有明显的工程实用价值。

排水粉喷桩复合地基在荷载传递规律上与常规粉喷桩复合地基相类似。外部荷载由粉喷桩和地基土共同来承担；地基土分担的荷载使土体发生固结，强度提高，从而使桩土间的荷载传递规律以及整个地基的变形特征发生重分布。

（2）排水粉喷桩复合地基法的计算。排水粉喷桩复合地基作为一种组合型的复合地基，对其进行固结研究的关键是如何在现有的排水板地基、粉喷桩复合地基固结分析模型的基础上，提出一种适合于排水粉喷桩复合地基计算的实用模型。传统的排水板固结问题是将排水板等效为竖井地基，建立轴对称单井模型来分析。竖井地基固结理论中经典的有 Barron 单层理想井理论，Hansbo、谢康和 Tang xiaowu 等进一步发展了竖井地基固结理论，给出了柱坐标系下竖向二维固结方程解。需要说明的是，以上理论都假定地基上的外部荷载全部由地基土体承担，即不考虑竖井的刚度。

然而对于排水粉喷桩复合地基来说，它不仅具有排水通道以加快固结，在受力机理上，粉喷桩的存在使其具有明显的复合地基特征，因此本质上仍属复合地基的固结问题。目前国内外关于复合地基的固结研究较少，且多数都是对碎石桩、砂桩等强透水桩的研究，对于粉喷桩这类弱透水桩复合地基的固结研究较少。浙江大学首先对搅拌桩复合地基固结特性开展了研究，提出了排水粉喷桩复合地基的固结研究模型。

1）基本特点。相对于天然土体来说，粉喷桩桩体具有较大刚度，但属于弱透水性材料；排水板具有较好的透水性，但其竖向刚度效应可以忽略，粉喷桩和排水板间距均较大，面积置换率较小。

2）计算简图。固结方程的建立包括三个部分，即平衡条件、应力-应变关系以及渗流连续条件。排水粉喷桩复合地基简化剖面图如图 10-9 所示。考虑平衡方程时，认为排水板的模量与天然土体相同，建立粉喷桩与天然土体的平衡方程，进而得到地基应力-应变关系；考虑渗流连续条件时，认为粉喷桩是不透水体，且刚好位于单根排水板有效作用区域的边界上（图 10-10 阴影部分），从而可以简化为单根砂井地基的固结方程；最后两者联立，得到整个复合地基的固结方程。

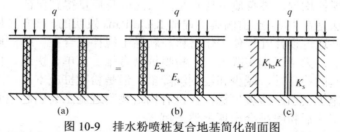

图 10-9　排水粉喷桩复合地基简化剖面图
（a）2D 复合地基；（b）平衡条件；（c）渗流条件

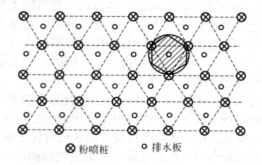

⊗ 粉喷桩　○ 排水板

图 10-10　排水粉喷桩复合地基平面布置图

针对排水粉喷桩复合地基这种新型地基处理，专家学者提出了相应的加固区固结理论计算模型；对于下卧层，采用太沙基一维固结理论简化计算，得到地基整体的固结简化计算模型；考虑下卧层、加固区孔压的连续性，将加固区模型一维等效，采用双层地基模型进行整体固结计算。两种计算方法均能考虑到桩周土体应力场的分布规律、桩周土体超静孔隙水压力的消散规律和固结度规律。经实际工程验证，分别在现场进行了静力触探试验、十字板剪切试验、粉喷桩桩身标准贯入试验、芯样无侧限抗压试验以及对施工过程桩周土体超静孔隙水压力的现场观测，试验测试结果充分说明 2D 工法复合加固软黏土地基比运用常规粉喷桩加固对桩周土体的固结、粉喷桩桩身质量更有效。

（3）排水粉喷桩的施工方法。排水粉喷桩的施工工序如图 10-11 所示。

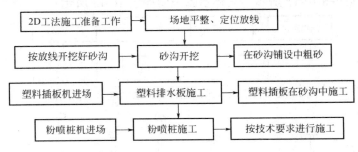

图 10-11　排水粉喷桩的施工工序

由于粉喷桩施工时侧向喷粉压力作用于桩周土体是一个动态的过程，当施工结束后，侧向喷粉压力也随即消失。针对 2D 工法的特点，根据自由井理论，可求解出在等效水头作用下桩周土体超静孔隙水压力的消散规律。粉喷桩在施工过程中对桩周土体的作用力是一种气压力，在该气压力的作用下，桩周土体会产生一种劈裂现象，称为气压劈裂。在气压劈裂的理论指导下，对产生气压劈裂作用的劈裂气压力进行分析研究，便可得到发生气压劈裂的准则。

2．钉形双向水泥土搅拌桩法

钉形双向水泥土搅拌桩法是在充分研究常规水泥土搅拌桩的加固机制和影响常规水泥土搅拌桩成桩质量、桩身质量因素的基础上，吸收了常规水泥土搅拌桩的优点，充分利用复合地基应力传递规律，在解决了常规水泥土搅拌桩的严重缺陷后，经多年的探索与实践发明出来的一种新型、先进的地基处理方法。

（1）钉形双向水泥土搅拌桩法的改进技术。与常规水泥土搅拌桩法相比，钉形双向水泥土搅拌桩法解决了常规水泥土搅拌桩法的冒浆、对土体扰动小、芯样相对较差的问题，桩身强度相对较高，并且桩身截面可以变化，桩体受力相对合理。因此，钉形双向水泥土搅拌桩法具有技术先进、施工可控、经济合理等特点，桩体施工长度可达到 25 m 左右。

钉形双向水泥土搅拌桩是通过对现有常规水泥土搅拌桩成桩机械进行简单改造，配上专用的动力设备与多功能钻头，采用同心双轴钻杆，在水泥土搅拌成桩过程中，由动力系统分别带动安装在同心钻杆上的内、外两组搅拌叶片同时正、反旋转搅拌而形成桩体。同时在施工过程中，利用土体的主、被动压力，使钻杆上叶片打开或收缩，桩径随之变大或变小，形成钉形桩。

（2）钉形双向水泥土搅拌桩法的优点。

1）双向水泥土搅拌桩机的正、反向旋转叶片同时双向搅拌，把水泥浆控制在两组叶片之间，使水泥土充分搅拌均匀，保证了成桩质量，特别是水泥土搅拌桩深层桩体质量。

2）大量工程实践表明，常规水泥土搅拌桩法的施工中会出现冒浆现象，大量水泥浆冒出地表会严重影响桩身的水泥掺入量，特别是下部桩体的水泥掺入量。大量工程桩水泥土芯样检验表明，常规水泥土搅拌桩芯样出现水泥浆包裹土团的现象和成块的水泥凝固体。所有这些现象均表明传统水泥土搅拌桩法普遍存在水泥土搅拌不均匀现象，严重影响桩体成桩质量。

（3）经济方面对比。双向水泥土搅拌桩单桩的材料费与现行水泥土搅拌桩相比没有发生任何变化；但双向水泥土搅拌桩的机械费用与现行水泥土搅拌桩相比，虽增加了10%～15%，但前者桩人工费减少20%～30%，且成桩质量有保证，因而总造价基本不变。

3．钉形双向水泥土搅拌桩法的施工工艺

钉形双向水泥土搅拌桩法一般下部采用两搅一喷施工工艺，上部扩大头部分采用四搅三喷工艺。工艺流程如图 10-12 所示，具体示意说明如图 10-13 所示。

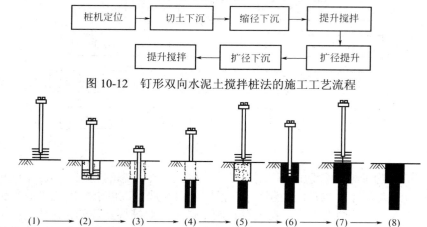

图 10-12　钉形双向水泥土搅拌桩法的施工工艺流程

图 10-13　钉形双向水泥土搅拌桩法的施工图

（1）双向深层搅拌桩机定位：放线、定位，安装打桩机，并移至指定桩位对中。

（2）扩大头部位切土下沉：开启搅拌机，并使叶片伸展至上部扩大头设计直径，双向深层搅拌机沿导间架向下切土，同时开启水泥灰浆泵向软黏土层喷水泥浆液，搅拌设备的两组叶片同时正反向旋转，内、外钻杆同时双向切割搅拌土体，直到上部扩大头设计深度（上部一搅一喷）。

（3）搅拌桩下部缩径切土下沉：改变内、外钻杆的旋转方向，使叶片收缩至桩体下部设计直径，搅拌设备的两组叶片同时正反向旋转和切割搅拌土体，达到设计规定的深度，并在桩底处持续喷射浆液搅拌不少于 10 s（下部一搅一喷）。

（4）双向深层搅拌桩提升搅拌：关闭灰浆泵，提升搅拌设备，使两组叶片同时双向搅拌水泥土，宜至扩大头底面（下部两搅）。

（5）扩径部位提升搅拌：改变钻杆的旋转方向，使搅拌机叶片伸展至上部扩大头直径，开启灰浆泵，两组叶片同时双向旋转搅拌水泥土，直至地表面（上部两搅两喷）。

（6）上部扩大头再次下沉搅拌：开启灰浆泵，两组叶片同时正反向旋转搅拌水泥土，直至扩大头设计深度（上部三搅三喷）。

（7）上部提升再次搅拌：关闭灰浆泵、提升搅拌机，搅拌机两组叶片同时双向旋转搅拌水泥土，直至地表面（或桩顶以上 500 mm），完成搅拌作业（上部四搅三喷）。

（8）桩顶处理：桩顶人工修整，完成后移机。

4．钉形双向水泥土搅拌桩法的检测方法

施工质量检测方法主要有浅部开挖、轻便触探、桩身取芯、荷载试验等。

（1）浅部开挖。成桩 7 d 后，采用浅部开挖桩头，目测检查搅拌的均匀性，量测成桩直径，做好记录，检查数量为施工总桩数的 0.1%，且不少于 3 根。

（2）轻便触探。成桩 3 d 后，用轻型动力触探（N_{10}）检查每米桩身的均匀性，检验数量为施工总桩数的 0.1%，且不少于 3 根。由于每次落锤能量较小，连续触探一般不大于 4 m。触探杆宜用铝合金材料，可不考虑杆长的修正。

（3）桩身取芯。成桩 28 d 后，可进行取芯试验，现场进行标准贯入试验，结合室内试验检验桩身强度。取芯时，应注意取芯工艺，采用双管单动取样器钻取芯样，为保证试块尺寸，钻孔直径不小于 108 mm，检验桩数为总桩数的 0.5%，且不少于 3 根。

（4）荷载试验。竖向承载水泥土搅拌桩地基竣工验收时，承载力检验应采用复合地基荷载试验和单桩荷载试验，对大型工程可选取 2 根以上的群桩进行复合地基试验。试验规程见《建筑地基处理技术规范》（JGJ 79—2012）。荷载试验必须在桩身强度满足试验荷载条件时，并宜在成桩 28 d 后进行，检验数量为总桩数的 0.1%～0.2%，且每根试验桩不应少于 3 个试件。

钉形双向水泥土搅拌桩质量标准按照表 10-13 的规定检查。

表 10-13　钉形双向水泥土搅拌桩质量标准

项目	序号	检查项目	容许偏差值	检查方法	检查频率
保证项目	1	桩径	不小于设计值	钢卷尺量测	≥2%
	2	桩长	不小于设计值或电流、钻进速度控制值	钻芯取样结合施工记录	100%
	3	扩大头高度	不小于设计值	钻芯取样结合施工记录	≥0.5%
	4	水泥掺入量	不小于设计值	查施工记录	100%
	5	桩身强度	不小于设计值	标贯试验和强度试验	≥0.5%
	6	承载力	不小于设计值	荷载试验	≥0.1%
	7	水泥质量	符合国家标准	送检	2 000 m³，且每单项工程不少于一次
一般项目	1	提升和下沉速度/(m·s⁻¹)	±0.05	测单桩下沉和提升时间	10%
	2	水灰比	±0.05	水泥相对密度	每台泵不少于一次
	3	外加剂	±1%	按水泥质量比计算	每台泵不少于一次
	4	喷浆量	±1%	标定	每台泵一次
允许偏差项目	1	桩位/mm	±50	钢卷尺量测	2%
	2	垂直度	1%	测机架垂直度	5%
	3	桩顶标高/mm	+30，−50	扣除桩顶松散体	2%

5. 工程实例

某高速公路工程工期紧张，地基软黏土深度较深，对于这种大规模软黏土地基深层处理，在满足规范要求及完工后沉降和稳定性的前提下，还应充分考虑工程造价和工期要求。针对这种情况，采用了先进的双向钉形水泥土搅拌桩法进行处理。

钉形双向水泥土搅拌桩及常规水泥土搅拌桩机体均采用梅花形布置，桩径为 500 mm 时水泥掺入量为 65 kg/m（桩径为 1 000 mm 时的水泥掺入量为 260 kg/m），水灰比为 0.45～0.55，喷浆压力小于 0.25 MPa。

目前，国内在对深层软弱土基础的处理中，桩基工程设计存在很多问题，主要在于对"土"性的认识不够，获取"土"性的手段不够，多仅局限于室内试验和原位测试实验，导致获取的土质参数不符合实际，而且在施工过程中，设计不断变更，桩基沉降计算可靠性低，桩基设计随意性大。

钉形搅拌桩是在对现有的常规水泥土搅拌桩成桩机械的基础上进行简单改造，配上专用的动力设备及多功能钻头，采用同心双轴钻杆，在内钻杆上设置正向旋转叶片并设置喷浆口，在外钻杆上安装反向旋转叶片。通过外杆上叶片反向旋转过程中的压浆作用和正反向旋转叶片同时双向搅拌水泥土的作用，阻断水泥浆上冒途径，保证水泥浆在桩体中均匀分布和搅拌均匀，确保成桩质量。

钉形双向水泥土搅拌桩桩间距为 2.0 m，桩径为 1 000 mm 和 500 mm，扩大头高度为 4 m 的单桩极限承载力为 500～550 kN，单桩复合地基极限承载力为 300 kPa。而常规水泥土搅拌桩桩间距为 1.4 m，桩径为 500 mm 的单桩复合地基极限承载力为 145～165 kPa。

桩土应力比测试表明，钉形双向水泥土搅拌桩单桩复合地基的平均最大桩土应力比常规水泥土搅拌桩单桩复合地基的平均最大桩土应力比提高 39%，比常规桩三桩复合地基的平均最大桩土应力比提高 36%。

钉形双向水泥土搅拌桩由于桩身强度的大幅度提高及桩身结构的更趋合理，搅拌较均匀，上层叶片的同时反向旋转阻断了水泥浆上冒途径，强制对水泥浆就地搅拌，彻底解决冒浆现象；对桩周土体扰动小，受力合理，能将上部荷载传到地基深处，减小复合地基沉降，与常规水泥土搅拌桩相比，复合效果更佳，从现有的工程实例看，其综合经济效益比常规水泥土搅拌桩节省投资约 25%，并且随着处理软黏土深度的增加，其经济效益和社会效益越发明显。

能力训练

习题

1. 湿陷性黄土的物理力学性质如何？如何评价湿陷性黄土地基？湿陷性黄土地基采取哪些设计和工程措施？
2. 膨胀土地基有哪些特性指标？如何评价膨胀土地基？膨胀土地基的设计原则如何？
3. 冻土的物理力学性质如何？如何计算冻融系数？预防冻胀的工程措施有哪些？
4. 冻土的分类标准及设计原则有哪些？

任务自测

任务能力评估表

知识学习	
能力提升	
不足之处	
解决方法	
综合自评	

参 考 文 献

[1] 赵明华.土力学与基础工程 [M]. 武汉:武汉理工大学出版社, 2012.

[2] 李栋伟,崔树琴.土力学 [M]. 武汉:武汉大学出版社, 2015.

[3] 蒋建清,张小军.地基与基础 [M].长沙:中南大学出版社, 2013.

[4] 陈晋中.土力学与地基基础 [M]. 北京:机械工业出版社, 2008.

[5] 韩建刚.土力学与基础工程 [M]. 重庆:重庆大学出版社, 2014.

[6] 代国忠,齐宏伟.地基处理 [M]. 重庆:重庆大学出版社, 2010.

[7] 刘起霞.地基处理 [M]. 北京:北京大学出版社, 2012.

[8] 武崇福.地基处理 [M]. 北京:冶金工业出版社, 2013.

[9] 赵明华.基础工程 [M]. 北京:高等教育出版社, 2010.

[10] 彭曙光,张德圣 [M]. 基础工程.武汉:武汉大学出版社, 2013.

[11] 王雅丽.土力学与地基基础 [M]. 重庆:重庆大学出版社, 2014.

[12] 陈晓平.土力学与基础工程 [M]. 北京:中国水利与水电出版社, 2015.

[13] 徐永福,刘松玉.非饱和土强度理论及其工程应用 [M]. 南京:东南大学出版社, 1999.

[14] 张敏霞,徐平,丁选明.异形桩发展研究综述 [J]. 北京:工业建筑, 2012.

[15] 袁聚云等. 基础工程设计原理 [M]. 上海:同济大学出版社, 2000.

[16] 高大钊.地基加固新技术 [M]. 北京:机械工业出版社, 2002.

[17] 龚晓南.地基处理新技术 [M]. 西安:陕西科学技术出版社, 2002.

[18] 中国建筑科学研究院.建筑地基处理技术规范(JGJ79-2012) [S]. 北京:中国建筑工业出版社, 2012.

[19] 陈希哲.土力学地基基础(第四版) [M]. 北京:清华大学出版社, 2004.

[20] 中华人民共和国建设部.建筑地基基础设计规范(GB50007-2011) [S].北京:中国建筑工业出版社, 2011.

[21] 刘新安等主编.土力学与地基基础 [M]. 天津:天津科学技术出版社, 2013.

[22] 马健.超大深基坑支护方案设计及施工监测 [J]. 北京:工业建筑, 2010.